国家电网有限公司
STATE GRID
CORPORATION OF CHINA

国家电网有限公司
技能人员专业培训教材

输电线路运检（330kV及以上）

下册

国家电网有限公司　组编

U0261516

中国电力出版社
CHINA ELECTRIC POWER PRESS

图书在版编目（CIP）数据

输电线路运检. 330kV 及以上：全 2 册/国家电网有限公司组编. —北京：中国电力出版社，2020.7

国家电网有限公司技能人员专业培训教材

ISBN 978-7-5198-4466-0

Ⅰ. ①输… Ⅱ. ①国… Ⅲ. ①输电线路–电力系统运行–技术培训–教材②输电线路–检修–技术培训–教材 Ⅳ. ①TM726

中国版本图书馆 CIP 数据核字（2020）第 043685 号

出版发行：中国电力出版社
地　　址：北京市东城区北京站西街 19 号（邮政编码 100005）
网　　址：http://www.cepp.sgcc.com.cn
责任编辑：王　南（010-63412876）
责任校对：黄　蓓　常燕昆　王海南　郝军燕
装帧设计：郝晓燕　赵姗姗
责任印制：石　雷

印　　刷：三河市百盛印装有限公司
版　　次：2020 年 7 月第一版
印　　次：2020 年 7 月北京第一次印刷
开　　本：710 毫米×980 毫米　16 开本
印　　张：80.5
字　　数：1564 千字
印　　数：0001—2000 册
定　　价：242.00 元（上、下册）

本书编委会

前　言

为贯彻落实国家终身职业技能培训要求，全面加强国家电网有限公司新时代高技能人才队伍建设工作，有效提升技能人员岗位能力培训工作的针对性、有效性和规范性，加快建设一支纪律严明、素质优良、技艺精湛的高技能人才队伍，为建设具有中国特色国际领先的能源互联网企业提供强有力人才支撑，国家电网有限公司人力资源部组织公司系统技术技能专家，在《国家电网公司生产技能人员职业能力培训专用教材》（2010 年版）基础上，结合新理论、新技术、新方法、新设备，采用模块化结构，修编完成覆盖输电、变电、配电、营销、调度等 50 余个专业的培训教材。

本套专业培训教材是以各岗位小类的岗位能力培训规范为指导，以国家、行业及公司发布的法律法规、规章制度、规程规范、技术标准等为依据，以岗位能力提升、贴近工作实际为目的，以模块化教材为特点，语言简练、通俗易懂，专业术语完整准确，适用于培训教学、员工自学、资源开发等，也可作为相关大专院校教学参考书。

本书为《输电线路运检（330kV 及以上）》分册，共分为上、下两册，由康宇斌、王德海、颜靖、邵九、陈永丰、龚政雄、曹爱民、战杰、郭方正、赵军、张哲编写。在出版过程中，参与编写和审定的专家们以高度的责任感和严谨的作风，几易其稿，多次修订才最终定稿。在本套培训教材即将出版之际，谨向所有参与和支持本书籍出版的专家表示衷心的感谢！

由于编写人员水平有限，书中难免有错误和不足之处，敬请广大读者批评指正。

目　录

前言

上　册

第一部分　输 电 线 路 测 量

第二部分　输电线路施工及验收

下　　册

第三部分　输 电 线 路 运 行

第四部分　输电线路检修及应急处理

第五部分　输电线路生产管理系统

第六部分　输 电 运 检 规 程 规 范

第三部分

输电线路运行

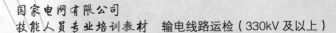
第十一章

输电线路的运行要求

▲ 模块1 线路的运行要求（Z04G1001 Ⅰ）

【模块描述】本模块介绍导线、架空地线、绝缘子、金具、杆塔、基础、拉线、接地装置及附属设施等元件的运行要求。通过要点讲解、问题分析，掌握输电线路运行标准及要求。

【正文】

输电线路由杆塔、基础、拉线、导线、架空地线、绝缘子、金具、接地装置及附属设施等元件组成，部分元件在线路竣工验收中已按设计和规程要求检测和校核，有的缺陷现状已存在且已经过多年运行，其存在的缺陷也无扩大的趋势，如某直线塔的横担歪斜度已超标准要求的 1%，运行多年无发展趋势，且该横担也无法调整，因此运行单位对安全运行存在隐患的缺陷应重点关注和做好监控措施。

一、杆塔、基础和拉线的运行要求

1. 杆塔的运行要求

杆塔是输电线路的主要部件，用以支持导线和架空地线，且能在各种气象条件下，使导线对地和对其他建筑物、树木植物等有一定的最小容许距离，并使输电线路不间断地向用户供电。对杆塔的要求如下。

（1）杆塔的倾斜、杆（塔）顶挠度、横担的歪斜程度不超过表 11–1–1 规定的范围。

表 11–1–1 杆塔倾斜、横担歪斜的最大允许值

类别	钢管杆	角钢塔	钢管塔
直线杆塔倾斜度（包括挠度）	0.5%（倾斜度）	0.5%（50m 及以上高度铁塔） 1.0%（50m 以下高度铁塔）	0.5%
直线转角杆最大挠度	0.7%		
杆塔横担歪斜度		1.0%	0.5%

（2）转角、终端杆塔不应向受力侧倾斜，直线杆塔不应向重载侧倾斜，拉线杆塔的拉线点不应向受力侧或重载侧偏移。

（3）对铁塔的要求。

1）不准有缺件、变形（包括爬梯）和严重锈蚀等情况发生。镀锌铁塔一般每 3～5 年要求检查一次锈蚀情况。

2）铁塔主材相邻结点弯曲度不得超过 0.2%，保护帽的混凝土应与塔角板上部铁板结合紧密，不得有裂纹。

3）铁塔基准面以上两个段号高度塔材连接应采用防卸螺母（铁塔地面 8m 以下必须进行防盗）。

（4）对钢筋混凝土电杆的要求。

1）预应力钢筋混凝土杆不得有裂纹。普通钢筋混凝土杆保护层不得腐蚀、脱落、钢筋外露、酥松和杆内积水等现象，纵向裂纹的宽度不超过 0.1mm，长度不超过 1m，横向裂纹宽度不得超过 0.2mm，长度不超过圆周的 1/2，每米内不得多余三条。

2）对钢筋混凝土电杆上端应封堵，放水孔应打通。如果已发生上述缺陷不超过下列范围时可以进行补修。

a. 在一个构件上只容许露出一根主筋，深度不得超过主筋直径的 1/3，长度不得超过 300mm。

b. 在一个构件上只容许露出一圈钢箍，其长度不得超过 1/3 周长。

c. 在一个钢圈或法兰盘附近只容许有一处混凝土脱落和露筋，其深度不得超过主筋直径的 1/3，宽度不得超过 20mm，长度不得超过 100mm（周长）。

d. 在一个构件内，表面上的混凝土坍落不得多于两处，其深度不得超过 25mm。

（5）杆塔标志的要求。

1）线路的杆塔上必须有线路名称、杆塔编号、相位以及必要的安全、保护等标志，同塔双回、多回线路塔身和各相横担应有醒目的标识，确保其完好无损和防止误入带电侧横担。

2）高杆塔按设计规定装设的航行障碍标志。

3）路边或其他易遭受外力破坏地段的杆塔上或周围应加装警示牌。

2. 基础的运行要求

杆塔基础是指建筑在土壤里面的杆塔地下部分，其作用是防止杆塔因受垂直荷载、水平荷载及事故荷载等产生的上拔、下压甚至倾倒。杆塔基础运行要求如下。

（1）不应有基础表面水泥脱落、钢筋外露（装配式、插入式）、基础锈蚀、基础周围保护土层流失、凸起、塌陷（下沉）等现象。

（2）基础边坡保护距离应满足设计规定要求。

（3）对杆塔的基础，除根据荷载和地质条件确定其经济、合理的埋深外，还须考虑水流对基础土的冲刷作用和基本的冻胀影响；埋置在土中的基础，其埋深应大于土壤冻结深度，且应不小于 0.6m。

（4）对混凝土杆根部进行检查时，杆根不应出现裂纹、剥落、露筋等缺陷。

（5）杆根回填土一定要夯实，并应培出一个高出地面 300～500mm 的土台。

（6）铁塔基础大部分是混凝土浇制的基础，要求不应有裂开、损伤、酥松等现象。一般情况，基础面应高出地面 200mm。

（7）处在道路两侧地段的杆塔或拉线基础等应安装有防撞措施和反光漆警示标识。

（8）杆塔、拉线周围保护区不得有挖土失去覆盖土壤层或平整土地掩埋金属件现象。

3. 拉线的运行要求

拉线的主要作用加强杆塔的强度，确保杆塔的稳定性，同时承担外部荷载的作用力。拉线的运行要求如下。

（1）拉线一般应采用镀锌钢绞线，钢绞线的截面积不得小于 35mm²。拉线与杆塔的夹角一般采用 45°，如受地形限制可适当减少，但不应小于 30°。

（2）拉线不得有锈蚀、松劲、断股、张力分配不均等现象。

（3）拉线金具及调整金具不应有变形、裂纹、被拆卸或缺少螺栓和锈蚀。

（4）拉线棒直径比设计值大 2～4mm，且直径不应小于 16mm。根据地区不同，每五年对拉线地下部分的锈蚀情况做一次检查和防锈处理。

（5）检查拉线应无下列缺陷情况。

1）镀锌钢绞线拉线断股，镀锌层锈蚀、脱落。

2）利用杆塔拉线作起重牵引地锚，在杆塔拉线上拴牲畜，悬挂物件。

3）拉线基础周围取土、打桩、钻探、开挖或倾倒酸、碱、盐及其他有害化学物品。

4）在杆塔内（不含杆塔与杆塔之间）或杆塔与拉线之间修建车道。

5）拉线的基础变异，周围土壤突起或沉陷等现象。

（6）X 拉线交叉处应有空隙，不得有交叉处两拉线压住或碰撞摩擦现象。

二、导线与架空地线的运行要求

导线是电力线路上的主要元件之一，它的作用是从发电厂或变电站向各用户输送电能（主要包括汇集和分配电能）。导线不仅通过电流，同时还承受机械荷载。

架空地线又称避雷线，它架设在导线的上方，其作用是保护导线不受直接雷击。

1. 导线间的水平距离

正常状态，电力线路在风速和风向都一定的情况下，每根导线都同样地摆动着。

但在风向，特别是风速随时都在变化的情况下，如果线路的线间距离过小，则在档距中央导线间会过于接近，因而发生放电甚至短路。

对 1000m 及其以下的档距，其水平线间距离可由式（11-1-1）决定

$$D = 0.4L_k + \frac{U_n}{110} + 0.65\sqrt{f} \qquad (11\text{-}1\text{-}1)$$

式中　D——水平线间距离，m；

　　　L_k——悬垂绝缘子串长，m；

　　　U_n——线路额定电压，kV；

　　　f——导线最大弧垂，m。

一般情况下，使用悬垂绝缘子串的杆塔，其水平距离与档距的关系，可采用表 11-1-2 所列的数值。

表 11-1-2　　　　使用悬垂绝缘子串的杆塔，其水平距离与档距的关系

水平线间距离（m）		3.5	4	4.5	5	5.5	6	6.5	7	7.5	8	8.5	10	11
标称电压（kV）	330	—	—	—	—	—	—	—	—	525	600	700		
	500	—	—	—	—	—	—	—	—	—	—	—	525	650

注　表中数值不适用于覆冰厚度 15mm 及以上的地区。

2. 导线垂直排列

导线线间距离（垂直距离）除了应考虑过电压绝缘距离外，还应考虑导线积雪和覆冰使导线下垂以及覆冰脱落时使导线跳跃的问题。

导线垂直排列垂直距离可采用 $\frac{3}{4}D$，使用悬垂绝缘子串的杆塔，其垂直线间距离不得小于表 11-1-3 所列的数值。

表 11-1-3　　　　使用悬垂绝缘子串杆塔的最小垂直线间距离

标准电压（kV）	330	500
垂直线间距离（m）	7.5	10.0

导线三角排列的等效水平线间距离，宜按式（11-1-2）计算

$$D_X = \sqrt{D_P^2 + \left(\frac{4}{3}D_z\right)^2} \qquad (11\text{-}1\text{-}2)$$

式中　D_X——导线三角排列时的等值水平线间距离，m；

D_p —— 导线水平投影距离，m；

D_z —— 导线垂直投影距离，m。

覆冰地区上下层相邻导线间或架空地线与相邻导线间的水平偏移，如无运行经验，不宜小于表 11–1–4 所列数值。

表 11–1–4　　　上下层相邻导线间或架空地线与相邻导线间的水平位移

标准电压（kV）	330	500
设计冰厚 10mm（m）	1.5	1.75
设计冰厚 15mm（m）	2.0	2.5

设计冰厚 5mm 地区，上下层相邻导线间或架空地线与相邻导线间的水平偏移，可根据运行经验适当减少。

在重冰区，导线应采用水平排列。架空地线与相邻导线间的水平偏移数值，宜较表 11–1–4 中"设计冰厚 15mm"栏内的数值至少增加 0.5m。

3. 导线的弧垂

导线架设在杆塔上，由于导线的自重及紧线的拉力，紧起后形成弧垂，如图 11–1–1 所示。图中的 f 称为导线的弧垂（或弛度），表示为：当导线悬挂点等高时，连接两悬挂点之间的水平线与导线最低点之间的垂直距离。

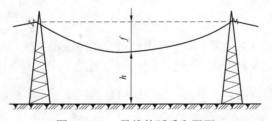

图 11–1–1　导线的弧垂和限距

弧垂的大小直接关系线路的安全运行。弧垂过小，导线受力增大，当张力超过导线许可应力时会造成断线；弧垂过大，导线对地距离过小而不符合要求，在有剧烈摆动时，可能引起线路短路。

弧垂大小和导线的质量、空气温度、导线的张力及线路档距等因素有关。导线自重越大，导线弧垂越大；温度高时弧垂增大；温度低时，弧垂缩小；导线张力越大，弧垂越小；线路档距越大，弧垂越大。

弧垂的大小和各因素的关系可用式（11–1–3）表示

$$f = \frac{gl^2}{g\sigma_0} \qquad (11-1-3)$$

式中　f ——导线弧垂，m；

　　　l ——线路档距，m；

　　　g ——导线的比载，N/（m·mm²）。

$$\sigma_0 = \frac{T_0}{A} \qquad (11-1-4)$$

式中　σ_0 ——导线最低点的应力，N/mm²；

　　　T_0 ——导线最低点的张力，N；

　　　A ——导线的截面，mm²。

工程上根据式（11-1-3）和式（11-1-4）计算，制作了弧垂表。

4. 导线对地距离及交叉跨越

为了保证电力线路运行可靠，防止发生危险，因此规定了导线对地面或建筑物之间的距离 h，称为安全距离或限距，如图 11-1-1 所示。

在导线最大弧垂时，导线对地面最小容许距离见表 11-1-5。

表 11-1-5　　　　　　　　　　导线对地面最小容许距离

地区类别	线路电压（kV）		
	330	500	750
居民区（m）	8.5	14.0	20.0
非居民区（m）	7.5	11.0（10.5）	16.0
交通困难地区（m）	6.5	8.5	12.0

注　1. 居民区是指工业企业地区、港口、码头、火车站、城镇、村庄等人口密集地区，以及已有上述设施规划的地区。

　　2. 非居民区是指除上述居民区以外，虽然时常有人、车辆或农业机械到达，但未建房屋或房屋稀少的地区。500kV 线路对非居民区 11m 用于导线水平排列，10.5m 用于导线三角排列。

　　3. 交通困难地区是指车辆、农业机械不能到达的地区。

导线在最大风偏时，与房屋建筑的最近凸出部分间的距离，不应小于表 11-1-6 的数值。

表 11-1-6　　　　　　　　导线在最大风偏时和房屋建筑的容许距离

线路电压（kV）	330	500	750
垂直距离（m）	7.0	9.0	11.0
水平距离（m）	6.0	8.5	10.0

线路经山区，导线距峭壁、突出斜坡、岩石等的距离不能小于表 11-1-7 的数值。

表 11-1-7　　　　　　　　　　导线风偏时与突出物的容许距离

线路经过地区	线路电压（kV）		
	330	500	750
步行可以到达的山坡（m）	6.5	8.5	10.0
步行不能到达的山坡、峭壁和岩石（m）	5.0	6.5	8.0

当架空输电线路与通信线、电车线、电话线、电力线或其他管索道交叉时，输电线路应从上方跨越。当输电线路互相交叉时，电压高的线路应在上方通过，其安全距离不应小于表 11-1-8 和表 11-1-9 的数值。

表 11-1-8　　　输电线路与铁路、公路、电车道交叉或接近的基本要求

项目		铁路		公路	电车道（有轨及无轨）	
导线或避雷线在跨越档内接头		不得接头		高速公路，一级公路不得接头	不得接头	
最小垂直距离（m）	线路电压（kV）	至轨顶	至承力索或接触线	至路面	至路面	至承力索或接触线
	330	9.5	5.0	9.0	12.0	5.0
	500	14.0 16.0（电气铁路）	6.0	14.0	16.0	6.5
	750	20.0	7.0	18.0	20.0	8.0

表 11-1-9　　　　　输电线路与河流、弱电线路、电力线路、
管道、索道交叉或接近的基本要求

项目		通航河流		不通航河流		弱电线路	电力线路	管道	索道
导线或避雷线在跨越档内接头		不得接头		不限制		一级不得接头	220kV 及以上不得接头	不得接头	不得接头
最小垂直距离（m）	线路电压（kV）	至 5 年一遇洪水位	至遇高航行水位最高船桅顶	至 5 年一遇洪水位	冬季至冰面	至被跨越线	至被跨越线	至管道任何部分	至索道任何部分
	330	8.0	4.0	5.0	7.5	5.0	5.0	6.0	5.0
	500	10.0	6.0	6.5	11.0	8.5	8.5（6）	7.5	6.5
	750	12.0	8.0	9.0	14.0	12.0	12.0	11.0	11.0

5. 导线、架空地线的连接

输电线路的每个耐张段长度均不相同，导线架设过程中，除少量作连引外，大部分在耐张杆塔处都采取断引的方式。此外，导线在制造时，每轴线都有一定的长度，所以在导线的架设当中，接头是不可避免的。导线在连接时，容易造成机械强度和电气性能的降低，因而带来某种缺陷。由于这种缺陷，经过长期运行，会发生故障，所以在线路施工时，应尽量减少不必要的接头。

导线和架空地线的接头质量非常重要，导线接头的机械强度不应低于原导线机械强度的95%，导线接头处的电阻值或电压降值与等长度导线的电阻值或电压降值之比不得超过1.0倍。

6. 线路运行规程对导线与架空地线的要求

（1）导、架空地线线由于断股、损伤减少截面积的处理标准按表11-1-10的规定。

表11-1-10　导线、架空地线断股、损伤造成强度损失或减少截面积的处理

线别	处理方法			
	金属单丝、预绞式补修条补修	预绞式护线条、普通补修管补修	加长型补修管、预绞式接续条	接续管、预绞丝接续条、接续管补强接续条
钢芯铝绞线钢芯铝合金绞线	导线在同一处损伤导致强度损失未超过总拉断力的5%且截面积损伤未超过总导电部分截面积的7%	导线在同一处损伤导致强度损失在总拉断力的5%～17%，且截面积损伤在总导电部分截面积的7%～25%	导线损伤范围导致强度损失在总拉断力的17%～50%，且截面积损伤在总导电部分截面积的25%～60%；断股损伤截面超过总面积25%切断重接	导线损伤范围导致强度损失在总拉断力的50%以上，且截面积损伤在总导电部分截面积的60%及以上
铝绞线铝合金绞线	断损伤截面积不超过总面积的7%	断股损伤截面积占总面积的7%～25%；断股损伤截面积占总面积的7%～17%	断股损伤截面积占总面积的25%～60%；断股损伤截面积超过总面积的17%切断重接	断股损伤截面积超过总面积的60%及以上
镀锌钢绞线	19股断1股	7股断1股；19股断2股	7股断2股；19股断3股切断重接	7股断2股以上；19股断3股以上
OPGW	断损伤截面积不超过总面积的7%（光纤单元未损伤）	断股损伤截面占面积的7%～17%，光纤单元未损伤（修补管不适用）		

注　1. 钢芯铝绞线导线应未伤及钢芯，计算强度损失或总截面损伤时，按铝股的总拉断力和铝总截面积作基数进行计算。

2. 铝绞线、铝合金绞线导线计算损伤截面时，按导线的总截面积作基数进行计算。

3. 良导体架空地线按钢芯铝绞线计算强度损失和铝截面损失。

4. 如断股损伤减少截面虽达到切断重接的数值，但确认采用新型的修补方法能恢复到原来强度及载流能力时，亦可采用该补修方法进行处理，而不作切断重接处理。

作为运行线路，导线表面部分损伤较多，主要承力部分钢芯未受损伤时，可以采取补修方法，应避免将未损伤的承力钢芯剪断重接，而且补修后应达到原有导线的强度及导电能力。但当导线钢芯受损或导线铝股或铝合金股损伤严重，整体强度降低较大时应切断重压。

（2）导线、架空地线表面腐蚀、外层脱落或呈疲劳状态时，应取样进行强度试验。若试验值小于原破坏值的 80% 应换线。

（3）一般情况下设计弧垂允许偏差：330kV 及以上线路为+3.0%、−2.5%。

（4）一般情况下各相间弧垂允许偏差最大值：330kV 及以上线路为 300mm。

（5）相分裂导线同相子导线的弧垂允许偏差值：垂直排列双分裂导线为+100mm、0，其他排列形式分裂导线：330、500kV 为 50mm。垂直排列两子导线的间距宜不大于 600mm。

（6）导线的对地距离及交叉距离符合表 11−1−5～表 11−1−9 的要求。

（7）OPGW 接地引线不允许出现松动或对地放电。

在运行规程中弧垂允许偏差值是以验收规范的标准为基础，负误差没有放宽，正误差适当加大而提出的。对地距离及交叉跨越的标准是根据多年积累的运行经验以及《电力设施保护条例》《电力设施保护条例实施细则》中的规定提出的。

三、绝缘子与金具的运行要求

架空电力线路的导线，是利用绝缘子和金具连接固定在杆塔上的。用于导线与杆塔绝缘的绝缘子，在运行中不但要承受工作电压的作用，还要受到过电压的作用，同时还要承受机械力的作用及气温变化和周围环境的影响，所以绝缘子必须有良好的绝缘性能和一定的机械强度。

1. 对绝缘子的要求

（1）各类绝缘子出现下述情况时，应进行处理。

1）瓷质绝缘子伞裙破损、瓷质有裂纹、瓷釉烧坏。

2）玻璃绝缘子自爆或表面裂纹。

3）棒形及盘形复合绝缘子（伞裙、护套）破损或龟裂，断头密封开裂、老化；复合绝缘子憎水性降低到 HC5 及以下。

4）绝缘横担有严重结垢、裂纹，瓷釉烧坏、瓷质损坏、伞裙破损。

5）绝缘子偏斜角。

直线杆塔的绝缘子串顺线路方向的偏斜角（除设计要求的预偏外）大于 7.5°，且其最大偏移值大于 300mm，绝缘横担端部位移大于 100mm；双联悬垂串为弥补污耐压降低而采取"八字形"挂点除外。

（2）绝缘子质量不允许出现下述情况。

1）外观质量。绝缘子钢帽、绝缘件、钢脚不在同一轴线上，钢脚、钢帽、浇筑混凝土有裂纹、歪斜、变形或严重锈蚀，钢脚与钢帽槽口间隙超标。

2）盘型绝缘子绝缘电阻 330kV 及以下线路小于 300MΩ，500kV 及以上线路小于 500MΩ；且盘型瓷绝缘子分布电压为零或低值。

3）锁紧销脱落变形。

2. 对金具的要求

（1）金具质量。金具发生变形、锈蚀、烧伤、裂纹，金具连接处转动不灵活，磨损后的安全系数小于 2.0（即低于原值的 80%）时应予处理或更换。

（2）防振和均压金具。防振锤、阻尼线、间隔棒等防振金具发生位移，屏蔽环、均压环出现倾斜与松动时应予处理或更换。

（3）接续金具。跳线引流板或并沟线夹螺栓扭矩值小于相应规格螺栓的标准扭矩值；压接管外观鼓包、裂纹、烧伤、滑移或出口处断股、弯曲度不符合有关规程要求；跳线联板或并沟线夹处温度高于导线温度 10℃；接续金具过热变色；接续金具压接不实（有抽头或位移）现象，所有这些情况应予及时处理。

四、接地装置的运行要求

架空线路杆塔接地对电力系统的安全稳定运行至关重要，降低杆塔接地电阻是提高线路耐雷水平，减少线路雷击跳闸率的主要措施。

1. 接地装置的运行要求

（1）检测的工频接地电阻值（已按季节系数换算）不大于设计规定值，见表 11-1-11。

（2）多根接地引下线接地电阻值不出现明显差别。

（3）接地引下线不应出现断开或与接地体接触不良的现象。

（4）接地装置不应有外露或腐蚀严重的情况，即使被腐蚀后其导体截面积不低于原值的 80%。

（5）接地线埋深必须符合设计要求，接地钢筋周围必须回填泥土并夯实，以降低冲击接地电阻值。

表 11-1-11　　　　　　　　水平接地体的季节系数

接地射线埋深（m）	季节系数	接地射线埋深（m）	季节系数
0.5	1.4~1.8	0.8~1.0	1.25~1.45

注　检测接地装置工频接地电阻时，如土壤较干燥，季节系数取较小值；土壤较潮湿时，季节系数取较大值。

2. 杆塔接地装置的运行及维护

架空线路杆塔的接地装置，因运行环境恶劣，极易受到腐蚀和外力破坏，经对架空输电线路杆塔接地的多年追踪调查，发现输电线路的接地主要存在以下问题。

（1）腐蚀问题。容易发生腐蚀的部位如下。

1）接地引下线与水平或垂直接地体的连接处，由于腐蚀电位不同极易发生电化学腐蚀，有的甚至会形成电气上的开路。

2）接地线与杆塔的连接螺丝处，由于腐蚀、螺丝生锈，用表计测量，接触电阻非常高，有的甚至会形成电气上的开路。

3）接地引下线本身，由于所处位置比较潮湿，运行条件恶劣，运行中若没有按期进行必要的防腐保护，则腐蚀速度会较快，特别是运行十年以上的接地线，应开挖检测接地钢筋腐蚀和截面损失现象。

4）水平接地体本身，有的埋深不够，特别是一些山区的输电线路杆塔，由于地质基本为石层，或土层薄、埋深有的不足 30cm，回填土又是用碎石回填，土中含氧量高，极容易发生吸氧腐蚀；在酸性土壤中的接地体容易发生吸氧腐蚀；在海边的接地体容易发生化学和电化学腐蚀。

（2）外力破坏问题。对于架空线路杆塔的接地装置，特别是接地线，外力破坏是一个需值得注意的问题，据对某 110kV 线路杆塔接地装置的调查，全线有 60%的杆塔接地装置被破坏，如接地引下线被剪断、接地极被挖走等，对该线路的安全稳定运行造成了很大的影响。因而对架空线路的杆塔接地装置需定期巡视和维护，特别要注意以下几方面的巡视检查和维护工作。

1）定期巡视检查杆塔的接地引下线是否完好，如被破坏应及时修复，应定期进行防腐处理。

2）定期检查接地螺栓是否生锈，与接地线的连接是否完好，螺丝是否松动，应保证与接地线有可靠的电气接触。

3）检查接地装置是否遭到外力破坏，是否被雨水冲刷露出地面。并每隔五年开挖检查其腐蚀情况。

4）对杆塔接地装置的接地电阻进行周期性测量，检测方法必须符合辅助测量射线与杆塔人工敷设接地线 0.618 系数型式，检测得到的工频接地电阻应与季节系数换算后等同或小于设计值，若超标应及时改造。

五、附属设施的运行要求

（1）所有杆塔均应标明线路名称、杆塔编号、相位等标识；同塔多回线路杆塔上各相横担应有醒目的标识和线路名称、杆塔编号、相位等。

（2）标志牌和警告牌应清晰、正确，悬挂位置符合要求。

（3）线路的防雷设施（避雷器）试验符合规程要求，架空地线、耦合地线安装牢固，保护角满足要求。

（4）在线监察装置运行良好，能够正常发挥其监测作用。

（5）防舞防冰装置运行可靠。

（6）防盗防松设施齐全、完整，维护、检测符合出厂要求。

（7）防鸟设施安装牢固、可靠，充分发挥防鸟功能。

（8）光缆应无损坏、断裂、弧垂变化等现象。

【思考与练习】

1. 什么是杆塔基础？其功能是什么？

2. 什么是导线弧垂？其大小与哪些条件有关系？

3. 杆塔、基础和拉线的运行要求有哪些？

4. 导线和架空地线的运行要求有哪些？

5. 绝缘子和金具的运行要求有哪些？

6. 线路接地装置的运行要求有哪些？

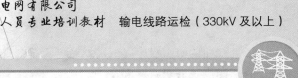
第十二章

输电线路的巡视

▲ 模块 1　正常巡视（Z04G2001Ⅰ）

【模块描述】本模块介绍线路正常巡视的目的、周期、流程和一般规定，巡视项目及要求，正常巡视和特殊区域中的危险点分析。通过要点讲解、流程介绍，掌握线路本体、辅助设施及外部环境状况，及时发现缺陷和威胁线路的隐患，为线路检修提供依据。

【正文】

架空输电线路的运行监视工作，主要采取巡视和检查的方法。通过巡视与检查，掌握线路运行状况及周围环境的变化，以便及时消除缺陷和隐患，预防事故的发生，并确定线路检修内容。

一、定期巡视目的与周期

1. 正常巡视目的

线路巡视，通常也称正常巡视，目的是为了全面掌握线路各部件的运行状况和沿线情况，及时发现设备缺陷和沿线隐患情况，并为线路维修提供依据和设备状态评估提供准确的信息资料。

线路巡视按目的不同大致可分为正常巡视、故障巡视、特殊巡视等几种。

2. 正常巡视周期

DL/T 741《架空输电线路运行规程》规定：输电线路的正常巡视周期一般为每月一次。但随着运行设备的不断增多，提高劳动效率的需求不断加剧，状态检修、状态维护的开展势在必行，且国家电网公司以国家电网生〔2008〕269 号文《关于印发〈国家电网公司设备状态检修管理规定（试行）和关于规范开展状态检修工作意见〉的通知》已在全国推广。因此，输电线路的定期巡视也应做相应调整，但这种调整需要可靠的状态评价做支撑，必须在全面掌握输电线路运行状况基础上的调整。根据周期的长短不同，巡视周期的调整可分为两类，即延长周期和缩短周期。对于位于交通不便、人员难以到达、地质稳定且长期运行经验表明没有盗窃电力设施等外力破坏可能的地区，可适当延长周期；对于建立了完善护线组织的地区，也可适当延长巡视周期。对位于城乡接合部等易受外力破坏、风口或垭口等特殊气象、特殊污秽区域等地区，则应根据实际情况缩短巡视周期。以上所述可称之为"状态巡视"，状态巡视还应结合在线监测设施的监测数据进行调整，对于在线监测设施齐全有效的线路，也可适当延长巡视周期。

二、线路巡视的方式

输电线路的巡视方式主要有两种：一种是班组集中巡视，另一种是单人或双人包干巡视。

（1）班组集中巡视的流程为：将被巡视线路根据人员构成、地形地貌特征、交通状况等划分为若干巡视段，将班组成员按技术技能水平等划分为若干个巡视组，与巡视段相对应，一般为两人一组，对于地形平坦、人烟稠密的地区也可一人一组，进行某一条线或某一个区段的集体巡视。

（2）单人或双人包干巡视流程：根据巡视人员对线路的熟悉程度及各自的技术技能水平等实际情况，将整条线路或一段线路按责任划分的形式分配到每位巡视人员，巡视人员根据巡视时间计划的安排自行到巡视点进行巡视。

正常巡视计划无论是班组集中或是包干巡视，均由运行专职负责编制，并确保巡视计划的完整性和准确性。同时正常巡视计划经线路工区主管生产主任批准后，按月度生产计划形式下发到班组执行。在计划编制过程中，应结合线路实际运行状况，并充分考虑线路的周边地质地貌、巡视人员的总体技能、技术水平、交通条件等情况制定详细的巡视计划。

三、设备巡视的主要内容

1. 线路通道及周边环境变化的巡查

按照电力设施保护条例有关各电压等级保护区的规定，线路巡视时应查看通道内有无违章建筑，导线与建（构）筑物安全距离不足等。通道内或附近有无树木（竹林）与导线安全距离不足等；线路下方或附近有无危及线路安全的施工作业等；线路附近有无烟火现象，有无易燃、易爆物堆积等。线路通道内有无新建或改建电力、通信线路、道路、铁路、索道、管道等。线路杆塔基础保护设施有无坍塌、淤堵、破损等。有无由于地震、洪水、泥石流、山体滑坡等自然灾害引起通道环境的变化。巡视、维修时使用巡线道、桥梁有无损坏等。沿线保护区内有无新出现的污染源或污染加重等。线路通道内或附近采动影响区有无裂缝、坍塌等情况。线路附近有无放风筝、危及线路安全的漂浮物。线路跨越鱼塘有无警示牌。有无采石（开矿）、射击打靶、藤蔓类植物攀附杆塔等。

2. 设备本体的检查

（1）地基与基面。检查有无回填土下沉或缺土、水淹、冻胀、堆积杂物等。

（2）杆塔基础。检查有无破损、酥松、裂纹、漏筋、基础下沉、保护帽破损、边坡保护不够等。

（3）杆塔。检查有无杆塔倾斜、主材弯曲、地线支架变形、塔材、螺栓丢失、严重锈蚀、脚钉缺失、爬梯变形、土埋塔脚等；有无混凝土杆未封顶、破损、裂纹等。

（4）接地装置。检查接地有无断裂、严重锈蚀、螺栓松脱、接地带丢失、接地带外露、接地带连接部位有雷电烧痕等。

（5）拉线及基础。检查拉线金具等有无被拆卸、拉线棒严重锈蚀或蚀损、拉线松弛、断股、严重锈蚀、基础回填土下沉或缺土等。

（6）绝缘子。检查其有无伞裙破损、严重污秽、有放电痕迹、弹簧销缺损、钢帽裂纹、断裂、钢脚严重锈蚀或蚀损、绝缘子串顺线路方向倾角大于 7.5° 或距离 300mm。

（7）导线、地线、引流线、屏蔽线、OPGW。检查有无散股、断股、损伤、断线、放电烧伤、导线接头部位过热、悬挂漂浮物、弧垂过大或过小、严重锈蚀、有电晕现象、导线缠绕（混线）、覆冰、舞动、风偏过大、对交叉跨越物距离不够等。

（8）线路金具。检查有无线夹断裂、裂纹、磨损、销钉脱落或严重锈蚀；均压环、屏蔽环烧伤、螺栓松动；防振锤跑位、脱落严重锈蚀、阻尼线变形、烧伤；间隔棒松脱、变形或离位；各种连板、连接环、调整板损伤、裂纹等。

3. 附属设备的检查

检查防雷装置，如避雷器有无动作异常、计数器失效、破损、变形、引线松脱；放电间隙有无变化、烧伤等。防鸟装置有无破损、变形、螺栓松脱；有无动作失灵、褪色、失效等。各种监测装置有无缺失、损坏、功能失效等。杆号、警告、防护、指示、相位等标识有无缺失、损坏、字迹或颜色不清、严重锈蚀等。航空警示器材中的高塔警示灯、跨江线彩球有无缺失、损坏、失灵。防舞防冰装置有无缺失、损坏等。ADSS 光缆有无损坏、断裂、弛度变化等。

四、线路巡视的危险点及安全注意事项

1. 正常巡视中的危险点

从不明深浅的水域和薄冰通过容易造成生命危险，因此巡视中应尽可能绕行桥梁；偏僻山区、夜间巡视容易发生迷路、摔跌，应由两人进行，夜间巡视必须配备照明工具，暑天和大雪天巡视必要时由两人进行，在林区线路巡视时，要注意防火；巡视时，不宜穿凉鞋，防止扎脚；经过村庄、果园等可能有狗的地方先喊话，必要时应预备棍棒，防止被狗咬伤；经过草丛、灌木等可能有蛇的地方，应边走边打草，防止被蛇咬伤；雨雪天巡线时，应采取防滑措施；巡线时应远离深沟、悬崖；巡视时应注意蜂窝，不要靠近、惊扰；单人巡视时，禁止攀登杆塔；巡视时应遵守交通法规，不得翻越高速公路护栏；线路巡视人员发现导线断落地面或悬在空中时，应设法防止行人靠近断线地点 8m 以内，并迅速报告领导和调度等候处理；巡视时遇有雷电，应远离线路或暂停巡视，防止雷电伤人；在线路防护区内需要砍伐树木、毛竹时，必须按 DL/T 741《架空输电线路运行规程》的相关规定做好安全技术措施。

2. 特殊区域巡视中的危险点

巡视工作应有两人进行并配备必要的防护工具和药品，防止受伤后无法自救；行走时，应注意观察地面，防止猎人埋设的铁丝套；有危险动物出没的地区巡视，应有防止动物伤害的措施，如木棒、哨子等；夜间巡视应沿线路外侧进行，应有足够照明工具，条件允许时配备夜视仪；应有良好的联络工具，无移动信号的地区应配备卫星电话或对讲机；登杆塔巡视必须由两人及以上进行，并注意保持安全距离；采空区巡视应注意观察地面，防止踩空和掉入裂缝；经过行洪区应绕行；穿越粉尘严重的厂矿附近时应防止粉尘迷眼；穿越化工厂矿等区域时应有防毒防护措施，必要时佩戴防毒面具；发现塔材被盗，测量长度超过 2m 的塔材时应由两人进行，并注意检查塔材螺栓固定情况；塔材被盗数量较多影响到杆塔稳定时，不得攀登杆塔；发现拉线装置被盗，对拉线必须采取固定措施，处理时应防止拉线与导线距离太近而放电；注意观察线路走廊两边的建筑物、构筑物等，防止高空落物伤人；穿越开山放炮区域时应注意落石伤人；不得穿越靶场等射击区域；在强风天气应远离杆塔正下方，防止杆塔构件脱落伤人；导地线覆冰时，不应沿导地线正下方行走，防止脱冰伤人，导地线舞动时应远离线路；覆冰时不得攀登杆塔；有雷电活动时严禁接打手机，远离高大的树木或构筑物，不要高举金属物品指向天空，不得攀登杆塔；在高山大岭巡视遇有雷电活动时，应及时撤离，雷云距离较近时应立即就地匍匐，待雷云远离后方可站立；沿庄稼地行走时必须穿着长袖工作服，防止花粉过敏；经过秋收地域时注意划伤、扎伤。

【思考与练习】

1. 线路巡视周期调整的依据主要有哪些？
2. 环境和地貌的检查内容有哪些？
3. 正常巡视有哪些危险点？

▲ 模块 2　故障巡视的准备与要求（Z04G2002Ⅱ）

【模块描述】本模块介绍输电线路故障巡视目的、巡视的准备、巡视过程中的注意事项。通过要点讲解，掌握线路故障巡视的准备的技能及要求以及故障巡视中的安全注意事项。

【正文】

输电线路故障发生后，应及时组织巡视人员有针对性地进行线路巡视，查找线路故障点，查明故障原因及故障情况，为故障抢修工作提供完整的现场资料。

一、故障点查找

当输电线路发生故障和异常后，线路运行维护人员应及时准确地查找故障点，判明事故原因，为输电线路的抢修工作奠定基础。

线路发生故障后，不能盲目巡线，应根据电力调度中心提供的故障测距、相位、有关电压、电流量及保护动作的数据情况，发生雷击时还可以根据雷电定位系统提供的实际落雷区域、落雷密度等情况，在线路资料台账上对故障点进行初步定位，如线路地处环境、区域、路径等，按照装置测距误差 5%～10%的比例（一般按 10%掌握）在台账上确定故障区间，还应结合以往线路跳闸的经验数据进行部分修正。

在初步定位后，巡视人员可以有针对性地进行事故巡视，故障的查找归根结底还要通过人来完成，必须召集足够合适的人员，应将故障数据、分析定性结果、现场情况及巡视重点向全体人员进行详细的交代，做到每个人都心中有数。要求巡视人员必须到位到责、不能因为难于到位而漏过任何一个可疑点。

巡线时除了注意线路本身各部件及重点故障相外，还应注意附近环境。如交跨、树木、建筑物和临时的障碍物；杆塔下有无线头木棍、烧伤的鸟兽以及损坏了的绝缘子等物。发现与故障有关的物件和可疑物时，均应收集起来，并将故障点周围情况作好记录，作为事故分析的依据。

如果排除了全部的可疑点后，在重点地段没有发现故障点，应扩大巡视范围或全线巡视，也可以进行内部交叉巡视。如果还是没有发现故障点，可适当组织重点杆段或全线的登杆检查巡视。登杆检查巡视由于距离较近，可以发现杆塔周围不明显的异常或导线上方、绝缘子上表面等地面巡视的死角，对怀疑为雷击的情况应增加避雷线的悬挂金具、放电间隙和杆塔上部组件的检查。

输电线路故障多种多样，事故的突发性、不确定性错综复杂，决定了故障查找方法的不尽相同，应根据具体情况具体分析，但在实际工作中，还是有一些事故的故障点不能找到：一方面，事故的故障点由于不明显、处在查找方法的死角或故障痕迹很快被掩盖而不能找到；另一方面，故障点不在本单位管辖的范围内，或干脆就没有故障。故障点在变电站内、用户或多家管理线路的故障点，根本就不在本单位管辖范围内的情况，是比较常见的。保护定值计算整定错误、保护误动、越级等原因引起的线路跳闸也是常有的，这些问题应会同其他部门一起来解决。

二、故障巡视要求

巡线人员在故障查找过程中要"三勤"，即"腿勤、嘴勤、脑勤"。"腿勤"就是不怕走路，巡线查看到位，不走过场，不走马观花。"嘴勤"就是多向周围的住户、行人和群众询问故障发生时是否听到什么异常声响，看到什么亮光或火花等，尤其是在一些可能发生故障的特殊区域更要不厌其烦，多说多问。"脑勤"就是多动脑子想问题，分析问题。

巡线人员还要按照"一看、二听、三问、四检测"的方法，遵照线路运行维护规程逐项逐条地进行，便能很快将故障点查找出来。"看"就是要认真察看输电设备杆塔、导线、瓷瓶、接地引下线等有无异常，"听"就是仔细地听输电设备是否有异常声响发出，"问"就是向群众了解询问，"检测"就是用电气仪表、仪器检验测量输电设备用肉眼观察不到的缺陷。

三、故障备品备件准备

为了及时消除设备缺陷，加快事故抢修，缩短设备停用时间，提高设备可用率，确保线路的安全运行，线路管理部门应适当的储备事故备品备件。

备品备件应统筹规划、分级管理、分级储备。根据各单位设备的技术状态和历年事故备品的动用情况，应合理地进行储备，配备充足的抢修工具、照明设备、通信工具。事故备品备件一般不得挪作他用。抢修使用后，应立即进行清点补充。同时，备品应有专门的库房、专门货架存放，设有标记、卡片、保管台账，并且"账、卡、物"三者应相符。备品备件应注意保存年限，定期更换、补充和做好维护，保证其不受损伤、不变质和散失，并按期进行检查和试验。金属备品应定期做好防腐工作。

架空线路的事故备品主要有：抢修塔、导线、避雷线、绝缘子、金具、铁加工件及混凝土制品，事故抢修杆塔入库前必须进行试组装，组装无误后拆下，将全部构（配）件进行清点、编号，有规则地放入库房并进行登记造册。

四、故障巡视注意事项

（1）输电线路运行单位应建立健全线路突发事故的巡视、抢修机制，以保证突发事故出现时快速组织抢修与处理。抢修机制包括：抢修指挥系统及人员组成、通信手段及联络方式、作业机具、车辆、抢修材料的准备等。

（2）故障巡视应尽可能绕行桥梁；偏僻山区、夜间巡视应由两人进行，夜间巡视必须配备照明工具，暑天和大雪天巡视必要时由两人进行，在林区线路巡视时，要注意防火；巡视时，不宜穿凉鞋，防止扎脚；经过村庄、果园等可能有狗的地方先喊话，必要时应预备棍棒，防止被狗咬伤；经过草丛、灌木等可能有蛇的地方，应边走边打草，防止被蛇咬伤；雨雪天巡线时，应采取防滑措施；巡线时应远离深沟、悬崖；巡视时应注意蜂窝，不要靠近、惊扰；单人巡视时，禁止攀登杆塔；巡视时应遵守交通法规，不得翻越高速公路护栏；线路巡视人员发现导线断落地面或悬在空中时，应设法防止行人靠近断线地点 8m 以内，并迅速报告领导和调度等候处理；巡视时遇有雷电，应远离线路或暂停巡视，防止雷电伤人；在线路防护区内需要砍伐树木、毛竹时，必须按 DL/T 741《架空输电线路运行规程》的相关规定做好安全技术措施。

【思考与练习】

1. 输电线路故障巡视前应做哪些准备工作？
2. 巡视人员在故障巡视中应注意哪些？
3. 输电线路备品备件主要有哪些？
4. 对于不容易找出原因的输电线路故障，应从哪些方面进行故障查找？

▶ 模块 3　各类常见故障巡视（Z04G2003Ⅱ）

【模块描述】本模块介绍输电线路雷击、风偏、鸟粪闪络、污闪、覆冰等典型故障现象及特点。通过要点讲解、图形示例、流程讲解，掌握输电线路各类常见故障巡视的技能及巡视要求。

【正文】

输电线路元件多种多样，故障类型也错综复杂，按照季节性特点、实际运行要求对输电线路常见故障进行有针对性巡视，可以做到有的放矢，提高巡视效率。

输电线路的常见故障一般为雷击、风偏、鸟害、污闪、覆冰、倒塔、断线等

一、雷击

雷击故障一般均能重合成功，但瓷质绝缘子零值或者低值较多时，有可能炸裂钢帽引起掉线，形成永久性故障。一般雷击绝缘子串两端表面有较大闪络烧痕，槽内有烟熏的黑色痕迹。绝缘子串中间烧伤点一般不明显，甚至有的中间无烧痕。架空地线间隙、地面接地连接处有放电痕迹。导线与距离比较接近的接地体（横担、电杆、塔身）之间形成放电通道。寻找到放电痕迹的部件：导线、跳线、碗头、均压环、横担、电杆或铁塔。

二、风偏

风偏故障发生后重合复跳，但有时强送可成功。由于风偏是导线对塔体、构筑物的放电，有时绝缘子会完好无损。耐张塔大多发生在跳线上，直线塔主要发生在悬挂点垂直档距较小或出现负值的导线上，特别是将瓷质或玻璃绝缘子更换成为合成绝缘子的上述杆塔，尤其要引起注意。其次，由于所更换直线塔型导线排列方式垂直与水平的交换、所更换杆塔导线的提高，都会引起前后或本塔（指前项换塔）直线杆塔导线悬挂点垂直档距变小或出现负值。另外，导线旁临近的山坡、树木、交叉跨越和新增建筑物也能造成风偏放电故障。所以检查时要特别注意。

三、鸟害

鸟害故障大多在鸟类迁徙季节（10 月～次年 4 月）的夜间发生，一般是单相故障，均能重合成功。北方地区引起跳闸原因，一般以鸟排泄粪便形成通道者居多，在横担上和杆塔下会有大量鸟粪，绝缘子两端有放电痕迹，但仍能继续运行。发生故障的数日内，在故障杆塔的前后数基杆塔上，如果仍有鸟类歇息停留，亦有可能再次引起故障。

四、污闪

污闪故障常发生在大雾、毛毛雨、雨夹雪等潮湿的天气。从发生污闪的时间上看，大多是后半夜和清晨。污闪事故发生多是大面积的，很多条线路同时发生。一般能够重合成功，但较短的时间又发生跳闸，往往发展成永久性故障。

污闪须具备两大要素：污秽条件与潮湿条件。IEC 标准将污秽类型分为 A 类和 B 类。A 类一般为固态污秽，包括自然污秽（如沙漠型污秽）和人类活动导致的污秽（如工业型污秽），该类污秽一般对应于常规的"缓慢积污"；B 类一般为高导电性的液态污秽，目前主要指海雾型等自然污秽，该类污秽一般对应于沿海区域的"快速积污"。我国电力系统广泛采用的防污闪标准均主要基于缓慢积污概念制订，相应的防污闪措施也主要针对缓慢积污形式设计。缓慢积污型污闪的污秽条件和潮湿条件是分先后具备的；针对缓慢积污闪络的最有效防治措施是采用硅橡胶类防污闪产品（包括复合绝缘子、防污闪涂料等）。由于污秽是缓慢积累所得，因此硅橡胶材料可在潮湿条件到来之前使污秽具备憎水性，即通过改变表面性能使绝缘子具备优良的抵御缓慢积污型污闪的能力。与"缓慢积污"相对应的"快速积污"通常指沿海的、自然的、海雾型污秽，但近年来内陆重污区频繁发生快速积污特别是快速积污伴随快速受潮导致的严重污闪掉闸，这些可出现于内陆地区的、降水降雪型"快速积污"虽然与海雾型"快速积污"具有相似特征——均为高导电性液体，但却是环境污染严重国家和地区的特有现象，一定程度上比海雾型"快速积污"更具危害性。在环境不能有效改善的较长一段时期内，该快速积污型污闪有增长趋势，应予以重视。

五、覆冰

在冷却到 0℃及其以下的云气中，水滴与输电线路导线表面碰撞并冻结时，产生覆冰现象。具有足可冻结的气温，即 0℃以下；具有较高的湿度，即空气相对湿度一般在 85%以上；具有可使空气中水滴流动之风速，即大于 1m/s 的风速，这些都是导线覆冰必要气象条件。

输电线路导线覆冰主要发生在 11 月～次年 4 月之间，尤其是在入冬和春寒时，覆冰发生概率最高。线路迎风面在冬季覆冰较背风面严重。在相同的地理环境下，海拔越高覆冰就越严重。导线悬挂高度越高，覆冰越严重。线路覆冰危害主要有：杆塔因覆冰而损坏，线路混线或者断线跳闸，线路各档间覆冰不均匀引起事故和绝缘子串覆冰事故。

【思考与练习】

1. 输电线路的常见故障有哪些？
2. 输电线路遭受雷击后的严重后果是什么？
3. 输电线路鸟害故障有哪些规律？
4. 输电线路发生污闪故障的两大因素是什么？
5. 输电线路覆冰故障的严重后果是什么？

▲ 模块 4　特殊巡视（Z04G2004Ⅱ）

【模块描述】本模块介绍输电线路在特殊情况下或根据需要、采用特殊巡视方法所进行的线路巡视。特殊巡视包括夜间巡视、交叉巡视、登杆检查、防外力破坏巡视以及直升机（或利用飞行器）空中巡视等。通过要点讲解、特点分析、图表对比以及输电线路虚拟巡视仿真软件的应用，掌握线路特殊巡视的技能及要求。

【正文】

特殊巡视是在气候剧烈变化、自然灾害、外力影响、异常运行和其他特殊情况时，为及时发现线路的异常现象及部件的变形损坏情况而进行的巡视。

特殊巡视应根据需要及时进行，一般巡视全线、某线段或某部件。特殊巡视的种类很多，本节主要针对季节性特殊巡视、特殊区域巡视、特殊运行方式巡视、直升机巡视下需要注意的问题做一简述。

一、季节性特殊巡视

我国地大物博，面积大，各种气候情况均有，具有大陆性季风气候显著和气候复杂多样两大特征。冬季盛行偏北风，夏季盛行偏南风，四季分明，雨热同季。每年 9 月～次年 4 月间，干寒的冬季风从西伯利亚和蒙古高原吹来，由北向南势力逐渐减弱，形成寒冷干燥、南北温差很大的状况。夏季风影响时间较短，每年的 4～9 月，暖湿气流从海洋上吹来，形成普遍高温多雨、南北温差很小的状况。四季的划分，天文学上以春分（3 月 1 日前后）、夏至（6 月 22 日前后）、秋分（9 月 23 日前后）、冬至（12 月 21 日前后）分别作为四季的开始。

1. 春季

春季的气候特征主要有多风、干燥、气候变化剧烈、雨量偏少等特点。

（1）多风使导线承受较长时间的风荷载，风力、风向的频繁变化使连接金具，特别是悬垂绝缘子串的连接金具长期受到磨损；导线的长时间摆动使杆塔的横向荷载不断变化，还容易导致杆塔螺栓的松动；当风力较大、温度较低时，导线张力增大，弧垂减小，还容易发生风偏跳闸。因此春季应注意检查金具的磨损情况、杆塔螺栓的紧固情况，同时大风天气也是现场观察杆塔摇摆角是否合适的最佳时间。

（2）干燥的气象容易导致发生山火甚至森林火灾，因此应及时检查、清理杆塔周围的秸秆、垃圾等易燃物，防止发生火灾后引发倒杆塔事故。有火情在线监测系统的，应密切注意线路周围的火情变化，及时采取防范措施，防止发生山火短路。

（3）北方的初春气候变化剧烈，有时会出现持续大雾，需及时检查绝缘子积污情况，防止发生大面积污闪；有时会出现雨夹雪的恶劣气象，需注意监测导地线及绝缘子覆冰情况。

（4）春季的气温逐步回暖，降雨偏少，是一年当中最好的施工季节和植树季节，同时也是树木的速长期。现代化施工大量使用高大机械，在线路附近作业时，极易引发外力破坏事故。因此春季应注意线路走廊的巡视，特别是通过城镇、园区、公路等地段的线路，及时发现和掌握线路走廊及两侧的施工隐患。同时要注意线路走廊及两侧的树木、毛竹生长及植树情况，防止有危及线路安全运行的树竹和种植高大树木，将来影响到线路的安全运行。

2. 夏季

夏季气候有雷雨多、短时大风频繁、温度高、雨水及台风多、施工建筑频繁等特点。

（1）输电线路的雷击跳闸主要集中在夏季，架空地线和接地网是防止雷击的主要措施，夏季需特别注意接地连接的检查，防止出现连接断开，引发雷击故障；同时需及时检查线路型避雷器、消雷器等的工作状况，使其保持在良好状态。

（2）夏季空气对流强烈，常出现短时雷雨大风，容易引发线路风偏故障，需注意微气象区及摇摆角偏小的杆塔检查。树木快速生长，导线与树木之间的距离缩小，在大风条件下易发生对树风偏，需及时测量树线距离及修剪树木。同时沿海及靠近沿海区域的台风较多，在线路特巡时需注意线路通道区域内农作大棚的固定或做必要的拆除，并及时与大棚户主联系并告知相关的安全注意事项。

（3）南方夏季的梅雨季节里降雨偏多是洪涝泛滥的多发时期，容易出现山体滑坡、河流变道、临近河流杆塔防洪堤受冲刷等；北方部分杆塔位于湿陷性黄土中，当基础底面以下的土质受水浸泡后，承载力下降，易引起杆塔基础下沉、杆塔倾斜的现象；位于山区的线路一般都存在边坡问题，持续降雨会造成边坡的不稳定，引发塌方甚至泥石流，造成杆塔被埋、倾倒等事故；因此应注意基础回填土、内外边坡、防洪设施的检查。

（4）夏季是用电高峰，线路负荷增加，同时由于夏季气温高，导线负荷大等造成导线弛度出现增大，需及时检查、测量交叉跨越距离，防止发生交叉跨越短路；同时导线跳线均采用螺栓连接，容易造成跳线引流板、并沟线夹因输送大负荷而致热烧坏，应根据线路的实际运行状况和输送负荷情况开展导线跳线连接处红外测温工作。

（5）春夏季也是鸟类的繁殖期和候鸟的迁徙期，在这过程中往往会因鸟类筑巢而造成筑巢材料、鸟粪短路引起线路跳闸故障，因此要做好线路防鸟害的特巡工作。

3. 秋季

秋季气候主要有少雨干燥，鸟类活动多的特点。

（1）南方秋季多发生强对流天气，雷害事故经常发生，雷害故障巡视内容如上。

（2）秋季气候干燥，森林低矮植被已大致枯萎，树木较为干燥易引起火灾，故在线路特巡时应注意森林防火，特别是档距较大的线路段，对于档距中间的树木应重点控制，并及时检查、清理杆塔周围的杂草、垃圾等易燃物，防止发生火灾后引发倒杆塔事故。

（3）候鸟的幼鸟经过一个夏季也基本成熟，鸟类数量出现阶段性增多，多数是候鸟迁徙引发的鸟害故障，这也是秋季鸟粪闪络偏多的一个原因，因此秋季需及时检查防鸟设施，防止鸟粪闪络故障频发。

4. 冬季

冬季的气候主要有低温、多雾、多雪、积污周期长等特点。

（1）多雾、积污周期长的特点会导致污闪，因此需及时检查、监测绝缘子的污秽变化及污源变化，采取防污闪措施。

（2）低温、多雪以及冻雨会导致线路导地线及绝缘子覆冰，容易发生绝缘子串冰闪、舞动、倒塔断线等事故，需及时检查防冰设施；对于混凝土电杆，需及时检查排水设施，防止冻涨。

（3）根据近几年的统计结果看，冬季易发生塔材、拉线被盗现象，严重时会引起杆塔倾倒，因此防盗设施也是冬季的重点检查对象。

二、特殊区域巡视

1. 重污区

重污区重点注意绝缘子积污情况和污源变化情况两个方面。绝缘子污秽主要通过外观检查及污秽度测量，及时掌握积污情况，为采取防污闪措施提供依据。污源变化直接影响到污区等级的变化，因此要及时掌握污源变化情况，特别是在工业园区、开发区等易出现新厂矿的地区，不仅要掌握污源分布，还应调查清楚污源性质，如主要排放物的成分、酸碱度、污液中存有的各类导电离子等；不仅要考虑其对绝缘子积污的影响，而且要考虑其对杆塔、导地线、绝缘子等的腐蚀影响。

对于水泥厂、石灰场等粉尘类厂矿需注意其产生的粉尘对绝缘子表面的影响，重点检查绝缘子表面有无异物凝结情况；对于化工厂及制药厂，重点检查其对杆塔构件、导地线及复合绝缘子的腐蚀影响及异物凝结情况；对于金属类制品厂（如金属镁厂、电解铝厂、铸造厂等），主要检查绝缘子表面的金属堆积情况；对于盐类厂矿重点注意盐密变化情况。

2. 多雷区

线路发生雷击闪络时，低零值瓷绝缘子的存在可能造成导线或架空地线的掉线，扩大线路事故。

因此雷击区除重点检查架空地线、接地引下线、接地网、线路型避雷器、消雷器等防雷设施外，还应按周期检测瓷绝缘子（包括架空地线绝缘子）。

接地引下线的连接不良和接地电阻过高会直接导致线路的耐雷水平下降，因此是防雷设施检查的重点。安装有线路型避雷器时，还需定期对计数器数据记录，一方面检验线路型避雷器的动作情况，检验其安装的必要性；另一方面掌握雷电活动情况，为今后新建线路设计提供指导。

3. 鸟类活动区

通过对鸟类活动区的巡视，掌握本地区主要鸟类的分布情况及其活动规律，为采取针对性防鸟措施提供指导。对于鸟粪和鸟巢材料下挂引起的闪络，除了开展防鸟害特巡之外还应深入掌握鸟类习性。防鸟措施种类较多，主要有防鸟刺、防鸟风车、天敌仿真模型、声光惊鸟装置、超声波防鸟装置等，各类防鸟设施的有效性也需通过巡视与经验的积累来确认。

4. 易受外力破坏区

根据外力破坏的类型，易受外力破坏区又分为易盗区、易碰线区、山火易发区、异物区等。易盗区是指经常发生电力设施或其他设施被盗情况的区域，对易盗区，需重点检查防盗设施的有效性。易碰线区是指施工作业频繁，常有起重机、混凝土泵车等大型机械活动的区域，对易碰线区重点巡视线路周围环境的变化，施工作业范围、方向的变化。山火易发区是指森林、灌木茂密，经常发生火灾的区域，对山火易发区重点检查导线近地点植物生长情况，杆塔周围易燃物的堆积情况等，并及时清理。异物区主要指砖厂、塑料大棚、垃圾场等易出现飘浮物的地区，对异物区主要检查易飘浮物的固定情况，防止大风将异物挂在导地线上，对线路周围无人管理的垃圾场要及时清理或掩埋易飘浮物。

对外力破坏区，除加强巡视外，还应积极发展群众护线员，装设警示警告标志，向沿线居民宣传《电力法》《电力设施保护条例》等法律法规，增强沿线居民的电力设施保护意识，起到群防群治的效果。

5. 树木区

树木区主要指线路通过的林区、苗圃、果园、防护林带等区域。对树木区，重点注意树木与导线之间的距离变化，在确定导线与树木之间安全距离时，要考虑导线可能出现的最大弧垂及最大风偏情况下，导线与树木之间的电气安全距离应符合表 12-4-1 的规定。

表 12-4-1　　　　　　　　　　导线与树木之间的电气安全距离

电压等级（kV） 距离（m）	330	500	750
最大弧垂时垂距	5.5	7.0	8.5
最大风偏时净距	5.0	7.0	8.5

巡视人员还需要掌握本区域内主要树种的最终自然生长高度和生长速度，南方要特别注意春季毛竹的生长，以便及时采取防范措施。树木的自然生长高度与气候、环境等诸多因素有关，但一般情况下主要树种的最终自然生长高度和生长速度可参考表 12-4-2 的数据。

表 12-4-2　　　　　　　　　主要树种成熟龄平均高度

树种	杨柳树	油松	杉木	落叶松	桦树山杨	毛竹	苹果梨树	枣、核桃柿子树	其他树种
高度（m）	30	15	25	25	20	25	8	15	12
生长速度（m/y）	1.2	0.3	1.0	0.35	0.6-0.8	1.0/天	—	0.3-0.35	0.5

6. 微气象区

微气象区主要包括强风区和重冰区。强风区是指山顶、风口和深沟等易产生比同一区域风速更大的局部地区，最突出的是两条交叉山脉所形成的喇叭状山谷，风沿着谷口向谷地运动，易形成气象学上所指的狭管效应，风力不断加强。北方某地山区线路多次发生大风倒塔事故，其地形地貌均符合狭管效应。强风区线路应重点检查杆塔螺栓的紧固情况及杆塔构件完整情况，杆塔螺栓松动、杆塔构件丢失直接影响到杆塔强度，在巨大风力的作用下更容易发生倒塔事故。对强风区的线路杆塔，在线路设计审查或验收时，还应适当提高验算风速（至少提高 10%），校核其摇摆角能否满足要求，不满足时应提前采取防风偏措施。

重冰区是指覆冰厚度超过 20mm 的区域。导地线覆冰对输电线路的影响非常大，轻则导致导地线短路，重则发生倒塔断线事故。重冰区巡视应重点检查杆塔螺栓的紧固情况及杆塔构件完整情况，防止杆塔强度下降；及时掌握气候变化，预见可能出现的覆冰后果；收集覆冰数据，为今后的设计、运行积累经验；观察绝缘子覆冰、融冰现象，防止发生绝缘子融冰闪络。检查主要是对易覆冰区域气候变化情况和该区域线路抗覆冰能力的检查。巡视要点：塔材有无丢失螺栓是否松动、金具是否损坏；绝缘子上覆冰有无引起短路闪烁的危险；覆冰的导地线有无可能混线、断线；线路加装的防冰、隔冰装置是否有效；同时要观察风力大小、积雪厚度和覆冰类型。

7. 洪水冲刷区

主要是对处在山谷口、河道旁和水库下游区域线路杆塔的巡视。巡视人员应检查基础回填土是否牢固充足；山区丘陵地段的暗水道有无侵蚀塔基的隐患；基础护坡是否坚固、山腰杆塔有无防洪措施；河水有无改道冲刷杆塔的可能；受洪雨浸泡的杆塔基础有无滑坡塌方的危险；河堤、水库出险是否会危及线路。

8. 采空区

采空区是指地下矿产被开采以后形成的空洞区域。多数采空区在矿产被开采以后就会立即出现塌陷，引发地表下沉、位移，也有个别采空区短期不会出现塌陷，在地下水位发生变化或出现地震等灾害时才会塌陷。随着社会能源需求的不断增长，矿产开发规模不断扩大，采空区对输电线路的影响越来越大。据北方某省的统计，每年用于处理采空区线路的投资已超过千万。采空区对输电线路杆塔的影响主要是基础的不均匀沉降和滑坡。采空区巡视除了检查基础下沉、根开变化、杆塔倾斜、杆塔位移等设备本体缺陷外，还应掌握采空区的开采厚度、采厚比、开采速度、开采方向等各种参数，依此作为评估采空区对线路杆塔的影响程度及采取防范措施的依据。

三、特殊运行方式巡视

当电网运行方式发生改变时，必然会出现负荷流向、负荷分配的变化，也就意味着有的输电线路所传输的负荷将出现变化。负荷变小对线路没有影响，而负荷变大则会对线路产生不利影响。当负荷增长较大时，对线路的影响主要表现在接头过热、导线弧度增大、对地距离变小等。当导线接头连接不良时可能发生接头烧断的事故；当导线弧度较大时可能发生对地短路；当线路过负荷时可能导致导线出现永久变形。因此在改变运行方式前，要及时对线路进行特巡，重点检查导线接头的连接情况和交叉跨越距离；在改变运行方式过程中要及时测量导线的接头温度变化和交叉跨越距离变化，防止发生断线和交叉跨越短路。

四、直升机巡视

随着科技的不断进步，电力系统装备水平越来越高，利用直升机巡视线路已越来越普遍。直升机巡线最早开始于20世纪西方发达国家，我国在20世纪80年代，华北、河南、湖北都进行过直升机巡线的试飞，由于当时技术条件和经济实力的限制，试飞后都停顿了下来。20 世纪末，我国经济高速发展，超高压大容量输电线路越建越多，线路走廊穿越的地理环境更加复杂，如经过大面积的水库、湖泊和崇山峻岭，给线路维护带来很多困难。因此 2000 年以后，华北地区再次研究引进直升机巡线，主要用于巡视 500kV 输电线路。我国的直升机巡视虽然起步较晚，但发展迅速，目前全国各地基本都开展了输电线路直升机巡视作业。

（一）直升机巡视的特点

直升机巡视具有巡视速度快、视角广、巡视半径大、装备先进等优点，其特点如下。

1. 检测全面

检测范围广，效果好。直升机巡线可以携带大量的检测设备，如 CEV 电子巡线系统、高速可见光摄像机、高稳定望远镜、红外热像仪、紫外线电晕、导线损伤探测仪、激光测距仪和激光三维空间扫描仪等。能判断线路通道、铁塔、金具、导地线、绝缘子等缺陷，也能进行接点过热、异常电晕、导地线内部损伤、绝缘距离等测量和零劣质绝缘子判断。与人工巡视相比，可以更加详细、准确、全面地反映电网设备的健康水平，为电网的安全稳定运行提供强有力的保障。由于直升机居高临下，不受地面物体的遮拦，又可全方位移动，加之配备有高清晰度摄像机进行影像记录，可以发现肉眼、地面巡视无法发现的设备缺陷且方便地进行事后的反复检查。

2. 巡线速度快、不受地域的影响

人工巡线的速度受地理环境的影响较大，特别是在高原、高寒、山地和高海拔等交通不便的地区，其信息反馈的周期都很长，远远不能满足大功率、远距离安全输电的要求。而直升机巡线则能快速完成空中巡查、监测等工作，做到巡视速度与地域无关，巡视信息当天就能做出反应，巡视效率几十倍的提高，保证管理人员能够及时掌握电网设备的实际情况，在最短时间内做出有针对性的反应，采取最有效的措施，确保电网安全稳定运行。同时，也可以大大减轻线路巡视人员的劳动强度，降低人工成本。

3. 数据可以储存，且处理速度快

由于直升机巡线所采集到的信息已全部数字化，因此一方面可以通过互联网将信息传递到需要的地方，另一方面可以由计算机来对这些数据进行处理、储存和管理，根据数据准确判断设备内部隐患，从而达到快捷、无差错和便于查询，极大地提高管理效率和故障处置的反应速度，进而提高线路设备的健康水平。

4. 提高安全性

众所周知，飞机的安全性远远大于汽车的安全性，因此从安全方面考虑，人工巡线除了存在汽车正常行驶时可能导致的安全问题以外，还存在着山路、河流等自然地理条件引发的安全隐患；而直升机巡线则可大大降低这两方面的安全问题，最大可能的保障巡线人员的生命安全。

5. 不足之处

不足之处是每次升空飞行需向国家空管部门申请飞行计划，稍差点天气或有对流天气无法飞行；飞行检测的数据量大，没有专业的运行软件自动对照、判别，挑选设备缺陷和所在位置（线路通道障碍容易判别）；突发性事故不能及时巡查等。

（二）直升机巡视的主要装备和功能

1. 直升机巡视主要装备

主要有机载设备、机载软件、地面应急巡检指挥车车载设备及车载软件设备组成。

（1）机载设备。由吊舱、全景观测仪、GPS 天线、飞行姿态检测仪天线、北斗卫星天线、射频天线、数传电台天线、一体化操作平台及集成机柜等组成，如图 12-4-1 所示。

1）吊舱由转塔和陀螺稳定系统组成，内部安装可见光摄像机、全数字动态红外热像仪及紫外摄像机三个光学传感器，用于拍摄高清图像和高清视屏，如图 12-4-1（a）所示。

2）全景观测仪。由全景云台与全景摄像机组成，主要负责拍摄全景图像和测量巡检线路与交跨物距离的工作。

（a）　　　　　　　　　　　　　　（b）

图 12-4-1　直升机巡视设备

（a）陀螺稳定吊舱；（b）一体化操作平台

3）GPS 天线。负责测量直升机的位置、海拔信息等数据。

4）飞行姿态检测仪天线。负责测量直升机的航向、俯仰、横滚等参数。

5）北斗卫星天线。负责巡视航线的设定，用于直升机导航。

6）射频天线。负责读取待检线路、杆塔的相关信息。

7）数传电台天线。负责传送图文资料、短信、视频影像。

8）一体化操作平台。主要用于人机交换的功能，如图 12–4–1（b）所示。

9）集成机柜。主要负责机载设备控制和数据传输。

（2）机载软件。机载软件主要由控制系统、采集系统、存储系统、智能诊断系统和三维导航系统五大系统组成。分别完成机载系统的手动及自动控制的拍摄、巡检数据的采集、巡检数据的存储、巡检数据的实时智能诊断、巡检过程中的三维导航等工作。

（3）地面应急巡检指挥车车载设备。主要由后处理 PC、任务规划 PC、数据存储阵列、网络交换机、数传电台、UPS 不间断电源及地面监控指挥服务器等组成。

（4）车载软件。车载软件主要由地面监控指挥系统和后处理系统两大系统组成，用于线路巡检前的任务规划、巡检过程中的地面监控指挥以及巡检后的数据后处理工作。

2. 直升机机载设备的主要功能

一般的直升机机载设备主要有陀螺稳定吊舱、红外成像仪、可见光摄像机、机内操作平台四大主要部件组成，其余设备还有陀螺稳定望远镜、长焦数码相机、紫外成像仪、激光测距仪等，可根据巡视的目的进行选择配置。吊舱安装在飞机外部，操作平台安装在机舱内。

（1）陀螺稳定吊舱。利用其防抖及随动的功能，可基本消除直升机飞行中所带来的抖动及方向变化，以方便锁定目标。

（2）红外成像仪和可见光摄像机。通过将红外成像仪与可见光摄像机内置在陀螺稳定吊舱内，利用红外成像仪或紫外成像仪可以对线路上的导线接续管、耐张管、跳线线夹、导地线线夹、连接金具、防震锤、绝缘子等进行拍摄，飞行结束后使用专用软件分析数据，判断其是否正常。利用望远镜、照相机、机载可见光镜头检查记录杆塔、导地线、金具、绝缘子等部件的运行状态、线路走廊内的树木生长、地理环境、交叉跨越等情况。

（3）机内操作平台。操作平台包括遥控手柄、笔记本电脑、显示器、DV 录放像机、GPS 仪、电源与信号控制箱组成。巡线员在机舱内通过操作平台可方便地控制红外成像仪与可见光摄像机对输电线路进行检测。

国外直升机电力作业采用的仪器设备包括 CEV 电子巡线系统；高速可见光摄像机、红外热像仪、电晕探测仪、X 射线探测仪、导线损伤探测仪、接触电阻检测仪、绝缘子检测仪；绝缘子带电水冲洗设备；直升机等电位带电作业工具设备（包括导地线损伤开断压接工具；激光三维空间扫描设备）等。现在我国也正在研究和引进这些先进设备，有些已投入使用。

（三）直升机巡视系统运用及特点

直升机巡视系统是一套以计算机控制为主、人工干预为辅的智能巡检系统，使用该系统巡线可以提高质量和效益、降低成本，具体可分为巡检任务规划、智能巡检、地面后处理三个阶段。

1. 巡检任务规划

可以在地面指挥人员的决策系统帮助下，帮助飞行员和巡检人员模拟巡检线路，优化巡检路径。前期工作又分为巡检资料导入（导入巡检线路的基础资料，如杆塔经纬度、塔形、绝缘子型号、导地线型号等相关信息）—巡检参数设置—巡检路径生成及预览—巡检任务包导出等环节。

2. 智能巡检

具备采集自动化、诊断智能化、存储数字化三个技术特点。

（1）采集自动化。系统采用相对空间位置计算、飞机姿态测量、部件空间位置建模、电力线悬垂线计算等技术，实现巡检目标的自动跟踪，能自动跟踪到导地线、绝缘子、连接金具、杆塔等设备，进行自动智能化诊断，发现缺陷并抓拍缺陷部位的高清图片。

（2）诊断智能化。智能诊断软件先将所有管辖线路的杆塔经纬度输入，将间隔棒等金具正常运行状况纳入软件，诊断系统以并行流水线诊断方式管理对比判别，以异步方式与机载采集系统接口，实现将采集到的两路高清与两路标清进行部件识别和缺陷的智能诊断及交跨物测距。缺陷诊断除了红外热缺陷诊断、紫外缺陷诊断，还有可见光部件识别缺陷诊断，其主要采用先识别缺陷，然后采用纹理分析的方法诊断出如导线断股、异物附着、绝缘子自爆、杆塔锈蚀等缺陷。而全景交跨物测距，是采用单目的连续图像，辅助 GPS 等参数，测量出导线到交跨物的距离。

（3）存储数字化。采用特定的无损压存储技术实时将线路杆塔信息、全数字巡检视频数据、智能诊断后的缺陷图片按实际巡检的杆塔号进行分类，存储到机载的固态阵列中。

3. 后处理

将所有采集到的巡检数据信息进行同步智能分析与图片分析。

（四）直升机巡视方法

1. 准备工作

巡视前，首先要对输电线路的基础数据进行收集整理，对准备巡视线路的杆塔进行 GPS 定位，以方便制定飞行航线；为便于从空中寻找目标和准确记录，在准备巡视线路的杆塔顶部要安装醒目的航空标志牌，正面应背对飞行方向；编写飞行作业方案和组织指挥与保障计划，编制航巡方案，确定巡检时间、航巡路径及起降场地；根据电网输电线路运行工作实际情况和具体地理位置情况，确定航巡重点线路及重点部位；与空管部门协商飞行航线等事宜，待获得批准后，在良好天气下方可开始巡视作业。

2. 人员要求

直升机巡视一般由两名巡视人员共同进行（直升机驾驶员除外），一名巡视人员操作对线路目测和录像，另一名航检员操作防抖望远镜对线路进行检查。参加直升机巡视的人员身体状况应符合飞行要求，没有恐高症、高血压等不适于飞行的症状；参加直升机巡视的人员应经过专门的培训，熟悉直升机飞行的有关要求及注意事项，熟练掌握搭载设备的使用方法。

直升机巡视时，应沿被巡视线路的斜上方飞行，距地面高度为杆塔上方 10m 左右，距线路水平距离 10m 左右，如图 12-4-2 所示。直升机巡视速度一般为 20～30km/h，也可根据巡视目的的不同进行调整或悬停，返航速度一般应在 190～230km/h。录像时应使被测导线始终位于荧屏中央，避免脱靶；摄像机与航向相对保持 45°夹角，瞄准前方导线和杆塔，进行连续性录像，摄像机应将每一基杆塔的附件作为检测目标进行跟踪录像，同时注意录像效果，应在背阳光侧观察，防止阳光反射。当发现有缺陷或疑点时，直升机应靠近被检测目标，并作短暂悬停，进行仔细观测。可通过话筒以语音方式将异常情况随时录制于磁带上，便于在线路检测结束后，重放录像磁带时，复查、分析线路设备存在的缺陷情况，确定缺陷所在地段和杆塔号。

图 12-4-2 直升机巡视特高压线路

3. 巡视重点

直升机巡视的目的在于弥补地面巡视的不足和提高巡视效率，因此巡视时要有重点进行，不能等同于地面巡视。一般应将地面巡视难以发现的缺陷作为巡视重点，如导地线断股、损伤，导线间隔棒异常，复合绝缘子芯棒发热解剖现象，如图 12-4-3 所示，各类绝缘子闪络痕迹，导线接头发热，金具磨损及销子完好情况等。

（a）　　　　　　　　　　　　　　（b）

图 12-4-3　连扳、导线线夹缺失销子

（a）导线连扳缺失销子照片；（b）导线线夹缺销子照片

【思考与练习】

1. 特殊巡视主要有哪几类？

2. 冬季巡视的重点是什么？

3. 易受外力破坏区应重点巡视什么？

4. 特殊运行方式下应注意巡视哪些内容？

5. 直升机巡视主要搭载哪些设备，各有什么作用？

6. 直升机巡视与地面巡视的重点有什么不同？

▲ 模块 5　典型巡视方法（Z04G2005 Ⅱ）

【模块描述】本模块涵盖几种典型的线路巡视检查方法。通过要点归纳，掌握线路巡视检查的技巧。

【正文】

线路巡视检查方法有多种，一般是通过巡视人员双眼、望远镜、检测仪器、仪表等对输电线路设备进行巡查，以便及时发现设备缺陷和危及线路安全的因素，并尽快予以消除，预防事故的发生。

线路巡视可分为登杆塔巡视和地面巡视。登杆塔巡视是对地面检查巡视的一种补充，由于登杆塔巡视时，人与设备的距离近，视线的角度变化范围大，可及时发现地面巡视中无法发现或较难发现的杆塔、金具等缺陷。地面巡视包括正常、夜间和特殊巡视等，可全面掌握线路各部件的运行情况和沿线环境的变化情况。不论何种巡视，都需要掌握其检查方法，这关系到设备缺陷能否及时被发现，对输电线路的安全运行非常重要。

一、巡视步骤

巡视人员在巡视过程中如果不按一定的次序巡视，就会重复往返、顾此失彼，降低巡视效率和质量，因此应将各项巡视内容进行划分和排序，形成合理的观察顺序和行走路线。输电线路的巡视一般采用由远及近的巡视方法，即从巡视出发位置开始，一直到杆塔下全方位、全过程对线路环境、杆塔、拉线周围状况、通道异常、设备缺陷等进行检查。巡视检查中应注意结合太阳光的方向，尽量沿顺光方向观察杆塔上的部件。

巡视时，一般先在远离杆塔的位置观察线路周围环境、地貌变化；在向杆塔位置行进途中，注意观察杆塔及绝缘子的倾斜，导地线弧垂、导线分裂间距、异物悬挂、线路通道内的作业及树木等异常；到达杆塔位置注意检查杆塔各部件缺陷和两侧档距内有无影响线路安全的外界因素；沿线路向下一基杆塔行进途中，注意观察通道内的树木、建筑物、构筑物、边坡等对导线的安全距离及导、地线断股、间隔棒等金具状况。

二、几种典型的线路巡视检查方法介绍

1. 杆塔检查方法

（1）应自上而下或自下而上逐段检查，不应遗漏。对于地质不良地区或采空区，应检查铁塔塔材是否变形，以肉眼可分辨的挠度为准；主材变形的应将脸部紧贴在主材上，沿主材向上看，检查有无挠度。铁塔结构一般为对称结构，塔材短缺可根据对比塔材是否对称来检查；新短缺的塔材在与其他塔材的交叉处会留有新印迹，明显区别于铁塔的整体色彩；塔材的锈蚀通过观察塔材是否变红来判断。螺栓的紧固程度一般用力矩扳手检查，预先按不同规格的螺栓在力矩扳手上设置不同的力矩值，当紧固力矩达到该设定值后，会听到"咔"声；有经验的巡线工也有用脚踩踏角钢检查是否有螺栓振动声来判断塔材是否松动，这种方法一般用于检查螺栓普遍松动的情况。防盗设施的检查除了外观检查外，还应定期使用扳手拆卸的办法来检查其有效性。当发现绝缘子串倾斜或地表裂缝时，应检查铁塔的倾斜，一般使用经纬仪来检查。

（2）钢筋混凝土电杆裂纹的检查一般在距离杆根 5～10m 的距离检查；混凝土电杆的挠度检查应将脸部紧贴在杆体上，沿杆体向上看，检查鼓或凹的现象；有叉梁的混凝土电杆应注意检查叉梁是否对称，各连接处是否有位移现象；混凝土杆的外附接地引下线应牢固固定在杆体上；当发现绝缘子串倾斜或地表裂缝时，应检查电杆的倾斜，一般使用经纬仪来检查。

（3）拉线的受力变化检查可以通过观察各条拉线的弧垂是否相同来判断，也可以用手逐条振动拉线来检查其松紧程度是否相同；拉线的 UT 形螺栓必须有防盗设施并有效。

2. 绝缘子、金具检查方法

（1）绝缘子可从地面使用望远镜检查耐张绝缘子的锁紧销是否短缺，有两种方法：一种是巡视人员站在顺光侧，沿锁紧销轴心方向 45°范围以内，避开其他绝缘子、金具等遮挡，能看到锁紧销的端部是否露出，能看到端部，则说明锁紧销存在，否则锁紧销短缺。另一种方法是利用绝缘子球窝连接处的透光来检查绝缘子的锁紧销是否短缺，对于 W 形锁紧销，沿锁紧销安装方向的轴心观察光线是否通透，如通透则表明无锁紧销，否则说明有锁紧销。

（2）绝缘子闪络主要通过颜色变化来检查，根据杆塔高度的不同，一般在距离杆塔 10～50m 的位置用望远镜来检查。瓷绝缘子闪络后，表面釉质被灼伤，灼伤处会出现中心白边缘黑的灼斑；悬垂串的瓷绝缘子主要通过观察瓷裙边缘的变化来判断是否闪络。污秽玻璃绝缘子闪络后，受高温及氧化的作用，其灼伤点比其他部位洁净；洁净的玻璃绝缘子表面灼伤难以发现，主要通过观察绝缘子碗头部位的放电点来判断，放电点一般有硬币大小，银色发亮。复合绝缘子的灼伤较为明显，颜色发白，灼伤伞裙明显区别于其他部位。

（3）金具的大部分缺陷需通过登杆塔检查来发现，地面巡视主要检查其销子是否齐全。站在与销子穿向成直线的位置用望远镜检查销钉穿孔的通透性来判断销子是否存在，距离近时也可以直接用望远镜来观察销子是否存在。

（4）对于 220kV 及以上线路，在杆塔下还应注意听放电声，如放电声偏大则说明金具高电位侧金具有异常或绝缘子脏污严重，应注意检查金具是否有尖刺，均压环、屏蔽环是否正常，绝缘子表面是否积污严重。

3. 弧垂变化检查方法

从地面检查导地线弧垂变化一般要站在杆塔正下方来观察，导线弧垂点应在一个平面上；钢绞线型架空地线的弧垂应小于导线弧垂；如档距中间有高地，也可在高地上水平观察其弧垂平衡状况。分裂导线的间距变化应在线路的外侧来观察，分裂子导线的间距是否均匀，有无变大或变小的现象。导地线断股应在线路外侧行进时顺光观察，出现散股的断股容易发现，其断裂处会与主线分离，形成小分叉。特别要注意无间隔棒的分裂导线的巡查，防止间距小于设计值时在某一运行时段发生导线缠绕、碰击、鞭打现象。

三、典型巡视口诀

有经验的巡线工人积累了不少的线路巡视经验，现举例如下，以供参考。

1. 三十二句口诀

沿线巡视要仔细，发现情况现场记，树木障碍建筑物，桥梁便道均注意。

每走五十米处站，抬头扫视导地线，交叉限距和弛度，断股接头放电声。

行至距杆五十米，细看倾斜和位移，横担不正叉梁歪，滑坡污源和外力。
杆塔周围转一圈，基础护坡和拉线，跳线金具绝缘子，杆上部件看个遍。
寻至杆根上下看，叉梁鼓肚土壤陷，裂纹挠曲须留神，不要忽视接地线。
铁塔巡视更简单，各处连接靠螺栓，基础地脚和塔材，节板包铁最关键。
夏季树木最危险，登杆两米前后看，交叉距离要吃准，观察站在角分线。
特殊区域抓重点，定点巡视攻难关，吃苦耐劳好同志，发现隐患保安全。

2. 四季口诀

春季多风线舞动，巧用舞动查险情，沿线群众植树忙，防护区内控栽树。
夏季到来多雷雨，注意基础和接地，温高导线弧度变，各类交叉勤查看。
秋有霜露气候潮，绝缘干净才可靠，鸟类数量要增加，及时检查防鸟刺。
冬季降雪线覆冰，特殊区域要多去，农家温室种蔬菜，劝其绑扎塑料棚。

3. 查看绝缘子锁紧销口诀

杆塔等高要停步，先望钢帽大口处，反复观察看不清，百米以外看亮度。
钢帽中间有黑点，表明销子在里面，钢帽窝里亮堂堂，销子一定掉出孔。

4. 天气口诀

晴天注意看空中，雨后注意杆裂缝，风天注意导线摆，雾天捕捉放电声。

【思考与练习】

1. 远离线路的地方应重点巡视哪些项目？
2. 到达杆塔位置应重点观察什么？
3. 如何检查导地线弧垂变化？

▲ 模块 6 线路特殊区域的划分（Z04G2006 Ⅱ）

【模块描述】本模块介绍线路各种特殊区域的划分，特殊区域线路的运行、维护以及线路运行环境治理。通过要点讲解、定性分析，掌握位于特殊区域的线路维护和状态分析的技能。

【正文】

特殊区域是指输电线路处于特殊的运行环境或气象条件等区域，特殊的环境或气象对输电线路产生特定的不良影响，可能经常造成线路某一类型的故障或隐患。

一、特殊区域的分类

输电线路应根据沿线地形、地貌、环境、气象条件等特点，结合运行经验划分线路特殊区域。根据地形、地貌、环境的不同，线路特殊区域可分为重污区、洪水冲刷区、不良地质区、盗窃多发区、易受外力破坏区、鸟害多发区、跨树（竹）林区、人口密集区等；根据气象条件的不同，线路特殊区域可分为重冰区、多雷区、导线易舞动区、微气象区等。本节只介绍一些典型的特殊区域。

特殊区域的划定需要通过收集大量的基础资料和长时间的实践运行经验积累才能实现，由于特殊区域的地形、地貌、环境、气象条件等不同，所需收集的主要资料也不同，因此收集资料必须要有针对性和重点；对于特殊气象条件要选择距线路最近的气象台站，在气象部门覆盖不到的地区或需要积累特殊气象数据的地区，如覆冰区，可专门建立气象站，重污区可监控绝缘子串的盐密和灰密等。

二、特殊区域的划分原则和运行、维护要求

（一）多雷区

对于同一个地区而言，由于地形关系，有的地方落雷密度高，有的地方落雷密度低，将落雷密度高且经常引起雷击跳闸的地域称为多雷区，因此多雷区是相对的。

1. 划分原则

目前，输电线路除雷电定位系统外，还缺乏有效的雷电监测系统，因此多雷区的划分应以雷电定位系统为主要参考依据；由于雷电定位系统统计的数据量很大，即使采用网格法统计多年的数据，还是难以找出其明显的分布规律。因此在划分多雷区时，要考虑气象统计数据、地形地貌影响、雷电定位系统统计及运行经验等多方面的因素，并遵循以下几个原则。

（1）雷电定位系统中的统计样本应剔除对输电线路影响较小的落雷，如雷电流幅值小于某一限值后就可不再统计，这样更能找出对输电线路有影响的落雷，可更准确地区分多雷区。

（2）应充分采用现有输电线路的运行经验，雷击跳闸集中的地段应划为多雷区。

（3）输电线路雷击跳闸多发生在高山大岭，划分多雷区时应充分考虑地形地貌、金属矿产储矿区等对雷击的影响。

（4）由于气象台站的监测资料年限长，可作为划分多雷区的参考依据，但不能作为主要判据。

2. 运行、维护要求

（1）做好气象数据的统计与分析工作。在气象学上表征雷电的参数有雷暴季节、雷暴持续期、雷暴月、雷暴日、雷暴小时等，要通过对气象部门提供的数据进行统计分析，积累本地区输电线路的气象资料，但由于气象部门的雷暴日是采用耳听雷声方法，即一天内听到一个或数千个雷声，均统计为一个雷暴日。同时多数雷是云闪雷，它对输电线路没什么影响，而地闪雷则会造成输电线路跳闸，因此气象资料只能部分可参考。

（2）维护好雷电定位系统。现在，雷电定位监测技术及其系统已广泛应用于国内外电网，是当前观测雷电的主要技术平台。自 1993 年第一套雷电定位系统在安徽电网投入工程应用以来，国家电网公司于 2006 年就已建成覆盖 20 个省域的雷电监测网。雷电定位系统能提供雷电实时监测、雷击故障点快速查询、雷雨季节事故鉴别等功能；同时，雷电定位测量的地闪发生时间、位置、雷电流幅值、极性等数据以及长期积累资料也成为雷电参数统计的重要基础资料，它比我国推荐的跳闸率高近十倍，但与世界各国推荐的雷击跳闸率几乎相等，这对输电线路防雷起到非常重要的作用，也扭转了为什么我国输电线路实际跳闸高的看法，因此要确保雷电定位系统的正常使用。

（3）做好输电线路特殊地形地貌杆塔的防雷工作。山区线路应根据地形及当地的主要风向进行判断，一般为当地夏季主要风向的特殊地形杆塔（如山顶的杆塔、爬坡线路、位于阳坡半山腰的杆塔及跨越江河、峡谷等地形的大跨越等）易遭受雷击，且多数是绕击雷；位于平地、旷野的线路，主要受杆塔高度的影响，一般是周围地形的制高点，且由于线路杆塔良好的接地及金属构件，更容易成为雷电释放的首选目标；临近水域的线路（如处在河床河湾地带、溪岸、湖泊及水库边缘以及临江的山顶或山坡等）由于其具有较低的土壤电阻率和接地电阻，也易吸引雷电，而易遭受雷击；不同性质岩石的分界地带，尤其是在土壤电阻率发生突变的地带（如从铁矿石、铜矿石等蕴藏区及其过渡到其他岩石的边缘）也易遭受雷击。通过新建线路采取小或负地线保护角、运行线路安装横担侧向针、加装耦合地线、塔顶防雷拉线、避雷器及改善接地电阻等针对性措施，降低输电线路的雷击跳闸率。

（二）鸟害区

鸟类是自然生态系统的重要组成部分，它们在维护生态平衡、丰富全球生物多样性方面有着重要作用。全世界共有 9000 多种鸟类，它们随地理区域、种类、性别、成幼等的不同，而在形态、习性等方面千差万别。鸟类以其美丽多彩的羽毛、婉转动听的鸣声、多姿多样的体态，为我们的生活环境增添绚丽色彩和诗情画意，赋予大自然以蓬勃生机和活力。但对于长期暴露于大自然的输电线路来说，是很多鸟类栖息、筑巢的理想场所，从而经常影响到输电线路的安全运行。

1. 划分原则

鸟害故障有鸟粪闪络、鸟巢杂草短接部分空气间隙、鸟啄未带电线路的新复合绝缘子等形式。鸟粪闪络主要是体形较大的鸟或鹭类在横担绝缘子串挂点处停留或起飞时排粪造成，范围较大且有一定的随机性；鸟巢材料短路主要是由于鸟类筑巢的材料下挂、并在空气潮湿的时节因空气间隙不足造成，大多发生在 220kV 及以下线路上，且具有普遍性；鸟啄新复合绝缘子主要发生在不带电的新建线路上；绝缘子串伞盘上的鸟粪污闪发生的概率较小，需要有足够多的鸟粪才有可能。

鸟害故障随地区差异造成的故障也有所不同，鸟害区域划分主要根据本地区线路所处的环境、易引起鸟害的鸟类活动踪迹和习性、鸟害故障等实际情况进行。如线路杆塔是否处于河、塘附近，是否适合鸟类生存的基本条件；本地主要的鸟类有哪些，其习性又有哪些；主要的鸟害故障（是鸟粪闪络还是鸟巢短路）；这些都是划分鸟害区域的重要依据。

2. 运行、维护要求

（1）要通过分析本地区鸟害故障的原因，主要是由鸟粪或鸟巢引起的故障，根据不同的塔型结构，制定有针对性的防鸟害措施。

（2）观察本地区鸟的种类及活动习性，了解鸟类活动的规律，采取预防措施。

（3）加强鸟类活动区域的巡视，及时消除影响线路安全送电的隐患。对于鸟巢材料下挂，应通过巡视及时发现并进行处理拆除或移位等，同时在塔身内（下方无导线处）搭设人工鸟巢措施，致使鸟类在人工鸟巢内生养繁衍；对于鸟类栖息排泄稀鸟粪闪络，可通过安装防鸟刺、在绝缘子串挂点处安装挡板等措施，使鸟类无法停留在导线上方或排泄的鸟粪无法下挂与导线形成通道。

（三）重污区

污秽等级划分为 a、b、c、d、e 五个污秽等级，污秽等级应根据典型环境和合适的污秽评估方法、运行经验并结合其表面的现场污秽度（SPS）三个因素综合考虑划分，当三者不一致时，应依据运行经验确定；重污区是指污秽等级在 d 级（重污秽）和 e 级（非常重污秽）的污区。

1. 划分原则

如何判别线路途径区域内那些地段是属于重污区，首先要学会对绝缘子表面自然污秽物、污秽环境进行的分类，并根据现场污秽度（SPS）即饱和等值盐密（ESDD）和饱和灰密（NSDD）的测量，现场等值盐度（SES）的试验结果（即盐雾试验时的盐度在相同绝缘子和相同电压条件，产生的泄漏电流脉冲数、电流峰值与现场自然污秽条件下的泄漏电流的脉冲数、电流峰值基本相同，目前各厂家的泄漏电流监控仪均不报泄漏电流脉冲数和脉冲电流值，所报警的是对污闪现象无效果的稳态电流值），通过相应现场污秽度评估与典型环境污湿特质进行比较，确定污区分级。

（1）绝缘子表面自然污秽物分类。

1）A 类污秽物。指含有不溶物（或非水溶性）的固体污秽物附着于绝缘表面，当受潮时污秽物导电。A 类污秽物可通过测量等值盐密和灰密来表征其特性，其普遍存在于内陆、沙漠或工业污染区，同时沿海地区绝缘子表面形成的盐污层，在露、雾或毛毛雨的作用下，也可视为 A 类污秽。

2）B 类污秽物。指液体电解质附着于绝缘表面，通常也含有少量不溶物。B 类污秽物可通过测量导电率或泄漏电流来表征其特性，也可通过测量等值盐密和灰密来表征其特性，主要存在于沿海地区，海风携带盐雾直接沉降在绝缘表面上；通常化工企业排放的化学薄雾以及大气严重污染带来的具有高电导率的大雾与毛毛雨也可列为此类。实际上，纯 B 类污秽是很少存在的。绝缘子表面的所谓 B 类污秽物通常总是 A 类和 B 类污秽物的混合物。盐雾与化工气体排放物沉降前绝缘子表面已受到污染；特别是在城市、工业区及其周边形成的高电导率的大雾与毛毛雨（或称湿沉降），通常都是叠加在绝缘子表面已有的污层上。

（2）污染环境分类。

1）沙漠型环境。污秽层通常含有缓慢溶解的盐，不溶物含量高，属 A 类污秽。

2）沿海型环境。沿海岸波浪激起飞沫、海雾以及台风带来的海水微粒最具代表性，通常气象条件下海岸波浪激起飞沫影响距离不远，海雾影响可远至海岸数公里或 10km 以上，台风影响更可至海岸数十千米。此类污秽层多由溶解度高的可溶盐组成，相对不溶物含量偏低，通常在高电导率雾作用下迅速形成 B 类污秽层。

3）工业型环境。靠近工业污染源，因污染源类型的不同，绝缘子表面污秽层或含有较多的导电微粒如金属粒子，或含有易溶于水的氮氧化物（NO_x）和硫酸类（SO_x）气体形成的高溶解度的无机盐，或水泥、石膏等低溶解度的无机盐。此类污秽多属 A 类。

4）农业型环境。位于远离城市与工业污染的农业耕作区，污秽源以土壤扬尘（A类）及农用喷洒物（B 类）为主。绝缘子表面污秽层可能含有高溶解度的盐也可能含有低溶解度的盐（如化肥、农药、鸟粪、土壤中的盐分与可溶性有机物）。通常此类污秽中不溶物含量较多，属 A 类污秽。

（3）饱和污秽度。相关标准规定等值盐密和灰密的测量周期为 3～5 年，实质上就是用饱和污秽度取代年度最大等值盐密。测试现场污秽度的绝缘子可使用与XP—160 型瓷绝缘子爬距相近的 XP—70 瓷绝缘子和 LXP—70、LXP—160 玻璃绝缘子。并用上述绝缘子全表面等值盐密和灰密的平均值表示，也就是绝缘子表面的灰盐比，如图 12-6-1 所示。

1）饱和等值盐密。其的获取方法包括通过不清扫线路的实际测试，在实际线路或试验站悬挂不带电绝缘子串进行 3～5 年连续积污试验（要同时进行带电系数的研究），进行年清扫率的测试。其数值由 20℃时的电导率 σ_{20} 计算得到等值盐密（EDSS）。

2）饱和灰密。将测试饱和绝缘子等值盐密及灰密和现场污秽度的相互关系等值盐密的溶液通过过滤、沉淀物烘干、称重等环节得到的绝缘子表面每平方厘米的污秽物毫克数。

（4）划分依据。

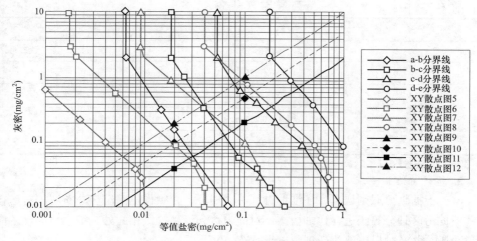

图 12-6-1　绝缘子表面的灰盐比

1）重污区与相应典型环境污湿特征的描述，见表 12-6-1。

表 12-6-1　　　　典型环境污湿特征与相应现场污秽度评估示例

示例	典型环境的描述	现场污秽度分级	污秽类型
E1	人口密度大于 10 000 人/km² 的居民区和交通枢纽； 距海、沙漠或开阔干地 3km 内； 距独立化工及燃煤工业源 0.5～2km 内； 乡镇工业密集区及重要交通干线 0.2km； 重盐碱（含盐量 0.6%～1.0%）地区	d 重	A A/B A/B A A
E2	距比 E5 上述污染源更长的距离（与 c 级污区对应的距离），但： （1）在长时间（几星期或几月）干旱无雨后，常常发生雾或毛毛雨。 （2）积污后期可能出现持续大雾或融冰雪的 E5 类地区。 （3）灰密为等值盐密 5～10 倍及以上的地区	d 重	A A A
E3	沿海 1km 和含盐量大于 1.0%的盐土、沙漠地区； 在化工、燃煤工业源区内及距此类独立工业源 0.5km； 距污染源的距离等同于 d 级污区，且： （1）直接受到海水喷溅或浓盐雾。 （2）同时受到工业排放物如高电导废气、水泥等污染和水汽湿润	e 很重	A/B A/B B A/B

2）污秽区分界处的等值盐密。很轻污秽区（原清洁区）与轻污秽区（Ⅰ区）、轻污秽区与中等污秽区（Ⅱ区）、中等污秽区与重污秽区（Ⅲ区）、重污秽区与很重污秽区（Ⅳ区）分界处的等值盐密分别为 0.03、0.05、0.1mg/cm² 和 0.25mg/cm²。污秽区等级分界见表 12-6-2。

表 12-6-2 污秽区等级分界表

污秽等级	等值盐密（mg/cm²）	爬电比距（cm/kV）
a	0.025	1.7
b	0.025～0.05	2.0
c	0.05～0.1	c_1=2.3、c_2=2.5
d	0.1～0.25	d_1=2.8、d_2=3.0
e	>0.25	e_1=3.2、e_2=3.5

2. 运行、维护要求

（1）根据划分原则认真、仔细地进行污区划分，并制作电网污区分布图。对运行设备根据污区划分等级进行详细校核，对尚未达到污秽等级相应外绝缘水平的设备应登记造册，并及时提出整改计划，逐步改造。

（2）在污闪高发的前期，应做好绝缘子的检测工作，并对不良或自爆绝缘子进行及时的更换。

（3）对重污区地段的线路设备，应重点注意绝缘子结污情况和污源变化情况，不仅要掌握污源分布，还应调查清楚污源性质为设备改造提供信息资料。

（4）对重污区地段的线路设备，加强盐、灰密的测试工作，并利用在线监控装置进行时时监控，及时提出绝缘子清扫计划，预防污闪的发生。

（四）覆冰区

对输电线路覆冰形成主要影响的有海拔、地形地貌、风速、湿度、温度、覆冰形状、覆冰种类、覆冰密度等。在划分覆冰区时重点应结合运行经验、实测气象资料、海拔等进行综合分析，得出科学合理的结果，既要避免对覆冰考虑不足而在恶劣气象条件下给输电线路及电网造成重大损失，又要避免设计覆冰太厚，大幅度增加建设投资规模。

1. 划分原则

GB 50545《110kV～750kV 架空输电线路设计规范》对覆冰区进行了如下划分。

（1）轻冰区：10mm 及以下。

（2）中冰区：大于 10mm 小于 20mm。

（3）重冰区：大于 20mm 及以上。

基本冰厚按以下重现期确定。

1）750kV 输电线路 50 年；

2）500kV 输电线路及其大跨越 50 年；

3）330kV 输电线路及其大跨越 30 年。

如沿线的气象与典型气象区接近，宜采用典型气象区所列数值。

在划分覆冰区时应遵守以上规定。对于某一区域的覆冰划分，需综合海拔、气象因素、地形地貌、覆冰观测等资料进行。有覆冰观测资料的，应采用频率分析法确定冰厚，其线型可采用 P-Ⅲ 型分布或 I 型极值分布；无覆冰资料的可采用调查分析法确定设计冰厚。送电线路冰区划分应依据充分，着重对冰区分界点和特殊地形点的分析研究，做到冰区划分合理，能真实沿线的覆冰情况。

2. 运行、维护要求

（1）摸清本地区线路海拔对线路覆冰的影响。就条件相同的地区尤其对雾凇来说，一般海拔越高越易覆冰，覆冰也越厚，海拔较低处其冰厚虽较薄，且多为雨凇或混合冻结。一般来说每一个地区都有一个起始结冰的海拔，即凝结高度，我国导地线覆冰凝结高度的分布特点是西高东低，北高南低；在凝结高度以上，随着海拔的增加，覆冰厚度也随之增加。海拔越高，如果湿度条件适宜，过冷却雾滴出现的机会增多，雾凇日数也随之增加，这只是就一般情况而言。对于一次具体的结冰过程，就不一定是结冰随海拔高程增加。但相同的地理环境下，海拔越高，覆冰越重。但在遭遇冻雨气象时，海拔的影响就基本消失了；如 2008 年南方冰灾中，海拔对线路覆冰的影响相对较小，是普遍性覆冰。

（2）了解地形地貌对线路覆冰的影响。导线覆冰与线路走向有关，东西走向普遍较南北走向的导线覆冰严重；由于冬季多为北风或西北风，导线为南北走向时风向与导线轴线基本平行，单位时间与单位面积内输送到导线上的水滴及雾粒较东西走向的导线少得多；导线为东西走向时风与导线约成 90° 夹角，从而使导线覆冰最为严重；导线覆冰与风向几乎成正弦关系，东西走向的导线不仅覆冰严重，而且导地线在覆冰后，由于不均匀覆冰的影响，可能会诱发覆冰舞动。

（3）了解覆冰的机理，收集本地气象资料。影响导线覆冰的气象因素主要有四种，即空气温度、风速风向、空气中或云中过冷却水滴直径、空气中液态水含量，这四种因素的不同组合确定了导线覆冰类型。雨凇覆冰通常温度较高，一般在 5~0℃ 之间，水滴直径一般在 10~40μm 之间；雾凇覆冰温度较低，一般在 15~10℃ 之间，水滴直径在 1~20μm 之间；混合凇覆冰介于雨凇和雾凇之间，温度范围为 9~3℃，水滴直径在 5~35μm 之间；随着空气温度的升高，雾粒直径变大，相应液水含量增加。在覆冰过程中，风对导地线覆冰起着重要的作用，它将大量过冷却水滴源源不断地输向送电线路，与导线相碰撞，被导线捕获而加速授冰。当具备了形成覆冰的温度和水汽条件后，除了风速的大小对覆冰有影响外，风向也是决定导线覆冰轻重的重要参数；风向与导线平行或与导线之间的交角小于 45° 时覆冰较轻；风向与线路垂直或与导线之间的交角大于 45°时覆冰比较严重。但覆冰形成过程中，风向不是固定不变的，总有一些时间风与电线有一定夹角。特别是雨淞覆冰过程中，水滴运动有垂直分量，与导线总成某些交角。

在了解上述原理后，应分析本地区线路的气象情况，对处于覆冰区域的运行线路，特别是在符合覆冰气象条件的时期加强巡视观察，以及时掌握线路覆冰情况，采取相应的措施加以防范，如两侧档距严重不均匀时，可将直线塔改为直线耐张，以杜绝因导线不均匀脱冰造成直线塔颈部拉折损坏的倒塔事故；对处于该区域的新建线路提出建议，档距不均匀时，设计成耐张塔，经过严重覆冰地段选择线路走廊时，应尽量避免导线呈东西走向，防止发生线路覆冰事故。

【思考与练习】

1. 主要的特殊区域类型有哪些？
2. 目前多雷区的划定主要依据什么？
3. 重污区划分的主要依据是什么？

▲ 模块 7　输电线路正常巡视作业指导书（Z04G2007Ⅲ）

【模块描述】本模块包含线路正常巡视作业指导。通过要点讲解、要点归纳、流程介绍，掌握正确编写正常巡视作业指导书方法。

【正文】

编制输电线路的正常巡视作业指导书是为了规范正常巡视工作的程序和巡视人员的作业行为，保证正常巡视工作的安全有序进行，及时掌握线路运行状况及周围环境的变化，以便及时发现和消除缺陷，预防事故的发生。

一、正常巡视的人员素质及要求

1. 人员素质

输电线路巡视人员必须是有输电线路工作经验、通过技能鉴定合格并经《国家电网公司电力安全工作规程（线路部分）》考试合格的人员。

2. 要求

（1）熟悉并掌握管辖线路的技术参数、线路的运行环境及在系统中的接线方式。

（2）熟悉并掌握线路缺陷判别、处理等方面的规定与方法。

（3）认真巡视管辖的线路设备，及时发现缺陷，确保巡视质量。

二、设备巡视要求

1. 设备定期巡视分类

定期巡视有细巡和重点两类，其目的是为了全面掌握线路各部件运行及沿线情况，及时发现设备缺陷和威胁线路安全运行的隐患，并为线路维修和评价提供资料。

（1）细巡。按 DL/T 741《架空输电线路运行规程》规定的巡视内容要求巡视，对危及线路安全的情况及时联系解决。

（2）重点巡视。根据线路的运行状况及季节特点，由运维部门或线路工区统一安排，确定巡视内容，对线路部分设备或特殊地段进行重点检查，包括设备地面部分的消缺与通道清障、交跨测量等工作。

2. 设备巡视周期要求

周期巡视应按规程规定的要求或本单位经过审查批准的线路巡视规定，具体巡视周期各地应结合管辖线路的周围环境、设备和季节变化情况确定，必要时可增加巡视次数，适当调整细巡、重点巡视周期。

三、巡视内容要求

1. 线路本体

（1）地基与基面。有无回填土下沉或缺土、水淹、冻胀、堆积杂物等。

（2）杆塔基础。有无破损、酥松、裂纹、漏筋、基础下沉、保护帽破损、边坡保护不够等。

（3）杆塔。杆塔有无倾斜、主材弯曲、地线支架变形、塔材、螺栓丢失、严重锈蚀、脚钉缺失、爬梯变形、土埋塔脚等；混凝土有无杆未封顶、破损、裂纹等。

（4）接地装置。有无断裂、严重锈蚀、螺栓松脱、接地带丢失、接地带外露、接地带连接部位有雷电烧痕等。

（5）拉线及基础。拉线金具等有无被拆卸、拉线棒严重锈蚀或蚀损、拉线松弛、断股、严重锈蚀、基础回填土下沉或缺土等。

（6）绝缘子。有无伞裙破损、严重污秽、有放电痕迹、弹簧销缺损、钢帽裂纹、断裂、钢脚严重锈蚀或蚀损、绝缘子串顺线路方向倾角大于 7.5° 或距离 300mm。

（7）导线、地线、引流线、屏蔽线、OPGW。散股、断股、损伤、断线、放电烧伤，导线接头部位有无过热、悬挂漂浮物、弧垂过大或过小、严重锈蚀、电晕现象，导线有无缠绕（混线）、覆冰、舞动、风偏过大、对交叉跨越物距离不够等。

（8）线路金具。线夹有无断裂、裂纹、磨损、销钉脱落或严重锈蚀；均压环、屏蔽环有无烧伤、螺栓松动；防振锤有无跑位、脱落严重锈蚀、阻尼线变形、烧伤；间隔棒有无松脱、变形或离位；各种连板、连接环、调整板有无损伤、裂纹等。

2. 附属设施

（1）防雷装置。避雷器有无动作异常、计数器失效、破损、变形、引线松脱；放电间隙有无变化、烧伤等。

（2）防鸟装置。

1）固定式：有无破损、变形、螺栓松脱。

2）活动式：有无动作失灵、褪色、破损。

3）电子、光波、声响式：有无供电装置失效或功能失效、损坏等。

（3）各种监测装置。有无缺失、损坏、功能失效等。

（4）杆号、警告、防护、指示、相位等标识。有无缺失、损坏、字迹或颜色不清、严重锈蚀等。

（5）航空警示器材。高塔警示灯、跨江线彩球有无缺失、损坏、失灵。

（6）防舞防冰装置。有无缺失、损坏等。

（7）ADSS 光缆。有无损坏、断裂、弛度变化等。

3. 线路通道环境

（1）建（构）筑物。有无违章建筑，导线与建（构）筑物安全距离不足等。

（2）树木（竹林）。树木（竹林）与导线安全是否距离不足等。

（3）施工作业。线路下方或附近有无危及线路安全的施工作业等。

（4）火灾。线路附近有无烟火现象，有无易燃、易爆物堆积等。

（5）交叉跨越。是否出现新建或改建电力、通信线路、道路、铁路、索道、管道等。

（6）防洪、排水、基础保护设施。有无坍塌、淤堵、破损等。

（7）自然灾害。地震、洪水、泥石流、山体滑坡等是否引起通道环境的变化。

（8）道路、桥梁。巡线道、桥梁有无损坏等。

（9）污染源。是否出现新的污染源或污染加重等。

（10）采动影响区。是否出现裂缝、坍塌等情况。

（11）其他。线路附近是否有人放风筝；有无危及线路安全的漂浮物；线路跨越鱼塘有无警示牌；有无采石（开矿）、射击打靶、藤蔓类植物攀附杆塔等。

4. 检查绝缘子、绝缘横担及金具

检查绝缘子、绝缘横担及金具有无下列缺陷和运行情况的变化。

（1）绝缘子与瓷横担脏污，瓷质裂纹、破碎，钢化玻璃绝缘子爆裂，绝缘子钢帽及钢脚锈蚀，钢脚弯曲。

（2）合成绝缘子伞裙破裂、烧伤，金具、均压环变形、扭曲、锈蚀等异常情况。

（3）绝缘子与绝缘横担有闪络痕迹和局部火花放电留下的痕迹。

（4）绝缘子串偏斜超过运行标准（双联串改八字形除外），绝缘横担偏斜。

（5）绝缘横担绑线松动、断股、烧伤。

（6）金具锈蚀、变形、磨损、裂纹，开口销及弹簧销缺损或脱出，特别要注意检查金具经常活动、转动的部位和绝缘子串悬挂点的金具。

（7）绝缘子槽口、钢脚、锁紧销不配合，锁紧销子退出等。

5. 检查防雷设施和接地装置

检查防雷设施和接地装置有无下列缺陷和运行情况的变化。

（1）放电间隙变动、烧损。

（2）避雷器、避雷针等防雷装置和其他设备的连接、固定情况。

（3）线路型氧化锌避雷器动作情况，其连线是否完好。

（4）绝缘避雷线间隙变化情况。

（5）地线、接地引下线、接地装置、连续接地间的连接、固定以及锈蚀情况。

6. 检查附件及其他设施

检查附件及其他设施有无下列缺陷和运行情况的变化。

（1）预绞丝滑动、断股或烧伤。

（2）防振锤移位、脱落、偏斜、钢丝断股，阻尼线变形、烧伤、绑线松动。

（3）相分裂导线的间隔棒松动、位移、折断、线夹脱落、连接处磨损和放电烧伤。

（4）均压环、屏蔽环锈蚀及螺栓松动、偏斜。

（5）防鸟设施损坏、变形或缺损。

（6）附属通信设施损坏。

（7）各种检测装置缺损。

（8）相位、警告、指示及防护等标志缺损、丢失，杆号牌缺损，线路名称、杆塔编号字迹不清。

四、正常巡视作业指导书编写内容

根据国家电网公司《现场标准化作业指导书编制导则》的要求，输电线路正常巡视作业指导书的编写结构由封面、适用范围、引用文件、巡视周期、巡视前准备、巡视卡、巡视记录、指导书执行情况评估和附录九项内容组成。

1. 封面

由作业名称、编号、编写人及时间、审核人及时间、批准人及时间、编写部门六项内容组成。

2. 适用范围

指作业指导书的使用效力，如"本指导书适用于××kV××线××塔至××塔正常巡视工作"。

3. 引用文件

明确编写作业指导书所引用的法规、规程、标准、设备说明书及企业管理规定和文件。

4. 巡视周期

按运维部门或线路工区的统一安排，规定周期内按本指导书全面巡视一次（也可根据线路所处地理情况确定巡视周期时间）。

5. 巡视前准备

巡视前应根据下达的巡视任务，从人员配备及要求、危险点分析及预控措施、工器具及材料方面做好准备工作。

（1）人员配备及要求。

1）集体巡视：工作负责人一名，巡视人员若干。

2）分组（个人）巡视：小组负责人、线路岗位责任人或设备主人 1～2 名（安规规定禁止单人巡视的情况除外）。

巡视人员应身体健康并按规定着装。

（2）危险点及控制措施。设备巡视前，应结合线路巡视杆塔的路径、地形、巡视道路、天气、季节等特点，从环境意外伤害（如雷雨、雪、大雾、酷暑和大风等天气、巡视通道内枯井、沟坎和动物攻击等）、触电伤害（如带电、交叉跨越、同杆架设、导线断落地面或悬吊在空中等）、高空坠落（如爬树、登塔或高差较大地点等）、交通意外（过公路、铁路、乘车等）方面和山区巡线道私设电网、野猪夹、陷阱等，分析巡视中可能造成巡视人员伤害的各种情况，提出保障安全巡视的防范措施，在下达的巡视作业指导书时提示巡线人员加以注意。

（3）巡视主要工器具及材料。主要从巡视人员的通信联系、巡视质量和可单独处理消除的少量地面缺陷等方面进行配置，主要工器具有通信工具、望远镜、照相机、钳子和扳手、砍刀或手锯、山区用登山棒、防刺鞋、个人安全用具等；主要材料有螺栓、铁丝、防盗帽及巡视记录等。

6. PDA 巡检仪或巡视卡

由巡视项目、巡视标准、缺陷内容与签注栏组成。若是 PDA 巡检仪，则巡检仪内附有全部线路的技术资料。

（1）巡视项目。每基杆塔的巡视内容。一般分线路通道及周边环境变化情况、杆塔本体、附属设施等项目。

（2）巡视标准。每个巡视项目检查和评判的依据。如线路标志"线路双编号齐全醒目，符合国标；警示牌规范统一，悬挂牢固"、杆塔本体"塔材、横担无变形；塔材螺栓齐全、紧固，无锈蚀现象"等。

（3）缺陷内容。详细记录设备缺陷情况。

（4）签注栏。记录每个项目的巡视结果，一般为"√"或"×"。签注栏首行内写明巡视时间。

7. 巡视记录

由巡视日期、巡视线段、巡视人员、备注栏组成。

8. 指导书执行情况评估

执行情况评估要对指导书的符合性、可操作性进行评价，对可操作项、不可操作项、修改项、遗漏项和存在问题做出统计，并提出改进意见。

9. 附录

可根据所巡视设备的跨越情况，确定所填写的跨越物垂直距离。线路与交跨物垂直距离的规定（按电压等级填写）。

五、正常巡视作业指导书格式

1. 封面

巡视作业指导书的封面如图 12−7−1 所示。

```
                                          编号：Q/×××

            ××kV××线××塔至××塔巡视作业指导书

        编写：_____      ____年____月____日
        审核：_____      ____年____月____日
        批准：_____      ____年____月____日


                    ××供电公司×××
```

图 12−7−1　封面

2. 适用范围

本作业指导书适用于××kV××线××塔至××塔正常巡视工作。

3. 引用文件

《中华人民共和国电力法》（中华人民共和国主席令第 60 号）

《电力设施保护条例》（中华人民共和国国务院令第 239 号）

《电力设施保护条例实施细则》（中华人民共和国国家经济贸易委员会、中华人民共和国公安部令第 8 号）

GB 50233　《110kV～500kV 架空送电线路施工及验收规程》

DL/T 741　《架空输电线路运行规程》

DL/T 5092　《110kV～500kV 架空送电线路设计技术规程》

国网（运检/4）305　《国家电网公司架空输电线路运维管理规定》

国家电网公司《预防 110（66）kV～500kV 架空输电线路事故措施》

Q/GDW 1799.2　《国家电网公司电力安全工作规程（线路部分）》

4. 巡视周期

规定周期内按本指导书全面巡视一次（也可根据线路所处地理情况确定巡视周期时间）。

5. 巡视前准备

（1）人员要求见表 12-7-1。

表 12-7-1 人 员 要 求

√	序号	内 容	备注
	1	集体巡视：工作负责人一名，巡视人员若干	

（2）危险点及控制措施见表 12-7-2。

表 12-7-2 危 险 点 及 控 制 措 施

√	序号	危险点	控制措施
	1	环境意外伤害	巡线时应穿工作鞋或防刺靴，雨、雪天路滑，慢慢行走，过沟、崖和墙时防止摔伤，不走险路。防止动物伤害，做好安全措施；偏僻山区巡线由两人进行。暑天、大雪天等恶劣天气，必要时由两人进行
	2	防止高空摔跌	不得随意攀登铁塔去处理杆号牌或观察树竹木与导线距离

（3）巡视主要工器具及材料见表 12-7-3。

表 12-7-3 巡视主要工器具及材料

√	序 号	名称	规格	单位	数量	备注
	1	扳手	10～12 寸	把	2	
	2	螺栓	M16	套	5	

6. PDA 巡检仪或巡视卡（见表 12-7-4）

表 12-7-4 PDA 巡检仪或巡视卡

线路名称		导线型号		地线型号		一般绝缘配置	
巡视项目		巡视标准				×月 / ×日	×月 / ×日
缺陷内容							

7. 巡视记录（见表 12-7-5）

表 12-7-5 巡 视 记 录

巡视日期	巡视区段	巡视人员签名	备　注

8. 指导书执行情况评估（见表 12-7-6）

表 12-7-6 指导书执行情况评估

评估内容	符合性	优		可操作项	
		良		不可操作项	
	可操作性	优		修改项	
		良		遗漏项	
存在问题					
改进意见					

9. 附录（见表 12-7-7）

表 12-7-7 附 录

电压等级（kV） ＼ 交跨距离（m）	铁路（至轨顶）	窄轨铁路（至轨顶）	通航河流（最高水位）	通航河流（最高水位至桅顶）	公路（至路面）	弱电线	电力线

【思考与练习】

1. 正常巡视正常巡视的周期是如何规定的？
2. 正常巡视的人员资质要求是什么？
3. 正常巡视的安全要求是什么？
4. 正常巡视的作业程序是什么？

▲ 模块 8　输电线路故障巡视作业指导书（Z04G2008Ⅲ）

【模块描述】 本模块包含线路故障巡视作业指导。通过要点讲解、要点归纳、流程介绍，掌握正确编写故障巡视作业指导书方法。

【正文】

编制输电线路故障巡视的作业指导书是为了规范故障巡视工作的程序和巡视人员的作业行为，保证故障巡视工作的安全有序进行，及时查明线路故障的原因、地点及故障情况，以便及时消除故障和恢复线路送电。

一、故障巡视的人员素质及要求

1. 人员素质

输电线路故障巡视人员必须是从事输电线路专业有一定线路工作经验、通过技能鉴定合格并经《国家电网公司电力安全工作规程（线路部分）》考试合格的人员。

2. 要求

（1）熟悉并掌握所管线路的技术参数、线路走径及通道环境情况。

（2）熟悉并掌握所管线路运行状况及存在缺陷。

（3）熟悉故障现象，具备线路故障的识别能力。

（4）按照线路工区及班站的统一安排，认真巡查设备，及时发现故障点并进行故障原因的初步判别，确保巡查质量。

二、设备巡视时间及要求

1. 故障巡视时间

线路发生故障后，无论重合是否成功，均应从故障的情况认真及时分析可能引发故障或事故的各种原因和可能发生的区段，确定巡查方案，并立即组织人员赶赴现场进行故障或事故查线。

2. 故障或事故巡线必须遵守下列要求

（1）故障或事故巡视中，巡视人员应严格遵守《国家电网公司电力安全工作规程（线路部分）》和 DL/T 741《架空输电线路运行规程》的有关规定。

（2）巡线人员应认真完成自己所负责区段的巡视工作，不得中断或遗漏。

（3）巡视人员发现故障点后，应及时汇报，重大事故点应设法保护现场；对可能造成故障的所有物件应搜集带回，并对故障或事故现场情况做好详细记录，必要时画出现场情况草图或照相，作为故障或事故分析的依据和参考。

三、巡视内容及要求

1. 沿线情况

（1）由于线路所经路段的地形不同，发生故障或事故的情况也各不相同，对各种季节性故障的影响也不一样，如雷雨季节的高山路段线路易发生雷击、汛期处于河流附近的线路杆塔易受冲刷倒塔等。

（2）由于线路通道内或线路附近各种超高的树木、广告牌、宣传条幅等物，对于故障的影响是不一样，如超高的树木、广告牌等物易发生接地故障、宣传条幅等物碰线需有一定的风力等。

（3）故障巡视时应结合故障分析要求，对线路沿线可能产生故障的情况进行认真检查。

2. 接地装置

检查接地连接螺栓与杆塔连接处有无故障时放电烧伤痕迹。

3. 杆塔和拉线

（1）检查杆塔上横担与混凝土杆接触处、横担与绝缘子连接处、架空地线金具连接处有无故障时放电烧伤痕迹。

（2）检查杆塔和拉线上下连接处有无故障时放电烧伤痕迹。

4. 绝缘子及金具

（1）检查绝缘子上有无故障时闪络放电烧伤痕迹。

（2）检查玻璃绝缘子、瓷质绝缘子的钢帽上有无故障时放电烧伤痕迹。

（3）检查均压环、屏蔽环、连接金具上有无故障时放电烧伤痕迹。

5. 导线及避雷线

（1）检查导线线夹附近、导线上有无故障时放电烧伤痕迹。

（2）检查避雷线线夹内、线夹附近、避雷线上有无故障时放电烧伤痕迹。

6. 附属设施及其他

（1）预绞丝、护线条上有无放电烧伤痕迹。

（2）光缆支架上有无故障时放电烧伤痕迹。

7. 防雷设施

（1）放电间隙有无变动、烧损。

（2）线路型氧化锌避雷器计数器有无动作情况。

（3）避雷器、避雷针等防雷装置和其他设备的连接、固定情况。

四、巡视的区段

故障或事故发生后，线路管理单位应及时根据调度部门提供的故障或事故信息（故障性质、电流、相位、测距等）和线路存在的隐患，分析线路故障相的排列、金属或非金属接地、单相或相间接地、距变电站的位置等，结合线路档距推算出可能发生故障的杆塔号，并以此为中心向线路两侧各延伸 3～5km 确定为线路故障巡视的区段，安排故障或事故查巡。

五、故障巡视作业指导书的内容

根据国家电网公司《现场标准化作业指导书编制导则》的要求，本模块中输电线路故障巡视作业指导书的编写结构由封面、适用范围、引用文件、巡视前准备、巡视卡和指导书执行情况评估及附录七项内容组成。

1. 封面

由作业名称、编号、编写人及时间、审核人及时间、批准人及时间、编写部门六项内容组成。

2. 适用范围

指作业指导书的使用效力，如"本指导书适用于××kV××线××塔至××塔故障巡视检查工作"。

3. 引用文件

明确编写作业指导书所引用的法规、规程、标准、设备说明书及企业管理规定和文件。

4. 巡视前准备

巡视前应根据下达的巡视任务，从人员配备及要求、危险点分析及预控措施、工器具及材料方面做好准备工作。

（1）人员配备及要求。

1）集体地面巡视：工作负责人一名，巡视人员若干。

2）登杆塔分组巡视：工作负责人一名，每组至少两名工作人员，其中一名为小组负责人。

巡视人员应身体健康并按规定着装和配备安全防护用具。

（2）危险点及控制措施。设备巡视前，应结合线路巡视杆塔的路径、地形、巡视道路、天气、季节等特点，从环境意外伤害（如雷雨、雪、大雾、酷暑和大风等天气、巡视通道内枯井、沟坎和动物攻击等）、触电伤害（如带电、交叉跨越、同杆架设、导线断落地面或悬吊在空中等）、高空坠落（如登杆塔或高差较大地点等）、交通意外（过公路、铁路、乘车等）方面分析巡视中可能造成巡视人员伤害的各种情况，提出保障安全巡视的防范措施，在下达巡视作业指导书时提示巡线人员加以注意。

（3）巡视主要工器具及材料。主要从巡视人员的通信联系、巡视质量和巡视人员安全等方面进行配置，主要工器具有通信工具、望远镜、照相机、个人安全用具等；主要材料为巡视记录。

（4）三交三查。工作前，工作负责人检查工作票或任务单所列安全技术措施是否正确完备，并予以补充；工作负责人应召集工作班成员进行"三交三查"，包括交代工作任务、技术措施、安全措施和危险点告知，检查工作人员精神状况、劳动保护着装情况、个人工器具是否完好齐全、危险点预控措施的落实情况；全体工作班成员在明确工作任务、安全技术措施和危险点及防范措施后在工作票或工作任务单上签名。

5. 巡视卡

由巡查项目、巡查标准、故障情况描述与签注栏组成。

（1）巡视项目。规定每基杆塔的巡视内容一般分为沿线情况、接地装置、杆塔和拉线、绝缘子及金具、导线及避雷线、附属设施及其他、防雷设施等项目。

（2）巡查标准。规定每个巡视项目检查和评判的依据：如沿线情况、接地装置、杆塔和拉线、绝缘子及金具、导线及避雷线、附属设施及其他、防雷设施等有无放电烧伤痕迹或异常。

（3）故障情况描述。详细记录设备故障情况，如杆塔号、故障相位和排列位置、故障点损伤情况等，并对巡视范围内发现的设备异常情况一并进行记录。

（4）签注栏。记录每个项目的巡视结果，一般为"√"或"×"，签注栏首行内应写明巡视时间。

6. 指导书执行情况评估

执行情况评估要对指导书的符合性、可操作性进行评价，对可操作项、不可操作项、修改项、遗漏项做出统计，并对巡视中的安全、计划完成、故障情况进行分析，找出故障巡视中存在的问题，并提出改进的防范措施和处理意见。

7. 附录（巡视记录）

（1）填写内容包括工作日期、巡视区段、发现的故障点、当日工作完成情况。

（2）必须正确填写巡视发现的故障点（正确描述缺陷、正确定性、提出处理意见）。

（3）填写必须完整，书写工整、字迹清楚，能清楚反映发现的故障情况。

六、故障巡视作业指导书的格式

1. 封面

故障巡视作业指导书的封面如图 12-8-1 所示。

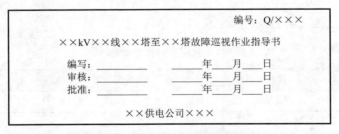

图 12-8-1　故障巡视作业指导书的封面

2. 适用范围

本作业指导书适用于××kV××线××塔至××塔故障巡视工作。

3. 引用文件

《中华人民共和国电力法》（中华人民共和国主席令第六十号）

《电力设施保护条例》（中华人民共和国国务院令第 239 号）

《电力设施保护条例实施细则》（中华人民共和国国家经济贸易委员会、中华人民共和国公安部令第 8 号）

GB 50233《110kV～500kV 架空送电线路施工及验收规程》

DL/T 741《架空输电线路运行规程》

国网（运检/4）305《国家电网公司架空输电线路运维管理规定》

国家电网公司《预防 110（66）kV～500kV 架空输电线路事故措施》

4. 巡视前准备

（1）人员要求见表 12-8-1。

表 12-8-1　　　　　　　　人 员 要 求

√	序号	内　　容	备注
	1	集体巡视：工作负责人 1 名，巡视人员若干	

（2）危险点及控制措施见表 12-8-2。

表 12-8-2　　　　　　危 险 点 及 控 制 措 施

√	序号	危险点	控制措施
	1	环境意外伤害	巡线时应穿登山鞋或防刺靴，手持登山棒，雨、雪天路滑，慢慢行走，过沟、崖和墙时防止摔伤，不走险路。防止动物或狩猎装置伤害，做好安全措施；偏僻山区巡线由两人进行。暑天、大雪天等恶劣天气，必要时由两人进行
	2	高空坠落	若要登塔巡查，必须有专人监护，登塔时双手不得持有任何物件

（3）巡视主要工器具及材料见表 12-8-3。

表 12-8-3　　　　　　巡视主要工器具及材料

√	序号	名称	规格	单位	数量	备注
	1	照相机		部	1	
	2	绝缘安全带		副	1	

（4）三交三查内容见表 12-8-4。

表 12-8-4　　　　　　三 交 三 查 内 容

√	序号	内　　容	作业人员签字
	1	履行开工手续	

续表

√	序号	内　容	作业人员签字
	2	"三交三查"即宣读工作票、交代作业任务、危险点及安全措施、安全注意事项、任务分工并提问作业人员	
	3	作业前对安全用具、工器具、材料进行清点检查	

5. 巡视卡（见表 12-8-5）

表 12-8-5　　　　　　巡　视　卡

巡查项目	巡查标准	×月 / ×日	×月 / ×日
异常情况描述			

6. 指导书执行情况评估（见表 12-8-6）

表 12-8-6　　　　　指导书执行情况评估

评估内容	符合性	优		可操作项	
		良		不可操作项	
	可操作性	优		修改项	
		良		遗漏项	
存在问题					
改进意见					

7. 附录（巡视记录见表 12-8-7）

表 12-8-7　　　　　　巡　视　记　录

巡视日期	巡查区段	巡视人员签名	备　注

【思考与练习】

1. 故障巡视有什么要求？
2. 故障巡视的区段如何划分？
3. 故障巡视过程中对巡视人员有什么要求？

▲ 模块 9 输电线路特殊巡视作业指导书（Z04G2009Ⅲ）

【模块描述】 本模块包含线路特殊巡视作业指导。通过要点讲解、要点归纳、流程介绍，掌握正确编写特殊巡视作业指导书方法。

【正文】

编制输电线路的特殊巡视作业指导书是为了规范特殊巡视工作的程序和巡视人员的作业行为，保证特殊巡视工作的安全有序进行，在导线结冰、大雾、粘雪、冰雹、河水泛滥、解冻、森林起火、地震以及狂风暴雨等发生后或系统特殊运行方式时，为及时查明线路设备的不正常和部件变形损坏情况，以便及时发现和消除缺陷，预防事故的发生。

一、人员素质及要求

1. 人员素质

输电线路特殊巡视人员必须是从事输电线路专业有一定线路工作经验、通过技能鉴定合格并经《国家电网公司电力安全工作规程（线路部分）》考试合格的人员。

2. 要求

（1）熟悉并掌握所管线路的技术参数、线路走径及通道环境情况。

（2）应由有经验并熟悉该线路的运行班成员组成。

（3）按照线路工区及班站安排，认真巡视设备，及时发现缺陷和隐患，确保巡视质量。

（4）特殊巡视应配备适合恶劣天气行驶的车辆，驾驶员应熟悉特殊巡视地区。

二、巡视时间及要求

1. 巡视时间

特殊巡视一般在气候剧烈变化、自然灾害、外力影响、特殊运行方式和其他特殊情况条件下，及时组织安排巡视。

2. 巡视要求

（1）在气候剧烈变化、自然灾害、外力影响、异常运行和其他特殊情况时，应及时对线路进行巡视，以发现线路通道的异常现象及设备部件的缺陷及异常情况。

（2）巡线人员应认真完成自己所负责区段的巡视工作，不得中断或遗漏。

（3）巡视人员发现设备异常后，应做好详细记录，对紧急缺陷应立即汇报。

（4）特殊巡视至少两人一组。

（5）巡视中通过走访群众护线员，了解当地的气候剧烈变化、自然灾害及外力破坏情况。

三、巡视内容要求

1. 气候剧烈变化特殊巡查

（1）导、地线上扬、振动、舞动、脱冰跳跃，相分裂导线鞭击、扭绞、黏连等。

（2）绝缘子与绝缘横担是否有覆冰、爬电等异常现象。

（3）跳线与横担空气间隙变化，跳线是否舞动或摆动过大。

（4）导线跳线连接金具过热、变色、变形、滑移。

（5）树木是否对线路运行构成威胁。

（6）附属设施是否完好。

2. 自然灾害特殊巡查

（1）杆塔及拉线的基础变异，如周围土壤突起或沉陷，基础裂纹，损坏、下沉或上拔，护基沉塌或被冲刷。

（2）线路附近河道冲刷的变化。

（3）防洪设施是否坍塌或损坏。

（4）拉线松弛、抽筋断股、张力分配不均等。

3. 外力影响特殊巡查

（1）线路防护区内有无进入或穿越保护区的超高机械作业。

（2）在杆塔、拉线基础周围取土、堆土、打桩、钻探、开挖或倾倒酸、碱、盐及其他有害物质。

（3）线路设施是否有被拆盗现象。

（4）防护区内有无兴建建筑物、堆放易燃、易爆物及栽种树木。

（5）导线对地、交叉跨越设施及对其他物体距离的变化。

（6）在线路附近施工爆破、开山采石、上坟烧纸、燃放爆竹、放风筝等。

4. 季节性及特殊区域巡查

（1）台风季节拉线杆塔的拉线拉棒及拉线金具的锈蚀、断股、被盗、松动、塔材有无缺损等情况。

（2）雷电活动频繁区域杆塔接地体是否外露、防雷设施有无损坏。

（3）春季树木、毛竹生长期，在线路通道附近有无危及线路安全及线路导线风偏摆动时，有无可能引起放电的树木、毛竹。

（4）多雨季节杆塔、基础有无被埋、被冲刷或损坏等，防洪设施有无坍塌或破坏。

（5）易火灾区域当地居民有无野外生火危及线路的情况。

5. 特殊运行方式下巡查

（1）导、地线弧垂变化，相分裂导线间距变化。

（2）导线接续金具过热、变色、变形、滑移。

（3）导线对地、交叉跨越设施及对其他物体距离的变化。

四、巡视区段

主要是气候剧烈变化、自然灾害、外力和其他情况影响地域的整条线路或其中的某几段、某元件，包括线路危险控制点。

五、特殊巡视作业指导书的内容

根据国家电网公司《现场标准化作业指导书编制导则》的要求，本模块中输电线路特殊巡视作业指导书的编写结构由封面、适用范围、引用文件、巡视前准备、巡视卡和指导书执行情况评估及附录七项内容组成。

1. 封面

由作业名称、编号、编写人及时间、审核人及时间、批准人及时间、编写部门六项内容组成。

2. 适用范围

指作业指导书的使用效力，如"本指导书适用于××kV××线××塔至××塔特殊巡视检查工作"。

3. 引用文件

明确编写作业指导书所引用的法规、规程、标准、设备说明书及企业管理规定和文件。

4. 巡视前准备

巡视前应根据下达的巡视任务，从人员配备及要求、危险点及控制措施、工器具及材料方面做好准备工作。

（1）人员配备及要求。

1）集体巡视：工作负责人一名，巡视人员若干。

2）分组巡视：小组负责人一名，设备主人一到两名。

巡视人员应身体健康并按规定着装和安全防护用具。

（2）危险点及控制措施。设备巡视前，应结合线路巡视杆塔的路径、地形、巡视道路、天气、季节等特点，从环境意外伤害（如雷雨、雪、大雾、酷暑和大风等天气、巡视通道内枯井、沟坎和动物攻击等）、触电伤害（如带电、交叉跨越、同杆架设、导线断落地面或悬吊在空中等）、高空坠落（如爬树、登塔或高差较大地点等）、交通意外（过公路、铁路、乘车等）方面分析巡视中可能造成巡视人员伤害的各种情况，提出保障安全巡视的防范措施，在下达的巡视作业指导书时提示巡线人员加以注意。

（3）巡视主要工器具及材料。主要从巡视人员的通信联系、巡视质量和巡视人员安全等方面进行配置，主要工器具有通信工具、望远镜、照相机、测高仪、个人安全及防护用具等；主要材料有电力警示牌、巡视记录等。

（4）三交三查。工作前，工作负责人检查工作票或任务单所列安全技术措施是否正确完备，并予以补充；工作负责人应召集工作班成员进行"三交三查"，包括交代工作任务、技术措施、安全措施和危险点告知，检查工作人员精神状况、劳动保护着装情况、个人工器具是否完好齐全、危险点预控措施的落实情况；全体工作班成员在明确工作任务、安全技术措施和危险点及防范措施后在工作票或工作任务单上签名。

5. 巡视卡

由巡查项目、巡查标准、缺陷及异常情况描述与签注栏组成。

（1）巡视项目。规定每基杆塔的巡视内容应根据巡查要求的不同，对照巡视重点安排进行。

（2）巡查标准。规定每个巡视项目检查和评判的依据，如线路杆塔本体、塔材、横担有无变形；塔材螺栓是否紧固等。

（3）缺陷及异常情况描述。详细记录线路缺陷及异常情况。

（4）签注栏。记录每个项目的巡视结果，一般为"√"或"×"，签注栏首行内应写明巡视时间。

6. 指导书执行情况评估

执行情况评估要对指导书的符合性、可操作性进行评价，对可操作项、不可操作项、修改项、遗漏项做出统计，并对巡视中的安全、计划完成、发现问题进行分析，找出夜间巡视中存在的问题，并提出改进的防范措施和处理意见。

7. 附录（巡视记录）

（1）填写内容包括工作日期、特殊巡视区段、发现的问题、当日工作完成情况。

（2）必须正确填写巡视发现的问题（正确描述缺陷、正确定性、提出处理意见）。

（3）填写必须完整，书写工整、字迹清楚，能清楚反映发现的故障情况。

六、特殊巡视作业指导书的格式

1. 封面

特殊巡视作业指导书的封面如图 12-9-1 所示。

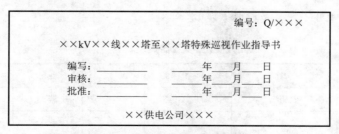

图 12-9-1　特殊巡视作业指导书的封面

2. 适用范围

本作业指导书适用于××kV××线××塔至××塔特殊巡视工作。

3. 引用文件

《中华人民共和国电力法》（中华人民共和国主席令第六十号）

《电力设施保护条例》（中华人民共和国国务院令第 239 号）

《电力设施保护条例实施细则》（中华人民共和国国家经济贸易委员会、中华人民共和国公安部令第 8 号）

GB 50233 《110kV～500kV 架空送电线路施工及验收规程》

DL/T 741 《架空输电线路运行规程》

Q/GDW 1799.2 《国家电网公司电力安全工作规程（线路部分）》

国网（运检/4）305 《国家电网公司架空输电线路运维管理规定》

国家电网公司预防《110（66）kV～500kV 架空输电线路事故措施》

4. 巡视前准备

（1）人员要求见表 12−9−1。

表 12−9−1 人 员 要 求

√	序号	内　容	备注
	1	集体巡视：工作负责人一名，巡视人员若干，至少两人一组	

（2）危险点及控制措施见表 12−9−2。

表 12−9−2 危 险 点 及 控 制 措 施

√	序号	危险点	控制措施
	1	环境意外伤害	巡线时应穿绝缘鞋或绝缘靴，雨、雪天路滑，慢慢行走，过沟、崖和墙时防止摔伤，不走险路。防止动物伤害，做好安全措施；偏僻山区巡线由两人进行。暑天、大雪天等恶劣天气，必要时由两人进行

（3）巡视主要工器具及材料见表 12−9−3。

表 12−9−3 巡视主要工器具及材料

√	序号	名称	规格	单位	数量	备注
	1	照相机		台	若干	
	2	测高仪		台	若干	

（4）三交三查内容见表 12-9-4。

表 12-9-4　　　　　　　　　三 交 三 查 内 容

√	序号	内　　容	作业人员签字
	1	履行开工手续	
	2	"三交三查"即宣读工作票、交代作业任务、危险点及安全措施、安全注意事项、任务分工并提问作业人员	
	3	作业前对安全用具、工器具、材料进行清点检查	

5. 巡视卡（见表 12-9-5）

表 12-9-5　　　　　　　　　巡　视　卡

杆塔型式		导线型号		绝缘配置		档距		
杆塔呼称高		地线型号		拉线型式		所处地域		
巡视项目		巡视标准				×月 ╱ ×日		×月 ╱ ×日
缺陷内容								

6. 指导书执行情况评估（见表 12-9-6）

表 12-9-6　　　　　　　　　指导书执行情况评估

评估内容	符合性	优		可操作项	
		良		不可操作项	
	可操作性	优		修改项	
		良		遗漏项	
存在问题					
改进意见					

7. 附录（巡视记录见表 12-9-7）

表 12-9-7　　　　　　　　　巡　视　记　录

巡视日期	巡视区段	巡视人员签名	备　　注

【思考与练习】

1. 特殊巡视的时间有什么要求？
2. 特殊巡视是如何规定的？
3. 特殊巡视的安全要求是什么？

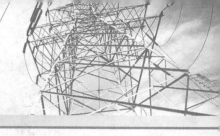

第十三章

输电线路的状态运行

▲ 模块 1 输电线路状态运行基本概念（Z04G3001 Ⅰ）

【模块描述】本模块包含输电线路状态运行的基本概念部分常用线路专业术语。通过概念描述、知识讲解，了解部分常用线路专业术语，掌握输电线路状态运行的基本概念。

【正文】

一、架空输电线路状态运行的基本概念

输电线路架设在野外，常年经受大自然环境影响，同时还要受人类生产、生活的影响，如公用事业基础建设中的土地平整、线路附近风筝、广告气球飘带、农用薄膜、农作物遮阳布飘飞缠绕，道路桥梁或弱电线路、管道的建设、穿越架设中危及线路的安全运行，另外还会遭到塔材、导线等偷盗或恶意破坏等，因此按 DL/T 741《架空送电线路运行规程》的周期巡视和定期检修，会造成绝大部分线路设备过渡维护和检修，对少量特殊区域的线路设备则会呈现明显的巡视、检修不足。

因我国目前没有输电线路状态巡视的规程或规章制度，也没有单一的线路检修规程和按设备状态进行检修设备的规章制度，因此按输电线路设备本体的运行状况和通道环境运行状况，以及带电设备（部件）的缺陷状况，进行有的放矢地巡视、检修消缺。

1. 线路巡视

线路巡视是线路运行人员用观察、检查或扫描方法对线路设备、通道状况进行状态量采样过程。巡视种类有定期巡视、故障巡视、特殊巡视、夜间巡视、交叉巡视、诊断性巡视、监察巡视、为弥补地面巡视的不足而登塔检查、走线检查和乘直升机巡视，其目的是为了经常掌握线路运行状况，及时发现线路本体、附属设施和线路通道上的缺陷和隐患，为线路检修、维护及状态评价（评估）等提供依据、资料和参数，以保证线路安全运行。

2. 状态巡视

状态巡视是线路巡视的一种科学方式，是根据架空输电线路的实际状况和运行经验动态确定线路（段、点）巡视周期的巡视。线路实际状况包括线路设计条件、运行年限、设备健康状况、通道情况、地质、地貌、环境、气候、设备存在的危险点等。按线路（设备、通道）状态巡视，可以使巡视过程中做到有的放矢，真正做到"该巡必巡，巡必巡好"。

3. 线路状态检测

线路状态检测是指线路运行维护人员对线路设备、通道状况用仪器测量方法按预先确定的采样周期进行的状态量采样过程。常见的线路状态监测有瓷绝缘子零值（即绝缘电阻、分布电压）测试、接地电阻测量、交叉跨越测量、导线跳线连接点螺栓扭矩检测或红外测温、运行绝缘子累积盐密测量、硅橡胶憎水性能测量和拉棒锈蚀检测等。

4. 线路状态检修

对巡视、检测发现的状态量超过状态控制值的部位或区段进行维护或修理的过程。可根据实际情况采取带电或停电方式进行。线路状态检修可结合线路的大修、技术改造和日常维修进行。

5. 设备危急缺陷

线路设备或通道缺陷随时都有可能导致发生事故，必须尽快停电或带电作业消除或采取临时安全技术措施后尽快处理的缺陷状态。

6. 设备重要缺陷

线路设备或通道缺陷比较重大，但设备仍可短期继续安全运行的缺陷，应在短期内停电或采用带电作业方式消除的缺陷状态。

7. 设备一般缺陷

线路设备或通道缺陷对近期安全运行影响不大的缺陷，可列入下次检修处理或采用带作业方式消除的缺陷状态。

8. 外部隐患

因线路外部环境变化或人为等因素危及线路安全运行的各种情况，如与线路安全距离不足的树竹木、建（构）筑物、机械施工以及线路周边的污源点等。

9. 状态测温

设备在运行情况下，采用专用仪器，对连接设备的温升、温差等状态量进行非接触性的采样过程。

10. 技措

设备技术改造措施的简称。

11. 反措

设备反事故措施的简称（现已改为预防事故措施）。反事故措施一般在上年末制定计划，经审核批准后执行，反事故措施计划内容主要包括：线路事故、障碍、异常情况的防止对策；上级机关颁发的反事故措施；需要消除的影响线路安全运行的重要缺陷、隐患或危险点等。

12. 安措

企业安全组织技术和劳动保护措施的简称，它以改善作业环境，预防人身伤亡事故、职业病等为原则，以安全性评价结果为依据制定的安全组织技术措施。

13. 状态评价

输电线路状态评价是按条计列，但线路设备有杆塔与基础、导地线、绝缘子、金具、接地装置、附属设施和线路通道 7 个单元，每个单元项有数量众多的构件，因此评价先按单元状态评价，由单元、部件、评价内容、状态量、量测、评分标准构成，评价内容是部件的具体评价范畴。状态量是反映评价内容中设备状况的各种技术指标、性能和运行情况等参数的总称，量测是状态量的具体数值或定性值，评分标准是按单元的重要性来附以不同权重，它通过量测来判断状态的扣分依据，按是否需要停电来施行采取何种检修方式。

二、部分常用线路专业术语

1. 等值附盐密度（简称等值盐密）

绝缘子表面单位面积上的等价含盐量值，溶解后具有与从给定绝缘子的绝缘体表面清洗的自然沉积物溶解后相同导电率的氯化钠总量除以表面积，一般用 mg/cm^2 表示。

2. 不溶物密度（简称灰密）

从给定绝缘子的绝缘体表面清洗的非可溶性残留物总量除以表面积，一般用 mg/cm^2 表示。

3. 外绝缘泄漏距离（几何爬电距离）

指绝缘子正常承受运行电压的二电极间沿绝缘子外表面轮廓的最短距离，一般用 cm 表示。

4. 外绝缘单位泄漏距离（泄漏比距）

指外绝缘泄漏距离对系统额定线电压之比，一般用 cm/kV 表示。

5. 统一爬电比距

绝缘子的爬电距离与其两端承担的最高运行电压（对于交流系统为最高相电压）之比，一般用 mm/kV 表示。

6. 有效爬电距离

盘形悬式绝缘子设计有形状系数，即伞盘棱与棱间局部转角处在试验电压下会产生电弧桥接，也就是说盘形悬式绝缘子的几何爬距在试验电压下的爬电距离（牺牲部分爬电距离）。

7. 污闪

绝缘子表面上的污秽在潮湿、毛毛雨、雾、冰雪等天气下，在运行电压下发生沿绝缘子串的电气闪络现象称为污闪。

8. 冰闪

绝缘子串或支柱绝缘子一侧或全部结冰贯通，冰柱内泄漏电流融化成水但外层仍为冰层，在运行电压下沿绝缘子串表面发生电气闪络跳闸。

9. 沿面闪络

指雷电流、污闪、冰闪等故障电流沿绝缘子串表面闪络，随后绝缘子恢复绝缘性能，但瓷绝缘子沿面闪络会造成电弧烧伤表面瓷釉，使之逐渐劣化；复合绝缘子伞裙表面电弧过后，浓浓的白烟夹着刺鼻的气味，整个伞裙大面积褪色，有白色片状膜产生，并易脱落，即粉化严重，局部护套碳化也严重，需及时更换。玻璃绝缘子电弧会烧伤表面薄薄一层（0.1mm）玻璃皮，烧伤面下的玻璃件仍然是熔体，不影响绝缘性能，即玻璃绝缘子电弧烧伤表面后仍可继续运行。

10. 温升

用同一检测仪器相继测得的被测物（导线）表面温度和环境温度参照体表面温度之差。

11. 温差

用同一检测仪器相继测得的不同被测物或同一被测物不同部位之间的温度差。

12. 相对温差

两个对应测量点之间的温差与其中较热点的温升之比的百分数。相对温差 δ_1 可用式（13-1-1）求出

$$\delta_1 = \frac{\tau_1 - \tau_2}{\tau_1} \times 100\% = \frac{T_1 - T_2}{T_1 - T_0} \times 100\% \tag{13-1-1}$$

式中　τ_1、T_1 ——发热点的温升和温度；

τ_2、T_2 ——同相导线参照点的温升和温度；

T_0 ——环境参照体的温度

13. 有效检测距离

指采用的镜头分辨率与被测量设备的直径之间关系，如 1.3mrad 检测 LGJ—400/35 钢芯铝绞线的直线接续管，接续管的直径 ϕ45mm，则有效检测距离约 35m；线路用长

焦镜头 0.7mrad 检测 LGJ—400/35 钢芯铝绞线的直线接续管,其有效检测距离约为 57m。

14. 憎水性

固体材料的一种表面性能,水在憎水性的固体表面形成的一种互相分离的水滴或水珠状态,而不是连续的水膜或水片状态。

15. 憎水性迁移

憎水性的闪裙护套在表面污染后,将自身的憎水性传递给污层并且自身仍具有憎水性的。

16. 憎水性的减弱与恢复

清洁或污秽复合绝缘子伞裙护套的憎水性在某些外界因素作用下减弱,外界因素停止作用后其憎水性自然恢复。

17. 伞间最小距离

指具有相同伞径的相邻大伞,上面的一个伞的滴水缘最低点到下一个伞表面的垂线长度。伞间最小距离 C 值反映了在高湿度天气或同时在污秽作用下,相邻两大伞放电桥接情况。

18. 爬电系数(C.F)

爬电系数 C.F 是整体绝缘子尺寸的设计参数,指绝缘子总的爬电距离与绝缘子两电极间沿空气放电最短距离之比。

19. 额定机械负荷

用于表征产品机械强度等级的负荷值,产品在该负荷下应能承受 1min 而不破坏。

20. 瓷、玻璃绝缘子的劣化

由于自然老化及产品质量等原因造成瓷绝缘子机电性能下降或瓷件破损、釉烧伤,玻璃绝缘子自爆等。

21. 残余强度(也称残锤强度)

仅指玻璃绝缘子自爆后的钢帽、钢脚残余额定荷载,IEC 标准要求玻璃绝缘子的残留强度不得小于 80%额定荷载。

22. 复合绝缘子劣化

复合绝缘子硅橡胶伞套出现变硬(脆)、粉化、裂纹、破裂、起痕、树枝状通道、蚀损、穿孔、密封性能下降、局部发热、憎水性能下降及机械强度明显下降的现象。

23. 粉化

粉化是伞套材料填充物的某些颗粒形成粗糙或粉状表面的现象。

24. 起痕

起痕是由于在绝缘材料的表面上形成通道并且发展而形成的一种不可逆的劣化现象,这种通道甚至在干燥的条件下也是导电的。起痕可以产生在与空气相接触的表面上，也可产生在不同绝缘材料之间的界面上。

25. 树枝状通道

树枝状通道是由材料内部形成的微细通道，是一种不可逆的劣化现象，这种通道可能导电也可能不导电，这些微通道能够在整个材料上逐渐延伸直至产生电气破坏。

26. 电蚀

硅橡胶复合绝缘子系有机物，属长棒阻性产品，电位分布极不均匀，导线端长期承受强电场，且均压环又只均压保护金具芯棒压接处，有时会造成超高压线路导线侧的第 2～4 片伞裙处因强电场发生电蚀硅橡胶护套，造成硅橡胶穿孔或树枝状贯通。

27. 均压装置

它是装在金属附件上的一种装置，能改善绝缘子串特别是复合绝缘子的电位分布，同时保护金属附件、芯棒及伞套不被电弧灼伤，其次还能保护芯棒、金具连接区不因漏电起痕及蚀损导致密封性能的破坏。均压装置可以是均压坏、均压引弧环或半导体的聚合物器件。

28. 罩入距

由于绝缘子串的分布电压不均匀，因此盘形悬式绝缘子在 330kV 电压等级及以上线路均要采用均压装置保护绝缘子和金具，且均压环一般罩入 2 片绝缘子；复合绝缘子因属长棒全阻性，电压分布极不均匀，所以高压端必须安装均压环，但复合绝缘子均压环不深入罩住硅橡胶伞裙，因此均压效果远没有盘形绝缘子好，即导线端硅橡胶伞裙表面最大电场强度有时大于 500V/mm（有效值）的一般设计要求。

29. 特殊区段

架空输电线路的特殊区段是指线路设计及运行中不同于其他的常规区段，它是设计部门按超常规设计建设的线路，主要指大跨越、多雷区、重污区及重冰区的线路。

30. 大跨越

架空输电线路跨越通航的大河流、湖泊和海峡等水域，其跨距特别大（一般在1000m 及以上）或跨越杆塔特别高（一般在 100m 及以上），导线选型、杆塔等设计须特殊考虑，在发生故障时严重影响航运或修复特别困难的线段。大跨越应自成独立的耐张段。

31. 重冰区

导、地线设计覆冰厚度达 20mm 及以上的输电线路区段称为重冰区。

32. 重污区

输电线路绝缘子表面附着各种污秽物质（含盐密和灰密）特别严重的地区，一般指三级以上污秽区。

33. 多雷区

雷电活动随所在地区的地形地貌和矿物程度及湿度会有很大不同，以往按"雷暴日"（40 日以上）或"雷暴小时"来区分多雷区，严格说按"对地雷击密度分布"来确定多雷、少雷区则更为科学合理。

34. 微气象区

指局部地域常发生大风、覆冰、大雪等灾害性气候而导致输电线路发生覆冰倒杆、导线舞动、冰闪跳闸等事故，这样的区域范围较小。

35. 跳闸率

线路由于雷击、污闪等原因发生绝缘闪络，导致线路断路器动作。一般采用每百公里线路在一年中发生的跳闸次数进行统计，单位为：1/100（km·a）。雷击跳闸率应归算至 40 雷电日的值，单位为：1/100（km·a·40）雷日，也可简写为：1/100（km·a）。

36. 事故率

线路断路器动作后，均称故障率；若线路安装了自动重合闸装置，重合不成功者，则称之为线路事故。一般采用每百千米线路在一年中发生事故的次数进行统计，单位为：1/100（km·a），也称强迫停运率。

37. 年可用率

输电线路的可用率为线路的运行小时数除以年总小时数（8760h）与线路计划停电及其他原因停电小时数之差乘以 100%（取同一电压等级）。

38. 完好率

架空输电设备的完好情况以设备评级为基础，一般一、二类设备为完好设备，三类设备为不良设备。完好设备占参加评级设备的百分数为架空输电设备的完好率。

39. 间隙

线路任何带电部分与接地部分之间的最小距离。

40. 光纤复合架空地线

OPGW 是一种具有传统架空地线和通信能力的双重功能的线，悬挂于杆塔地线支架上。

41. 保护角

架空地线垂直平面与通过导、地线的平面之间的夹角。

42. 在线监测

在不影响设备运行的条件下，对设备状况连续或定时进行的检测，通常是自动进行的。

43. 状态量

反映架空送电线路或设备状态的技术指标、性能参数、试验数据、运行状态以及通道情况等参数的总称。状态量可分为正常状态、注意状态、异常状态和严重状态。

44. 扭矩值

指某规格连接螺栓拧紧下的扭矩值，单位为 N·cm。

45. 钢比

钢芯铝绞线的钢横截面积与铝横截面积之比的百分数。

【思考与练习】

1. 什么是状态巡视、状态评价？

2. 沿面闪络的原理什么？

3. 复合绝缘子电蚀的原理是什么？

4. 均压环的均压原理是什么？

▲ 模块 2　开展状态运行的基本要求（Z04G3002 I）

【模块描述】本模块包含线路开展状态运行应具备的条件。通过概念介绍、要点归纳，掌握开展状态运行应具备的基本条件。

【正文】

随着输电线路的快速发展以及用户对供电可靠性要求的逐步提高，输电线路运行、检修基于传统周期的模式已经不能适应电网快速发展的要求，迫切需要在充分考虑电网安全、环境、效益等多方面因素情况下，研究探索提高线路运行可靠性和检修针对性的新的运行、检修管理方式。开展线路状态运行、检修是解决当前线路巡查维修工作面临问题的重要手段。

状态检修是企业以安全、环境、成本为基础，通过设备状态评价、风险评估、检修决策等手段开展的设备检修工作，达到设备运行安全可靠、检修成本合理的一种检修策略。

从传统按周期运行、检修模式转换到按设备状态进行，运行、检修模式绝不是一蹴而就，输电线路状态运行、检修必须符合以下几个基本要求。

（1）制订方案并按输电线路状态进行运行、检修的基本原则并严格执行。

（2）积极做好新设备的前期管理，即新建和改（扩）建线路的前期控制、建设过程中的控制、施工验收控制。

（3）落实设备责任制，按管辖线路的实际情况，建立以设备危险点预控和特殊区域管理为主体的运行模式。

（4）建立输电线路全面有效且可操作性的设备状态检测体系，开展设备状态的评价工作，按评估结果进行输电线路的巡查和检修作业。

（5）建立健全以带电作业为关键技术的技术保证体系，全面采用带电检修和带电消缺作业，提高输电线路可用率。

一、开展输电线路状态运行、检修的基本原则

（1）输电线路按状态进行运行、检修时，应始终坚持安全第一的原则，以提高输电设备的可靠性和管理水平为目的，通过对设备状态的掌握和跟踪，及时发现设备缺陷，分析和评估此类设备的消缺方式，合理安排计划和项目，提高检修效率和运行可靠性。运行单位不能因推行状态检修导致电网运行安全水平的降低。按设备状态进行检修并不是简单调整设备运行、检修周期，甚至盲目延长检修周期，状态运行和检修是有针对性地进行巡查和检修设备缺陷，确保设备健康水平、提高线路运行可靠性和提高线路可用率。

（2）推行状态检修必须坚持体系建设先行。状态检修是一项创新工程，是对原有设备检修方式的重大变革。为保证输电线路的安全运行，首先应建立完善企业的管理体系、技术体系和执行体系，全面规范输电线路状态检修工作，工作全过程要做到"有章可循、有法可依"。

（3）状态运行、检修工作应当以对设备的状态评价为基础，通过全面评价，掌握设备真实健康水平。以国家、行业现行技术标准和运行经验为依据，结合科技手段，制订符合本地域输电线路实际的评价标准。

（4）开展状态运行、检修工作必须遵循试点先行、循序渐进、持续完善、保证安全的原则。状态巡查、检修工作是建立在设备实际运行状态和长期运行经验的基础上，制定巡查、分析、评估、处理等体系，根据线路实际环境和设备情况，开展试点，积累经验，并对状态巡查检修体系不断修订完善，在通过一定形式的检查、验收后逐步扩大试点范围，全面推广执行。输电线路状态巡查、检修试点工作开展之前，各单位要坚持执行现有定期检修相关规定，不得以任何理由擅自盲目延长检修周期、减少检修项目。要认真做好新旧体制之间的衔接，做到"不立不破，先立后破"。

二、新建输电线路的前期技术管理

（一）按线路状态巡视、检修要求对新建和改（扩）建线路的前期控制

架空线路要开展按设备、通道状态进行巡视，必须要求线路设备完好和符合其运行条件，我国的 GB 50545《110kV～750kV 架空输电线路设计规范》对其外绝缘配置，仍然延续建国初期的节约型设计理念，即空气击穿放电电压与绝缘子串沿面闪络电压的配合比约为 0.6～0.85，致使 110、220kV 电压等级线路的最小空气间隙与绝缘子串长度基本等长，从而引发架空线路故障跳闸频繁（多数跳闸为绕击），若线路外绝缘配合比能修正为 0.2～0.4，带电导线对塔（窗）身的空气间隙仍按

110kV 为 1m、220kV 为 1.9m、330kV 为 2.3m、500kV 为 3.3m 的外过电压值控制，同时采用在导线与塔身间安装放电电极或在绝缘子串上安装招弧角，采用改进后的绝缘配置，线路增加了绝缘子片数，提高了线路耐绕击的水平，同时又提高了线路泄漏比距，运行单位可实现"绝缘到位、留有裕度和不依赖人工清扫"的检修理念和大幅降低线路雷害故障，线路运行单位才能真正实现"减人增效"的目标。

要减少输电线路的运行、维修工作量，线路设计必须按输电线路全寿命周期设计理念架设线路，即将传统的输电线路管理范围从目前单纯的运行、检修、抢修环节扩大到从设计、基建开始直至设备退役的全过程管理，运行单位特别需要突出输电线路的前期管理，以确保新投运输电线路健康、可靠。因此必须改变和突破原节约型设计理念，按已实践考验多年且成熟的运行经验设计新建线路。

1. 按国际通用的落雷密度或实际雷暴日考核和设计输电线路耐雷水平

目前，我国对输电线路雷击跳闸率的统计考核通常仍按归算到 40 个雷暴日公式进行计算，即

$$N = 40\gamma h \qquad (13-2-1)$$

式中　N——线路雷击次数，次/100（km·40 雷暴日）；

　　　h——避雷线或导线的平均高度，m；

　　　γ——地面落雷密度，即每一雷暴日、每平方千米对地落雷次数，次/（km²·雷暴日），一般情况下，γ 可取 0.015，此时 $N = 0.6h$。

GB/T 50064《交流电气装置的过电压保护及绝缘配合设计规范》对地面落雷密度的取值普遍比国外小 6～13 倍左右，按式（13-2-1）制定的考核控制线路雷击跳闸率，基层单位是无法实现的，目前运行在 20 多个省市的雷电定位系统检测到的地面落雷密度在 0.09～0.1 次/（km²·雷暴日）间，与表 13-2-1 中其他国家推荐的落雷密度基本相符，按雷电定位系统实测的地面落雷密度制定线路雷击跳闸率，能满足运行单位的实际线路雷击跳闸率。

表 13-2-1　　　　　　　　部分国家地面落雷密度 γ 数据　　　　次/（km²·雷暴日）

国家名称	中国	苏联	加拿大	奥地利	德国	美国	英国
落雷密度 γ	0.015	0.09	0.15	0.13	0.2	0.09	0.19

多雷区及以区域的新建线路，防雷设计应遵循以下两个原则：

（1）设计单位应按照 GB/T 50064 的要求，将新建线路的耐雷水平按表 13-2-2 的要求设计耐雷水平。

表 13-2-2 **GB/T 50064 标准要求的多雷区有避雷线的线路杆塔耐雷水平**

标称电压（kV）		330	500
耐雷水平 （kA）	一般线路	130	150
	变电站进出段	150	175

（2）针对目前输电线路雷击跳闸多数为绕击的实际，线路设计应加强对沿山坡架设线路下山坡相导线易遭绕击雷的防范措施，如缩小架空地线保护角、增加下山坡相导线的外绝缘、在线路下山坡侧另架设旁路耦合地线等，以降低输电线路的绕击概率。

对处在多雷区的运行线路，建议在运行的老旧输电线路横担上安装侧向避雷针，或在已遭雷击的杆塔上安装塔顶防雷拉线，以屏蔽导线和增加保护弧，即将雷云引到杆塔上来，使原绕击雷转化为反击雷，可大幅度降低线路的雷击跳闸率。

2. 改变常规线路外绝缘设计理念以减少线路故障跳闸

我国架空输电线路设计规程起源于 20 世纪 50 年代，当时国民经济基础薄弱且空气环境好，GB 50545 规定：对线路塔头（窗）空气间隙应能满足耐受长期工频运行电压和操作过电压设计并按雷电冲击放电特性校核确定，即按悬垂"I"形串绝缘子在最大风偏下的空气间隙击穿电压与绝缘子串沿面闪络电压之比以 0.85 左右（即配合比，污秽区该间隙仍可按清洁区配合）设计。经统计，我国输电线路沿绝缘子串闪络跳闸与由塔头空气间隙击穿放电的跳闸比为 10:1～12:1。造成输电网日常发生的障碍、事故中有 80%左右为线路故障，所有线路故障中的 70%～80%是沿绝缘子串发生的。

因此，要想降低架空线路的跳闸率（雷击、污闪和鸟害），最有效的措施是增加绝缘水平，但增加绝缘并不是增大线路的空气间隙，可采用将原"I"形悬挂的绝缘子串，设计成"V"形悬挂形式，其带电导线对塔身的空气间隙仍按 GB 50545 中的各自电压等级的外过电压值（330kV 为 2.3m；500kV 为 3.3m 和 750kV 为 4.2m）控制，为使设计优化的输电线路外绝缘与变电设备相匹配，可在增长绝缘子串两端安装相应电压等级的金属招弧角保护装置，其招弧角间隙距离按 GB 50545 规定的最大过电压下的最小间隙控制。

3. "V"串设计主要优点

（1）将原悬垂"I"形串设计悬挂改变为"V"形悬挂方式，如图 13-2-1 所示，可增加绝缘子片数，提高外绝缘泄漏比距、耐绕击水平，减少鸟粪闪络事故。

输电线路直线塔"V"串设计可将塔头（窗）的空气间隙击穿电压与绝缘子串沿面闪络电压值的配合比降低至 0.1～0.5，增加了绝缘子串片数，导线对塔身雷过电压

图 13-2-1 悬垂串采用"V"串悬挂

最小距离仍按本电压等级控制。如 500kV 悬垂串按"V"串布置，将其配合比降至 0.5～0.7，此时"V"串的绝缘子片数可增加到 36 片，导线上安装的电极与横担底部塔材按 3.3m 控制，可大幅度提高绝缘子串的泄漏比距及绝缘子串的耐雷水平；减少或杜绝绝缘子串的清扫工作量，减少线路导线遭绕击雷的跳闸率。

（2）按"V"串悬挂导线，降低了线路杆塔、基础的建设成本输电线路外绝缘配置改变设计理念，缩小配合比采用"V"布置悬挂导线，其 110、220kV 和 500kV 塔头"I"串和"V"串挂点的尺寸对比见表 13-2-3。

表 13-2-3 500kV 塔头"I"串和"V"串挂点的尺寸对比表

电压等级（kV）	"I"串导线到塔身的距离（mm）	绝缘子"V"串长（mm）	"V"串边横担长度（mm）	原"I"串横担长度（mm）
550	4265	7145	4250	4250

表 13-2-3，500kV"V"串导线荷载比原"I"串的力臂减少 2.125m。比较表 13-2-3 中的数据可知，500kV 猫塔仍采用原塔，两边相导线荷载可减少力臂 2.125m，但铁塔呼高需增加 2.057m 或 1.16m。即线路直线悬垂改为"V"串悬挂绝缘子，使塔头间隙以"V"串固定的线路构成了紧凑型模式，大大压缩了相间导线距离以及导线与铁塔（身）窗的尺寸，缩短了两边相导线悬挂点力臂，减轻了杆塔荷载（缩短导线力矩），从而降低了新建线路的耗钢量和基础建设成本。

（3）提高绝缘子串沿面闪络电压值和减少线路绕击故障。"V"串配置外绝缘比原"I"串增加 1/3 左右的绝缘子片数，提高了绝缘子串沿面闪络电压值，但仍比相应等级外过电压电极间隙的放电电压低，因此可提高绝缘子串的反击闪络能力和减少部分绕击跳闸（如 500kV 增加 11.45kA 耐雷水平）。导线上的放电电极对塔身的间隙或绝缘子串招弧角间隙仍按相应电压等级的外过电压最小距离控制。

（4）按"V"串形式悬挂的导线缩进横担内，伸出的横担头增加了导线的屏蔽效应，使原"I"串时架空地线保护角变得更小或成负保护角，从而大幅度提高了杆塔的耐雷水平，降低了发生导线雷击闪络事故、特别是绕击雷的事故概率。

（5）若输电线路仍采用瓷质绝缘子时，在"V"串绝缘子串加装招弧角保护装置，避免故障电流流经劣化瓷绝缘子发生钢帽炸裂掉串事故，还可将零值检测周期延长至10年/次。

（6）按"V"串布置可杜绝绝缘子串冰闪事故。直线塔"V"串设计后，倾斜绝缘子串的结冰难以连贯，杜绝了原悬垂串易发生冰闪事故的概率。

（7）按"V"串布置可杜绝鸟巢杂草短路跳闸故障。原悬垂"I"串横担挂点处的角钢叉铁较多，鸟类喜欢在该处筑鸟巢和栖息停留，采用"V"串悬挂时导线垂直正上方的横担斜材较少，鸟类无法在上方筑巢，即使鸟类在导线垂直正上方横担处排泄鸟粪，因鸟粪下泄中无绝缘子串的桥接或过渡，长距离纯空气间隙使鸟粪较难贯通引发鸟粪短接跳闸事故。

（8）线路按"V"串悬挂导线，减少了线路走廊的占地面积，节约和优化了线路廊道资源，有效减少了因导线风偏摇摆对通道旁树木、毛竹和农宅的影响，减少了通道维护工作量。

4. "Y"形连接耐张优点

采用"Y"形耐张跳线连接金具，增加连接点接触面，减少检修、检测维修量。传统压接型导线耐张线夹，其跳线引流板均为单面搭接2只螺栓紧固（变电站耐张跳线、设备线夹引线连接多采用4只螺栓），线路耐张线夹引流板一侧光面，一侧毛面，施工架设中有时会光、毛面错误连接，或连接螺栓扭矩值达不到标准值而造成耐张跳线引流板发热超标，常用导线耐张压接管和"Y"形双面连接耐张管如图13-2-2所示。

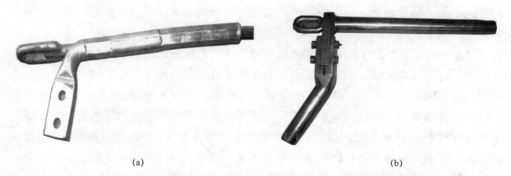

(a)　　　　　　　　　　　　　　(b)

图13-2-2　传统导线单面连接耐张管和"Y"形双面连接耐张管
(a) 单面连接耐张管；(b) "Y"形双面连接耐张管

输电线路耐张压接管为单面两螺栓连接紧固，当电网处于 $N-1$ 状态时，跳线引流板会因大电流致热产生隐患，因此运行单位应积极向设计单位建议新建线路采用"Y"

形双面连接导线耐张压接管，该设备线夹的引流板一端（插入端）系两面均为光面，施工质量好控制，螺栓紧固后，两面夹紧引流板，增加了通流截面，完善了传统导线耐张压接管的弊病。

（二）运行单位应积极参加新建线路设计、施工图的审查

运行单位应将本地区线路运行经验和线路状态巡视检修要求贯穿到新建线路设计中，即运行单位要尽可能参加新建线路的可研审查，积极参加线路设计审查，将新建线路附近的运行线路遇到的运行情况、易发生故障的原因、盘形瓷、玻璃和复合绝缘子的优缺点和使用范围等提供给设计人员，使新建线路符合和满足该线路经过地段的雷电、污秽、地质地貌、树竹木生长、沿线村镇开发建设等情况，具体要求如下。

（1）线路必须按树竹木自然生长高度跨越架设，以减少今后线路运行中树竹木对导线安全距离的巡视、测量工作量，同时减少开发树木与农户的经济纠纷。

（2）在穿越村庄、集镇和跨越公路的杆塔，应按跨越农户三层楼（房高 15m）设计架设，避免今后村庄扩大、农户房屋建造到保护区内，因导线风偏使与农户房屋或公路行道树等安全距离不足而必须停电升高改造。

（3）按 GB/T 50064 的要求，设计符合新建线路地处区域的雷暴日（或每平方千米落雷密度）的耐雷水平，同时要求将线路地线保护角控制在 5°以下乃至采用负保护角设计。

（4）线路外绝缘配置应充分利用各绝缘子的优缺点，按国家防污闪措施要求"绝缘到位，留有裕度，不依赖清扫"，在重污区选择使用复合绝缘子，杜绝目前全线使用复合绝缘子的盲目做法，强化绝缘子产品全寿命管理理念，减少更换绝缘子工作量和降低运行成本。

（5）依据三种绝缘子的特性和产品寿命选择符合新建线路区域、环境等特点的绝缘子型号，如丘陵地带、山区应采用玻璃绝缘子且按复合绝缘子的结构高度用足塔头间隙（即 110kV 可用 9 片、220kV 可用 16 片、500kV 可用 170mm 结构高度的 29 片），二级污秽等级及以下范围应采用标准型大爬距玻璃绝缘子或防污玻璃绝缘子（不得采用钟罩深棱形），污秽等级三级及以上可采用复合绝缘子与玻璃绝缘子组合串，导线端由玻璃绝缘子承担强电场，铁塔侧 3/4 长度采用复合绝缘子来承担污耐压，延长复合绝缘子的使用寿命，或采用标准型大爬距玻璃绝缘子且用足塔头间隙，提高外绝缘的泄漏比距，以达到"减人增效"的企业目标。

（6）采用"Y"形耐张线夹（引流板），以增加跳线连接接触面。

（7）改变直线悬垂串的设计理念，全面实现直线塔"V"串布置导线。

（8）对架设在山区的良导体架空地线悬垂线夹尽量采用提包式线夹，以防山区档

距不均匀而拉伤、扯断铝股。

（三）按线路状态运行、检修要求验收新建线路

运行单位积极参加新建线路的隐蔽工程的中间验收，竣工验收应采用扭矩扳手检测杆塔螺栓扭矩值，以减少杆塔每 5 年紧固螺栓工作。采用扭矩扳手检测耐张跳线引流板螺栓扭矩，以有效的螺栓扭矩值确保跳线引流板通大电流时产生发热隐患。对重要隐蔽工程之一的导地线压接质量核查施工记录和现场抽查实测压接尺寸、钢印证件，也可取试件送试验所做机械荷载试验，确保隐蔽部件质量、工艺满足设计要求。将通道内的建筑物等照片存档，以便于今后线路通道运行控制。对施工砍伐树竹木、塔基占用、跨越或邻近房屋等与农户相关时，要求施工单位提供该类处理和赔偿协议书，以减少今后运行中树竹木种植、房屋升高改造等纠纷。采用标准的杆塔接地电阻 0.618 辅助射线法遥测接地电阻值，以校核线路设计防雷接地装置的合理性，减少线路反击跳闸率。

三、输电线路危险点的确定和制定预控措施及特殊区域的技术管理

要实现输电线路按状态巡视，最重要的是建立设备、通道危险点预控和特殊区域管理，改变过去长期存在的"一刀切"管理模式及"有病少治、小病大治、无病乱治"的粗放性管理现象，要着重做好以下几个方面。

（1）确线路分界点管理的责任制，确保线路管理不存空白点。为明确不同运行单位之间的责任和权利，每条线路应有明确的维护界限。运行单位应与发电厂、变电所或相邻维护单位签订线路设备运行分界点协议书，跨省（市）线路的设备运行分界点协议应报网、省（市）公司备案。已明确维护界限的线路不应出现设备维护空白点。

线路设备运行分界点一般以发电厂、变电站围墙为界，往线路侧或某基杆塔一侧的导、地线最外侧防震设施量出 1m 处为界限。

（2）全面实施线路设备、通道危险点和特殊区域预控管理，及时滚动修订。运行单位应按照各输电设备途经的地理环境及特殊地段划分为毛竹（树木）生长区、易受外力破坏区、鸟害区、雷害易发区、重污秽区、洪水冲刷区等特殊区域，根据季节性、区域性等特点，制定相应有效的预防控制措施，将其纳入各自的危险点数据库，进行滚动管理。同时，线路管理部门应积极争取地方政府的支持，积极稳妥地推进"政企合作"的输电设备保护模式，从根本上提高了输电设备隐患整治力度。线路危险点滚动管理如图 13-2-3 所示。

（3）全面整合线路状态运行的各项巡视检查流程，建立以危险点为主体的状态巡视流程。

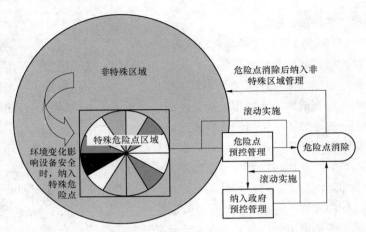

图 13-2-3 线路危险点滚动管理

　　巡查输电线路工作历来是单兵作战、点多面广，对于设备和通道隐患、巡视质量等个人有时难以判定及掌控。运行单位对设备通道危险点的判定和状态巡视流程如图 13-2-4 所示，它明确了运行、检修、管理、决策人员的三方责任和控制要求。

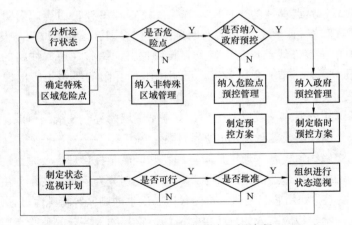

图 13-2-4 输电设备状态巡视流程

　　（4）坚持开展输电线路群众护线工作。运行单位应建立输电线路沿线的群众义务护线组织，每年分片召开群众义务护线员会议，由工程技术人员定期在会议上讲授输电线路维护知识课，制定发现缺陷及及时汇报缺陷的激励机制，利用护线员居住在线路附近，地理环境熟悉，线路设备可随时监控的有利条件，按照奖赏规定，充分发挥义务护线员对输电线路巡查、报警的积极性，及时弥补野外线路设备大部分时间无人看管的现状，提高了设备安全健康运行。对输电线路通道内后建的违章建筑，按电力法规的要求，以挂号信方式将有法律效力的隐患通知书附现场照片邮寄给违章责任人和有关政府职能单位，使电力设施保护走入法治管理轨道。

四、线路设备状态检测和状态评价管理

（一）线路设备状态检测

输电设备状态检测主要包括绝缘子附盐密度检测、瓷质（复合绝缘子）绝缘子劣化检测、导线跳线连接金具预防性检查紧固和接地电阻检测等。

1. 绝缘子附盐密度检测

电力公司生技部门应划分设备外绝缘的污秽等级，绘制本地区污区分布图，根据运行情况核对各污秽点、段的外绝缘配置是否有裕度，在每年雾季前采用带电方式或结合停电计划落实各附盐密值监测点的"运行绝缘子串累积盐密"检测，以连续运行累积附盐密值和灰密及污液导电离子成分分析结果指导本单位线路的防污闪工作和停电清扫控制值。

2. 瓷质（复合）绝缘子劣化检测

为避免绝缘子串劣化钢帽炸裂或硅橡胶电蚀穿孔芯棒脆断等损坏掉串事故，加强瓷绝缘子的低零值检测工作（应采用电压分布或绝缘电阻检测法），按瓷绝缘子的劣化趋势，合理安排检测周期。对复合绝缘子金具、芯棒连接处密封处的损坏，高压端硅橡胶电蚀及硅橡胶伞裙、护套老化、龟裂、粉状和憎水性丧失等，坚持按 DL/T 864 有关 2~3 年登塔检查、检测复合绝缘子外表状况和憎水性状况，采用带电方式 8~10 年按批次抽样更换下输电试院做其机械强度和污耐压等参数，积极采用玻璃、复合绝缘子组合串方式，以各自的优点来减少维护检测工作量和事故隐患。

3. 导线跳线连接金具预防性检查紧固和接地电阻检测

为避免导线耐张跳线连接金具因接触电阻大而发热烧断导线事故和隐患，对每基耐张塔的每相跳线连接金具（并沟线夹、引流板）落实专人使用扭矩扳手检查引流板是否光面接触，接触面是否清洁并涂有导电脂和紧固连接螺栓的扭矩值。要求其紧固扭矩值符合本身螺栓规格的标准扭矩值，对小牌号导线的跳线连接可采用楔形弹力线夹，以减少并沟线夹发热隐患的处理工作量。也可采用红外成像仪在规定气候、时间、有效检测距离等条件下进行耐张跳线连接金具发热测温判定及带电方式处理导线跳线连接点的发热隐患。

接地电阻的预防性检查检测是提高线路耐雷水平、降低线路反击雷跳闸的重要手段。运行单位必须按规程要求，有针对性、有计划地组织接地电阻正确检测，对于接地电阻超标或接地装置存在严重缺陷的，应在雷季来临之前安排接地大修。

（二）输电设备状态评价

为全面掌握输电设备状态，各线路运行单位应成立输电设备状态评价专家组，建立起从班组、工区（车间）、企业的三级输电设备状态评价机制，由设备主人和班组根据巡视设备情况进行状态初评。按照输电设备状态评价标准，将输电设备状态划分为正常、注意、异常、严重四个等级，形成班组初评意见。运行工区根据班组初评意见结合现场实际勘察情况组织技术骨干进行分析再评，形成线路工区评价报告；由企业设备状态评价专家组根据工区评价报告，采用现场调查、数据分析、专题讨论、查阅资料等方式，形成最终的设备评价报告，提交进行检修决策。

根据 Q/GDW 173《架空输电线路状态评价导则》的要求，线路状态评价分为线路单元评价和整体评价两部分。线路单元主要包括基础、杆塔、导地线、绝缘子串、金具、接地装置、附属设施和通道环境等八个类别。在进行线路评价时，当任一线路单元状态评价为注意状态、严重状态或危急状态时，架空输电线路总体状态评价应为其中最严重的状态。具体评价要求和注意事项详见 Q/GDW 173 标准。

五、输电线路按状态巡视和检修的技术保证体系

针对输电线路受户外环境影响大、缺陷种类多、通道处理过程复杂、关键技术要求高的特点，线路运行、检修单位应坚持"以科技促进生产、以技术保证安全、以创新完善管理"的方针，不断加大科技投入力度，通过成立防雷害、防鸟害、防污闪、防冰闪（舞动）、外力破坏、带电作业和危险点监控等技术攻关组，为开展输电线路状态检修管理提供有力的技术保证。

（1）积极开展超高压带电作业技术，为状态检修提供核心层技术支撑。随着电网一主一备供电方式的完善及企业绩效考核的缺欠，全国多数运行单位已多年不开展带电检修、缺陷处理手段，致使带电作业技术力量青黄不接。要提高线路设备的可用率，全面进行带电作业技术培训，增强带电作业技术力量，是实现输电线路状态检修的重要组成部分，当线路发生缺陷时应优先采用带电处理、检修。尤其是同塔多回或紧凑型等线路的核心带电作业技术，建立完善 110～750kV 各个电压等级、各类塔型的带电作业技术、工具管理体系，为企业全面实现线路状态检修提供强有力的技术、设备和管理支撑。

（2）提升状态检测技术的应用实效，为状态检修提供基础类技术保证。输电线路全面实行按设备状态进行检修，绝缘子盐密（灰密）测试、导线跳线连接金具扭矩值检测（辅助红外测温）、复合绝缘子憎水性检测及芯棒脆断检查试验（瓷绝缘子劣化检测）和输电线路危险点实时监控被称为输电线路设备开展状态检修的四大基础技术。线路运行单位要坚持基础数据的积累和原始数据的挖掘，积极采用"试验—分析—总结—完善—推广—全面应用"的项目管理流程，全面提升此类状态检测技术的应用实效，并在实际应用过程中逐步完善，为状态检修提供基础类技术保证。

（3）建立按状态量化的状态评价技术，确保设备状态评价的科学性。运行单位必须根据 Q/GDW 173 标准要求建立输电线路设备评价体系和设备标准缺陷库，确定输电线路各子设备元件的"圆桶短板"判定检修标准，为设备缺陷量化奠定基础；根据巡视、检测到的设备运行状态量，对照设备状态评估四级标准，按设备实际运行状况量化得分，配合相应的运行经验，全面评价线路设备状态；同时，应加强相应的制度建设，从制度上确保评估体系的有效运作，为全面、动态掌握输电线路的状态趋势提供了坚强后盾。

【思考与练习】

1. 开展线路状态运行、检修有哪些基本要求？
2. 开展线路状态运行、检修的基本原则有哪些？
3. 输电设备的前期管理主要包括哪些内容？
4. 如何做好线路危险点和特殊区域管理？
5. 改变线路外绝缘配置理念，按"V"串悬挂导线有哪些优点？
6. 线路状态运行、检修的技术保证体系有哪些？

▲ 模块 3　输电线路运行现状的分析（Z04G3003Ⅱ）

【模块描述】本模块涵盖线路巡视、维护的现状分析。通过概念描述、知识讲解、图表对比分析，熟悉输电线路运行的现状。

【正文】

架空输电线路是电网安全运行的重要设备，其专业知识包含杆塔基础（含拉线装置）、杆塔结构、导地线、金具、绝缘子、运行与检修（含带电作业）。

一、架空输电线路周期巡视现状

DL/T 741《架空输电线路运行规程》要求线路正常巡视为每月一次，巡视检查内容为杆塔、导地线、金具、绝缘子、接地装置、杆塔辅助设施、线路通道内或保护区内树竹木、交叉跨越等有否异常、缺损、锈蚀，线路临近 500m 水平距离内有否采石爆破、保护区内有无土地平整、建造房屋和修筑道路、种植高杆树木等外部隐患。

输电线路分布在野外、途径农田、山地、高山峻岭，跨江河水库，穿山岙峡谷，常年饱受风、雨、雾、冰、雪、冰雹、雷电等大气环境的影响，同时还受到洪水、山体滑坡、泥石流等自然灾害的危害。另外，工农业的环境污染、采石放炮、农田改造、水利建设等人为因素也直接威胁着输电线路的安全运行，因此，及时、准确地检修、维护好输电线路就显得非常重要。若按 DL/T 741 规定的项目和周期，进行线路巡视、检测、检修工作，不尽合理，存在着以下方面的问题：

（1）线路每月全线巡视一次。这种不论设备状况、地理（气候）条件、通道状况等而千篇一律的巡视方式，一方面造成大部分线路或区段"过"巡视、维护，浪费人力、物力资源。另一方面对线路危险点、特殊区域、易被外力破坏区等又明显表现出巡视检查不足，威胁线路的安全运行。

（2）绝缘子清扫、绝缘子测试、导线连接器测试（应该是跳线连接点测试）、杆塔螺栓紧固、并沟线夹（跳线搭接板）检查紧固等项目规定了固定的检测、维护周期，这种不论设备实际现状、绝缘配置、设备材料、运行状况、大气污染等情况必须按规定周期检测、维修的方式，无法实现"应修必修"的检修原则（虽然规程对巡视、绝缘子清扫、绝缘子测试等项目的备注栏内有可以延长或缩短周期的要求，因可操作性差，线路运行检修单位还是采用按固定的时间周期进行检修、维护，不能达到其应有的效果）。

（3）按目前各单位运行、检修人员的配置实况，即使巡视、检修人员全出差在外巡视、检测、检修、维护设备，仍难以按规程要求完成。另外，由于线路通道内状况变动频繁、线路设备检修内容、要求的繁重和线路停电时间等相互矛盾，往往造成输电线路巡视、检测、检修、维护的质量参差不齐，管理部门也无法全面掌握设备的真实运行状况。定期检修输电线路容易造成"失修、误修或过度检修及电网失去备用"的弊病，所以多数运行、维护、检修项目还是采用事后检修、维护方式，使运行中的设备难以保证健康、安全地运行，同时也大量浪费线路停电时间，人为降低输电设备的可利用率。

二、设备周期检测现状

输电线路设备分布在野外，而线路巡视检查、检测设备状态量等基本靠个人行为和运行经验，从而决定了设备检修的判据比较粗糙，另外运行规程规定的检测项目众多，多数项目不能按期完成甚至没开展。

根据我国 20 多个省市的雷电定位观察仪多年检测结果，多数落雷为小电流值，30kA 左右雷电流占 50%以上，如 110kV 电压等级 7 片/串的耐绕击水平约 7kA，而线路设计的耐反击雷水平 60kA 左右；220kV 电压等级 13 片/串的耐绕击水平约 12kA，线路本体耐反击雷水平约 95kA；500kV 电压等级 28 片/串的耐绕击水平约 24kA，线路的耐反击雷水平约 150kA。因此，线路上发生的雷击跳闸多数为绕击雷，而绕击雷采用降杆塔接地电阻值来防范时的效果不大，减少绕击雷的有效措施为减小避雷线保护角和增加本杆塔绝缘水平。

（1）目前各单位普遍采用三极法接地电阻检测仪和随该接地电阻检测仪配来的辅

助测量电流射线 40m 和电压射线 20m 检测杆塔接地电阻值，两根测量辅助射线的比例系数不能满足 0.618 比例的测量要求（现有的接地测量规程的辅助射线 4L 和 2.5L 或 3L 和 1.85L，比例系数均为 0.61～0.63）。其次，输电线路几乎都采用浅表式风车状人工敷设接地线，直接用仪表配置来的 40m 辅助电流射线和 20m 电压射线，从杆塔接地引下线处布线检测杆塔接地电阻值，其辅助电流射线和电压射线无法与接地线最外端保持 20m 和 40m 的间距，即检测布线方式不符合杆塔接地电阻测量标准，采用此方法检测的接地电阻值明显比实际杆塔接地电阻小，会造成被检测的杆塔接地电阻符合设计要求的假象。不对线路雷击故障的原因进行分析，多数单位不论雷击故障是绕击还是反击，均采用降低杆塔接地电阻的做法是不合原理的。

（2）瓷质绝缘子低零值检测：每两年一次检测劣化绝缘子。运行线路的瓷绝缘子串中存有低零值（劣化）时，当线路故障电流从绝缘子串本体通过（闪络），串中的劣化瓷绝缘子会发生钢帽炸裂、导线掉串的恶性事故。

瓷绝缘子检测劣化绝缘子有效的方法是带电检测绝缘子的分布电压和带电或停电检测绝缘子的绝缘电阻值，分布电压检测方式能准确检测出每片绝缘子的分布电压值（可与 DL/T 626《劣化盘形悬式绝缘子检测规程》中的各电压等级、各个不同绝缘子片数成串的电压分布值对应），绝缘电阻检测方法能准确检测出各片绝缘子的绝缘电阻值。采用 DL 415《带电作业用火花间隙检测装置》方法带电检测瓷绝缘子，其间隙放电法技术原理模糊，因带电运行的绝缘子串的各片所处位置不同，其各片电压分布值相差有 4～5 倍左右，如 220kV14 片/串，横担第一片分布电压值为 8kV、横担侧往导线方向的第 4、5、6、7 片电压分布值均为 5kV，而导线侧第一片电压分布值为 31kV、第二片为 16kV，该方法是采用同一间隙距离对绝缘子短接放电，检测同一电压等级的盘形瓷绝缘子串，带电检测中往往会因串中分布电压低、放电声轻而将良好绝缘子误判为低、零值（劣化）绝缘子，目前这种靠听放电声音轻或响来判定绝缘子是否劣化的检测方法已逐渐淡化退出运行单位。另外，应对重污染区运行多年的绝缘子钢脚进行腐蚀、锈蚀程度检测，结果按 DL/T 626 中绝缘子钢脚锈蚀判据确定缺陷程度。

（3）输电线路导线接续管早期采用爆压管，因硝胺炸药、后期的塑料炸药、导爆索等炸药包制作工艺不符合要求、药量过大时，爆炸压接中会产生烧伤钢芯现象，但不至于拔出掉线事故，若爆压用炸药包受潮后产生残爆现象造成爆压管握力不够时，在导线最大张力时会发生拔出掉线事故。随着我国国力增强，以及国家对民爆器材管理规定，目前输电线路导地线接续管已全部采用液压方式（SDJ 276 已作废），因导线接续管直径比导线大，线路设计液压管以机械强度考核，因此导线接续管不会产生因接触电阻大而发热现象。因为导线耐张跳线连接处的并沟线夹、引流板会因接触电阻大而造成发热隐患，因此 DL/T 741 规定，每年停电检查紧固一次或在输送较大负荷时检测发热隐患。

Q/GDW 1168《输变电设备状态检修试验规程》第 5.19.1.9 条红外测温导线接点温度测量：500kV 及以上直线连接管、耐张引流夹 1 年测量一次，其他线路每 3 年测量一次，接点温度可略高于导线温度，但不应超过 10℃。

由于红外热电视或红外热成像仪对仪器空间分辨率（有效检测距离）、检测时的风速、天气和检测设备处的附加光源等有严格的要求，运行单位在白天站在地面检测超过 40m 距离以上的导线连接处设备发热温度，其效果不佳和不准确，夜晚检测时作业人员登塔检测跳线连接处时，杆上作业安全性差和检测工作强度大。

耐张跳线导线连接点属电流致热型设备，发热原因主要是并沟线夹、引流板的螺栓扭矩值未达到标准扭矩的要求，或引流板光、毛面搭接、板间夹有杂质或未涂导电脂等现象，后一类现象一般在线路竣工验收中得到处理，线路检修单位采用作业人员登塔检查引流板状况和用扭矩扳手检测螺栓连接扭矩值的方法可有效确保耐张跳线连接处的检修质量。

（4）DL/T 864《标称电压高于 1000V 交流架空线路用复合绝缘子使用导则》要求，每 2～3 年登杆检查复合绝缘子的硅橡胶伞套表面有否蚀损、漏电起痕，树枝状放电或电弧烧伤痕迹，是否出现硬化、脆化、粉化、开裂等现象，伞裙有否变形，伞裙之间粘接部位有否脱胶等现象，端部金具连接部位有否明显的滑移，检查密封有否破坏，钢脚或钢帽锈蚀，钢脚弯曲，电弧烧损，锁紧销缺少；硅橡胶伞裙的憎水性有否下降等，即复合绝缘子按规程规定检查、检测的工作量巨大。

线路投运 8～10 年内的每批次复合绝缘子应随机抽样 3 支试品进行电气和机械拉伸破坏负荷试验。

随着电网的迅速发展，输电线路快速增长，线路设计仍采用较原始的节约型外绝缘配置方法，致使各单位几乎都将复合绝缘子作为"免维护"产品使用。复合绝缘子投入运行后，运行单位很少按规程要求进行抽检和抽样，即没有按规程要求每批次更换 3 支运行 8～10 年绝缘子送到有资质的试验单位做污秽性能和机械强度检测试验，多数单位采用运行 8～10 年后报废重新更换的方式。

由于复合绝缘子为全阻性长棒，串分布电压极不均匀，特别是超高压线路的复合绝缘子，高压端的电场强度往往超过电晕起始电压，又因复合绝缘子的均压环制造厂家不考虑保护硅橡胶伞裙和护套（只保护芯棒、金具压接处），容易造成高压端硅橡胶电蚀穿孔，在电化学作用下，其环氧树脂芯棒发生脆断，且全部发生在导线端第 2～4 片伞裙处，目前运行单位只能在重要线路全线和其他线路的跨越档基本采用双绝缘子串的防范措施，从而增加了线路投资和运行单位的维护工作量。

（5）线路污秽监测点绝缘子盐密检测。随着电网污区污秽等级图的滚动修订（最新版本污区图适应新建线路配置外绝缘，对已运行线路除非沿线出现新增污源或原污源点加重现状后，才要求受影响段杆塔调整爬距，其余线路采取分类专项监视建档），目前电网盘形绝缘子线路均已按最新污秽等级配置或调整爬电距离，线路绝缘子串已不再执行"逢停必扫"，盘形绝缘子防污闪方法是在雾季前，对污秽监测点绝缘子检测其附盐密值，以判定线路绝缘子是否要停电进行清扫。

目前多数运行单位采用在污秽监测点的横担上悬挂一串不带电的绝缘子串，在雾季前清洗检测其盐密值，按 1.25～1.4 的换算系数换算为带电运行绝缘子的附盐密值，Q/GDW 152《电力系统污区分级与外绝缘选择标准》中 3.10 带电系数：同型式绝缘子带电所测 ESDD/NSDD（SES）值与非带电所测 ESDD/NSDD（SES）值之比，K_1 一般为 1.1～1.5。因检测此类盐密值是在"一年一清扫"的绝缘子串上检测，按其盐密值滚动划分的污秽等级配置的线路仅能抵御一般天气条件下的电网污闪事故，难以抵御灾害性浓雾特别是伴有湿沉降天气的侵害，造成老旧运行线路按现行污区图调爬或配置线路外绝缘后，仍会发生电网大面积污闪或局部点、段区域的污闪跳闸事故。

（6）线路通道内的交叉跨越距离、导线风偏距离等复核应在线路投产一年内测量完成。以后按线路巡视情况对通道内后建的建筑物、高大树木和后架交叉的跨、穿线路的最小安全距离进行复测，以确保线路的安全运行。

（7）每两年抽查导线、地线损伤、振动断股和腐蚀情况。事实上多数运行单位不检测、检查此类情况，特别是线路故障跳闸后，多数运行单位不对故障杆塔的架空地线、导线悬垂线夹打开检查有否遭电弧烧伤状况。对于每 5 年一次地下金属构件开挖检查、杆塔倾斜、挠度检测、大跨越导地线振动检测、绝缘架空地线或平行停电线路的感应电压检测等，则基本不开展检测工作。

三、设备维护现状

（1）经过多年的电网防污闪改造，各单位的电网污区分级图早以经过数次滚动修订，老旧线路几乎已按污秽等级调整爬距，新建线路也均按污秽等级配置外绝缘，且有许多单位全线采用硅橡胶复合绝缘子。因此绝缘子污秽清扫已基本不开展，有的单位仅对重污秽段少量杆塔绝缘子串进行清扫。曾有单位对已清扫过的绝缘子更换进行电气和污秽试验，结果多数人工清扫过的绝缘子片附盐密值减少不多，导线侧的 1～2 片绝缘子，经清扫后有一定的减少污秽物效果。

（2）耐张跳线并沟线夹、引流板螺栓紧固每年一次；上述维护工作基本靠线路停电时完成，由于此类维修工作几乎是个人单独完成，目前这种不论作业人员身高体重、力气大小的差异，均采用相同的 10 寸活动扳手，使连接螺栓扭矩无法量化，维修质量参差不齐，且多数单位不安排员工紧固检查跳线连接金具。

（3）杆塔螺栓紧固每 5 年一次，各运行单位几乎不执行该项检测维修规定。

（4）北方混凝土杆排水防冻检修项目，早期混凝土等径杆上段杆顶是不封堵的，运行中使雨水进入电杆内，北方寒冬造成混凝土体内雨水结冰膨胀，因此规程要求运行单位在寒冬前松开接地螺栓放水。该类未封顶电杆运行单位均进行了封堵，后期生产的电杆已改为封堵式，该项工作已基本没什么意义。

（5）杆塔锈蚀防腐维护项目，架空线路杆塔长期暴露在野外，镀锌铁件必然会生锈腐蚀，严重时会大幅降低杆塔强度。施工、运行单位几乎不组织对铁塔出厂产品验收，即使有少量验收，也只考察厂家生产的规模和塔材镀锌外观检查，如镀锌层表面应连续完整，并具有实用性光滑，不得有过酸洗、漏镀、结瘤、积锌和锐点等使用上有害的缺陷。镀锌颜色一般呈灰色或暗灰色等内容，基本不对塔材镀锌厚度检测验收。

（6）防鸟装置、杆号牌、防振器、防舞动装置的修补、补装和调整等。

（7）线路通道内树竹木修剪、巡线道、桥的修理等，杆塔接地装置即人工敷设接地线的外露填埋及引下线的修复等。

四、设备检修现状

各运行检修单位对巡视、检查或检测出的设备缺陷或隐患，其处理方式有以下两种。

（1）线路停电时检修方式：劣化绝缘子的更换（瓷绝缘子低零值、瓷裙破损、玻璃绝缘子自爆、瓷、复合绝缘子电弧灼伤、硅橡胶伞裙龟裂、撕裂、粉化、电蚀穿孔、芯棒金具压接点密封破损和均压环倾斜损伤等）；连接金具锈蚀严重、电弧灼伤严重、防振锤移位、掉锤、间隔棒断裂、橡胶垫脱落等更换；导线并沟线夹、引流板的检查紧固，导线铝股断股补修，架空地线锈蚀更换，拉线杆塔拉线锈蚀、拉棒锈蚀等更换。

（2）线路带电检修或消缺方式：检修处理内容与上述相似，另外带电处理导线上悬挂异物，更换杆塔锈蚀塔材、横担、拉线或拉棒，架空地线放电间隙检修，水泥杆段或铁塔主材更换等。

五、线路状态巡查、检修的做法

以目前职工人数按 DL/T 741 的按设备周期进行线路运行、检修，必然会造成"违章指挥"和"违章作业"现象。

（1）目前输电设备的预试体制存在的缺点。

1）检测、检修周期与输电设备的状态无关，过度维修现象严重，运行和管理部门重检测周期，缺少分析判定环节。

2）普查式的预防性检测的工作量大，效率低。对新线路、好设备的检测重视太多。

（2）要减少过度维修工作，提高输电设备的可用率，需采取以下措施。

1）延长设备的检测周期和检修（巡视）周期，或取消有的检测周期。如线路投运时摇测一次杆塔接地电阻值，多雷区第 10 年重新将农田的接地网按设计要求敷设接地线，并与旧接地网焊接在一体，平时雷击跳闸后必须摇测故障塔的接地电阻值以进行分析；对高山区自立塔且无树木危害的地段延长巡视周期，在新建线路杆塔中间验收按杆塔螺栓扭矩值控制并在竣工验收抽样复核螺栓扭矩值后取消每 5 年紧固杆塔螺栓周期等。

2）对状态良好的设备不进行预试或延长试验周期。

3）对有缺陷的设备不进行超越需要的检修，即应修必修、修必修好。

4）开展预试（检测）的项目应与时俱进，按设备的运行状况进行。

5）强化运行监控，如雷击故障后应首先分析是什么雷害现象，按雷害性质采取防范措施，对雷害故障杆塔的接地电阻应按 2.5L 和 4L 辅助射线布置并严格检测和分析，同时打开故障杆塔悬垂线夹检查地线、导线有否损伤现象；新建线路竣工验收和停电检修普查跳线引流板的扭矩控制；外力破坏严重的杆塔上安装危险点图像监控；带电清洗绝缘子盐密值分析和对导电离子的检测；线路氧化锌避雷器的空气间隙值的计算分析等。

（3）线路按设备状态检修、巡视的思路要点如下。

1）新建线路的外绝缘配置尽可能减小配合比（即增加绝缘子片数），但带电体与塔身的最小间隙或绝缘子串的招弧角间隙仍应按规程规定的相应电压等级控制，以提高绝缘子串沿面闪络电压值和泄漏比距值，减少线路绕击雷跳闸和绝缘子串的清扫工作量。

2）新建线路的避雷线保护角均应大幅度小于 DL/T 620 中各级电压等级的保护角度，建议新建线路的避雷线设计成负保护角。

3）新建线路小牌号导线跳线连接采用楔型弹力线夹或采用液压连接方式，液压式耐张线夹引流板应采用"Y"形和 4 颗连接螺栓形式，以增加接触面积和紧固方式，确保导线连接点不致输送大电流而出现发热隐患。

4）新建线路采用高跨方式架设，老旧线路的对地距离、交叉跨越危险点采用加塔升高改造措施。

5）细化运行线路状态量和信息的分析和评价。

6）建立细化、有效的设备缺陷评估体系。

7）与传统的检修模式衔接并平稳过渡。

8）强调状态信息的融合，重视线路设备整体评价中出现"圆桶短板"现象，控制停电检修并积极开展带电检修和消缺作业。

9）预试（检测）和检修时机要顾及设备的状态。

10）突出可操作性和操作结果的唯一性。

（4）我国电力部门的定期检修制度是 20 世纪 50 年代从苏联引入的，随着电网规模的日益庞大和有关设备的技术含量提高，定期检修设备的弊端日益体现。不仅造成输电线路可用系数的降低、线路在 N–1 情况下运行风险增加，还会因大规模人员集中、短时期、集中式停电检修，造成人、财、物的三重浪费。检修单位若不按该方式配置人员、车辆和检修器具，则线路停电检修中会造成多数输电设备失修、欠修或漏修，使输电线路运行风险度增加。传统的周期巡视、检修方式和按设备状态巡视和检修方式区别见表 13–3–1。

表 13–3–1　　　　　　　定期检修、巡视和状态检修、巡视的区别

定期检修、巡视	状态检修、巡视
计划针对所有设备、线路区段	计划针对单个设备、部分区段（危险点）
强调周期，到期就试（测）修、巡	强调状态（危险点）超过规定条件才测、修、巡
没有设备状态分级评价体系	突出设备状态分级评价体系
从所有设备中筛选有问题的设备	从状态待定设备中筛选有问题的设备
无的放矢、人员设备多、停电时间长	针对性强、人员设备恰当、停电时间短

【思考与练习】

1. 架空输电线路巡视主要内容有哪些？线路保护区为多少宽（分电压等级）？

2. 瓷、玻璃和复合绝缘子的巡查检测内容各有哪些？为什么变电所出线段的杆塔接地电阻值要求两年检测一次？

3. 盘形绝缘子的污秽清扫有什么效果？

4. 定期检修有哪些不足和欠缺？

5. 为什么说按标准要求复合绝缘子的检查维护工作量更大？

6. 为什么现有线路雷击跳闸率高？

▶ 模块 4　线路巡视的一般项目及注意内容（Z04G3004Ⅱ）

【模块描述】

本模块包含线路开展状态巡视应具备的条件、状态巡视项目、巡视周期及计划的编制。通过概念介绍、要点归纳，熟悉状态巡视项目、主要内容，掌握状态巡视的管理。

【正文】

一、输电线路开展状态巡视应具备的条件

状态检修（condition based maintenance，CBM）是以运行设备当前的实际工作状态为依据，尽可能通过高科技状态检测手段结合丰富的线路运行、检修经验，识别设备可能存在的隐患或故障的早期征兆，对故障部位、故障严重程度及发展趋势作出判断，从而基本确定各设备器件的最佳检修时机。这是一种耗费最低、技术最先进的维修制度，由于决定输电线路状态检修需要监测的内容很多，需对多种单元设备的状况进行科学的评价，存在一定的风险，部分带电设备以现行的技术规程又难以突破，因此全面深入开展输电设备状态运检需进行长时间的设备、通道清查、经验积累过程和环境配合，制定详细又可操作性的设备评价标准。

随着输电线路设备的不断升级、材质科技含量的不断提高，设计标准、要求的不断更新，监测设备、诊断手段的不断完善，线路运行、检修单位应根据"实事求是"的工作作风，针对每条运行线路实际的设备运行状态、通道状况和缺陷隐患等，根据《架空输电线路设备评级办法》《输电网安全性评价》的规定，建立每条线路的危险点及预控防范措施，每半年按巡、检结果进行滚动修订调整、每年进行设备定级和安全风险评估。

架空输电线路按设备状态巡视方式是根据架空输电线路的实际状况和运行经验动态确定线路（段、点）巡视周期的巡视。线路实际状况包括线路设计条件、运行年限、设备健康状况、杆塔地处的地质、地貌、环境、气候、设备危险点包括线路通道内的建房、筑路、土地平整、树竹木生长等。开展状态巡视，可使有限的人力在巡视过程中做到有的放矢，真正做到输电设备"该巡必巡，巡必巡好"。

按输电设备的状态开展巡视是企业"减人增效"的手段之一，要保证架空线路安全运行，首先是建立设备主人责任制，每个巡视人员都有固定的设备管辖范围，以书面形式落实到班组和个人，使运行线路巡视或管理不出现交叉段或空白点。

二、线路巡视的一般项目

线路巡视地面观测不清的项目，必要时可组织登杆塔检查或走导线检查。表 13–4–1 给出了架空输电线路按状态巡视的一般项目和主要内容。

表 13–4–1　　　　　　架空输电线路巡视一般项目及主要内容

项　　目		主要内容
线路走廊保护区	建筑物、构筑物	民房、厂房、猪（鸭）棚、易随风飘起的宣传带（球）、塑料薄膜、广告牌等原建、新建、扩（升）建、所处位置等情况
	各类施工作业	岩、土、沙等开挖、航道、公路、铁路、桥梁、水利设施、市政工程施工、机械挖掘、起吊等情况

续表

项 目		主要内容
线路走廊保护区	可能直接威胁线路安全的情况	山体崩塌、采石放炮、射击、易燃（爆）场所，塔位处围塘水产养殖、钓鱼、污染源（如废气、废水、废渣及一些有害化学物品）的分布、威胁等情况
	树（竹）木、蔓藤类植物附生等	植物类别和生长速度、与带电体净空距离、植树造林等情况
	各类线路、高架管道、索道	新（改、升）建、穿越位置及交叉净空距离等情况
杆塔、拉线和接地装置	杆塔、拉线基础	沉陷，开裂、冲刷移位、低洼积水等情况
	杆塔、横担	水平度、垂直度、歪曲变形，缺损件、锈蚀、（混凝土杆）横（纵）向裂纹、接头腐蚀、钢筋外露等情况
	塔材、金具、紧固件	锈蚀、松动、缺损，受力不均匀、被盗等情况
	拉线及相关部件	锈蚀、腐蚀、磨损、断股、破股、松动，受力不均，失稳失衡等情况
	接地装置和引下线	腐蚀、锈蚀、冲刷、外露、断裂、缺损、接触不良、被盗等情况
	相位牌、警告牌、杆号牌、分相色标导向牌等	褪色、锈蚀、丢失，缺损，不正确、不规范等情况
导、地线和相关部件	导线、避雷线（包括耦合地线，屏蔽线，复合光纤通信线等）	（1）锈蚀、断股、损伤、电弧灼伤情况。 （2）弛度松紧、相分裂导线间距变化等情况。 （3）导、地线上扬、舞动、振动，融冰时跳跃，相分裂导线鞭击，扭伤情况。 （4）绝缘架空地线接地、放电间隙尺寸、复合光纤接线盒等情况
	连接器，悬垂、耐张线夹，跳线线夹，防振设施、防舞动装置、跳线连接并沟续条（导流板），接续条、间隔棒、均压环、均压屏蔽环、重锤、防结冰设施，通信附属设施及其他在线检测装置	锈蚀、氧化腐蚀、松动、磨损、缺损、断裂、移位、放电发热、电晕、放电声及与有关装置要求不符的情况
绝缘支持件	绝缘子、瓷横担	脏污、爬电、电晕放电，过电压闪络、燃弧情况，灼伤痕迹，裂纹、破损，偏移、金属件锈蚀、连接固定件松动、缺损、脱落情况。复合绝缘子各连接部位的脱胶、裂缝、滑移等现象；伞套材料的硬（脆）化，粉化、破裂等现象；伞套材料的起痕、树枝状通道、蚀损等情况；伞套材料的憎水性变化（如表面是否形成水膜）等情况
	金具、固定连接件	锈蚀、松脱、缺损，不合规范情况
防雷设施	避雷器、避雷针、消雷设施、线路外沿的防雷辅助设施	（1）连接规范情况，间隙移位、金具锈蚀、松动、缺损、避雷器指示动作、老化、密封、避雷器引下电缆的损坏情况。 （2）外串联间隙灼伤、烧蚀；合成外套伞裙破损，伞套滑落等情况。 （3）倾斜、锈蚀、拉线松动等情况
附属设施	视频图像监视仪、雷害故障指示器、巡检系统相关设备、防鸟装置	松动、脱落、缺损、动作等情况

三、按输电线路本体和通道的实际状况进行巡视

为摸清线路、杆塔地处位置、环境和通道、保护区情况及存在的隐患、线路设备的健康状况，在开展状态巡视前，每个运行巡视员工在一段时间内，将自己管辖的线路设备巡视一遍，用数码相机将每基杆塔地处位置、前后通道及走廊内的建筑物等留影存档，通过计算机建立每条线路运行档案，按线路和杆塔所处情况，建立毛竹（树木）生长区、易建房区、易受外力破坏区、鸟害区、污秽区或污秽点段、雷害多发区、洪水冲刷区、采石爆破区等危险点及特殊区域，根据季节性、区域性等特点，结合巡视员工、工程技术人员的运行经验，制定有针对性的各危险点巡视注意要点和预防控制措施，将其纳入相应的危险点数据库，随时滚动修正管理。实现"危险点短周期、多巡视、多控制"和"相对安全段长周期、少巡视、可控制"的状态巡视管理模式，从而使多数健康、完好设备和通道突破了每月一巡的传统定期巡视规定，设备及运行环境状况良好时，其巡视时间为数月至半年不等，老旧或健康水平差的设备和恶劣运行环境设备、通道，根据各危险点预控措施和运行情况，按实际周期巡视或甚至缩短巡视周期。

通过科学的流程管理，进一步明确了检修、管理、决策人员的三方责任和控制要求，确保了输电设备状态巡视的质量和安全。

四、状态巡视计划的编制

（1）巡视区段的划分应结合线路实际和运行经验。

（2）线路状态巡视巡视周期应按以下原则确定。

1）依照线路危险点及预防措施要求，对保护区内易建房段、基础保护区易开挖（塌方）段、村镇、厂矿等人口密集区、交跨公路、采石场、开发、农田改造区等易受外力损伤、破坏的区段巡视周期为每月至少一次。

2）三类设备每月至少巡视一次。

3）新（改、扩）建线路（段）在投产后一年以内应每月巡视一次。

4）其余地段巡视周期根据线路设备不同状况综合考虑线路所经过区域的地形、地貌、气候、人员活动情况、树木通道情况、危险点和特殊区域分布，结合线路运行经验动态确定巡视次数，但最长不得超过 6 个月。如树木生长区可在 3～4 月份巡查检测一次，以判定线路运行安全保证，11～12 月份巡查检测以确定是否需要砍伐处理。

五、状态巡视周期的确定

在开展输电线路按设备状态、危险点预控措施进行状态巡视、维护过程中，要想延长巡视周期的线路各区段（点），必须由本设备主人按照线路的实际状况，先提出各点（段）线路的巡视周期，班长、班组技术员、工区运行专职同设备主人一起进行讨论、去现场勘查核对或抽查后提出班组讨论意见，工区主任、生技科长等讨论审核签字后上报公司专业处室校核，公司主管生产经理或总工批准，每年初以文件形式下达

各线路点（段）延长巡视的周期（不含危险点等周期或缩短巡视的线路）。计划周期应根据本地区季节性特点综合考虑。如南方地区可按 4～9 月份（树木速长、雨季、雷季、台风、高温）和 10 月～次年 3 月份（雪、低温）等 3～6 个月不等计划周期。使线路开展状态巡视和危险点预控工作有据可依。

　　线路开展状态巡视工作，不论线路巡视周期长短，运行单位应落实措施，确保状态巡视到位率和巡视质量，真正做到状态巡视工作计划的有效实施。

　　如高山段无危险点的自立塔区段每 4～6 个月巡视一次；部分地段每 3～4 个月巡视一次；平地交通便利、人员活动多的地段每月巡视一次；危险点或特殊地段按预控措施要求每月巡视不得少于一次，如洪水期每次洪水都落实技术人员或设备主人巡视。

六、巡视资料的搜集、分析

　　由于大部分线路运行单位都是运行、检修合一单位，为了确保线路设备状况的健康，复核线路巡视质量的准确、完整，在线路检修、故障登杆（塔）巡查时，明确规定登杆员工必须巡查工作任务地段通道内毛竹、树木、房子、交跨等情况并责任落实。使每一次线路检修、查巡故障，如同增加了一次某区段线路或全线巡视的工作机会。同时要求全体参加线路巡视、检修的员工，每次将巡查或检修发现的缺陷拍成照片，便于班组其他员工、工程技术人员、企业生产经理等能直观地观看，根据照片分析和制订预控防范措施。

七、积极安排人力物力采取措施消除线路运行危险点

　　架空线路沿村庄旁架设，随着经济的发展，农户多数会将新房建在村庄外，由于线路走廊是无偿占用农户土地，因此运行单位很难阻止农户在线路通道附近进行经济开发或建造构筑物。特别是对于老旧运行线路，导线对地距离和风偏距离不足，此类违章现象，运行单位必须及时邮发隐患通知书，取得管理上的主动权。应尽早安排资金，将村庄边呼高较低的单杆更换升高成自立塔，考虑按 15m 房高控制校核风偏距离，消除线路的危险点或隐患。

八、建立沿线群众义务护线员组织

　　输电线路大部分区段处在远离人类活动密集区和交通繁忙区域外的丘陵、山区等，线路运行单位即使按规定每月巡视一次，剩余的 29 天大多时间也属于无人看管的。为掌握运行线路的实际情况，运行单位应积极寻找联系运行线路沿线村镇有正义感和威信高的村干部，聘任他们为该村所辖土地上的输电线路"群众义务护线员"，颁发盖有线路工区公章的聘任书，每年按片区集中群众护线员学习，工程技术人员讲解本年度线路上典型受损现象及有关线路巡查判断知识，以不断提高护线员的业务水平。

【思考与练习】

　　1. 开展按线路设备状态巡视要具备什么条件？

2. 为什么要由本设备主人粗拟提出所辖线路状态巡视的计划和周期？

3. 为什么要求登塔巡查故障的员工必须对所巡查段的通道情况负责？

4. 建立护线员组织的做法有哪些好处？

▲ 模块 5　状态巡视及处理（Z04G3005Ⅱ）

【模块描述】

本模块包含危险点及特殊区域、状态巡视的组织方式、按危险点预控开展状态巡视及处理。通过知识讲解、图形举例、定性分析，掌握线路的危险点及特殊区域、状态巡视的组织方式、按危险点预控开展状态巡视及处理方法。

【正文】

要想实现输电线路按运行状况进行巡视，必须对所管辖线路的设备和通道情况做到心中有数，对各类特殊区域和危险点组织分析讨论，将设备主人、生产骨干对此类现象结合运行经验制定有针对性的防范措施，按有关专业管理程序报批后执行。

一、按输电线路本体、通道的实际制定危险点及特殊区域的预控措施

线路运行、检修单位根据线路沿线地形、地貌、环境、气象条件、人员活动等特点，结合运行经验，逐步摸清和划定如鸟害区、雷击频发区、洪水冲刷区、重冰区或导线舞动区、滑坡沉陷区、易建房区、重污秽区、树（竹）林速长区、易受外力破坏区等特殊区域，将输电线路全部杆塔及通道的运行情况和设备状况的资料都收集到后，按照线路状态巡视的要求，制定各种危险点及预防措施，并将其纳入危险点及预控措施管理体系中。在常规的线路巡视中若新发现危险点，设备主人及运行工区应按其实际情况和特点制定相应的防范措施和巡视周期，对树竹木点档中加塔升高等措施消除的危险点，运行单位应及时滚动修正危险点和特殊区域。

架空输电线路的危险点和特殊区域形式多样，为了便于其运行维护，表 13-5-1 给出了常见危险点、特殊区域的运行维护防范措施。

表 13-5-1　　　　　常见危险点、特殊区域的运行维护措施表

情况	危险点或特殊区域运行维护的预控措施
易建房区	每月落实专人对该区域重点巡视，巡视中加强对附近村民的电力法规宣传、教育，多了解村镇发展规划及村镇外扩趋向；加强与土管、规划、开发区等政府部门的联系，宣传国家电力法规禁止在电力设施保护区内建房的规定，防止在电力设施保护区内违章批复用地，违章规划和违章开发等事情的发生；巡视中重点注意打桩划线、砖石堆放等情况，发现隐患应当面向违章者进行口头阻止并宣传有关电力法律、法规的规定，阐明可能造成的严重后果，并以隐患通知书等书面形式告知其停止并拆除违章建筑，同时抄送土管、规划、村委、各级政府等职能部门；加强与该区域义务护线员的沟通，要求护线员发现有动工现象及时报告

情况	危险点或特殊区域运行维护的预控措施
易受外力破坏区	加强对该区域的巡视，每月至少巡视一次；巡视中重点注意爆破采石、爆破施工、农田改造、地基平整、杆塔、拉线基础周围取土、挖沙、堆土、围塘水产养殖、线路通道附近放风筝、射击、通道内钓鱼等情况。发现隐患应当面向违章者进行口头制止并宣传有关电力法律、法规的规定及可能造成的严重后果，并应以法定隐患通知书、函件等书面的形式告知其停止违章爆破、施工、取土、围塘等违章、违法行为并要求赔偿损失或恢复原状，必要时应将该隐患通知书、函件以挂号邮件方式抄送当地土管局、公安局治安科、村两委、乡、镇政府、开发区管委会等政府职能部门，以控制炸药的审批；在石宕、鱼塘、各类施工作业现场做好如"严禁爆破""严禁取土""钓鱼危险""高压有电"等安全警告标示牌、标志牌；加强与该区域义务护线员的沟通，要求护线员发现有此类违章及时报告。有条件时可采用在杆塔上安装图像监控装置，落实专人每天查看传回的照片，将隐患消灭在萌芽阶段
鸟害区	确定候鸟活动范围、在确定的鸟害区杆塔上安装防鸟装置和人工鸟巢，每年的 4～6 月，每月巡视次数不应少于一次，对巡视中发现的鸟窝及时移位保护处理和在绝缘子串悬挂点处安装防鸟装置
树（竹）木速长区	每年 4～6 月班组应组织对竹林区的特巡及时处理，同时通知户主及时清理竹笋。加强同该区域群众护线员的联系，请他们在竹笋速长期多留意其生长情况和线路护线宣传；安排资金采用升高或增立铁塔措施，以消除树竹木危险点隐患。在树木速长季节（一般在上半年），准确估计各树种的自然生长速率，对本年度可能威胁线路安全运行的地段必须巡视到位，发现隐患应及时处理。安排费用冬季落实农户砍伐处理
雷击频发区	雷击频发区的线路应采取综合防雷措施；雷季前，应做好防雷设施的检测和维修，落实各项防雷措施；雷季期间，应加强防雷设施各部件连接状况、防雷设备和观测装置动作情况的检查；对雷害损坏的设备应及时修补、更换。对雷害故障杆塔的金具和导线、避雷线夹必须打开检查，必要时还必须检查相邻档线夹。故障杆塔必须采用标准的 0.618 布线方式检测杆塔接地电阻是否符合设计要求；组织好雷击事故的调查分析，总结现有防雷设施的效果，研究更有效的防雷措施，按反击或绕击的结果进行不同的雷害防范措施
洪水冲刷区	（1）汛期到来前，班组技术员必须到现场巡视一次，重点检查杆塔、拉线基础的稳定性、是否容易受冲刷等情况报工区生技部门，视现场实际情况确定应采取防范措施。 （2）汛期时，根据洪水情况，及时组织特巡和处理。 （3）加强与该区域义务护线员的沟通，要求护线员发现洪水冲刷及时报告
滑坡沉陷区	汛期、雨季、严寒季节每月要巡视一次，巡视时要重点检查杆塔基础上、下边坡的稳定情况，发现隐患及时汇报处理。加强与该区域义务护线员的沟通，要求护线员发现有此类沉陷现象及时报告

二、输电线路状态巡视的组织方式

为了能够确保状态巡视质量，真正实现"该巡必巡，巡必巡好"的目标，运行单位应建立起相应的管理制度，确保巡视计划的编制符合实际，巡视计划经过主管部门的审核、批复，巡视质量有人监督，并能够根据现场情况改进巡视工作。典型的危险点和特殊区域的防范措施即是所管辖线路单位的专家软件，它集单位班组长和骨干、工程技术人员的运行经验和专业知识为一体，替代原先个人巡视判定运行缺陷和处理方法，使每个运行巡视人员按班组已判定的缺陷类型，对照对应的危险点、特殊区域防范措施指导巡视。同时，每个线路设备巡视主人根据自己管辖的线路运行状态、线路设备的健康水平、人员活动情况、交通方便情况、历年来线路运行情况等，粗拟提出各线路段的不同巡视计划和周期，由本班组长、骨干和技术员按运行经验和平时了解的线路情况，修订和完善该员工所辖段线路的运行计划，将讨论修订完善的班组运行巡视计划上报工区运行专职，工区主管领导组织各检修、运行班组长、生产骨干和运行、检修专职等讨论、修订和完善工区所辖各线路的运行巡视计划和周期，上报企业的生技部门，经讨论修改批准后，以文件形式下发本年度线路巡视计划和周期。

输电线路状态巡视流程按图 13-5-1 整合再造，以明确运行巡视人员、班组长和工程技术管理人员、巡视周期决策人员的三方责任和控制要求。

在实施过程中运行单位应根据 ISO 19001《质量管理体系要求》，整合巡视计划、特殊巡视、故障巡视、登塔巡视、危险点管理等子流程，对各流程关键点进行时间、人员、质量、安全动态控制，以提高线路巡视的质量和效率。

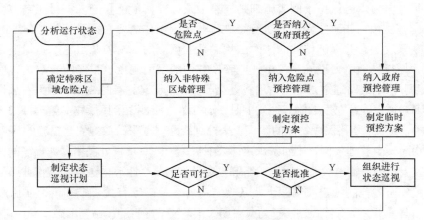

图 13-5-1　输电线路状态巡视工作流程图

三、按电力法规要求治理线路运行环境

针对运行线路通道内发生的违章建筑，运行单位应遵照《电力设施保护条例》的有关规定，以挂号信方式将有法律效力的隐患通知书并附上现场照片邮寄给违章责任人和有关职能单位（将隐患通知书当面送达并签收回执困难，采用挂号信形式回执签收由邮政完成），使电力设施保护走入法治管理轨道。对巡查发现的通道隐患危险点，在邮寄分发线路隐患通知书时，应将严重的现场隐患照片作为隐患通知书附件同时寄发，并使抄送相关的地方政府有关部门能直观地了解隐患危险点的现状和危害性。针对新增的危险点，运行工区管理部门应自行按预控措施要求及时增加安排巡视周期。

状态巡视可结合检测、预防性检查、大修、技改等工作同时进行，如某线路某区段故障跳闸，运行单位在安排员工巡查故障点时，应同时将该段线路的通道、本体巡视任务一起进行交底布置，要求故障巡查员工将线路通道、本体有异常现象或危险点预控措施中规定的内容照相或收集回来，以替代巡视人员的工作任务。巡视的目的在于动态掌握线路各部件、通道及附近可能威胁线路安全运行设施状况，并联系走访群众护线员及电力设施保护法规宣传工作。

四、按电力设施保护条例要求发放的各种类型隐患通知书

输电线路架设在野外，设备分散，高空作业和高电压属于高危险度行业，随时都有可能给企业带来法律上的纠纷，运行单位应按照《电力法》《电力设施保护条例》和《电力设施保护条例实施细则》等法律法规的要求，撰写起草好各种违章现象、情况的隐患通知书，及时送达、邮寄给违章业主和产权单位或自然人，保存好隐患通知书的回执或邮政挂号收据，以便将来发生法律纠纷时作为法庭证据。

以输电线路附近采石放炮处理为例，说明隐患通知书的发放。

按照《电力设施保护条例实施细则》第十条：任何单位和个人不得在电力设施周围 500m 范围内（指水平距离）进行爆破作业。因工作需要必须进行爆破作业时，应当按国家颁发的有关爆破作业的法律法规，采取可靠的安全防范措施，确保电力设备安全，并征得当地电力设施产权单位或管理部门的书面同意，报经政府有关管理部门批准。由于输电线路通道是无偿占用村委会或农户的土地，有时线路周围采石放炮政府部门并不知道，因此在发放隐患通知书时，运行单位应抄送给民爆物品管理部门之一的公安机关，从报批购买民爆物品的源头上来控制线路附近采石放炮安全措施的落实，《民用爆炸物品安全管理条例》第四条规定：公安机关……负责查处民用爆炸物品的使用行为。爆破人在高压输电线路、通信线路等重要设施的安全距离内进行爆破作业必须符合国家有关安全规范的规定；第四十八条规定：若违反国家有关标准和规范实施爆破作业的，由公安机关责令停止违法行为或限期改正，情节严重的，吊销爆破作业许可证。

图 13-5-2 为违章采石场。由于电力企业没有行政执法权限，对电力线路保护范围内的违章爆破作业，需要发放采石爆破隐患通知书，具体样本见表 13-5-2。

图 13-5-2　220kV 线路边导线外 100m 处违章爆破施工开采矿石

表 13-5-2	隐 患 通 知 书

名称： 送（2003）32 号隐患通知书附件

主送： 主送：××市××镇×村委会

电力设施属国家财产，受国家法律、法规保护。国务院曾于一九八七年九月十五日颁布了《电力设施保护条例》，（以下简称《条例》），并于一九九八年一月七日发布国务院 239 号令《国务院关于修改〈电力设施保护条例〉的决定》，一九九六年四月一日，《中华人民共和国电力法》正式开始实施，一九九九年三月十八日，修订后的《电力设施保护条例实施细则》（以下简称《细则》）颁布实施。以上法律、法规都对电力设施的保护做出了明确的规定。

我工区管辖运行的 500kV 2359 线是电网的主干输电线路，担负着市工农业生产以及人民生活用电主送任务，该线路的安全运行直接关系到电网的安全稳定。

最近，我线路运行人员在电力设施巡视中，发现贵村村民章在 2359 线 109～110 号档中，在距左边线约 100m 处我单位在竣工投产时已出资封闭的采石场内进行采石爆破，据违章爆破者称，他已向贵村委会交款签订协议承包采石场一年。贵村委与章×的违法行为对 2359 线的安全运行构成了严重的威胁。

《电力法》第四条明确规定"电力设施受国家法律保护。禁止任何单位和个人危害电力设施的安全……"

《细则》第十条规定：任何单位和个人不得在距电力设施周围 500m 范围内（指水平距离）进行爆破作业。因工作需要必须进行爆破作业时，应按国家颁发的有关爆破作业的法律法规，采取可靠的安全防范措施，确保电力设施的安全，并应征得当地电力主管部门的书面同意，报经政府有关管理部门批准。"

2002 年 6 月 11 日线路竣工投产时我工区已与贵村两委签订了封矿补偿协议书（见附件），明确了相关权益和安全责任，现贵村委违法将采石场再次承包给村民，造成章×违章爆破采石，因此责令贵村委依法立即停止侵权，重新封闭采石场，村两委与违章爆破肇事者章立即按照封矿协议 1.4 条的规定来我单位协商抢修方案及赔偿事宜。同时立即停止在 500kV 2359 线 109～110 号档高压线路法定保护内的违法爆破行为，确保高压电力线路的安全运行。

在此我们恳请市公安局治安科依法向章停批炸药及将其爆破证收回，并追究爆破肇事者的经济、法律责任。同时我们保留向贵村委会追究违法责任的权利

电力线路主管部门： 国网××电力公司××供电公司

地址： ××市××路××号　**电话：** 　–　　　　　　　　　　　**邮政编码：**

国网××电力公司××供电公司输电工区

年　月　日

抄送： 市电力设施保护领导小组办公室、市安全生产监督管理局、市公安局治安科、市国土资源管理局、电力公司生产部、保卫处、市电力分公司安监科

五、线路故障的正确判断和巡查

输电线路发生故障跳闸后，地市电网调度在通知运行单位时，巡线员工首先要记录清楚继电保护动作情况，并根据故障跳闸时的天气、环境、相位、时间等情况综合判断可能是哪一类故障（雷击、鸟害、风偏、外力破坏、交跨不足等），可能发生的位置、地点等，并根据对故障的初步判断情况，组织地面巡查或登杆塔巡查故障。

如雷击故障巡查，在上杆塔前，登塔员工首先目测杆塔地面接地引下线的螺杆、连接板处有否电弧电流烧伤痕迹（此处由于经常摇测杆塔接地电阻，多次拆卸螺杆造成滑牙或接地引下线与塔身连接不紧固），若在连接完好情况下有较严重的电流烧伤痕迹，则该雷击故障基本可判为反击事故，随后员工上塔检查瓷质绝缘子串表面瓷釉有

否电弧烧伤痕迹，钢帽上有否电弧弧根产生的高温熔蚀后的白点，同理导线、护线条上有否电弧弧根产生的高温熔蚀后的白点；玻璃比陶瓷釉面熔点高，在电弧高温下不易出现熔蚀表面，因此检查目测玻璃绝缘子表面电弧烧伤较困难，巡视员工应用手仔细抚摸横担侧第一片绝缘子玻璃伞裙上表面，未遭故障闪络的伞裙上表面是十分光滑的，反之玻璃伞裙表面有刮刺手感，但巡视检查员工的手千万注意不能触摸下数第二片绝缘子，以防电击伤害或二次高空坠落。复合绝缘子的过电压闪络主要检查两端均压环上、导线、护线条上有否电弧烧伤的白点，硅橡胶伞裙上有否电弧烧伤的白点（块）。若本杆塔绝缘子串上或导线上的故障点为两相时，基本属于反击跳闸，若线路为水平排列且双避雷线，故障点为中相时，可基本判定为反击跳闸。若线路故障点为连续 2 基同一相故障，则可判定为绕击跳闸。

六、开展状态巡视中的有关危险点处理案例

1. 塔材防卸处理

为了防止杆塔构件被窃，发生运行线路杆塔倒杆断线的恶性事故，运行单位应下文明确，新建线路整基杆塔或塔基准面以上 2 个段号塔身采用防盗螺栓螺帽，以指导新建线路设计。目前野外环境绿化较好，杆塔附近的树木有时超过 6m，夜晚偷盗塔材时，活动扳手撞击塔身的金属声会被树木阻挡，传递不远。但若盗贼登上塔基准面以上 2 个段号铁塔上盗拆塔材，夜间扳手碰撞金属声会传递较远；且要登上基准面以上 2 个段号杆塔上时，会给盗卸人员带来心理上的恐惧，以减少偷卸塔材事件。针对早期输电线路铁塔基本没有防盗措施，此类杆塔数量众多，运行单位可采用亡羊补牢的方法，即偷盗在哪，补装到哪。被盗构件的铁塔如图 13-5-3 所示。

图 13-5-3　拉 V 塔腿部及自立塔下段小斜材被偷盗

图 13-5-3 是被偷盗塔材的杆塔，运行单位应及时对被盗杆塔及前后两基杆塔基准面以上 2 个段号塔身上更换成防盗螺栓，为减轻更换防盗螺栓工作量，可对每一块斜材的一头螺栓更换成防盗螺栓。对拉 V 塔、水泥杆等拉线 UT 型线夹螺栓应安装防卸

装置，道路旁的杆塔拉线还应安装醒目的防撞警示装置等，为该类拉线型杆塔延长巡视周期做好必要的技术防范措施。

2. 线路杆塔安装齐全杆号牌和警示牌

输电线路杆塔高空作业和高压电属高危险行业，运行单位应经常核对杆号牌、高压警示（攀爬警告）牌等有否短缺，安装是否齐全正确，以阻止非线路运行、检修人员擅自攀塔，免除因外来人员攀塔后发生高空坠落、触电等事故的法律责任。

为防止人员在同塔并架多回线路上误登有电线路，应在各条线路杆塔上应用标识、色标或其他方法加以区别，使登杆塔作业人员能在登塔前和在杆塔上作业时，明确区分停电或带电线路。以往电网薄弱，变电站出线少，因此运行单位习惯性将同塔双回路的两侧横担或平行出线的线路杆塔横担涂刷上不同醒目颜色的油漆加以区分。随着电网的不断发展和用电负荷越来越大，变电站多采用大容量变压器，变电站的线路出线和走廊越来越困难，目前同塔并架线路越来越多，单靠几种醒目油漆已无法有效区分不同线路，采用不同颜色油漆区分势必会造成同一变电站出线有相同颜色的线路存在。另外全线同塔并架线路也越来越多，几年一次对同塔并架线路横担涂刷不同颜色醒目油漆的原始行为已不适合市场经济规律，为此对照安规有关安全规定，设计了一种有线路双重名称（文字名称和阿拉伯数字代码）、杆号、相位、上、下、左、右方向指示、醒目色标于一体的搪瓷标牌，如图13-5-4和图13-5-5所示，悬挂在同塔并架杆塔离地3～6m一侧塔材和分挂在各横担上，即合理完整地符合线路安规的要求，又可持久地悬挂完成它的寿命、区分、指示、警示功能，杆号牌上有运行单位的电话号码，可方便他人报警或联系，解决了以往为了符合安规要求将同塔并架杆塔横担刷成醒目油漆的重复劳动。

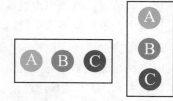

图13-5-4　同塔并架多回路杆塔安装在横担上的相位牌

3. 输电线路下方树竹木的处理

GB 50545《110kV～750kV架空输电线路设计规范》13.0.6条：当砍伐通道时，通道净宽不应小于线路宽度加通道附近主要树种自然生长高度的2倍。通道附近超过主要树种自然生长高度的非主要树种树木应砍伐。《电力设施保护条例实施细则》第十三条：在架空电力线路保护区内，任何单位或个人不得种植可能危及电力设施和供电安全的树木、竹子等高杆植物。第十六条：新建架空电力线路建设工程、项目需穿过林区时，应当按国家有关电力设计的规程砍伐出通道，通道内不得再种植树木；对需砍伐的树木由架空电力线路建设单位按国家的规定办理手续和付给树木所有者一次性补偿费用，并与其签订不再在通道内种植树木的协议。

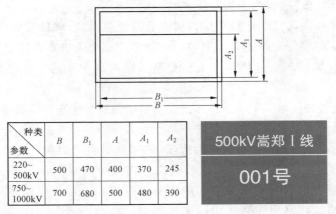

种类 参数	B	B_1	A	A_1	A_2
220~ 500kV	500	470	400	370	245
750~ 1000kV	700	680	500	480	390

500kV嵩郑Ⅰ线

001号

图 13-5-5 同塔双回路离地 3m 悬挂的双重名称杆号式样牌

事实上，线路的施工和运行单位根本无法实现，一是有《森林法》，砍伐树木前必须到当地林业主管部门办理采伐许可证，按线路通道宽度保护占有的山地面积交纳林地植被恢复费、育林补偿费、森林保护费等。二是土地、山地已法定承包给农民、山民，输电线路虽然属于公用事业，但线路架设后是无偿占用农户土地，你不允许在线路通道内种植可能危及电力设施和供电安全的树木、竹子等高杆植物是不可能的，可能危及电力设施和供电安全的措施只能是电力部门自己出资改造。砍伐通道后"签订不再在通道内种植树木的协议"也根本行不通，山区农民靠树竹木生存，即使在线路架设时农民与施工单位有赔偿协议，事后山民仍然会种植树木。此外早期输电线路为节约投资成本，基本按导线对地面安全距离设计（那时山区确实是荒山，基本无树木），随着农村改革开放，土地 30 年承包到户和国家荒山绿化国策执行，目前山区、丘陵绿化良好，许多线路导线对树木距离严重不足，为减少树竹木危险点的运行工作量和砍伐树竹木青苗赔偿费用及控制事故概率，运行单位可采取档中加塔和原塔升高改造，如图 13-5-6 所示。

针对架空线路与树木、毛竹的生存矛盾，2005 年下半年，国家电力工程规划设计总院（即电力工程集团顾问公司）在北京召开各区、省电力设计院会议，会议上国家电网建设公司和规划总院明确提出：新建线路今后要多按运行意见设计，不能线路建成投运后运行单位就申请对某些或个别设备进行技术改造；新建线路应执行环境友好型建设理念，线路经过成片树林时应按树木自然生长高度跨越架设。

图 13-5-6　220kV 线下树（竹）木生长采用升高铁塔

国家电网公司以基建技术（2007）第 140 号《国家电网公司输变电工程初步设计评审工作协调会议纪要》第三条评审工作总体原则第 4 点：……线路经过林区尽量采用高跨案……

虽然架空线路增加杆塔高度后提高了导线的对地距离，给线路运行带来了方便，一方面投资增加不多；另一方面降低了今后运行中树（竹）木安全距离不足砍伐时与农户、国家森林法的冲突和设备强迫停运的概率。但采用高杆塔跨越树竹木，也降低了线路的耐雷水平：① 增加了塔身阻抗；② 抬高了导、地线的平均对地高度（即增加了等值受雷面积 $10h$，h=避雷线高度），减弱了地面屏蔽效应（线路引雷宽度取值最大的约为塔高的 10 倍左右，最小的约为 5 倍左右）。即杆塔高度越高，引雷面积增大，遭雷击次数增加，使很多雷云被引向线路并先击中架空地线（反击雷）或导线（绕击雷）。当雷击塔顶后，由于塔身阻抗增加，容易使塔顶电位增高而造成反击，增加线路雷击跳闸率。因此线路设计人员在多雷区为提高杆塔高度区段的线路设计中，应实地勘查地形、地貌和准确判定或摇测土壤电阻率，采用综合方法来确定杆塔耐雷水平和杆塔的防雷接地型式，既要积极做到线路架设、运行中少砍树木，又必须妥善处理好线路的防雷措施，确保线路的安全运行。

其次线路设计在经过村镇旁时，运行单位应在线路扩初审查和施工图审查及技术交底时，要求设计将该两基杆塔按跨越农户 4 层民宅（15m）高度控制，原因是随着经济发展，农村要建设扩展，老旧民宅要重新申请建房，村庄在不断扩大，若农户申请在线路通道附件时，使村镇旁高跨的线路及导线风偏校核都留下了裕度。

4. 线路保护区及交叉跨越危险点的控制和管理

（1）线路与交叉跨越物的距离，采用目测是无法判准能否满足规程要求和保证安全运行的，为确保运行资料的准确性，采用测高（距）仪全面核查，并将所有交叉跨越物的相关信息（如交叉跨越物的名称，所属单位、交跨距离，测量时温度，与杆塔距离，测量人，测量时间等）输入电脑管理，对接近安全距离的交跨点，电脑程序会自动校核到最大弧垂并及时报警，用真实准确的线路交跨资料来实现状态巡视。

（2）针对所辖线路跨越的众多池（鱼）塘，虽然导线对地（鱼塘水面）距离已满足 110kV 非居民区 6m 和 220kV 非居民区 6.5m 的要求，但鉴于目前垂钓鱼竿几乎是伸缩式的高强度碳纤维材料，它的电阻率比钢材还小，线路运行单位应按照相关法律的规定，将高压线下钓鱼危险的劝告书邮寄给鱼塘业主和管辖村委会，书面通告所跨越的带电导线对地（对塘）的距离数据，告知在线路下方垂钓有可能发生触电的后果及鱼塘承包者应注意的安全事项和应采取的安全防范措施；同时制作安全警示牌安装在每个跨越鱼塘的附近，规避了民法中有关无过错赔偿责任，并且在报纸、媒体上经常宣传碳纤维鱼竿与环氧树脂材料的不同性，对个别持碳纤维鱼竿垂钓触电事故积极协助电视台采访，及时纠正部分群众以为伸缩式碳纤维钓鱼竿误认为玻璃钢环氧树脂绝缘棒危险认知，以避免线路下方鱼塘钓鱼触电伤害事故。

（3）对线路周围 500m 范围内的违章采石爆破点，运行单位无法有效地制止村委会或承包者停止采石或要求在爆破中做好对导线的安全措施。这时，运行单位应积极利用政法部门的管理权限，将有法律效应的隐患通知书挂号寄给违章爆破作业者本人和当地派出所、公安局治安科及矿产管理局，告知国家电力法规对电力设施保护的重要性和违章爆破开采的危害性，并申请公安、政法、行政管理部门依法将在法定爆破保护区内违章爆破采石爆破员的爆破证收回或停批炸药、注销线路 500m 范围内的石矿采矿证等手段来消除爆炸飞石伤线的隐患。

事实上，由于国家对民爆物品的严格管制，公安部门在收到隐患通知书后，根据政府职能和可能存在的风险，一般都会马上停止审批炸药、雷管，并会积极要求采矿主到电力部门进行协商及征得同意，由于矿主或采石场承包人无法批到炸药、雷管，必然会持采矿证、爆破证等来线路运行单位协商，若采取安全措施后采石对电力线路危害不大，电力部门与其签订爆破采石确保电力线路安全的协议书，并同时将爆破采石确保电力线路安全协议书抄送给公安部门、地方劳动局、矿产管理局，采石业主只有持与电力部门签订的安全协议书才能在公安部门按常规领批购买到炸药、雷管。同时运行单位还应在采石场的岩石上用醒目颜色油漆涂写警示标语，进行电力法的宣传等。

七、依托地方政府完善电力设施保护执法主体

电力体制改革使电力企业失去了执法功能，针对运行单位的线路走廊违章建筑，通过向地方政府宣传汇报电力设施公用性职能，取得政府的支持，形成政府职能机构安全生产监督管理局为执法主体，负责监督、管理输电线路提供的通道隐患处理和考核隐患所在地政府职能部门，促使各县市、乡镇加强对线路通道内的建设审批、违章建筑的拆除等工作。图 13-5-7 为违章户在政府行政拆除告知书的督促下自行拆除违章建筑，图 13-5-8 为政府强行拆除的违章建筑。

图 13-5-7　违章户自行拆除违章建筑

图 13-5-8　政府组织强制拆除线路通道内的违章建筑

【思考与练习】

1. 为什么说按危险点种类制定的防范措施属于线路运行单位的专家软件？

2. 为什么导线对鱼塘或地面的安全距离满足后仍然要在鱼塘边竖立警示牌？

3. 运行单位发现运行线路通道内的违章现象为什么必须邮发隐患通知书？

4. 以企业文件形式批准下发某些设备健康、通道环境良好的线路巡视计划和周期，有什么好处？

5. 同塔多回路横担上采用线路名称、杆号、分相、色标牌替代涂色标有什么好处？

6. 通过政府部门来管理线路通道违章现象有什么好处？

▲ 模块 6 输电线路设备状态评价（Z04G3006Ⅲ）

【模块描述】 本模块涉及输电线路状态运行的基本原则、输电线路的技术管理、线路设备状态检测和状态评价管理及技术保证体系。通过概念描述、定义讲解、图形举例、定量分析，熟悉线路设备状态检测和状态评价管理及技术保证体系。

【正文】

输电线路设备状态评价工作是输电线路状态检修的基础，通过对设备运行信息的采集、分析及比对，确认设备的健康状态，为制订检修计划提供明确的依据，改变以往不顾线路状态、"一刀切"地定期安排试验和检修，提高输电线路检修的质量和效率。

一、状态评价的概念

状态评价是指依据《国家电网公司输变电设备状态检修试验规程》《输变电设备状态评价导则》等技术标准，收集各类输电设备信息，确定设备状态和发展趋势，通过持续、规范的设备跟踪管理，综合离线、在线等各种分析结果，准确掌握设备运行状态和健康水平。

二、设备状态信息

状态信息范围主要包括原始资料、运行资料、检修资料和其他资料。

原始资料是指运行前资料，它与设计、材料、制造工艺、施工安装等因素有关，主要由设备生产厂家和运输、装卸、安装、交接试验等环节决定。该资料是为判断设备状态所提供的原始"指纹"信息，也是状态检修的基础数据来源。设备原始资料应由基建部门于设备投运前移交生产部门。

运行资料是指设备投入运行后的资料，来源于设备运行环节的信息，该资料是判断设备状态的直接依据。

检修资料来源于设备检修环节的信息，该资料也是判断设备状态的直接依据，各类检修资料应在设备检修结束后一周内整理提供。

其他资料主要包括企业内外同类设备的运行、修试、缺陷和故障等相关信息。

三、设备状态信息管理

为加强设备状态信息收集，在日常工作中必须加强常规测试工作，坚持长期积累设备状态参数，建立相应的台账和设备状态评价记录。要充分利用现有的检测诊断技术，积极应用新的状态监测手段和故障诊断技术，不断积累经验，以指导状态检修工作。

要加强设备状态检测信息的管理，不断开发和应用新的状态检测信息管理技术，为设备状态的评价决策提供现代化的信息平台。

在设备制造、投运、运行、维护、检修、试验等全过程中，状态检修工作各组织机构应对原始资料、运行资料、检修资料等信息的完整性及时效性进行检查，并对照基建、运行、检修等管理部门的职责定期考核。

四、设备状态分类

根据设备状态量的评价和对安全运行影响的大小将设备状态分成四种状态：正常状态、注意状态、异常状态、严重状态。

（1）正常状态：设备各状态量均处于稳定且良好的范围内，设备可以正常运行。

（2）注意状态：设备及主要附件单项（或多项）状态量变化趋势朝接近标准限值方向发展，但未超过标准限值，或部分一般状态量超过标准值，仍可以继续运行，但应加强运行中的监视。

（3）异常状态：设备单项重要状态量变化较大，已接近或略微超过标准限值，设备可能存在缺陷，应监视运行，并适时安排停电检修。

（4）严重状态：设备单项重要状态量严重超过标准限值，设备可能存在较为严重的缺陷，需要尽快安排停电检修。

五、状态评价形式及要求

状态评价可分定期评价和动态评价两种形式，定期评价应在制定年度检修策略前完成，动态评价根据实际情况适时安排。

设备状态评价要求在日常工作中对设备的状态量认真运用好限值诊断、趋势诊断、对比诊断以及逻辑推理等常用方法，并根据状态量的变化情况及时进行状态评价。

要不断研究和应用以数学模型计算、故障模型比较等为代表的智能化辅助决策方法，不断提升设备状态检修的决策水平。

要加强日常巡视的工作力度和深度，适时安排检修人员巡视。要积极探索有效的带电检测手段并加以应用。

【思考与练习】

1. 输电线路状态评价的定义是什么？
2. 输电线路状态信息范围是什么？
3. 输电线路设备状态分类有哪几种，各类定义分别是什么？
4. 输电线路状态评价形式有哪些？
5. 输电线路状态评价要求有哪些内容？

第十四章

输电线路的日常维护与检测

◢ 模块 1 线路日常维护（Z04G4001Ⅰ）

【模块描述】本模块包含补装塔材、螺栓和喷涂杆号牌的工作程序及相关安全注意事项等。通过对工艺流程及注意事项的介绍，熟悉和掌握作业前的准备工作、作业中的危险点预控、工艺标准和质量要求。

【正文】

输电线路架设在野外，常年受大自然的侵袭和人类活动的影响，金属材料易发生锈蚀、金属部件会产生损坏、丢失或被盗等，因此运行单位平时需进行维护、更换和补缺。

一、塔材、螺栓的补装

（一）补装准备工作

1. 作业人员要求

作业人员共 5 人，其中包括工作负责人（监护人）1 人，作业人员 4 人。各作业人员随工作进程由负责人指派担任相应工作，工作人员必须经培训合格，持证上岗。

2. 技术准备

（1）根据任务查阅相关设计图纸，明确有关技术要求及质量标准。

（2）编制施工作业指导书，内容包括安装程序、质量要求、工艺方法及注意事项等。

（3）进行安全、技术交底，分析危险点，并做好组织分工。

3. 机具准备

冲孔机、角钢切割机等工器具应在工作之前仔细检查，并确认完好无损。主要安全工具、工器具准备见表 14-1-1。

表 14-1-1　　　　　　　补装塔材、螺栓所需要的工器具

序号	名称	型号	单位	数量	备注
1	安全帽		顶	5	
2	安全带	双控、背带式	副	4	

续表

序号	名称	型号	单位	数量	备注
3	钢卷尺		把	2	
4	速差自控器	TXS-5	只	若干	
5	传递绳	$\phi18mm×30m$	条	4	
6	脚扣		副	2	适用于混凝土杆
7	活动扳手	25cm	把	2	
8	冲孔机	CKJ 型	台	1	
9	角钢切割机	JQJ 型	台	1	
10	桶袋		个	若干	
11	扭矩扳手		把	1	复核连接螺栓扭矩值
12	防盗套筒	视现场情况确定	只	若干	

4. 材料准备

按需要准备螺栓、角钢等材料，具体见表 14-1-2。

表 14-1-2　　　　　　　　补装塔材、螺栓所需要的材料

序号	名称	型号	单位	数量	备注
1	螺栓	$\phi16mm$	副		
2	螺栓	$\phi20mm$	副	按实际需要配置	
3	螺栓	$\phi24mm$	副		
4	角钢		根		或按图纸加工好
5	角钢	根据实际确定	根		
6	防锈漆		桶	1	
7	毛刷		把	1	

（二）补装方法及工艺要求

1. 补装方法

作业人员对现场丢失的塔材、螺栓的数量和规格尺寸进行统计、测量，根据杆塔设计图纸选择角钢的规格尺寸，利用角钢切割机、冲孔机进行加工，然后在现场进行补装。

2. 工艺要求

（1）塔材安装方向根据设计要求进行，当设计无规定时，其切水面应朝下安装。

（2）作業人員採用螺栓連接構件時，螺桿應與構件面垂直，螺栓頭平面與構件間不應有空隙；螺母擰緊後，螺桿露出螺母的長度應滿足規程要求（對單螺母不應小於兩個螺距，對雙螺母可與螺母持平）；必須加墊者，每端不宜超過兩個。

（3）螺栓的穿入方向應符合下列要求。

1）立體結構。

a. 水平方向者由內向外。

b. 垂直方向者由下向上。

2）平面結構。

a. 順線路方向者由送電側向受電側或按統一方向。

b. 橫線路方向者由內向外，中間由左向右（面向受電側）或按統一方向。

c. 垂直方向者由下向上。

（4）連接螺栓應逐個緊固，其扭緊力矩不應小於表 14-1-3 中的規定。

表 14-1-3　　　　　　　　螺栓扭矩值

螺栓規格（mm）	扭矩值（N·cm）	
	4.8 級	6.8 級
ϕ16	8000	10 000
ϕ20	10 000	12 500
ϕ24	25 000	31 250

（三）作業危險點及控制措施

作業危險點及控制措施見表 14-1-4。

表 14-1-4　　　　　　　　作業危險點及控制措施

序號	危險點	控制措施
1	高處墜落	攀登桿塔時注意檢查腳釘是否牢固可靠，攀登中雙手抓牢牢固構件。桿塔上作業必須使用雙保險安全帶，戴安全帽。安全帶要系在牢固構件上，防止安全帶被鋒利物傷害，系安全帶後，要檢查扣環是否扣好，桿塔上作業轉位時雙手不得持帶任何物件，副保險繩應高掛低用
2	感應電或天氣傷害	作業時應天氣良好，工作中若遇雷、雨、5 級以上大風或其他威脅作業人員安全時，工作負責人可根據具體情況，臨時停止工作。塔上人員腳穿導電鞋
3	人員觸電	作業人員登桿時應仔細核對線路名稱、桿塔號和標誌，作業中作業人員活動範圍及所攜帶的工具、材料等與帶電導線最小距離不得小於《國家電網公司電力安全工作規程（電力線路部分）》中表 5-1 的規定
4	物件打擊	現場人員必須戴好安全帽，桿塔上作業人員防止掉東西，使用的工具、材料等要裝在工具袋內，並用繩索傳遞，不得亂扔；桿塔下防止行人逗留，必要時設圍欄標識和警示；起吊工器具用繩索應綁牢，桿下人員應注意配合人員的站位，不得站在作業點下方

（四）补装注意事项

（1）作业时应防止扭伤、摔伤、高空坠落、落物伤人等。

（2）安装前应对角钢冲孔面、切割面进行防腐处理。

（五）现场清理

工作结束后应回收废弃角钢，清理现场杂物，做到工完场清。

二、杆号牌的喷涂

（一）喷涂准备工作

1. 作业人员要求

作业人员共 2 人，其中，工作负责人（监护人）1 人；作业人员 1 人。工作人员必须经培训合格，持证上岗。

2. 技术准备

（1）熟悉技术资料、设计图纸，明确有关技术要求及质量标准。

（2）编制施工作业指导书，包括喷涂程序、质量要求、工艺方法及注意事项。

（3）进行技术交底、组织分工。

3. 材料准备

作业前按需要准备喷涂杆号所需材料，并对每瓶自喷漆作试喷检测，具体见表 14-1-5。

表 14-1-5　　　　　　　　　喷涂作业所需工具、材料

序号	名称	型号	单位	数量	备注
1	安全带		副	1	
2	脚扣		副	1	混凝土杆使用
3	自喷漆（黑白黄绿红）		瓶	视基数而定	
4	砂纸		张	10	
5	抹布		块	2	视工作量增减
6	杆号名称板		张	1	
7	相序板		张	1	

4. 喷涂环境要求

为减少涂层吸水受潮程度，降低附着力，喷涂工作应选择在空气湿度 85% 以下，无风沙、雨雪、霜冻及大雾的天气进行。

（二）喷涂方法及工艺要求

（1）作业前应核对线路名称、杆号、相序无误。

（2）按规定方向、位置、尺寸进行喷涂。

（三）作业危险点及控制措施

作业危险点及控制措施见表 14-1-6。

表 14-1-6 作业危险点及控制措施

序号	危险点	控制措施
1	雷、雨、雪、大风或其他因素威胁作业人员安全	工作中若遇雷、雨、雪、5 级以上大风或其他威胁作业人员安全时，工作负责人可根据具体情况停止工作
2	高处坠落	作业人员攀登杆塔时注意检查脚钉是否牢固可靠，在杆塔上作业时，必须使用双保险安全带，戴安全帽。安全带要系在牢固构件上，防止安全带被锋利物伤害，系安全带后，要检查扣环是否扣好，杆塔上作业转位时，不得失去安全带保护
3	喷错线路名称、杆号、相序	喷涂作业前应认真核对线路名称、杆号和相序无误后方可喷涂

（四）喷涂注意事项

喷涂作业时严禁吸烟，同时应防止喷漆喷到人身及脸部。

【思考与练习】

1. 简述补装塔材、螺栓的准备工作、安装方法及工艺要求。

2. 简述杆号牌喷涂工作的环境要求、工艺要求及作业危险点分析及控制措施。

3. 喷涂对环境有什么要求？

▲ 模块 2 线路检测（Z04G4002Ⅱ）

【模块描述】本模块介绍交叉跨越限距和弧垂的测量、合成绝缘子憎水性现场检测。通过方法介绍、要点讲解、图表对比、图形示例，掌握正确的检测方法、标准和要求。

【正文】

一、交叉跨越限距和弧垂的测量

（一）架空线路交叉跨越限距测量

交叉跨越限距是指架空输电线路导线之间及导线对邻近设施（如对地或对交跨物等）的最小距离。架空输电线路在竣工投运验收中，运行单位都对各种限距进行复核且符合设计要求，但线路在运行过程中，随着线路通道周围的生产活动和树竹木的自然生长，各限距的实际值均会发生变化，当限距达不到设计规定值时，将对线路的安全运行构成威胁。因此，运行单位必须对通道内和两侧建筑物、交叉穿越的弱电线路及树竹木等观察或测量与运行线路在各种条件下的限距，使之满足设计要求。

1. 交叉跨越限距测量一般原则和注意事项

（1）限距测量一般原则。

1）测量交叉跨越限距的方法一般有目测法、直接测量法和仪器测量法等方法。

2）在线路巡视过程中，巡视人员可采用目测的方法，检查导线之间、导线对地和对交叉跨越物的限距。

3）当目测法怀疑某些限距不符合规定时，必须采用其他方法，如直接测量法和仪器测量法等方法进行测量校验。

（2）限距测量注意事项。

1）雨雾天气禁止用直接测量法进行测量。

2）绝缘测量杆（绝缘绳）应保持干燥，并定期做耐压试验。

3）抛扔测量绳时，应防止测量绳在架空线上互相缠绕而无法取下。

2. 交叉跨越限距测量操作方法

（1）直接测量法。直接测量法就是利用绝缘测量杆或绝缘测量绳直接对限距进行测量。

1）绝缘测量杆测量。测量限距时，可将绝缘测量杆立于被测线路的下方，直接读取数据。

2）绝缘测量绳测量。绝缘测量绳在绳的一端连接一个有一定质量金属测锤，测量绳上以每米为尺度做上标记以便观察测距。测量限距时，利用测锤的质量将测绳抛于被测线路导线上，然后根据测绳上的标记，直接读取数据。

（2）仪器测量法。仪器测量法就是利用经纬仪或全站仪及其他测量仪器，对线路交叉跨越限距进行非接触式测量。以下主要介绍用经纬仪进行导线交叉跨越限距的测量方法。

测量导线交叉跨越距离时，可将经纬仪架设在交叉角近似等分线的适当位置上。调整好仪器，并在被测线路交叉点垂直下方立好塔尺。先读取中丝 h 和视距 s，然后沿垂直方向转动望远镜筒，使镜筒内"十"字分划线的横线分别切于导线交叉点的上线和下线，从而得到两个垂直角 θ_1 和 θ_2，如图 14-2-1 所示。

经纬仪至交叉点的水平距离

$$S = 100L \qquad (14-2-1)$$

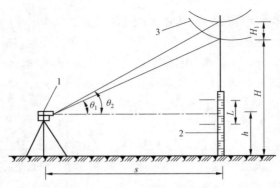

图 14-2-1 用经纬仪测量交叉跨越距离示意图
1—仪器；2—塔尺；3—交跨导线

交叉点间的垂直距离

$$H_1 = S(\tan\theta_2 - \tan\theta_1) \tag{14-2-2}$$

式中　S ——经纬仪与被测点的水平距离，m；

　　100 ——视距常数；

　　L ——视距丝在塔尺上所切刻度数，m；

　　H_1 ——交跨下导线对地面高度，m；

　θ_1、θ_2 ——导线交叉点上线、下线的垂直角。

（二）架空线弧垂的测量

1. 架空线弧垂测量一般原则

测量架空线弧垂常用的方法有四种，即等长法、异长法、角度法及平视法。在施工实际中，为了操作简便、减少观测前的计算工作量及便于掌握弧垂的实际误差范围，通常优先选用等长法、异长法观测架空线的弧垂。当受客观条件限制，不能采用上述两种方法观测弧垂时，则选用角度法观测弧垂。在上述三种弧垂观测方法均不能达到弧垂观测的允许误差范围时，最后才考虑用平视法测定架空线的弧垂。

2. 架空线弧垂测量操作方法

以下就线路运行中弧垂观测最基本的方法，即角度法观测弧垂的操作方法进行介绍。

角度法观测弧垂如图 14-2-2 所示，其中 A、B 为悬点，A 点为低悬点，A' 为 A 在地面的垂直投影；a 为仪器中心至 A 点的垂直距离；θ 为仪器视线与导线相切的垂直角，即为观测角；α 为仪器视线与 B 的垂直角；l 为档距，h 为高差。

由式（14-2-3）计算出观测档的 f 值

$$f = \frac{1}{4}\left(\sqrt{a} + \sqrt{a - l\tan\theta \pm h}\right)^2 \tag{14-2-3}$$

当弧垂观测角 θ 为仰角时，式中 h 前取"+"号，θ 角为俯角时，式中 h 前取"–"号。

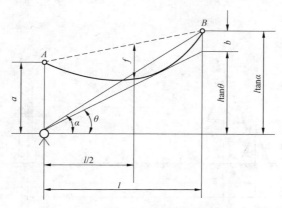

图 14-2-2　档端角度法观测弧垂

（三）交叉跨越限距和弧垂换算

架空线路的导线弧垂随温度的变化而变化，测量线路限距和弧垂不一定在最高气温下进行，故所测得的数据一般不是最小限距或最大弧垂。因此在测量上述数据时，应及时记录测量时的气温和风速，以便对其进行必要的换算。输电线路导线在最大计算弧垂下，对地面的最小距离（限距）不应小于表 14-2-1 的规定值。

表 14-2-1　　　　　　　　　　　　导线对地面最小距离

地区　　　　　　　线路电压（kV）	330	500	750
居民区（m）	8.5	14	19.5
非居民区（m）	7.5	11	15.5（13.7）
交通困难地区（m）	6.5	9	11

注　括号内距离用于人烟稀少的非农业耕作区。

（四）案例

案例 1　架空导线对建筑物净空距离的测量

用经纬仪测量导线对建筑物的净空距离如图 14-2-3 所示，将经纬仪架设在横线路方向的适当位置。调整好仪器，将塔尺分别立在导线垂直下方的 A 点和房屋最高点 B 点的地面上。测量并标出经纬仪至建筑物的水平距离 s_1 和经纬仪至导线的水平距离 s_2，然后在测量建筑物高度角 θ_1 和导线高度角 θ_2。由式（14-2-4）计算出导线对建筑物的净空距离

$$H = \sqrt{(s_1 - s_2)^2 + (s_2 \tan\theta_2 - s_1 \tan\theta_1)^2} \qquad (14\text{-}2\text{-}4)$$

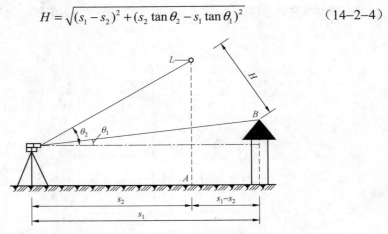

图 14-2-3 用经纬仪测量导线对建筑物的净空距离

案例 2 架空导线弧垂的测量

用经纬仪测量架空导线的弧垂如图 14-2-4 所示，将经纬仪架设在 A 杆塔导线悬挂点垂直下方地面处，调整好仪器，找出水平线后使望远镜筒的十字分划线横线与被测架空导线顺线相切，测得 θ_1 角，再转动望远镜筒，使望远镜筒的十字分划线横线与 B 杆塔同一导线的悬挂点相切，测得 θ_2 角。然后查出或测出 A、B 两杆塔的水平距离 s，可得出

$$b = s(\tan\theta_2 - \tan\theta_1) \qquad (14\text{-}2\text{-}5)$$

量取经纬仪高度 h，根据 A 杆塔组装图计算出 a 值，再将 a、b 值代入式（14-2-6），便可计算出所测架空导线的弧垂 f 值。

$$f = \frac{1}{4}\left(\sqrt{a} + \sqrt{b}\right)^2 \qquad (14\text{-}2\text{-}6)$$

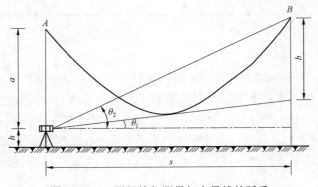

图 14-2-4 用经纬仪测量架空导线的弧垂

二、复合绝缘子憎水性现场检测

1. 憎水性检测判断准则

复合绝缘子憎水性现场检测一般采用喷水分级法即 HC 法，该法将复合绝缘子材料表面的憎水性状态分成六个憎水性等级，分别表示为 HC1～HC6，憎水性分级标准及典型状态详见表 14-2-2 和图 14-2-5。

表 14-2-2　　　　　　　　　试品表面水滴状态与憎水性分级标准

HC 值	试品表面水滴状态描述
1	只有分离的水珠，大部分水珠的后退角 $\theta_r \geqslant 80°$
2	只有分离的水珠，大部分水珠的后退角 $50° < \theta_r < 80°$
3	只有分离的水珠，水珠一般不再是圆的，大部分水珠的后退角 $20° < \theta_r < 50°$
4	同时存在分离的水珠与水带，完全湿润的水带面积小于 $2cm^2$，总面积小于被试区域面积的 90%
5	完全湿润总面积>90%，仍存在少量干燥区域（点或带）
6	整个被试区域形成连续的水膜

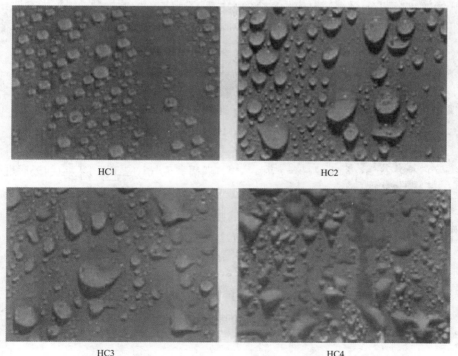

HC1　　　　　　　　　　　　　　　　HC2

HC3　　　　　　　　　　　　　　　　HC4

图 14-2-5　复合绝缘子憎水性分级的典型状态（一）

HC5 HC6

图 14-2-5 复合绝缘子憎水性分级的典型状态（二）

2. 憎水性检测操作方法

（1）喷水装置的喷嘴距试品 25cm，每秒喷水 1 次，每次喷水量为 0.7～1mL，共喷射 25 次，喷射角为 0°～50°，喷水后表面应有水分流下。喷射方向尽量垂直于试品表面。

（2）绝缘子表面受潮情况应为六个憎水性等级（HC）中的一种，根据憎水性分级示意图和等级判断标准表进行憎水性等级判断，憎水性分级值（HC 值）应在喷水结束后 30s 内完成。

图 14-2-6 新复合绝缘子憎水性状态

3. 憎水性检测注意事项

（1）检测时试品与水平面呈 20°～30°倾角，复合绝缘子表面测试面积应在 50～100cm² 之间。

（2）检测作业需选择晴好天气进行，若遇雨雾天气，应在雨雾停止四天后进行。

4. 新复合绝缘子憎水性状态（如图 14-2-6 所示）

【思考与练习】

1. 什么是架空线路交叉跨越限距？其测量方法主要有几种？

2. 简述异常法测量架空线弧垂的方法和步骤。

3. 复合绝缘子的憎水性等级分为几个等级，应如何判定？

4. 长时间阴雨天气复合绝缘子线路为什么会发生不明原因的闪络跳闸？

▲ 模块 3 补装螺栓、塔材作业指导书（Z04G4003Ⅲ）

【模块描述】本模块包含补装螺栓、塔材作业对人员要求，施工机具、器材准备，作业流程控制及工艺质量要求，作业危险点分析及控制措施和执行情况评估等。通过内容讲解、流程分析，掌握正确编写补装螺栓、塔材作业指导书方法。

【正文】

编制补装螺栓、塔材作业指导书是为了规范本作业的程序和人员的作业行为，实施对现场作业安全、质量的全过程可控、在控。

一、输电线路补装螺栓、塔材作业人员的技术要求

1. 人员要求

输电线路补装螺栓、塔材作业人员必须是有输电线路工作经验，经《国家电网公司电力安全工作规程（线路部分）》考试合格的人员。

2. 技术要求

（1）熟悉并掌握杆塔塔材的受力分析和计算。

（2）熟悉并掌握各类规格螺栓的扭矩值。

（3）熟悉并掌握杆塔组装作业的技术要求。

二、输电线路补装螺栓、塔材的要求

（1）查阅杆塔图纸，找出塔材的加工尺寸。

（2）加工缺材，如打孔、镀锌或刷漆等不可在现场进行。

（3）制定现场安装困难的措施或安装方法。

三、补装螺栓、塔材作业指导书编写内容

根据国家电网公司《国家电网公司关于开展现场标准化作业工作的指导意见》的要求，本模块中补装螺栓、塔材作业指导书的编写结构由封面，适用范围，引用文件，修前准备，作业程序，竣工，消缺记录，验收总结，作指导书执行情况的评估和附录十项内容组成。

1. 封面

由作业线路名称、编号、编写人及时间、审核人及时间、批准人及时间、作业工期、编写部门七项内容组成。

2. 适用范围

按补装螺栓、塔材工作程序对作业指导书的应用范围做出具体的规定。

3. 引用文件

明确编写作业指导书所引用的法规、规程、标准、设备说明书及企业管理规定和文件。

4. 修前准备

（1）人员要求。

1）规定作业人员的精神状态良好。

2）规定作业人员的资格，包括作业技能、安全资质和特殊工种资质等。

3）规定作业人员的劳动保护着装、个人安全工具和劳保用品配置等要求。

（2）补装螺栓、塔材工器具。本次补装螺栓、塔材作业所需的工具、器材和安全工具等。

（3）危险点分析及预控措施。分析作业过程存在的危险点及控制措施。

（4）其他安全措施。描述作业过程的其他安全注意事项。

（5）作业分工。明确作业人员所承担的具体作业任务。

5. 作业程序

（1）开工。

1）规定办理开工前应检查落实的内容。

2）规定开工会的内容。

3）规定须签字的人员。

（2）作业内容及标准。针对每一项作业内容，明确作业标准、操作安全措施及注意事项，作业人员履行签字手续。

6. 竣工

规定补装螺栓、塔材工作结束后的注意事项，如清理工作现场等。

7. 消缺记录

记录本次补装螺栓、塔材作业的消缺情况和螺栓扭矩数据。

8. 验收总结

（1）记录消缺结果，对补装螺栓、塔材的质量、工艺做出整体评价。

（2）记录存在问题及处理意见。

9. 作业指导书执行情况的评估

（1）对指导书的符合性、可操作性进行评价。

（2）对不可操作项、修改项、遗漏项、存在问题做出统计。

（3）提出改进意见。

10. 附录

描述相应的附件如杆塔图纸、螺栓扭矩值等。

四、作业指导书范本

1. 封面

作业指导书的封面如图 14-3-1 所示。

```
                                                编号：Q/×××

              ×××kV×××线补装螺栓、塔材作业指导书

         编写：_____    ____年___月___日

         审核：_____    ____年___月___日

         批准：_____    ____年___月___日

         作业日期：   年 月 日 时至    年 月 日 时

                      ××供电公司×××
```

图 14-3-1　封面

2. 适用范围

本作业指导书针对××kV××线补装螺栓、塔材工作编写而成，仅适用于该项工作。

3. 引用文件

GB 50233　《110kV～500kV 架空送电线路施工及验收规范》

DL/T 741　《架空输电线路运行规程》

Q/GDW 1799.2　《国家电网公司电力安全工作规程（线路部分）》

国网（运检/4）305　《国家电网公司架空输电线路运维管理规定》

国网（运检/4）310　《国家电网公司架空输电线路检修管理规定》

国家电网生技〔2005〕174 号　《架空输电线路技术监督规定》

国家电网生〔2004〕641 号　《预防 110（66）kV～500kV 架空输电线路事故措施》

国家电网生〔2009〕190 号　《国家电网公司关于开展现场标准化作业工作的指导意见》

4. 修前准备

由现场勘察、人员要求、安全用具及工器具、材料、危险点及控制措施、安全措施和作业分工七项内容组成，具体内容如下。

（1）现场勘察。工作票签发人根据线路工区安排的工作任务，组织工作负责人和相关人员进行现场勘察，填写现场勘察记录，具体内容见表 14-3-1。

表 14-3-1　　　　　　　　　　现 场 勘 察 内 容

√	序号	现场勘察内容	责任人	备注
	1	了解杆塔周围环境、地形状况，统计丢失的塔材、螺栓规格尺寸和数量，确定作业人员配置要求、使用的工具和材料等		

续表

√	序号	现场勘察内容	责任人	备注
	2	分析存在的危险点并制定预控措施		
	3	确定作业方案		

（2）人员要求见表 14-3-2。

表 14-3-2　　　　　　　　　人　员　要　求

√	序号	内容	责任人	备注
	1	作业人员应情绪稳定精神集中，身体状况良好		
	2	作业人员必须经培训合格，持证上岗		
	3	作业人员应着装整齐，个人安全工具和劳保用品应佩戴齐全		
	4	工作负责人（专职监护人）具有带电作业实践经验		

（3）安全用具及工器具。开展本次作业所需的安全工具、一般工器具等，具体内容见表 14-3-3。

表 14-3-3　　　　　　　　　安　全　用　具　及　工　器　具

√	序号	名称	型号/规格	单位	数量	备注
	1	安全帽		顶	5	
	2	安全带		副	4	
	3	钢卷尺		把	2	
	4	速差自控器	TXS-5	只	4	
	5	传递绳	$\phi 18mm \times 30m$	条	4	
	6	脚扣		副	2	水泥杆用
	7	活动扳手	25cm	把	2	
	8	冲孔机	CKJ 型	台	1	机械式或电动式
	9	角钢切割机	JQJ 型	台	1	机械式
	10	桶袋		个	若干	
	11	扭力扳手		把	若干	

（4）材料。开展本次作业所需的装置性材料、消耗性材料等，具体内容见表 14-3-4。

表 14-3-4 材 料

√	序号	名称	型号/规格	单位	数量	备注
	1	螺栓	$\phi16mm$	副		
	2	螺栓	$\phi20mm$	副	按实际需要配置	
	3	螺栓	$\phi24mm$	副		
	4	角钢	L30×40	根	按实际需要配置	
	5	角钢	L40×50	根		
	6	防锈漆		桶	1	
	7	毛刷		把	1	

（5）危险点及控制措施见表 14-3-5。

表 14-3-5 危 险 点 及 控 制 措 施

√	序号	危险点	控制措施
	1	误登杆塔	登塔前必须仔细核对线路双重命名、杆塔号，无误后方可上塔
	2	人员触电	按电压等级保持人身、工器具与带电体足够的安全距离。穿导电鞋或静电防护服，以防止感应电触电
	3	高空坠落	登塔时应手抓主材；有防坠装置的应正确使用；上、下塔及塔上转位时，双手不得持带任何工具物品；塔上作业时不得失去安全带的保护。人员后备保护绳不得低挂高用
	4	掉物伤害	工具、材料应装在工具袋内，物品用绳索传递并绑牢，塔下防止行人逗留，地面人员不得站在作业点下方

（6）安全措施见表 14-3-6。

表 14-3-6 安 全 措 施

√	序号	安全措施
	1	作业时应天气良好，工作中若遇雷、雨、5 级以上大风或其他威胁作业人员安全时，工作负责人可根据具体情况，临时停止工作
	2	攀登杆塔时注意检查脚钉是否牢固可靠，登塔或塔上转位时双手不得持有任何物件，杆塔上作业时，必须使用双保险安全带，戴安全帽。安全带要系在牢固构件上，防止安全带被锋利物伤害，系安全带后，要检查扣环是否扣好
	3	严禁无监护单人登杆塔作业，现场人员必须戴好安全帽
	4	所有工器具必须经检验测试合格，方可使用

（7）作业分工见表 14-3-7。

表 14-3-7　　　　　　　　作 业 分 工

√	序号	作业内容	分组负责人	作业人员
	1	工作负责人 1 人，负责现场指挥工作		
	2	杆上技工 1~2 名负责起吊、安装塔材、螺栓		
	3	地面技工 1~2 名负责传递工器具、材料等配合工作		

5. 作业程序

（1）开工内容见表 14-3-8。

表 14-3-8　　　　　　　　开 工 内 容

√	序号	内容	作业人员签字
	1	履行开工手续	
	2	"三交三查"即宣读工作票、作业任务、危险点及安全措施、安全注意事项、任务分工并提问作业人员	
	3	作业前对安全用具、工器具、材料进行清点检查	

（2）作业内容及标准见表 14-3-9。

表 14-3-9　　　　　　　　作 业 内 容 及 标 准

√	序号	作业内容	作业步骤及工艺质量要求	安全措施注意事项	责任人签字
	1	核对现场	（1）核对线路双重命名、杆塔号。（2）核对现场情况	（1）由登塔人员核对，工作负责人确认。（2）由工作负责人核对	
	2	检测工具	（1）对安全用具、绳索及专用工具进行外观检查。（2）对绝缘工具进行分段绝缘电阻检测	（1）外观检查合格无损伤、变形、失灵。（2）用 2500V 绝缘电阻表对绝缘绳检测（电极宽 2cm、极间宽 2cm）	
	3	登塔	（1）核对线路名称杆号无误后，作业人员分别携带传递绳、桶袋、螺栓等登上杆塔，到达工作位置后系好安全带，放置传递绳至地面。（2）工作负责人严格监护	（1）攀登杆塔时注意检查脚钉是否牢固可靠，登塔时双手不得持有任何物件。（2）监护从专职监护，不得直接操作	

续表

√	序号	作业内容	作业步骤及工艺质量要求	安全措施注意事项	责任人签字
	4	补装螺栓、塔材	（1）作业人员对现场丢失的塔材、螺栓的数量和规格尺寸进行统计、测量，根据杆塔设计图纸选择角钢的规格尺寸，利用角钢切割机、冲孔机进行加工，然后进行补装。 （2）在地面技工的配合下将待装角钢、螺栓起吊至合适位置后进行安装，安装方法及工艺质量要求如下： 　1）作业人员采用螺栓连接构件时，螺杆应与构件面垂直，螺母头平面与构件间不应有空隙；螺母拧紧后，螺杆露出螺母的长度应满足规程要求（对单螺母不应小于两个螺距，对双螺母可与螺母持平）；必须加垫者，每端不宜超过两个。 　2）工艺要求：补装塔材、螺栓作业时，螺栓的穿入方向应符合下列要求。 　　a. 立体结构：水平方向者由内向外；垂直方向者由下向上。 　　b. 平面结构：顺线路方向者由送电侧向受电侧或按统一方向；横线路方向者由内向外，中间由左向右（面向受电侧）或按统一方向；垂直方向者由下向上。 　3）连接螺栓应逐个紧固，其扭紧力矩不应小于表5-2-2中规定	（1）在杆塔上作业时，必须使用双保险安全带，安全带要系在牢固构件上，防止安全带被锋利物伤害，系安全带后，要检查扣环是否扣好，杆塔上作业转位时抓紧塔材，双手不得持有任何物件。 （2）塔材起吊过程中须注意帮扎牢靠，杆塔上作业人员防止掉东西，使用的工具、材料等要装在工具袋内，并用绳索传递，不得乱扔；杆塔下行人逗留，必要时设围栏标识和警示；塔下人员注意站位，起吊过程中避免掉物伤害。 （3）塔下工作人员负责控制好起吊绳索和角钢等物件，注意保持好与临近带电线路的安全距离。 （4）作业人员后备保护绳不得低挂高用	
	5	返回地面	（1）安装结束后，整理工器具材料，确认设备上无其他工具和材料。 （2）塔上工作人员携带桶袋、绳索等工器具回到地面		

6. 竣工

竣工验收内容见表14-3-10。

表14-3-10　　　　　　　　　　竣　工　验　收　内　容

√	序号	验收内容	负责人员签字
	1	检查螺栓、塔材连接紧固、完好	
	2	检查线路设备上有无遗留的工具、材料	
	3	检查核对安全用具、工器具数量	
	4	回收废弃角钢，清理现场杂物，做到工完场清	

7. 消缺记录

消缺记录中应记录本次作业所消除的缺陷，格式见表14-3-11。

表 14-3-11　　　　　　　消　缺　记　录

√	序号	缺陷内容	消除人员签字

8. 验收总结（见表 14-3-12）

表 14-3-12　　　　　　　验　收　总　结

序号	验收总结
1	验收评价
2	存在问题及处理意见

9. 指导书执行情况评估（见表 14-3-13）

表 14-3-13　　　　　　　指导书执行情况评估

评估内容	符合性	优	可操作项	
		良	不可操作项	
	可操作性	优	修改项	
		良	遗漏项	
存在问题				
改进意见				

10. 附录（根据需要添加）

【思考与练习】

1. 补装螺栓、塔材作业指导书编写结构包含哪几方面的内容？
2. 简述补装螺栓、塔材作业中对人员要求。
3. 简述工具器材准备、作业危险点及控制措施的内容和要求。

▲ 模块 4　调整拉线作业指导书（Z04G4004Ⅲ）

【模块描述】本模块包含调整拉线作业对人员要求、环境要求，施工工具、器材准备，作业流程控制及工艺质量要求，作业危险点分析及控制措施和执行情况评估等。通过内容讲解、举例分析，掌握正确编写调整拉线作业指导书方法。

【正文】

编制调整拉线作业指导书是为了规范本作业的程序和人员的作业行为，保证调整拉线工作的有效进行，及时掌握杆塔拉线调整中的有关注意事项，实施对现场作业安全、质量的全过程可控、在控。

一、输电线路调整拉线作业人员的技术要求

1. 人员要求

输电线路杆塔拉线调整人员必须是有输电线路工作经验，能熟练操作杆塔拉线调整工作，并经《国家电网公司电力安全工作规程（线路部分）》考试合格的人员。

2. 技术要求

（1）熟悉并掌握杆塔拉线制作的技术、工艺要求。

（2）熟悉并掌握杆塔拉线受力分析原理。

二、输电线路杆塔拉线调整要求

（1）调整后的杆塔拉线受力均匀。

（2）调整后的 X 拉线的交叉处应留有空隙，防止摩擦。

（3）杆塔上有人员时不得调整拉线。

三、杆塔拉线调整作业指导书编写内容

根据国家电网公司《国家电网公司关于开展现场标准化作业工作的指导意见》的要求，本模块中调整拉线作业指导书的编写结构由封面、适用范围、引用文件、修前准备、作业程序、竣工、消缺记录、验收总结、指导书执行情况评估和附录十项内容组成。编写内容及格式如下。

1. 封面

由作业名称、编号、编写人及时间、审核人及时间、批准人及时间、作业工期、编写部门七项内容组成。

2. 适用范围

按杆塔拉线调整工作程序对作业指导书的应用范围做出具体的规定。

3. 引用文件

明确编写作业指导书所引用的法规、规程、标准、设备说明书及企业管理规定和文件。

4. 修前准备

（1）人员要求。

1）规定作业人员的精神状态良好。

2）规定作业人员的资格，包括作业技能、安全资质和特殊工种资质等。

3）规定作业人员的劳动保护着装、个人安全工具和劳保用品配置等要求。

（2）调整拉线工器具。本次杆塔拉线调整作业所需的工具、器材等。

（3）危险点及控制措施。分析作业过程存在的危险点及控制措施。

（4）其他安全措施。描述作业过程的其他安全注意事项。

（5）作业分工。明确作业人员所承担的具体作业任务。

5．作业程序

（1）开工。

1）规定办理开工前应检查落实的内容。

2）规定开工会的内容。

3）规定须签字的人员。

（2）作业内容及标准。针对每一项作业内容，明确作业标准、操作安全措施及注意事项，作业人员履行签字手续。

6．竣工

规定杆塔拉线调整工作结束后的注意事项，如清理工作现场、清点工器具等。

7．消缺记录

记录本次拉线调整作业的详细情况。

8．验收总结

（1）记录拉线缺陷消除的结果，对拉线调整的质量和工艺做出整体评价。

（2）记录存在问题及处理意见。

9．对本工作的作业指导书执行情况评估

（1）对指导书的符合性、可操作性进行评价。

（2）对不可操作项、修改项、遗漏项、存在问题做出统计。

（3）提出改进意见。

10．附录

描述相应的附件。

四、作业指导书范本

1．封面

作业指导书的封面如图 14-4-1 所示。

2．适用范围

本作业指导书针对××kV××线调整拉线工作编写而成，仅适用于该项工作。

3．引用文件

GB 50233 《110kV～500kV 架空送电线路施工及验收规范》

DL/T 741 《架空输电线路运行规程》

Q/GDW 1799.2 《国家电网公司电力安全工作规程（线路部分）》

国网（运检/4）305 《国家电网公司架空输电线路运维管理规定》

国网（运检/4）310 《国家电网公司架空输电线路检修管理规定》

国家电网生〔2009〕190 号 《国家电网公司关于开展现场标准化作业工作的指导意见》

```
                              编号：Q/×××

        ×××kV×××线调整拉线作业指导书

    编写：_____    ____年___月___日

    审核：_____    ____年___月___日

    批准：_____    ____年___月___日

    作业日期：    年 月 日 时至    年 月 日 时

              ××供电公司×××
```

图 14-4-1 封面

4. 修前准备

由现场勘查、人员要求、安全用具及工器具、材料、危险点及控制措施、安全措施和作业分工七项内容组成，具体内容如下。

（1）现场勘查内容见表 14-4-1。

表 14-4-1 现场勘查内容

√	序号	现场勘查内容	责任人	备注
	1	了解杆塔周围环境、地形状况，明确缺陷部位和拉线松弛或锈蚀程度、地形、地质状况等，确定作业人员配置要求、使用的工具和材料等		
	2	分析存在的危险点并制定控制措施		
	3	确定作业方案		

（2）人员要求见表 14-4-2。

表 14-4-2 人员要求

√	序号	内容	责任人	备注
	1	作业人员应情绪稳定精神集中，身体状况良好		
	2	作业人员必须经培训合格，持证上岗		
	3	作业人员应着装整齐，个人安全工具和劳保用品应佩戴齐全		
	4	工作负责人（专职监护人）具有带电作业实践经验		

（3）安全用具及工器具见表 14–4–3。

表 14–4–3　　　　　　　　安 全 用 具 及 工 器 具

√	序号	名称	型号/规格	单位	数量	备注
	1	钳子		把	2	
	2	活动扳手	25cm	把	2	
	3	防盗工具	UT—1	套	1	
	4	防盗工具	UT—4	套	1	
	5	线锤		只	1	
	6	拉线紧线器		套	若干	
	7	榔头	2 磅	把	1	

注　若需拆开拉线锲型线夹时，应准备临时拉线的工具和登塔工具等。

（4）材料见表 14–4–4。

表 14–4–4　　　　　　　　材　　　料

√	序号	名称	型号/规格	单位	数量	备注
	1	防盗螺帽	ϕ16mm	只	若干	
	2	防盗螺帽	ϕ20mm	只	若干	
	3	防盗螺帽	ϕ24mm	只	若干	
	4	防盗圈		只	若干	

（5）危险点及控制措施见表 14–4–5。

表 14–4–5　　　　　　　危 险 点 及 控 制 措 施

√	序号	危险点	控制措施
	1	杆身倾倒	工作前应先检查所有拉线、拉棒的锈蚀情况，若拉线、拉棒锈蚀严重或拉线锲型线夹重新制作时，应先打好临时拉线，防止在调整时突然断裂

（6）安全措施见表 14–4–6。

表 14–4–6　　　　　　　　安　全　措　施

√	序号	内容
	1	工作中若遇雷、雨、雪、5 级以上大风或其他威胁作业人员安全时，工作负责人可根据具体情况临时停止工作

√	序号	内容
	2	调整拉线时应对角同时进行调整。带电调整拉线必须在统一指挥下进行，保持对带电体的安全距离，并应设专人监护
	3	杆塔上有人工作时严禁调整拉线

（7）作业分工见表 14-4-7。

表 14-4-7　　　　　作 业 分 工

√	序号	作业内容	分组负责人	作业人员
	1	工作负责人 1 人，负责现场指挥工作及监护		
	2	工作人员 3 名，1 人负责观测杆塔倾斜情况，2 人负责调整拉线		

5. 作业程序

（1）开工内容见表 14-4-8。

表 14-4-8　　　　　开 工 内 容

√	序号	开工内容	作业人员签字
	1	履行开工手续	
	2	"三交三查"即宣读工作票、作业任务、危险点及安全措施、安全注意事项、任务分工并提问作业人员	
	3	作业前对安全用具、工器具、材料进行清点检查	

（2）作业内容及标准见表 14-4-9。

表 14-4-9　　　　　作 业 内 容 及 标 准

√	序号	作业内容	作业步骤及标准	安全措施注意事项	责任人签字
	1	核对现场	（1）核对线路双重命名、杆塔号。 （2）核对现场情况	由工作负责人核对	
	2	检查杆身倾斜和拉线松紧情况	（1）检查杆身倾斜和拉线松紧情况。 （2）检查杆基及拉线基础周围地势、地貌情况		

续表

√	序号	作业内容	作业步骤及标准	安全措施注意事项	责任人签字
	3	调整拉线	（1）用防盗工具卸掉拉线防盗螺帽。 （2）用活动扳手调整拉线时应两边同时进行调整，并注意观察杆身倾斜情况。 （3）调整拉线完毕后，拉线的松紧程度要满足规程要求，特殊情况（如拉线金具螺栓锈死、杆身倾斜严重等）须及时上报。 （4）安装拉线防盗螺帽，整理工器具材料，作业结束	（1）工作中若遇雷、雨、雪、5 级以上大风或其他威胁作业人员安全时，工作负责人可根据具体情况临时停止工作。 （2）调整拉线时应对角同时进行调整。带电调整拉线必须在统一指挥下进行，保持对带电体的安全距离，并应设专人监护。 （3）U 形螺栓的可调裕度应不少于 1/2 螺纹长度。 （4）X 拉线的交叉处不得有摩擦现象	

6. 竣工

竣工验收内容见表 14—4—10。

表 14—4—10　　　　　　　　竣 工 验 收 内 容

√	序号	竣工验收内容	负责人员签字
	1	调整后拉线的松紧程度满足规程要求	
	2	防盗螺栓连接紧固、完好	
	3	检查核对工器具数量	
	4	作业结束后清理现场杂物，保持现场清洁，做到工完场清	
	5	做好检修消缺记录并存档	

7. 消缺记录（见表 14—4—11）

表 14—4—11　　　　　　　　消 缺 记 录

√	序号	缺陷内容	消除人员签字

8. 验收总结（见表 14—4—12）

表 14—4—12　　　　　　　检 修 工 作 验 收 总 结

序号	验收总结	
1	验收评价	
2	存在问题及处理意见	

9. 指导书执行情况评估（见表 14-4-13）

表 14-4-13　　　　　　　　　　指导书执行情况评估

评估内容	符合性	优		可操作项	
		良		不可操作项	
	可操作性	优		修改项	
		良		遗漏项	
存在问题					
改进意见					

10. 附录（根据需要添加）

【思考与练习】

1. 拉线调整作业指导书的编写结构包含哪几方面的内容？

2. 简述拉线调整作业中作业程序、危险点及控制措施的内容和要求。

3. 竣工验收的内容是什么？

▶ 模块 5　线路砍伐树木作业指导书（Z04G4005Ⅲ）

【模块描述】本模块包含线路砍伐树木作业对人员要求，砍伐所需工具、器材准备，作业流程控制及质量要求，作业危险点分析及控制措施和执行情况评估等内容。通过举例分析，掌握正确编写线路砍伐树木作业指导书方法。

【正文】

编制砍伐树木作业指导书是为了规范本作业的程序和人员的作业行为，保证砍伐树木工作的有效进行，及时掌握砍伐树木中的有关注意事项，实施对现场作业安全、质量的全过程可控、在控。预防树竹木碰线事故的发生。

一、输电线路，砍伐树木作业人员的技术要求

1. 人员要求

输电线路砍伐树木作业人员必须是有输电线路工作经验，并经《国家电网公司电力安全工作规程（线路部分）》考试合格的人员。

2. 技术要求

（1）熟悉并掌握树木砍伐工具的性能。

（2）熟悉并掌握线路通道内树木倾倒的原理。

二、输电线路树木砍伐要求

（1）输电线路上山坡侧树竹木砍伐时，应防止倒向导线。

（2）油锯作业应注意操作安全。

（3）上树砍伐应不得手抓被砍伐过的树枝。

（4）上树砍伐应使用安全带。

三、导线跳线连接点红外测温作业指导书编写内容

根据国家电网公司《国家电网公司关于开展现场标准化作业工作的指导意见》的要求，本模块中线路砍伐树木作业指导书的编写结构由封面、适用范围、引用文件、修前准备、作业程序、竣工、工作记录、验收总结、指导书执行情况评估和附录十项内容组成。编写内容及格式如下。

1. 封面

由作业名称、编号、编写人及时间、审核人及时间、批准人及时间、作业工期、编写部门七项内容组成。

2. 适用范围

按树木砍伐工作程序对作业指导书的应用范围做出具体的规定。

3. 引用文件

明确编写作业指导书所引用的法规、规程、标准、设备说明书及企业管理规定和文件。

4. 修前准备

（1）人员要求。

1）规定作业人员的精神状态良好。

2）规定作业人员的资格，包括作业技能、安全资质和特殊工种资质等。

3）规定作业人员的劳动保护着装、个人安全工具和劳保用品配置等要求。

（2）砍伐工器具。本次树竹木砍伐作业所需的安全、工器具等。

（3）危险点及控制措施。分析作业过程存在的危险点及控制措施。

（4）其他安全措施。描述作业过程的其他安全注意事项。

（5）作业分工。明确作业人员所承担的具体作业任务。

5. 作业程序

（1）开工。

1）规定办理开工前应检查落实的内容。

2）规定开工会的内容。

3）规定须签字的人员。

（2）作业内容及标准。针对每一项作业内容，明确作业标准、操作安全措施及注

意事项，作业人员履行签字手续。

6. 竣工

规定树竹木砍伐工作结束后的注意事项。如清理工作现场、清点工器具等。

7. 工作记录

记录本次树竹木砍伐作业的详细情况及树竹木对导线距离等。

8. 验收总结

（1）记录砍伐作业结果，对砍伐清障工作的质量做出整体评价。

（2）记录存在问题及处理意见。

9. 指导书执行情况评估

（1）对指导书的符合性、可操作性进行评价。

（2）对不可操作项、修改项、遗漏项、存在问题做出统计。

（3）提出改进意见。

10. 附录

描述相应的附件。

四、作业指导书范本

1. 封面

作业指导书的封面如图 14-5-1 所示。

图 14-5-1　封面

2. 适用范围

本作业指导书针对××kV××线树木砍伐工作编写而成，仅适用于该项工作。

3. 引用文件

电力设施保护条例和电力设施保护条例实施细则

DL/T 741　《架空输电线路运行规程》

Q/GDW 1799.2　《国家电网公司电力安全工作规程（线路部分）》

国网（运检/4）305　《国家电网公司架空输电线路运维管理规定》

国家电网生〔2009〕190号 《国家电网公司关于开展现场标准化作业工作的指导意见》

4. 修前准备

（1）人员要求见表14-5-1。

表14-5-1　　　　　　　　　　　人 员 要 求

√	序号	内容	责任人	备注
	1	作业人员应情绪稳定精神集中，身体状况良好		
	2	作业人员必须经培训合格，持证上岗		
	3	作业人员应劳动保护着装整齐，个人安全工具和劳保用品应佩戴齐全		
	4	工作负责人（专职监护人）具有带电作业实践经验		

（2）安全用具及工器具见表14-5-2。

表14-5-2　　　　　　　　安 全 用 具 及 工 器 具

√	序号	名称	型号/规格	单位	数量	备注
	1	安全带		副	2	上树人员人均一副
	2	安全帽		顶	7	
	3	砍刀		把	2	
	4	斧头		把	2	
	5	油锯		台	2	
	6	白棕绳或绝缘绳	ϕ18mm×30mm	条	2	根据现场需要配备
	7	梯子		架	1	根据现场需要配备

（3）危险点及控制措施见表14-5-3。

表14-5-3　　　　　　　危 险 点 及 控 制 措 施

√	序号	危险点	控制措施
	1	人身触电	在线路带电情况下，砍伐靠近线路的树木时，工作负责人必须在工作开始前，向全体人员说明：电力线路有电，人员、树木、绳索应与导线保持相应足够的安全距离；树枝接触或接近高压带电导线时，应将高压线路停电或用绝缘工具使树枝远离带电导线至安全距离。此前严禁人体接触树木；大风天气，禁止砍剪高出或接近导线的树木

续表

√	序号	危险点	控制措施
	2	高处坠落	上树砍伐树木要使用安全带，安全带要系在砍伐口的下方，防止被割、锯或砍断；上树工作人员站稳把牢，不可攀抓脆弱和枯死的树枝，不应攀登已经锯过的未断的树木，不应攀登较细且高的树木
	3	倒树砸伤	砍剪的树木下面和倒树范围内应有专人监护，不得有人逗留，防止砸伤行人；上树修剪树枝人员应防止掉东西，所修剪树枝要断时通知地面人员注意，同时利用绳索控制树倒方向；在路边和行人较多的地方砍树时，应设围栏
	4	马蜂蜇伤	砍剪树木时，应防止马蜂等昆虫或动物伤人，带上药品等
	5	用具伤人	使用钢锯、油锯和电锯的作业，应由熟悉机械性能和操作方法的人员操作。使用时，应先检查所能锯到的范围内有无铁钉等金属物件，以防金属物件飞出伤人

（4）安全措施见表14-5-4。

表 14-5-4　　　　　　　安　全　措　施

√	序号	内容
	1	树枝接触高压带电导线时，严禁直接用手去取；人和绳索应与导线保持足够的安全距离
	2	使用梯子时要有一定的坡度，并要有专人扶持或绑牢

（5）作业分工见表14-5-5。

表 14-5-5　　　　　　　　作　业　分　工

√	序号	作业内容	分组负责人	作业人员
	1	工作负责人1人，负责现场指挥和安全监护工作		
	2	工作人员6人，负责树木砍伐		

5. 作业程序

（1）开工工作内容见表14-5-6。

表 14-5-6　　　　　　　　开　工　内　容

√	序号	开工内容	作业人员签字
	1	履行开工手续	
	2	"三交三查"即宣读工作票、交待作业任务、危险点及安全措施、安全注意事项、任务分工并提问作业人员	
	3	作业前对安全用具、工器具、材料进行清点检查	

（2）作业内容及标准见表 14–5–7。

表 14–5–7 作 业 内 容 及 标 准

✓	序号	作业内容	作业步骤及质量要求	安全措施注意事项	责任人签字
	1	核对现场	核对现场情况	由工作负责人核对	
	2	上树修剪树枝	（1）上树砍、剪树木时，应注意马蜂，并使用安全带。不应攀抓脆弱和枯死的树枝及已经锯过或砍伐过的未断树木。 （2）上树修剪树枝应自上而下修剪或砍伐。 （3）砍剪后的树木应该保证在其一个生长周期内的最终生长高度仍能满足上述要求	（1）砍伐靠近带电线路的树木时，采用绳索对树木的倾倒方向进行控制，树木、绳索不得接触导线；树枝接触高压带电导线时，严禁直接用手去取；人和绳索应与导线保持足够的安全距离。 （2）上树砍、剪树木时，不应攀抓脆弱和枯死的树枝。禁止攀登已经锯过或砍伐过的未断树木，并正确使用安全带。使用梯子上树时，应检查梯子与地面接触处有无下陷坍塌、滑动的迹象，必须在梯子两侧有专人扶靠。 （3）为防止树木倒落在导线上，应设法用绳索将树木拉向与导线相反方向，绳索应有足够的长度，以免拉绳人员被倒落的树木砸伤；砍剪的树木下面和倒树范围内应有专人监护，不得有人逗留，防止砸伤行人。 （4）上树前应检查是否有蚂蜂窝，如有应采取可靠的安全措施	
		地面砍伐	（1）在树木的倒落方向绑好两条控制绳索，绳索应有足够的长度，以免拉绳人员被倒落的树木砸伤，拉绳还应固定在相应的铁钎上。 （2）在树木的倒落方向侧锯树，深度达树木直径的 1/3 时止。然后在另一侧锯树，锯口要比侧锯口高 20mm 左右。 （3）紧绳索，继续锯树，当深度接近树木直径的 2/3 时，锯树人躲开，用力拉紧绳索，使树木按要求的方向倒落。 （4）不得多人在同一处对向砍伐或在安全距离不足的相邻处砍伐。树木倾倒的安全距离为其高度的 1.2 倍。 （5）砍树时，锯口应在树木离地面 100～200mm 处		
		现场作业安全监护	（1）倒树范围内应有专人监护，不得有人逗留，防止砸伤行人。 （2）自作业开始至作业结束，安全监护人必须始终在作业现场对作业人员进行不间断的安全监护		

6. 竣工

砍伐作业竣工验收内容见表 14–5–8。

表 14–5–8 竣 工 验 收 内 容

✓	序号	竣工验收内容	负责人员签字
	1	砍伐后复测树木与带电导线的水平距离和垂直距离满足规程要求	

√	序号	竣工验收内容	负责人员签字
	2	清理现场，防止山火引燃干枯树枝造成线路跳闸故障	
	3	检查核对工器具数量	
	4	作业结束后清理现场杂物，保持现场清洁，做到工完场清	
	5	做好消缺记录并存档	

7. 工作记录（见表 14-5-9）

表 14-5-9   工 作 记 录

√	序号	工作内容	工作人员签字

8. 验收总结（见表 14-5-10）

表 14-5-10   验 收 总 结

序号	验收总结	
1	验收评价	
2	存在问题及处理意见	

9. 指导书执行情况评估（见表 14-5-11）

表 14-5-11   指导书执行情况评估

评估内容	符合性	优		可操作项	
		良		不可操作项	
	可操作性	优		修改项	
		良		遗漏项	
存在问题					
改进意见					

10. 附录（根据需要添加）

【思考与练习】

1. 砍伐树木作业指导书的编写结构包含哪几方面的内容？

2. 简述砍伐树木作业中的危险点及控制措施的内容和要求。

3. 简述上述修剪树枝的步骤及质量要求。

▲ 模块 6 线路名称、杆号喷涂作业指导书（Z04G4006Ⅲ）

【**模块描述**】本模块包含线路名称、杆号喷涂作业对人员要求、环境要求，工具、器材准备，作业流程控制及工艺质量要求，作业危险点分析及控制措施和执行情况评估等。通过举例分析，掌握正确编写线路名称、杆号喷涂作业指导书方法。

【**正文**】

编制线路名称、杆号喷涂作业指导书是为了规范本作业的程序和人员的作业行为，保证线路名称、杆号喷涂工作的有效进行，及时掌握线路名称、杆号喷涂工作中的有关注意事项，使现场作业安全、质量的全过程可控、在控。预防人身伤害事故的发生。

一、输电线路线路名称、杆号喷涂作业人员的技术要求

1. 人员要求

输电线路名称、杆号喷涂作业人员必须是有输电线路工作经验，经《国家电网公司电力安全工作规程（线路部分）》考试合格的人员。

2. 技术要求

熟悉并掌握所辖输电线路的情况。

二、线路名称、杆号喷涂作业指导书编写内容

根据国家电网公司《国家电网公司关于开展现场标准化作业工作的指导意见》的要求，本模块中线路名称、杆号喷涂作业指导书的编写结构由封面、适用范围、引用文件、修前准备、作业程序、竣工、工作记录、验收总结、指导书执行情况评估和附录十项内容组成。

1. 封面

由作业名称、编号、编写人及时间、审核人及时间、批准人及时间、作业工期、编写部门七项内容组成。

2. 适用范围

按线路名称、杆号喷涂工作程序对作业指导书的应用范围做出具体的规定。

3. 引用文件

明确编写作业指导书所引用的法规、规程、标准、设备说明书及企业管理规定和文件。

4. 修前准备

（1）人员要求。

1）规定作业人员的精神状态良好。

2）规定作业人员的资格，包括作业技能、安全资质和特殊工种资质等。

3）规定作业人员的劳动保护着装、个人安全工具和劳保用品配置等要求。

（2）测量工器具。本次线路名称、杆号喷涂作业所需的安全工器具和材料等。

（3）危险点及控制措施。分析作业过程存在的危险点及控制措施。

（4）其他安全措施。描述作业过程的其他安全注意事项。

（5）作业分工。明确作业人员所承担的具体作业任务。

5. 作业程序

（1）开工。

1）规定办理开工前应检查落实的内容。

2）规定开工会的内容。

3）规定须签字的人员。

（2）作业内容及标准。针对每一项作业内容，明确作业标准、操作安全措施及注意事项，作业人员履行签字手续。

6. 竣工

规定线路名称、杆号喷涂工作结束后的注意事项。如清理工作现场、清点工器具等。

7. 工作记录

记录本次线路名称、杆号喷涂作业的详细情况。

8. 验收总结

（1）记录线路名称、杆号喷涂工作的结果，对作业质量和工艺做出整体评价。

（2）记录存在的问题及处理意见。

9. 指导书执行情况评估

（1）对指导书的符合性、可操作性进行评价。

（2）对不可操作项、修改项、遗漏项、存在问题做出统计。

（3）提出改进意见。

10. 附录

描述相应的附件。

三、作业指导书范本

1. 封面

作业指导书封面如图 14-6-1 所示。

```
                                              编号：Q/×××
        ×××kV×××线路名称、杆号喷涂作业指导书
        编写：_____    ____年___月___日
        审核：_____    ____年___月___日
        批准：_____    ____年___月___日
        作业日期：   年 月 日 时至     年 月 日 时
                         ××供电公司×××
```

图 14-6-1 封面

2. 适用范围

本作业指导书针对×××kV×××线路名称、杆号喷涂工作编写而成，仅适用于该项工作。

3. 引用文件

GB 50233 《110kV～500kV 架空送电线路施工及验收规范》

DL/T 741 《架空输电线路运行规程》

Q/GDW 1799.2 《国家电网公司电力安全工作规程（线路部分）》

国网（运检/4）305 《国家电网公司架空输电线路运维管理规定》

国家电网生〔2009〕190 号《国家电网公司关于开展现场标准化作业工作的指导意见》

4. 修前准备

（1）人员要求见表 14-6-1。

表 14-6-1 人 员 要 求

√	序号	内容	责任人	备注
	1	作业人员应情绪稳定精神集中，身体状况良好		
	2	作业人员必须经培训合格，持证上岗		
	3	作业人员应劳动保护着装整齐，个人安全工具和劳保用品应佩戴齐全		
	4	确定工作负责人		

（2）安全用具及工器具见表 14-6-2。

表 14-6-2　　　　　　　安 全 用 具 及 工 器 具

√	序号	名称	型号/规格	单位	数量	备注
	1	安全带		副	1	
	2	安全帽		顶	2	
	3	脚扣		把	1	适用于混凝土杆

（3）材料见表 14-6-3。

表 14-6-3　　　　　　　　　材　　料

√	序号	名称	型号/规格	单位	数量	备注
	1	自喷漆（黑白黄绿红）		瓶	视基数而定	
	2	砂纸		张	10	
	3	抹布		把	2	
	4	杆号名称板		张	1	
	5	相序板		张	1	

（4）危险点及控制措施见表 14-6-4。

表 14-6-4　　　　　　　危 险 点 及 控 制 措 施

√	序号	危险点	控制措施
	1	高处坠落	作业人员攀登杆塔时注意检查脚钉是否牢固可靠，在杆塔上作业时必须使用双保险安全带，戴安全帽。安全带要系在牢固构件上，防止安全带被锋利物伤害，系安全带后，要检查扣环是否扣好，杆塔上作业转位时，双手不得持带任何物件

（5）安全措施见表 14-6-5。

表 14-6-5　　　　　　　　安 全 措 施

√	序号	内　　容
	1	工作中若遇雷、雨、雪、5 级以上大风或其他威胁作业人员安全时，工作负责人可根据具体情况停止工作
	2	喷涂作业前应认真核对线路名称、杆号、相序、方向及位置无误后方可喷涂

（6）作业分工见表 14-6-6。

表 14-6-6 作 业 分 工

✓	序号	作业内容	分组负责人	作业人员
	1	工作负责人 1 人，作业人员 1 人		

5. 作业程序

（1）开工内容见表 14-6-7。

表 14-6-7 开 工 内 容

✓	序号	开工内容	作业人员签字
	1	履行开工手续	
	2	"三交三查"即宣读工作票、交代作业任务、危险点及安全措施、安全注意事项、任务分工并提问作业人员	
	3	作业前对安全用具、工器具、材料进行清点检查	

（2）作业内容及标准见表 14-6-8。

表 14-6-8 作 业 内 容 及 标 准

✓	序号	作业内容	作业步骤及标准	安全措施注意事项	责任人签字
	1	核对现场	（1）核对线路双重命名、杆塔号。 （2）核对现场情况	由工作负责人核对	
	2	线路名称、杆号喷涂	（1）作业前应核对线路名称、杆号、相序。 （2）按规定方向、位置、尺寸进行喷涂。 （3）为增加油漆附着力，喷涂工作应选择在空气湿度85%以下，无风沙、雨雪、霜冻及大雾的天气进行。 （4）喷涂作业前应认真核对线路名称、杆号、相序、方向及位置无误后方可喷涂	（1）工作中若遇雷、雨、雪、5 级以上大风或其他威胁作业人员安全时，工作负责人可根据具体情况停止工作。 （2）作业人员在杆塔上作业时，必须使用双保险安全带，戴安全帽。安全带要系在牢固构件上，防止安全带被锋利物伤害，系安全带后，要检查扣环是否扣好，杆塔上作业转位时，双手不得持带任何物件	

6. 竣工

竣工验收内容见表 14-6-9。

表 14-6-9 竣 工 验 收 内 容

✓	序号	竣工验收内容	负责人员签字
	1	工作结束后应再次核对所喷涂的线路名称、杆号、相序及方向和位置无误	
	2	做好工作记录并存档	

7. 工作记录（见表 14-6-10）

表 14-6-10　　　　　　　　　工　作　记　录

√	序号	工作内容	工作人员签字

8. 验收总结（见表 14-6-11）

表 14-6-11　　　　　　　　　验　收　总　结

序号		验收总结
1	验收评价	
2	存在问题及处理意见	

9. 指导书执行情况评估（见表 14-6-12）

表 14-6-12　　　　　　　　指导书执行情况评估

评估内容	符合性	优		可操作项	
		良		不可操作项	
	可操作性	优		修改项	
		良		遗漏项	
存在问题					
改进意见					

10. 附录（根据需要添加）

【思考与练习】

1. 线路名称、杆号喷涂作业指导书的编写结构包含哪几方面的内容？
2. 简述喷涂作业中的步骤。
3. 简述作业过程中的危险点分析及控制措施的内容和要求。

▶ 模块 7　红外线测温作业指导书（Z04G4007Ⅲ）

【模块描述】本模块包含对导线连接器、引流板、并沟线夹等接头红外线测温作业对人员要求，测试工具、器材准备，作业流程控制及质量要求，作业危险点分析及控制措施和执行情况评估等。通过举例分析，掌握正确编写红外线测温作业指导书方法。

【正文】

编制输电线路红外线测温作业指导书是为了规范红外测温工作的程序和测温人员的操作行为，保证红外测温工作的有效进行，及时掌握红外测温仪器在检测中的有关注意事项，以便在正确使用仪器和线路运行情况下，有效发现连接点发热缺陷，预防导线发热熔断事故的发生。

一、输电线路红外测温操作人员的技术要求

1. 人员要求

输电线路红外测温操作人员必须是有输电线路工作经验，能熟练操作红外测温仪器，并经《国家电网公司电力安全工作规程》（线路部分）考试合格的人员。

2. 技术要求

（1）熟悉并掌握红外线原理、仪器空间分辨率即有效检测距离的计算。

（2）熟悉并掌握红外测温时的天气、环境对测温的影响和换算原理。

（3）熟悉并掌握野外红外测温应注意的事项和导线输送荷载计算原理，检测发现的发热隐患能分析、判定缺陷性质，确保红外测温工作的质量。

二、输电线路红外检测要求

（1）输电线路导线连接点属电流致热型发热，因此红外测温必须在大负荷下进行，且不得在导线额定输送电流的 30% 以下检测。

（2）正确选择被测设备的辐射率，特别要考虑金属材料表面氧化对选取辐射率的影响。

（3）线路检测选择中、长焦距镜头，检测前按被测连接点的高度校核镜头的空间分辨率是否符合要求（即在有效检测距离内检测）。

（4）检测时风速大于 0.5m/s 时停止测量（风速超过时没有换算系数）。

（5）红外测温镜头不得对准附加光源（即被测设备后不得有太阳光或照明光源）。

三、导线连接器

（1）线路设计将导线接续管按机械强度考虑，验收标准是大于导线破断力的 95% 以上，因此接续管压接严密，且接触面积大于导线表面积，电阻率小于导线，导线电流属集肤效应，接续管直径和表面积均远大于导线，散热效果好，运行中从没有发生过因接续管发热而造成导线拔出，发生导线拔出掉线的均是由于压接尺寸不对称，因此导线接续管不需要红外测温，只需巡视中观察接续管口有否断股、灯笼泡状松开等现象。

（2）导线跳线连接点的引流板、并沟线夹，设计不考虑机械强度，加上平时紧固采用活动扳手，是否连接好没有数据标准，因此竣工验收或平时停电检修应采用扭矩扳手按相应规格连接螺栓的标准扭矩值核查连接是否良好，采用红外测温来检测扭矩是否合格。

四、作业指导书编写内容

1. 封面

由作业名称、编号、编写人及时间、审核人及时间、批准人及时间、作业工期、编写部门七项内容组成。

2. 适用范围

按红外测温工作程序对作业指导书的应用范围做出具体的规定。

3. 引用文件

明确编写作业指导书所引用的法规、规程、标准、设备说明书及企业管理规定和文件。

4. 修前准备

（1）人员要求。

1）规定作业人员的精神状态良好。

2）规定作业人员的资格，包括作业技能、安全资质和特殊工种资质等。

3）规定作业人员的劳动保护着装、个人安全工具和劳保用品配置等要求。

（2）测量工器具。本次红外测温作业所需的测量工具、器材等。

（3）危险点及控制措施。分析作业过程存在的危险点及控制措施。

（4）其他安全措施。描述作业过程的其他安全注意事项。

（5）作业分工。明确作业人员所承担的具体作业任务。

5. 作业程序

（1）开工。

1）规定办理开工前应检查落实的内容。

2）规定开工会的内容。

3）规定须签字的人员。

（2）作业内容及标准。针对每一项作业内容，明确作业标准、操作安全措施及注意事项，作业人员履行签字手续。

6. 竣工

规定检测工作结束后的注意事项，如清理工作现场、清点仪器等。

7. 工作记录

记录本次测试作业的详细数据。

8. 验收总结

（1）记录测量结果，对检测质量做出整体评价。

（2）记录存在问题及处理意见。

9. 指导书执行情况评估

（1）对指导书的符合性、可操作性进行评价。

（2）对不可操作项、修改项、遗漏项、存在问题做出统计。

（3）提出改进意见。

10. 附录

描述相应的附件。

五、作业指导书范本

1. 封面

作业指导书封面如图 14-7-1 所示。

```
                                              编号：Q/×××

                  ×××kV×××线红外测温作业指导书

          编写：_____        ____年___月___日

          审核：_____        ____年___月___日

          批准：_____        ____年___月___日

          作业日期：      年  月  日  时至      年  月  日  时

                       ××供电公司×××
```

图 14-7-1　封面

2. 适用范围

本作业指导书针对×××kV×××线红外测温工作编写而成，仅适用于该项工作。

3. 引用文件

DL/T 664　《带电设备红外诊断应用规范》

Q/GDW 1799.2　《国家电网公司电力安全工作规程（线路部分）》

国家电网生〔2009〕190 号　《国家电网公司关于开展现场标准化作业工作的指导意见》

国网（运检/4）305　《国家电网公司架空输电线路运维管理规定》

4. 修前准备

（1）人员要求见表 14-7-1。

表 14-7-1　　　　　　　　　　人 员 要 求

√	序号	内　　容	责任人	备注
	1	作业人员应情绪稳定精神集中，身体状况良好		
	2	作业人员必须经培训合格，持证上岗		
	3	作业人员劳动保护着装整齐，个人安全工具和劳保用品应佩戴齐全		

（2）安全用具及工器具见表 14-7-2。

表 14-7-2　　　　　　　安 全 用 具 及 工 器 具

√	序号	名　　称	型号/规格	单位	数量	备注
	1	红外热像仪	T6—P	台	1	
	2	遮阳伞		把	1	
	3	安全带		根	1	登塔备用

（3）危险点分析见表 14-7-3。

表 14-7-3　　　　　　　　危 险 点 分 析

√	序号	内　　容
	1	野外道路差，夜间能见度差或照明设备等原因造成测量人员摔伤仪器损坏
	2	测温仪器操作方法不当，造成仪器不能正常工作及损伤
	3	被测设备超过有效检测距离，检测人员登塔测量易高处坠落
	4	被测设备超过有效检测距离，检测人员登塔测量易人员触电含感应电伤害

（4）危险点控制措施见表 14-7-4。

表 14-7-4　　　　　　　危 险 点 控 制 措 施

√	序号	内　　容
	1	检测在天气良好，风速小于 0.5m/s 下工作，夜间无足够的照明设备不得工作
	2	避免将仪器镜头直接对准强烈高温辐射源（如太阳或夜间照明灯光），以免造成仪器不能正常工作及损伤，强烈阳光下应使用遮阳伞。雷雨、冰雹、浓雾、大雪、大风、风力大于 0.5m/s、湿度大于 85%时等天气不得红外测温
	3	攀登杆塔时注意检查脚钉是否牢固可靠，应注意登杆节奏，一步步踏稳抓牢后方可继续。在杆塔上作业时，必须使用双保险安全带，戴安全帽，脚穿导电鞋。安全带要系在牢固构件上，防止安全带被锋利物伤害，系安全带后，要检查扣环是否扣好，杆塔上作业转位时，双手抓塔材并不得持任何物件
	4	严禁无监护单人登杆塔作业。作业时作业人员活动范围及所携带的工具、材料等与带电导线最小距离不得小于相关规定

（5）作业分工见表 14-7-5。

表 14-7-5　　　　　　　　　　　作 业 分 工

√	序号	作业内容	分组负责人	作业人员
	1	工作负责人 1 人，作业人员 1 名		

5. 作业程序

（1）开工工作内容见表 14-7-6。

表 14-7-6　　　　　　　　　　　开 工 内 容

√	序号	开工内容	作业人员签字
	1	履行开工手续	
	2	宣读作业任务、危险点及安全措施、安全注意事项、任务分工并提问作业人员，作业人员签字	
	3	作业前对检测仪器进行检查	
	4	对登高安全工具进行检查	

（2）作业内容及标准见表 14-7-7。

表 14-7-7　　　　　　　　　　　作 业 内 容 及 标 准

√	序号	作业内容	作业步骤及质量要求	安全措施注意事项	责任人签字
	1	红外测温	（1）检测人员核对线路名称、杆号无误后开始工作。 （2）按杆塔高度选择适当的位置，在测温仪有效距离内尽量靠近测试目标。 （3）风速大于 0.5m/s 时测温数值无法换算。 （4）打开镜头盖，调整热像仪镜头的焦距进行校正，获得清晰的目标热像后进行检测。 （5）检测时应逐相进行。 （6）当检测发现引流板发热异常时，应变换位置和角度进行复测，将数据和红外热像记录、存储，以便进行诊断、分析	（1）攀登杆塔时注意检查脚钉是否牢固可靠，杆塔上作业中使用双保险安全带，戴安全帽和穿导电鞋。杆塔上转位时双手不得持带任何物件。 （2）塔上红外测温作业须设专人监护。人员及所携带的工具、材料等与带电导线最小距离不得小于相关规定。 （3）暑天测试必须由两人进行，采取必要措施防止中暑。 （4）测试操作中应避免将仪器镜头直接对准太阳，以免造成仪器不能正常工作及损伤，必要时应使用遮阳伞	

6. 竣工

竣工验收内容见表 14-7-8。

表 14-7-8　　　　　　　　　竣 工 验 收 内 容

√	序号	竣工验收内容	负责人员签字
	1	工作结束后应再次核对所测试的线路名称、杆号、相序及位置无误	
	2	做好工作记录并存档	

7. 工作记录（见表 14-7-9）

表 14-7-9　　　　　　　　　　工 作 记 录

序号	线路名称杆号	A相温度		B相温度		C相温度		测试人	测量日期	测量时气温	导线温度
		大号侧	小号侧	大号侧	小号侧	大号侧	小号侧				

8. 验收总结（见表 14-7-10）

表 14-7-10　　　　　　　　　验 收 总 结

序号	验收总结	
1	验收评价	
2	存在问题及处理意见	

9. 指导书执行情况评估（见表 14-7-11）

表 14-7-11　　　　　　　　指导书执行情况评估

评估内容	符合性	优		可操作项	
		良		不可操作项	
	可操作性	优		修改项	
		良		遗漏项	
存在问题					
改进意见					

10. 附录（被测设备材料的辐射率）

【思考与练习】

1. 线路红外测温作业指导书的编写结构包含哪几方面的内容？

2. 简述红外测温作业中的操作步骤、危险点及控制措施的内容和要求。

3. 为什么导线接续管不会产生接头发热现象？

▲ 模块 8　接地电阻测量作业指导书（Z04G4008Ⅲ）

【模块描述】本模块包含接地电阻测量作业对人员要求，测量工具、器材准备，作业流程控制及质量要求，作业危险点分析及控制措施和执行情况评估等。通过举例分析，掌握正确编写接地电阻测量作业指导书方法。

【正文】

根据国家电网公司《国家电网公司关于开展现场标准化作业工作的指导意见》的要求，测量杆塔接地电阻作业指导书的编写结构由封面、适用范围、引用文件、修前准备、作业程序、竣工、工作记录、验收总结、指导书执行情况评估和附录十项内容组成。

一、编写内容简述

1. 封面

由作业名称、编号、编写人及时间、审核人及时间、批准人及时间、作业工期、编写部门七项内容组成。

2. 适用范围

按工作程序对作业指导书的应用范围做出具体的规定。

3. 引用文件

明确编写作业指导书所引用的法规、规程、标准、设备说明书及企业管理规定和文件。

4. 修前准备

（1）人员要求。

1）规定作业人员的精神状态良好。

2）规定作业人员的资格，包括作业技能、安全资质和特殊工种资质等。

3）规定作业人员的劳动保护着装、个人安全工具和劳保用品配置等要求。

（2）测量工器具。本次作业所需的测量工具、器材等。

（3）危险点及控制措施。分析作业过程存在的危险点及控制措施。

（4）其他安全措施。描述作业过程的其他安全注意事项。

（5）作业分工。明确作业人员所承担的具体作业任务。

5. 作业程序

（1）开工。

1）规定办理开工前应检查落实的内容。

2）规定开工会的内容。

3）规定须签字的人员。

（2）作业内容及标准。

针对每一项作业内容，明确作业标准、操作安全措施及注意事项，作业人员履行签字手续。

6. 竣工

规定工作结束后的注意事项，如清理工作现场、清点仪器等。

7. 工作记录

记录本次测试作业的详细数据。

8. 验收总结

（1）记录测量结果，对检测质量做出整体评价。

（2）记录存在问题及处理意见。

9. 指导书执行情况评估

（1）对指导书的符合性、可操作性进行评价。

（2）对不可操作项、修改项、遗漏项、存在问题做出统计。

（3）提出改进意见。

10. 附录

描述相应的附件。

二、作业指导书范本

1. 封面

作业指导书封面如图 14-8-1 所示。

编号: Q/×××

×××kV×××线接地电阻测量作业指导书

编写: _____ ____年___月___日

审核: _____ ____年___月___日

批准: _____ ____年___月___日

作业日期: 年 月 日 时至 年 月 日 时

××供电公司×××

图 14-8-1 封面

2. 适用范围

本作业指导书针对×××kV×××线接地电阻测量工作编写而成，仅适用于该项工作。

3. 引用文件

GB 50233 《110kV～500kV 架空送电线路施工及验收规范》

GB 50545 《110kV～750kV 架空输电线路设计规范》

GB 50065 《交流电气装置的接地设计规范》

DL/T 887 《杆塔工频接地电阻测量》

DL/T 475 《接地装置特性参数测量导则》

Q/GDW 1799.2 《国家电网公司电力安全工作规程（线路部分）》

国家电网生〔2009〕190 号 《国家电网公司关于开展现场标准化作业工作的指导意见》

国网（运检/4）305 《国家电网公司架空输电线路运维管理规定》

4. 修前准备

（1）人员要求见表 14-8-1。

表 14-8-1　　　　　　　　　　人　员　要　求

√	序号	内　容	责任人	备注
	1	作业人员应情绪稳定精神集中，身体状况良好		
	2	作业人员必须经培训合格，持证上岗		
	3	作业人员应劳动保护着装、个人安全工具和劳保用品等应佩戴齐全		

（2）安全用具及工器具见表 14-8-2。

表 14-8-2　　　　　　　　安 全 用 具 及 工 器 具

√	序号	名称	型号/规格	单位	数量	备注
	1	摇表式接地电阻测试仪	ZC—8	台	1	需配套各引线
	2	榔头	5磅	把	1	
	3	扳手	25cm	把	2	
	4	平锉	25cm	把	1	
	5	砂布	80 号	张	若干	
	6	导电脂			若干	

注　查阅并摘录本次检测各杆塔的接地电阻设计值、接地线长度和埋设深度带至现场。

（3）危险点及控制措施见表14-8-3。

表 14-8-3 危险点及控制措施

√	序号	危险点	控制措施
	1	雷电活动或其他因素威胁作业人员安全	工作中若遇雷云在杆塔上方活动或其他威胁工作班人员安全时，工作负责人（小组负责人）应停止测量工作并撤离现场
	2	人员触电	测量过程中，检测人员裸手不得触击绝缘电阻表接线头，防止电击

（4）其他安全措施见表14-8-4。

表 14-8-4 其他安全措施

√	序号	内容
	1	工作过程中必须持识别标记卡仔细核对线路双重命名、杆塔号，确认无误后，方可进行测试
	2	作业天气和人员要求必须符合规程要求的作业条件和规定

（5）作业分工见表14-8-5。

表 14-8-5 作业分工

√	序号	作业内容	小组负责人	作业人员
	1	工作负责人1人，可分多个小组，每小组工作人员2人，1人为小组负责人（监护人），1人作业		

5. 作业程序

（1）开工工作内容见表14-8-6。

表 14-8-6 开工内容

√	序号	开工内容	作业人员签字
	1	履行开工手续	
	2	宣读作业任务、危险点及安全措施、安全注意事项、任务分工并提问作业人员，作业人员签字	
	3	作业前对检测仪器进行检查	

（2）作业内容及标准见表14-8-7。

表 14-8-7　　　　　　　　作 业 内 容 及 标 准

√	序号	作业内容	作业步骤及质量要求	安全措施注意事项	责任人签字
	1	放线	（1）两根接地测量导线彼此相距 5m。 （2）按本杆塔设计的接地线长度 L，布置测量辅助射线为 2.5L 和 4L，或电压辅助射线应比本杆塔接地线长 20m，电流辅助射线比本杆塔接地线长 40m。 （3）将接地探针用砂纸擦拭干净，并使接地测量导线与探针接触可靠、良好。 （4）探针应紧密不松动地插入土壤中 20cm 以上且应与土壤接触良好		
	2	拆除接地引下线	用扳手将与杆塔连接的所有接地引下线螺栓拆除，并保持接地网与杆塔处于断开状态	在断开接地体与杆塔连接时，两手不得同时触及断开点两端，防止感应电触电	
	3	接线	（1）将接地引下线用砂纸擦拭干净，以确保连接可靠。 （2）将接地测量射线与 E、P、C 正确连接		
	4	测量	（1）将仪表放置水平，检查检流计是否指在中心线上，否则可用调零器调整指在中心线上。 （2）将倍率标度指在最大倍率上，慢慢摇动发电机摇把，同时拨动测量标度盘使检流计指针在中心线上。 （3）当检流计指针接近平衡时，加大摇把转速，使其达到 120r/min 以上，调整测量标度盘使指针在中心线上。 （4）如测量标度盘的读数小于 1 时，应将倍率标度置于较小标度倍数上，再重新调整测量标度盘以得到正确的读数。 （5）用测量标度盘的读数乘以倍率标度的倍数即为所测杆塔的工频接地电阻值，按季节系数换算后为本杆塔的实际工频接地电阻值	测量过程中，裸手不得触碰绝缘电阻表接线头，防止触电	
	5	恢复连接	测量结束，拆除绝缘电阻表，恢复接地体与杆塔连接，清除连接体表面的铁锈，并涂抹导电脂。确保所有接地引下线全部复位，并紧固牢固	在恢复接地体与杆塔连接时，两手不得同时触及断开点两端，防止感应电触电	

6. 竣工

竣工验收内容见表 14-8-8。

表 14-8-8　　　　　　　　竣 工 验 收 内 容

√	序号	竣工验收内容	负责人员签字
	1	由工作负责人验收合格后工作结束	
	2	做好测量记录并归档，将电阻值不合格杆塔上报待处理	

7. 工作记录（见表 14-8-9）

表 14-8-9 工 作 记 录

√	序号	线路名称、杆号	接地电阻设计值（Ω）	换算后的接地电阻实测值（Ω）				季节系数	测量日期	测量人员签字
				A	B	C	D			

8. 验收总结（见表 14-8-10）

表 14-8-10 验 收 总 结

序号	验收总结	
1	验收评价	
2	存在问题及处理意见	

9. 指导书执行情况评估（见表 14-8-11）

表 14-8-11 指导书执行情况评估

评估内容	符合性	优		可操作项	
		良		不可操作项	
	可操作性	优		修改项	
		良		遗漏项	
存在问题					
改进意见					

10. 附录

【思考与练习】

1. 接地电阻测量作业指导书的编写结构包含哪几方面的内容？

2. 简述接地电阻测量作业中的操作步骤、危险点及控制措施的内容和要求。

3. 为什么仪表的辅助测量电压射线比杆塔接地线长 20m、电流线长 40m 测量方法等同 4L 和 2.5L 射线检测方式？

4. 为什么输电线路检测杆塔接地电阻值不需要戴绝缘手套？

第十五章

输电线路的事故预防

▲ 模块 1　线路的事故预防（Z04G5001Ⅰ）

【模块描述】本模块介绍线路事故的分类及其对线路造成的危害。通过要点讲解、原因分析，掌握正确的分析线路故障类型，准确的判断故障原因的方法。

【正文】

架设在野外的架空输电线路，长年经受自然条件和四周环境的影响，输电设备易发生雷害、鸟害、污闪、冰闪和外力破坏等事故，在运行中应加强巡视和维护，预防事故的发生。

一、线路事故分类

（1）自然因素的影响。

（2）外界环境的影响。

（3）线路本身存在的缺陷。

二、各类事故造成的线路危害

1. 自然因素的影响

（1）大风的影响。超过设计风速的大风或龙卷风，会使悬垂绝缘子串倾斜，导线弧垂与通道两侧构筑物、树竹木等风偏距离不足，空气绝缘间隙变小，易发生短路、导线烧断事故。风力超过杆塔机械强度时，使杆塔倾斜、损坏、导线振动、跳跃、碰线，也可能引起短路使断路器速断跳闸。

（2）雨的影响。毛毛细雨将使脏污绝缘子闪络、放电，损坏绝缘子。倾盆大雨将使河水暴涨、山洪暴发、山体滑坡，造成倒杆、断线。

（3）雷电影响。雷雨季节，线路遭受雷击，雷电过电压使绝缘子闪络、烧伤或击穿爆炸，造成断路器跳闸。

（4）大雾影响。大雾天气，空气相对湿度较大，绝缘子沿面闪络电压降低，发生闪络、放电、损坏绝缘子，严重时发生击穿闪络，将造成大面积停电。

（5）大雪影响。狂风暴雪天气，导线应力和负重增大，易发生倒杆、断线事故；

冰消雪融时，绝缘子易发生闪络现象。

（6）覆冰影响。线路导线上发生严重覆冰时，会使导线荷载增加，发生断线或倒塔事故。导线覆冰不均匀脱落时，将造成导线跳跃产生张力差，严重时拉垮杆塔事故。绝缘子串严重覆冰会因泄漏电流而发生沿面闪络事故。

（7）气温和湿度影响。导线具有热胀冷缩性，导线张力随气温高低而变化。夏季气温较高时，导线伸张、弧垂变大，易造成交叉跨越处放电、接地短路事故。湿度对放电的影响也是显而易见的。

（8）大气污秽影响。架空线路经过水泥厂、砖瓦厂、火电厂等粉尘污秽区、冶炼厂、化工厂等污秽区或沿海盐雾地区等，空气中飘浮的尘埃、含有各种导电离子的灰尘、盐雾等逐渐积累或在强电场下，吸附于绝缘子的上、下表面上，当大气湿度在 90% 及以上时，绝缘子串表面泄漏电流增大及脉冲频率快速上升中，泄漏电流沿绝缘子串贯穿而跳闸，污秽事故会造成电网大面积停电。

2. 外界环境的影响

（1）不同地区的线路受环境条件的影响各不相同，化工、冶炼区的线路受到污染容易发生闪络放电。

（2）城镇周边线路易受天线、风筝、气球、旗杆等外物的影响。

（3）农村常有把牲畜拴在电杆上，因牲畜在电杆上擦痒会摇动电杆，轻易造成短路事故。

（4）河道四周的线路易受冲刷。

（5）路边的线路易受车撞，线下作业吊车的吊臂碰到线路引起短路，甚至断线。

（6）树林靠近线路，大风时倒落在线路上，造成倒杆、断线事故。电力线路下面或两侧树梢轻易碰触导线，造成接地、火花或短路等。

（7）鸟类在杆塔上筑巢、停落、鸟粪、在导线四周打鸟等，均可能造成线路接地或短路事故。

（8）偷盗塔材、拉线造成倒杆塔事故。

（9）山林火灾、山区采石放炮等引发线路跳闸。

3. 线路本身存在的缺陷

线路施工时，使用不合格的材料和工艺方法错误，以及杆塔结构设计或安装不合格，都可能在运行中造成事故。在设计中由于路径和气象条件选择不当，在运行中也会发生断线或倒杆事故。杆塔形式的选择和定位的错误，就可能导致在运行中导线对边坡放电的事故。

线路个别元件由于运行年久、材质老化，使电气和机械强度降低，又未及时检修，也会发生事故。

三、线路事故预防

（一）把握季节和环境特点，做好相应的反事故措施

1. 防污

确定线路污区等级，采用爬电距离大且形状系数好的盘形绝缘子（最好大爬距普通玻璃绝缘子）或复合绝缘子配置新建线路或更换调爬运行线路，对几何泄漏比等级基本满足要求的运行线路，应及时检测运行绝缘子串的盐密值，来判断是否要在雾季或者气温 0℃左右的雨雪季节来临前，停电清扫污段的绝缘子串，以防止线路污闪事故发生。

2. 防雷

在雷雨季节到来之前，应做好防雷设备的试验检查和安装工作，并要按周期测试接地装置的电阻以及更换损坏的绝缘子（包括零值、低值绝缘子）和不合格的接地体。

3. 防暑

在高温季节到来之前，应检查各相导线的弧垂，以防因气温增高和高峰负荷时，弧垂增大而发生事故。

4. 防寒

在严寒季节到来之前，应注重导线弧垂，过紧的应加以调整以防断线，同时检查和调整杆塔拉线。

5. 防冻

在大雪季节，应注重导线上覆雪、覆冰情况，及时清除导线上的覆雪、覆冰，防止断线。

6. 防风

在风季到来之前，要加固拉线及电杆基础，调整各相导线弧垂，清理线路四周杂物及四周的树木，以免树枝碰导线造成事故。

7. 防汛

在汛期到来之前，对在河流四周冲刷以及四周挖土造成杆基不稳的电杆，要采取各种防止倒杆的措施。

8. 防鸟

防止鸟害是电力线路维护中季节性很强的一项任务，装防鸟风车、防鸟环、反射镜、防鸟针板等，使鸟类惊吓，无法在杆（塔）上筑巢、栖息。

9. 防电晕

在导线、跳线两端加装球形附件，在耐张线夹与绝缘子碗头连接处采用线夹穿钉开口销封闭装置，减少高压设备曲率半径小的部位暴露在空气中，防止电晕产生。

10. 防山林火灾

（1）为了预防林区架空输电线路火灾事故，重点强调应严格执行《森林防火条例》。

（2）对通过林区的架空输电线路，应加强巡视和维护，电力线与树木间距离应符合《电力设施保护条例》的有关规定。距离不足者，应督促有关林业部门按规定及时砍伐。在森林防火期内应适当增加特巡次数，严防由于树木与电力线路距离不够放电引起森林火灾。

（3）新建（改建）线路通过林区应充分考虑森林火灾对线路造成的威胁，对运行中的线路通道内砍伐完的树木，应及时清理，以防发生火灾。

（4）通过林区的架空输电线路的通道宽度应符合现行设计标准的要求，不符合要求的不得验收送电。

（5）进入林区工作的电业工作人员应熟悉《森林防火条例》及相关防火知识，加强教育和培训，提高作业人员遵纪守法的自觉性和防火、灭火操作能力。

（6）进入林区进行线路作业时，其车辆、作业用具的使用以及作业方法等均应符合《森林防火条例》的有关规定。

（7）与林业部门建立互警机制，及时互通信息，确保在发生紧急情况时双方能够协同动作，采取有效的应对措施。

11. 防跳线连接点发热烧损

停电检修采用扭矩扳手按相应规格螺栓的标准扭矩值检查紧固，线路超过50%输送负荷时，可采用红外测温方式复核跳线连接点扭矩情况，应注意测温工作应在无背景光源和仪器有效检测距离内进行。

（二）加强线路巡视，确保线路健康运行

（1）定期巡视：一般情况下每月巡视一次，在春天鸟害事故多，夏季抗旱、排涝用电高峰时，可随季节的变化适当增加巡视次数。

（2）特殊巡视：当气候急剧变化（大风、暴雨、浓雾、导线覆冰等），碰到自然灾难（地震、洪水、森林火灾等），以及有重大的政治节日活动时作为非常情况，应增加巡视次数。

（3）故障巡视：线路出现故障，发生跳闸或接地现象时，应及时组织巡视检查。

（4）夜间巡视：为了检查线路绝缘子有否电晕、污秽放电火花和导线跳线连接点发热（红）等现象，最好选择在无月光夜晚线路负荷超过导线额定电流50%以上时进行，每半年巡视一次。

（三）加强输电线路反事故措施，防止事故发生

要做到输电线路安全无事故运行，除了加强线路管理、严格执行现场规程、实施电力设施保护之外，还必须抓紧做好反事故措施。

加强设计审查，保证施工质量，加强检修管理，提高运行水平是保证线路安全可靠运行的有效方法。主要的措施有以下几个方面。

1. 把好基础质量关

（1）加强设计审核。运行单位要参加设计审查，提供运行经验和有关测量试验数据，并从生产实际出发提出设计要求。设计部门要听取运行部门的意见和要求，特别要注意地形和气候的影响。设计部门往往较多考虑的是线路钢耗比等本体造价投资，较少考虑线路安全运行裕度，部分线路往往是建成投运之时，就是运行单位技术改造开始，如线路外绝缘调爬，树竹木区或村镇边档中加塔或升高原杆塔等。

（2）施工要符合设计。施工单位不能擅自更改设计标准，施工要符合设计要求。特别注意杆塔基础的埋深、混凝土基础浇制质量、预制基础的规格和安装位置、拉线装置的规格和埋深、回填土的夯实程度。对埋设在松软地、沙地、低畦地和洪水可能冲刷处的杆塔，以及山坡可能会发生滑坡或石灰岩地区杆塔，要检查是否采取了相应的措施：增加基础埋深，采用重力式基础，增加卡盘或拉线，另设防洪设施等。凡是不按设计和施工工艺标准施工的杆塔基础均应作为缺陷，要及时处理。

（3）加强原材料和设备的验收。施工单位和运行部门都要加强对原材料和设备的验收工作，发现有不符合设计和出厂要求的产品，不准投入工程使用。要注意不错用钢材，不随便代用，不用没有产品合格证、没有产品商标或者制造厂不明的产品。新型器材、设备和新型杆塔必须经试验、鉴定合格后方能使用，在试用的基础上逐步推广应用。

（4）运行单位把好验收关。监理人员必须监督每个隐蔽工程的施工，运行单位竣工验收应上塔抽查导线、架空地线的耐张压接管质量，杆塔、绝缘子、各种金具等施工工艺和地面核查接地工程的埋深及回填土是否符合要求。

（5）清理线路通道。新线路投运前，基建部门要组织力量将通道清理完毕。

2. 提高检修质量

线路检修必须按确定的周期和项目以及状态检修相结合进行。检修工作结束后，运行人员根据检修要求进行质量验收，特别是导线跳线连接点的检查紧固核查。若发现不符合质量要求，必须返工重修。

3. 防止倒杆塔事故

（1）杆塔歪扭。对杆塔轻微歪扭，应进行定期观察，并作好记录，注意发展情况。必要时，进行强度验算和分析，根据情况进行处理。

（2）叉梁处理。对于混凝土杆叉梁发生歪扭、凸肚、下滑时，要进行处理。对原来是混凝土叉梁经验算可换成钢叉梁。

（3）混凝土杆裂缝。混凝土杆发生裂缝，应进行定期观察和记录，注意发展情况。

必要时，采取堵缝或换杆措施。

（4）杆塔部件锈蚀。杆塔及拉线的地下部分，由于地下水和土壤的腐蚀作用，会使其逐渐损坏。尤其在化工厂、造纸厂等有腐蚀性的污水处或地下水本来就有腐蚀性的地方安装了拉线棒，10年左右就会严重腐蚀。我国南方，黄土丘陵地区，由于土壤酸性高，对金属零件的腐蚀也很严重。新线路投运，用不了几年，铁件的地上部分完全良好，但地下部分却已经锈蚀了，镀锌件只要一开始锈蚀，速度很快。有时用油漆防腐，其效果反而更好。

混凝土杆里面的钢筋也有锈蚀问题。特别严重的是两节混凝土杆的焊接或连接处。有一条1958年投运的220kV线路，在两节9m杆段焊接头的上方，钢筋严重锈蚀，螺旋筋已全部烂光，10×10mm主筋均烂剩4.6mm左右，钢筋表面坑坑洼洼，截面损失达60%，这种混凝土杆只运行了21年，就被迫换杆塔、补强。

铁塔锈蚀主要是未镀锌的铁塔。这种铁塔在5～10年内就必须油漆一次，锈蚀比较严重的是靠近地面的一节。有的塔材，投运20年左右，就发现锈蚀穿孔。镀锌铁塔也有锈蚀问题，关键是镀锌质量。

严重锈蚀的杆塔部件、拉线和拉线棒，应及时更换，不应再拷铲油漆，以免造成假象而危及杆塔强度。

（5）防偷盗部件。加强巡视检查，防止杆塔部件（特别是杆塔拉线、塔材）被盗，一经发现应及时补齐。同时在新建线路的杆塔从基准面以上两个主材段号采用防盗螺栓或铁塔地面以上8m防盗，对运行的老旧线路塔材偷盗易发生段按照轻重缓急更换成防盗螺栓。

（6）基础不稳。施工未按设计进行或周围环境变动，造成杆塔基础埋深不够；线路经过松软土地或水田，设计施工中未采取可靠措施；雨季低畦积水，山洪暴发冲刷杆塔基；冬季施工时，用冻土作回填，又未踏实和培土，春天解冻时土层下沉等原因造成基础不稳。在大风、雨季、覆冰或洪水冲刷时，就很容易发生倒杆（塔）事故。所以经常检查杆根培土，及时发现埋深不够，也是防止倒杆塔的重要措施。

4. 防止断导线、架空地线

（1）防止导线过负荷运行。线路长期过负荷会导致导线的机械强度降低和永久性变形，在导线张力大时可能引起断线或因弛度过大致使对交叉跨越物放电而烧（断）线。对经常过负荷并发生多次断股的导线，应及时更换与负荷相适应的线号，对交叉距离不足者应及时采取措施。

（2）导线腐蚀。影响导线腐蚀的因素除气温、湿度、雨量外，线材本身的质量和污秽的类型更为关键。

引起腐蚀的污秽气体有硫酸、H_2S、Cl_2等。当这些气体以及各种盐类污秽物溶于水时，这种溶液对导线会起腐蚀作用。

在污秽地区，一般应对运行 10 年以上的架空导线锈蚀情况进行检查或强度抽样试验，锈蚀严重或强度不符合要求时应及时更换。

（3）对运行 15 年左右的架空地线，应抽样检查其脆性情况，对明显发脆且频繁断股者，应及时调换。

（4）对大跨越、大档距、平原开阔地等要检查导线、架空地线振动情况，必要时，应进行测振或改善防振措施。属振动断股的导线，其断股处几乎都是锐利状的截面断裂，没有"缩颈拔光"现象，其断面组织一般呈贝壳花纹。

（5）导地线连接处故障。要加强对跳线引流板和并沟线夹的检测复核扭矩值，导线接续管检查管口有否松散、断股和灯笼泡现象，发现问题应及时采取有效措施进行处理。

5. 防止雷害事故

（1）接地装置。接地装置必须按运行规程要求，定期进行检查和测量，不合格者应及时进行处理。

（2）空气间隙。新建线路改变设计理念，按照线路设计规程各电压等级大气过电压和内过电压确定导线对杆塔的空气间隙，尽量减少空气间隙击穿电压和绝缘子串闪络电压的配合比（原为 0.85 左右），如 220kV 线路在确保 1.9m 带电体对杆塔间距的情况下，将绝缘子片数增加至 18～19 片/串长，即大幅增加了绝缘子串的绝缘水平，提高了线路耐雷水平，又可使绝缘子串的泄漏距离 4.0kV/cm 及以上，免除了线路污闪事故的发生。

（3）线路交叉跨越距离。对交叉跨越距离要有测量记录，对不符合规程要求，及时进行处理。

6. 防止绝缘子事故

（1）确定污秽等级的绝缘子选用。进行环境污秽情况调查和等值附盐密度测量，结合运行经验，划分污秽等级，选择和调整与污秽等级相适应的绝缘泄漏比距，在污秽地区应采用有效的防污绝缘子型号。

（2）确定清扫周期。对污秽区，应结合运行经验，按照各运行单位的防污闪工作管理制度的规定，确定清扫周期。在春季来临之前，清扫一次，并确保清扫质量。

（3）适当轮换绝缘子。对运行年限较长且难以清扫的绝缘子，应轮换处理。对钢脚锈蚀的绝缘子，锈蚀严重者也应及时更换。

（4）加强检测工作。对运行年数较长，绝缘子劣化率（一般指瓷、复合绝缘子）较高的线路要加强检查测量工作。

7. 防止外力破坏

（1）认真贯彻"电力设施保护条例"，加强保卫力量，争取地方政府和公安部门的支持，积极开展反外力破坏的宣传教育工作，确保线路安全运行。

（2）加强运行人员责任意识。对运行人员要加强责任感教育，对后果严重、性质恶劣的外力破坏事故，应向当地公安部门及时报告。

（3）群众护线。有的地方组织群众护线时，抓"三个落实"和"五个结合"。三个落实就是组织、思想和任务落实。五个结合是指运行人员巡视和护线活动相结合；护线和民兵工作相结合；护线和治保工作相结合；护线和学校工作相结合；护线和护林、护路相结合。

为了线路健康运行，在设计、安装时做到充分考虑，还应加强线路巡视检查、定期检修、运行维护治理，认真落实反事故措施工作，设专职人员负责巡线、护线，不定期组织培训、考核，提高职工专业技能、强化责任心；巡线人员应按规定进行巡视，检查线路健康状况，找出存在缺陷和问题，以便制订检修计划，将事故消灭在萌芽状态，以确保线路安全、经济、可靠地运行。

四、案例分析

1. 故障现象

2004 年 10 月 21 日 7 时 16 分，330kV 某线路双高频、零序Ⅰ段保护动作，线路跳闸，B 相故障，重合成功，测距显示故障点距变电站 6.4km。

故障发生后，立即组织对 330kV 某线路进行重点巡视，巡视地段为 10～30 号杆塔之间。巡视后发现 330kV 某线路 15 号铁塔（GJ3—21）接地线上有明显的放电痕迹，17 号和 19 号杆接地线上也有轻微的放电痕迹，据 15 号塔下村民反映：7 时左右 15 号塔上发生过巨响。

风停后又安排人员登塔进行检查和测量，发现 15 号塔引流线上及杆塔上有明显的放电痕迹，并且导线上也有烧伤麻点。

2. 故障原因分析

10 月 21 日，该地区出现大风恶劣天气，根据对某线路在线监测系统显示，现场主风向为西北风，最大瞬时风速为 19.2m/s（8 级风）。测量中相引流线与塔身的最小电气距离为 2.3m，满足 GB 50545《110kV～750kV 架空输电线路设计规范》带电部分与杆塔构件最小间隙 1.90m 的要求。某线路 15 号耐张塔原转角度数为 65°35′22″，改造后线路转角度数有变化，还利用原塔。跳闸的主要原因是中相引流线跳线在强西北风的作用下，发生偏转对塔身风偏过度造成放电。而微地形（线路走向）强对流恶劣自然天气是造成此次跳闸的主要原因。另外，利用原有的转角塔，角度不是十分合适，横担不在线路转角的内角平分线上，导致引流线过长，大风造成引流线摆动过大，引起绝缘距离不足，是跳闸的次要原因（定性为一类障碍）。

3. 故障处理方法

在 330kV 某线路 15 号塔架空地线横担上，对塔头进行改造，将一串吊瓶改为独立的两串复合绝缘子吊瓶并加 3 片重锤，利用两个绝缘子串将跳线固定，控制引流线的摆动范围，防止线路再次跳闸。

4. 防范措施

（1）在线路改造的设计过程中，如需利用原来转角杆塔，角度发生变化时，必须校验（如大风天气时，引流线与杆塔的空气间隙是否满足要求）。

（2）通过微地形区域的输电线路设计，必须经过充分的论证，考虑其对新建线路的适用性，如线路走向、引流跳线的空间位置及微气象条件等因素的影响，对于干字形杆塔，应采取防范措施，即将原跳线悬挂点铰链式单串改造为间距大于 60cm 的双联串挂点，以控制单铰链挂点的跳线扁担随风压转动接近塔材放电事故。

（3）加强对新建线路引流线电气绝缘距离的验收，发现问题及时处理，避免线路跳闸情况发生。

【思考与练习】

1. 简述引起线路事故的原因。

2. 简述自然因素影响的故障类型。

3. 试述外界环境影响的故障类型。

4. 输电线路反事故措施主要有哪几方面？

▲ 模块 2　防止外力破坏事故（Z04G5002 Ⅱ）

【模块描述】本模块介绍输电线路外力破坏事故的类型、危害和防范措施。通过要点讲解、原理分析，了解外力破坏的原因、特点和危害，掌握外力破坏的防范措施。

【正文】

随着国民经济的快速发展，社会建设的规模不断扩大，建设开发中经常会有一些违法、违章行为造成输电线路设备跳闸停电、倒（杆）塔或部分损坏等外力破坏事故、案件，并呈逐年上升的趋势，给供电企业带来巨额经济损失的同时，也对电网安全运行、人民生命财产构成了极大的威胁，造成了极坏的负面影响。因此，了解外力破坏的类型及特点，从而有效掌握外力破坏的防范措施是每一位线路运行人员的必备知识。本模块主要从输电线路外力破坏事故类型、外力破坏事故特点、外力破坏事故防范措施三个方面进行论述。

一、输电线路外力破坏事故的类型

输电线路的外力破坏是指输电线路沿线的人类活动、开发建设设施造成的输电线路隐患、故障甚至事故现象。外力破坏事故根据破坏程度不同，后果不可预见，但对电网的安全运行影响较大。

从造成输电线路外力破坏的性质分，可分为有意识破坏和无意识破坏两种。无意识破坏又可分为两类，即肇事单位在运行单位部分失责状态下的电气肇事，如运行单位必须对道路边杆塔或拉线应做好防撞装置及涂刷反光漆，在易盗区杆塔上加装防盗措施；在取土区杆塔附近布置保护范围的警示牌等。反之是在电力设施符合规程规定的状态下，肇事单位因不懂电力行业要求而造成的吊机碰线、异物短路、导线下方燃烧短路、爆破炸伤导地线及杆塔、交叉跨越短路、开挖作业、机械碰撞杆塔及拉线等类型。有意识外力破坏主要有偷盗电力设备、人为短路等类型。

按造成输电线路外力破坏的现象可分为盗窃破坏、机械施工破坏、异物短路破坏、燃烧爆破破坏、交跨碰线破坏五大类。

1. 盗窃破坏

（1）盗窃铁塔塔材和拉线。盗窃铁塔塔材是输电线路外力破坏案件中最多的一种，拆卸螺栓是盗窃塔材最常见的一种盗窃方式，即使杆塔、拉线防盗设施齐全有效，也有用钢锯切割或氧焊切割盗窃塔材，但这种方式较为少见，一般是团伙作案才采用这种方式。拉线被盗属常见外力破坏形式，全国每年都会发生为数不少的拉线被盗引发的倒杆塔事故。

（2）盗窃导线。导线被盗多属团体作案，盗窃分子一般选择退役线路、新建线路或停电检修数日线路，前两种线路偷盗不会被立即发现，逃离现场的时间充足。

2. 机械施工破坏

（1）施工机械碰线。施工机械碰线是最常见的外力破坏形式，如有塔吊、吊车、混凝土泵车、打桩机、自卸车等。

（2）其他管线施工碰线。如其他单位在输电线路临近或穿越其他电力线路、缆车线路、通信线路等架空管线施工展放、紧线过程中，会出现上下弹跳及左右摇摆造成对输电线路导线距离不足或碰线引发放电事故。

（3）开挖或平整土地破坏。开挖破坏主要体现在两个方面：一方面是在地表进行开挖或平整，可能引起滑坡、掩埋杆塔、杆塔倾倒等后果；另一方面是在地下开采作业，可能引起地表塌陷、滑坡等。

3. 异物短路破坏

异物短路也是近年来一种常见的外力破坏，存在非常大的随机性。主要异物类型有广告布、气球飘带、锡箔纸、塑料遮阳布、风筝线及一些轻型包装材料。这些异物一般长度长、质量小、面积大，遇风即可能随风飘荡，当其缠绕到导地线、杆塔上时就可能引发异物放电。对于锡箔纸等导电物质，一旦其短接了导线与其他接地体就会发生放电；对于广告布、塑料遮阳布、风筝线等绝缘物质，即使其短接了导线与接地体也不一定引发线路短路，但如再遭遇雨、雾等气象就极有可能发展为短路事故。

4. 燃烧爆破破坏

（1）山火短路。许多输电线路跨越森林、草原、灌木等，冬春干燥季节，这些地区易发生火险。如大火蔓延到输电线路通道内，因空气在高温下的热游离作用及燃烧后产生的导电颗粒，降低了空气绝缘强度，容易引起输电线路对地或相间短路；燃烧的大火甚至可能将杆塔构件及复合绝缘子烧损，引起倒塔掉线事故。

（2）焚烧及爆竹短路。有的农村收割后就地焚烧秸秆，焚烧后的浓烟极易引发上方输电线路短路。另外在输电线路下方焚烧垃圾、燃放爆竹等行为也易引发输电线路短路。

（3）爆破。输电线路沿线开山炸石、勘探等爆破行为，飞石会损伤导地线、杆塔构件及引起线路跳闸，甚至引起断线事故。

5. 交跨碰线破坏

（1）树（竹）木碰线。树（竹）木碰线也是一种常见的外力破坏。一般有三种情况：① 导线与树（竹）木垂直距离不足，当气温升高，导线弧度降低，导致两者的静态距离不足发生短路；② 线路两侧的树（竹）木生长高度超过导线高度，遇大风左右摆动、摇晃接近发生放电；③ 线路两侧生长高度超过导线高度的树（竹）木，农户在砍伐时倾倒发生导线短路。

（2）垂钓碰线。输电线路跨越鱼塘，鱼塘垂钓引起的线路跳闸事故屡见不鲜，由于现在的伸缩型钓鱼竿是碳纤维材料，长度为 6～8m，导电性能比金属还好，鱼竿碰线会造成短路跳闸，且多数会造成电弧灼伤甚至死亡的严重后果。

二、输电线路外力破坏事故的特点

外力破坏引发的线路事故与其他事故相比较，具有以下特点。

（1）破坏性大，不仅能引起设备损坏或停电事故，还常伴随着人身伤亡事故的发生。

（2）季节性强，如树（竹）木碰线一般发生在春季和夏季，垂钓碰线一般发生在夏季或秋季，山火短路事故一般发生在秋季、冬季或者清明等节气时间。

（3）区域性强，如盗窃破坏、机械破坏、异物短路破坏一般发生在城乡结合部、开发区附近或厂房附近，爆破事故一般发生在采石场、大型施工场所等区域。

（4）防范困难，由于输电线路分布点多、面广，一条线路往往经历不同的区域，呈现出不同的区域特征，而且区域环境变化快速，不易有效掌握，因此，相对于其他线路事故，外力破坏的防范更加困难。

三、输电线路外力破坏事故防范措施

（1）加大电力设施保护力度。电力部门应利用广播、电视、网络、报纸等各种有效手段，积极宣传和普及电力法律、法规知识，增强群众保护电力设施的意识。电力设施安全保卫部门应积极主动地与当地公安机关交流情况，沟通信息，注重防范，建立电力、公安联保体系，通过快速侦破破坏电力设施案件，打击犯罪分子，清理非法收购点，使盗窃电力设施的犯罪分子得到应有的惩罚、盗窃行为无利可图，营造良好的社会保护环境。

（2）建立政企合作的电力设施保护新模式。目前供电部门是企业，原先的《电力设施保护条例》等管理职能已被转移到政府经贸委下，电力设施保护工作是一项综合性的社会系统工程，一些地方政府部门往往存在偏见，认为电力设施保护是电力部门的事，与己无关，一些执法单位对保护电力设施也缺乏积极性，导致电力设施屡遭破坏。为此，应该积极探索建立政企合作的电力设施保护新模式。如某局通过积极努力，电力设施保护工作得到了地方政府的强力支持，在全国首创"政企合作"的输电设备保护新模式，地方政府发文明确规定各地（县）市安监局为当地电力设施保护的执法主体，将输电设备保护责任纳入各级政府绩效考核，从根本上提高了输电设备隐患整治力度，取得了突出的成效。

（3）建立危险点预控体系和特殊区域管理。线路运行部门应按照各输电设备途径的地理环境及特殊地段，根据外力破坏的类型建立不同的特殊区域，并根据季节性、区域性等特点，制定相应有效的预防控制措施，将其纳入各自的危险点数据库，进行滚动管理。如对开发区、大型施工区等开发建设，应根据实际情况及时发隐患通知书，并缩短巡视周期，待隐患消除后再延长巡视周期；对于毛竹生长季节应根据毛竹速长的特点加强季节性特巡，防患于未然，同时对某些可以采取加塔顶高或升高改造杆塔处，运行单位应积极采取措施，由于竹类的生长高度基本固定，采用升高杆塔措施能一劳永逸地取消该危险点的方法之一。

（4）对于申请临时用电的施工单位，电力部门内部应采取联手协防的措施，由生技、营销部门联合下文，明确下属供电营业所在接纳施工单位的用电申请流程中，增加输电线路运行单位在申请流程表中的审查签发栏，由线路运行单位核查施工现场有否危及线路安全运行隐患，若建筑施工项目是有规划且批准的合法工程时，虽然是建在线路通道内时，供电单位与施工用电单位应签订防护措施（措施由输电运行单位审核）、责任归属和停电整顿条件和流程，并缴纳责任保证金，从而促使施工单位控制塔吊、钢筋的对带电导线的安全距离。

（5）加强设备本体防外力破坏水平。如对防止偷盗事故发生的是杆塔、拉线本体，应积极做好防盗措施。如杆塔本体可根据实际情况提高杆塔防盗螺栓的安装高度，甚至可将塔身段全部安装成防盗螺栓；为防范拉线 UT 形线夹被盗，可在 UT 形线夹螺栓上安装防盗装置；为防止树木风偏碰线，可根据需要在档距间增加直线塔顶高或原塔升高改造，从而一次性消除该隐患，减少线路巡视工作量。

（6）加大线路警示牌的安装与维护工作。主要包括两个方面内容：一是必须确保杆塔本体杆号牌、警示牌的规范和完整；二是在线路通道危险点附近应及时安装、更新相应的警示标志，如发现有在杆塔周围取土的隐患时，应及时布置"严禁取土"警示标志，并用安全围栏做好相应的区域管理；在线路交跨鱼塘、水库时，应在线路下方或沿线安装"严禁垂钓"等警示标志，并应在各个路口安装相应的警示标志。通过规范、及时、必要的警示标志，可以大大降低外力故障发生率。同时按民法高危险度行业法律责任的要求，对每个鱼塘业主和村委会，邮寄电力设施隐患通知书，告之高压线路的危害性，如何防范的措施等，以规避企业风险。

（7）积极探索在线监控等新型防外力破坏技术。各线路运行部门应根据实际需求，积极应用输电线路危险点在线实时监控、防盗报警等新技术，建立外力破坏危险点的实时监控平台。某局针对近些年来输电线路走廊内影响输电设备安全运行的各类威胁、隐患问题日益突出，自 2005 年开始实施输电线路危险点在线实时监控系统的开发和应用，及时发现并迅速处置了塔基被挖等重大隐患，实现了输电线路危险点的实时监控，从而可以全面及时地掌控输电设备危险点的风险度，减少了运行维护工作量，降低了生产成本，提高了输电线路供电可靠性。

（8）建立健全群众护线员制度，加强对群众护线员队伍的动态管理，组成一支能深入基层，熟悉乡情的乡（镇）的、以线路沿线居民为主的护线员队伍。群众护线员是对专职护线工作的一种有益补充，通过工程技术人员定期给义务护线员讲授输电线路维护知识课，利用护线员居住在线路附近、地理环境熟悉、线路设备可随时监控的有利条件，建立奖惩分明的激励机制，充分发挥义务护线员对输电设备巡查、报警的积极性，及时弥补了野外设备大部分时间无人看管的现状，可以大幅度提高设备安全健康运行。

【思考与练习】

1. 外力破坏有哪些类型？

2. 防范外力破坏有哪些措施？

3. 交跨碰线破坏有哪些种类？

▲ 模块 3　防止倒杆塔和断线事故（Z04G5003Ⅲ）

【模块描述】本模块包含防止倒杆塔和断线事故的措施及重点地段防护措施等。

通过要点介绍、流程讲解、案例分析，掌握输电线路倒杆塔和断线事故的预防和处理方法。

【正文】

输电线路发生倒杆塔和断线事故属电力生产恶性事故，不仅影响面大而且恢复送电时间很长，同时对人们的日常生活造成伤害，还会使国民经济造成重大损失，因此应尽可能避免这类事故的发生。

一、预防倒杆塔和断线事故

（一）预防倒杆塔事故

1. 加强设计、基建和验收等前期管理

（1）必须严格执行 GB 50545《110kV～750kV 架空输电线路设计规范》等标准和相关文件的规定。

（2）线路设计应充分考虑地形和气象条件的影响，路径选择应尽量避开重冰区、导线和架空地线易舞动区、采矿塌陷区等特殊区域，合理选取杆塔形式，确保杆塔强度满足使用条件的要求。

（3）330kV 及以上电压等级的运行线路拉 V 塔或拉猫塔连续基数不宜超过三基、拉门塔连续基数不宜超过五基，运行中不满足要求的应进行改造（新建线路应全线采用自立塔型）。加强对拉线塔的保护和维护，拉线塔本体和拉线下部金具应采取可靠的防盗、防外力破坏措施。在有拉线塔的线路附近还应设立警示标志。

（4）跨越高铁、高速公路等重要跨越的运行线路应改造成孤立档。

（5）大跨越、覆冰区档距严重不均匀段应采取缩小耐张段架设和改造。

（6）严格按设计及有关施工验收规范进行线路施工和验收，隐蔽工程应经监理人员或质检人员验收合格后方可隐蔽，否则不得转序进行杆塔组立和放线。

（7）新建线路扩初审查时，设计单位应积极听取运行单位的意见，对部分运行环境较差的地段，采取提高杆塔强度的设计修改，不能单考虑工程造价的钢耗率、混凝土耗率，以提高少量杆塔的强度。

2. 加强特殊区域巡视和危险点管理

（1）对可能遭受洪水、冰凌、暴雨冲刷（冲撞）的杆塔应采取可靠的防冲刷措施，杆塔基础的防护设施应牢固，基础周围排水沟应能够可靠排水。

（2）加强对线路杆塔的检查巡视，发现问题及时消除。线路遭受恶劣天气危害时应组织人员进行特巡，当线路导线和架空地线发生覆冰、飓风、舞动时应做好观测记录（如录像、拍照等），并对杆塔进行检查。

（3）线路铁塔主材连接螺栓、地面以上两段（至少）所有螺栓以及盗窃多发区铁塔横担以下各部螺栓均应采取防盗措施。在风口地带或季风较强地区，新建线路杆塔除按要求采用防盗螺栓外，其余螺栓应采取防松措施。对运行中的杆塔也应按此要求进行改造和完善，并做好日常巡视及检查，必要时可增加防风拉线。

（4）在严寒地区，线路设计时应充分考虑基础冻胀问题，并不宜采用金属基础。灌注桩基础施工应严格按设计和工艺标准进行，避免出现断桩和冻胀等质量事故。对运行中的杆塔，若基础已发生冻胀，应采取换土等有效措施进行处理。

3. 加强老设备升级改造

对锈蚀严重的铁塔、拉线以及混凝土杆钢圈等应及时进行防腐处理或更换。

（二）预防断线和掉线事故

1. 从设计方面考虑预防断线和掉线

（1）导线、架空地线的选择，除应满足设计规程的一般规定外，尚应通过短路热稳定、动稳定校验，确保导线、架空地线具有足够的通流能力和机械强度，且温升不超过允许值。

（2）导线、架空地线接续、连接金具及绝缘子金具组合中各种部件的选用（在风振严重地区，导线、架空地线线夹宜选用耐磨型线夹）应符合相关标准和设计的要求。

（3）新建线路遇有重要交叉跨越，如跨越铁路、高速公路或高等级公路、110kV及以上电压等级线路、通航河道以及人口密集地区等，应采用具有独立挂点的双串绝缘子和双线夹悬挂导线并考虑弥补双联串污耐压下降措施，档内导线、架空地线不允许有接头。运行中的线路，凡不符合上述要求的应进行改造。

2. 从加强线路巡视和危险点管理预防断线和掉线

（1）在年检及日常巡视工作中，应认真检查导线、架空地线及相关金具是否满足运行标准，不满足要求应及时处理或更换。同时加强预试周期性工作管理，提高检修质量。建立检修质量监察机制，提高职工责任意识。

（2）线路验收或停电检修，应对跳线引流板、并沟线夹金具采用扭矩扳手按相应规格螺栓的扭矩标准值检查紧固，40m 检测距离内的导线连接点可应用红外测温技术，在输电线路导线输送额定电流 50%以上时，红外测温方式监测导线跳线引流连接金具的发热情况，发现问题及时处理。应特别关注 OPGW 的外层线股断股问题。

（3）用 OPGW 作为架空地线，容易发生外层线股断股，处理方法采用预绞丝进行补修，并应严格按有关规定进行补修，断股数量超过规定时，应更换 OPGW。

（4）加强零值、低值或破损瓷绝缘子的检测工作，防止因线路故障发生劣化瓷绝缘子钢帽炸裂掉线事故。

（5）加强复合绝缘子的送检工作，特别是机械强度和端部密封情况的检查。复合绝缘子不宜使用在耐张水平串，以减轻检修作业的劳动强度。严禁作业人员踩踏复合绝缘子方式上下导线。

（6）加强对大跨越段线路的运行管理，按期进行导线、架空地线测振工作，发现动弯应变值超标应及时进行分析，查找原因并妥善处理。

（7）对重冰区和导线、架空地线易舞动区的线路应加强巡视和监测，具体防范措施如下。

1）处于重冰区的线路，应按照 Q/GDW 182《中重冰区架空送电线路设计技术规定》进行设计，对档距大小不等的直线塔应改为耐张塔、减小出现杆塔档距不均现象或适当增加导线、架空地线、金具等的承载能力。

2）对设计冰厚取值偏低、抗冰能力弱而又未采取防覆冰措施的位于重冰区的线路应进行改造，尤其是跨越峡谷、风道、垭口等的高海拔地区线路，使其具备相应的抗冰能力。

3）对覆冰厚度超过设计冰厚的线路，可采取如下的措施预防冰害事故。

a. 消除导线上覆冰：① 大电流融冰法；② 机械除冰法；③ 被动除冰法。

b. 防止绝缘子覆冰闪络：① 增大绝缘子的伞间距离；② 改变绝缘子串的安装形式；③ 在绝缘子串之间插入大伞径绝缘子，以阻断冰桥的形成。

4）导线舞动多发地区的线路，可采取如下预防措施。

a. 已加装防舞装置的线路，应加强对防舞装置的观测和维护，对超过设计冰风阈值发生的舞动应及时采取应对措施。

b. 对已发生过舞动的线路，应及时进行检查和维修，并积极开展防舞研究，采取防舞措施（如加装防舞装置），以降低舞动发生的概率，减小舞动造成的损失。

c. 未加装防舞装置的线路，舞动易发季节到来时，运行部门应加强观测，并制定应急预案。

d. 加装防舞装置的同时应考虑防微风振动的要求，并进行必要的防震试验或现场测试，确保线路的安全运行。

（8）在腐蚀严重地区，应采用耐腐蚀导线、架空地线。

二、线路倒杆塔和断线事故预想及处理

做好事故预想并制定相应的抢修方案，可以最大限度地减少线路突发事故造成的损失，最快地恢复线路正常运行。事故预想与事故抢修机制应同时建立，发生事故时两者需同时启动并运作。

1. 建立事故抢修机制

（1）线路运行单位应建立健全线路突发事故的抢修机制，以保证突发事故出现时快速组织抢修与处理。抢修机制包括抢修指挥系统及人员组成、通信手段及联络方式、作业机具、车辆、抢修材料的准备等。

（2）抢修工器具、照明设施及通信工具应设专人保管、维护，并定期进行检查，使之处于完好可用状态。

（3）线路运行单位应结合实际制定典型事故抢修预案，抢修预案的确立应经本单位生产主管部门审核批准。典型事故抢修预案一经批准，应尽快组织落实，使每个抢修人员都能熟悉抢修过程及所担负的任务和职责。

2. 预案编制要点

（1）线路倒杆塔抢修预案编制要点。

1）各运行单位在正常情况下应储备有事故抢修杆塔，其数量可根据本单位实际情况自定（抢修塔最少 1～2 基、抢修杆可更多一些）。抢修杆塔的强度性能应符合《110kV～500kV 线路紧急事故抢修杆塔技术条件》的要求，并应具备"结构简单，安装方便，重量较轻，通用性强"等特点。

2）事故抢修杆塔应设专人保管，塔材（包括塔脚、塔身、横担等）、螺栓应配备齐全，摆放整齐，并采取防雨、防潮、防盗等措施。在室外储备混凝土电杆，应防止碰撞。

3）事故抢修杆塔入库前必须进行试组装，组装无误后拆下，将全部构（配）件进行清点、编号，有规则地放入库房并进行登记造册。

4）按事故抢修杆塔的不同型式，制定严密、有效的施工组织方案。方案中应规定在事故抢修状态下，塔材出库（搬运）、装车、卸车的顺序；现场组立时，每个施工人员的任务、工作部位、施工方法、要求和注意事项等。上述施工组织方案，在正常时期，应通过实际训练（演习）让所有施工人员都能熟练掌握抢修作业的施工方法，使预案真正具有实效性。

5）事故抢修过后，应尽快用常规塔替换抢修塔，抢修塔被换下后应重新清点入库，以备再用。

6）其他抢修材料（如金具、绝缘子等）平时均应做好储备，需要时应保障供给。

（2）导线、架空地线断线抢修预案编制要点。

1）抢修器材的准备。各运行单位在正常情况下，应根据所维护线路的实际情况配备相应的事故抢修用导地线及其接续金具，其备用数量应满足紧急断线事故处理的需要。备品的技术性能应符合有关规范或标准的要求，并经抽检试验合格。特殊情况下使用非定型金具，应有足够的运行经验并试验合格。

2）单根导线、架空地线断线处理，应按下面两种情况分别制定：一种是不需增加导线只进行接续；另一种是需要部分换线并接续。

3）连接导线、架空地线的接续金具主要有爆压管和钳压管（连接方式又分为搭接或对接两种），此外还有预绞式（螺旋线接续条）、插入式导线连接器等。在编制断线抢修预案时，其施工方法及使用的工器具、材料必须与所选用的金具相对应。

4）导线、架空地线接续施工，不论采用何种方法必须指定专人进行。从事该项施工作业的人员必须经过专门的培训，经考试合格并获取相应专业施工资格证书。

5）导线、架空地线接续的施工质量应符合 GB 50233《110kV～500kV 架空送电线路施工及验收规范》的有关要求。

三、倒杆塔和断线事故处理注意事项

（1）当发生恶劣天气、外力破坏等情况造成线路倒杆、断线事故后，第一接报人应立即逐级上报有关领导，事故辖区负责人应立即赶赴事故现场，并保护现场。

（2）通知和组织人员认真巡查线路，并立即封锁现场，并立即与调度部门联系停下事故相关线路电源。

（3）应急指挥组负责人接报后，应问明情况，制定抢修方案，并立即备好抢修物资，赶赴现场待命，当安全措施完备后，实施抢修。

（4）当发生人员触电时，第一赶到事故现场者，应立即使用正确方法使触电者脱离电源，并就地实施心肺复苏抢救，同时马上向 120 医疗部门求助。

（5）输电线路倒杆塔和断线应急措施的实施，采取使用合格的工器具，按照应急预案内容进行操作。

（6）在应急抢修中要认真执行《国家电网公司电力安全工作规程》（电力线部分）关于在事故抢修时保证人身安全的组织措施和技术措施，确保应急抢修中的人身安全。

四、案例分析

1. 故障现象

从 2008 年 1 月 10 日开始，我国华中、华东部分地区出现长时间持续的大强度、大范围低温雨雪冰冻天气，导致湖南、江西、浙江、安徽、湖北等地电网发生倒塔、断线、舞动、覆冰闪络等多种灾害，对电网安全稳定运行带来严重影响，尽管防冰、除冰、融冰等技术手段在降低灾害损失方面发挥了有效作用，但还是造成国家电网公司直接财产损失达 104.5 亿元。

2. 故障原因分析

（1）由于受到多种因素的制约，线路路径选择不尽合理。新建线路大多数位于海拔较高地区或穿越高山、大岭，容易形成大高差、大档距、不均匀覆冰等覆冰倒塔、断线的客观诱发条件。

（2）连续近 20 天的低温阴雨天气，造成导地线上结冰厚度大大超过设计要求。

（3）设计对分裂导线的纵向不平衡张力取值小，没有按断一相导线冲击力校核铁塔颈部强度，造成轻覆冰铁塔抗纵向过载能力偏弱。

3. 故障处理方法

（1）线路规划尽可能降低线路的平均海拔，避开重冰区。

（2）修改设计标准，提高防范水平。

1）最先破坏的铁塔提高一个冰厚等级重建，将覆冰厚度设计值由原来 15mm 改为 20mm，并按 25mm 冰厚验算；按 20mm 冰厚设计的重冰区杆塔，将原来设计由 20mm 提高到 30mm 进行改建，并按 40mm 冰厚验算。

2）相对高耸、突出、暴露或山区风道、垭口、抬升气流的迎风坡等较易覆冰的微地形区段，以及相对高差较大、连续上下山等局部地段的线路，按照 20mm 冰厚改造，并按 25mm 冰厚验算。

3）增大分裂导线纵向不平衡张力百分比的设计要求，提高直线塔颈部的机械强度。

4）对较长的耐张段，在耐张段的中间适当位置设立耐张塔或加强型直线塔，以避免由于倒塔引起连锁破坏，耐张段不宜超过 3km。

5）对重冰区线路档距严重不均匀的直线塔，改为直线耐张塔，将导线不均匀脱冰造成的纵向不平衡张力差冲击力由耐张塔承担。

6）对覆冰严重的区域的钢芯铝绞线，其钢芯提高 1～2 个标准等级，特殊严重覆冰的地段可采用合金导线，并加强金具与架空地线的强度，架空地线覆冰比导线增加 5～10mm。

7）重冰区线路绝缘子采用大一个机械强度型号，以防止导线覆冰荷载拉脱掉串。

【思考与练习】

1. 如何防止倒杆塔和断线事故？

2. 倒杆塔和断线事故的预案编写包括哪些内容？

3. 对重冰区和导线、架空地线易舞动区的线路应加强巡视和监测，具体防范措施是什么？

▲ 模块 4 防止污闪事故（Z04G5004Ⅲ）

【模块描述】本模块包含线路污秽等级的确定、防止污闪事故措施和防污闪的技术管理等。通过原因分析、概念描述、图表对比、案例分析，掌握对输电线路的污闪事故的分析、预防和解决的方法。

【正文】

一、输电线路污闪事故发生的原因及其危害

各种污秽物质的性质不同，对架空线路的影响也不同。普通的灰尘容易被雨水冲刷掉，所以对绝缘性能影响不大。可是工业粉尘附着在绝缘子表面上形成一层薄膜，就不易被雨水冲掉，因此对绝缘影响极大。煤烟中的氧化硅、氧化铝和硫，水泥厂喷出飞尘中的氧化钙和氧化硅，盐雾中的氯化钠（NaCl）等污秽物质在干燥时，电阻很

大，导电不好，对线路安全运行没有很大危险。但在空气湿度 95%（雾、雨雪）的潮湿天气里，绝缘子表面污物吸收水分而呈离子状态，此时电导大为增加，泄漏电流也急剧增加。泄漏电流大小与积污量、污秽物的导电性能、污层吸潮性能的强弱以及水的导电性能有关。当泄漏电流增加时，绝缘子表面某些污层较薄的地方或潮湿程度较轻的地方，尤其像直径最小的绝缘子钢脚附近电流密度大的地方，局部污秽表面首先发热而烘干，形成高电阻的干燥带。此干燥带的电压迅速升高，如果空气的耐压强度低于加在干燥带上的电压，则在干燥带上首先发生局部放电。而潮湿空气又继续将干燥带的污秽物充分潮湿，泄漏电流继续增大，周而复始，泄漏电流的脉冲速度不断加快，继而贯通整片绝缘子发生闪络，乃至发展迫使所有绝缘子表面快速贯通放电而形成污闪事故。

污闪放电是涉及电、热和化学现象的错综复杂的变化过程。一般而言，可将污闪过程分成四个阶段。

（1）绝缘表面积污。

（2）绝缘表面湿润。

（3）局部放电的产生—污秽物烘干—充分潮湿—烘干—充分潮湿。

（4）绝缘子串表面脉冲式泄漏电流不断快速局部放电的发展并导致贯通绝缘子串闪络。

二、污秽等级的划分

一般来说，运行单位应在管辖区域内确定绝缘子串污秽监测点，定期将运行线路的绝缘子污秽监测点或不带电悬挂的污秽监测点连续积污 3～5 年后清洗检测得出附盐密度，按防污闪规定划分设备外绝缘的污秽等级，绘制本地区污区分布图，指导本单位线路的防污闪工作。划分污秽等级应根据管辖区域的污湿特征、运行经验并结合绝缘子表面累积污秽物质的"饱和"等值附盐密三个因素综合考虑后，按表 15-4-1 的规定划分外绝缘的污秽等级，绘制污区分布图，并报网省公司批准后实施。当三者不一致时，应依据运行经验决定。运行经验主要根据现有运行线路外绝缘的污闪跳闸事故记录、周围地理情况和气象特点、采用的防污秽措施等情况综合考虑。

划分污秽等级的饱和等值附盐密应以运行绝缘子连续积污 3 年及以上的附盐密为准。同时应根据不断积累的污湿特征、运行经验和饱和等值附盐密测量结果，有计划地滚动修改污区分布图并报网省公司批准后实施。

表 15-4-1　　　　　　　　　输电线路污秽分级标准

污秽等级	额定爬电比距（mm/kV）	盐密（mg/cm²）
		线路
a	16	≤0.02
b	20	>0.02～0.04

续表

污秽等级	额定爬电比距（mm/kV）	盐密（mg/cm²）
		线路
c1	23	>0.04～0.06
c2	25	>0.06～0.08
d1	28	>0.08～0.14
d2	30	>0.14～0.20
e1	32	>0.20～0.30
e2	35	>0.30

注　1. 附盐密值是在普通悬式绝缘子 XP—70 型（X—4.5 型）及 XP—160 型所组成的悬垂串上测得。
　　2. 爬电比距数值是按绝缘子几何爬电距离和额定电压计算得出。爬电比距是指外绝缘的泄漏距离对系统额定线电压之比，它是根据标准型悬式绝缘子运行经验总结出来的。当采用半导体釉绝缘子时，爬电比距应另行考虑。爬电比距以前称为泄漏比距。

　　线路运行、检修单位应按规定要求开展线路外绝缘附盐密测量工作，以作为指导线路清扫周期和污区分布等级图滚动调整的依据。

三、输电线路污闪事故的特点及判别

1. 污闪事故的特点

（1）污闪事故一般均是在工频运行电压长时间作用下发生。

（2）污闪可造成大面积、长时间停电事故。由于污秽绝缘子串充分潮湿，严重时污耐压将降至绝缘子湿闪电压的 20% 左右，污闪电弧无法熄灭，常常造成自动重合不成功，成为电力系统重大灾害之一。

（3）季节性强。往往冬末春初发生，干燥的冬天积聚了较多污秽，初春润物的细雨大雾促使闪络发生。一天之中，又以傍晚到清晨较易发生污闪。大雾、毛毛细雨、凝露、毛雨加雪是污闪最易发生的天气。

（4）污闪会导致绝缘子伞盘炸裂损坏，劣化瓷绝缘子钢帽炸裂导线掉串，从而造成长时间的停电事故。

（5）直线串绝缘子比耐张绝缘子容易污闪，实践证明同等爬距下耐张水平绝缘子污闪概率不大，原因是水平悬挂容易被雨水或风冲刷，特别是耐张水平串采用普通型，自洁性能好且积污轻。

（6）直线双串绝缘子比单串绝缘子易污闪，特别是 500kV 带均压环的双串绝缘子，原因是双联串污耐压要比单串降低约 10%。

（7）绝缘子串有覆冰、积雪现象时，在冰雪消熔时更容易发生闪络。

2. 雷击闪络或污闪的判别

（1）雷击闪络或污闪在绝缘子上留下的闪络痕迹并有十分明显的区别。污闪的电弧总是从绝缘子局部沿面放电开始，在最终阶段才使绝缘子附近空气间隙击穿，如图 15-4-1（a）所示。输电线路污闪是在工频电压下发生的，污闪只在绝缘子串两端各 1~2 片绝缘子上留下明显闪络痕迹，只有重复污闪才会造成整个绝缘子串均有闪络痕迹，甚至造成绝缘子破碎或绝缘子钢脚、钢帽烧伤。雷击时，由于雷电流大，一般沿绝缘子串表面爬闪，而污闪多为跳闪（沿绝缘子串两端或每隔几片绝缘子闪络）。

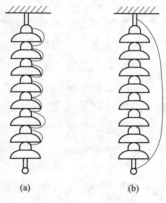

图 15-4-1　污闪现象
（a）沿面放电；（b）击穿

（2）将雷击与污闪在导线上留下的烧伤痕迹相比较，污闪留下的痕迹比较集中，甚至仅在线夹上或靠近线夹的导线上留下痕迹，但污闪形成和作用时间很长，烧伤导线虽小但严重。雷击闪络往往在线夹到防震锤之间导线留下痕迹，雷电流大但作用时间短，导线烧伤面积大但烧伤程度相对轻。

（3）雷击与污闪的天气条件是不同的，污闪空气潮湿度在 95% 左右。

四、输电线路污闪事故的影响因素

1. 大气污染

随着城乡工业的迅速发展大气污染越来越严重，气象条件（包括酸雨、酸雾等）越来越恶劣，特别是火电厂、水泥厂、钢铁厂、化工厂及矿山等工业排出的大量气、液、固态污染物，随着气压、风速、温度等条件的变化形成严重的污染源。致使绝缘子表面长期遭受污染和积污，当其表面污秽层充分受潮后，绝缘电阻快速下降，泄漏电流增加，污秽烘干电阻增大，充分潮湿后泄漏电流增加，从而导致闪络事故发生。

天气出现覆冰、覆雪时，对绝缘子的污闪电压有不同的影响，经过有关科研部门的试验研究，绝缘子先污染后结冰时在相同的爬距下，无论在冻结状态还是在融化状态下其污闪电压可提高，若冰在充分融化时其耐受电压不变。通常情况下由于冰雪在空气中往往是受到污染后冻结在绝缘子上，这时其耐受电压值最低，极易发生闪络事故。

2. 鸟粪污染

虽然鸟粪污秽的盐密度不高，由于鸟粪排在绝缘子串上表面，缩短了绝缘子的有效爬距，使绝缘子在正常工作电压下更容易发生污闪事故。

3. 海拔的影响

高海拔环境下大气压强较低，所以极易发生放电现象，并且电弧较粗，在交流过零后，电路极易发生电弧重燃，较难熄灭，所以在高海拔、低气压下运行的输变电设备应加强其绝缘（规程规定在海拔超过 1000m 以上时，海拔每增高 300m，放电空气间隙增大 3%）。

4. 绝缘爬距、结构、材料的影响

绝缘子爬距、结构及材料与污闪电压密切相关，一般情况下，污闪电压随爬距的增大而增加。绝缘子的结构形状直接影响绝缘子的防污性能，合理的结构设计，其表面光滑，不易形成涡流，积污量较小，提高了污闪电压。目前的盘形绝缘子基本采用不加大伞盘直径而增加爬电距离，造成形状系数较差的钟罩深菱形或钟罩形，若加大伞盘直径再增加爬电距离的大爬距普通型绝缘子，其有效爬电比距好。

5. 绝缘串长度（有效泄漏距离）的影响

一般情况下，绝缘串长度（有效泄漏距离）与污闪电压成线性关系，但是由于受绝缘子串同杆塔架构距离的影响而产生的邻近效应，所以绝缘子串长（有效泄漏距离）与污闪电压之间在高电压下存在饱和现象，绝缘串长度（有效泄漏距离）与污闪电压不成线性关系。

五、防止输电线路污闪事故的措施

目前比较有效的防污秽技术措施如下。

1. 加强运行维护

（1）有针对性地做好线路巡视。在线路巡视过程中，要注意多听、多看。白天巡线，绝缘子严重污染，可以听到较大的放电声。

线路巡视要掌握季节与气象。在多雾的季节，下毛毛雨和融雪时，尤其是有露水时，早气温较低的时候应特别注意。根据东北有关资料分析，发生污闪的气象条件雾露占 48.57%，融雪占 20.25%，降雪占 10.1%，毛毛雨占 7.54%。

线路巡视过程中对线路附近污染源情况应特别注意，化工厂污染特别容易引起污闪跳闸，其次是水泥、冶金、矿物、盐场、煤烟等。

（2）定期测试和及时更换不良绝缘子。线路如果存在不良绝缘子，线路绝缘水平就要相应降低，再加上线路周围环境污秽的影响，就容易发生污秽事故。因此，必须对瓷绝缘子进行定期测试，及时更换低零值绝缘子，使线路保持正常绝缘水平。一般两年测试一次。对盘形玻璃绝缘子，在雾季前必须及时更换自爆绝缘子，恢复绝缘子串的泄漏比距。

（3）做好重污区段绝缘子的及时清扫。输电线路运行规程对重污区的运行要求作出了以下特殊要求。

1）重污区线路外绝缘应配置足够的爬电比距，并留有裕度。

2）应选点定期测量盐密，且要求检测点比一般地区多，必要时建立污秽实验站，以掌握污秽程度、污秽性质、绝缘子表面积污速率及气象变化规律。

3）污闪季节前，应确定污秽等级、检查防污闪措施的落实情况，污秽等级与泄漏比距不相适应时，应及时调整绝缘子串的泄漏比距、调整绝缘子类型或采取其他有效的防污闪措施。

4）防污清扫工作应根据盐密值、积污速度、气象变化规律等因素确定周期及时安排清扫、保证清扫质量。污闪季节中，可根据巡视及检测情况，临时增加清扫。

5）应建立特殊巡视责任制，在恶劣天气时进行现场特巡，发现异常及时分析并采取措施。

6）做好测试分析，掌握规律，总结经验，针对不同性质的污秽物选择相应有效的防污闪措施，临时采取的补救措施要及时改造为长期防御措施。

2. 做好防污工作

（1）定期清扫绝缘子。定期进行绝缘子表面的清扫，是保持绝缘子绝缘良好的方法之一。清扫工作一般每年一次，对于污区要区别污区等级，增加清扫次数。停电清扫效率高，速度快。对于那些没有条件停电的线路，可以带电清扫，在清扫同时，要详细检查绝缘子有无裂纹、损伤、闪络烧伤、零值和其他缺陷，发现零值绝缘子要及时更换。

在严重污秽地区，如有充足的水源，可采用带电水冲洗，也可采用带电气吹或带电机械清扫。

（2）采用耐污绝缘子，如图 15-4-2 所示。采用特制的耐污绝缘子是防污闪有效的办法之一。耐污绝缘子的优点：① 双层裙边爬电距离大，如 XWP—7 每片爬电距离达 410mm，比 X—4.5 加长 110mm，耐污绝缘子可以增加泄漏比距，以适应污区对泄漏比距的要求；② 内裙边是一个斜平面，自洁性能好，不易积污。

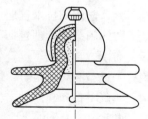

图 15-4-2　耐污悬式绝缘子

（3）增加绝缘子片数。如果不采用耐污型绝缘子，增加普通绝缘子片数，也是改善防污性能的一个有效措施。但要注意到它的合理性、可靠性和经济性。特别在污染严重情况下，单纯增加绝缘子片数，并不一定能有效地提高它的污闪电压。

（4）绝缘子表面涂上一层涂料或半导体釉。绝缘子外表面覆盖一层半导体釉的绝缘子，由于泄漏电流的发热效应，可以起到烘干潮湿的作用，防止污闪，延长清扫周期。此外还可改善绝缘子串的电压分布，提高电晕电压，防止无线电干扰。这种绝缘子，已有多年运行经验，反映良好。

绝缘子表面加涂憎水性涂料，可以提高抗污能力。当下小雨、小雪时，绝缘子表面的水分会结成水珠，而不是连成一片，因而可以增加绝缘电阻，减少泄漏电流，提高闪络电压。

采用涂料绝缘子，运行中将增加维护工作量，故除严重污秽地区外，一般不宜大量采用。涂料绝缘子在有效期内可以不做清扫，但有的地区应适当增加水冲洗，以延长涂料寿命，提高抗污性能。

有资料认为，爬电比距可比原来增加 20% 左右，污闪电压能提高 50% 以上，是较好的防污措施。

（5）采用复合绝缘子。复合绝缘子是高分子材料复合结构，芯棒用高强度玻璃钢引拔棒，承担外力机械负载，也是内绝缘的主要部分。硅橡胶制造的护套和伞裙是外绝缘，保护芯棒免受光照和潮湿等大气环境的侵蚀，增长泄漏路径，提高湿闪和污闪性能。

（6）对设计的悬垂双联串进行污耐压降低弥补工作，采用加片会使绝缘子串风偏距离不够，有效的方法是将双联串导线侧改为各自悬垂线夹固定导线，即改"八字形"悬挂，将导线侧两线夹的间距拉开至 60cm 以上，国家电网电力科学研究院试验证明，双联串导线侧间距大于 60cm 时，其污耐压等同单串。

3. 加强管理

建立输电线路经过地区的气象日志，掌握污闪规律，做好划分污级及污区的工作。

4. 利用科技

采用防污新技术新产品，大力加强污闪的科研工作。

六、防污闪技术管理

防污闪技术管理包括了盐密和灰度测定及分析机构；划分污秽等级、绘制污秽等级分布图；合理配置电瓷外绝缘爬距；清扫绝缘子；采用防污涂料；控制污源；加强绝缘子选型和质量检查；配电装置防污选择；污闪事故统计及分析资料；污闪组织机构、明确责任和建立技术档案管理等十几个方面。这充分说明了线路季节性事故预防中，防污秽的工作重要性，各运行单位必须按防污闪技术管理的十几个方面逐条落实，并结合本部门线路运行工作制定防污措施，健全档案管理，力争将污闪事故减少到最低程度。

七、案例分析

1. 故障现象

某地区的气候较干燥，化肥厂、农药厂、火力发电厂以及其他化工产品企业等排出的烟尘及废气，长久形成的污秽物质附着在绝缘子表面。积累后又形成薄膜，且不易被雨水冲洗掉，一旦在空气潮湿的气候条件下，就会形成导电层而引起闪络事故。

据调查，2003 年，某地区电网跳闸事故中，主要是污闪事故。2003 年 7 月 7 日，细雨天，某发电厂 500kV 联络变压器高压套管闪络，造成电厂 220kV 母线、两个变电站与主网解列，且造成电厂 220kV 母线，两个 220kV 变电站全停及用户停电。事故损失负荷 30MW，低频减载负荷 50MW，共计 80MW。

以上显见，输电线路污闪事故的发生，可直接导致用户长时间停电，致使供电可靠率下降，从而给工农业生产和居民生活用电带来负面影响。所以，减少或杜绝污闪事故，对输电线路的安全可靠运行至关重要。

2. 故障原因分析

根据以上调查结果，认真分析污闪发生的原因，具体如下。

（1）空气湿度大。在空气湿度大且无风或微风的自然条件下，绝缘子的绝缘水平降低，表面的泄漏电流增大。此时，污闪是引起故障的主要因素。

（2）泄漏比距小。计算泄漏比距采用额定电压与实际运行电压不符。通常，系统电压高出额定电压的 10%左右，也就是说，计算的泄漏比距比实际低 10%左右，故污闪必然会出现。

（3）绝缘子不能满足污秽要求。以往常采用普通绝缘子和防污绝缘子，这两种绝缘子的耐压层，只有几片或十几片混凝土浇筑层厚度，一旦出现零值绝缘子，耐压水平就会降低，从而影响泄漏电流的变化，出现污闪。

（4）周边环境污染。随着工农业的发展，尤其是化肥、农药、化工等行业的兴起，其排放的污染物日益增多，致使线路周边的环境污染日趋恶化。

3. 故障处理方法

（1）线路路径避开污秽区。在保证经济合理、施工方便的条件下，设计选定的线路路径应尽量避开污秽等级高的化工厂、发电厂、冶金厂、煤窑等。

（2）根据环境确定污秽等级和计算泄漏比距。根据线路沿线的污秽资料，结合国家电网公司颁发的《电网污区分布图》，对线路所在地区划分污秽等级；根据 GB 50545《110kV～750kV 架空输电线路设计规范》中有关架空电力线路环境污秽等级规定，准确计算绝缘子泄漏比距，按各种绝缘子的形状系数换算成有效泄漏比距；根据以往教训，即线路环境污秽等级为二级，那么，计算泄漏比距时就选定三级。

（3）选用满足要求的绝缘子。采用有机复合绝缘子，有机复合绝缘子由硅橡胶整体制成，从而构成了一个整体耐压层。所以，其污闪电压是瓷绝缘子的 2～3 倍，其结构为不可击穿型，且不用清扫。

（4）在摇摆角符合要求的前提下，可以增加绝缘子片数来调整爬距。

（5）根据污秽等级和线路电压等级，确定绝缘子的清扫和轮换周期。

【思考与练习】

1. 污秽的来源有哪些？试述污秽绝缘子沿面放电的形成过程。

2. 输电线路污秽等级怎样划分？

3. 简述防止污秽的技术措施包括哪些内容。

▲ 模块 5 防止复合绝缘子损坏事故（Z04G5005Ⅲ）

【模块描述】本模块涵盖复合绝缘子的基本特性、运行特点、事故危害以及损坏事故防范措施等。通过定性分析、图表对比、图形示例、案例分析，掌握防止复合绝缘子损坏事故发生的措施和方法。

【正文】

一、复合绝缘子基本特性

（1）机械性能优越。芯棒由环氧玻璃纤维热混合挤压制成，其抗拉强度为普通钢的 1.5 倍，是高强瓷的 3～4 倍，轴向拉力特别强，并具有较强吸振能力，抗震阻尼性能很高，为瓷绝缘子的 1/10～1/7。但复合绝缘子的机械强度薄弱点在芯棒与钢脚压接处，此处是两种材料靠压接而成，因此复合绝缘子的机械性能优越只体现在芯棒上。

（2）抗污闪性能好。复合绝缘子具有憎水性，新复合绝缘子在下雨时伞形波纹表面不会沾湿形成水膜，呈水珠状滴落，不易构成导电通道，其污闪电压较高，为同电压等级瓷绝缘子的三倍，适合在重污区使用。随着硅橡胶有机物在紫外线和电场的作用下，憎水性能会逐年下降，在长时间阴雨天憎水性能不易恢复，运行多年的复合绝缘子有时会发生不明原因闪络跳闸而查不出故障原因。

（3）耐电蚀性优异。绝缘子表面漏电闪络形成不可逆性裂变起痕现象，一般标准为不低于 4.5 级（即 4.5kV），而复合绝缘子为 6～7 级。

（4）结构稳定性好。一般瓷悬式绝缘子是内胶装配结构，电化腐蚀，运行中会产生低零值绝缘电阻，而复合绝缘子为外胶装配结构，其内心为实心棒绝缘材料，不存劣化合击穿，不会出现零值绝缘子。

（5）线路运行效率高。复合绝缘子风雨自洁性好，又不产生零值绝缘子，复合绝缘子一般不安排清扫，缩短检修、停电时间。

（6）质量轻。复合绝缘子自身质量轻，运输、施工作业中，可大大减轻工作人员劳动强度。

（7）复合绝缘子的缺点和不足。

1）复合绝缘子价格高。

2）复合绝缘子承受径向（垂直于中心线）应力很小，使用于耐张杆绝缘子严禁踩踏，或任何形式径向荷重，否则将导致折断，增加了线路检修人员工作的劳动强度。

3）复合绝缘子施工或平时运行时严禁硬物跌落、碰擦，因其伞部为硅橡胶，质比较柔嫩，极易损伤而破坏密封性，导致绝缘性能下降。

4）复合绝缘子芯棒与钢脚金具压接只能承受轴向拉力，该压接处的抗蠕变性能差，适合使用在悬垂串上。当使用在耐张水平串时，芯棒金具压接处的受力即要承受导线轴向张力（拉力），又要承受导线振动传递来的波浪式上下折力，还要承受因同心圆绞制导线的自然扭转、摇摆等交变力的作用，后两种力长期作用在芯棒钢脚压接处容易损坏它的抗蠕变性能，致使该处密封损坏而发生芯棒脆断事故。

5）复合绝缘子不适用在多雷区，原因是同等结构高度的绝缘子串，各电压等级的复合绝缘子耐雷水平比盘形绝缘子降低 7%～25%。

6）复合绝缘子属长棒阻性产品，它不同于盘形绝缘子每片含有自身电容，因此复合绝缘子的电位分布极不均匀（自身电容越大，串电压分布越均匀），在超高压线路上容易发生硅橡胶电蚀穿孔、芯棒脆断掉串事故。

7）复合绝缘子不适用在悬垂 V 串方式，原因是 V 串悬挂导线在受横担风压时，盘形绝缘子 V 串受压串的每个绝缘子均有钢帽钢脚连接点位移分解风压，而长棒式复合绝缘子只有上下钢帽碗头和钢脚碗头两处位移分解风压，容易使钢脚别弯或锁紧销损坏造成钢脚脱出掉串。

8）由于硅橡胶属有机物，虽然产品添加了防老化剂，但由于玻璃、瓷材料属无机物，在大自然中不会老化，因此复合绝缘子的寿命比玻璃和瓷材的绝缘子寿命短，所以产品全寿命管理效果差。

二、复合绝缘子运行特点

线路常用绝缘子主要有盘形瓷绝缘子、盘形玻璃绝缘子和长棒型复合绝缘子。通过对线路用复合绝缘子与瓷（玻璃）绝缘子相比较，在电气性能、防污性能等方面都具有明显的优势。

1. 电气性能

（1）雷击闪络。同等结构高度的瓷（玻璃）绝缘子串和复合绝缘子串的雷电冲击 50%放电电压相比。各电压等级复合绝缘子的雷电冲击 50%放电电压要比瓷（玻璃）绝缘子串降低 7%～25%，即复合绝缘子的耐雷水平差。

（2）零值问题。一般悬式瓷（玻璃）绝缘子为内胶装结构，钢脚嵌入瓷球头内部。内胶装使用黏合剂，因为瓷（玻璃）、混凝土、钢脚的热膨胀系数各不相同，当瓷（玻璃）绝缘子受到冷热变化时，各部件热膨胀系数的差异将使瓷（玻璃）件受到较大的压应力和剪切应力，故瓷绝缘子容易破损和钢帽内瓷件（头部）产生微裂纹而成低零值绝缘子；玻璃会产生伞盘爆裂失去部分爬电距离。复合绝缘子属于不可击穿结构，因此不存在零值问题。所以瓷（玻璃）绝缘子存在零值击穿、零值检测和零值更换的问题，而复合绝缘子没有这样的问题，但按 DL/T 864《标称电压高于 1000V 交流架空线路用复合绝缘子使用导则》的规定，复合绝缘子每 2～3 年登塔检查硅橡胶老化龟裂、破损、粉化、密封处损坏和检测憎水性能，运行 8～10 年按批次更换三支送电科院做机械强度和污耐压性能试验，其日常维护工作量也不少。

（3）耐污性能。瓷（玻璃）绝缘子表面为高能面，被水浸润后形成连续水膜，同时受到污秽的作用，易发生污闪现象，因此日常运行中要采用人工清扫或者涂抹硅橡胶涂料的措施。若瓷、玻璃绝缘子按复合绝缘子的结构高度配置片数时，其耐污闪水平可增加较多。

复合绝缘子的构成材料是硅橡胶材料，伞裙护套表面为低能面，因此具有良好的憎水性和憎水迁移性。即使处于潮湿污秽的环境中，在复合绝缘子伞裙表面也不会形成连续的水膜，只有相互独立的水珠颗粒，因此复合绝缘子具有良好的耐污性能。特别适合使用在重污区地段，虽在经过一定的运行年限后复合绝缘子憎水性会变差，但相对于瓷质绝缘子，其耐污性能仍是很高的。

2. 机械性能

复合绝缘子所使用的玻璃纤维芯棒的轴向抗拉强度很高，一般都在 600MPa 以上，目前最新采用的耐酸型芯棒的抗拉强度在 1000MPa 以上，这么高的强度是瓷绝缘子的 5～10 倍，但复合绝缘子采用的是环氧树脂芯棒与钢脚金具两种不同材料压接工艺，虽然该压接将芯棒与金具成为一个整体，提高了复合绝缘子机械强度，但两种材料的抗蠕变性能差，钢脚或压接部位就是复合绝缘子的抗拉强度，其芯棒抗拉强度再高也无法弥补该短板处。

3. 抗老化性能

瓷质绝缘子有近百年的运行经验，其抗老化能力较强。在投入运行后相当长的时间内，如不因机械受力等原因致使少量绝缘子钢帽内瓷件产生微裂纹而发生低零值，其余可不用考虑老化及更换的问题。玻璃绝缘子有近 80 年运行经验，玻璃件的质量是熔融体，除少量绝缘子因玻璃件内含有瑕疵或钢化不均而产生伞裙爆裂而减少爬电距离，但其自爆后残锤强度需在额定荷载的 80%以上，不会发生钢帽炸裂掉串事故，其余玻璃绝缘子可使用数十年。

复合绝缘子属于有机材料绝缘子，在运行中受到大气、高低温、紫外线、强电场或其他一些因素的影响，伞裙护套中的有机材料会发生老化、劣化现象，从而造成复合绝缘子绝缘性能的降低，影响到复合绝缘子的使用寿命。

三、复合绝缘子事故危害

复合绝缘子事故的原因基本包括：① 绝缘子的电气损坏，如闪络、界面击穿等。

这些损坏现象多发生在早期产品上，主要原因是选材、工艺都不够成熟等。② 机械方面的损坏，主要包括脆断、台风等因素导致芯棒折断等。这类事故后果严重，可能导致电网发生恶性事故。

（一）复合绝缘子的电气损坏（界面击穿、不明原因闪络）

1. 界面击穿（内击穿）

界面击穿（也叫内击穿）的发生是由复合绝缘子的界面或芯棒存在缺陷，但击穿的具体原因提出两种可能：一种是因绝缘子缺陷处的局部场强过高导致局部放电形成碳化通道并逐渐发展成贯穿性击穿；另一种是护套或端部密封破坏，水分沿界面或芯棒的缺陷进入绝缘子内部，导致内击穿。

内击穿是复合绝缘子事故中的一种恶性事故，它不像其他的闪络事故一样往往可以重合成功，一旦发生这类事故，就可能造成线路全线停运，影响到正常的输送电。

从图 15-5-1 可以看出，芯棒沿轴向炸成贯穿的两半，局部段炸成多个部分，击穿面大面积烧黑，击穿面邻近的芯棒部分已呈疏松状。

内击穿是一种渐进性的故障类型，从出现故障隐患到事故发生往往要经历很长一段时间，如何防止内击穿事故的发生，应从以下几方面着手。

（1）在使用复合绝缘子上要严格把关，使用质量和工艺都优异的产品。

（2）在日常的运行当中一定要加强运行巡视，利用红外成像技术，检测跟踪发热异常的复合绝缘子，如果发现发热点温度持续升高或发热点转移，应立即采取其他相应的措施。

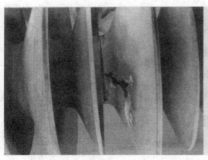

图 15-5-1　某线路发生内击穿后复合绝缘子照片

（3）复合绝缘子均压环设计不当也是造成内击穿的原因之一。棒形悬式复合绝缘子轴向电场分布是极不均匀的，采用合适的均压环可以很好地改善和均匀轴向电场。由于我国没有复合绝缘子均压环的设计、制造标准（盘形绝缘子有均压环的行业制造标准），因此目前复合绝缘子均压环都不考虑罩入保护硅橡胶伞裙和护套，无法起到良好的均压效果。

2. 复合绝缘子发生不明原因的闪络

（1）复合绝缘子发生不明原因的闪络分析。

1）复合绝缘子属于不击穿全绝缘棒形绝缘子（细长型），沿复合绝缘子轴向形成了极不均匀的电场分布，不均匀电场的放电电压低于均匀电场，在其他直接原因的配合下复合绝缘子更容易形成闪络。

2）综合地区气温的差别、形成随机性变化很强的环境因素，使复合绝缘子绝缘表面结构间隙闪络的概率进一步增大。

3）复合绝缘子外绝缘材料本质的区别、性能的差异、芯轴尺寸的不同等，都能直接或间接地增大产品表面结构间隙闪络的概率。

4）运行中异物飘至复合绝缘子附近或附着在复合绝缘子上，也是造成复合绝缘子不明闪络的原因之一，常见的异物包括鸟粪、带金属丝的风筝线、锡箔纸、塑料绳、塑料袋等。闪络后由于上述异物被电弧烧毁、被风吹走或因其他原因离开复合绝缘子表面，在未发现证据的情况下往往被视为不明原因闪络。

5）除上述原因外，不明原因还有如过电压问题、局部气候气象问题、鸟害问题等。只有认真调研与观察，才能更多地找出其闪络的真正原因。

6）复合绝缘子产品出厂验收运行单位从没要求检测硅橡胶的含量（硅橡胶含量约50%），当硅橡胶含量少于标准要求时，复合绝缘子的产品寿命和憎水性能都大幅降低。

发生不明闪络都是在地表面潮湿、昼夜温差大的季节和午夜到凌晨风力小的一段时间，将引起伞裙边缘间隙闪络。通常情况下复合绝缘子发生闪络，在大电弧作用下，会使输电线路跳闸并重合闸动作，这样复合绝缘子可以恢复正常工作。

（2）防止复合绝缘子发生不明原因的闪络措施。

1）采用质量好和检测合格的复合绝缘子。

2）加强复合绝缘子运行巡视工作，防止异物、地区气温的差别、复杂地貌与自然气候条件相互作用等外界因素对线路造成危害。

（二）机械损坏事故（芯棒断裂、芯棒脆断）

1. 复合绝缘子芯棒断裂

（1）复合绝缘子芯棒断裂分析。复合绝缘子芯棒断裂是由于芯棒外硅橡胶护套硬物穿破、电蚀穿孔或压接处密封圈损坏，大气中带微酸性水分从破损处侵入玻璃纤维芯棒，在电磁场长时间的作用下发生电老化使玻璃纤维丝腐蚀变脆，复合绝缘子芯棒脆断多数发生在导线端第2～4片伞裙处。电网发生的复合绝缘子脆断现象主要有以下三个特点。

1）脆断往往发生在复合绝缘子场强集中的高压端，如某起脆断事故是因为均压环装反导致绝缘子很快发生脆断。放电可能是导致脆断的主要原因，可以通过改变均压环的设计使复合绝缘子端部场强尽可能均匀，从而降低脆断发生的可能性。

2）发生脆断的复合绝缘子一般都存在护套或者端部密封破损的情况。目前厂家对端部密封也采用了应用于护套、伞裙的高温硫化硅橡胶，并对端部加强了密封设计，能够很好地降低脆断发生的概率。

3）目前所有脆断均发生在 E 纤维制成的普通芯棒上。最新研制出的无硼纤维耐酸芯棒具有比普通芯棒更好的耐酸性能，因此可以大大降低脆断发生的可能性。但不是所有纤维芯棒都具有很好的耐酸性能，所以应选用耐应力腐蚀性能较好的耐酸芯棒。

（2）防止复合绝缘子芯棒脆断的措施。

1）采用压接等连接工艺先进的产品。

2）采用耐酸芯棒复合绝缘子。

3）复合绝缘子端部采用高温硫化硅橡胶和多层密封工艺。

4）开展挂网复合绝缘子现状调查和加强巡视。

5）对于大档距、高落差、重要跨越点和重点线路进行单串改双串、双悬垂串、V形串或八字形串绝缘子，并尽可能采用双独立挂点。

6）对偶尔发生脆断事故，应结合复合绝缘子具体使用年限、运行情况以及抽检情况，逐步替换早期老型号的复合绝缘子。

复合绝缘子脆断虽然危害较大，但发生概率较小。采取上述措施虽然不能完全避免脆断的发生，但也能够将脆断概率降低到较低的水平，使得脆断不再成为令人担忧的问题。

2. 机械强度下降

由于机械强度下降造成复合绝缘子掉串的事故，在电网并不多见。但随着复合绝缘子运行年限的增长，复合绝缘子机械强度下降的问题将是电网输电线路安全运行的一大威胁。因此运行单位应按 DL/T 864 规定的运行维护要求执行。

（三）其他故障

其他故障如污闪、憎水性（憎水迁移性）、雷击闪络、鸟害、安装损坏等。

1. 复合绝缘子耐污性能及憎水性能

（1）复合绝缘子的污闪的分析。新复合绝缘子耐污闪能力强，但随着输电线路长期运行，硅橡胶的表面憎水性能有程度不同的下降，有时甚至暂时丧失憎水性能，污闪性能明显降低，影响复合绝缘子憎水性能恢复的主要因素如下。

1）伞裙的硅橡胶材料配方不同，其憎水恢复率也不同。

2）复合绝缘子连续受潮的时间越长，恢复憎水性所需时间越长。

3）环境温度低，憎水性恢复较慢；环境温度高，则憎水性恢复较快。

4）绝缘子表面粗糙度高的，憎水性恢复较慢。运行时间长的旧绝缘子比新绝缘子憎水性恢复慢，材料的老化亦会影响憎水性的恢复。

5）发生闪络且有烧痕的绝缘子，其憎水性恢复明显减慢。虽然在试验中仍然可能通过各项电气试验，但在一定的气候条件下，特别是湿度大、温度低的气候环境下，闪络的概率明显增大。因此，复合绝缘子在一定的气候条件下，发生污秽闪络是完全有可能的。但是，从全国线路污秽统计数据来看，与瓷、玻璃绝缘子相比，复合绝缘子由污闪造成的故障次数要明显低得多。

（2）防止复合绝缘子的污闪的措施。

1）按 DL/T 864 的要求，分批次抽样更换下送电试院进行耐污性能的试验。

2）改进方法主要有两种：① 适当增加复合绝缘子的串长（加长复合绝缘子安装前进行风偏校验，主要考虑间隙圆）。② 对棒行绝缘子增加伞数或采用特殊伞形。

2. 复合绝缘子的覆冰及冰闪

（1）复合绝缘子的覆冰及冰闪的分析。输电线路绝缘子表面覆冰或被冰凌桥接后，绝缘强度下降，泄漏距离缩短。在融冰过程中冰体表面或冰晶体表面的水膜会很快溶解污秽物中的电解质，提高融冰水或冰面水膜的导电率，引起绝缘子串电压分布的畸变，从而降低覆冰绝缘子串的闪络电压。有关试验数据表明，覆冰越重、电压分布畸变越大，绝缘子串两端特别是高压端绝缘子承受电压百分数越高，随着冰水导电率的增大，泄漏电流也在不断增大，最终贯通闪络跳闸。

（2）防止复合绝缘子冰闪故障的措施。

1）对微气象、覆冰及重污区双串绝缘子，有选择地（针对 ZM 塔）进行倒 V 形改造，可使倾斜的绝缘子串上覆冰不贯通，当融冰时不易发生冰闪故障。但采用 V 串时，线路受横向风压时，它不同盘形绝缘子串那样每个钢脚均会位移分解，极易发生复合绝缘子钢脚别弯或锁紧销损坏而掉串。

2）复合绝缘子加大帽瓶，在原复合绝缘子上方加一大帽瓶，防止塔体污水沿绝缘子遇冷结冰但无法隔离绝缘子串本身冰凌。

3）加特制大盘径硅胶（大小伞、大中小伞）伞裙罩，采用粘贴或热塑等方法，将原普通复合绝缘子与特制大伞盘固定为一体，其优点同大盘径绝缘子，且因直径增大，其防鸟害功能比防绝缘子冰闪更突出。

3. 复合绝缘子的雷击闪络及分析

同等电压等级的输电线路，复合绝缘子因耐雷水平低于盘形绝缘子串，容易发生雷击闪络事故，因此丘陵或山区地段不宜采用复合绝缘子。

例如，某供电局 8 支发生雷击闪络故障的 110kV 电压等级复合绝缘子的干弧距离只有 930mm，而另一供电局全部发生雷击闪络的 12 支复合绝缘子的干弧距离只有 960mm，它们都远小于 IEC 标准要求的 1050mm。可见，干弧距离太短未达标准是造成复合绝缘子雷击闪络的主要原因之一。

4. 复合绝缘子的鸟害

复合绝缘子的鸟害可以分为两种：一种是鸟粪闪络，即通常所说的鸟害闪络；还有一种是鸟叼啄伞裙引起的绝缘子伞裙护套的损坏，此类现象只发生在新建线路未投运前，线路投运后鸟类叼啄伞裙基本不会发生。

（1）复合绝缘子的鸟粪闪络分析。鸟害闪络的实质是鸟粪闪络，这类事故占事故统计中的第二位，近些年来随着动物保护观念的增强，这类事故有增多的趋势，并且这类事故具有一定区域性。

复合绝缘子的鸟害引起线路跳闸形式有两种：一种是鸟粪落在绝缘子上引起的闪络，绝缘子表面有明显的鸟粪痕迹，这种形式是一般意义上的、普遍认可的鸟粪闪络形式，但是由于鸟粪下落时被伞裙遮挡分隔为多段，实际上发生闪络的概率相对较低；在鸟粪闪络中更大的一部分是另一种闪络形式，即鸟粪沿均压环外侧但接近均压环处落下，直接导致上下金具间短路放电，而绝缘子上不留鸟粪痕迹，模拟鸟粪试验示意图如图 15-5-2 所示。

鸟粪闪络的机理可以认为是鸟粪下落的瞬间畸变了绝缘子周围的电场分布，使鸟粪通道与绝缘子高压端之间发生了空气间隙击穿而导致的闪络。并不是或主要不是以前直观认为的由于鸟粪淌落在绝缘子表面导致的沿面污秽闪络。

（2）复合绝缘子鸟叼啄伞裙。新建线路未投运前，会发生鸟叼啄伞裙引起的绝缘子伞裙护套的损坏，最新的调查分析认为，复合绝缘子不同厂家、不同颜色都有鸟叼啄的报道，说明其颜色、气味与鸟类是否叼啄无明显关系。

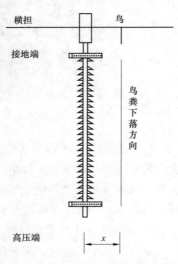

图 15-5-2　模拟鸟粪试验示意

（3）复合绝缘子防鸟害闪络的措施和方法。

1）为解决复合绝缘子鸟害闪络问题，各单位高度重视，将防鸟刺和大伞裙结合起来使用。可以在每只绝缘子顶部正上方安装一只防鸟刺，以防止鸟在绝缘子顶部降落栖息。防鸟刺的直径为 50～60cm，其结构如图 15-5-3 所示。超大伞裙保护了造成鸟粪闪络的最危险区域，在绝缘子顶部的防鸟刺防止了鸟在绝缘子顶部降落排粪。

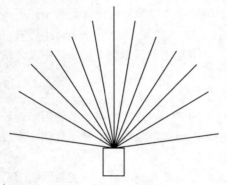

图 15-5-3　防鸟刺结构

2）运行单位要做好鸟害统计工作，包括统计分析鸟害发生的地域和气候特征、鸟害发生时间、鸟害涉及的杆塔、绝缘子类型和电压等级、引起跳闸的鸟类等，然后根据自身区域的特点采用有效的防鸟害措施。目前采用的防鸟措施大致有绝缘子串第一片使用大盘径绝缘子或加装超大直径硅橡胶伞裙、横担上安防鸟刺和惊鸟装置等，都取得了很好的效果。图 15-5-4 所示为一种兼顾防冰雪和防鸟害事故的复合绝缘子。

图 15-5-4　兼顾防冰雪和防鸟害事故的复合绝缘子

3）新建线路附近没有运行线路时，采用复合绝缘子经常会发生鸟类叼啄伞裙和护套，目前绝缘子厂家有复合绝缘子保护措施，即复合绝缘子悬挂后，外层的保护措施仍在，当输电线路要带电运行前，统一拉除防护套，复合绝缘子带电运行后再停电检修，鸟类基本不会再叼啄伞裙。

5. 复合绝缘子的老化分析

复合绝缘子的老化主要表现为在运行过程中护套、伞裙材料在潮湿、表面放电、紫外线、温度等因素的综合作用下发生不可逆转的憎水性退化、粉化、烧蚀及抗撕强度降低等现象。

6. 复合绝缘子的安装损坏

（1）复合绝缘子的安装损坏的分析。虽然施工以及运输和储存中发生损坏的问题，虽并未影响电网的安全运行，但其潜在影响也不可低估。不能排除可能有若干因施工和运输不当，受到损伤的复合绝缘子已上网运行；也不能排除已发生脆断的复合绝缘子，有些是否因为施工受损所致。

（2）防止复合绝缘子的安装损坏的措施。

1）其对策是预防和更换，首先要进一步规范复合绝缘子的运输、储存及施工措施，严把上网前的质检关，绝不能让已受损伤的复合绝缘子上网运行。

2）对上网运行的复合绝缘子定期巡查检测，发现芯棒损坏的绝缘子及时更换。

四、复合绝缘子事故的防范措施

（1）订货过程中严把招标、验收等环节，确保绝缘子制造质量。由于目前国内外生产厂家很多，质量参差不齐，所以对质量进行监督和检测，确保电网和电力系统的安全运行是十分必要的。

（2）各单位在选购复合绝缘子时，可要求厂家产品通过 IEC 61109 的修订中规定的端部密封渗透试验以及 DL/T 810《±500kV 直流棒形悬式复合绝缘子技术条件》规定的芯棒应力腐蚀试验。

（3）在复合绝缘子运输、存放、安装及检修过程中，严禁人员蹬踏。

（4）安装复合绝缘子时，严禁反装均压环。

（5）大跨越塔或重要的交叉跨越塔应使用双串复合绝缘子，尽可能采用双挂点的双串，但应注意两支绝缘子的受力平衡。

（6）解决复合绝缘子鸟害问题，可以将防鸟刺和大伞裙结合起来使用。

（7）防止复合绝缘子雷击闪络，可以调整复合绝缘子干弧距离、安装均压环等方面解决。

（8）用复合绝缘子进行反污调爬时，应综合考虑线路的防雷、防风偏等各项性能，对于多雷区或雷电活动特殊强烈地区的且塔头尺寸较小的老旧杆塔暂不宜使用复合绝缘子。

（9）设置一定数量的憎水性监测点，定期检测绝缘子憎水性，并记录测量时间、天气等相关参数，以备综合分析该批产品的外绝缘状况。

（10）利用登检机会就近观察复合绝缘子表面状态，主要观察端部金具护套界面密封胶是否良好，在雨、雾气象条件下，表面憎水性状况、局部放电状况及伞裙表面是否破损、变形，是否出现粉化、裂纹等老化现象，对护套或端部密封有疑虑的，进一步确认后应及时更换。

（11）定期按规程要求换下一定数量复合绝缘子做全面性能试验。

（12）对于已挂网运行的耐张复合绝缘子应高度重视，积累耐张复合绝缘子串的运行经验。

（13）加强复合绝缘子的运行管理工作，由于复合绝缘子没有测零值问题，但登塔检查硅橡胶硬化、龟裂、粉化和检测憎水性能等项目必须按规程要求进行，才能保证电网的安全运行。

（14）加强对复合绝缘子的事故分析、统计工作，不断提高运行经验。

五、案例分析

1. 故障现象

某条 500kV 线路全长 276.44km，导线为 4×LGJX—400/50，全线共用国产钢化玻璃绝缘子 72 005 片，外国可靠公司生产的硅橡胶复合绝缘子 976 串，其中有 60 串用作耐张串，用于直线小转角及直线塔有 16 串和 852 串，该线路自投入运行以来，分别于 1999 年 12 月 16 日和 2001 年 1 月 25 日发生过 N162 塔 B 相边导线的复合绝缘子和 N221 塔 A 相边导线复合绝缘子断裂，都造成导线落地重大事故，发生事故地段分别在某县一水库附近和另一县某镇内山顶上，两处都人烟稀少，四面环山，青山绿水，十几千米范围内无明显污染源。N162 塔 B 相和 N221 塔 A 相的复合绝缘子断裂都发生在靠近导线侧高压端处，其中 N162 塔 B 相复合绝缘子的断裂处距金具约 3mm，N221 塔 A 相的断裂处在金具与芯棒连接处。

2. 故障原因分析

事故巡查表明不属污闪或雷击事故，对发生断裂的复合绝缘子断面进行仔细的外观检查发现，断裂面有三个端面有发黄的旧痕迹，一个端面则是拉断的新痕迹，在端部金具与芯棒连接的密封处发现有密封不良现象，密封处的硅橡胶上发现有水渗透和金具锈蚀的痕迹。断裂位置发生在复合绝缘子导线侧距金具 30mm 处，整个断面呈不规则平台状，约 1/4 面积边缘有拉丝，均压环安装位置及方向符合厂家设计要求，从断裂处测得的复合绝缘子芯棒外护套厚度为 2mm，特征基本符合脆断的特征。

本次事故的原因如下：复合绝缘子的芯棒与金具连接处密封层被破坏或芯棒外护套的硅橡胶层有裂纹，由于 500kV 某线路紧靠水库，空气潮湿，且空气中含盐雾密度较大，500kV 复合绝缘子高压端部电场强度较大，电晕较严重，空气中的氮气及盐雾气体在强电场的作用下电离成氮离子和氯离子，与空气中的水分子结合后生成弱硝酸和弱盐酸，同时大气中含有的其他酸性物质与雨水结合形成弱酸性溶液，通过密封层缺陷处或芯棒外护套硅橡胶层裂纹渗进芯棒，芯棒玻璃纤维在长时间的酸性溶液腐蚀下变脆，形成脆断层，随着时间推移，酸性雨水不断渗入，脆断层不断增大，芯棒有效面积不断减少，待断裂面积达到整个截面的相当比例时，余下部分承受不住导线的重量发生断裂，伴着拉丝现象，产生复合绝缘子脆断。

3. 故障处理方法及防范措施

由于复合绝缘子发生脆断事故的主要原因是芯棒外护套或密封层受损，使得酸性物质渗透进芯棒而产生的。所以应通过对复合绝缘子的生产过程、运输过程、安装过程等方面进行全程质量监控，提高复合绝缘子从生产到应用整个过程的质量。

（1）采用耐酸性材料做复合绝缘子芯棒材料。

（2）改进复合绝缘子包装方式，保证复合绝缘子在运输过程中不受损伤。

（3）改进复合绝缘子安装方法，线路施工单位在安装复合绝缘子时大多采用单点起吊安装方式，要求采用软质布保护起吊绳索绑扎处，垂直起吊以保护复合绝缘子在起吊过程中不与塔身碰撞。

（4）设计采购选择耐酸性芯棒，工厂的产品试验按规程要求进行。

【思考与练习】

1. 复合绝缘子的基本特点是什么？
2. 复合绝缘子的运行特点是什么？
3. 简述复合绝缘子的事故分类。

▲ 模块 6　防止覆冰及绝缘子冰闪事故（Z04G5006Ⅲ）

【模块描述】本模块包含输电线路覆冰的类型、机理、影响因素、危害及防范措施等。通过原理分析、图形举例、案例分析，了解导线覆冰的机理及其对线路运行的危害，掌握输电线路防冰的具体措施。

【正文】

一、输电线路覆冰的类型及其危害

覆冰数据主要包括覆冰类型、覆冰厚度、覆冰密度、冰的黏结力等。我国的气象台站对覆冰数据的采集还不普遍，因此多数覆冰数据要靠输电线路运行维护部门根据线路的覆冰结果、覆冰在线监测数据及设立的专用气象台站进行收集。

输电线路有覆冰和积雪两种情况。导线覆冰可分为白霜、雾凇、混合凇和雨凇四种；积雪可分为干雪和湿雪两种。

白霜形状一般为"针状"或"树枝状"晶体，是地面湿气凝华产生的一种覆冰，对输电线路几乎不构成威胁。雾凇分为软雾凇和硬雾凇两种，导地线及绝缘子上积覆雾凇时，常常是两者并存。雾凇的最明显特征是外观呈"虾尾状"或"松针状"，是冬季高寒高海拔山区输电线路最常见的一种覆冰形式，其颜色为白色，对输电线路危害较大。混合凇是由导线捕获空气中过冷却水滴并冻结而发展起来的一种覆冰形式，以硬冰块的形式出现，透明或不透明，对输电线路危害较大。雾凇和混合凇是由雾中或云中过冷却小水滴引起的，统称为云中覆冰。雨凇是由过冷却雨滴或毛毛雨滴发展起来的，即冻雨覆冰，在工程实际中常将密度大于 $0.9g/cm^3$ 的冰称为雨凇，在雨凇覆冰情况下，黏结到导线或其他物体上的水滴完全冻结之前，过冷却水滴的碰撞连续不断地发生，覆冰是连续增长的，理论上透明的清澈冰，其密度接近理论上纯冰的密度，对输电线路危害较大。

导线积雪是指当温度在 0℃左右、风速很小时，"湿雪"粒子与"水体"一起通过"毛细管"的作用相互黏结并黏附到导线表面的现象。空气中的干雪或冰晶很难黏结到导线表面，只有当空气中的雪为"湿雪"时，导线才会出现积雪现象，导线积雪对输电线路危害较小。雨凇及积雪是由冻雨和降雪造成的，总称为降水覆冰。

二、输电线路覆冰机理

在冬季和初春季节，冷暖气流交汇时，易形成逆温层，在这种气候条件下，大气中的部分小水滴是以 0℃以下的液态存在的，一旦这种小水滴落在地表低于 0℃的物体上，就会积冰。

导线、架空地线覆冰的物理过程是：气温下降至 $-5\sim0℃$，风速为 $3\sim15\text{m/s}$ 时，如遇大雾或毛毛雨，过冷却水滴首先在导线、架空地线的表面形成雨凇；如气温升高，例如天气转晴，雨凇开始融化；如天气骤然变冷，气温下降，出现雨雪天气，冻雨或雪则在黏结强度很高的雨凇冰面上迅速生长，形成密度大于 0.6g/cm^3 的较厚的冰层；如温度继续下降至 $-15\sim8℃$，原有冰层外则积覆雾凇。这种过程导致导线、架空地线表面形成雨凇—混合凇—雾凇的复合冰层。如在这种过程中天气变化，出现多次晴—冷天气，则融化加强了冰的密度，如此反复发展将形成雾凇和雨凇交替重叠的混合冻结物，即混合凇。

导线覆冰首先在迎风面上生长，如风向不发生大的变化，迎风面上覆冰厚度会继续增加。当迎风面覆冰达到一定厚度，其重量足以使导线、架空地线扭转时，导线、架空地线发生扭转现象，重新在迎风的一侧覆冰，不断扭转不断覆冰，最终形成圆形或椭圆形的覆冰。通常截面积较小的导线覆冰呈圆形，截面积较大的导线覆冰呈椭圆形；如导线不扭转（如多分裂导线）则覆冰呈扁平状。

三、输电线路覆冰事故危害

（1）造成断线、断串、断联及倒塔事故。当导地线覆冰折算厚度超过设计覆冰厚度时，导地线、铁塔荷载增加，有时会造成输电线路断线、断串、断联事故。同塔双回或架空地线保护角小（0°～4°）的输电线路，由于地线结冰比导线严重（运行导线输送电流有温度），架空地线下垂接近导线而放电跳闸。

（2）引起导地线舞动。导地线覆冰后，当水平方向的风吹到因覆冰而变为非圆断面的输电导线时，将产生上行空气动力，在一定的条件下，诱发导线产生一种低频（0.1～3Hz）、大振幅（导线直径的 5～300 倍）的自激振动，这就是导线舞动。导地线长时间的舞动会造成导线间隔棒破损、金具磨损、导地线间距接近放电跳闸、绝缘子破损、杆塔结构受损或拉垮。

（3）脱冰跳跃及不均匀覆冰造成导线张力差拉垮杆塔颈部而倒塔断线。导地线上结有白霜、雾凇、混合凇、积雪等低密度覆冰时，由于黏结松散，在风或者自重的作用下，会不均匀地自动脱落，脱冰侧的导地线失去覆冰造成张力突然变化，导、地线上下跳跃，在导地线下落时的冲击力，会拉垮铁塔颈部（横向拉力最薄弱处）而造成倒塔断线，2008 年南方冰灾极大部分杆塔均属拉垮断线。

（4）绝缘子串融冰闪络。运行线路绝缘子覆冰后，绝缘子沿面泄漏电流会使冰层内侧逐步融化，冰层内绝缘子表面水分贯通，泄漏电流增大贯通上下绝缘子表面而造成闪络跳闸。

四、防范输电线路覆冰事故的措施

（一）事故处理原则

根据输电线路覆冰事故现象可以看出，为避免输电线路覆冰事故的发生，就要防止导地线不均匀脱冰引发的倒塔断线、导地线间距接近放电和绝缘子串覆冰贯通融冰闪络，这是输电线路覆冰事故处理一般应遵循的基本原则。

（二）防止覆冰事故的方法和措施

1．防止导地线覆冰

（1）在导地线上安装防冰环可截住由水滴或雾滴在导线上形成的细小水流，使之离开导线。防冰环通常安装距离是根据导线一个完整的绞扭矩为一个节距。

（2）利用机械方法除冰。利用冰镐、破冰机或铁链在导地线上破冰，清除导地线覆冰。利用机械方法除冰难度大，在国内外尚未广泛应用。

（3）在导线表面涂憎水涂料防冰。涂料防冰可降低冰的附着力，施工简单、成本低，曾是国际上的主攻方向。

（4）采用复合导线防冰。防冰用的复合导线是在普通钢心铝绞线的基础上将钢心与铝线绝缘，利用开关装置切换达到除冰目的。即正常情况下由铝线传送负荷，覆冰季节则利用开关装置切换由钢芯导电，利用钢芯的高电阻、高损耗融冰或保持导线在冰点以上。目前该技术在国内外未能应用到实际线路。

（5）采用低居里磁热线防冰。低居里磁热线是由铁、镍、铬和硅四元素按一定比例混合在真空中熔炼成合金钢，并冷拔成规定直径的丝材，并在丝材上覆盖一层铝或铜。这种磁热线具有 0℃左右的居里温度，其在磁场中磁感应强度随温度变化，5℃以上时磁感应强度很低，5℃以下时磁感应强度则剧增。将这种磁热线绕在需要融冰的导线上，在传输电流的交变磁场中感生随温度变化的感应磁场的作用下，使磁热线本身产生磁滞损耗和涡流损耗，从而将导线表面温度保持在 0℃以上，达到除冰目的。这种材料虽有明显的除冰效果，但成本高、施工困难，推广使用还有一定困难。

（6）融冰技术。目前，国内外电力系统中的融冰技术主要有以下五种。

1）短路电流融冰。短路融冰需要有较大的电源支撑，电压等级越高、导线截面积越大所需的短路电流越大，但输电线路一旦发生大面积冰雪灾害，系统将变得十分脆弱，不可能专门挤占负荷进行短路融冰，因此次方法仅适用于低电压等级的局部覆冰。在我国 110kV 以下系统中有应用。

2）带负荷融冰。具体方法是在变电站内安装专用融冰自耦变压器，并用两根相互绝缘导线取代原单导线回路，地线亦需与杆塔绝缘。通过自耦变压器分别向单根导线与地线构成的回路提供电流来融化导线和地线上的覆冰。带负荷融冰法需要专用融冰变压器及附属设备，投资大，融冰费用也大，使其推广有困难，这种方法仅适用于一些不能停电的重要线路。

3）增加负荷融冰，就是在导线覆冰前增加线路电流，如双回路线路中，停用的一回线路使用专用融冰，变压器短路供给防冰电流，而另一回路带全部负荷。

4）在覆冰线路上附加直流装置融冰。这种方法在中国、美国、加拿大采用过。

5）附加电流脉冲。使环流与负荷电流叠加达到融冰目的。这种方法美、加、法都在进行研究。利用附加脉冲电流使冰融化，并依靠脉冲电动力使冰脱落，是探讨融冰新方法的主要内容，国内尚未使用。

（7）提高输电线路设计标准，即提高分裂导线纵向不平衡张力的百分比，来加强杆塔抗不平衡张力冲击的强度，如单导线线路设计按断一相导线来校核杆塔强度，2008年南方冰灾中，单根导线线路发生倒塔几乎很少。其次是分裂导线线路如两侧档距严重不均时，可将该直线塔改为耐张塔，避免导线张力差拉垮杆塔颈部。

2. 防止绝缘子串融冰闪络

（1）加装大盘径绝缘子。在悬垂绝缘子串上端加装大盘径绝缘子，可以将横担上流下的冰水与绝缘子串本身的覆冰隔断，从而起到防冰的作用，同时又有一定的防鸟效果。这种措施对一般的降雪、降雾天气有较好的防范作用，但当绝缘子串本身的覆冰较重时，就失去了效果。

（2）绝缘子串插花。在瓷或玻璃悬垂绝缘子串上插花加装大盘径绝缘子、在复合绝缘子上插花增加大直径伞裙，通过这些大绝缘子片或大伞裙插隔使绝缘子串覆冰不能成套管状，使绝缘子沿面泄漏电流融冰时形不成连续短接的水流，避免绝缘子串融冰闪络故障。

（3）V 形或倒 V 形配置悬垂绝缘子。将悬垂绝缘子串 V 形或倒 V 形布置，使绝缘子串倾斜，不仅形不成连续的冰凌，而且能增加绝缘子串的自洁性能，具有良好的防冰效果。

（4）更换复合绝缘子。复合绝缘子具有良好的憎水性和传导热量慢的特性，使其防冰闪性能明显优于瓷和玻璃绝缘子，如再辅助以大盘径绝缘子，则防冰效果更好，且这种措施改造简单、投资小。

（三）事故处理注意事项

防止输电线路覆冰事故的处理方法不能一概而论，在实际工作中要根据不同电压等级、不同覆冰部位、不同严重程度，以及电网和设备的实际情况，从有利安全、便利检修，考虑采用费用低的角度采取合适的方法。

（1）防止导地线覆冰事故处理应注意以下五点问题，概括起来即为"避、抗、融、改、防"。"避"就是在选择线路路径时，应尽量避免横跨山口、垭口、风口、湖泊等；"抗"就是提高设计标准，抵御冰负荷，保证线路的安全可靠；"融"就是用大电流溶去导线覆冰；"改"即原设计考虑不周，线路受冰害后，改道避开重冰区；"防"即是研究新工艺、新材料，防止导线覆冰。

（2）防止绝缘子串融冰闪络事故处理应注意几点问题。

1）若增加绝缘子串长度时必须重新进行风偏验算，防止改造后引发风偏故障。

2）220kV 及以上线路的双串绝缘子配置应尽可能采用 V 形或倒 V 形配置，在满足风偏的前提下，适当增长绝缘子串长。

3）220kV 及以上线路单串绝缘子配置，应采用大盘径绝缘子加插花，500kV 线路以插 3～4 片为宜。三级及以上污区应辅助以更换复合绝缘子的措施。

五、案例分析

1. 故障现象

2008 年的冬春交替季节，我国长江以南发生了历史罕见的长时间冬雨天气，线路覆冰远远超过设计覆冰厚度，导线覆冰最厚达 110mm，造成上万基输电线路杆塔被压倒或拉倒，导地线断线。

2. 故障原因分析

（1）气象影响是本次覆冰的必备因素。具有足可冻结的温度，即 0℃以下保证了水能够凝结成冰；具有较高的湿度，覆冰时大气湿度在 85%以上，保证了空气中有足够的过冷却水滴；具有可使空气中水滴横向运动的风速，至少在 1m/s 以上，将大量的过冷却水滴源源不断地输向输电线路，与导线、架空地线、绝缘子、杆塔等的表面不断碰撞，并被不断捕获而加速覆冰。

（2）山区地形为线路覆冰提供了气象条件。长江以南的大部分地区湖泊、江河分布密集，高山大岭植被较好、水汽充足、湿度较大，为覆冰提供了良好的气候条件和地形条件。

（3）季节影响和海拔影响促成了本次覆冰的形成。倒春寒气候，冷暖气流交汇频繁，空气湿度较大，湿度条件适宜，海拔高促成了本次覆冰的形成。

（4）持续低温 0℃左右阴雨天或伴随高湿度天气，会使人类活动少的丘陵、山区线路结冰不断增加，造成导地线覆冰严重，但天气回暖引起导线不均匀脱冰时，严重的导线张力差拉垮某基杆塔而连续拉倒杆塔。

（5）2008 年大面积冰灾倒塔线路为分裂导线，规程规定的纵向不平衡张力百分比小，即分裂导线线路杆塔不考虑断线冲击，而单根导线线路直线塔的强度是按一相断线冲击校核杆塔强度。

3. 故障处理方法及防范措施

（1）国家电网公司迅速启动了有关应急预案，发生覆冰的省电力公司组织人员进行事故抢修，各省电力公司也伸出援助之手，派出应急发电车恢复供电，派来人员帮助事故抢修。

（2）为深刻吸取本次大范围覆冰事故教训，国家电网公司重新修订了有关设计规程，提出差异化设计理念，提高了设计覆冰厚度和分裂导线纵向不平衡张力的百分比，对重要输电线路从源头上提高了防覆冰设防标准。

（3）对因覆冰发生变形、扭曲、垮塌的线路铁塔进行了修复和更换，确保电网安全稳定运行。

【思考与练习】

1. 输电线路的覆冰有哪些类型？各有什么特点？
2. 绝缘子融冰闪络的机理是什么？
3. 输电线路覆冰的气候、地形特点各是什么？

▲ 模块 7　防止鸟害危害（Z04G5007Ⅲ）

【模块描述】本模块介绍输电线路鸟害类型、机理、特点及防范措施等。通过要点介绍、图形举例、案例分析，熟悉鸟害的特点，掌握防鸟害的方法。

【正文】

输电线路架设在野外，常年受大自然的侵袭和人类活动的影响，绝大多数电网故障都发生在输电线路上，鸟害事故逐年上升，目前已处在线路故障的第二、三位，因此做好防鸟害措施是输电线路运行单位的重要工作之一。

一、输电线路鸟害的类型及其危害

鸟害闪络大体上有三种类型：第一种是鸟粪（或动物内脏肠）闪络，即鸟类栖息在杆塔横担上排泄粪便（或鼠、鱼肠），粪便（或鼠、鱼肠）沿绝缘子串或绝缘子串外侧下落，短接了导线与横担间的空气间隙，引起放电，鸟害故障多属于这种。第二种是鸟巢短路，即鸟将巢筑在杆塔横担上，其筑巢材料短接了部分绝缘子串，在夜晚、凌晨空气潮湿时，造成间隙不足放电，这种现象多发生在 110kV 及以下线路上。第三种是大型鸟类栖息在杆塔上，在栖息或起飞时，翼展宽度大，造成杆塔构件与带电部分绝缘距离不足，通过鸟类身体放电，这种情况比较少见。不论哪一种鸟害闪络，都会引起输电线路故障跳闸，因此对输电线路安全运行危害严重。

二、输电线路鸟害原因

1. 鸟粪闪络

鹤、鹭等鸟类的主食是鱼虾或螺蛳等水产，它们在越冬迁徙或栖息停留在线路杆塔的横担、架空地线上，鸟粪故障一般发生在傍晚、半夜或凌晨，此时空气潮湿，排泄鸟粪会沿绝缘子串表面或外侧下落，鸟粪的电导率一般为 3000～8000s/cm，如稀鸟粪达到一定长度并呈连续状态时，就有可能引发鸟粪短接空气间隙闪络跳闸。鸟害故障与鸟类活动的周围环境有关，如鸟害地段一般是丘陵与农田的交界处，人类活动少，杆塔周围有湿地、水塘、水库或水田等，鸟害闪络前没有任何征兆，闪络时也极少为人所见，只能在事后进行分析判断。清华大学曾通过实验室鸟粪模拟试验，证实稀鸟粪排泄造成绝缘子串闪络的全部发展过程。

2. 鸟巢短路

输电线路的杆塔多位于荒郊野外，且一般是所处地区的最高构筑物，鸟类喜欢居住于高处，因此线路杆塔也就成了鸟类筑巢的首选目标，尤其是喜鹊、乌鸦、隼类等体形适中的鸟类，更喜欢将巢筑在输电线路杆塔上。由于这些中体形鸟类的筑巢材料长度一般不会超过 1m，因此对于 220kV 及以上线路不会构成较大的威胁，而 110kV 及以下线路的绝缘子长度较小，更容易被筑巢材料短接，因此也更易出现鸟巢材料短路引发的线路故障。

鸟的筑巢材料一般是软草、小树枝、小木棍等木质材料，但有时也会利用少量的废弃铁丝、导电包装绳等材料。鸟巢搭建或使用过程中，会有个别的枝条跌落或下垂，当鸟巢筑在横担挂线点附近时，这些枝条就有可能短接绝缘子或空气间隙。如果枝条为金属物，在跌落或下垂过程中就会引起放电，造成线路跳闸；如软草、木质枝条等下挂，在阴雨天气受潮后，短接部分空气间隙而导致线路跳闸。

三、输电线路鸟害事故现象

鸟粪闪络是一种空气间隙被短接、组合间隙被击穿的放电跳闸现象，输电线路上均为单相接地故障。发生闪络后一般有如下现象。

图 15-7-1　导线灼伤痕迹

（1）导线灼伤，如图 15-7-1 所示。

鸟类栖落位置一般在横担上，排泄的稀粪便会作自由落体运动，有时受风的影响，也可能稍微倾斜，但基本方向还是自上而下，因此，鸟粪闪络发生在垂直方向，多数为沿悬垂绝缘子串外侧闪络。悬垂线夹外侧 200～1500mm 范围内，上表面有长度在 1000mm 左右的灼伤痕迹，呈分布散乱的银白色亮点，中间有时会夹杂遗留鸟粪。

（2）绝缘子灼伤，如图 15-7-2 所示。候鸟栖息在绝缘子串挂点处横担上，排泄的稀鸟粪有时会沿绝缘子串下落，部分绝缘子上有散落的鸟粪痕迹。悬垂绝缘子串由于连接金具的存在，通常横担侧第一片绝缘子（或伞裙）对绝缘子串外侧 100～150mm 处的距离小于横担对该处的距离，因此，发生鸟粪闪络后，多数情况下，横担侧第一片绝缘子或伞裙的上表面会有明显灼伤痕迹。有时横担侧第一片绝缘子或伞裙不会被灼伤，而在横担侧的构件上会找到灼伤痕迹。

图 15-7-2　横担侧第一片绝缘子或伞裙被灼伤痕迹

（3）其他现象。多数鸟粪闪络时，鸟粪会遗留在横担、地面或其他构件上，但有时当鸟是从架空地线或地线横担上排泄粪便时，且排泄量较小时，粪便不一定遗留在横担上，地面上也不易找到鸟粪痕迹。

四、输电线路鸟害事故处理

1. 事故处理原则

鸟害故障是季节性、地段范围明显的事故，且是种突发性、动态的事件，故障前缺乏征兆，因此预防起来比较困难。目前主要通过增加防止鸟类栖落的设施、加强鸟类活动观察等手段来防范鸟害。

2. 鸟害事故的防范措施和方法

科学、合理地划定鸟害区，便于有针对性地采取防鸟措施。鸟害区的划定，一方面要结合历史的鸟害故障分布情况，另一方面必须通过艰苦、细致的观察、调查，了解鸟类习性，掌握鸟类活动规律，才能做到科学合理。鸟类观察一般由专题调查小组或巡视人员在现场观察，通过录像、照片、笔记等形式进行记录。

调查有两个方面：一方面是现场调查，由运行单位组织人员对输电线路沿线居民及其他人员，调查鸟的种类、生活习性、活动规律、在线路及杆塔上的栖息情况等；另一方面是请教有关鸟类动物专家，了解鸟类的具体特性。通过观察、调查等各种手段，就可以根据鸟类的不同特点、可能对输电线路造成的危害，采取相应的方法。

（1）识别鸟类。通过观察、调查，分清鸟类，尤其是喜食水产（鱼虾、螺蛳）和小动物的鸟类，要去野外观察它们的吃食、行为和活动的位置等，以便采取相应的防范措施。

（2）分清鸟害形式。鸟害分为鸟粪闪络、鸟巢材料短接绝缘子、大鸟短路三种，鸟害形式不同，防范措施也不同。输电线路发生的鸟害故障有鸟粪闪络和鸟巢材料下挂短接空气间隙故障，因此防鸟害的重点是防止鸟粪短接和鸟巢材料下挂短接。

（3）掌握鸟类活动规律。引发鸟粪闪络较多的鸟类主要是鹳类、鹭类、喜鹊、乌鸦、猫头鹰等。鹳、鹭类喜欢活动于湖泊、水库、沼泽地和水田等处，鹳类一般体形较大，食量大，摄入水分多，粪便一次排泄量多，极易造成220kV及以上线路发生鸟粪闪络，鹭类个体虽小，但排泄的稀粪便导电率高，因此位于上述地带的线路杆塔要特别注意防止鸟粪闪络。喜鹊、乌鸦、老鹰、猫头鹰等属于中体形鸟类，一般不会造成鸟粪闪络，但容易发生鸟巢材料下挂短接或吃食小动物鼠类时，内脏肠等下挂短接故障。

3. 防止鸟害措施

防止鸟害主要是防止鸟类在杆塔上栖落，防止鸟类在杆塔上栖落的方法分两类：一类是静态防鸟设施，即在线路绝缘子串挂点横担处安装防鸟刺，驱赶鸟在此处栖息停留，防止它们在栖息时排泄鸟粪和吃食小动物，还有防鸟网、防鸟漆等。另一类是动态防鸟设施，如在横担上安装会发出声响、反射光线、风力旋转或超声波等装置，以驱赶或惊吓鸟类。

（1）安装鸟刺。鸟刺是将一束钢绞线或直径为2~3mm的钢丝一端固定在一起，一般股数为10~20股较为合适，另一端均匀散开，呈半球形分布，将固定端用螺栓或其他方式固定在杆塔绝缘子串悬挂点上方。

（2）加装防鸟网。在电杆横担绝缘子串悬挂点处加装网状物，使鸟在此处落脚造成鸟爪缠绕而达到驱赶作用。

（3）涂刷带磁性防鸟漆、安装超声波驱鸟器等高科技产品，实践证明该类高科技产品使用在输电线路上，长期使用会失去效果。

（4）挂小红旗、挂风铃、防鸟滚轮、转动风车、安装惊鸟牌、感应储能鸣响惊鸟装置等，此类装置有的在安装的头两天有一定的驱赶惊吓作用，几天后基本失去防范作用。

（5）防止鸟粪下落装置。在绝缘子串挂点处横担下方安装大隔板或在横担侧绝缘子上加装一片超大盘径绝缘子或大盘径硅橡胶裙罩，防止鸟粪下落造成短接跳闸。

（6）防止鸟类在横担绝缘子串挂点处筑鸟巢。及时清除绝缘子上端或绝缘子上的鸟窝。在绝缘子挂点处安装光滑挡板，使鸟类筑的鸟巢容易被风吹落或不易在该处筑窝。

（7）在塔身内斜叉铁较多的位置（避开绝缘子串悬挂点处）安装人工鸟巢，促使繁殖期内鸟类在人工鸟巢内繁衍生息。

五、案例分析

1. 故障现象

2002～2004 年，某省电力公司 330kV 及以上输电线路共发生鸟害故障 28 次，其中 8～12 月发生 22 次，占故障总数的 79%。

2. 故障原因分析

（1）鸟粪闪络的季节特点明显。根据统计发现鸟害故障集中在秋冬季节，秋季及初冬季节是鸟类的主要觅食期。这个季节，正值农作物成熟期，鱼虾、昆虫数量也迅速达到高峰，为鸟类提供了大量的食物；鸟类食物增加，进食量增大，排泄量也会增大；气候逐渐趋于寒冷，鸟类在大量进食后易出现消化系统疾病，导致其粪便的黏稠度增大，在排泄过程中形成不间断的粪便通道。

（2）鸟粪闪络的时间特性明显。多数鸟类一般在凌晨觅食前排出大量的粪便，因此鸟粪闪络故障多出现在这段时间。候鸟迁徙时，一般利用白天飞翔赶路，晚上栖息，栖息时出于安全考虑，喜欢在线路杆塔等制高点，同样增加了晚上发生鸟粪闪络的概率。根据统计发现，68%以上的鸟粪闪络故障发生在 0～7 时，20%的鸟粪闪络发生在 20～24 时；其他时间发生的鸟粪闪络仅为 12%。

（3）鸟粪闪络的区域特性强。鸟害统计表明，涉水觅食鸟类造成的鸟粪闪络占到鸟粪闪络次数的 80%以上。一方面，因为涉水觅食鸟类的体形一般较大，如鹳类体高可达 100cm 左右，因此单只鸟一次排泄的粪便量较大，不仅能短接 220kV 线路的空气间隙，有时甚至能短接 500kV 线路的空气间隙。另一方面，以水生动植物为食的鸟类，由于其进食过程中水分摄入较多，故粪便含水量也较高，黏稠度比较适中，粪便更易形成连续通道。涉水觅食鸟类一般活动于沼泽、湿地、池塘、水库等附近地区，这些地区通常是鸟害多发区。

3. 故障处理方法及防范措施

根据发生鸟害故障特点看出，该省电力公司 80%以上鸟害故障为鹳类等涉水鸟类的鸟粪闪络造成的，因此采用安装鸟刺的方法防止鸟类在杆塔上栖落，只要安装位置恰当、覆盖范围有效，就能取得良好的防鸟害效果。

【思考与练习】
1. 鸟害有哪几种类型？
2. 鸟粪闪络的形成机理是什么？
3. 防止鸟粪闪络有哪些措施？

▲ 模块 8　防止雷害事故（Z04G5008Ⅲ）

【模块描述】 本模块包含雷电知识、线路设计耐雷水平计算及防雷措施等。通过原理分析、要点讲解和案例分析，熟悉雷电的特性及对输电线路的危害，掌握线路耐雷水平的计算及防雷措施的选用方法。

【正文】

输电线路架设在野外，其杆塔基本是地面上的凸出物，遭受雷害是对输电线路构成影响最多的一种自然现象，特别在我国南方多雷山区，雷击跳闸占线路总跳闸次数的比例，有的高达 70%，是输电线路发生故障的主要原因，因此如何降低或减少输电线路雷害故障是线路运行单位的首要职责。

一、输电线路雷害事故的类型及其危害

输电线路雷害事故的类型主要有以下几种情况。

（1）雷电击中架空地线或杆塔顶时，雷电流下泄中会引起塔头电位升高，其电位大于绝缘子串 $U_{50\%}$ 时，雷电流沿绝缘子串对导线放电，该现象被称为反击雷。造成绝缘子闪络主要与雷电流大小、杆塔形式、接地电阻、绝缘子空气间隙及塔顶电压有关。一般用杆塔的反击耐雷水平进行描述。

（2）雷电击中输电线路导线时，雷电流在导线上传输，雷电流能量一般通过导线上的电晕损失、与相邻导线的耦合作用消减雷电波波峰。但在导线上传输过程中，由于导线波阻抗的存在，在导线上形成一个雷电流引起的高电位，当雷电引起的电压大于绝缘子串雷电耐受冲击电压时，雷电流沿绝缘子串对横担放电，该种绝缘子闪络被称为绕击闪络。造成绝缘子闪络主要与线路架空地线保护角大小、雷电流大小和绝缘子串耐受电压有关。一般用杆塔绕击耐雷水平描述。

（3）感应过电压。雷云在先导阶段时会在导线上感应出不同的电荷，雷云与线路小于 65m 时，会被架空地线或杆塔所吸引而击中线路本体，当雷云对 65m 外的凸出物放电中和后，导线上的异性电荷失去束缚快速向两侧流动而产生感应电，当导线电位大于绝缘子串耐受电压时，导线感应电沿绝缘子串对横担闪络接地。雷电感应过电压最大为 300～400kV，可使 60cm 空气间隙击穿，因此对 66kV 以上（5 片绝缘子）输电线路没有危害，在有架空地线的输电线路上，由于地线对导线有屏蔽效应，导线上感应过电压值将下降至 K·Ug。

（4）雷电流击在架空地线或者复合光缆上时，由于雷电流电量（库仑）转移，产生的热量造成架空地线或者光缆断股。

二、输电线路雷害事故原因

当雷电流通过杆塔向大地释放雷电流时，因杆塔存有波阻抗，造成杆塔顶部电位升高，若绝缘子挂点侧（横担）电位高于导线侧，形成电位差，则沿绝缘子串对导线放电致使绝缘子串闪络。

三、输电线路雷害事故现象

输电线路遭雷击跳闸，其绝缘子串会产生电弧闪络痕迹或伞盘击碎，由于系统多选择单相重合模式，多数雷击故障能重合成功，若为瓷绝缘子串时，雷击会造成低零值瓷绝缘子钢帽炸裂导线掉串事故。

四、输电线路雷害事故处理

（一）事故处理原则

在线路设计时已经考虑的防雷措施，主要有自动重合闸、避雷线、接地装置等，但实际运行过程中，针对不同的运行环境、不同的运行工况可能还需进一步采取防雷措施。

（二）事故处理方法、步骤

1. 降低接地电阻

在多雷区，如是联络线路或重要线路，杆塔接地电阻最好能处理到 10Ω 以下，因为只有这样才能提高线路的耐雷水平，有效地限制雷击跳闸率，从而保证电网的安全稳定运行。在土壤电阻率高的山区，由于受地质、地势等条件的限制，架空线路的杆塔接地装置的工频接地电阻往往达不到要求，而杆塔接地电阻对提高线路耐反击雷水平，降低雷击跳闸率又十分重要，因此运行单位应采取有效的降阻措施。

要降低杆塔的工频接地电阻，先要做好的工作为：① 做好地质、地势调查，了解杆塔工频接地电阻超标的原因，看杆塔所处的位置是处在什么样的地形，实地勘测土层的情况和土质情况。② 测试杆塔周围的土壤电阻率，看四周是否有土壤电阻率低的地方可以利用，再测试不同深度的土壤电阻率，看地下有无可以利用的低电阻率的地层。根据实地调查勘测的情况，采取经济有效的降阻措施。

降低输电线路遭受反击雷的措施主要是降低冲击接地电阻值，即回填接地沟时，应做到敷设的接地线周围必须是泥土并夯实，致使雷电流下泄中增大接地体的直径而快速释放。

2. 巡视检查和维护

对架空线路的杆塔接地装置要定期巡视和维护，特别要做好以下几方面的巡视检查和维护工作。

（1）定期巡视检查杆塔的接地引下线是否完好，如被破坏应及时修复，应定期进行防腐处理。

（2）定期检查接地螺栓是否生锈，与接地线的连接是否完好，螺丝是否松动，应保证与接地线有可靠的电气接触。

（3）检查接地装置是否遭到外力破坏，是否被雨水冲刷露出地面，至少要按 20 年的周期开挖检查其腐蚀情况。

（4）每年在冬季土壤干燥时应测量杆塔接地装置的接地电阻并按 GB/T 50064《交流电气装置的过电压保护及绝缘配合设计规范》中的要求进行季节系数的换算，如换算后的工频接地电阻值超过设计值应及时改造。

3. 加装线路型避雷器

在雷电易击区杆塔可适当加装线路型避雷器。选用线路型避雷器时应考虑以下几个问题。

（1）确定安装杆塔的雷击性质，属绕击还是反击。遭受反击雷的杆塔，应三相全部安装；遭绕击雷的杆塔，如位于山的向阳坡的杆塔，可在下山坡侧的导线安装；500kV 线路雷击基本是绕击，则应在边相安装，可节约费用。

（2）线路型避雷器必须选用带间隙的避雷器，原因是线路型避雷线在现场没有试验电源和不可能长时间停电进行避雷器的预防性试验，带串联间隙的避雷器将平时所承受的电压限制在一个很低的范围，带空气间隙的避雷器本体没有运行电压，可延长避雷器的寿命。

4. 加装耦合地线

加挂耦合地线虽不能大幅度降低绕击率，但能在雷击杆塔时起到分流作用和耦合作用，降低杆塔绝缘上所承受的电压，同时在山区大档距段，导线下方的耦合地线可将部分雷云引至本体上，提高线路的耐雷水平。实践检验，耦合地线对 110kV 线路防雷作用还是比较明显的。

5. 加强绝缘

增加绝缘子片数或长度，可提高一些耐雷水平。对于常规的线路杆塔，运行单位可按常规复合绝缘子的结构高度尽量采用和配足盘形绝缘子片数，以增加绝缘子串的耐雷水平。

6. 加装横担侧向避雷针或加装塔顶防雷拉线

根据线路雷击理论，雷云小于 65m 时会被吸引至杆塔上来，由于杆塔的耐雷水平基本是绝缘子串的 5～8 倍，在横担上安装侧向避雷针和加装塔顶防雷拉线后，屏蔽了部分导线，可将本杆塔周围的雷云吸至塔身中和下泄，使部分原绕击雷转化为反击雷，减少了线路雷击跳闸。

7. 采用新型接地体

（1）电解离子接地极，如图 15-8-1 所示，将垂直接地体制成管状，在管内填充高

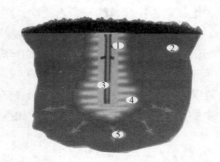

碳离子化合物晶体，管体采用铜、钢等材料制成，管外部再施以填充剂。管内部填充材料含有特制的电离子化合物,加入可逆性缓释填充剂。这种填充剂具有吸水、放水、可逆的特点。当它吸水时，可以吸收自身 100～500 倍的水分，当外部环境干燥缺水时，又可以完全释放拥有的水分，达到周边水分平衡，这种可逆反应，保证了壳层内环境的有效湿度，保证了接地电阻的稳定。通过这种方式产生的离子吸收大地水分后，可以通过潮解作用，将活性电解离子有效释放到周围的土壤中，使接地极成为

图 15-8-1　电解离子接地极示意图
1—电解离子接地极；2—现有土壤；3—专用填充剂；
4—离子向周围扩散；5—扩大土壤的导电范围

一个离子发生装置，从而改善周边土质使之达到接地要求。接地极外部填充剂通过与其内部电解离子填充剂的相互作用产生针对壳层土壤的化学处理，降低壳层土壤的电阻率，同时在缓释接地极与大地土壤之间，形成了一个过渡带，增大了接地极的等效截面积和土壤的接触面积，消除了接地体与土壤之间的接触电阻，改善了地中的电场分布，填充剂良好的渗透性能，深入到泥土及岩缝中，形成树根网状，增大了地中的泄流面积。安装时，在选好的杆塔附近根据接地极的长度钻一垂直地面的孔洞，用水调和填充剂成糨糊状倒入事先钻好的孔中；将接地极植入孔洞中，接地极顶部与地平面平齐；接好引出线与杆塔的接地引下线连接；将其余填充剂填在接地极周围至接地极顶端 100mm 时止，测量接地电阻，达到接地要求后，用土填盖在电极周围。

（2）接地模块，如图 15-8-2 所示。接地模块是一种以非金属导电材料为主的接地体，它由导电性、化学稳定性好的非金属料、金属接地体、电解质和吸湿剂组成。接地模块增大了接地体本身的散流面积，减小了接地体与土壤之间的接触电阻，具有强吸湿保湿能力，使其周围附近的土壤电阻率降低，介电常数增大，层间接触电阻减小，耐腐蚀性增强，因而能获得较小的接地电阻和较长的使用寿命。接地模块可进行垂直埋置或水平埋置，埋置深度不宜小于 0.6m，一般为 0.8～1.0m；采用几个模块并联埋置时，模块间距不宜小于4.0m；接地模块的极芯互相并联或与地线连接时，必

图 15-8-2　接地模块

须进行焊接，要求用同一种金属材料焊接，焊接长度应不小于 100mm，不允许虚焊、漏焊；应在焊接处清除焊渣，涂上一层沥青或防腐漆，以防极芯腐蚀；回填应采用细粒土为填料，回填时应分层操作，填 300mm 填料后，适量加水并夯实，再填料、加水和夯实，直至与地表齐平。吸湿 72h 后，用地阻仪测量工频接地电阻。

8. 防范措施

输电线路遭受雷击跳闸后，运行单位应按杆塔接地线和检测接地电阻的辅助射线 0.618 比例正确检测接地电阻值，按 GB/T 50064《交流电气装置的过电压保护及绝缘配合设计规范》中的耐雷水平计算公式校核雷击杆塔的耐雷水平，以便有的放矢地采用防范措施。

（三）事故处理注意事项

1. 接地装置改造应注意以下事项

（1）输电线路尽可能采用水平接地体，少用垂直接地体。采用水平接地体时，要充分考虑到接地体之间的屏蔽作用，不宜分裂太多。为减少相邻接地体的屏蔽作用，垂直接地体的间距不应小于其长度的两倍，水平接地体的间距不宜小于 5m。水平接地体敷设应平直，埋深不得小于原设计值，至少应在 600mm 以上，遇到倾斜地形时应沿等高线敷设。

（2）除接地引下线与杆塔的连接处外，接地体连接处必须采用焊接，不应采用并沟线夹等连接方式。圆钢之间搭接，焊接长度不小于 6 倍圆钢直径，并双面施焊；扁钢之间搭接，焊接长度不小于带宽的 2 倍，并四面施焊；圆钢与扁钢之间搭接，焊接长度不小于 6 倍圆钢直径，并双面施焊。接地引下线及接地体不应使用钢绞线。

2. 运行维护应注意的问题

（1）接地引下线与水平或垂直接地体的连接处，由于腐蚀电位不同，极易发生电化学腐蚀，有的已经形成开路状态。接地线与杆塔的连接螺丝处，由于腐蚀、螺丝生锈，用表计测量，接触电阻非常高，有的已形成电气上的开路。

（2）接地引下线本身，由于所处位置比较潮湿，运行条件恶劣，运行中又没有按期进行必要的防腐保护，因而腐蚀速度较快，特别是运行 10 年以上的接地线，运行单位应采取开挖检查引下线钢筋腐蚀受损情况。

（3）水平接地体本身，有的埋深不够，特别是一些山区的输电线路杆塔，由于地质为石头，或土层薄、埋深有的不足 300mm，回填土又是用碎石回填、土中含氧量高，极容易发生吸氧腐蚀，在酸性土壤中的接地体容易发生析氢腐蚀；在海边的杆塔容易发生化学和电化学腐蚀。

（4）防止接地引下线和接地体的外力破坏问题。对于架空线路杆塔的接地装置，特别是接地线，外力破坏是一个特别值得注意的问题。有的接地引上线被剪断，有的接地极被挖走，对该线路的安全稳定运行造成了很大的影响。

3. 避雷器的选型

线路型避雷器预防性试验问题存在一个难题，即线路型避雷器均装设在线路杆塔上，不可能从地面上进行试验，一般需拆除后集中试验。这一方面大大增加了工作量，另一方面也增加了停电时间，对电网的可靠性有较大影响。如长期不进行预防性试验，又增大了安全风险，许多地区已屡屡发生了避雷器爆炸现象。因此线路型避雷器应采用纯空气间隙或带复合绝缘子支撑件型式，不宜采用避雷器本体带运行单位的电站型避雷器。

五、案例分析

1. 故障现象

2008 年 6 月 16 日 13 时，某供电分公司 330kV 铺向线光差、光距动作掉闸，重合成功，A 相雷击故障，故障测距 1.7km，现场登塔检查发现 220kV 铺向线 5 号 SZ2—33型塔 A 相大盘径绝缘子、单联碗头有明显放电痕迹，均压环上有两处拇指般大小的闪络痕迹，复合绝伞裙表面不同程度呈白色电弧烧伤痕迹，架空地线、接地引线良好。

2. 故障原因分析

（1）铺向线故障铁塔 5 号为 SZ2—33 型铁塔，塔高 49m，避雷线保护角为 19.79°，导线垂直排列，绝缘子为复合绝缘子（山东淄博泰光电力器材厂）一只，接地电阻 3Ω，接地形式为深浅埋结合加放射线形式。线路故障时雷电定位系统显示 6 月 16 日 12 时59 分，东经 112°39′24″，北纬 39°37′44″有雷电活动一次，雷电流幅值为 55.4kA，与5 号铁塔地理位置吻合。

（2）经对该铁塔计算耐雷水平，证明由于直击雷引起的线路跳闸故障。

3. 故障处理方法及防范措施

复测铺向线 5 号塔接地电阻值为 3Ω，在合格范围内；带电更换闪络的绝缘子，检查导线未损伤；在 220kV 铺向线 4～6 号分别加装线路避雷器。

【思考与练习】

1. 绕击和反击有什么不同？
2. 防止绕击的主要措施有哪些？
3. 防止反击的主要措施有哪些？
4. 举例计算本单位实际运行线路杆塔的耐雷水平。

模块 9　防止采空塌陷事故（Z04G5009Ⅲ）

【模块描述】本模块介绍输电线路采空区塌陷事故的原因、类型、危害及防范。

通过要点讲解、特点分析、图形示例，熟悉采空区塌陷事故现象，掌握事故处理的原则、方法、步骤、注意事项和事故的防范措施。

【正文】

输电线路架设在有地下矿藏的区域内，当地下矿藏采空区发生塌陷或引发地质移动滑坡时，会对地面上的输电线路造成严重的威胁，轻则为电杆迈步、拉线受力不均、塔顶挂点处结构拉裂、杆塔倾斜、塔材弯曲、横担偏移、拉裂等，重则会发生铁塔拉垮、电杆倒杆乃至导地线断线等恶性事故。

一、输电线路采空区塌陷事故的类型及其危害

地下矿层采空后形成的空间称为采空区，采空区发生塌陷，其对地表的影响首先是不均匀沉降，有的地方下沉值大，有的地方下沉值小，架设在不均匀沉降区的杆塔基础或拉线基础会随之出现不均匀沉降，就会发生杆塔倾斜、断线、倒杆塔等采空区塌陷事故。以最常见的煤炭采空区为例，介绍输电线路采空区塌陷事故的四种主要类型。

1. 杆塔倾斜

采空区塌陷造成杆塔倾斜后，导线因绝缘子串有一定的长度，可自行调节部分不平衡张力，因此轻微的倾斜不会对导线横担造成较大危害，如图 15-9-1（a）所示。

塔头架空地线由于直接悬挂在塔身上，其挂点的调节长度没有导线绝缘子串那样的裕度，杆塔倾斜后架空地线因其悬垂线夹握力作用，导致架空地线悬垂线夹偏移而拉裂塔顶结构，如图 15-9-1（b）所示。严重的可拉断架空地线或地线横担。同时因杆塔倾斜的方向与架空地线拉力方向相反，铁塔主材或混凝土杆体会出现挠度。

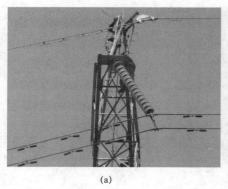
(a)

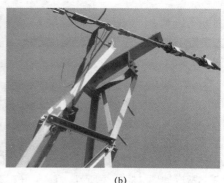
(b)

图 15-9-1　采空区铁塔倾斜引起的绝缘子、悬垂线夹偏移及架空地线横担受损
（a）绝缘子串及架空地线悬垂线夹偏移；（b）架空地线横担受损

2. 杆塔位移

采空区塌陷不仅使地表出现倾斜，而且会使杆塔位置出现水平位移，这种位移同样会使绝缘子串和架空地线悬垂线夹出现偏移，其后果与杆塔倾斜一样。

3. 导线和架空地线间距变化

无论是杆塔倾斜或杆塔位移，均会使导线和架空地线出现不平衡张力，造成导地线的间距变化，在风力或覆冰作用下，极可能引发架空地线对下方导线间距接近而空气击穿而跳闸。

4. 倒杆塔

事实上多数采空区塌陷一般不会发生倒杆塔，但在采深采厚比偏小、煤层倾角过大、山区线路、坚硬顶板边缘等情况下有可能发生倒杆塔事故。

二、输电线路采空区塌陷事故原因

当矿产采挖完形成采空区后，打破了原有的应力平衡，上覆岩层失去支撑，产生移动变形，直到破坏塌落即采空区发生塌陷，其对地表的影响随之不均匀沉降，杆塔就会出现倾斜。

（一）平坦地形采空区塌陷特点

1. 地表移动盆地

在开采影响到地表以后，受采动影响的地表从原有的标高向下沉降，从而在采空区上方地表形成一个比采空区面积大得多的沉陷区域，这种地表沉陷区域称为地表移动盆地，或称下沉盆地，如图 15-9-2 所示。

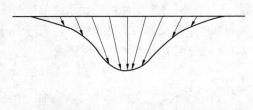

图 15-9-2　地表下沉盆地主剖面图

当采空区达到一定范围后，最大下沉值将不再增加而形成一个平底的下沉盆地。当开采工作面停止推进后，地表移动和变形并不会马上停止，而要延续一段时间，然后才能稳定，形成最终的移动盆地，此时的移动盆地称为静态移动盆地。

2. 裂缝及台阶

在地表移动盆地的外边缘区，地表可能产生裂缝。地表裂缝一般平行于采空区边界发展。地表裂缝的形状为楔型，地面开口大，随深度的增大而减小，一般裂缝深度不大于 5m，如图 15-9-3 所示。但在岩石直接露出地表的情况下，裂缝深度可达数十米。有时在采空区周围的地表形成环形破坏堑沟。在急倾斜煤层条件下，地表可能出现裂缝群或台阶。

3. 塌陷坑

塌陷坑多出现在急倾斜煤层开采条件下。但当煤层较浅时，缓倾斜或倾斜煤层开采，地表有非连续性破坏时，也可能出现漏斗状塌陷坑，如图 15-9-4 所示。

图 15-9-3　地表裂缝

图 15-9-4　塌陷坑

（二）山区地表移动有许多不同平地的特点

山区地表移动不会像平地那样出现移动盆地，在同样的地质采矿条件下，山区地表移动的影响范围一般比平地偏大，其移动角和影响范围的大小与相应的地形特征有关；在近水平煤层开采条件下，山区开采影响范围内的地表移动与变形采空区中心，最大水平移动可能大于最大下沉值；当山区地表坡度较大，山区受采动的地表就可能出现非连续性的移动和破坏。山区近水平煤层开采引起的非连续性移动和破坏形式主要有塌陷坑、塌陷槽和采动滑坡。

因此，位于山区的输电线路杆塔受采空区的影响更大，一旦采空区发生塌陷，首先其水平位移就大于平地，如出现塌陷坑、塌陷槽和采动滑坡还可能导致倒杆塔、断线事故。

三、输电线路采空区塌陷事故现象

无论是地表移动盆地、裂缝及台阶还是塌陷坑，都能对输电线路造成严重威胁，轻则杆塔倾斜，重则会发生断杆、拉弯塔身和耐张横担拉裂乃至倒杆塔断线事故。

（1）杆塔倾斜和杆塔位移最直接的现象就是直线杆塔的绝缘子串和地线悬垂线夹偏移。

（2）采空区塌陷输电线路的导地线间距变化尤其是架空地线反映更为明显，表现为杆塔一侧架空地线弧垂增大，另一侧减小。对于弧垂减小的一侧，导地线之间距离加大，对于弧垂增大的一侧，导地线之间距离缩小。

（3）当采深采厚比偏小时且煤层厚度较大时，一旦采空区出现塌陷，对地表塌陷和倾斜的影响非常大，这时杆塔可能出现严重倾斜，如一旦出现导地线断裂或横担断裂，杆塔就可能被拉倒。同时地表塌陷和倾斜严重时会导致杆塔基础根开发生严重变化，从而引起杆塔构件大量变形，其承载力大幅降低，这也是引起倒杆塔的一个重要原因。

（4）煤层倾角过大极易引发塌陷坑、台阶裂缝及山体滑坡，如杆塔位置正好处于这些地段，就会发生倒杆塔事故。

（5）山区下方的采空区塌陷，无论煤层倾角多大，受地形的影响，都有可能出现山体滑坡，位于滑坡区的杆塔就可能发生倒杆塔。

四、事故处理注意事项

（1）由于双回线及多回线同塔架设时，一旦采空区塌陷影响到线路的安全运行，将可能同时造成多条线路同时发生事故，对电网的安全威胁较大，因此在压矿区及采空区建设线路时，尽可能选择单回线路。

（2）更换杆塔应按选择路径的方法选择塔位。

（3）调整基础时，在抬升基础前，必须用枕木等将基础四周固定，防止在抬升过程中根开再次改变；在底部垫入混凝土预制块前，一定要将基础的四个角支撑好，防止液压设备出现故障伤及作业人员；底部垫入的混凝土预制块数量应充足，并摆放整齐，防止基础出现滑移。

五、案例分析

1. 故障现象

2006 年，某供电分公司 220kV 线路位于煤矿采空区的 82 号铁塔发生倾斜，其中 B 腿向外测位移 20cm，下沉 25cm，塔头中心偏移达 80cm。

2. 故障原因分析

82 号铁塔为 ZB2—36.7 型自立铁塔，位于煤矿采空区，由于采空区塌陷和地表不均匀沉降造成铁塔倾斜。

3. 故障处理方法及防范措施

该线路紧急停运，对铁塔基础进行开挖扶正处理，在采空区线路铁塔安装倾斜测试装置，并且缩短采空区线路巡视周期，加强运行监护，最终将采空区线路迁移到地质稳定区域。

【思考与练习】

1. 采空区对输电线路有什么危害？

2. 杆塔倾斜后首先应采取什么措施？

3. 对设计位于采空区的杆塔应提前采取什么措施？

▲ 模块 10 防止风偏事故（Z04G5010Ⅲ）

【模块描述】本模块包含输电线路风偏概念、类型、形成原因、风偏验算及防范措施等。通过概念描述、原理分析和案例分析，了解不同风偏类型的形成及特点，掌握防范风偏方法。

【正文】

一、输电线路风偏事故的类型及其危害

风偏事故是在风的作用下导线与地电位体之间或其他相导线的空气间隙小于大气击穿电压而造成的事故。风偏事故的主要类型有直线杆塔绝缘子对塔身或拉线放电，耐张干字塔中相绕跳线对塔身放电，导线对通道两侧建（构）筑物或边坡、树竹木等放电现象。风偏事故均能造成线路故障跳闸，风偏故障不能消除或发生相间短路时，会扩大故障范围。

二、输电线路风偏事故原因

输电线路导线、架空地线呈悬链线状，设计会按一定的风速设计架设导线、架空地线，当风速超过设计风速时会造成导线对塔身、线路风偏区外的树木、建筑物等放电；新建线路架设中施工单位未按设计要求复核弧度、边坡距离和砍伐风偏距离不足的树竹木，竣工验收运行单位没有全部复核导线弧度和通道两侧的建（构）筑物、边坡、树竹木风偏距离等；运行中为增加泄漏比距将绝缘子串加长，在未超过设计风速下导线对塔身等接地体放电；跳线制作偏长且跳线串为单铰链挂点，在未超过设计风速下跳线对塔身放电；运行管理中对通道两侧的建筑（构）筑物未及时进行测量校核风偏距离，在未超过设计风速下导线对通道内后建的建（构）筑物或树木距离不足放电等。

三、输电线路风偏事故类型

1. 直线杆塔绝缘子串对塔身或拉线放电

直线杆塔绝缘子串在水平风荷载作用下导线摇摆，使其与地电位体之间的空气间隙减小形成的单相接地短路故障。

影响导线水平偏移的因素主要有水平风荷载、垂直档距、水平档距、绝缘子串长等。

根据图 15-10-1 所示，绝缘子串摇摆角计算公式为

$$\alpha = \arctan \frac{g_1 l_v}{g_4 l_h} \qquad (15-10-1)$$

式中 g_1——电线单位长度垂直荷载，kN/m；

g_4——电线单位长度水平风荷载，kN/m；

l_h——杆塔水平档距，m；

l_v——杆塔垂直档距，m。

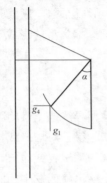

图 15-10-1　绝缘子串摇摆角荷载

在设计风速之内发生的风偏一般为垂直档距小即垂直荷载轻引起其摇摆角增大。还有就是绝缘子串长增加后摇摆角虽然不变但空气间隙变小而造成故障。

2. 耐张干字塔中相绕跳线对塔身放电

主要是由于施工时跳线太长或跳线架单挂点在风的作用下左右摇摆，造成跳线对塔身空气间隙不够形成的单相接地短路故障。

3. 导线对通道两侧建（构）筑物或边坡距离不足放电

输电线路导线在水平风荷载作用下导线摇摆，使其与导线两侧的建（构）筑物或边坡、树竹木等空气间隙减小形成的单相放电接地故障。

4. 导线与导线之间放电

施工架设中未按设计要求架设，致使不同相导线弛度不同，档距中间导线在水平风荷载作用下导线摇摆频率不同，使导线与不同相导线之间的空气间隙减小形成的两相短路故障，另外导线排列方式需在前后档变化时易出现地线对导线或导线相间放电。

四、输电线路风偏事故的防范措施

1. 事故处理原则

输电线路风偏事故主要是大风作用下，导线对其他电位体之间的空气间隙小于空气击穿间隙，因此处理风偏事故就必须正确计算检查塔头的空气间隙；在线路周围有边坡或新建建筑物构筑物时，应进行测量建（构）筑物的高度和验算导线风偏情况下对周围建筑物、构筑物、边坡的空气间隙。

2. 事故处理方法和措施

（1）对运行线路改变设计的直线绝缘子串应进行杆塔验算工作电压空气间隙。新建线路在投运前应对干字形耐张跳线逐基验算。验算时适当增加风速，保证留有裕度。若需对运行线路直线绝缘子加片等工作前，必须进行验算合格后方可实施。

凡为平面结构的直线杆塔都可用正面间隙圆图来确定塔头尺寸或检查空气间隙。间隙圆的画法是以各种电压下的计算条件，算出绝缘子串的摇摆角。以每一种情况绝缘子风偏的极限位置为圆心，以每一电压下的最小空气间隙长度加弧垂修正值加 0.1m 为半径画圆就得到正面间隙圆，如图 15-10-2 所示为自立式铁塔间隙圆。此类铁塔的特点是塔头纵向（沿线路方向）宽度不大，只需根据绝缘子串长度及悬垂绝缘子串的风偏角，并适当考虑塔身边缘导线弧垂的影响，在杆塔正面图上绘出间隙圆即可。L_1 为绝缘子串长，ϕ_1、ϕ_2、ϕ_3 和 R_1、R_2、R_3 分别为雷电过电压、操作过电压及工频过电压下的绝缘子串风偏角和间隙距离。δ_1、δ_2、δ_3 分别为考虑塔身边缘导线弧垂影响而引入的数值。间隙圆与塔头单线图轮廓线不应相切，应留 0.1m 左右的裕度，这主要是考虑杆塔单线图与制造图的差别、制图误差及实际杆塔组装误差的影响。

（2）档距中间对地电位体的空气间隙，在投运前应进行验算，未进行验算的可能存在问题的档距需补充验算，并留存验算资料。

（3）运行线路通道内和两侧的新建建筑物、构筑物或堆物时，要与当事人取得联系，了解工程施工方案，经交叉跨越验算合格后方可准许施工。对弧垂大于保护区单边宽度 1.5 倍的线路，即使保护区外新建建筑物也应进行验算。

（4）220kV 及以上电压等级干字形铁塔中相绕跳线悬垂绝缘子串应采用双挂点固定，导线采用并沟线夹固定在一起，跳线不得留得太长，以悬垂串向内倾斜 5°～9° 为宜，如图 15-10-3 所示。110kV 干字形耐张塔跳线挂点原为单铰链式，运行单位可改造为双挂点，以杜绝跳线对塔身风偏放电。

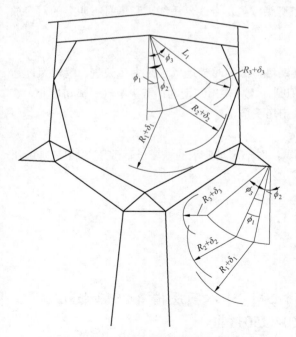

图 15-10-2　自立式塔正面间隙圆

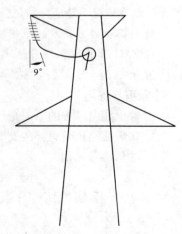

图 15-10-3　干字形塔中
相跳线绝缘子串安装图

（5）工程竣工验收要严格进行弧垂测量，必须满足验收规范要求。特别是导线排列方式改变的档内弧垂，运行单位应对每相导线进行测量，复核线间距离，弧垂误差应达到有关规程的规定，确保此类导地线变化档发生间距不足放电事故。

（6）新建线路竣工验收必须对每档通道内的建（构）筑物、树竹木和边坡、悬崖进行风偏测量和校核，运行中通道内或两侧新增的此类现象也应及时测量校核，以防止风偏距离不足发生放电事故。

3. 事故处理注意事项

（1）塔头空气间隙所用的计算气象条件，规程规定以工频电压下的间隙为最小，雷电过电压下为最大。但因它们的计算气象条件不同，所产生的风偏距离也不同，三种电压情况都可能成为控制条件。三种电压下的气象条件组合可根据设计选择的气象条件决定。

（2）导线风偏后对建筑物、构筑物、边坡、树木的允许距离可查现行运行规程。

五、案例分析

1. 故障现象

2008 年 8 月 12 日 12 时 24 分，某供电分公司 500kV 线路发生故障跳闸，经故障登塔巡视发现 112 号铁塔导线对铁塔塔头放电，导线悬垂线夹和塔身有明显的对应放电痕迹。

2. 故障原因分析

112 号铁塔为 ZM1—24 型自立铁塔，故障时当地气候时大风天气，瞬时风速达 32m/s，经画出该自立式铁塔正面间隙圆，计算得出结论为：塔头电气距离裕度小，在超设计风速情况下造成导线风偏对铁塔塔头放电。

3. 故障处理方法及防范措施

对 ZM1 型自立铁塔进行风偏验算，对不满足要求的铁塔进行改 V 形串或加装下拉横担方式，防止导线风偏故障的发生。

【思考与练习】

1. 输电线路风偏的原因是什么？

2. 输电线路风偏有哪些类型？

3. 如何防范风偏？

▲ 模块 11　国家电网公司"十八项反措"（2013 版）（Z04G5011 Ⅲ）

【模块描述】本模块介绍了国家电网公司"十八项反措"的主要内容。通过对设计、运行的内容分析，掌握输电线路"十八项措施"的内容。

【正文】

旧版《国家电网公司十八项电网重大反事故措施（试行）》（国家电网生技〔2005〕400 号）发布于 2005 年 6 月，在防范电网重特大安全生产事故，确保电网安全运行和可靠供电方面发挥了重要作用。但随着电网快速发展，新技术、新设备的广泛应用，电网和设备运行出现了一些新情况，暴露出一些新的安全隐患和风险；电网外部环境发生了变化，电网安全生产面临一些新的风险和问题，对公司防范各类灾害和事故的能力提出了迫切要求。为适应电网发展需要，进一步提高电网安全水平，在全面分析公司 2005 年以来各类事故的基础上，国家电网公司运维检修部组织对原《国家电网公司十八项电网重大反事故措施（试行）》进行了全面修订。

一、国家电网公司"十八项反措"制定背景

（1）国家安全生产法规制度不断完善，对公司安全生产工作提出了新的更高要求。

2006 年以来，国务院、国家有关部委出台了一系列安全生产法规制度，对企业安全生产提出了新的要求。2007 年，国务院发布《生产安全事故报告和调查处理条例》（中华人民共和国国务院令第 493 号），对事故等级作出重新划分；2008 年，国资委出台《中央企业安全生产监督管理暂行办法》（国务院国有资产监督管理委员会第 21 号令），对中央企业安全生产工作责任、工作基本要求、工作报告制度、监督管理与奖惩等做出明确规定；2011 年 9 月 1 日，《电力安全事故应急处置和调查处理条例》（中华人民共和国国务院令第 599 号）正式施行，对电网企业安全生产提出了更高要求。因此，加强电网、设备运行管理，不断完善防范重特大事故的制度标准，确保各项措施落实到位，是公司落实国家安全生产法规要求的必然举措。

（2）电网外部环境发生了变化，对公司防范各类灾害和事故的能力提出的迫切要求需要在重大反事故措施中落实。一是自然环境恶化，迫切需要提高电网设备抵御各类灾害的能力。二是社会各界对电网安全供电的要求日益提高，迫切需要提高电网设备安全运行水平。

（3）特高压电网快速发展和公司建设"世界一流电网、国际一流企业"的战略目标，对公司全面实施反事故措施提出了新的要求。

1）特高压电网快速发展。特高压成网初期结构薄弱，抵御灾害能力不强，设备单一元件故障将导致潮流大范围转移，由此引起电网事故风险较大，设备管理面临严峻挑战。

2）新设备、新技术广泛应用。"十一五"期间电网高速发展，公司电网和设备规模翻了一番，大容量变压器、GIS、SF_6 互感器、数字化变电站等新设备、新技术广泛应用，部分厂家产品质量不稳定，新设备故障多发，设备全过程质量管控亟待进一步加强。

3）公司生产方式发生较大变化。公司系统全面推行状态检修，但设备状态监测的手段、方法仍不完善，装备水平和队伍素质都亟待提高；变电站无人值班、集中监控和调控一体化的加快推进，设备运维模式发生巨大变化。

二、国家电网公司"十八项反措"指导思想

坚持"安全第一、预防为主、综合治理"方针，贯彻落实国家安全生产有关法规和公司安全生产管理规程规定及相关要求，特别是《电力安全事故应急处置和调查处理条例》（中华人民共和国国务院第 599 号）的要求，以防止发生重大电网事故、重大设备损坏事故和人身伤亡事故为重点，全面总结近五年来电网安全生产工作暴露的安全隐患，针对电网安全生产中的突出问题，及时修订完善反事故措施，有效指导电网规划设计、设备选型、安装调试、设备运维以及技改检修等工作。

三、国家电网公司"十八项反措"制定的主要原则

（1）突出以防范重大电网、设备、人身事故为重点。

（2）突出强化设备全过程管理，从规划、设计、制造、安装、调试、运行维护、技改大修等各环节提出反事故措施和要求。

（3）确保反事故措施的针对性、有效性和权威性。

（4）确保反事故措施有可操作性。

四、国家电网公司"十八项反措"涉及输电线路部分内容解读

国家电网公司"十八项反措"中涉及输电线路部分的内容共有七章，其中第一章防止人身伤亡事故、第十四章防止接地网和过电压事故、第十七章防止垮坝、水淹厂房事故、第十八章防止火灾事故和交通事故为公共部分，第六章防止输电线路事故、第七章防止输变电设备污闪事故、第十三章防止电力电缆损坏事故为专业部分。

1. 第一章防止人身伤亡事故

重点防止发生重大及以上人身伤亡事故，针对电网发展的新趋势、新特点和暴露出的新问题，结合国务院、国家有关部委以及公司近五年发布的法律、法规、规范、规定、标准和相关文件提出的新要求，修改、补充和完善相关条款，对原条文中已不适应当前电网实际情况或已写入新规范、新标准的条款进行删除、调整。2005 年版《十八项反措》中从"加强作业现场危险点分析和做好各项安全措施""加强作业人员培训""加强对外包工程人员管理"三个方面提出了七条反措。新版国家电网公司"十八项反措"从"加强各类作业风险管控""加强作业人员培训""加强对外包工程人员管理""加强安全工器具和安全设施管理""设计阶段应注意的问题""加强施工项目安全管理""加强运行安全管理"等七个方面提出了 21 条反措。

2. 第六章防止输电线路事故

2005 年发布的《国家电网公司十八项电网重大反事故措施》（国家电网生技〔2005〕400 号），与输电线路相关的内容相对较少，主要集中在"防止输电线路事故"章节内。但近年来，随着输电线路规模不断扩大，极端恶劣气候时有发生，输电线路外部环境日益复杂，导致输电线路出现新的故障形式、线路运维出现新特征，迫切需要结合新近出现的隐患、缺陷及故障形式，对原有内容进行扩充、修编，根据事故类型，从防止倒塔事故，防止断线事故，防止绝缘子和金具断裂事故，防止风偏闪络事故，防止覆冰、舞动事故，防止鸟害闪络事故，防止外力破坏事故六个方面提出措施和要求。在防止输电线路事故的基本要求中，采用了最新的线路设计、施工、运行规范、规程，依据 GB 50545《110kV～750kV 架空输电线路设计规范》引入了有关差异化设计的内容，突出了加强战略性通道的设计等内容。DL/T 741《架空输电线路运行规程》对原有的内容进行了修订，特别增加了输电线路状态管理及新技术应用等内容，对于防止输电线路事故具有重要意义。此外，基本要求中还增加了 DL/T 5440《重覆冰架空输电线路设计技术规程》，是针对 2005、2008 年两次冰灾对电网造成的重大损失而提出的。

3. 第七章防止输变电设备污闪事故

从输电线路的设计、基建、运行方面出发，按照 GB/T 26218.1～3《污秽条件下使用的高压绝缘子的选择和尺寸确定》、Q/GDW 152《电力系统污区分级与外绝缘选择标准》要求，阐述了输变电设备防污闪事故的要求及在设计、基建、运行阶段应采取的相关措施

4. 第十三章防止电力电缆损坏事故

随着电网发展特别是城市电网的建设和发展，电力电缆的使用越来越多，电力电缆的安全运行更加重要，在分析历年电力电缆损坏事故的基础上，针对防止电缆绝缘击穿事故、防止电缆火灾、防止外力破坏和设施被盗、防止单芯电缆金属护层绝缘故障四类问题，从规划设计、基建施工、运行等环节提出 48 条反事故措施，其中防止电缆火灾内容，结合制造工艺的现状、运行经验，对 2005 年版《十八项反措》中防止电缆火灾内容做了较大幅度的修订、补充。条文为防止电力电缆损坏事故，严格按照 GB 50217《电力工程电缆设计规范》、GB 50168《电力装置安装工程电缆线路施工及验收规范》、GB 50229《火力发电厂与变电所设计防火规范》、Q/GDW 371《10（6）kV～500kV 电缆技术标准》、Q/GDW 512《国家电网公司电力电缆线路运行规程》、Q/GDW 168《国家电网公司输变电设备状态检修试验规程》等标准及国家电网生〔2010〕637 号《国家电网公司电缆通道管理规范》等有关规定进行编制。

5. 第十四章防止接地网和过电压事故

为了防止接地网和过电压事故，根据近年来相关技术标准、规范，以及近几年的一些接地网和过电压事故情况，按最新标准 DL/T 475《接地装置特性参数测量导则》修订防止接地网和过电压事故的反事故措施。防止接地网和过电压事故措施分为六部分：防止接地网事故、防止雷电过电压事故、防止谐振过电压事故、防止变压器过电压事故、防止弧光接地过电压事故、防止无间隙金属氧化物避雷器事故。反事故措施尽量按照设计、基建、运行三个不同阶段分别提出。条文为防止接地网和过电压事故，严格按照 DL/T 475《接地装置特性参数测量导则》、DL/T 393《输变电设备状态检修试验规程》、DL/T 596《电力设备预防性试验规程》进行编制。

6. 第十七章防止垮坝、水淹厂房事故

在原"防止垮坝、水淹厂房事故"内容的基础上，对原条文中已不适应当前电网实际部分进行修改或删除，对已写入新规范、新标准的条款进行调整。对大坝、厂房事故的分析表明，大多数事故除和运行管理中的差错等因素有关外，设计失误、施工留下的隐患也是诱发事故发生的内在因素，应强化设计、施工、运行全过程的风险意识和安全管理。对运行中的大坝、厂房也要站在工程的全过程考虑，特别是改建、扩建等工程的设计、施工对运行厂站安全至关重要，因此，为防止垮坝、水淹厂房重大事故的发生。条文为防止垮坝、水淹厂房事故的发生，严格按照《中华人民共和国防洪法》《中华人民共和国防汛条例》《水库大坝安全管理条例》等法律法规，以及《国家电网公司防汛管理办法及防汛检查大纲》等规定进行编制，并参照 2005 年 7 月国务院 441 号令发布关于修改《中华人民共和国防汛条例》的决定、1991 年 3 月国务院令第 78 号发布《水库大坝安全管理条例》、2004 年 12 月国家电力监管委员会发布 3 号令《水电站大坝安全运行管理规定》、2010 年 4 月国家电网公司发布国家电网生技〔2010〕329 号《关于印发国家电网公司防汛和大坝安全管理制度的通知》中的规定，分别对防汛检查、大坝管理、应急预案、流域防汛、抽蓄工程和超标洪水等管理进行规范。

7. 第十八章防止火灾事故和交通事故

针对国家电网公司系统的新特点和暴露出的新问题，结合近五年下发的法律、法规、规范、规定、标准和相关文件提出的新要求，修改、补充和完善相关条款。对原条文中已不适应当前电网实际情况或已写入新规范、新标准的条款进行删除、调整。"防止火灾事故"方面强调制度建设，增加了培训、演练和演习等举措内容；依据国家电网公司安全生产新要求，增加隐患排查工作机制内容；增加大物流管理防火内容；针对电网企业建筑设施的新特点提出高层建筑及调度楼防火要求。"防止交通事故"方面依据交通发展的实际情况和近年来发生的恶性交通事故案例提出了加强大型活动、作业用车和通勤用车以及大件运输、大件转场等高风险交通运输作业的安全防范要求。

【思考与练习】

1. 国家电网公司"十八项反措"指导思想是什么？

2. 国家电网公司"十八项反措"涉及输电线路的共有几章，分别是什么？

3. 国家电网公司"十八项反措"中防止输电线路故障中共有几部分，分别是什么？

4. 国家电网公司"十八项反措"中防止输电线路故障中较旧版反措增加了哪些内容？

5. 国家电网公司"十八项反措"中防止电力电缆损坏事故中共有几部分，分别是什么？

国家电网有限公司
技能人员专业培训教材 输电线路运检（330kV 及以上）

第四部分

输电线路检修及应急处理

第十六章

输电线路在线监测

◢ 模块 1　输电线路在线监测知识概论（Z04G7001 Ⅰ）

【模块描述】本模块包含输电线路在线监测的基本知识，在线监测技术基本原理、监测系统基本组成、技术标准和监测系统功能要求等。

【正文】

近年来，在线监测在电力系统中越来越受到有关管理、科研、运营和工程技术人员的重视。主要原因：电力设备的故障不仅会造成供电系统意外停电而导致电力公司经济效益减少，且可能造成用户的重大经济损失和抱怨，因此迫切需要做到有计划的维护和停电；电力部门希望尽量延长电力设备的维护间隔、缩短维护时间，从而缩短停电时间，减少因停电维护而造成的影响，增加经济效益；这些因素促使电力系统采用在线监测技术。电力设备的在线监测是利用各种传感器和测量手段对反映设备运行状态进行检测，其目的是为了判明设备是否处于正常状态。

"在线监测"是特征量的收集过程，而"故障诊断"是特征量收集后的分析判断过程。

状态检修从理论上讲是比预防检修层次更高的检修体制。状态检修是基于设备的实际工况，根据其在运行电压下各种绝缘特性参数的变化，通过分析、比较来确定电气设备是否需要检修，以及需要检修的项目和内容，具有极强的针对性和实时性。因此，可以简单地把状态检修概括为"当修即修，不做无为检修"。

目前，大多认为在线监测检修主要包含在线监测、状态分析与故障诊断、检修决策等 3 个单元，其相互之间协调和修正，但状态检修技术随着在线监测技术的不断发展而逐渐进入实用化。与状态分析密切相关、能直接提高状态检修工作质量的理论与技术主要包括 4 个方面的内容，即线路检修准测、设备寿命管理与预测技术、设备可靠性分析技术、专家系统。

目前输电线路状态检修还不能仅完全依赖在线监测的结果，其原因主要有：

（1）在线监测系统本身还处于研发及试运行阶段。

（2）在线诊断的专家系统还处于不断完善的过程。

（3）设备老化及寿命预测的研究还处于初期阶段。

（4）在线监测系统的技术标准、诊断导则以及专家系统的智能化程度尚有一个形成及发展过程。

目前及相当长的一个时期内，需要系统而深入地不断总结和分析设备状态诊断所积累的大量诊断数据，制定出各种设备、各种自然灾害的诊断标准和使用导则，经过若干年的实践与修订后，再与在线监测结果进行全面的分析对比，才可能进入真正的设备状态在线诊断新阶段。这个漫长过程还需要多少时间，关键取决于在线监测系统的稳定性、精确灵敏度、智能程度及满足工程需要的工艺水平。

一、输电线路在线监测技术基本原理

污秽积累、缺陷发展、自然灾害等对输电线路的破坏大多具有前期征兆和一定的发展过程，表现为设备的电气、物理、化学等特性有少量渐进的变化，及时采集相应信息进行处理和综合分析后，根据其数值的大小及变化趋势，可预测设备的可靠性和剩余寿命，从而能及早发现潜伏故障，必要时可提供预警或报警信息。由于输电设备种类较多，结构差异很大，因此要求采用各种不同形式的传感器，将被测信号（电量和非电量）抽取出来，转换成监测装置可以监测的信号，并通过电缆送入在线监测系统。在线监测系统工作示意图如图 16-1-1 所示。

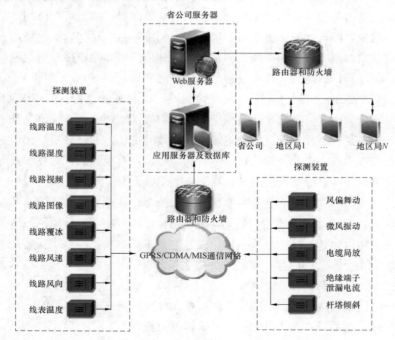

图 16-1-1 在线监测系统工作示意图

二、输电线路在线监测系统基本组成

输电线路在线监测系统采用光纤传感、电子测量、无线通信、太阳能新能源及软件等创新技术实现对导线覆冰、导线温度、导线弧垂、导线微风振动、导线舞动、次档距震荡、导线张力、绝缘子串风偏（倾斜）、杆塔应力分布、杆塔倾斜、杆塔振动、杆塔基础滑移、绝缘子污秽、环境气象、图像（视频）、杆塔塔材被盗等状况的实时在线监测。在线监测系统实物图如图 16-1-2 所示。

图 16-1-2　监测系统实物图

输电线路在线监测系统通常包含监测单元、在线监测基站、监测管理平台等，是典型的二级网络结构。其工作过程：在导地线、绝缘子、杆塔上安装监测单元，实时或定时将受控监测设备的状态数据及气象环境等信息，通过无线传感器网络发送至装在杆塔上的在线监测基站，基站再通过无线传输通信网络将信息数据发送至监测管理平台，监测管理平台对信息进行储存、分析处理、显示及预警。监测管理平台也可发出控制指令，通过监测基站控制监测单元进行数据采集，或改变检测单元的工作状态。

（1）监测单元。监测单元是基于各种监测原理的传感器及测量装置，如微气象条件检测单元、导线温度监测单元、盐密监测单元等。监测单元能进行相应状态参量的采集、测量，通常设置有短距离无线通信接口，用来与在线监测基站进行数据通信。

（2）在线监测基站。在线监测基站接收现场监测单元的实时数据，实现无线传感器网络和后端通信网络两个协议栈的转换，并经过相应的转换，转变为后端协议，将数据发送到监测管理平台。

基站还可以接受后端监测管理平台的指令及对现场作出的判断，按一定的工作模式，发送控制指令，控制监测单元采集数据，还可以改变监测单元节点的运行状态。

（3）监测管理平台。监测管理平台集成通信控制子系统、数据库平台、数据分析子系统和星系发布子系统等，按照数据信息的流程分为数据采集层、数据处理层、数据中心层、数据分析层和状态评估及检修层。

监测单元、在线监测基站及监测管理平台等系统组成部分，所采用的传感器技术、装置的供电技术、信息传输处理及诊断技术，是在线监测装置的关键技术。

系统采用模块化设计，可以独立使用，也可自由组合。

三、输电线路在线监测技术标准

1. Q/GDW 242《输电线路状态监测装置通用技术规范》
2. Q/GDW 243《输电线路气象监测装置技术规范》
3. Q/GDW 244《输电线路导线温度监测装置技术规范》
4. Q/GDW 245《输电线路微风振动监测装置技术规范》
5. Q/GDW 554《输电线路等值覆冰厚度监测装置技术规范》
6. Q/GDW 555《输电线路导线舞动监测装置技术规范》
7. Q/GDW 556《输电线路导线弧垂监测装置技术规范》
8. Q/GDW 557《输电线路风偏监测装置技术规范》
9. Q/GDW 558《输电线路现场污秽度监测装置技术规范》
10. Q/GDW 559《输电线路杆塔倾斜监测装置技术规范》
11. Q/GDW 560《输电线路图像视频监测装置技术规范》
12. Q/GDW 561《输变电设备状态监测系统技术导则》
13. Q/GDW 562《输变电状态监测主站系统数据通信协议》
14. Q/GDW 563《输电线路状态监测代理技术规范》

四、监测系统保障

1. 监测装置电源实现

（1）监测装置采用太阳能对蓄电池浮充的方式进行供电，对日照照射相对较弱地区也可同时采用太阳能及风能对蓄电池进行充电的方式进行供电。

监测装置安装于铁塔上，安装较为困难，因此减小设备体积及重量成为监测装置设计首要考虑的因素。监测装置采用超低功耗技术，装置待机电流保持在 20mA（12V）以内，因此在同等容量电源条件下，装置可连续运行时间比其他产品长 30%以上。正常情况下数据采集装置配置 12V 33AH 电池即可连续运行 30 天以上，且具备体积小、重量轻的特点，有利于现场安装。

监测装置应选用硅能绿色环保电池作为储能系统，该电池相比铅酸及其他类型电池系统具备以下优点。

1）储备容量高，达到国际要求的 2 倍。
2）充电接受能力强，达到国际要求的 3 倍。
3）大电流放电效率高，可高倍率放电，30C 放电 8s 内电池不损伤。

4）自放电小，年自放电率小于 2%。

5）充放电无记忆（次数）。

6）能耐高温及高寒，可以在−50～+70℃范围内使用。

7）绿色环保，该产品采用复合硅盐电解质取代硫酸，无污染，电池极板亦可再生使用。

8）循环使用寿命长，户外监测装置可使用 5～10 年。

（2）安装在导线上的监测装置采用以下两种方式进行供电。

1）特种高能电池：采用进口特种高能电池进行供电，体积小、重量轻、耐高低温，使用寿命达 8 年以上。

2）感应取能对蓄电池充电：采用高能感应线圈取电及对蓄电池进行浮充的方式进行供电，取电效率高、通信模块可实时在线。

2. 监测装置通信技术

（1）数据采集单元（导线温度、导线舞动、导线张力、导线弧垂等）与塔上监测装置之间采用 RF、Zigbee、Wi-Fi 等方式进行通信，通信距离 1～3km。

（2）塔上监测装置与 CMA（状态监测代理）之间采用 RJ45、RF、Zigbee、Wi-Fi 等方式进行通信。

（3）CMA 或集成有 CMA 功能的监测装置与 CAG（状态信息接入网关机）之间采用 OPGW、Wi-Fi、GPRS/CDMA/3G、卫星等方式进行通信。具备光纤接入条件杆塔上的监测装置，采用光端机将杆塔上的数据传输至中心 CAG，实现数据落地；不具备光纤接入条件杆塔上的监测装置通过无线（Wi-Fi）网络将各监测装置数据汇总至有光纤接入杆塔上的监测装置，利用光交换机将无线监测装置数据传输至中心 CAG。

3. 监测装置工作条件

（1）工作温度：−45～+70℃。

（2）环境温度：−40～+50℃。

（3）相对湿度：5%～100%RH。

（4）海拔：≤4000m。

（5）大气压力：500～1100hPa。

（6）风速：≤75m/s。

（7）防护等级：IP66。

（8）振动峰值加速度：10m/s²。

（9）电池电压：DC 12V。

五、监测装置系统主要功能

（1）能探测空气温度。

（2）能探测线表温度（高压终端场专用）。

（3）能探测湿度。

（4）能探测风速和风向。

（5）能探测气压。

（6）能探测雨量。

（7）能探测绝缘子的泄漏电流，计算出污闪告警。

（8）能探测覆冰的厚度，计算覆冰告警。

（9）能上传视频图像或图片，实时监控现场。

（10）具备太阳能供电。

（11）具备防雷击设计。

（12）设计防腐、防高磁、防高压。

（13）传输通信通道可以兼容 PRS、CDMA、3G、Internet 或性能更优越的通信形式。

六、主要技术参数

主要技术参数见表 16-1-1。

表 16-1-1　　　　　　　　　主 要 技 术 参 数 表

名称	技术指标
工作电压	DC12V
功率	6W（瞬间 MAX：30W）
通信方式	GPRS、CDMA、3G、Internet 或性能更优越的通信方式
温度	范围：$-40\sim+60℃$； 精度：$\pm0.5℃$
气压	范围：$550\sim1060$hPa； 准确度：±0.3hPa
湿度	范围：$10\%\sim90\%$RH；精度：$\pm3\%$RH；
风速	范围：$0\sim60$m/s； 精度：$\pm（0.5+0.03v）$m/s，v 为风速标准值
风向	范围：$0\sim360°$； 分辨率：$\pm3°$； 准确度：$\pm5°$
雨量	降水强度：$0\sim4$mm/min； 准确度：±0.4mm
泄漏电流	范围：1mA~10A； 精度：小于 3%； 采样率：$0\sim10$kHz

续表

名称	技术指标
覆冰	量程：7t、16t、21t、32t； 范围：5%～100%FS（线性工作区间）； 示值误差 δ'（%FS）：±0.50； 重复性 R'（%FS）：0.50； 长期稳定性 S_b'（%FS）：±0.50
摄像机	摄像（照相）机传感器：1/4″ CCD； 水平清晰度：不低于 480 线，采用低照度摄像机； 视频分辨率：D1，640×480，可根据用户要求调整； 摄像机镜头：用户在后台可实现对摄像机方位、焦距、光圈、景深、云台预置位 的远程设置和控制；系统配置的云台有不少于 64 个预置位； 监视角度：水平 0～355°，垂直 90°连续可调； 变焦率：18 倍光学变倍/22 倍电子放大； 照片格式：JPEG
平均无故障时间	50 000h

【思考与练习】

1. 输电线路在线监测技术的基本原理。

2. 输电线路在线监测系统的基本组成。

3. 输电线路在线监测装置的主要功能。

▲ 模块 2　输电线路状态监测与故障诊断系统（Z04G7002Ⅱ）

【模块描述】本模块包含输电线路状态监测与故障诊断系统的结构与组成及其相关知识，通过在线监测的装置、在线监测代理和主站系统讲解，掌握在线监测与故障诊断系统的原理及应用情况。

【正文】

输电线路在线监测与故障诊断是指直接安装在线路设备上可实时记录表征设备运行状态特征量的测量、传输和诊断系统，是实现输电线路状态监测、状态检修的重要手段。

一、在线监测、状态监测和状态检修

目前很多人存在一个认识误区，认为在线监测就是状态监测，其实在线监测并不等同于状态监测，更不是状态检修。在线监测是通过在线监测装置（各种在线监测技术）在不影响运行设备的前提下实时获取设备的状态信息，它是状态监测的重要信息来源。目前状态监测包括在线监测、必要时的离线检测及试验，以及不与运行设备直

接接触的（如 GPS 巡检、图像、红外监测等）所有可得到运行状态数据等的几种监测手段。

设备的"故障诊断"：根据状态监测所得到的各测量值及其运算处理结果所提供的信息，采用所掌握的关于设备的知识和经验，进行推理判断，找出设备故障的类型、部位及严重程度，从而提出对设备的维修处理建议。

状态检修从理论上讲是比预防检修层次更高的检修体制。状态检修是基于设备的实际工况，根据其在运行电压下各种绝缘特性参数的变化，通过分析比较来确定电气设备是否需要检修，以及需要检修的项目和内容，具有极强的针对性和实时性。因此，可以简单地把状态检修概括为"当修即修，不做无为检修"。目前大多认为状态监测检修主要包含状态监测、状态分析与故障诊断、检修决策等三个单元，其相互之间协调和修正，但状态检修技术随着在线监测技术的不断发展而逐渐进入实用化。与状态分析密切相关、能直接提高状态检修工作质量的理论与技术主要包括4 个方面的内容，即线路检修准则、设备寿命管理与预测技术、设备可靠性分析技术、专家系统。

1. 状态监测与故障诊断的意义

状态监测与故障诊断技术的由来及发展，与十分可观的故障损失以及设备维修费密切相关，而状态监测与故障诊断的意义则是有效地遏制了故障损失和设备维修费用。具体可归纳如下几个方面。

（1）及时发现故障的早期征兆，以便采取相应的措施，避免、减缓、减少重大事故的发生。

（2）一旦发生故障，能自动记录下故障过程的完整信息，以便事后进行故障原因分析，避免再次发生同类事故。

（3）通过对设备异常运行状态的分析，揭示故障的原因、程度、部位，为设备的在线调理、停机检修提供科学依据，延长运行周期，降低维修费用。

（4）可充分地了解设备性能，为改进设计、制造与维修水平提供有力证据。

提高电气设备的可靠性，一是提高设备的质量，二是进行检查和维修。最早是发生事故后才维修，称事故维修。但突发性事故损失大。目前广泛采用定期检查和维修的制度，称为预防性维修制度。电力系统中当前推行的预防性试验是离线进行的。其缺点是：① 需停电进行。而不少重要的电力设备，轻易不能停止运行。② 周期性进行。设备仍有可能在试验间隔期间发生故障，即造成"维修不足"。③ 停电后设备状态（如作用电压、温度等）和运行中不符，影响判断准确度。④ 定期的试验及维修有时是不必要的，造成了人力、物力的浪费，即造成"过度维修"。

因此，目前正在发展以状态监测（通常是在线监测）和故障诊断为基础的状态维修。其基本原理可简述如下：设备的劣化、缺陷的发展虽然具有统计性，发展的速度也有快慢，但大多具有一定的发展期。在这期间，会产生各种前期征兆，表现为其电气、物理、化学等特性发生少量渐进的变化。随着电子技术、计算机技术、光电技术、信号处理技术和各种传感技术的发展，可以对电气设备进行在线的状态监测，及时取得各种即使是微弱的信息。对这些信息进行处理和综合分析后，根据其数值的大小及变化趋势，可对设备的可靠性随时作出判断和对设备的剩余寿命作出预测，从而能早期发现潜伏的故障，必要时可提供预警或规定的操作。状态监测（在线监测）与故障诊断技术的特点是可以对电气设备在运行状态下进行连续或随时的监测与判断，故可避免上述预防性试验的缺点。

在线监测和离线试验也不是对立的，而是相辅相成的。如在线监测中发现事故隐患后，必要时在离线状态下进行更为彻底的全面检查。

采用状态监测与故障诊断技术后，可以使预防性维修向预知性维修即状态维修过渡，从"到期必修"过渡到"该修则修"。

状态监测与故障诊断技术的困难主要是：干扰的抑制；正确确立故障判据。

状态监测与故障诊断技术除需对设备本身结构及失效机理有深入了解外，也需应用传感、微电子等高新技术，是具有交叉学科性质的一门新兴技术，有重大的学术意义和显著的经济价值。

2. 输电线路状态检修所需的技术支持

（1）状态信息库的建立。输电线路状态信息库的建立是进行状态检修的基础，所有采集的线路状态信息必须要进入信息库进行管理，输电线路状态信息库包含的内容是非常复杂和详细的。完善输电线路生产管理系统（MIS）和输电线路地理信息系统（GIS）数据，运行人员要及时把巡视情况和各种测试记录录入系统，使系统能够正确反映线路的状态，以便进行检修决策。

输电线路地理信息系统（GIS）、输电线路生产管理信息系统（MIS）已在各地推广使用，线路的状态信息都已进入系统，可以实现对状态数据的管理，已成为我们日常工作中不可缺少的工具和得力助手。输电线路状态信息综合评估系统和整个供电企业的管理系统目前已初步研发成功，尚不成熟，所以状态评估和检修决策这部分工作要由人工来完成。状态评估每季度进行一次，汇总线路的状态数据，根据评估结果，有针对性地提出线路升级方案和下一年度的大修、改进项目。

（2）复杂大系统的可靠性评价。电力系统是一个复杂的大系统，综合的可靠性评估是关键技术，也是可靠性工程的重要组成部分，可靠性评估是根据设备的可靠性结构、寿命模型及试验信息，利用统计方法和手段，对评价系统可靠性的性能指标给出估计的过程。

对复杂大系统的可靠性评估一直是难题，主要原因是由于费用和试验组织等方面的原因，不可能进行大量的系统级可靠性试验，而只能利用单元试验信息，如何充分利用单元和系统的各种信息对系统可靠性进行精确的评估是相当复杂的问题。

（3）故障严重性分析。现在对故障、缺陷的评定方法还都是以人为主的办法来区分。由于区分故障严重性是确定设备是否退出运行的关键性指标，因此还需要进一步深入研究线路的故障严重性分类及其分析方法，同时建立故障分析的仿真模型，建立具有人工智能的判据库，实现故障的诊断和预测。

（4）积极开展带电作业。现今带电检修设备的技术逐步提高，如果实现部分元件的带电检修，就可以提高线路运行的可用率，保证整个系统的可靠性。现在电力线路可以带电检修 80%的检修任务，因此需要进一步进行带电作业工作的研究。

（5）寿命估计。对设备寿命估计是对线路更新的基本依据，目前所采用的基本方法是在大量的实验基础上利用概率的相关知识。如使用 CICGE Ⅱ方法对绝缘子老化进行估计，从而得到设备的剩余寿命。

3. 输电线路在线监测技术

最近几年，随着电力系统状态检修工作的开展和智能电网的建设，输电线路在线监测技术得到迅速发展。2008 年年初的罕见冰雪灾害发生后，国网、南网均加大了对输电线路覆冰、舞动的研究投入，2010 年国家智能电网规划总报告中提出加大对输电线路状态监测装置及其系统的研制开发，全面建成覆盖全网范围的总部和各网省公司输电设备状态监测系统，利用先进的测量、信息、通信和控制等技术，以线路运行环境和运行状态参数的集中在线监测为基础，实现对特高压线路、跨区电网、大跨越、灾害多发区的环境参数（温度、湿度、风速、风向、雨量、气压、图像等）和运行状态参数（污秽、风偏、振动、舞动等）进行集中实时监测，开展状态评估，实现灾害的预警。

（1）在线监测技术重点和难点。

1）可靠性—现场运行环境、可靠性设计措施缺乏。

2）低功耗—现场环境的取能方式、免维护、小型化。

3）电源可靠性问题—铅酸蓄电池的局限性。

4）传感器特性和质量问题—新产品（缺运行经验）、老产品（民转恶）、安装方式（缺乏严谨性）。

5）干扰问题。

6）积累运行经验，完善专家系统，制定监测标准。

7）在线监测管理问题。

（2）在线监测现场布点原则。输电线路在线监测装置的现场布点应遵循必要性和科学性的原则，统筹考虑，优化设计。现场布点应在核心骨干网架的重载线路、战略输电通道、巡线或抢修困难地区、微地形微气象地区、采空区或地质不良区、重要跨越区段、外力破坏多发区等。在线路运行科学分析的基础上，选用安全可靠、技术先进、功能适用、维护方便的在线监测装置。各类型现场布点原则如下。

1）导线温度在线监测装置宜安装在需要提高线路输送能力的重要线路和跨越主干铁路、高速公路、桥梁、河流、海域等区域的重要跨越段。

2）导线弧垂在线监测装置宜安装在需验证新型导线弧垂特性的线路区段和曾因安全距离不足导致频发故障（如线树放电）的线路区段。

3）导线覆冰在线监测装置宜安装在重冰区部分区段线路和迎风山坡、垭口、风道、大水面附近等易覆冰特殊地理环境区，还可安装在与冬季主导风向夹角大于 45° 的线路易覆冰舞动区。

4）微风振动在线监测装置宜安装在跨越通航江河、湖泊、海峡等的大跨越和可观测到较大振动或发生过因振动断股的档距。

5）舞动在线监测装置宜安装在曾经发生舞动的区域，也可安装在与冬季主导风向夹角大于 45° 的输电线路、档距较大的输电线路，还可按照大跨越或安装在易发生舞动的微地形、微气象区的输电线路。

6）杆塔倾斜在线监测装置宜安装在采空区、沉降区和不良地质区段，如土质松软区、淤泥区、易滑坡区、风化岩山区或丘陵等。

7）微气象在线监测装置宜安装在大跨越、易覆冰区和强风区等特殊区域区段（高海拔地区的迎风山坡、垭口、风道、水面附近、积雪或覆冰时间较长的地区），也可安装在因气象因素导致故障（如风偏、非同期摇摆、脱冰跳跃、舞动等）频发的线路区段，还可在传统气象监测盲区对于行政区域交界、人烟稀少区、高山大岭区等无气象监测台站的区域。

8）风偏在线监测装置宜安装在曾经发生过风偏放电的直线塔悬垂串或耐张塔跳线，也可安装在常年基本与主导风向（大风条件下）垂直的档距或常年风速过大的地区的线路，还可按照在对地风偏放电的线路。

9）现场污秽在线监测装置宜安装在现有的污区等级点，也可按照在范围内污染最严重的地点，还可安装在曾经发生过污闪事故或现有爬距不满足要求的区域。

10）图像/视频在线监测装置宜安装在外力破坏易发区（违章建房、开山炸石、吊车施工等外力破坏易发区域）、火灾易发区、易覆冰区、通道树木（竹）易生长区、偏远不易到达区和其他线路危险点、缺陷易发区段。

各类在线监测装置的选取应以实际需求为基础，对同一走廊多条线路或环境条件、气象条件相近地区，应统筹优化考虑现场布点，避免不必要的浪费。

各类在线监测系统一般均具有：先进的传感器技术、计算机与信息处理技术，GPRS/GSM 通信系统，专家分析系统及较为完备的数据信息库，同时专家分析系统可嵌入电力系统 MIS 网，查询方式灵活多样等功能。

目前输电线路全工况监测系统和输电线路 GIS 地理信息系统已在各地试运行和完善之中，有的已取得良好的经济效益，如湖南的输电线路覆冰视频监测系统在 2008 年冰害的预警、监测、辅助决策中发挥了一定作用。

二、设备在线监测与故障诊断系统的内容

设备在线监测与故障诊断系统以现代科学中的系统论、控制论、可靠性理论、失效理论、信息论为理论基础，以包括传感器在内的仪表设备和计算机为技术手段，结合监测对象的特殊性，有针对地对各运行参数进行连续监测，对设备状态做出实时评价，对故障提前预报并做出诊断，变故障停机为计划停机，减少停机或避免事故扩大化，使企业对设备的维修管理从计划性维修、事故性维修逐步过渡到以状态监测为基础的预防性维修，提高了企业设备管理现代化水平，创造了巨大的经济效益。

（一）状态监测与故障诊断系统分类和基本单元

监测与诊断系统按构造复杂程度分类：① 简易式。如便携式据采集器等。② 以单片机为核心的监测装置。③ 以计算机为核心的监测系统，采用单台计算机代替单片机，直至发展为分级管理的分布式监测诊断系统。

监测与诊断系统包括：① 信息的检出及适配单元。由相应的传感器从待测设备上将采集到的信息传送到后续单元。对于固定式监测系统，因数据处理单元远离现场，故需配置专门的信息传输单元；对便携式检测装置，只需对信号进行适当的变换和隔离。检出反映设备状态的物理量（特征量）并将其转换为合适的电信号，向后续单元传送。② 数据采集及前置单元。对传感器变送来的信号进行预处理，主要是对混杂在信号中的干扰进行抑制以提高信噪比。对经过预处理的信号进行 A/D 转换及采集记录。③ 信息的传输单元。④ 数据处理单元。对所采集到的数据进行处理和分析，例如读取特征值，作时域频域分析、平均处理等，为诊断提供有效的数据。⑤ 诊断单元。对处理后数据及历史数据、判据、规程以及运行经验等进行分析比较，对设备的状态及故障部位作出判断，为采取进一步措施（如需否退出运行、安排维修计划等）提供依据，必要时提供预警。

由于特征量和状态不是一一对应，需作综合性的分析与判断，专家的经验会发挥重要作用。人工智能的重要分支 C 专家系统在诊断技术中的应用已得到重视。

（二）状态监测与故障诊断系统组成及架构（见图 16-2-1）

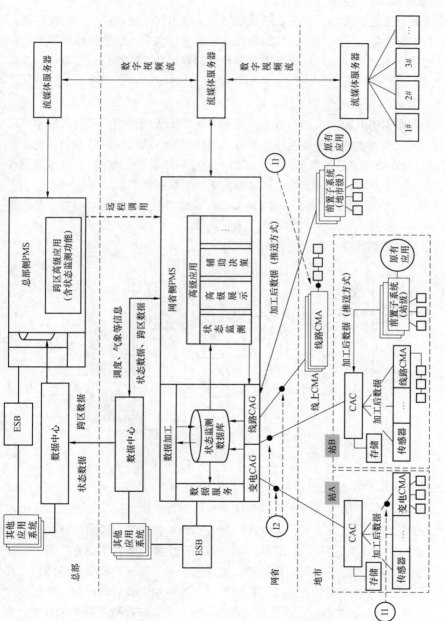

图 16-2-1 系统组成架构

1. 输电线路状态监测装置（CMD）

输电线路状态监测装置是一种满足测量数字化、输出标准化、通信网络化特征，具备自检、自恢复功能，能够实时采集输电线路本体运行状态、气象、通道环境等信息，并通过通信网络，将信息传输到状态监测代理装置或输电线路状态监测主站系统的测量装置。

2. 输电线路状态监测代理（CMA）

CMA 的一侧通常以 RS485 串行通信方式或者短距离无线通信方式接入以本杆塔为中心的周边一定范围内的各种输电线路状态监测传感器（跨厂家、跨专业甚至跨线路），接收它们发出的状态监测数据；一侧通过无线公网或基于 OPGW 等技术的沿线通信专网连接主站 CAG，向 CAG 集中发送标准化后的状态信息。

CMA 形态可分为：独立装置形态的 CMA、嵌入组件形态的 CMA、前置子系统形态的 CMA 三种，分别应用在不同的场合。

输电线路状态监测代理—安全防护如图 16-2-2 所示。

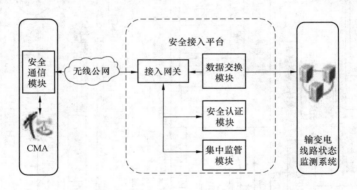

图 16-2-2　状态监测代理

3. 状态信息接入控制器（CAC）

CAC 的主要功能：① 实现整个在线监测系统的运行控制，以及站内所有变电设备的在线监测数据的汇集、综合分析、故障诊断、监测预警、数据展示（站端二级主站系统）、存储和标准化数据转发等功能。② 对站内在线监测装置、综合监测单元以及所采集的状态监测数据进行全局监视管理，支持人工召唤和定时自动轮询两种方式采集数据，可实现对在线监测装置和综合监测单元安装前和安装后的检测、配置和注册等功能。③ 建立统一的数据库，进行时间序列存盘，实现在线数据的集中管理，并具有与上层平台通信及站内信息一体化平台交互的接口。④ 系统具有可扩展性和二次开发功能，可接入的监测装置类型、监视画面、分析报表等不受限制；同时系统功能亦可扩充，应用软件采用 SOA 架构，支持状态检测数据分析算法添加、删除、修改操作，能适应在线监测与运行管理的不断发展。

4. 状态信息接入网关机（CAG）

CAG 是部署在主站侧的，能以标准方式远程连接各类状态监测代理 CAC，接收它们所发出的标准化状态信息，并对它们进行标准化控制的计算机。

5. 视频监控系统

视频监控应用包括视频/图像预览、画面组合、云台控制、录像回放、报警显示、系统管理与配置、安全加密和日志管理。

6. 输电线路状态监测与故障诊断主站

（1）状态监测应用功能主要包括：① 基于图形的全局可视化展现类；② 基于设备对象的局部集成化展现类；③ 针对单体设备的状态分析、诊断、评价和预测功能；④ 查询统计类；⑤ 监测设备管理与配置类；⑥ 系统管理与配置类。

（2）故障诊断专家系统功能：智能故障诊断专家系统整合了丰富的故障诊断知识，应用人工智能技术，以人工神经网络、模糊和规则推理得出机组故障原因，并在运行过程中应用工程知识不断积累经验，丰富知识库，提供故障发生的原因以及治理措施，实现操作开环控制。

（3）故障诊断专家系统特点。

1）采用人工神经网络和基于规则的专家系统有机结合的故障诊断技术，克服了神经网络每次学习必须忘记原有知识，需要从头开始学习的弊端，大大提高了故障诊断准确率。

2）人工神经网络和模糊故障诊断模型结合的故障诊断技术，解决了神经网络透明性差的问题。

3）应用时域信号的数学特征量自动识别故障征兆，实现了计算机全自动识别，无须手动输入过多的信息，避免了人为干预造成的影响。

4）以故障历史为依据的专家系统自学习功能，可以实现专家系统的经验积累，提高诊断的正确率。

5）多测点信号综合应用技术，避免了仅依靠个别测点进行故障诊断的误判、漏判。

6）多参数（振动信号+工艺信号）综合应用技术，避免了单一信号进行故障诊断的不足，大大提高了故障诊断的准确率。

7）多台机组集中管理诊断知识库的建造技术，可以分别将每台机组的共性知识，特有知识分别构造知识库，既可共享，又有针对性。

【思考与练习】

1. 在线监测、状态监测与故障诊断的定义。
2. 开展输电线路状态检修需要哪些技术支持？
3. 输电线路在线监测现场布点的原则？
4. 状态监测与故障诊断系统的组成和功能？

▶ 模块 3　输电线路在线监测装置通用技术（Z04G7003 Ⅱ）

【模块描述】本模块包含输电线路在线监测装置的通用技术，通过电源技术、通信技术、可靠性技术，以及技术规范的讲解，掌握在线监测装置通用技术。

【正文】

一、输电线路在线监测装置通用技术

由于大部分输电线路在线监测装置都安装在野外，相关能量的供应都很不方便。现在主流的装置电源都是通过太阳能供电、风能供电、风光互补供电。所以电源的稳定性直接影响在线监测装置的可靠性。所以电源是输电线路在线监测装置中很重要的部分。

1. 耦合感应取能技术

对输电线路导线微风振动、导线舞动、导线风偏、导线弧垂、导线覆冰状态、导线温度等进行在线监测时，其电源的供给是关键问题之一。因采集信号的各种传感器及信号发送单元等都在输电线路导线上，不可能使用常规电源。而且，由于电源工作在野外，需要长期免维护，对可靠性提出了很高的要求。

（1）取能电源工作原理。输电线路耦合取能装置由取能互感器和取能电源模块两部分构成，工作原理如图 16-3-1 所示。

通过取能互感器从输电导线上获取电能，然后输入取能电源模块，取能电源模块对其进行整流滤波处理并实现隔离稳压输出。取能电源模块内含取电调节保护电路，可以实时的调节和限制输入模块的电能，吸收因雷击等特殊情况引起的瞬间大电流，保证模块能在输电导线电流不稳定时仍能输出稳定的电压。

取能互感器从输电导线上抽取的能量大小与输电导线上的电流大小有关，

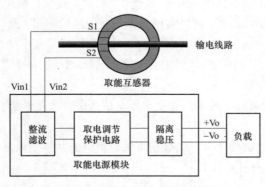

图 16-3-1　输电线路耦合取能装置

输电导线的电流越大，取能装置可以输出的功率也越大。输电线路取能装置的额定输出功率指的是在输电导线上的电流足够大时，装置能够提供的最大功率输出。取能装置安装在工作期间会根据导线的电流大小和负载所需的功率自行调节工作模式。

（2）取能装置的工作模式。

1）待机模式：当输电导线上的电流非常小，甚至无法提供模块启动所需消耗的电能时，取能装置会处于待机状态，不输出功率，此时输出电压为零；

2）间断工作模式：当输电线路的电流增大到一定值，抽取的电能可以支持模块启动，但不足以支持负载正常工作时，取能装置会处于间断工作状态，断续对负载输出功率，此时输出电压值为额定输出电压和零伏跳跃变化的方波。

3）正常工作模式：当输电线路的电流足够大，抽取的电能可以支持负载工作时，取能装置正常输出负载所需的功率，并限制输入取能电源模块的多余能量，输出稳定的电压。

取能装置在所有工作模式下都不会输出额定电压值和零伏以外的异常电压值，以确保负载的安全工作。

2. 太阳能技术

太阳能是各种可再生能源中最重要的基本能源，生物质能、风能、海洋能、水能等都来自太阳能，广义地说，太阳能包含以上各种可再生能源。太阳能作为可再生能源的一种，则是指太阳能的直接转化和利用。通过转换装置把太阳辐射能转换成电能利用的属于太阳能光发电技术，光电转换装置通常是利用半导体器件的光伏效应原理进行光电转换的，因此又称太阳能光伏技术。

20 世纪 50 年代，太阳能利用领域出现了两项重大技术突破：一是 1954 年美国贝尔实验室研制出 6%的实用型单晶硅电池；二是 1955 年以色列 Tabor 提出选择性吸收表面概念和理论并研制成功选择性太阳吸收涂层。这两项技术的突破为太阳能利用进入现代发展时期奠定了技术基础。

（1）光伏效应。光生伏特效应简称为光伏效应，指光照使不均匀半导体或半导体与金属组合的不同部位之间产生电位差的现象。

太阳能电池是一种近年发展起来的新型的电池。太阳能电池是利用光电转换原理使太阳的辐射光通过半导体物质转变为电能的一种器件，这种光电转换过程通常叫作"光生伏特效应"，因此太阳能电池又称为"光伏电池"，用于太阳能电池的半导体材料是一种介于导体和绝缘体之间的特殊物质，和任何物质的原子一样，半导体的原子也是由带正电的原子核和带负电的电子组成，半导体硅原子的外层有 4 个电子，按固定轨道围绕原子核转动。当受到外来能量的作用时，这些电子就会脱离轨道而成为自由电子，并在原来的位置上留下一个"空穴"，在纯净的硅晶体中，自由电子和空穴的数目是相等的。如果在硅晶体中掺入硼、镓等元素，由于这些元素能够俘获电子，它就成了空穴型半导体，通常用符号 P 表示；如果掺入能够释放电子的磷、砷等元素，它就成了电子型半导体，以符号 N 代表。若把这两种半导体结合，交界面便形成一个 P–N 结。太阳能电池的奥妙就在这个"结"上，P–N 结就像一堵墙，阻碍着电子和空穴的移动。当太阳能电池受到阳光照射时，电子接收光能，向 N 型区移动，使 N 型区带负电，同时空穴向 P 型区移动，使 P 型区带正电。这样，在 P–N 结两端便产生了电动势，也就是通常所说的电压。这种现象就是上面所说的"光生伏特效应"。如果这时分别在 P 型层和 N 型层焊上金属导线，接通负载，则外电路便有电流通过，如此形成的一个个电池元件，把它们串联、并联起来，就能产生一定的电压和电流，输出功率。制造太阳电池的半导体材料已知的有十几种，因此太阳电池的种类也很多。目前，技术最成熟，并具有商业价值的太阳电池要算硅太阳电池。

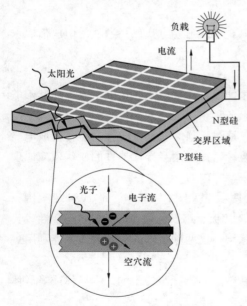

图 16–3–2　常规太阳电池简单装置

太阳能电池就是利用光伏效应将太阳能直接转换为电能的一种装置。常规太阳电池简单装置如图 16–3–2 所示。当 N 型和 P 型两种不同型号的半导体材料接触后，由于扩散和漂移作用，在界面处形成由 P 型指向 N 型的内建电场。当光照在太阳电池的表面后，能量大于禁带宽度的光子便激发出电子和空穴对，这些非平衡的少数载流子在内电场的作用下分离开，在电池的上下两极累积，这样电池便可以给外界负载提供电流。

（2）太阳能电池板分类。

1）单晶硅太阳能电池。单晶硅太阳能电池的光电转换效率为 15%左右，最高的达到 24%，这是目前所有种类的太阳能电池中光电转换效率最高的，但制作成本很大，以至于它还不能被大量广泛和普遍地使用。由于单晶硅一般采用钢化玻璃以及防水树脂进行封装，因此其坚固耐用，使用寿命一般可达 15 年，最高可达 25 年。

2）多晶硅太阳能电池。多晶硅太阳能电池的制作工艺与单晶硅太阳电池差不多，但是多晶硅太阳能电池的光电转换效率则要降低不少，其光电转换效率约 12%左右（2004 年 7 月 1 日，日本夏普上市了效率为 14.8%的世界最高效率多晶硅太阳能电池）。从制作成本上来讲，比单晶硅太阳能电池要便宜一些，材料制造简便，节约电耗，总的生产成本较低，因此得到大量发展。此外，多晶硅太阳能电池的使用寿命也要比单晶硅太阳能电池短。从性能价格比来讲，单晶硅太阳能电池还略好。

3）非晶硅太阳能电池。非晶硅太阳能电池是 1976 年出现的新型薄膜式太阳能电池，它与单晶硅和多晶硅太阳电池的制作方法完全不同，工艺过程大大简化，硅材料消耗很少，电耗更低，它的主要优点是在弱光条件下也能发电。但非晶硅太阳电池存在的主要问题是光电转换效率偏低，目前国际先进水平为 10%左右，且不够稳定，随着时间的延长，其转换效率衰减。

3. 风力发电技术

（1）风力发电机原理。风力发电机的基本工作原理比较简单，风轮在风力的作用下旋转，将风的动能转变为风轮轴的机械能，风轮轴带动发电机旋转发电。其中风能转化装置称为风力机。风力机的核心部件为叶轮的设计，随着空气动力学的飞速发展，叶轮设计已经取得了巨大的进步。

（2）风力发电机分类。

垂直轴风力发电机组（如图 16-3-3 所示）。垂直轴风轮按形成转矩的机理分为阻力型和升力型。阻力型的气动力效率远小于升力型，故当今大型并网型垂直轴风力机的风轮全部为升力型。

阻力型的风轮转矩是由两边物体阻力不同形成的，其典型代表是风杯，大型风力机不用。

升力型的风轮转矩由叶片的升力提供，是垂直轴风力发电机的主流，尤其是风轮像打蛋形的最流行，当这种风轮叶片的主导载荷是离心力时，叶片只有轴向力而没有弯矩，叶片结构最轻。

图 16-3-3 垂直轴风力发电机组

垂直轴风轮特点如下：

1）安全性。采用了垂直叶片和三角形双支点设计，并且主要受力点集中于轮毂，因此叶片脱落、断裂和叶片飞出等问题得到了较好的解决。

2）噪声。采用了水平面旋转以及叶片应用飞机机翼原理设计，使得噪声降低到在自然环境下测量不到的程度。

3）抗风能力。水平旋转和三角形双支点设计原理，使得它受风压力小，可以抵抗每秒 45m 的超强台风。

4）回转半径。由于其设计结构和运转原理的不同，比其他形式风力发电具有更小的回转半径，节省了空间，同时提高了效率。

5）发电曲线特性。启动风速低于其他形式的风力发电机，发电功率的上升幅度较平缓，因此在 5～8m 风速范围内，它的发电量较其他类型的风力发电机高10%～30%。

6）利用风速范围。采用了特殊的控制原理，使它的适合运行风速范围扩大到2.5～25m/s，在最大限度利用风力资源的同时获得了更大的发电总量，提高了风电设备使用的经济性。

7）刹车装置。可配置机械手动和电子自动刹车两种，在无台风和超强阵风的地区，仅需设置手动刹车即可。

8）运行维护。采用直驱式永磁发电机，无需齿轮箱和转向机构，定期（一般每半年）对运转部件的连接进行检查即可。

图 16-3-4　水平轴风力发电机组

（3）水平轴风力发电机组（如图 16-3-4 所示）。水平轴（风轮）风力发电机组，是指风轮轴线基本与地面平行安置在垂直地面的塔架上，是当前使用最广泛的机型。

水平轴风力发电机组还可分为上风向及下风向两种机型，上风向机组其风轮面对风向，安置在塔架前方。上风向机组需要主动调向机构以保证风轮能随时对准风向。下风向机组其风轮背对风向安置在塔架后方。当前大型并网风力发电机几乎都是水平轴上风向型。

1）下风向风力发电机，只在中、小功率机型中出现过。下风向风电机的特点如下。

a. 风轮（被动）对风，不需要偏航驱动机构。因为风轮处于塔架的下风向是静平衡状态，实际上由于偏航使电缆扭绞，仍需要解扭措施。原则上可采用滑环机构避免扭绞，但不可靠。

b. 风轮在下风向，受塔影响较大，这一方面影响了风能利用系数，同时使疲劳载的幅值增大，同样的叶片疲劳寿命较上风向机型机低，因此下风向机组当前很少采用。

但近期为了减轻风力发电机的重量、降低风力发电机的造价，又有人提出了下风向柔性结构的设计方案，但至今尚无商品机型。

2）上风向风电机。水平轴上风向三叶片风力发电机是当代大型风力发电机的主流；两叶片的产品也比较多见。

两叶片风电机在同样风轮直径（扫掠面积）的情况下其转速较快才能产出相同的功率。要求叶片的寿命（循环次数）比三叶片机型的高。由于转速快叶尖速度高风轮的噪声水平也高，因此对周围的环境影响大。两个叶片相对三叶片的质量平衡及气动力平衡都比较困难，因此功率和载荷`波动较大。其优点是叶片少，成本相对低，对于噪声要求不高的离岸型风力发电机，两叶片是比较合适的。

4. 储能电池技术

太阳能或者风能获取的能量必须通过储能电池进行储存。才能在能量供应不足的时候能持续供给后面的负载使用。现阶段国内在线监测装置的储能电池主要有免维护铅酸蓄电池、胶体蓄电池、硅能蓄电池、纤维镍镉电池、磷酸铁锂电池。

（1）免维护铅酸蓄电池（如图 16-3-5 所示）。密封免维护蓄电池采用九十年代最新设计的全密封结构及现代化生产工艺。使其具有高性能、长寿命、无污染、免维护、安全可靠的卓越性能。

免维护蓄电池由于自身结构上的优势，电解液的消耗量非常小，在使用寿命内基本不需要补充蒸馏水。它还具有耐震、耐高温、体积小、自放电小的特点。使用寿命一般为普通蓄电池的两倍。

一般的蓄电池铅酸蓄电池是由正负极板、隔板、壳体、电解液和接线桩头等组成,其放电的化学反应是依靠正极板活性物质（二氧化铅和铅）和负极板活性物

图 16-3-5 免维护蓄电池

质（海绵状纯铅）在电解液（稀硫酸溶液）的作用下进行，其中极板的栅架，免维护蓄电池是用铅钙合金制造，用钙代替锑，就可以改变完全充电后的蓄电池的反电动势，减少过充电流，液体气化速度减低，从而减低了电解液的损失。

由于免维护蓄电池采用铅钙合金栅架，充电时产生的水分解量少，水分蒸发量低，加上外壳采用密封结构，释放出来的硫酸气体也很少，所以它与传统蓄电池相比，具有不需添加任何液体，对接线桩头、电线腐蚀少，抗过充电能力强，起动电流大，电量储存时间长等优点。

（2）胶体蓄电池。胶体电池属于铅酸蓄电池的一种发展分类，最简单的做法，是在硫酸中添加胶凝剂，使硫酸电液变为胶态。电液呈胶态的电池通常称之为胶体电池。

广义而言，胶体电池与常规铅酸电池的区别不仅仅在于电液改为胶凝状。例如非凝固态的水性胶体，从电化学分类结构和特性看同属胶体电池。又如在板栅中结附高

分子材料，俗称陶瓷板栅，亦可视作胶体电池的应用特色。近期已有实验室在极板配方中添加一种靶向偶联剂，大大提高了极板活性物质的反应利用率，据非公开资料表明可达到 70Wh/kg 的重量比能量水平，这些都是现阶段工业实践及有待工业化的胶体电池的应用范例。

胶体电池与常规铅酸电池的区别，从最初理解的电解质胶凝，进一步发展至电解质基础结构的电化学特性研究，以及在板栅和活性物质中的应用推广。其最重要的特点为：用较小的工业代价，沿已有 150 年历史的铅酸电池工业路子制造出更优质的电池，其放电曲线平直，拐点高，比能量特别是比功率要比常规铅酸电池大 20%以上，寿命一般也比常规铅酸电池长一倍左右，高温及低温特性要好得多。

胶体蓄电池最重要的特点有以下几点。

1）胶体蓄电池的内部主要是 SiO_2 多孔网状结构，存在大量微小缝隙，能使电池正极产生的氧顺利地迁移到负极极板上，便于负极吸收化合。

2）胶体蓄电池所带酸量较大，所以其容量与 AGM 蓄电池基本一致。

3）胶体蓄电池的内阻较小，具备较好的大电流放电特性。

4）热量已扩散，不易升温，热失控概率很小。

（3）硅能蓄电池。硅能蓄电池是在阀控式免维护蓄电池的基础上，采用新概念电解液和新型化成技术研制成功的新型蓄电池。其核心专利技术有两项：① 采用磁化工艺制备蓄电池用液态低钠盐化成液及其应用；② 蓄电池使用的液态低钠盐化成液及内化成方法，解决了传统的铅酸蓄电池的酸腐蚀、酸雾污染，"热失效" 及析出 H_2 等一系列缺点。试验结果表明：硅能蓄电池在大电流放电特性、快速充电特性、电压恢复特性，高温特性，内阻特性，环保特性和使用寿命等方面具有的优点突出。另外，计算结果表明：同等体积的硅能蓄电池比同等体积的铅酸蓄电池容量大 30%左右。总之，从大量的试验数据来看，硅能蓄电池整体上优于以前选用的铅酸蓄电池，是替代目前铅酸电池的较理想产品。

1）硅能蓄电池的核心技术：① 极板结构及材料配比进行了创新性改造；② 脉冲式电池内化成工艺；③ 使用一种称之为 "液态低钠硅盐化成液" 的，全新概念电解质，这种电解质经科学配备，且在一万高斯的磁场中进行磁化，将这种电解质加入由生极板组装的电池内进行电池化成，制造出硅能蓄电池。

2）硅能蓄电池的环保特性。由于应用了上述创新性的核心技术，硅能蓄电池达到了环保产品的要求，具体表现：① 采用生极板，用 AGM 隔板密封组成极群，组装过程基本无铅尘产生；② 采用脉冲式内化成工艺，化成过程中无酸雾发生，彻底克服了外化成带来的酸雾的污染，同时，减轻了外化成繁杂的体力劳动及能源的浪费；③ 电池在规定寿命期限内无电解液溅出，无酸雾发生，保护了设备和环境；④ 电池寿命终止时，其废液呈颗粒状，pH 值接近中性，且内含有一定量的硅，不污染环境，对土壤有利。⑤ 报废电池正极板不会腐蚀成泥状，极板是硬的，不掉块，不脱粉，回收过程不散落，对环保有利。

3）硅能电池优点。

a. 硅能蓄电池大电流放电能力极强，大电流放电能力反映出制造技术高低的重要指标，也是对汽车电池最基本的品质要求。

小规格的硅能蓄电池，其 CCA 值是其额定容量的 10 倍以上，中规格的是 8～10 倍；大规格的是 6～8 倍。而普通铅酸蓄电池一般 CCA 值仅是其额定容量的 4～6 倍。

b. 使用寿命长。保用寿命 24 个月。

c. 硅能蓄电池可大电流快速充电，可用 0.1～0.3C 电流充电，充电时间可大大缩短。

d. 充放电无记忆。硅能蓄电池无论是高压区域或低压区域可进行充电，绝无记忆。（所谓记忆效应：是指电池好像记忆用户日常的充放电幅度和模式，日久就很难改变这种模式，不能再做大幅度充放电），铅酸电池低压区有记忆。

e. 免充电存放时间长（自放电小）。硅能蓄电池带液存放时间可达 12 个月以上，存放 12 个月以上尚可起动。

f. 硅能蓄电池内阻低，仅为铅酸蓄电池 1/10 左右。

g. 硅能蓄电池电恢复能力极强。

h. 电解质：硅能使用复合硅盐电解质，铅酸以硫酸为电解质，硅能为环保型。

（4）纤维镍镉电池。

适用范围：电力、铁路、通信设施、船舶、安全照明、应急系统等。

使用寿命：大于 20 年（20℃），充放电次数 3000 次，其容量不低于额定容量的 80%。

容量：150～490Ah（单只电池标称电压 1V）。

性能特点：

1）极板：正负极板由纤维—镍结构所组成，不含碳、铁等元素；纤维极板具有非常好的导电性能，是含碳镍镉蓄电池所不能达到的；由于没有碳化作用，在其使用过程中不用更换电解液。三维式的纤维结构使得纤维极板极富弹性，具有足够的机械承受力，不会因充放电而使纤维极板变形。

2）隔板：正极板用一种微孔隔离片包上，该隔离片只有非常小的内阻，并能保证分离正负电极极板。

3）电极单元盒：由具有防撞击的、半透明的塑性材料（PP）制成，能方便地监视电解液状态；端子、盖子及壳体通过高温焊接方式将合为一体，电极单元的接线柱由特制的 O 型套圈密封。

4）电极单元密封塞：为了便于蓄电池的运输，每电极单元都带有一般密封塞，以免其他物质或火星侵入；采用此种电极单元密封塞，蓄电池如在合适的温度和稳定的充电状态下，至少三年不用维护、不用加水。

5）电解液：淡化的氢氧化钾（钾碱）溶液，其浓度在 20℃时为 1.19kg/L；蓄电池一般是充满电和添满电解液方可出厂，如果是海运或空运，蓄电池一般充有电，但不加电解液，电解液另外包装运输，到目的地后再加入电解液，蓄电池马上处于工作状态。

6）电池连接条：全绝缘螺栓将绝缘镀镍铜导线固定在端子上，具有良好的绝缘性能和导电性能，并经得起强电流冲击。

7）端子：镀有特殊镀层的螺纹端子具有高度的抗腐蚀性。

8）高低温性能：蓄电池在室温下充电，在-20℃～+50℃时放电，容量仍有 90%以上；在-40℃时放电，容量仍有 50%以上。

9）荷电保持能力：蓄电池充电后，在 20±5℃下搁置 30 天，每只蓄电池剩余容量在 98%以上。

10）充电电流：纤维镍镉蓄电池具有急速充电能力，充电电流可达 10A，所有的纤维镍镉蓄电池都能用高电压来充电，与其他蓄电池相比，纤维镍镉蓄电池能以 7 倍的安培容量来充电，从而使纤维镍镉蓄电池能迅速地充满电，很快地提供电流。

11）免维护：通过在纤维镍镉蓄电池上加装水分重组系统，可使蓄电池终身免维护。

12）水分重组系统：内含有催化剂，当充电时产生的氧气和氢气与催化剂接触后，形成蒸馏水回流到电极单元，这将大大减少水分的损失，使蓄电池在使用期间不用加水，终身免维护。

（5）磷酸铁锂电池。

锂离子电池的性能主要取决于正负极材料，磷酸铁锂作为锂离子电池的正极材料是近几年才出现的事，国内开发出大容量磷酸铁锂电池是 2005 年 7 月。其安全性能与循环寿命是其他材料所无法相比的，这些也正是动力电池最重要的技术指标。1C 充放循环寿命达 2000 次。单节电池过充电压 30V 不燃烧，穿刺不爆炸。磷酸铁锂正极材料做出大容量锂离子电池更易串联使用。以满足动力系统频繁充放电的需要。具有无毒、无污染、安全性能好、原材料来源广泛、价格便宜，寿命长等优点，是新一代锂离子电池的理想正极材料。

1）高能量密度。其理论比容量为 170mAh/g，产品实际比容量可超过 140mAh/g（0.2C，25℃）。

2）安全性。是目前最安全的锂离子电池正极材料；不含任何对人体有害的重金属元素。

3）寿命长。长寿命铅酸电池的循环寿命在 300 次左右，最高也就 500 次，而磷酸铁锂动力电池，循环寿命达到 2000 次以上，标准充电（5 小时率）使用，可达到 2000 次。同质量的铅酸电池是"新半年、旧半年、维护又半年"，最多也就 1～1.5 年时间，而磷酸铁锂电池在同样条件下使用，将达到 7～8 年可以说是"终身制"。综合考虑，性能价格比将为铅酸电池的 5 倍以上。

4）无记忆效应。可充电池在经常处于充满不放完的条件下工作，容量会迅速低于额定容量值，这种现象叫作记忆效应。像镍氢、镍镉电池存在记忆性，而磷酸铁锂电池无此现象，电池无论处于什么状态，可随充随用，无须先放完再充电。

5）充电性能。可大电流 2C 快速充放电，在专用充电器下，1.5C 充电 40min 内即可使电池充满，起动电流可达 2C，而铅酸电池现在无此性能。

二、在线监测装置通信

输电线路在线监测系统需要实现系统主站和系统终端之间高速、可靠和透明的数据传输，远程通信可采用光纤专网、无线专网和无线公网等多种通信方式，如何根据实际情况选取相应的通信技术对系统的建设具有十分重要的现实意义。

1. 常用的通信技术

国内开展输电线路在线监测的应用比较早，但是通信方式一般均采用无线公网的方式，由于 OPGW 的广泛使用，利用光纤是发展的必由之路。现有可以采用的通信技术主要有无线公网技术，光纤通信技术和无线专网技术。

（1）无线公网技术。无线公网通信主要包括 GPRS、CDMA、3G 等。

通用分组无线服务技术（General Packet RadioService，GPRS）是一种基于 GSM 系统的无线分组交换技术，理论最高值 171.2kbps，数据传输速率一般可以达到 57.6kbps，峰值可达到 115～170kbps。CDMA 是码分多址的英文缩写（Code Division Multiple Access）。是从扩频通信技术基础上发展起来的，传输速率高，理论峰值 307.2kbps，实际应用可达到 153.6kbps，传输速率优于 GPRS。3G 技术指第三代移动通信技术，主要包括 TD-SCDMA、WCDMA 和 CDMA2000 等，稳定的数据传输速率可达数百 kbps。

无线公网技术适用于公网信号覆盖良好的区域。利用无线公网通信建设成本低，但是利用公网传输有运行费用，传输时延较大，实时性较差，同时安全性较低，受公网运行状况的影响较大。

随着网络负荷越来越重，同时传输的在线监测数据的数据量和实时性要求越来越高，无线公网已经跟不上需求，因此光纤技术和无线专网技术开始应用。

（2）光纤通信技术。光纤通信技术在通信容量、实时性、可靠性、安全性等方面和其他通信方式相比有较大优势。利用已有的 OPGW，光纤通信没有运行费用，目前较常用的光纤通信技术包括无源光网络技术（EPON）和光纤工业以太网技术。

1）无源光网络技术。无源光网络技术是一种点到多点的光纤接入技术，它由光线路终端（OLT）、光网络单元（ONU）以及光分配网络（ODN）组成。ODN 为无源器件，设备的使用寿命长，工程施工、运行维护方便，安全可靠性高，可抗多点失效，任何一个 ONU 或多个 ONU 故障或掉电，不会影响整个系统稳定运行。

以太网无源光网络（EPON）、吉比特无源光网络（GPON）是目前 EPON 技术的主流方式。EPON 技术成熟，已经实现设备芯片级和系统级互通，价格大幅度下降，公网已经大规模部署。

EPON 具有 1.25G 共享带宽，可抗多点 ONU 失效，但是所有节点距离限制在 20km，因此每 40km 必须放置 OLT 设备才能实现覆盖。OLT 的逻辑环网形成手拉手保护，可以抗 OLT 的单点失效或者 OPGW 的单点断纤。EPON 技术发展前景很好，建网成本适中。

2）光纤工业以太网技术。光纤工业以太网指在技术上与商业以太网（即 IEEE802.3 标准）兼容，但在产品设计时能够满足工业控制现场的需要，也就是满足实时性、可靠性、安全性以及安装方便等要求的以太网。

光纤工业以太网具有 100M 或 1G 共享带宽，根据光接口类型不同，点到点距离可达 80km。光纤工业以太网技术比较成熟，可靠性高，电力系统应用多，但成本偏高。光纤工业以太网的逻辑环网形成手拉手保护，可以抗单点失效或 OPGW 的单点断纤，但是不能抗多点失效，一旦一个节点出现故障将影响整个网络，因此不适合于串联数目过多。

（3）无线专网技术。无线专网技术，例如 WiMax、Wi-Fi 等技术均可应用于输电线路在线监测系统中的通信网络建设。采用无线专网技术时，一般作为光纤专网向下的进一步延伸覆盖。

1）WiMax 技术。WiMax（Worldwide Interoperability for Micro-wave Access），是一项基于 IEEE 802.16 标准的宽带无线接入城域网技术。WiMax 具有较长的传输范围，可以支持非视距传输，技术相对成熟，设备相对昂贵，适用于长距离传输。通过使用双向定向天线，WiMax 的覆盖距离可以达到几十千米。

2）Wi-Fi 技术。Wi-Fi（Wireless Fidelity）技术创建在 IEEE 802.11 标准上，已经广泛应用于各个领域。Wi-Fi 工作在 2.4GHz 频段，802.11g 支持的速率高达 54Mbps。Wi-Fi 传输范围比 WiMax 小，但设备价格便宜。配合高增益的全向天线和定向天线，Wi-Fi 可以实现输电线路的 2km 范围内的无线覆盖。

3）无线 MESH 技术。无线 Mesh 网络是基于 IP 协议的无线宽带接入技术，它融合了 WLAN 和 Ad Hoc 网络的优势，支持多点对多点的网状结构，具有自组网、自修复、多跳级联、节点自我管理等智能优势以及移动宽带、无线定位等特点，是一种大容量、高速率、覆盖范围广的网络，成为宽带接入的一种有效手段。从某种意义上讲，Mesh 网络更主要的是一种网络架构思想，主要功能体现在无中心、自组网、多级跳接和路由判断选择等。

无线 Mesh 技术是一种与传统无线网络完全不同的新型无线网络技术。在传统的 WLAN 中，每个客户端均通过一条与接入点（AP）相连的无线链路访问网络，用户若要进行相互通信，必须首先访问一个固定的 AP，这种网络结构称为单跳网络。而在无线 Mesh 网络中，任何无线设备节点都可同时作为路由器，网络中的每个节点都能发送和接收信号，每个节点都能与一个或多个对等节点进行直接通信。

与传统的 WLAN 相比，无线 Mesh 网络具有几个无可比拟的优势：① 快速部署和易于安装。安装 Mesh 节点非常简单，将设备从包装盒里取出来，接上电源就行了。由于极大地简化了安装，用户可以很容易增加新的节点来扩大无线网络的覆盖范围和网络容量。在无线 Mesh 网络中，不是每个 Mesh 节点都需要有线电缆连接，这是它与有线 AP 最大的不同。无线 Mesh 网络的配置和其他网管功能与传统的 WLAN 相同，用户使用 WLAN 的经验可以很容易应用到 Mesh 网络上。② 非视距传输（NLOS）。利用无线 Mesh 技术可以很容易实现 NLOS 配置，因此在输电线路上有着广泛的应用前景。与发射台有直接视距的设备先接收无线信号，然后再将接收到的信号转发给非直接视距的设备。按照这种方式，信号能够自动选择最佳路径不断从一个设备跳转到另一个设备，并最终到达无直接视距的目标设备。这样，具有直接视距的设备实际上为没有直接视距的邻近设备提供了无线宽带访问功能。无线 Mesh 网络能够非视距传输的特性大大扩展了无线宽带的应用领域和覆盖范围。③ 健壮性。实现网络健壮性通常的方法是使用多路由器来传输数据。如果某个路由器发生故障，信息由其他路由器通过备用路径传送。E-mail 就是这样一个例子，邮件信息被分成若干数据包，然后经多个路由器通过 Internet 发送，最后再组装成到达用户收件箱里的信息。Mesh 网络比单跳网络更加健壮，因为它不依赖于某一个单一节点的性能。在单跳网络中，如果某一个节点出现故障，整个网络也就随之瘫痪。而在 Mesh 网络结构中，由于每个节点都有一条或几条传送数据的路径。如果最近的节点出现故障或者受到干扰，数据包将自动路由到备用路径继续进行传输，整个网络的运行不会受到影响。④ 结构灵活。在单跳网络中，设备必须共享 AP。如果几个设备要同时访问网络，就可能产生通信拥塞并导致系统的运行速度降低。而在多跳网络中，设备可以通过不同的节点同时连接到网络，因此不会导致系统性能的降低。Mesh 网络还提供了更大的冗余机制和通信负载平衡功能。在无线 Mesh 网络中，每个设备都有多个传输路径可用，网络可以根据每个节点的通信负载情况动态地分配通信路由，从而有效地避免了节点的通信拥塞。而目前单跳网络并不能动态地处理通信干扰和接入点的超载问题。⑤ 高带宽。无线通信的物理特性决定了通信传输的距离越短就越容易获得高带宽，因为随着无线传输距离的增加，各种干扰和其他导致数据丢失的因素随之增加。因此选择经多个短跳来传输数据将是获得更高网络带宽的一种有效方法，而这正是 Mesh 网络的优势所在。在 Mesh 网络中，一个节点不仅能传送和接收信息，还能充当路由器对其附近节点转发信息，随着更多节点的相互连接和可能的路径数量的增加，总的带宽也大大增加。此外，因为每个短跳的传输距离短，传输数据所需要的功率也较小。既然多跳网络通常使用较低功率将数据传输到邻近的节点，节点之间的无线信号干扰也较小，网络的信道质量和信道利用效率大大提高，因而能够实现更高的网络容量。比如在高密度的城市网络环境中，Mesh 网络能够减少使用无线网络的相邻用户的相互干扰，大大提高信道的利用效率。

2. 通信方案的选择

在输电线路在线监测系统中，可以根据不同的线路情况选择不同的通信方式。

（1）无线局域覆盖。输电线路的在线监测点位于各个输电杆塔上，监测系统的主站需要和每个监测点建立通信。

采用光纤通信时，由于不是每个杆塔上都有光缆接续盒可以融纤接入，因此光通信设备只能放置在有光缆接续盒的杆塔上。从各个杆塔上的监测终端到光缆接续盒的这段距离最方便的通信方式就是 Wi-Fi。在有光缆接续盒的杆塔上放置光通信设备和 Wi-Fi 接入点，在没有光缆接续盒的杆塔上放置配有 Wi-Fi 接入客户端，解决了没有光缆接续盒的杆塔的监测数据接入问题。

采用无线公网和 WiMax 通信技术时，在一个杆塔放置无线设备和 Wi-Fi 接入点，在周围的杆塔上放置配有 Wi-Fi 接入客户端，可以实现监测数据的接入，减少了无线公网和 WiMax 设备的数目，降低了建设和维护成本。

当无线局域覆盖范围较大时，可以选用 WiMax 替代 Wi-Fi。

（2）OPGW 光纤通信方案。

1）监测点密集分布时，在各种光通信技术中，EPON 技术由于其抗多点 ONU 失效性好，可作为最佳的选择。用千兆光纤接口互联各个 OLT，每一个 OLT 的覆盖半径为 20km，与覆盖范围内的 ONU 之间通过光纤通信，组成一个 EPON 系统，Wi-Fi 作为光纤专网向下的进一步延伸覆盖。

2）监测点分布较散且数量较少时，可以利用光纤工业以太网点到点距离高达 80km 的特点，通过光纤工业以太网和 Wi-Fi 无线覆盖建立通信方案。使用工业以太网交换机构成环网，可以抵抗单点设备故障和单点断纤。

3）监测点分布较散且数量较多时，EPON 技术的节点距离限制在 20km，会造成 OLT 串联数目较多，同时每个 OLT 下的 ONU 数量很少，影响效率和可靠性，不宜采用。如果在每个监测点放置工业以太网交换机同样会造成串联数目较多，影响数据传输系统的效率和可靠性。此时可以采用工业以太网交换机加 WiMax 的方式，WiMax 覆盖范围较大，可以有效地减少工业以太网交换机的布置数目，拉开相邻交换机之间的距离，可以应用到长距离输电线路中。

（3）WiMax 无线通信方案。在没有光纤的输电线路中，如果需要布置专网，只能通过无线的方式实现。单纯一种无线方式因为功率和接入数量的限制，很难提供可用的无线数据传输通道。为了实现高速可靠的数据传输，同时提高整个数据传输系统的效率，可以组合 WiMax 和 Wi-Fi 两种通信方式，构成无线数据传输系统的两个不同的层次。第一个层次是 WiMax 构成的无线链路，覆盖范围较大。第二个层次是 Wi-Fi 构成的无线链路，覆盖范围较小。这样可以实现无线覆盖。

（4）无线公网通信方案。对于分散的测量点，如果处于公网信号好的区域并且对实时性、速率要求不高，可以采用无线公网的通信方案。无线公网方式需要建立自己的移动网管中心，在移动公司的公用网络基础之上组成用户自己的无线 VPN/APN。需要在主站和无线公网之间建立一条专线，通过路由器和防火墙接入到主站。

3. 通信平台

针对输电线路在线监测系统的远程通信必将采取多种通信技术的情况，为了实现各种通信方式统一接入，可以构建输电线路在线监测通信平台，如图 16-3-6 所示。

通信平台主要包括通信服务器集群、网管服务器和维护工作站，其中通信服务器集群负责接入各种通信子系统，可以实现通信负载均衡和多机热备份，满足大数据量处理和可靠性要求；网管服务器负责监控和管理各种通信通道的运行情况；维护工作站完成通信平台自身的配置和管理。

主站系统和子站之间采用电力专网实现 EPON、工业以太网交换机、无线专网以及无线公网等通信系统的统一接入。对于采用无线公网通信技术的通信系统，可以通过移动运营商的专线实现统一接入。

三、在线监测装置可靠性

1. 低功耗技术

在线监测装置核心 CPU 采用 Cortex-M3 处理器，硬件平台上设计模块化电源为独立模块，所有外设电源都具备电源开关功能。外设传感器在不采样的情况下，电源进入关闭状态。大大降低待机功耗。CPU 内部的软件引入操作系统概念，当 CPU 空闲时，可以进入低功耗模块，依靠内部的中断可以重新苏醒。进一步的降低装置待机功耗。外设传感器采用 MSP430 超低功耗单片机，传感器本身的功耗很小。

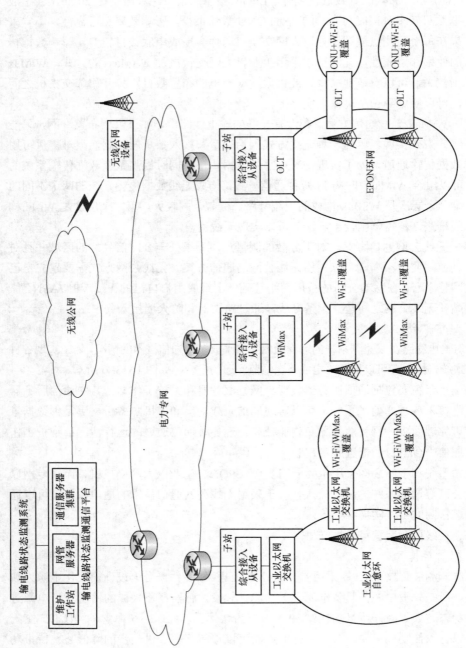

图 16-3-6　输电线路在线监测通信平台

2. 抗干扰技术

在线监测装置硬件电路上使用硬件冗余技术、双备份技术。提高装置的可靠性、抗干扰性。传感器的线缆采用双层金属屏蔽。装置的接口上进行隔离处理，加入防雷电路。内部核心 CPU 采用硬件看门狗，防止程序跑飞引起系统死机现象的发生。同时加入硬件断电自复位电路，大大提高了装置的可靠性。整机进行良好接地处理。

传感器的数据采集采用多种抗干扰抑制技术，比如连续周期干扰抑制、脉冲干扰抑制等。连续周期干扰抑制的主要有自适应滤波法、FET 频域滤波法、小波去噪法。脉冲干扰抑制主要有时域开窗法。

3. 环境适应性技术

在线监测装置为了适应野外恶劣的气候环境，必须在以下几个方面进行优化。

装置的所有元器件采用工业级，温度范围要达到–40°～+85°。这样才能保证整个装置的可靠运行。

装置的核心电路板必须进行三防处理，同时电路板封装在密闭的防水盒中。传感器接口采用军工级别的防水航空插座。大大提高装置在高温、高湿环境下的使用寿命。

装置内部硬件电路板之间的连接、和面板的连线都进行去接插件处理，所有线缆直接焊接，虽然加大了维修的工作量，但是大大减少了接触不良现象的发生。同时大大提高装置的抗震能力。

装置外壳采用不锈钢机箱设计，适合野外恶劣环境的强腐蚀。机箱内部采用保温处理，减少蓄电池的温度冲击。

4. 自诊断技术

目前在线监测装置内部的故障自诊断系统一般具备以下功能：

监测外围传感器和通讯模块的工作状态，若发现问题将监测到得故障以代码的形式储存起来，后期维修时，可以用一定的方法取出故障代码，方便故障查询。

硬件双备份系统中，当检测到一路发生故障时，能自动切换到另外一路。维持系统的正常运行。

当外部传感器检测到故障后，系统会自动切断传感器的电源，确保不引起其他部门的器件损坏。

四、输电线路状态监测装置通用技术规范

Q/GDW 242《输电线路状态监测装置通用技术规范》规定了架空输电线路状态监测装置的基本功能、技术要求、检验方法、检验规则、安装调试、验收及包装储运要求等。

（一）总则

（1）输电线路状态监测装置的功能应满足建设坚强智能电网"信息化、自动化、互动化"的总体要求，以及线路运行"状态化、标准化、安全化"的要求。

（2）输电线路状态监测装置应实现测量数字化、输出标准化、通信网络化，及状态可视化，同时体现功能集成化、硬件小型化的特征。

（3）应输出能直接识别的标准状态量。

（4）应提高数据准确性、装置稳定性以及可靠性，降低监测装置的功耗。

（5）应具备自检、自恢复的功能。

（二）装置分类及组成

1. 按功能分类

（1）电气类。监测与线路电气有关的数据，如电压、电流、放电、电气距离、雷电等状态监测装置。

（2）机械类。监测与线路机械力学有关的数据，如有导线温度、微风振动、舞动、次档距振荡、覆冰、弧垂、张力、杆塔倾斜、绝缘子串风偏和偏斜、杆塔振动、杆件应力分布、基础滑移、不均匀沉降等状态监测装置。

（3）运行环境类。监测与运行环境有关的数据，如有气象、污秽、大气质量、通道环境、图像/视频等状态监测装置。

2. 按安装位置分类

（1）导线类。状态监测装置安装在导线上，如导线温度、微风振动、舞动、次档距振荡、覆冰、风偏、张力、图像/视频类。

（2）地线类。状态监测装置安装在地线上，如微风振动、舞动、覆冰、张力类。

（3）金具类。状态监测装置安装在金具上，如金具温度、微风振动类。

（4）绝缘子类。状态监测装置安装在绝缘子上，如污秽、放电、风偏类。

（5）杆塔类。状态监测装置安装在杆塔上，如杆塔倾斜、杆塔振动、杆件应力分布、气象条件、大气环境、外力破坏、通道状况、图像/视频、雷电类，也包括安装在杆塔上的非接触式导线测温、非接触式测距仪等。

（6）杆塔基础类。状态监测装置安装在杆塔基础上，如基础滑移、不均匀沉降类。

（7）状态监测装置组成。

1）一般由数据采集单元、现场通信网络以及数据集中器组成。当现场只存在单个状态监测装置（含同一厂家多参数集成监测装置）时，由单个集成 CMA 功能模块的状态监测装置直接将信息发送到输电线路状态监测主站系统；当现场存在多个状态监测装置时，可由各状态监测装置先将信息发送至状态监测代理装置（CMA），再由状态监测代理装置通过统一的通信端口将信息发送至输电线路状态监测主站系统。

2）现场实施方案的设计内容及要求宜参考附录 A。

（三）术语和定义

1. 数据采集单元（data acquisition unit）

安装在导线、地线（含 OPGW）、绝缘子、杆塔、杆塔基础等上的基于各种原理的信息测量装置，通过信道将测量信息传送到系统上一级设备（数据集中器），并响应数据集中器的指令。按照传输方式，分为无线数据采集单元和有线数据采集单元。

2. 数据集中器（data concentrator）

指收集各数据采集单元的信息，并进行现场存储、处理，同时能和状态监测代理装置或输电线路状态监测主站系统进行信息交换的信息处理与通信装置，也可以向数据采集单元发送控制指令。

3. 输电线路状态监测装置（condition monitoring device on overhead transmission lines，CMD）

满足测量数字化、输出标准化、通信网络化特征，具备自检、自恢复功能，能够实时采集输电线路本体运行状态、气象、通道环境等信息，并通过通信网络，将信息传输到状态监测代理装置或输电线路状态监测主站系统的测量装置。

4. 状态量（criteria）

指对原始采集量进行加工处理后，能直观反映输电线路本体运行状态、气象、通道环境的物理量。

5. 受控采集方式（data acquisition mode under control）

状态监测装置按照状态监测代理装置或输电线路状态监测主站系统发出的指令进行数据采集、存储、传输。

6. 自动采集方式（automatic data acquisition mode）

状态监测装置按照设定的时间进行数据的采集和存储，并将数据上传到状态监测代理装置或输电线路状态监测主站系统。

7. 平均无故障工作时间（mean time between failures，MTBF）

状态监测装置两次相邻故障间的工作时间的平均值。

8. 年故障次数（fault time per year）

状态监测装置年故障的平均次数。

9. 系统平均维修时间（mean time to repair，MTTR）

状态监测装置修复故障所需时间的平均值。

10. 数据缺失率（missing measure rate）

未能测得的有效数据个数与应测得的数据个数之比，用百分数表示。

（四）功能要求

输电线路状态监测装置从采集、处理到传输的各环节应具备以下功能。

1. 数据采集要求

（1）采集参量要求。应能采集线路本体、气象、通道环境等信息，及电源电压等。

（2）采集方式。状态监测装置应同时具备自动采集方式与受控采集方式。

（3）测量周期。专项标准明确装置测量周期。可根据客户需求设定。

（4）数据采集集成化要求。适宜于现场多参数监测的，状态监测装置宜具备多点多参数采集功能，能实现对线上和塔上多监测点、相同或不同类型监测信息的采集，能通过有线或无线接口自动识别参数类别，接收和自动识别数据采集单元的信息。

2. 数据处理与判别

（1）数据预处理。在干扰情况下，应对数据进行预处理。

（2）一次状态量计算。应具备对原始采集量的一次计算功能，得出能直观反映采集量特性的数据。

（3）二次状态量计算。在不降低装置供电及运行可靠性的前提下，应具备对线路状态参数数学模型的分析计算功能，提供能直观反映线路状态的状态量。如采用称重法或倾角法进行等值覆冰厚度监测，输入综合悬挂载荷、风偏角、偏斜角等一次状态量，装置内部包含进行等值覆冰厚度等二次状态量分析的数学模型。

3. 数据存储

（1）应能至少循环存储 30 天以上的状态量数据。

（2）对状态数据有追溯要求时，状态监测装置宜具有存储原始数据的能力。

4. 标准化状态数据输出接口

状态监测装置与 CMA 之间的应用层数据传输规约应遵循相关技术条件，对各类型数据（标准化状态数据）的输出要求如下。

（1）状态监测数据。状态监测装置应具备标准化状态量输出功能。必要时，能输出原始量数据。

1）本体信息：导线温度、等值覆冰厚度、微风振动、舞动、导线弧垂、污秽度、风偏、杆塔倾斜等。

2）气象：风速、风向、气温、湿度、气压、雨量、光辐射等。

3）通道环境：图像等。

（2）报警信号。应具备输出状态监测报警信息的功能，按照设定的阈值报警。

（3）装置工作状态输出。应具备将心跳包、电源电压等装置自身软硬件工作状态，以及应答信息输出到远程和本地接口的功能。

1）心跳包：表明装置在线和维持通信链路的信息包，单向固定格式，发送周期应不大于 5min。

2）工作状态信息包：表明装置工作状态，如电源电压、工作温度、电池浮充放电状态、电池电量等工作状态的信息包。

5. 通信接口

（1）与 CMA 通信接口。状态监测装置应具备下列通信接口之一或多接口组合，适应不同监测环境的需求。

1）网络 RJ—45 接口。

2）RS485 串行通信接口。

3）Wi-Fi 无线通信接口。

4）长距离微波传输或中继接口。

5）具备光纤通信能力及接口。

（2）远程通信接口。对于集成 CMA 模块功能的状态监测装置，通信接口应符合 Q/GDW 563《输电线路状态监测代理（CMA）技术规范》。

（3）与数据采集单元通信接口。

1）宜具备短距无线传感器网络接口，便于在现场一定距离内组成微网（IEEE802.15.4、Zigbee、Wi-Fi、WiMax 等），接入无线数据采集单元。

2）宜具备 RS485 串行通信接口。

（4）参数配置接口。状态监测装置应具备对装置编号、校准参数等各类参数的配置接口。

（5）数据传输安全性。对集成 CMA 模块功能的状态监测装置，数据传输安全性应符合 Q/GDW 563《输电线路状态监测代理技术规范》。

6. 监测装置硬件和软件

（1）状态监测装置使用寿命应不少于 12 年，应确保使用过程中的数据准确性、装置可靠性及稳定性。

（2）实现对传感器和硬件工作状态、软件工作状态、数据采集、处理、存储、通信等的管理，通常包括：系统管理模块、平台监控模块、通信模块、规约解释模块、数学模型模块、异常告警处理模块、参数配置模块、用户认证模块。

（3）实现装置自检、自恢复功能。

（4）状态监测装置硬件应具备低功耗、通用化、模块化的特征，宜具备双电源供电、自动切换功能。

（5）对塔上监测装置，宜采用分体式供电电源，电源标称电压为 12V，电源插口型式为五针航空防水插头：1—负，2—正，3—接地，4—RS485（+），5—RS485（−）。

（6）状态监测装置应达到 IP65 防护等级，具备阻燃、防爆、防腐等功能，装置颜色与杆塔相近。

7. 远程更新、配置与调试

（1）基本信息输出。输出可识别的统一格式的装置基本信息表（电子数据表），标明监测装置类型、组成与型号、出厂信息等内容的数据表，用于装置注册和认证。

（2）远程更新。应具备身份辨认、远程更新程序的功能，具备完善的更新机制与方式。

（3）远程配置。应具备按远程指令修改采样频率、采样时间间隔、网络适配器地址等信息的功能。

（4）动态响应。应具备动态响应远程时间查询/设置、数据请求、复位等指令的功能。

（5）远程调试。宜能按远程指令进入远程调试模式，并输出相关调试信息。

（五）技术要求

1. 工作条件

（1）户外。

1）环境温度：$-25\sim+45℃$（普通型）或$-40\sim+45℃$（低温型）。

2）相对湿度：$5\%\sim100\%RH$。

3）大气压力：$550\sim1060hPa$。

（2）室内。

1）环境温度：$+15\sim+35℃$。

2）相对湿度：$\leq85\%RH$。

3）大气压力：$550\sim1060hPa$。

4）工作电源：交流 220（$1\pm10\%$）V；频率：$50Hz\pm1Hz$。

2. 基本技术要求

（1）装置性能要求。

1）准确度。装置的测量准确度满足工程要求，具体装置应满足相关仪器设备检测标准。

2）环境适应性。装置应具有较强的环境适应性，具备防雨、防潮、防腐蚀、抗震、防雷、抗电磁干扰等性能。

（2）数据采集单元。

1）工作温度：$-25\sim+70℃$（工业级）或$-40\sim+85℃$（工业扩展级）。

2）外壳防护。应符合 GB 4208 中规定的外壳防护等级 IP65 的要求。

3）自检。应具备自检和故障隔离等功能。

4）机械和安全性能：① 导、地线类数据采集单元应能承受导地线的振动；② 导、地线类数据采集单元质量应小于 2.5kg；③ 导、地线类数据采集单元结构应不对导地线有磨损或其他机械伤害；④ 导、地线类数据采集单元应不降低导线对地距离和对杆塔的电气间隙；⑤ 导、地线类数据采集单元应满足金具标准相关条款；⑥ 绝缘子串类数据采集单元应不降低绝缘子串的绝缘特性和机械强度，且满足风偏要求；⑦ 导线以及绝缘子串类数据采集单元的结构不应产生局部放电；⑧ 作为替代金具或其他部件使用的数据采集单元，应满足原金具技术要求。如串连接入绝缘子串应尽量减小对悬垂串电气性能的影响，而且标称破坏载荷应大于相应悬挂金具标称破坏载荷的 1.2 倍；⑨ 杆塔类数据采集单元应采取防盗、防振、防松措施，而且不降低杆塔的机械特性和电气性能；⑩ 杆塔基础类数据采集单元应采取防盗、防松措施，应不破坏杆塔基础的完整性。

5）可靠性：① 应能够连续、准确、可靠地工作，在使用寿命期内能适应工作环境，平均无故障工作时间（MTBF）应不低于 25 000h；② 年均数据缺失率应不大于 1%。

（3）数据集中器。

1）工作温度：−25～+70℃（工业级）或−40～+85℃（工业扩展级）。

2）外壳防护。应符合 GB 4208 中规定的外壳防护等级 IP65 的要求。

3）时间同步。应能够接收状态监测代理装置或状态监测系统的对时命令，对时误差应不超过 5s。时钟 24h 内走时误差应小于 1s。

4）技术要求：① 具有测控功能和数据存储功能；② 具有同数据采集单元和向状态监测代理装置或状态监测主站系统进行通信的功能；③ 可响应和转发状态监测代理装置或状态监测主站系统的命令；④ 具有电池供电、断电保护和防雷保护功能。

5）通信方式：① 数据集中器与数据采集单元之间的无线通信宜采用 IEEE802.15.4、Zigbee、Wi-Fi、WiMax 等短距通信方式；② 与状态监测代理之间的数据通信应符合 Q/GDW 242 附录 C 应用层数据传输规约；③ 对集成 CMA 模块功能的状态监测装置，与状态监测主站系统之间的数据通信符合 Q/GDW 562《输变电状态监测主站系统数据通信协议（输电部分）》。

6）可靠性：① 平均无故障工作时间（MTBF）应不低于 25 000h；② 年均数据缺失率应不大于 1%。

3. 供电电源要求

（1）基本要求。

1）在输电线路野外现场，应优先采用硅太阳能光伏发电电源系统；必要时可选择风光互补供电电源系统；但应避免选用故障率高、可靠性差、结构复杂的电源系统。

2）野外太阳能电源系统应具备宽动态、高效率的供电特性。在低负载的环境下能够高效率供电，在通信设备收发信息时能够短时大容量供电。

　　3）野外太阳能电源系统中的储能蓄电池应选择环境适应能力强，使用寿命长的电池。应充分考虑电池容量受温度和使用时间的影响。

　　4）野外太阳能电源系统安装在输电线路杆塔上，应控制系统整体功耗，避免部署大容量的电源和电池系统。

　　5）监测装置在正常工作模式下，要求蓄电池至少可以维持 30 天供电；考虑到电池容量受温度和使用时间的影响，应预留一定的余量。

　　6）在有条件的场所，应依托可靠的供电系统，如变电站供电、就近市电等，电源要求应参见相关国家交流供电电源标准。

　　7）对于安装在导地线上的通信设备，可考虑采用感应电源、太阳能、高能电池等供电。

　　（2）技术要求。

　　1）环境条件。

　　a. 正常使用条件。

　　a）太阳能电池组件：−40～+45℃；

　　b）控制器：−30～+45℃；

　　c）蓄电池：−10～+55℃；−30～+55℃；可根据地区特点进行蓄电池的选择；

　　d）相对湿度：≤90% ［（40±2）℃］；

　　e）海拔：≤2000m；

　　f）机柜与蓄电池无剧烈振动和冲击，垂直倾斜度不大于 5%；

　　g）工作环境应无导电爆炸尘埃，无腐蚀和破坏绝缘的气体或蒸汽。

　　b. 特殊使用条件。

　　a）电源系统在异于正常使用条件下使用，应在订货时提出，并与厂家商定；

　　b）在海拔大于 2000m 环境下使用的电源系统，可参照 GB/T 3859.2 规定，降容使用。

　　2）结构及外观：① 电源机箱的外形结构应考虑到设备成套性的要求，应统一考虑电源设备、通信和监测装置的安装位置，应考虑杆塔安装特殊要求；② 应充分考虑温度的影响，采取保温或降温措施；③ 电源系统设备单体质量宜不超过 35kg，对普通线路单基杆塔上安装的电源设备及监测装置的总体质量宜不超过 220kg；④ 机箱防护等级应达到 IP65；⑤ 箱体与箱体之间以及箱体与外置设备之间连接电缆接口应采用防水航空插头；⑥ 机箱表面镀层牢固，漆面匀称，无剥落、锈蚀及裂痕等现象；⑦ 机箱面板平整，所有标牌、标记、文字符合要求，功能显示清晰、正确；⑧ 机箱各种开关便于操作，灵活可靠；⑨ 太阳能电池组件前表面应整洁、无破碎、无裂纹；背表面不得有划痕、损伤等缺陷。

3）太阳能电池组件要求。

a. 太阳能电池组件的选型。

a）宜选用单晶硅或多晶硅太阳能电池组件。

b）单块太阳能电池组件应不超过 800mm×700mm。在满足监测装置供电要求的情况下，尽量减小单块太阳能电池组件的体积。

c）对普通线路单基杆塔上安装的太阳能电池组件的总面积应不超过 2.8m²。

b. 功率配置的影响因素。功率配置一般应综合考虑以下因素：

a）电源安装地点的经纬度、海拔等地理位置数据，日照强度、气温及风速等气象数据。

b）负载特性（阻性负载、容性负载、感性负载）、负载平均功耗以及最大功耗、运行时间等。

c）根据负荷用电量进行太阳能电池与蓄电池容量匹配优化设计。

d）蓄电池深放电后的回充时间。

e）杆塔上的安装条件。

4）蓄电池要求。

a. 蓄电池选型应考虑自身充放电特性以及环境温度对蓄电池容量影响特性。应着重考虑浅放电能力、深放电能力、温度、使用年限等因素，特别需要考虑高温对蓄电池寿命的影响，以及低温对蓄电池放电容量的影响。应选用适合太阳能供电系统充放电特性的电池。

b. 蓄电池（组）在连续阴雨天气情况下，配置容量应满足负载设备正常工作情况下不少于 30 天的供电时间。

c. 蓄电池组并联组数一般不宜超过 2 组。

d. 当密封铅酸蓄电池在海拔 2000m 以上条件下使用时，应经蓄电池生产厂商确认该蓄电池适合于在这样的条件下使用。

5）风力发电机要求。风力发电机分类方法有两种：① 以接受风能的形式，可以分为升力式和阻力式；② 以风轮回转轴的方向，可以分为竖直轴式和水平轴式。电源系统应选择目前技术成熟、可靠的机型，如水平轴风机或垂直轴达里厄型风机。

6）电源系统控制器。

a. 标称电压：+12V DC。

b. 电压输入范围：+8V DC～+26V DC。

c. 电压输出范围：+10.8V DC～+14.1V DC。

d. 电源系统控制器应具有以下基本功能：

a）对输出电压的控制功能。

b）防反向放电的保护功能。

c）防太阳能电池组件反接保护功能。

d）直流输出、输入及自身的短路保护功能。

e）能防止蓄电池通过太阳能电池组件反向放电的保护。

f）蓄电池组欠压保护功能。

g）蓄电池自动强充功能。

h）系统过低电压控制器断开保护。

i）当与风机供电方式组合时，应有控制风机输入接口的控制功能。

e. 耐冲击电压。当蓄电池从电路中去掉时，控制器在 7h 内必须能够承受高于太阳能电池组件标称开路电压 1.25 倍的冲击。

f. 耐冲击电流。控制器应能够承受 1h 高于太阳能电池组件标称短路电流 1.25 倍的冲击。开关型控制器的开关元器件必须能够切换此电流而自身不损坏。

g. 可靠性。

a）电源系统平均无故障工作时间（MTBF）应不低于 100 000h。

b）一般免维护蓄电池的使用寿命应不低于 5 年。

c）太阳能组件的使用寿命应不低于 20 年。

d）风机的使用寿命应不低于 10 年。

（六）试验要求

1. 试验条件

根据不同的监测装置和运行条件确定。

2. 试验项目

按照状态监测装置的安装位置类别，列出了可满足现场运行条件的基本试验项目，见表 16-3-1。

表 16-3-1　　　　　　　　　基 本 试 验 项 目

序号	试验项目	导线及金具类	地线类	绝缘子类	杆塔及基础类	非接触类
1	结构和外观	●	●	●	●	●
2	准确度	●	●	●	●	●
3	基本功能	●	●	●	●	●
4	可见电晕和无线电干扰	●	○	●	○	○
5	短路电流冲击	●	●	●	●	●
6	雷电冲击	●	●	●	○	○
7	静电放电抗扰度	●	●	●	●	●

序号	试验项目	导线及金具类	地线类	绝缘子类	杆塔及基础类	非接触类
8	射频电磁场辐射抗扰度	●	●	●	●	●
9	脉冲磁场抗扰度	●	●	●	●	●
10	工频磁场抗扰度	●	●	●	●	●
11	高温	●	●	●	●	●
12	低温	●	●	●	●	●
13	交变湿热	●	●	●	●	●
14	防护等级	●	●	●	●	●
15	振动	●	●	●	●	●
16	运输	●	●	●	●	●
17	可靠性	*	*	*	*	*

● 表示规定必须做的项目；○ 表示规定可不做的项目；* 表示根据客户要求做。

3. 试验方法

（1）基本功能检验。

应根据产品说明书按照现场配置方式组成状态监测系统，给监测装置通电，施加相应信号，分项检测监测装置是否具有各项功能，而且应进行以下试验。

1）根据架空输电线路状态监测装置布置，输入模拟参数，检验监测点换算的公式、制作抽样监测点的测值表格。

2）设置几种异常值，检验装置报警处理的功能。

3）设置故障，检验装置的自检功能。

（2）准确度检验方法。

1）检验资质。在二级及以上法定计量单位进行检验。

2）计量设备。所有用于检验的计量设备均应按国家有关规定的要求定期进行校准/检定。

3）检验方法。对主要技术指标应按照国家计量检定规程的规定方法进行各项检验。

（3）电气性能试验。在二级及以上检验单位进行检验。

1）可见电晕和无线电干扰试验。按 GB/T 2317.2《电力金具　电晕和无线电干扰试验》中规定的试验要求和试验方法进行试验。在试验期间及试验后，装置应能正常工作。

2）短路电流冲击试验。被检数据采集单元安装在导线上，处于工作状态，对导线分别通过 40kA、≥120ms，31.5kA、≥300ms，15kA、≥2s 的模拟短路电流各 3 次。在试验期间及试验后，装置应能正常工作。

3）雷电冲击试验。按 GB/T 16927.1《高电压试验技术第一部分：一般试验要求》中规定的试验要求和试验方法进行试验。对被测导线施加相应电压等级绝缘子串耐受水平的标准雷电波各 3 次，距离被检装置 5m。在试验期间及试验后，装置应能正常工作。

（4）电磁兼容性试验。

1）静电放电抗扰度试验。按照 GB/T 17626.2《电磁兼容 试验和测量技术 静电放电抗扰度试验》中规定，试验条件：① 监测装置在正常工作状态；② 接触放电；③ 在外壳和工作人员经常可能触及的部位；④ 试验电压：8kV；⑤ 正负极性放电各 10 次，每次放电间隔至少 1s。

在试验期间及试验后，装置应能正常工作。

2）射频电磁场辐射抗扰度试验。按照 GB/T 17626.3《电磁兼容 试验和测量技术 射频电磁场辐射抗扰度试验》中规定，试验条件：① 监测装置在正常工作状态；② 频率范围：80～1000MHz；③ 试验场强：10V/m。

在试验期间及试验后，装置应能正常工作。

3）脉冲磁场抗扰度试验。按照 GB/T 17626.9《电磁兼容 试验和测量技术 脉冲磁场抗扰度试验》中规定，试验条件：① 监测装置在正常工作状态；② 磁场强度：1000A/m。

在试验期间及试验后，装置应能正常工作。

4）工频磁场抗扰度试验。按照 GB/T 17626.8《电磁兼容 试验和测量技术 工频磁场抗扰度试验》中规定，试验条件：① 监测装置在正常工作状态；② 磁场强度：100A/m。

在试验期间及试验后，装置应能正常工作。

（5）气候防护试验。

1）高温试验。按 GB/T 2423.2《电工电子产品环境试验 第 2 部分：试验方法 试验 A：高温》中规定的试验要求和试验方法进行，应能承受严酷等级为：温度 +70℃或+85℃、持续时间 16h 的高温试验。在试验期间及试验后，装置应能正常工作。

2）低温试验。按 GB/T 2423.1《电工电子产品环境试验 第 2 部分：试验方法 试验 A：低温》中规定的试验要求和试验方法进行，应能承受严酷等级为：温度–25℃或–40℃、持续时间 16h 的低温试验。在试验期间及试验后，装置应能正常工作。

3）交变湿热试验。按 GB/T 2423.4《电工电子产品基本环境试验规程 试验 Db：交变湿热（12h+12h 循环）试验方法》中规定的试验要求和试验方法进行，高温温度为 55℃，试验周期 24h，原地恢复 2h。在试验期间及试验后，装置应能正常工作。

（6）外壳及机械性能试验。

1）外观。目测，外观应整洁，无明显划痕。

2）防护等级。应符合 GB 4208《外壳防护等级（IP 代码）》中规定的 IP65 等级试验相关要求。

3）振动试验。监测装置不包装、不通电，固定在试验台中央。试验按 GB/T 2423.10《电工电子产品环境试验 第二部分：试验方法 试验 Fc 和导则：振动（正弦）》中规定进行：① 频率范围：10～55Hz；② 峰值加速度：10m/s^2；③ 扫频循环次数：5 次；④ 危险频率持续时间：10min±0.5min。

试验后检查受试监测装置应无损坏和紧固件松动脱落现象，通电后装置应能正常工作。

4）运输试验：① 产品包装后应按 GB/T 6587.6《电子测量仪器 运输试验》中规定进行试验，能承受该标准表 1 中等级为 II 的运输试验（包括自由跌落、翻滚试验）。试验后，装置应能正常工作；② 产品包装后应按 QJ/T 815.2《产品公路运输加速模拟试验方法》中规定进行试验，能承受该标准中等级为三级公路中级路面的运输试验。经过 2h 试验时间后，装置应能正常工作。

（七）检验规则

检验分为型式试验、出厂检验和抽样检验三类。

1. 型式试验

（1）检验规则。当出现下列情况之一时，应进行型式试验。

1）新产品入网前。

2）正常生产时，定期或积累一定产量后，应周期性进行一次试验。

3）正式生产后，因结构、材料、工艺有较大改变，可能影响装置性能时。

4）长期停产后又恢复生产时。

5）生产设备重大改变时。

6）国家技术监督机构或受其委托的技术检验部门提出型式试验要求时。

7）合同规定进行型式试验时。

（2）检验项目。

1）型式试验应按本标准规定的全部试验项目（表 16-3-1）及相关专项标准的要求进行全性能检验。

2）可靠性试验可列为型式试验项目。一般按照 GB 11463《电子测量仪器可靠性试验》，通过专项试验进行；也可以在监测装置运行时进行统计，统计方法参见 GB 11463 的附录 B。

（3）抽样方案。型式试验的样品应在出厂检验合格的产品中随机抽取。样品数为 3 套。

（4）结果评定。送检的 3 套样品全部通过试验为合格。

2. 出厂检验

（1）检验规则。应对样品进行逐台出厂检验；其他配套装置包括计算机应用软件，应进行全部功能的检验，合格后方能出厂。

（2）检验项目。出厂检验项目为表 16-3-1 中列出的结构和外观检验、准确度检验、基本功能检验。

（3）结果评定。检验中出现任一检验项目失效，均判该监测装置为不合格。

3. 抽样检验

（1）抽样方案。抽样检验的样品应在出厂检验合格的产品中随机抽取。单机台数应不少于 3 台。如果进行仲裁检验，则抽检样品应为盲样。

（2）样品检验项目。检验项目为表 16-3-1 中列出的全部试验项目和专项标准中的检验项目。

（3）样品检验规则。应对样品进行逐台检验，其他配套装置包括计算机应用软件，应进行全部功能的检验。

（4）结果评定。检验中有一台以上（包括一台）单机不合格时，应加倍抽取该产品进行检验。若仍有不合格时，则判该批产品不合格；若全部检验合格，则除去第一批抽样不合格的单机产品，该批产品应判为合格。

（八）安装调试

按照监测装置的使用说明书和相应的国家标准、行业标准的规定及实际应用的需求进行安装和调试。

1. 设备安装

（1）安装位置。应不影响正常的输电线路检修维护工作。

（2）装置的安装。监测装置的安装应整齐、牢固，并有相应的防护措施。

（3）线缆的安装。

1）原则上杆塔类监测装置的相关线缆不宜与杆塔部件直接接触，必要时需用衬垫隔离。线缆固定应牢固可靠，每间隔 0.5m 应有一个固定点。

2）采用感应取电方式的数据采集单元，其外接信号线应采用双屏蔽线缆，安装后与导线紧密结合，牢固美观，总长度不得大于 1m，每间隔 0.3m 要有一个固定点。

2. 供电电源安装要求

（1）太阳能电池组件安装要求。

1）太阳能电池组件应采用固定安装方式，且受光面应面向正南。

太阳能电池组件支架用于支撑太阳能电池组件。太阳能电池组件的结构设计要保证组件与支架的连接牢固可靠，并能很方便地更换太阳能电池组件。太阳能电池组件及支架应能够抵 35m/s 的风力而不被损坏；支架是可以调整倾斜角的，或者安装在一个固定的角度，使太阳能电池组件在设计月份中（即平均日辐射量最差的月份）能够获得最大的发电量。

2）所有太阳能电池组件的紧固件应有足够的强度，以便将太阳能电池组件可靠地固定在支架上。

3）太阳能电池组件布置应根据杆塔上安装点的结构，确定最优安装位置，充分利用场地条件，按无遮挡原则设计。

4）太阳能电池组件应安装在相应的框架结构上，所有框架结构要依据安装杆塔上的风速以及太阳能电池组件重量等数据设计，保证组件与框架可靠连接。

5）太阳能电池组件及框架应具有防雷接地措施，且应与杆塔地网可靠连接。

（2）机箱及蓄电池安装要求。

1）蓄电池宜安装在独立的蓄电池箱中。如系统容量小，也可安装在数据集中器机箱中，但应考虑箱内蓄电池应与其他设备隔开，以确保蓄电池任何泄漏不会对其他设备造成影响和损坏。

2）蓄电池柜防护等级应达到 IP65。

3）箱体材料应经过防腐处理，防止对杆塔安全造成危害。

（3）风机安装要求。

1）风机在杆塔上的安装位置选择应确保风机的运行不会对杆塔安全造成危害。

2）吊装过程中应确保扇叶固定，以保证操作安全。

3）风机塔架应是防锈的，可使用电镀钢、不锈钢材料及喷漆架体等。

4）风机塔架的底座应保证能够安全支撑塔架，使之能够承受设计风速。

5）风机的安装应符合 ZBF1101《低速风力机安装规范》的要求。

（4）杆塔安装特殊性要求。

1）所有在杆塔上安装的设备均不允许打孔固定，应采用金具抱箍安装。

2）所有线缆均应穿管敷设。

3. 装置调试

（1）安装位置检查。逐项检查监测装置的安装位置和方向，确保与规范规定一致。

（2）功能检查。逐项检测装置功能，以满足设计要求。

（3）调试报告。装置安装调试完成后，应提供装置安装调试报告。

（九）验收

1. 预验收

当所有设备在现场安装、调试完毕后，按规定的要求由供货单位和客户进行确认，进行预验收。

2. 试运行

（1）预验收后进入试运行期。针对不同的监测对象，客户可预先规定不同的季节和考核时间，通常应有一个有效的监测和考核周期。

（2）一般试运行期不少于三个月。

3. 正式验收

正式验收在系统试运行期满时进行。验收小组应提出验收意见。

4. 验收报告

设备安装调试、方案设计、运行管理单位在验收前应提交相关技术报告。

（1）设备安装调试单位应提交"输电线路状态监测装置安装调试报告"、装置清单、装置使用说明书。

（2）方案设计单位应提交"输电线路状态监测系统方案设计报告"，报告中应包含在项目实施中发生的增补变更内容。

（3）运行管理单位应提交"输电线路状态监测装置试运行报告"。

（4）专项标准中规定的其他报告。

5. 考核内容

应能实现技术规范书和产品说明书全部功能。

（十）标志、包装、运输和储存

1. 标志

（1）设备标志。在监测装置的显著位置应有下列标志。

1）产品型号、名称。

2）生产厂名、商标。

3）出厂编号。

4）出厂年月。

（2）包装标志。在包装箱的适当位置，应标有显著、牢固的包装标志，内容如下。

1）生产企业名称、地址。

2）产品名称、型号。

3）设备数量。

4）包装箱外形尺寸（mm）。

5）产品标准号。

6）净重或毛重（kg）。

7）运输作业安全标志。

8）到站（港）及收货单位。

9）发站（港）及发货单位。

（3）储运图示和收发货标志。包装储运图示和收发货标志应根据被包装产品的特点，按 GB 191 和 GB 6388 的有关规定正确选用。

2. 包装

（1）基本要求。状态监测装置的包装应符合牢固、美观和经济的要求，做到结构合理、紧凑、防护可靠，在正常储运、装卸条件下，保证产品不致因包装不善而引起设备损坏、散失、锈蚀、长霉和降低准确度等。

（2）包装环境要求。设备包装时，周围环境及包装箱内应清洁、干燥、无有害气体、无异物。

（3）装箱要求。设备包装后，其包装件中心应尽量靠下且居中，产品装在箱内必须予以支撑、垫平、卡紧，设备可移动的部分应移至使产品具有最小外形尺寸，并加以固定。

（4）分体包装。设备如有突出部分，在不影响其性能的条件下，应拆卸包装，以缩小包装件体积。

（5）产品防护。状态监测装置的防振、防潮、防尘等防护包装按 GB/T 15464 中的有关规定进行。

（6）随机文件清单。随机文件应齐全，文件清单如下。

1）装箱单。

2）产品出厂合格证明书。

3）产品使用说明书。

4）出厂前的检验测试报告。

5）技术规范规定的其他文件。

（7）随机文件包装。随机文件应装入塑料袋中，并放置在包装箱内；若整套状态监测装置分装数箱，则随机文件应放在主机箱内。

3. 运输

包装完整的产品在运输过程中应避免雨、雪的直接淋袭，并防止受到剧烈的撞击和振动。

4. 储存

（1）环境条件。包装状态下的产品应能适应以下储存环境条件。

1）储存温度：−30～+60℃。

2）储存湿度：不大于 85%RH（+35℃时）。

（2）储存场所。长期储存状态下的产品，其储存场所应选择在通风、干燥的室内，附近应无酸性、碱性及其他腐蚀性物质存在。

5. 使用说明书

产品使用说明书应给出如何安全和正确地使用本装置的全部信息，其主要内容可在专项标准中明确，符合相关标准。

【思考与练习】

1. 在线监测的电源技术。

2. 在线监测的通信技术。

3. 在线监测的可靠性技术。

4. 在线监测装置的功能要求。

5. 在线监测装置的主要技术要求。

模块 4　输电线路气象监测（Z04G7004Ⅲ）

【模块描述】本模块分析了恶劣气象环境对输电线路运行的危害，介绍了气象监测系统的各组成部分，通过对输电线路气象监测系统各组成部分的结构分析和功能介绍，掌握输电线路气象监测系统的应用。

【正文】

一、恶劣气象环境对输电线路运行的危害

我国频繁的台风、雷暴、覆冰等恶劣气候造成输电线路跳闸、倒塔及断线，进而引发大面积停电事故时有发生。

风，覆冰和气温是线路设计需要考虑的主要气象参数，称为气象条件的三要素。风作用于架空线上形成风压，产生水平方向上的载荷，风速越高，风压越大，风载荷也就越大，风载荷使架空线的应力增大，杆塔产生附加的弯矩，会引起断线，倒杆事故。微风可以引起架空线的振动，使其疲劳破坏断线。大风可以引起架空线不同步摆动，特殊条件下会引起架空线舞动，造成相间闪络，甚至产生鞭击。风还使悬垂绝缘子串产生偏摆，可造成带电部分与杆塔构件间电气间距减小而发生闪络。

覆冰增加了架空线的垂直载荷，使架空线的张力增大，同时也增大了架空线的迎风面积，使其所受水平风载荷增加加大了断线倒塔可能。覆冰的垂直载荷使架空线的弧垂增大，造成对地或跨越物的电气距离减小而产生事故。覆冰后，下层架空线脱冰时，弹性能的突然释放使架空线向上跳跃，这种脱冰跳跃可引起与上层架空线之间的

闪络。覆冰还使架空线舞动的可能性增大。2008 年我国南方发生大范围低温雨雪等灾害天气，众多山区的架空输电线路覆冰现象严重，多数线路覆冰厚度在 30mm 以上，仅浙江省就倒塔 15 000 基以上。

气温的变化引起架空线的热胀冷缩。气温降低，架空线线长缩短，张力增大，有可能导致断线。气温升高，线长增加，弧垂变大，有可能保证不了对地或其他跨越物的电气距离，在最高气温下，电流引起的导线温升可能超过允许值，导致因温度升高强度降低而断线。

线路运行管理和调度部门需要及时掌握输电线路区域气象的变化情况，通过合理调度，确保线路运行安全，避免电力系统事故，也保障国民经济和人民生活的正常发展。

由于输电线路覆冰受气象条件影响大，因此无论是采用哪种方法对线路覆冰进行监测，都必须与气象环境监测结合，才能达到事半功倍的效果。虽然目前公用气象服务系统已比较发达，但因超高压架空输电线路穿越高山峻岭、平原河流，沿线微气象条件变化很大，所以沿线路布置的小型自动气象站对采集线路沿线气象参数就有很大作用。

为使线路设计、部件的制造统一化、标准化，综合分析了我国各地历年气象记录资料，归纳制定了 7 个气象区，各区除最高温度一致外，最低温度、最大风速、导线覆冰均有较大差别。

（1）气象区分布在南方沿海受台风侵袭地区，如广东、广西、福建、浙江、上海等。最大风速为 30m/s，最低温度为-5℃。

（2）气象区分布在华东大部分地区，最大风速为 25m/s，覆冰厚度为 5mm，最低温度为-10℃。

（3）气象区分布在西南地区（非重冰区），福建、广东受台风影响较弱的地区，最大风速为 25m/s，覆冰厚度为 5mm，最低温度为-5℃。

（4）气象区在西北大部分地区及华北京津唐地区，最大风速为 25m/s，覆冰厚度10mm，最低温度为-20℃。

（5）在华北平原、湖北、湖南、河南，最大风速为 25m/s，覆冰为 5mm 最低温度为-20℃。

（6）气象区在华北西北大部分地区，张家口、承德一带，最大风速 25m/s，覆冰为 10mm，最低温度为-40℃。

（7）气象区在覆冰严重地区，如山东、河南部分地区，湘中、鄂北、粤北地带，最大风速为 25m/s，覆冰为 15mm，最低温度为-20℃。

二、自动气象站

1. 国内自动气象站发展现状

当前国内有多个厂家生产自动气象站，如北京华创升达高科技发展中心和天津气象仪器厂的 CAWS 系列、长春气象仪器厂的 DYYZ Ⅱ 系列、江苏无线电研究所的 ZQZ–C Ⅱ 系列、广东省气象技术装备中心的 ZDZ Ⅱ 型和北京阿斯曼科技发展公司的 ASM、XYZ 系列。其中 CAWS600、XYZ06 以及机场地面气象观测自动化系统在军队和地方台站得到了广泛的推广和应用。

综合各种型号的自动气象站在我国的应用情况，总结如下。

（1）大部分自动气象站采用集中式结构，系统开放性不高，不同型号的传感器对应不同的数据采集器，各厂家之间标准不统一。维修或增加传感器都必须对自动气象站重新进行校准标定，过程复杂，不符合我国气象发展战略研究中"综合气象观测系统工程"的发展要求。

（2）国产自动气象站所采用的气象传感器主要依赖进口，受技术水平和生产工艺的限制，国产传感器的准确性、可靠性较差。观测项目仅限于传统的温、压、湿、风和降水等六要素，云、能见度、降水现象等气象要素急需要纳入自动气象站的观测项目。

（3）国产自动气象站所采用的数据采集器大多与相应的自动气象站配套使用，当需要扩充自动气象站观测功能，增加新的气象要素传感器时，不能直接进行升级，必须更换，从而造成重复建设和资源浪费。

2. 国外自动气象站发展现状

目前全世界 70 多个国家和 20 多个地区及组织基本上都是使用芬兰 VAISALA 公司的气象产品进行气象观测，自动气象站也不例外。VAISALA 公司自动气象站的代表系列是 MAWS 系列，目前在全球的大多数国家和地区使用的是 MAWS201 系列，该系列现已发展到了 MAWS301、MAWS410 系列。与国产自动气象站相比，国外的自动气象站和气象传感器具有如下特点。

（1）气象传感器技术先进，产品精确性和稳定性优越，除基本的六要素传感器外，土壤和水的温度、太阳辐射、土壤湿度、能见度、云等要素的传感器已经有成熟的产品出现。

（2）自动气象站可以根据用户的不同需求增减传感器的种类和数量，实际操作简便。采用通用的数据传输格式，用户能自由配置数据的输出格式。基本满足世界各国各种业务应用的需要。

（3）自动气象站采用良好的防护措施，能够适用于各种复杂环境。在装备使用的机动性、操作的便捷性、维修的快捷性、恶劣环境的适应性等方面都做得较好。

在电力输电线路气象监测上多使用微型自动气象站，多为风速、风向、温度、湿度、日照、气压等六要素。代表厂家有：美国戴维斯仪器公司（DAVIS）生产的 Vantage Pro 气象站、芬兰维萨拉的 WXT520、德国 LUFFT 公司推出的 WS600–UMB 小型气象站。都采用了紧凑型的设计，安装时使用钢管及 U 型卡即可固定。

三、各类传感器

1. 风速风向传感器

目前气象部门所使用的机械式测风传感器主要是风杯和风向标，都存在转动惯性，因此不能得到风矢量的瞬时变化值，这对阵风的测量和研究造成困难。在用旋转式传感器测量时，风矢量是作为风向、风速 2 个量分别处理的，在时间和空间上不同步，再加上风的湍流特性，其测量结果与实际的风矢量之间有较大的误差。尤其是在风向、风速传感器存在启动风速不同时，可能造成完全错误的测量结果。因此目前传统测风多采用滑动的 10min 平均风速作为参照值。机械结构可能受恶劣天气的损害，冰雪、沙尘、盐雾都能对其产生影响。

超声波测量风速风向没有活动的机械部件，使用几个超声波传感器，克服了传统机械式风速风向仪的缺陷，不存在启动风速，环境适应性更强，是自动气象站的一种理想测量方式。风速风向传感器如图 16-4-1 所示。

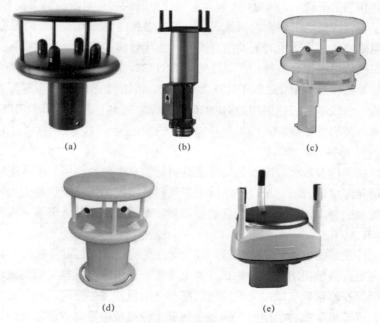

(a)　　　　　(b)　　　　　(c)

(d)　　　　　(e)

图 16-4-1　风速风向传感器

（a）英国 GILL；（b）USA–85000；（c）德国 LUFFT；（d）深圳 CFF–3；（e）维萨拉 WMT50

图 16-4-2　压阻式
传感器

硅压阻固态正交测风使用的固态测风技术是目前最新发展起来的一种测风技术，它利用当前最先进的固态压力传感器生成与两个正交方向的风速成比例的信号。采用集成工艺，体积小、重量轻、灵敏度高，应用成本较低。固态测试是当前世界气象组织推荐的测风换代产品。但目前其测风范围为 $0 \sim 25\text{m/s}$，温漂问题在压阻式传感器中尤为突出。（见图 16-4-2）

2. 温度传感器

应用在气象环境温度采集的温度传感器最常见的是 PT100，又叫铂电阻。该铂电阻在 0℃时电阻值为 100Ω，电阻变化率为 0.381 5Ω/℃。通常采用不锈钢外壳封装，内部填充导热材料和密封材料灌封而成，尺寸小巧。铂电阻温度传感器精度高，稳定性好，应用温度范围广，被制成各种标准温度计。按 IEC 751 国际标准，温度系数 TCR=0.003 851，Pt100（R_0=100Ω）、Pt1000（R_0=1000Ω）为统一设计型铂电阻。三线制 PT100 要求引出的三根导线截面积和长度均相同，将导线的一根连接到电桥的电源端，其余两根分布连接到铂电阻所在桥臂及与其相邻的桥臂上，当电桥平衡时，导线电阻的变化对测量结果没有任何影响，这样消除了导线线路电阻带来的测量误差。铂电阻目前是应用最广泛的温度传感器。

铂电阻温度传感器适用时需要配合高精度的模数转换器才能得到较高的精度，目前数字式温度传感器也有多种。代表性的有 DS1722，MAX6575，DS18B20 等。数字式温度传感器在设备小型化、抗干扰性上有优势。例如 DS18B20 读出或写入信息仅需要一根口线，口线本身向挂接的 DS18B20 所有操作供电。因而适用 DS18B20 系统结构更趋简单，可靠性更高。

3. 湿度传感器

在常规的环境参数中，湿度是最难准确测量的一个参数。用干湿球湿度计或毛发湿度计来测量湿度的方法，早已无法满足现代科技发展的需要。这是因为测量湿度要比测量温度复杂得多，温度是个独立的被测量，而湿度却受其他因素（大气压强、温度）的影响。

湿敏元件是最简单的湿度传感器。湿敏元件主要电阻式、电容式两大类。

湿敏电阻：湿敏电阻的特点是在基片上覆盖一层用感湿材料制成的膜，当空气中的水蒸气吸附在感湿膜上时，元件的电阻率和电阻值都发生变化，利用这一特性即可测量湿度。湿敏电阻的种类很多，例如金属氧化特湿敏电阻、硅湿敏电阻、陶瓷湿敏电阻等。湿敏电阻的优点是灵敏度高，主要缺点是线性度和产品的互换性差。

湿敏电容：湿敏电容一般是用高分子薄膜电容制成的，常用的高分子材料有聚苯乙烯、聚酰亚胺、酷酸醋酸纤维等。当环境湿度发生改变时，湿敏电容的介电常数发生变化，使其电容量也发生变化，其电容变化量与相对湿度成正比。湿敏电容的主要优点是灵敏度高、产品互换性好、响应速度快、湿度的滞后量小、便于制造、容易实现小型化和集成化，其精度一般比湿敏电阻要低一些。

目前，国外生产集成湿度传感器的主要厂家及典型产品分别为 Honeywell 公司的 HIH3602、HIH3605、HIH3610 型，Humirel 公司的 HM1500、HM1520、HF3223、HTF3223 型，Sensiron 公司的 SHT11、SHT15 型。这些产品可分成以下三种类型。

（1）线性电压输出式集成湿度传感器，如图 16-4-3 所示。

1）HIH3605、HIH3610、HM1500、HM1520，它们的主要特点是采用恒压供电，内置放大电路，能输出与湿度呈比例关系的伏特级电压信号，响应速度快，重复性好，抗污染能力强。

图 16-4-3　线性频率输出
集成湿度传感器

2）HF3223 型，它采用模块式结构，属于频率输出式集成湿度传感器，在 55%RH 时的输出频率为 8750Hz（型值），当上对湿度从 10%变化到 95%时，输出频率从 9560Hz 减小到 8030Hz。这种传感器具有线性度好、抗干扰能力强、便于配数字电路或单片机、价格低等优点。

（2）频率/温度输出式集成湿度传感器。HTF3223 型。它除具有 HF3223 的功能以外，还了温度信号输出端，负温度系数（NTC）热敏电阻作为温度传感器。当环境温度变化时，其电阻值也相应改变并且从 NTC 端引出，配上二次仪表测量出温度值。

（3）单片智能化温度/温度传感器，如图 16-4-4 所示。2002 年 Sensiron 公司在世界上率先研制成功 SHT11、SHT15 型智能化温度/温度传感器，其外形尺寸仅为 7.6mm×5mm×2.5mm，体积与火柴头相近。出厂前，每只传感器都在温度室中做过精密标准，标准系数被编成相应的程序存入校准存储器中，在测量过程中可对湿度进行自动校准。不仅能准确测量温度，还能测量温度和露点。测量温度的范围是 0～100%，分辨力达 0.03%RH，最高精度为±2%RH。测量温度的范围是 -40～123.8℃，分辨力为 0.01℃。测量露点的精度±1℃。在测量湿度、温度时 A/D 转换器的位数分别可达 12、14 位。

图 16-4-4　单片智能化
温度/温度传感器

降低分辨力的方法可以提高测量速率，减小芯片的功耗。SHT11/15 的产品互换性好，响应速度快，抗干扰能力强，不外部元件，适配各种单片机。

4. 雨量传感器

降水量方面，自动气象站主要是利用翻斗式雨量计对降水量进行观测和记录，观测项目单一，其他传感器，如光学雨强计、超声波测雪仪、冻雨传感器等，均只能对降水现象中的一个项目进行测量，应用有限。而最新的多普勒雷达传感器可通过感知雨滴（雪花）的降落速度与大小，计算降水量与降水强度。通过不同的降落速度，可判别不同的降水类型（雨/雪）。

美国戴维斯仪器公司（DAVIS）生产的 Vantage Pro 气象站采样传统的翻斗式雨量计，通过雨量筒收集雨水，雨水注入底部的翻斗进行计数，分辨率 0.2mm，精度+4%，下雨强度为 0.2～50mm/hr。

国内气象厂家生产的雨量计种类多，一般基于翻斗式原理，该类产品价格低、计数较成熟，应用也最常见。

芬兰维萨拉 WXT520（见图 16-4-5）使用独特的维萨拉 RAINCAP 传感器来测量降水，该传感器可以探测单个雨滴的碰撞。碰撞产生的信号与雨滴的体积成正比。因此，每个雨滴的信号可以直接转换成累积的降雨量。这种方式可监测测冰雹。

德国 LUFFT 公司推出的 WS600-UMB 小型气象站（见图 16-4-6）采用 24GHz 多普勒雷达技术测量周围降水的形态及速率，比传统的翻斗—水杯型雨量检测器更先进，没有活动部件，免维护。分辨力 0.01mm，滴落颗粒尺寸测量范围 0.3～5mm，可测量降雨、降雪。

图 16-4-5 芬兰维萨拉 WXT520

图 16-4-6 WS600-UMB 小型气象站

5. 日照传感器

大气循环是由太阳辐射驱动的。测量太阳辐射及其与大气和地表的相互作用极为重要，因为太阳辐射提供了地球可用的几乎全部能量。太阳辐射有两种方式到达地球表面。一是直接太阳辐射，太阳辐射直接穿过大气。二是散射太阳辐射，进入的太阳辐射被地表散射或反射。大约 50%的短波太阳辐射被地表吸收并转变为热红外辐射。直接太阳辐射用太阳辐射传感器或日射强度计来测量。这种类型的太阳辐射传感器有一个透明的半球，测量短波太阳辐射的总量。太阳辐射传感器或日射强度计测量总辐射或直接辐射和散射太阳辐射的总和。

1）WE300。WE300 高精度太阳辐射传感器（如图 16-4-7 所示）带有气泡水平指示、水平调整螺丝和安装硬件，易于安装。WE300 太阳辐射传感器采用高稳定硅光伏探测器（蓝光增强）来得到精确的读数。WE300 太阳辐射传感器带有 7.5m 船舶级电缆。传感器输出为 2 线制输电线路气象监测 4～20mA。

2）DAVIS 太阳辐射传感器，如图 16-4-8 所示。

图 16-4-7 WE300 高精度太阳辐射传感器

图 16-4-8 太阳辐射传感器

采用硅光电池用于总辐射测量 400～1100nm；

使用温度-40～65℃；

余弦响应+3%；

精度 +5%；

分辨率 1W/m²；

输出 0～3V，1.67mV/（W/m²）；

6. 气压传感器

振筒气压仪和硅压阻气压传感器发展比较成熟，符合自动气象站的观测要求。目前微型自带气象站多采用内置数字式硅压阻气压传感器，体积小，功耗低。

图 16-4-9　MS5534A/B/C

（1）MS5534A/B/C（见图 16-4-9）是一种包含了一个硅阻压力传感器和一个模数转化接口芯片的混杂 SMD 器件。它提供了一个 16 位的数据字符是从压力与电压和温度与电压而决定的。此外该模块包含 6 组可读的系数，用软件校准一个高精度的传感器。MS5534A 是一种低功耗、低电压、可以自动进行开/关机切换。3 线的接口可以和所有的微处理器进行通信。

主要特点如下。

1）集成压力传感器。

2）300mbar 至 1100mbar 量程。

3）15 位 ADC。

4）芯片储存了 6 个可供软件补偿应用的参数。

5）3 线串行接口。

6）1 个系统时钟（32.768kHz）。

7）电压低、功耗低。

（2）BMP085（见图 16-4-10）是一款高精度、超低能耗的压力传感器，可以应用在移动设备中。它的性能卓越，绝对精度最低可以达到 0.03hPa，并且耗电极低，只有 3μA。BMP085 采用强大的 8-pin 陶瓷无引线芯片承载（LCC）超薄封装，可以通过 I^2C 总线直接与各种微处理器相连。

主要特点如下。

图 16-4-10　BMP085

压力范围：300～1100hPa（海拔-500～9000m）。

电源电压：1.8～3.6V（VDDA）1.62～3.6V（VDDD）。

LCC8 封装：无铅陶瓷载体封装（LCC）。

尺寸：5.0mm×5.0mm×1.2mm。

低功耗：5μA 在标准模式。

高精度：低功耗模式下，分辨率为 0.06hPa（0.5m）高线性模式下，分辨率为 0.03hPa（0.25m）。

反应时间：7.5ms。

待机电流：0.1μA。

四、输电线路气象在线监测装置系统主要技术要求

气象灾害往往对输电线路造成破坏，如微风振动、舞动、覆冰、风偏、污闪等现象，大多是受当地恶劣气象环境影响所致。由气象台提供的对某个地区的定时定点监测记录并不能完全准确地反映输电线路走廊的微气象环境，给输电线路故障判断、预防和研究带来了一定困难。对输电线路的微气象条件进行监测，可以实时了解输电线路的运行环境，为输电线路状态监测和预警提供参考依据。

输电线路气象在线监测系统是一款专门监测特殊地点的气候环境的设备，是一套针对输电线路走廊局部气象环境监测而设计的多要素微气象监测系统。可监测环境温度、湿度、风速、风向、气压气象参数，又可根据用户需求定制其他测量要素、并将采集到的各种气象参数及其变化状况，通过 3G/GPRS/EDGE/CDMA1X 网络实时的传送到专家分析系统中，专家分析系统可对采集到的数据进行存储、统计与分析，并将所有数据通过各种报表、统计图、曲线等方式显示给用户。当出现异常情况时，系统会以多种方式发出预报警信息，提示管理人员应对报警点予以重视或采取必要的预防措施。

1. 定义及参数

Q/GDW 243《输电线路气象监测装置技术规范》规定了架空输电线路气象监测装置的系统组成、技术要求、试验项目、试验方法等。其中，对气象监测装置的定义如下：指满足测量数字化、输出标准化、通信网络化特征，具备自检、自恢复功能，对架空输电线路走廊的微气象进行在线监测的一种测量装置。监测的气象参数主要包括风速、风向、气温、湿度、气压、雨量和光辐射等。

监测装置应监测的气象参数为：风速、风向、气温、湿度；可选的监测参数为：气压、雨量、光辐射等。在输电线路动态增容时，应同时采集光辐射。

2. 装置组成

装置一般由一体化气象监测装置组成，主要包括如下部分。

（1）传感器部分：包括风速、风向、气温、湿度、气压、雨量和光辐射等传感器。

（2）数据采集和处理部分：包括接口单元、中央处理单元、存储单元等。

（3）数据传输部分：指把监测数据发送至状态监测代理装置或状态监测主站的通信模块。

（4）电源部分：包括太阳电池组件或风机、蓄电池和充放电控制器等。

3. 装置功能

对监测装置的功能要求主要包括数据的采集、处理与判别、存储、输出，以及通信、远程更新、配置与调试。

（1）数据采集要求。

1）能传感、采集气象数据，进行相应存储，并将测量结果通过通信网络传输到状态监测代理装置或状态监测主站。

2）应具备自动采集功能，按设定时间间隔自动采集和发送气象参数。默认情况下气象数据按照每小时整点时发送数据。

3）宜具备电源电压等采集功能。

（2）数据处理与判别。

1）应具备数据合理性检查分析功能，对采集数据进行预处理，自动识别并剔除干扰数据。

2）具备对原始采集量的计算功能，得出反映各气象参数特性的数据。

（3）数据存储。应能循环存储至少 30 天的气象数据。

（4）数据输出。输出的信息包括：风速、风向、气温、湿度等气象参数，及电源电压、装置心跳包等工作状态数据。

（5）通信功能。通信接口和应用层数据传输规约应满足 Q/GDW 242《输电线路状态监测装置通用技术规范》相关要求。

（6）硬件与软件。

1）应具备对装置自身工作状态包括采集、存储、处理、通信等的管理与自检测功能。

2）当判断装置出现运行故障时，能启动相应措施恢复装置的正常运行状态。

（7）远程更新、配置与调试。

1）应具备身份认证、远程更新程序的功能，具备完善的更新机制与方式。

2）应具备按远程指令修改采集频率、采样时间间隔、网络适配器地址等参数的功能。

3）应具备动态响应远程时间查询/设置、数据请求、复位等指令的功能。

4）宜能按远程指令进入远程调试模式，并输出相关调试信息。

4. 装置技术要求

对监测装置的技术要求包括使用环境、传感器选型等要求。

（1）使用环境条件。

1）环境温度：−25～+45℃（普通型）或−40～+45℃（低温型）。

2）相对湿度：5%～100%RH。

3）大气压力：550～1060hPa。

（2）工作温度为−25～+70℃（工业级）或−40～+85℃（扩展工业级）。

（3）外观、结构和工艺要求。

1）外观应整洁，无损伤和变形，表面涂层无开裂、脱落现象。

2）外壳的防护性能应符合 GB 4208 规定的 IP65 级要求。

3）气温、湿度、气压传感器应采用防辐射罩的方式，避免传感器受到太阳直射、金属辐射的影响，并保证防辐射罩内的空气流动速度不低于罩外风速的 1/3。

4）各零部件应安装正确，牢固可靠，操作部分不应有迟滞、卡死、松脱等现象。

5）各零部件应按有关规定进行防盐雾、防潮湿、防霉菌的处理。

6）装置上应有型号、名称、出厂编号、出厂日期、制造厂名等标记。

（4）传感器选型。

1）温度。① 铂电阻，R_0 =100Ω；② 高精度热敏电阻；③ 数字温度传感器或智能传感器。

2）相对湿度。① 通风干湿表；② 电容式；③ 数字湿度传感器或智能传感器。

3）风速风向传感器。① 风向标式探头；② 三杯式风速传感器，脉冲计数；③ 超声波风速风向传感器。

4）气压。① 振筒式；② 压阻式。

5）雨量。① 超声波式；② 翻斗式。

6）光辐射。全辐射传感器。

（5）测量技术参数

1）气温。① 测量范围：－40～+50℃；② 分辨力：0.1℃；③ 准确度：±0.5℃。

2）相对湿度。① 测量范围：0～100%；② 分辨力：1%；③ 准确度：±4%（电容式湿度传感器，<80%时）；±8%（电容式湿度传感器，≥80%时）。

3）风向。① 测量范围：0～360°；② 分辨力：3°；③ 准确度：±5°；④ 风向起动风速：<0.5m/s；⑤ 抗风强度：75m/s。

4）风速。① 测量范围：0～60m/s；② 分辨力：0.1m/s；③ 准确度：±（0.5+0.03V）m/s，v 为标准风速值；④ 起动风速：<0.5m/s；⑤ 抗风强度：75m/s。

5）气压。① 测量范围：550～1060hPa；② 分辨力：0.1hPa；③ 准确度：±0.3hPa。

6）雨量。① 降水强度：0～4mm/min；② 分辨力：0.2mm；③ 准确度：±0.4mm（≤10mm 时）；±4%（>10mm 时）。

7）光辐射。① 测量范围：0～1400W/m²；② 分辨力：1W/m²；③ 准确度：≤5%；④ 非线性误差：≤3%。

8）数据通信。满足"输电线路状态监测装置通用技术规范"通信接口技术要求。

9）电源适应性。在蓄电池单独工作情况下，应保证气象监测装置正常工作至少30d。

5. 装置性能要求

对监测装置的其他性能要求包括抗电磁兼容、气候防护、机械性能等要求。

（1）电磁兼容性能。

1）静电放电抗扰度。应能承受 GB/T 17626.2 中第 5 章规定的试验等级为 4 级的静电放电试验。在试验期间及试验后，装置应能正常工作。

2）射频电磁场辐射抗扰度。应能承受 GB/T 17626.3 中第 5 章规定的试验等级为 3 级的辐射电磁场干扰试验。在试验期间及试验后，装置应能正常工作。

3）脉冲磁场抗扰度。应能承受 GB/T 17626.9 中第 5 章规定的试验等级为 5 级的脉冲磁场干扰试验。在试验期间及试验后，装置应能正常工作。

4）工频磁场抗扰度。应能承受 GB/T 17626.8 中第 5 章表 1 和表 2 规定的试验等级为 5 级的工频磁场干扰试验。在试验期间及试验后，装置应能正常工作。

（2）气候防护性能。

1）高温性能。应能承受 GB/T 2423.2 试验 Bb 中严酷等级为：温度+70℃或+85℃、持续时间 16h 的高温试验。在试验期间及试验后，装置应能正常工作。

2）低温性能。应能承受 GB/T 2423.1 试验 Ab 中严酷等级为：温度　25℃或40℃、持续时间 16h 的低温试验。在试验期间及试验后，装置应能正常工作。

3）交变湿热性能。按 GB/T 2423.4 的有关规定进行，高温温度为+55℃，试验周期 1d，原地恢复 2h。在试验期间及试验后，装置应能正常工作。

（3）机械性能。

1）振动性能。在非工作状态下，非包装状态的产品应能通过如下严酷等级的正弦振动试验：① 频率范围：10～55Hz；② 峰值加速度：10m/s²；③ 扫频循环次数：5次；④ 危险频率持续时间：10min±0.5min。试验后，装置应能正常工作。

2）运输性能。① 产品包装后应按"GB/T 6587.6 电子测量仪器　运输试验"中规定进行试验，能承受该标准表 1 中等级为 Ⅱ 的运输试验（包括自由跌落、翻滚试验）。试验后，装置应能正常工作；② 产品包装后应按"QJ/T 815.2 产品公路运输加速模拟试验方法"中规定进行试验，能承受该标准中等级为三级公路中级路面的运输试验。经过 2h 试验时间后，装置应能正常工作。

（4）监测数据质量。

1）粗大误差率≤2%。

2）缺失率≤1%。

6. 可靠性

平均无故障连续工作时间（MTBF）应不低于 25 000h。

7. 信息的表示

（1）温度：单位是摄氏度（℃），取 1 位小数。

（2）湿度：百分数表示，取整数。

（3）风速：以米/秒（m/s）为单位，取一位小数。

（4）风向：风向以度（°）为单位，表示为整数。

（5）降水量：降水量是指某一时段内的未经蒸发、渗透、流失的降水，在水平面上积累的深度。以毫米（mm）为单位，取一位小数。

（6）气压：以百帕（hPa）为单位，取 1 位小数。

（7）光辐射：在单位时间内，投射到单位面积上的辐射能，即观测到的瞬时值。单位为瓦/平方米（W/m²），取整数。

五、输电线路气象在线监测装置系统应用

复杂地形的输电线路，往往几百千米甚至几百千米内，山岭纵横、海拔高程悬殊，气象变化显著，小气候特点十分突出，邻近气象台站的观测记录，不能满足微地形地段线路的设计、维护需求。对微地形、微气象的认识不足，对沿线风口、峡谷、分水岭等高山局部特殊地段的气象资料掌握不够，是近年来我国电网主干线 500（330、220、110）kV 线路频频发生倒塔、断线事故的主要原因。

因此，使用合理的气候指标值和充分利用气候资源，可以预防灾害、渐少损耗，实现经济效益和社会效益的双丰收。为了保证输电线路的正常运行，输电线路微气象在线监测系统应运而生。

输电线路微气象在线监测系统是一款专门监测特殊地点的气候环境的设备，采用无线网络传输，对有异常气候情况下会发出警报，提醒监管人员。这样就可以节约人力，合理的安排人员进行处理异常情况，高效的保证输电线路正常运行。

（一）系统原理示意图（见图 16-4-11）

（二）系统简介

输电线路智能气象环境监测系统是一套针对输电线路走廊局部气象环境监测而设计的多要素微气象监测系统。可监测环境温度、湿度、风速、风向、气压气象参数，又可根据用户需求定制其他测量要素、并将采集到的各种气象参数及其变化状况，通过 3G/GPRS/EDGE/CDMA1X 网络实时的传送到专家分析系统中，专家分析系统可对采集到的数据进行存储、统计与分析，并将所有数据通过各种报表、统计图、曲线等方式显示给用户。当出现异常情况时，系统会以多种方式发出预报警信息，提示管理人员应对报警点予以重视或采取必要的预防措施。

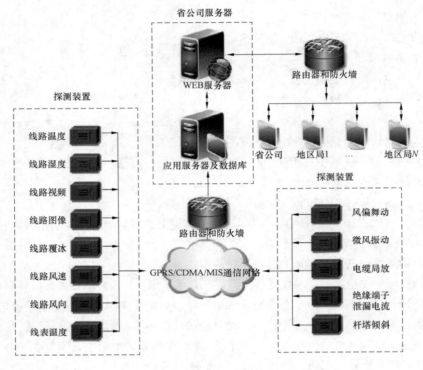

图 16-4-11 系统原理图

（三）系统主要功能

（1）数据采集前端为扩展工业级或工业级产品，适用于各种恶劣的气候环境。

（2）具有对杆塔安装点的局部环境的温度、湿度、风速、风向、大气压指标的实时监测。

（3）具有对温度、湿度、风速、风向、大气压指标的特色曲线统计报表，提供按照设备编号、时间坐标等多种条件查询功能。报表上可以随鼠标点实时显示该点的温度值，且具有报表中当前温度、最高/最低温度等特色图元显示。

（4）利用运营商已有的 3G/GPRS/EDEGE/CDMA1X 网络构建远程数据传输通道，实现输电线路在线监测系统监控中心可以实时监测远端现场的数据。

（5）前置机子系统模块可以有效地连接现场系统，获得数据并实现数据存储/转发到输电线路在线监测系统。

（6）系统采用了多层屏蔽技术建造，机壳及传感器外壳采用防磁金属材料，有效屏蔽电磁干扰。数据传输线缆采用 3 层屏蔽室外线缆，各种接头采用金属航空头，屏蔽、防水、防尘、连接可靠。极强的抗干扰、抗雷击、确保系统运行稳定可靠。

（7）防雷及防线路闪络设计，机壳经过杆塔与大地连接，各种传感器全部采用防雷器件。

（8）系统采用低功耗设计，动态调整设备功耗达到节电要求。

（9）采用系统接地抗干扰设计，数据采集信号双端差分输入，模拟信号及数字信号全部采用严格的工业过程优化控制技术，可确保数据采集的准确和可靠。

【思考与练习】

1. 简述我国 7 个气象区。

2. 简述各类传感器功能特点。

3. 输电线路气象监测系统的组成和功能。

4. 输电线路气象监测装置系统主要技术要求。

▶ 模块 5 输电线路导线温度监测及动态增容（Z04G7005Ⅲ）

【模块描述】本模块分析了输电线路导线温度监测及动态增容的目的和意义，阐述了输电线路增容技术理论，介绍了输电线路导线温度监测及动态增容内容装置组成，通过对输电线路导线温度监测及动态增容各组成部分的结构分析和功能介绍，掌握输电线路导线温度监测及动态增容应用。

【正文】

一、输电线路导线温度监测及动态增容的目的和意义

近年来，我国经济的持续快速增长，导致了电网规划建设滞后和输电能力不足的问题日益突出，加剧了电网和电源发展的不协调矛盾，带来了一系列问题。一些输电线路受到输送容量热稳定限额的限制，已严重制约系统内输电线路的输送容量，极大地影响了电网供电能力。而受输电走廊征用困难以及环境保护等因素制约，建设新的输电线路投资大，建设周期长，征地开辟新的线路走廊难度高。因此，如何提高现有架空输电线路单位走廊的输送容量，最大限度地提高现有输电线路的传输能力，已成为确保电网安全、经济、可靠运行的一个迫在眉睫的突出问题。

输电线路常年运行在户外，受外界环境腐蚀、老化、振动等因素，导致导线接头、线夹等部位容易发热。电力部门采用定期巡视测温、特巡测温等方式获取导线易发热点部位温度，但由于周期性漏失或不能及时反映导线的温升情况进行预警，导致导线温升过高造成大量的电力事故。

过低的导线温度会加大导线的水平张力，过高的导线温度会影响弧垂的安全距离，所以导线温度的实时监测还是有非常重要的意义。

目前国内外研究机构和制造厂已开发和生产出几种实用有效实时监测装置。美国

USI 公司生产的 Power-Donut 2 和杭州海康雷鸟公司生产的 MT 系列温度—倾角测量球是实时测量导线温度及通过测量悬挂点倾角计算得到实时弧垂的装置，同时装置也能测量导线电流。测量装置为环形或球形结构，套装在导线上，内部采用线路电流产生的感应电源、数字式温度传感器、高精度角度传感器、GSM/GPRS 通信模式、多层屏蔽与密封等多项新技术，确保装置能在高压电场和高低温等恶劣天气环境下可靠工作。其外形和安装位置如图 16-5-1～图 16-5-3 所示。

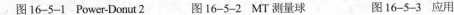

    图 16-5-1　Power-Donut 2   图 16-5-2　MT 测量球   图 16-5-3　应用

国外还有通过测量导线应力和通过 GPS 测量弧垂计算导线温度等的实时监测装置。这些测量装置为线路动态热定额计算提供了实时导线温度等数据。

对于气象信息的采集一般采用商用可靠的小型自动气象站，它能提供线路局部的气象环境数据，包括环境温度、风速、风向、雨量、雨强、太阳辐射等信息。国外也有采用公用气象台提供气象数据。

输电线路导线（金具）温度在线监测及动态增容系统，能够对输电线路导线温度、易发热点金具温度及环境温湿度、日照、风速风向进行实时监测。利用 GSM/GPRS/CDMA 等通信信道将数据传往监测中心，系统主站软件根据现场监测数据进行分析、比较、预警和储存，并计算出线路实际的动态容量和导线弧垂，即线路的隐性负荷。为电网调度运行人员提供在线调度运行指导数据，及时对输电线路的热稳定负载进行调整，最大限度地发挥输电线路的输送能力。

二、增容技术理论

1. 导线允许温度和载流量

导线的温度与导线的载流量、运行环境温度、风速、日照强度、导线表面状态等有关。

（1）导线允许载流量。对于确定的环境条件，导线的允许载流量直接取决于其发热允许温度，允许温度越高，则允许载流量越大。

　　导线发热允许温度受导线载流发热后的强度损失制约，因此架空导线的允许载流量一般是按一定气象条件下导线不超过某一温度来计算的，目的在于尽量减少导线的强度损失，以提高并确保导线的使用寿命。

　　导线允许载流量的计算与导体的电阻率、环境温度、使用温度、风速、日照强度、导线表面状态、辐射系数、吸热系数、空气的传热系数等因数有关。导线的最高使用温度，按各国的具体情况而定，日本、美国允许为+90℃，法国为+85℃，德国、荷兰、意大利、瑞典、瑞士等国允许为+80℃，我国和苏联允许为+70℃。

　　导线载流量的计算公式很多，日本、苏联、美国、英国和法国等都有不同的计算公式，但是其计算原理都是由导线发热和散热的热平衡推导出来的，其中英国摩尔根公式考虑影响载流量因素较多，并有实验基础，但摩尔根公式计算过程较为复杂，在一定条件下将其简化，可缩短计算过程，适用于雷诺系数为 100～3000 时，即环境温度为+40℃、风速 0.5m/s，导线温度不超过 120℃，可用于直径 $\phi 4.2 \sim \phi 100$mm 的导线载流量计算。摩尔根公式如下

$$I_t = \sqrt{\frac{9.92\theta(VD)^{0.485} + A - \alpha_s I_s D}{K_t R_{dt}}} \qquad (16\text{-}5\text{-}1)$$

其中　　　　　　　　$A = \pi \varepsilon SD[(\theta + t_a + 273)^4 - (t_a + 273)^4]$

式中　θ ——导线载流时温升，℃；

　　　V ——风速，m/s；

　　　D ——导线外径，m；

　　　ε ——导线表面辐射系数，光亮新线为 0.23～0.46，发黑旧线为 0.90～0.95；

　　　I_s ——日照强度，W/m²；

　　　S ——常数，$S=5.67\times10^{-8}$W/m²；

　　　t_a ——环境温度，℃；

　　　α_s ——导线吸热系数，光亮新线为 0.23～0.46，发黑旧线为 0.90～0.95；

　　　K_t ——导线温度为 $\theta + t_a$ 时交直流电阻比；

　　　R_{dt} ——导线温度为 $\theta + t_a$ 时的直流电阻，Ω/m。

　　我国现行标准导线载流量计算采用的就是以上计算公式。

　　（2）高导线允许温度对载流量的影响。当环境温度为+40℃、风速 0.5m/s、日照强度 1000W/m²、辐射系数和吸热系数均取 0.9 时，钢芯铝绞线载流后的温度为 70℃、80℃和 90℃时的载流量见表 16-5-1。从表中看出，对钢芯铝绞线 210～800mm² 截面，导线温度从+70℃提高到+80℃后，载流量可提高 25% 左右。

表 16-5-1 钢芯铝绞线长期允许载流量

截面 （mm²）	结构（根/mm）		计算载流量（A）		
	铝	钢	70℃	80℃	90℃
210/50	30/2.98	7/2.98	405	507	586
240/30	24/3.60	7/2.40	445	552	639
240/40	26/3.42	7/3.66	440	546	633
240/55	30/3.20	7/3.20	445	554	641
300/15	42/3.00	7/1.67	495	615	711
300/20	45/2.93	7/1.95	502	624	722
300/25	48/2.85	7/2.22	505	628	726
300/40	24/3.99	7/3.66	503	628	728
300/50	26/3.83	7/2.98	504	629	730
300/70	30/3.60	7/3.60	512	641	745
400/20	42/3.51	7/1.95	595	746	864
400/25	45/3.33	7/2.22	584	730	845
400/35	48/3.22	7/2.50	583	729	844
400/50	54/3.07	7/3.07	592	741	857
400/65	26/4.42	7/3.44	597	752	876
400/95	30/4.15	19/2.50	608	767	895
500/35	45/3.75	7/2.50	670	842	977
500/45	48/3.00	7/2.80	664	834	967
500/65	54/3.44	7/3.44	676	850	983
630/45	45/4.20	7/2.80	763	964	1120
630/55	48/4.12	7/3.20	775	979	1136
630/80	54/3.87	19/2.32	774	977	1131
800/55	45/4.80	7/3.20	887	1126	1310
800/70	48/4.63	7/3.60	884	1121	1301
800/100	54/4.33	19/2.60	878	1113	1288

（3）环境温度对导线载流量的影响。环境温度对导线载流量有很大影响，因为导线的辐射散热和对流散热都与环境温度直接相关。

以 220kV 线路常用的 LGJ—400/35 导线为例进行计算，边界条件为：$V=0.5\text{m/s}$、$I_s=1000\text{W/m}^2$、$\varepsilon=0.9$、$\alpha_s=0.9$ 计算结果见表 16–5–2。

表 16–5–2　　　　　　　　LGJ—400/35 导线在不同环境温度和
导线允许温度下的载流量

允许温度（℃）	载流量（A）				
	$t_a=0℃$	$t_a=10℃$	$t_a=20℃$	$t_a=30℃$	$t_a=40℃$
70	1039	950	849	731	585
80	1115	1036	948	849	732
90	1182	1111	1033	946	848
100	1226	1162	1107	1031	945

从表 16–5–2 中看出，当导线温度为+70℃，环境温度从 40℃降至 30℃，载流量增加约 25%。

以环境温度 40℃作为基准，不同环境温度和导线允许温度时的修正系数见表 16–5–3。

表 16–5–3　　　　　　　不同环境温度和导线允许温度时的修正系数

允许温度（℃）	修正系数			
	$t_a=10℃$	$t_a=20℃$	$t_a=30℃$	$t_a=40℃$
70	1.414	1.290	1.155	1
80	1.322	1.224	1.118	1
90	1.264	1.183	1.095	1

注　$t=40℃$，$V=0.5\text{m/s}$，辐射和散热系数=0.9，$H=1000\text{m}$，日照 0.1W/cm^2。

（4）边界条件对导线载流量的影响。从以上分析看出，载流量公式确定后，计算的边界条件对载流量的计算也是有影响的，现将收集到的有关国家载流量计算的边界条件见表 16–5–4。

表 16–5–4 不同国家计算导线载流量的边界条件

边界条件	中国	日本	法国	美国	IEC
温度（℃）	35	—	—	—	—
风速（m/s）	0.5	0.5	1.0	0.61	1.0
日照（W/m²）	1000	1000	900	—	900
吸热系数	0.9	0.9	0.5	0.5	0.5
辐射系数	0.9	0.9	0.6	0.5	0.6
导线温度（℃）	70	90	85	90	—

现用摩尔根公式，取环境温度为 40℃，采用我国和 IEC 边界条件进行载流量计算，计算结果见表 16–5–5。

表 16–5–5 我国和 IEC 应用的边界条件计算的载流量

导线温度（℃）	导线型号	LGJ–400/25	LGJ–400/50	LGJ–400/65	LGJ–400/95
80	我国参数	584	592	597	608
	IEC 参数	733	742	760	776
	比值	1.255	1.253	1.273	1.276
90	我国参数	730	741	752	767
	IEC 参数	875	886	909	928
	比值	1.199	1.196	1.209	1.210

通过对导线载流量的各个边界条件影响的分析，得出以下结论：

1）边界条件对导线载流量计算影响比较大，由于各国根据本国的条件（环境温度、日照强度、风速、吸热和散热系数、导线允许温度等）取值各有不同，计算出的载流量相差较大。我国和 IEC 的边界条件分别计算的载流量相差在 15%～20%。因此选择适合本地区的边界条件是非常重要的，也是需要进一步研究的问题。

2）导线表面辐射和吸热系数，主要由导线新旧决定的。虽然它们各自对导线载流量有一定的影响，而且影响是相反的，但它们对导线载流量的综合影响较小，在导线使用温度范围内，大约为 2%。

3）风速对导线载流量影响很大：V=0.5m/s 较 V=0.1m/s 载流量要增大 40%，而 V=1.0m/s 较 V=0.5m/s 载流量要增大 15%～20%，所以风速的取值值得研究。据国外研究，风向与导线的夹角不同，对载流量大小也有影响。

4）日照强度对载流量也有影响。日照 100W/m² 较 1000W/m² 的载流量要提高 15%～30%，但日照从 1000W/m² 减少至 900W/m² 时载流量仅提高 1%～4%。

5）温度（环境温度 t_a、导线最大允许温度 θ）对载流量的影响很大。从导线温升 θ 与载流量的关系看出，在温升的初始阶段，载流量上升很快，环境温度≤40℃时，导线温度每升高 5℃，载流量要增加 10%，导线温度 θ 大于 40℃时，导线温度每升高 5℃，载流量要增加逐渐减少，从 8%降至 2%。

总之，影响导线载流量的边界条件，一部分为外界环境条件，如风速、日照、温度等，这是与线路所处的自然条件有关。另一部分是与导线本身有关，如导线的吸热和辐射系数、导线允许温度、导线直径等。导线的吸热和辐射系数综合影响载流量是不大的，当导线直径（截面）一定时，导线允许温度的取值就成为影响载流量的主要因素。

2. 静态增容和动态增容原理

在不改变线路结构的情况下，增加导线载流量，增大线路输送容量，对于降低线路建设投资具有较大的作用。导线增容可分为静态增容和动态增容。

输电线路在设计时一般是在选定的特定气象条件（如环境温度 40℃、风速 0.5m/s、太阳辐射功率 1000W/m²）和导线最高允许温度 70℃下计算线路载流量，这是线路的静态载流量，也称为静态热定额，它保证线路强度和线路安全，一般不应超越。如果在规定气象条件不变的情况下，将允许温度从 70℃提高到 80℃或 90℃，允许载流量有一定提高，这称为静态增容。

在通常情况下实际环境温度小于特定的环境温度 40℃，风速也经常大于规定的 0.5m/s，甚至在负荷等于热定额时，导线温度也没有达到最高允许温度。因此，根据实际运行中气象条件的有利因素（如环境温度较低、风速较高等），在导线最高允许温度限定范围内对线路运行安全没有影响的前提下，可适当提高线路的载流量，这就是线路的动态载流量，也称为动态热定额。如果能够对导线温度和导线弧垂进行实时监控，在白天晚上、阴天晴天与夏天冬天等不同环境条件下动态调节载流量，以提高现有输电线路的输送容量称为动态增容。

静态热定额：输电线路在设计时一般是在选定的特定气象条件（如环境温度 40℃，风速 0.5m/s，太阳辐射功率 1000W/m²）和导线最高允许运行温度 70℃下根据上述计算方法来确定线路载流量，这是线路的静态载流量也称为静态热定额，它保证导线强度和线路安全，一般不应超越，但也是较保守的定额。

如果在规定气象条件不变的情况下，将允许温度从 70℃提高到 80℃或 90℃，允许载流量有一定提高，但牺牲了一些导线寿命，这称为静态增容。国网公司已允许按照规定程序，在一些已建和新建线路上，将导线允许温度从 70℃提高到 80℃，实现静态增容。

动态热定额：因为在静态热定额计算中采用保守的热交换假设，在通常情况下实际环境温度是小于特定的环境温度 40℃，风速也经常大于规定的 0.5m/s，甚至在负荷等于热定额时，导线温度也没有达到最高允许温度。因此实际运行中，在导线最高允许温度限定范围内，并对线路运行安全没有大影响的情况下，根据气象条件的有利因素下（如环境温度较低、风速较高等），适当提高线路的载流量，这就是线路的动态载流量也称为动态热定额或动态增容。动态增容可增加 10%～30%的线路载流量，在用电高峰时缓解了输电能力的不足，具有显著的政治经济效益。

3. 动态载流量的实时计算

目前国内外常用的载流量计算方法，除摩根公式外，更多使用的是国际电气和电子工程师协会标准 IEEE Std 738《计算裸架空导线电流和温度关系的标准》提供的方法。该标准根据线路热平衡方程提供了计算线路稳态和暂态热定额的模型和算法，可采用实时环境温度、风速、风向和太阳辐射等气象参数来计算线路的动态载流量。

IEEE Std.738 标准中导线温度和载流量计算方法的基础是热平衡方程。

稳态热平衡方程

$$q_\text{c} + q_\text{r} = q_\text{s} + I^2 R(T_\text{c}) \tag{16-5-2}$$

其中
$$I = \sqrt{\frac{q_\text{c} + q_\text{r} - q_\text{s}}{R(T_\text{c})}}$$

非稳态热平衡方程

$$q_\text{c} + q_\text{r} + mC_\text{p}\frac{\text{d}T_\text{c}}{\text{d}t} = q_\text{s} + I^2 R(T_\text{c}) \tag{16-5-3}$$

其中
$$\frac{\text{d}T_\text{c}}{\text{d}t} = \frac{1}{mC_\text{p}} q_\text{s} + I^2 R(T_\text{c}) - q_\text{c} - q_\text{r}$$

式中　　I——导线电流即载流量，A；

T_c——导线温度，℃；

$R(T_\text{c})$——温度 T_c 时导线每千米的交流电阻，Ω/km；

q_c——对流热损失，W/m；

q_r——辐射热损失，W/m；

q_s——太阳热增量，W/m；

mC_p——导线的总热容量，J/m℃。

它们分别以下式计算

（1）强迫对流热损失。

$$q_{c1} = \left[1.01 + 0.372 \left(\frac{D\rho_f V_w}{\mu_f} \right)^{0.52} \right] K_f K_{angle} (T_c - T_a) \quad （16-5-4）$$

$$q_{c2} = 0.0119 \left(\frac{D\rho_f V_w}{\mu_f} \right)^{0.6} K_f K_{angle} (T_c - T_a) \quad （16-5-5）$$

式（16-5-4）用于低风速，式（16-5-5）用于高风速。

式中　D——导线直径；

　　　V_w——导线处空气流速度；

　　　ρ_f——空气密度；

　　　μ_f——空气的动态黏度；

　　　K_f——温度 T_{film} 时空气的热传导率；

　　K_{angle}——风向系数；

　　　T_a——周围空气温度；

　　　T_c——导线温度。

$$T_{film}=(T_a+T_c)/2$$

（2）自然对流热损失。当风速为零时，自然对流热损失仍存在，热损失方程为

$$q_{cn} = 0.0205 \rho_f^{0.5} D^{0.75} (T_c - T_\alpha)^{1.25} \quad （16-5-6）$$

（3）辐射热损失为

$$q_r = 0.0178 D\varepsilon \left[\left(\frac{T_c + 273}{100} \right)^4 - \left(\frac{T_\alpha + 273}{100} \right)^4 \right] \quad （16-5-7）$$

式中　ε——导线发射率。

（4）太阳热增量为

$$q_s = \alpha Q_{se} \sin\theta A' \quad （16-5-8）$$

式中　A'——单位长度导线的投影面积；

　　　α——导线的太阳吸收系数；

　　Q_{se}——导线高度修正后太阳和空气总的辐射热量；

　　　θ——太阳光的有效入射角。

上述公式中各项系数的采用条件及计算方法请见该标准。

（5）增容方法。根据导线温度提高现有运行的线路载流量的方法有两种：

1）方法一是导线允许运行温度+70℃不变，根据运行环境实际情况核算线路载流量，对受限线路载流量进行精细管理。通过在线测量线路的导线温度、风速、日照强度和环境温度等，计算确定线路的载流量。

方法一的优点是现行运行标准不变，线路运行安全性不变，通过对导线温度和环境温度的在线监测，充分挖掘输电线路的隐性容量。这是一种廉价、有效、安全的线路增容技术，一般可增加线路输送容量约 10%~30%。

在电网事故 $N-1$ 情况下，通过对导线温度的实时监测，利用导线温升暂态过程的时间特性，短时较大的提高输送容量，可为事故处理赢得宝贵时间，为电网安全发挥很大作用。

2）方法二是环境温度仍按+40℃考虑，线路上的风速和日照强度完全按规程要求设定，提高导线允许运行温度到+80~+90℃。

方法二能较大幅度的提高输送容量，但导线运行温度将超过目前规程规定允许温度+70℃，由此将带来三个问题：一是不符合现行设计标准；二是对导线、配套金具的机械强度和寿命有不同程度影响；三是由于温度提高，导线弧垂的增加，导线对地交叉跨越空气间隙距离减小，影响线路对地及交叉跨越的安全裕度。所以这种方法要在做好各项技术和组织措施后采用。

这两种增容方法都需要线路导线在线温度、环境温度、风速、日照和载流量等的检测及数据传输装置。

三、导线温度监测和动态增容系统

导线温度在线监测系统实时监测输电线路导线温度、导线电流、日照、风速、风向、环境温度等参数。输电线路动态增容是在充分利用现有输电设施、通道状况的基础上，引入输电线路在线监测与计算分析工具，根据实际气象环境、设备数据，如环境温度、风速、风向、日照以及导线型号、导线发射率、导线吸收率、导线最高温度阻值等详细的导线数据，计算输电线路当前的稳态输送容量限额，为调度和运行提供方便及有效的分析手段，通过导线温度在线监测进行实时增容，有效发挥输电线路的输送能力。

1. 系统组成

导线温度监测和动态增容实时系统主要由测温单元、塔上监测装置、通信基站和分析查询系统四部分组成，如图 16-5-4 所示。其中体积小、重量轻的测温单元安装在输电线路导线或金具上，实时采集导线及金具温度，并通过 Zigbee 或 RF 射频模块将数据无线上传至铁塔上的监测装置。监测装置同时对本塔所在微气象区的日照、风速、风向、环境温度等参数进行实时采集，将所有数据通过 SMS/

GPRS/CDMA1X 等通信方式将数据传往监测中心，当各温度监测点温度超过预设值时即刻启动报警。

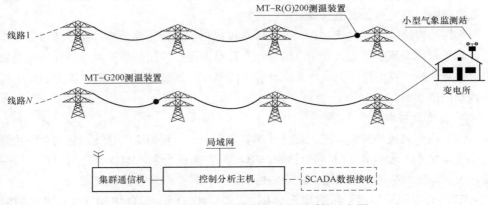

图 16-5-4　输电线路温度实时监测系统示意图

以下是国内一家主流在线监测厂家生产的导线温度监测装置，该装置为单一实时测量导线温度的装置，采用太阳能和锂电池供电，RF 通信模式，体积小、重量轻，宜用在需多点测量温度的某段线路上，信号用 RF 送到塔上控制箱，再经 GPRS 将信号转送到系统主站。其主要技术指标如下，外形如图 16-5-5 所示。

温度测量范围：A 型：-40～+125℃　B 型：-40～+200℃。

测量精度：±1℃。

数据发送时间间隔：2min～2h。

外壳的防护性能等级：IP66。

供电模式：锂亚电池/太阳能。

锂压电池工作持续时间：≥3 年。

允许长期通过导线负荷电流：20～4000A。

融冰情况下允许通过导线负荷电流直流 4000A。

图 16-5-5　导线温度监测装置外形图

根据运行经验一般在线路温度较高或环境条件较差的地段安装若干个温度监测装置，注意要在有 GSM/GPRS 信号的地区。在线路杆塔上或附近或变电所安装小型气象站，距离相近的线路（如同杆双回线）可共用一个气象站，但在气象条件变化较大的地区应增装气象站。

输电线路动态增容实时监测系统能提供线路各个监测点电流、温度及气象数据等的实时监控信息，通过软件计算醒目地显示当前线路最高温度、输送电流和动态实时限额，为运行调度人员控制线路载流量提供依据。当线路电流发生阶跃或线路温度超过预警值时，系统马上发出直观醒目的告警。

线路增容辅助研究包括 IEEE Std.738 标准提供的分析计算功能，如稳态和暂态模式计算是根据实测的气象条件下，给定一个计算温度，依据热平衡原理进行导线限额电流计算，或相反地根据导线电流来计算导线温度，为确定线路动态载流量和安全提供预测依据。

2. 传感器技术

（1）电阻温度传感器。电阻温度传感器实际上是一根特殊的导线，它的电阻随温度变化而变化，通常 RTD 材料包括铜、铂、镍及镍/铁合金。RTD 元件可以是一根导线，也可以是一层薄膜，采用电镀或溅射的方法涂敷在陶瓷类材料基底上。

RTD 的电阻值以 0℃ 阻值作为标称值。0℃ 100Ω 铂 RTD 电阻在 1℃ 时它的阻值通常为 100.39Ω，50℃ 时为 119.4Ω，图 16-5-6 是 RTD 电阻/温度曲线与热敏电阻的电阻/温度曲线的比较。RTD 的误差要比热敏电阻小，对于铂来说，误差一般在 0.01%，镍一般为 0.5%。除误差和电阻较小以外，RTD 与热敏电阻的接口电路基本相同。

（2）数字温度传感器 DS18B20。

1）单线总线特点。单总线即只有一根数据线，系统中的数据交换，控制都由这根线完成。单总线通常要求外接一个约为 4.7～10K 的上拉电阻，这样，当总线闲置时其状态为高电平。

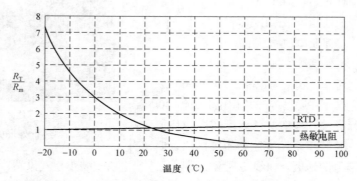

图 16-5-6 RTD 电阻/温度曲线与热敏电阻的
电阻/温度曲线的比较

2）DS18B20 的特点。DS18B20 单线数字温度传感器，即"一线器件"，其具有独特的优点：① 采用单总线的接口方式与微处理器连接时仅需要一条口线即可实现微处理器与 DS18B20 的双向通信。单总线具有经济性好，抗干扰能力强，适合于恶劣环境的现场温度测量，使用方便等优点，使用户可轻松地组建传感器网络，为测量系统的构建引入全新概念。② 测量温度范围宽，测量精度高 DS18B20 的测量范围为$-55\sim$ $+125℃$；在$-10\sim+85℃$范围内，精度为$±0.5℃$。③ 在使用中不需要任何外围元件。④ 持多点组网功能。多个 DS18B20 可以并联在唯一的单线上，实现多点测温。⑤ 供电方式灵活 DS18B20 可以通过内部寄生电路从数据线上获取电源。因此，当数据线上的时序满足一定的要求时，可以不接外部电源，从而使系统结构更趋简单，可靠性更高。⑥ 测量参数可配置 DS18B20 的测量分辨率可通过程序设定 9～12 位。⑦ 负压特性电源极性接反时，温度计不会因发热而烧毁，但不能正常工作。⑧ 掉电保护功能 DS18B20 内部含有 EEPROM，在系统掉电以后，它仍可保存分辨率及报警温度的设定值。

DS18B20 具有体积更小、适用电压更宽、更经济、可选更小的封装方式，更宽的电压适用范围，适合于构建自己的经济的测温系统，因此也就被设计者们所青睐。

DS18B20 内部结构如图 16-5-7 所示。

主要由 4 部分组成：64 位 ROM、温度传感器、非挥发的温度报警触发器 TH 和 TL、配置寄存器。ROM 中的 64 位序列号是出厂前被光刻好的，它可以看作是该 DS18B20 的地址序列码，每个 DS18B20 的 64 位序列号均不相同。64 位 ROM 的排的循环冗余校验码（$CRC=X^8+X^5+X^4+1$）。ROM 的作用是使每一个 DS18B20 都各不相同，这样就可以实现一根总线上挂接多个 DS18B20 的目的。

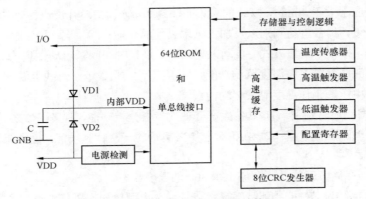

图 16-5-7 DS18B20 内部结构

3. 输电线路导线温度监测装置系统

Q/GDW 244《输电线路导线温度监测装置技术规范》规定了架空输电线路导线温度监测装置的监测对象、技术要求、试验项目及方法等。其中对导线温度监测装置的定义如下：满足测量数字化、输出标准化、通信网络化特征，具备自检、自恢复功能，对架空输电线路导线、部分接续金具的表面温度进行在线监测的一种测量装置。一般由导线温度采集单元、现场通信网络和数据集中器组成。其监测的主要场合及对象有：① 进行动态增容、过载特性试验及大负荷区段的带电导线；② 容易产生热缺陷的带电导线接续部位，如耐张线夹、接续管、引流板等处；③ 重冰区进行交直流融冰的导地线；④ 其他有测温需求的普通和特种导线、金具。

其测温方式分为接触类和非接触类：接触类导线温度采集单元指安装在导线上的导线温度采集单元，其测温传感元件与导线、金具表面可接触。测温时采用合理的固定方式，将铂电阻、热敏电阻、数字温度传感器等温度传感元件与导线、金具外表面充分接触，经过传感、信号处理和无线传输等，实时获取监测点导线或金具表面温度。非接触类导线温度采集单元指安装在杆塔或地面上的导线温度采集单元，其测温传感元件不与导线、金具表面直接接触。测温时采用红外等温度传感元件不与导线、金具表面直接接触的测温方法，经过传感、信号处理和数据传输等，实时获取监测点导线或金具表面温度。

（1）对监测装置的功能要求主要包括数据的采集、处理与判别、存储、输出，以及通信、远程更新、配置与调试。

1）数据采集要求：① 能传感、采集导线或金具表面温度，进行相应存储，并将测量结果通过通信网络传输到状态监测代理装置或状态监测主站；② 具备自动采集功能。按设定时间间隔自动采集导线、金具温度的功能，最小采集间隔宜大于 2min，最大采集间隔应不大于 40min，默认的采集间隔为 10min。在温升过快、动态增容、线路过载等情况下，具备自动判别以及加大频率采集的功能；③ 具备受控采集功能，能响应远程指令，按设定采集方式、自动采集时间、采集时间间隔启动采集；④ 同一导线温度采集单元应具备多路温度监测功能，测温点不低于 2 个。对线上温度采集单元，宜具备电源电压、工作温度等采集功能。

2）数据处理与判别：① 具备数据合理性检查分析功能，对采集数据进行预处理，自动识别并剔除干扰数据；② 具备对原始采集量的一次计算功能，得出能直观反映温度的状态量数据。

3）数据存储。应能循环存储至少 30d 的温度状态量数据。

4）数据输出。导线/金具温度等状态量，及电源电压、工作温度、心跳包、通信连接状态等工作状态数据。

5）通信接口。通信接口和应用层数据传输规约应满足 Q/GDW 242《输电线路状态监测装置通用技术规范》相关要求。

6）硬件与软件：① 具备对装置自身工作状态包括采集、存储、处理、通信等的管理与自检测功能；② 当判断装置出现运行故障时，能启动相应措施恢复装置的正常运行状态。

7）远程更新、配置与调试：① 应具备身份认证、远程更新程序的功能，具备完善的更新机制与方式；② 应具备按远程指令修改采集频率、采样时间间隔、网络适配器地址等参数的能力；③ 应具备动态响应远程时间查询/设置、数据请求、复位等指令的能力；④ 宜能按远程指令进入远程调试模式，并输出相关调试信息。

（2）对监测装置的主要技术要求包括使用环境、准确度、供电等要求。

1）环境条件：① 环境温度：−25～+45℃（普通型）或−40～+45℃（低温型）；② 相对湿度：5%RH～100%RH；③ 大气压力：550～1060hPa。

2）工作温度为−25～+70℃（工业级）或−40～+85℃（扩展工业级）。

3）外观及标记：① 外观应整洁完好，各接线端子的标记应齐全清晰，接插件接触良好；② 应有型号、名称、出厂编号、出厂日期、制造厂名等标记。

4）接触类测温装置主要技术参数。依据被测导线的类型，测量范围为下列的四种之一：① −40～+120℃；② −40～+180℃；③ −40～+290℃；④ 非常规导线温度测量范围与用户协商。

5）非接触类测温装置主要技术参数：① −40～+290℃；② 非常规导线温度测量范围与用户协商。

6）测量精度：综合误差应小于±1.0℃。

7）基本技术要求：① 应有防雨、防潮、防尘、防腐蚀措施；② 外壳的防护性能应符合 GB 4208 规定的 IP65 级要求；③ 电源应有可靠的保护措施，应避免因电源故障对导线、杆塔造成损伤；④ 接触类导线温度采集单元的质量应小于 2.5kg，体积应尽可能小，避免影响导线的电气性能和安全性能；⑤ 接触类导线温度采集单元的外壳应和导线等电位；⑥ 接触类导线温度采集单元应能经受设计导线电流（包括短路电流、雷电流）、大气温度等环境条件的考验；⑦ 接触类导线温度采集单元与导线的连接部件应与导线截面匹配；⑧ 接触类导线温度采集单元与导线的连接部件应有锁紧装置，应保证在运行中不松脱；⑨ 接触类导线温度采集单元应能承受导线的高温运行状态考验；⑩ 接触类导线温度采集单元的外引线应采用双屏蔽线。

8）供电要求：① 对接触类导线温度采集单元，可采用太阳能、感应取能或高能电池等方式供电；② 对非接触类导线温度采集单元，可采用太阳能或风能等方式供电；

③ 对采用太阳能方式供电的导线温度采集单元，其蓄电池单独供电时间应不少于 30d；
④ 对只采用高能电池供电的导线温度采集单元，电池供电时间不少于 3 年；⑤ 对采用感应取能供电方式的导线温度采集单元，其最小启动电流根据带电导线长期运行电流范围确定，应能保证长期连续供电的要求；⑥ 对塔上温度监测装置，电源电压宜采用 12V，外部电源输入口为三针航空防水插头。

（3）对监测装置的其他性能要求包括电气、电磁兼容、气候防护、机械性能等要求。

1）电气性能：① 可见电晕和无线电干扰水平。接触类导线温度采集单元电晕熄灭电压和无线电干扰水平满足相应电压等级的架空输电线路设计规范的相关要求。在试验期间及试验后，导线温度采集单元能正常工作。② 短路电流冲击性能。将接触类导线温度采集单元安装在导线上，对导线通过 40kA、≥120ms，31.5kA、≥300ms，15kA、≥2s 的模拟短路电流后，导线温度采集单元无损坏，恢复正常电流时，导线温度采集单元能正常工作。③ 导线电流耐受性能。对于采用感应取能供电方式的接触类导线温度采集单元，应能承受不低于单导线或分裂导线子导线允许电流范围内的电流波动而无损坏。④ 温升性能。在环境温度为 20±5℃的条件下，将接触类导线温度采集单元安装 400mm² 的导线上，对导线通以 800A 电流，导线温度采集单元夹具及表面的温度应不超过导线表面温度。⑤ 抗雷电冲击性能。距离被检导线温度采集单元 5m，对被检导线施加相应电压等级绝缘子串耐受水平的标准雷电波各 3 次，导线温度采集单元能正常工作。

2）电磁兼容性能。① 静电放电抗扰度。应能承受 GB/T 17626.2 中第 5 章规定的试验等级为 4 级的静电放电试验。在试验期间及试验后，导线温度采集单元能正常工作。② 射频电磁场辐射抗扰度。应能承受 GB/T 17626.3 中第 5 章规定的试验等级为 3 级的辐射电磁场干扰试验。在试验期间及试验后，导线温度采集单元能正常工作。③ 脉冲磁场抗扰度。应能承受 GB/T 17626.9 中第 5 章规定的试验等级为 5 级的脉冲磁场干扰试验。在试验期间及试验后，导线温度采集单元能正常工作。④ 工频磁场抗扰度。应能承受 GB/T 17626.8 中第 5 章表 1 和表 2 规定的试验等级为 5 级的工频磁场干扰试验。在试验期间及试验后，导线温度采集单元能正常工作。

3）气候防护性能：① 高温性能。应能承受 GB/T 2423.2 试验 Bb 中严酷等级为：温度+70℃或温度+85℃、持续时间 16h 的高温试验。在试验期间及试验后，导线温度采集单元能正常工作。② 低温性能。应能承受 GB/T 2423.1 试验 Ab 中严酷等级为：温度−25℃或−40℃、持续时间 16h 的低温试验。在试验期间及试验后，导线温度采集单元能正常工作。③ 交变湿热性能。应能满足 GB/T 2423.4 中高温温度为+55℃，试验周期24h，原地恢复2h 的试验要求。在试验期间及试验后，导线温度采集单元能正常工作。

4）机械性能。

a. 振动性能。在非工作、非包装状态下，导线温度采集单元应能通过如下严酷等级的正弦振动试验：① 频率范围：10～55Hz；② 峰值加速度：10m/s²；③ 扫频循环次数：5 次；④ 危险频率持续时间：10min±0.5min。试验后，导线温度采集单元能正常工作。

b. 垂直振动疲劳性能。接触类导线温度采集单元应能承受振幅 $A=\pm0.5$mm、频率 $f=25\sim50$Hz、振动次数 $N=1\times107$ 次的垂直振动。

在试验期间及试验后，导线温度采集单元能正常工作。试验后采集单元各部件应无松动，夹头无滑移、无明显磨损，而且夹头处未磨损导线。

c. 运输性能。

a）产品包装后应按 GB/T 6587.6《电子测量仪器 运输试验》中规定进行试验，能承受该标准的表 1 中等级为 Ⅱ 的运输试验（包括自由跌落、翻滚试验）。试验后，装置应能正常工作。

b）产品包装后应按 QJ/T 815.2《产品公路运输加速模拟试验方法》中规定进行试验，能承受该标准中等级为三级公路中级路面的运输试验。经过 2h 试验时间后，装置应能正常工作。

（4）可靠性。

1）平均无故障连续工作时间（MTBF）不低于 25 000h。

2）年均数据缺失率应不大于 1%。

【思考与练习】

1. 静态增容和动态增容原理。

2. 输电线路增容方法。

3. 输电线路导线温度监测和动态增容系统的组成和功能。

4. 输电线路导线温度监测装置的主要技术要求。

▲ 模块 6 输电线路弧垂监测（Z04G7006Ⅲ）

【模块描述】本模块阐述了输电线路弧垂理论及测量计算方法，介绍了弧垂监测系统的各组成部分，通过对输电线路弧垂监测系统各组成部分的结构分析和功能介绍，掌握输电线路弧垂监测系统的应用。

【正文】

一、输电线路弧垂理论及测量方法

输电线路弧垂是线路设计和运行的主要指标，关系到线路运行的安全，它必须控制在设计规定的范围内。但由于输电线路覆盖面广，许多地方要跨越公路、铁路、航道、较低电压线路、树木生长地段和人烟密集地区，虽然在线路设计和施工时都已对线路弧垂进行控制，避免弧垂过大造成事故。但是由于环境及线路负荷的变化，弧垂的余度将没有设计、施工时那么足，特别是在交叉跨越和人烟密集地段。尤其是有些线路将导线最高运行允许温度从 70℃提高到 80℃，这时线路弧垂就成为主要的制约因素，线路运行部门就很关心这些关键点的弧垂。有了线路弧垂实时监测装置运行部门可随时了解线路弧垂的变化情况，采取措施保证弧垂在规定范围内。另外线路动态增容和线路覆冰时，导线弧垂也会有明显变化，也要控制弧垂，避免发生线路故障。

1. 技术原理

（1）线路基本方程。架空导线在工程计算上常忽略它的刚度而视为柔索，这样导线就可用悬链线方程或抛物线方程来计算，这里采用抛物线方程来计算，虽精度略差但计算较简单，误差在工程允许范围内。悬挂点不等高的架空线示意图如图 16-6-1 所示。

当导线二悬挂点 A、B 间的档距为 l（m），A、B 间的高差为 h（m）时（B 高于 A），档内导线的最大弧垂 f（m）为

$$f = \frac{l^2 W}{8H \cos \varphi} \tag{16-6-1}$$

式中　H——导线最低点水平张力，N；

W——导线单位长度的自重力（荷载），N/m；

φ——高差角，（°）。

（2）通过张力或倾角测量弧垂。当导线二悬挂点 A、B 间的档距为 1（m），A、B 间的高差为 h（m）时（B 高于 A），导线档内最大的弧垂 f（m）见式（16-6-1）。

悬挂点 A 处导线的倾斜角为

$$\theta_A = \arctan \left(\frac{l_w}{2H \cos \varphi} - \frac{h}{l} \right) \tag{16-6-2}$$

悬挂点 B 处导线的倾斜角为

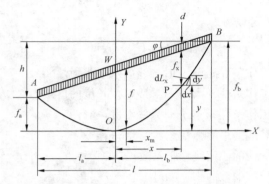

图 16-6-1　悬挂点不等高的架空线示意图

$$\theta_B = \arctan\left(\frac{lW}{2H\cos\varphi} + \frac{h}{l}\right) \qquad (16\text{-}6\text{-}3)$$

将式（16-6-2）中 W/H 代入式（16-6-1），可得导线弧垂 f（m）与悬挂点倾斜角 θ 的函数关系

$$f = \frac{1}{4}\left(\tan\theta_A + \frac{h}{l}\right)$$

或

$$f = \frac{1}{4}\left(\tan\theta_B - \frac{h}{l}\right) \qquad (16\text{-}6\text{-}4)$$

上述函数关系表明悬挂点倾角直接反映了线路弧垂的数值，就为通过实时测量悬挂点倾斜角监测导线弧垂提供了依据。

通过导线温度测量弧垂。

由于导线温度或外荷载变化将造成导线内部张力产生变化。因此在某已知工作条件 m（w_m、t_m），其水平张力为 H_m，当工作条件变为 n（w_n、t_n）时，则水平张力变为 H_n，其变化关系称为架空线路的状态方程，相应的表达式为

$$H_n - \frac{l^2 w_n^2 ES}{24 H_n^2}\cos^3\varphi = H_m - \frac{l^2 w_m^2 ES}{24 H_m^2}\cos^3\varphi - \alpha ES(t_n - t_m)\cos\varphi$$

$$(16\text{-}6\text{-}5)$$

令系数 F、G 为

$$F = -H_m + \frac{l^2 w_m^2 ES}{24 H_m^2}\cos^3\varphi + \alpha ES(t_n - t_m)\cos\varphi$$

$$G = -\frac{l^2 w_n^2 ES}{24}\cos^3\varphi \qquad (16\text{-}6\text{-}6)$$

则式（16-6-5）可改写为

$$H_n^3 + FH_n^2 + G = 0 \qquad\qquad (16\text{-}6\text{-}7)$$

式中　H_m、H_n——工作条件 m 与 n 时导线的水平张力，N；

$\quad\quad w_m$、w_n——工作条件 m 与 n 时导线单位长度的自重力，N/m；

$\quad\quad t_m$、t_n——工作条件 m 与 n 时导线温度，℃；

$\quad\quad\quad E$——导线的最终弹性系数，N/mm²；

$\quad\quad\quad \alpha$——导线的温度线膨胀系数，1/℃；

$\quad\quad\quad S$——导线的截面积，mm²。

若工作条件 m 时的 H_m、w_m、w_n、t_m、t_n 已知，代入式（16-6-6）确定系数 F、G 值后，对式（16-6-7）实施牛顿逐次试算逼近法，便可求得工作条件 n 时的水平张力 H_n 值。

通过状态方程求得工作条件 n 时的水平张力 H_n，我们可以通过式（16-6-1）来计算温度 t_n 时线路弧垂，这是通过温度计算弧垂的方法。

2. 测量方法

（1）应力法。美国 The Valley Group Inc 公司生产的 CAT-1 是通过测量导线应力计算弧垂的实时监测装置，它主要由三部分组成。第一部分是应力传感器，如图 16-6-2 所示，它串联在耐张塔和绝缘子串之间，一般在一基耐张塔上装两个，能实时测量该塔相邻二耐张段的导线应力，应力传感器的安装如图 16-6-3 所示，最大测量应力为 33.78、66.75、166.88kN 三种规格。第二部分为太阳能充电电源和控制部分，安装在耐张塔上，为应力传感器供电并按时将应力数据传送到主站。第三部分为系统软件，安装在调度或管理部门的主站上，完成从应力计算弧垂和导线温度等功能。

图 16-6-2　应力传感器

图 16-6-3　应力传感器的安装

（2）温度或倾角法。美国 USI 公司生产的 Power-Donut 2 和浙江雷鸟公司生产的 MT 系列温度—倾角测量球是用实时测量导线温度或悬挂点倾角，并通过计算得到实时弧垂的装置，同时装置也能测量导线电流。装置由测量和系统软件二部分组成，主要的测量装置为环形或球形结构，套装在导线上，内部采用线路电流产生的感应电源、数字式温度传感器、高精度角度传感器、GSM/GPRS 通信模式、多层屏蔽与密封等多项新技术，确保装置能在高压电场和高低温等恶劣天气环境下可靠工作。其外形和安装位置如图 16–6–4～图 16–6–6 所示。

　　二种测量装置的倾角测量的精度均为±0.05°，分辨率为 0.01°。通过实时测得的倾角，根据式（16–6–4）即可得到实时弧垂数据。

| 图 16–6–4 | 图 16–6–5 | 图 16–6–6 |
| Power-Donut 2 | MT 系列测量球 | 测量球安装在线路上 |

　　温度从–20℃到 60℃，弧垂变化约 4m，倾角变化约 2°多，虽然倾角变化不大，但对于分辨率为 0.01°的测量装置来说已有足够的能力来判断。

　　同时该两种装置还都能实时测量导线温度，最高 125℃，通过导线温度也可以计算出弧垂，但测量导线实时温度主要是为确定线路动态定额。

　　另一部分为与装置配套的系统通信控制软件，安装在调度或管理部门的主机中，完成对多个测量装置的通信、数据采集处理，以及进一步的应用扩展。

（3）图像法。

　　美国 EDM International Inc 公司生产的 Sagometer 是一种通过高精度图像分辨来测量弧垂的装置，它也由三部分组成，如图 16–6–7～图 16–6–9 所示，首先是"聪明"照相机，它固定安装在杆塔上，并对准固定悬挂在导线上的标靶，通过照相机内的图像处理技术，正确分辨所摄取图像中标靶的 x，y 坐标值，从而计算出线路弧垂。照相机的高灵敏度在任何光线下甚至晚上都能工作。

　　电源和控制部分为照相机供电，可接交流或直流电源，也可用自带太阳能充电电池，同时也完成数据存储和通过无线通信方式将数据转发至控制中心。安装在控制中心主机的软件部分，完成数据采集分析和进一步功能。

图 16-6-7
"聪明"照相机

图 16-6-8
悬挂在导线上的标靶

图 16-6-9
电源和控制部分

二、输电线路弧垂监测实时系统

1. 系统组成

整个系统由前端监测装置、后台数据接收服务器、Web 服务器等组成，无线数据通信技术采用 GPRS。前端监测装置包括太阳能板、蓄电池、主控机箱及导线温度倾角球等部件。

输电线路弧垂采集装置实时测量导线温度及悬挂点倾角，并通过计算得到实时弧垂，同时也能测量导线电流。装置由测量和系统软件二部分组成，主要的测量装置为球型结构，套装在导线上，内部电源采用线路耦合供电、装置主要由数字式温度传感器、高精度角度传感器、GSM/GPRS/RF 通信、多层屏蔽与密封等多项新技术，确保装置能在高压电场和高低温等恶劣天气环境下可靠工作。导线上的弧垂采集装置主要有两种通讯方式：一种直接 GPRS/CDMA 发送到主站，另外一种方式通过 RF 把数据发送到杆塔上的数据集中器。然后数据集中器通过 GPRS/CDMA 等通信手段把数据发送到后台主站。

2. 传感器技术

倾角测量单元的硬件组成框图如图 16-6-10 所示，整个系统由 SCA100T 倾角传感器、低通滤波器、带高精度 AD 转换单片机等几部分组成。

图 16-6-10　倾角测量单元的硬件组成框图

（1）倾角传感器结构和特性。倾角传感器采用 VTI Technologies 公司的 SCA100T–D01。SCA100T–D01 是利用 MEMS（micro electro mechanical system）技术开发生产的高精度双轴倾角传感器，体积小重量轻仅 1.2g。

该器件内部包含一个硅敏感微电容传感器和一个 ASIC 专用集成电路，ASIC 电路集成了 EEPROM 存储器、信号放大器、AD 转换器、温度传感器和 SPI 串行通信接口，组成了一个完整的数字化传感器。图 16–6–11 是功能结构管脚框图，主要特性如下。

1）XY 双轴高分辨率双向测量。

2）单电源+5VDC 供电，工作电流 3mA。

3）串行外部接口（SPI）兼容，输出倾角和温度信号。

4）量程±30°（±0.5g）。

5）输出灵敏度 4V/g（±0.5g）。

6）模拟量输出和 11 位数字量输出。

7）AD 转换时间 150μs。

8）内置温度传感器和温度补偿。

9）数字激活内部故障自测试（self–test）。

10）长期稳定性高。

11）噪声低、工作温度范围宽（–40～+125℃）。

12）可承受超过 20 000g 的机械冲击。

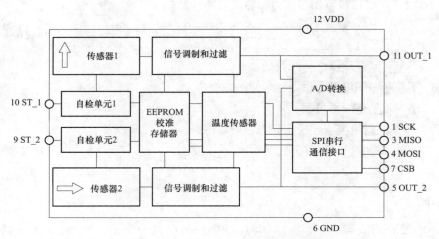

图 16–6–11　倾角传感器功能结构管脚框图

（2）倾角测量原理。SCA100T–D01 是一种静态加速度传感器，当加速度传感器静止时（也就是侧面和垂直方向没有加速度作用），作用在它上面的只有重力加速度，重力（垂直）和加速度传感器灵敏轴之间的夹角就是倾斜角，如图 16–6–12 所示。

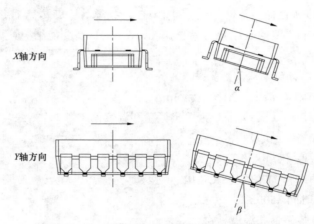

图 16–6–12　静态加速度传感器倾斜角示意图

VTI 的硅电容式传感器由一对平行板组成，在发生倾角变化时质量块受到重力作用，改变了平行板间距引起电容量变化，从而测量出角度变化。图 16–6–13 的上下分别表示 SCA100T–D01 的 X 轴和 Y 轴倾角变化的情况。

加速度敏感轴信号输出与重力加速度之间关系如下。

$$\begin{cases} A_x = g \times \sin\alpha \\ A_y = g \times \sin\beta \end{cases} \tag{16-6-8}$$

式中　A_x 和 A_y ——加速度传感器的输出；

g ——以重力作为参考的加速度值；

α 和 β ——倾斜角度。

为了计算倾斜角度通过反正弦方程可以得到

$$\begin{cases} \alpha = \arcsin\dfrac{A_x}{g} \\ \beta = \arcsin\dfrac{A_y}{g} \end{cases} \tag{16-6-9}$$

（3）低通滤波器。由于 SCA100T–D01 系列内置一个 11 位的 A/D 转换器，会产生周期为 50～70μs 持续时间大约 1μs 的毛刺，这个毛刺被叠加到模拟信号输出端，因此需要在模拟信号的输出端加上一个一阶低通滤波器，可有效滤除毛刺的影响。

（4）内部转换数据公式。模拟电压转变为角度值的计算公式如下

$$\alpha = \arcsin\frac{\text{Volt} - \text{Offset}}{\text{Sensitivity}} \qquad (16-6-10)$$

式中　Offset——零点偏移电压，SCA100T-D01 典型值为 2.5V；

Sensitivity——灵敏度，SCA100T-D01 典型值为 4V/g。

（5）软件上增加温度补偿算法。

由于各种物理现象的相互影响，一个理想传感器或多或少是不可能设计和制造出来的，这可以从 MEMS 传感器的温度特性看出来，如图 16-6-13 所示。

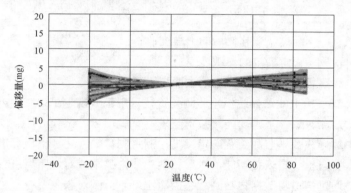

图 16-6-13　MEMS 传感器的温度特性

产品主要用于野外恶劣环境，温度变化大，为了保证测量精度，所以需要进行温度补偿处理。SCA100T-D01 内置温度传感器和温度补偿。系统会自动进行温度补偿，也可以利用温度数据进行外部补偿。温度转换数据通过 SPI 接口读出。

SPI 读出的温度二进制转变为实际的温度值公式如下

$$T = \frac{\text{Count} - 197}{-1.083} \qquad (16-6-11)$$

式中　Count——芯片内部的温度转换值；

　　　T——实际的温度，单位为℃。

补偿的计算公式如下

零点漂移校正公式

$$\text{Offcorr} = 0.000\,000\,6 \times T_3 + 0.000\,1 \times T_2 - 0.003\,9 \times T - 0.052\,2$$

$$(16-6-12)$$

式中　Offcorr——三次补偿的非线性零点偏移量；

T——环境温度值，单位为℃。

$$\text{OFFSET}_{comp} = \text{Offset} - \text{Offcorr} \tag{16-6-13}$$

式中　OFFSET_{comp}——经过温度补偿后的零点偏差角度值；

　　　　Offset——零点偏差角度值。

灵敏度校正公式

$$\text{Scorr} = -0.000\,11 \times T_2 + 0.002\,2 \times T + 0.040\,8 \tag{16-6-14}$$

式中　Scorr——二次补偿的非线性灵敏度偏移量；

　　　　T——环境温度值，单位为℃。

$$\text{SENS}_{comp} = \text{SENS} \times \left(1 + \frac{\text{Scorr}}{10}\right) \tag{16-6-15}$$

式中　SENS_{comp}——经过温度补偿后的灵敏度；

　　　　SENS——正常标定的灵敏度值。

三、输电线路导线弧垂监测装置的主要技术要求

Q/GDW 556《输电线路导线弧垂监测装置技术规范》规定了架空输电线路导线智能监测装置的监测对象、基本功能、技术要求、试验项目、试验方法、安装、调试、验收等。其中对导线弧垂监测装置的定义为：满足测量数字化、输出标准化、通信网络化特征，具备自检、自恢复功能，对一档架空线内弧垂或对地距离进行监测的数据测量装置，并通过信道将数据传送到状态监测主站。监测对象主要有一档架空线内导线的最大弧垂和一档架空线内导线上各点的对地距离。

按监测方式可分为接触类和非接触类导线弧垂监测装置；接触类导线弧垂监测装置安装在导线上的导线弧垂采集单元，通过倾角测量法、温度测量法、雷达测距、激光测距等方法实现对导线弧垂的测量。非接触类导线弧垂监测装置安装在杆塔或地面上的导线弧垂采集单元，通过张力测量法、图像法等方法实现对导线弧垂的测量。

1. 功能要求

对监测装置的功能要求主要包括数据的采集、处理与判别、存储、输出，以及通信、远程更新、配置与调试。

（1）数据采集要求。

1）能直接测量导线弧垂或对地距离，或采集能通过量值传递获取导线弧垂或对地距离的相关测量值如导线倾角、温度、张力、图像等，进行相应存储与计算得出导线弧垂与对地距离状态量，并将计算结果通过通信网络传输到状态监测代理装置或状态监测主站系统。

2）具备自动采集功能。按设定时间间隔自动采集导线弧垂或对地距离相关参数，

最小采集间隔宜大于 5min，最大采集间隔应不大于 60min，默认时间间隔为 30min。在温升过快、线路过载等情况下，具备自动判别以及加密采集的功能。

3）具备受控采集功能，能响应远程指令，按设置采集方式、自动采集时间、采集时间间隔启动采集。

4）对线上弧垂采集单元，宜具备电源电压、工作温度等采集功能。

（2）数据处理与判别。

1）具备数据合理性检查分析功能，对采集数据进行预处理，自动识别并剔除干扰数据。

2）具备对原始采集量的一次计算功能，得出直观的导线弧垂和对地距离状态量数据。

（3）数据存储。应能循环存储至少 30 天的弧垂、对地距离等状态量数据。

（4）数据输出。输出的信息包括：导线弧垂、对地距离状态量等状态数据，及电源电压、工作温度、心跳包等工作状态数据。

（5）通信功能。通信接口和应用层数据传输规约应满足"Q/GDW 242 输电线路状态监测装置通用技术规范"相关要求。

（6）硬件与软件管理。

1）具备对装置自身工作状态包括采集、存储、处理、通信等的管理与自检测功能。

2）当判断装置出现运行故障时，能启动相应措施恢复装置的正常运行状态。

（7）远程更新、配置与调试。

1）应具备身份认证、远程更新程序的功能，具备完善的更新机制与方式。

2）应具备按远程指令修改采集频率、采样时间间隔、网络适配器地址等参数的能力。

3）应具备动态响应远程时间查询/设置、数据请求、复位等指令的能力。

4）宜能按远程指令进入远程调试模式，并输出相关调试信息。

2. 技术要求

对监测装置的主要技术要求包括使用环境、准确度等要求。

（1）环境条件。

1）环境温度：–25～+45℃（普通型）或–40～+45℃（低温型）。

2）相对湿度：5%RH～100%RH。

3）大气压力：550～1060hPa。

（2）工作温度为–25～+70℃（工业级）或–40～+85℃（扩展工业级）。

（3）外观及标记。

1）外观应整洁完好，各接线端子的标记应齐全清晰，接插件接触良好。

2）应有型号、名称、出厂编号、出厂日期、制造厂名等标记。

（4）基本技术参数。无论采用何种原理的导线弧垂测量法，或者是采用多原理、多单元互为校验的方法，监测装置都应具有足够的原始量测量范围和精度，使经过数据处理计算后，能满足以下要求。

1）导线弧垂测量范围：0～200m，测量精度：±0.2%。

2）导线对地距离测量范围：3～50m，测量精度：±0.2%。

（5）倾角式弧垂监测装置技术参数。

1）倾角测量范围：−60°～+60°。

2）倾角测量精度：±0.03°。

（6）温度法弧垂监测装置技术参数。

1）温度测量范围：−40～+250℃。

2）温度测量精度：±0.5℃。

（7）雷达、激光弧垂监测装置技术参数

1）对地距离测量范围：5～40m。

2）对地距离测量精度。

测距为 5～10m 时，测量精度：±1cm。

测距为 10～20m 时，测量精度：±3cm。

测距为 20～30m 时，测量精度：±5cm。

测距为 30～40m 时，测量精度：±7cm。

测距为 40m 以上时，测量精度：15cm。

（8）张力法弧垂监测装置技术参数。

1）量程：70～550kN（根据实际需要定制）。

2）测量范围：5%～100%FS（线性工作区间）。

3）准确度级别（FS）：0.2。

（9）基本技术要求。

1）应有防雨、防潮、防尘、防腐蚀措施。

2）外壳的防护性能应符合 GB 4208 规定的 IP65 级要求。

3）接触类导线弧垂监测装置的质量应小于 2.5kg，体积应尽可能小，避免影响导线的电气性能和安全性能。

4）接触类导线弧垂监测装置的外壳应和导线等电位。

5）接触类导线弧垂监测装置应能经受设计导线电流（包括短路电流、雷电流）、大气温度等环境条件的考验。

6）接触类导线弧垂监测装置与导线的连接部件应与导线截面匹配。

7）接触类导线弧垂监测装置与导线的连接部件应有锁紧装置，应保证在运行中不松脱。

8）接触类导线弧垂监测装置应能承受导线的高温运行状态考验。

9）采用激光测距法的接触类导线弧垂监测装置内部应有良好的减振措施，以免损坏光学部件。

10）对采用张力测量法的导线弧垂监测装置，其拉力传感器应满足：① 应完全满足被替代金具的各种功能要求，标称破坏载荷应大于相应金具标称的 1.2 倍，并通过相应的试验。② 能经受设计工作电流（包括短路电流、雷电流）干扰、工作温度及环境条件等变化的考验。③ 各连接部件应有锁紧装置，应保证在运行中不致松脱。④ 应采用合适的材料和生产工艺制造，应满足使用寿命的要求。⑤ 高度应尽可能减小，一般情况下控制在原有金具连接高度增加 50mm 以内。

（10）供电要求。

1）对接触类导线弧垂监测装置，可采用太阳能、感应取能或高能电池等方式供电。

2）对只采用高能电池供电的导线弧垂监测装置，电池供电时间不少于 3 年。

3）对采用太阳能方式供电的导线弧垂监测装置，其蓄电池单独供电时间应不少于 30 天。

4）对采用感应取能供电方式的导线弧垂监测装置，其最小启动电流根据带电导线长期运行电流范围确定，应能保证长期连续供电的要求。

3. 性能要求

对监测装置的其他性能要求包括电气、电磁兼容、气候防护、机械性能等。

（1）电气性能。

1）可见电晕和无线电干扰水平。接触类导线弧垂监测装置电晕熄灭电压和无线电干扰水平满足相应电压等级的架空输电线路设计规范的相关要求。在试验期间及试验后，监测装置能正常工作。

2）短路电流冲击性能。将接触类导线弧垂监测装置安装在导线上，对导线通过 40kA、≥120ms，31.5kA、≥300ms，15kA、≥2s 的模拟短路电流后，导线弧垂监测装置无损坏，恢复正常电流时，监测装置能正常工作。

3）温升性能。在环境温度为（20±5）℃的条件下，将接触类导线弧垂监测装置安装 400mm² 的导线上，对导线通以 800A 电流，导线弧垂监测装置夹具及表面的温度应不超过导线表面温度。

4）抗雷电冲击性能。距离被检接触类导线弧垂监测装置 5m，对被检导线施加相应电压等级绝缘子串耐受水平的标准雷电波各 3 次，弧垂监测装置能正常工作。

（2）电磁兼容性能。

1）静电放电抗扰度。应能承受 GB/T 17626.2 中第 5 章规定的试验等级为 4 级的静电放电试验。在试验期间及试验后，导线弧垂监测装置能正常工作。

2）射频电磁场辐射抗扰度。应能承受 GB/T 17626.3 中第 5 章规定的试验等级为 3 级的辐射电磁场干扰试验。在试验期间及试验后，导线弧垂监测装置能正常工作。

3）脉冲磁场抗扰度。应能承受 GB/T 17626.9 中第 5 章规定的试验等级为 5 级的脉冲磁场干扰试验。在试验期间及试验后，导线弧垂监测装置能正常工作。

4）工频磁场抗扰度。应能承受 GB/T 17626.8 中第 5 章表 1 和表 2 规定的试验等级为 5 级的工频磁场干扰试验。在试验期间及试验后，导线弧垂监测装置能正常工作。

（3）气候防护性能。

1）高温性能。应能承受 GB/T 2423.2 试验 Bb 中严酷等级为：温度+70℃或温度+85℃、持续时间 16h 的高温试验。在试验期间及试验后，导线弧垂监测装置能正常工作。

2）低温性能。应能承受 GB/T 2423.1 试验 Ab 中严酷等级为：温度−25℃或−40℃、持续时间 16h 的低温试验。在试验期间及试验后，导线弧垂监测装置能正常工作。

3）交变湿热性能。应能满足 GB/T 2423.4 中高温温度为+55℃，试验周期 24h，原地恢复 2h 的试验要求。在试验期间及试验后，导线弧垂监测装置能正常工作。

（4）机械性能。

1）振动性能。在非工作、非包装状态下，导线弧垂监测装置应能通过如下严酷等级的正弦振动试验：① 频率范围：10～55Hz；② 峰值加速度：10m/s^2；③ 扫频循环次数：5 次；④ 危险频率持续时间：10min±0.5min。试验后，导线弧垂监测装置能正常工作。

2）垂直振动疲劳性能。接触类导线弧垂监测装置应能承受振幅 $A=\pm0.5mm$、频率 $f=25\sim50Hz$、振动次数 $N=1\times10^7$ 次的垂直振动。

在试验期间及试验后，接触类导线弧垂监测装置能正常工作。试验后监测装置各部件应无松动，夹头无滑移、无明显磨损，而且夹头处未磨损导线。

3）运输性能：① 产品包装后应按 GB/T 6587.6《电子测量仪器　运输试验》中规定进行试验，能承受该标准表 1 中等级为Ⅱ的运输试验（包括自由跌落、翻滚试验）。试验后，装置应能正常工作；② 产品包装后应按 QJ/T 815.2《产品公路运输加速模拟试验方法》中规定进行试验，能承受该标准中等级为三级公路中级路面的运输试验。

经过 2h 试验时间后，装置应能正常工作。

4. 可靠性

平均无故障连续工作时间（MTBF）不低于 25 000h。

四、输电线路导线弧垂监测装置系统应用

高压线路运行过程中，由于负荷增加、环境温度过高等引起导线弧垂的增加，因而造成导线对地、物距离的减小，一方面引起电力接地、短路等重大事故，另一方面也限制了导线的输送能力。

输电线路导线弧垂监测装置安装在导线的弧垂最低处或需要监测的部位，采用高能电池或导线感应取能技术，实时测量导线对地距离的变化情况，可及时发现导线弧垂的变化，并可实时监测线下树木、建筑物等与导线之间的距离，避免接地事故的发生。监测装置集成了导线温度测量功能，可实时监测导线的温度变化情况，及时发现导线、接点温度异常，还可选装夜视摄像系统，对导线弧垂进行现场拍照，远程查看弧垂情况，与测量数据对比，增加测量及报警可靠性。系统应用软件针对导线弧垂实时数据进行计算分析，并可结合导线的温度和气象数据对导线预期弧垂进行计算，建立预警机制，确保线路运行和被跨越设备的安全。

监测参数：导线对地距离、导线温度、环境温度、环境湿度、风速、风向、图像等。

参数技术指标如下。

测量方式：雷达直接测量距离，结合导线温度监测。

通讯方式：无线 RF、Zigbee、GSM、GPRS、3G 等。

电源：导线上为高能电池或可充电电池与导线取能相结合，铁塔上为太阳能对蓄电池供电。

对地测量距离：1～60m。

测量精度：±5cm。

导线温度传感器：铂电阻/光纤。

导线温度测量范围：−50～+300℃。

测量精度：大于±0.5℃。

温度采集方式：接触式测温。

摄像机：传感器芯片：SONY CCD。

像素数：≥ 704（H）×576（V）。

最低照度：≤0.01Lux。

变焦率：≥光学 18 倍。

【思考与练习】

1. 输电线路弧垂理论及测量方法。
2. 输电线路导线弧垂监测系统的组成和功能。
3. 输电线路导线弧垂监测装置的主要技术要求。

▲ 模块 7 输电线路导线风偏监测（Z04G7007Ⅲ）

【模块描述】本模块分析了输电线路导线风偏闪络的危害、监测的目的和意义，介绍了导线风偏监测系统的各组成部分，通过对输电线路导线风偏监测系统各组成部分的结构分析和功能介绍，掌握输电线路导线风偏监测系统的应用。

【正文】

一、输电线路导线风偏监测目的和意义

（一）风偏的危害及风偏闪络的类型

输电线路风偏的危害主要是风偏闪络。风偏闪络会引起线路跳闸，且一般情况下自动重合闸的成功率较低，造成线路停运的概率较大。特别是 500kV 及以上等级线路，一旦发生风偏闪络事故，将对系统造成很大影响，严重影响供电可靠性。

根据我国 1999～2003 年由于风偏闪络引起的跳闸事故的统计调查，由于风偏而产生的闪络主要可分为以下几种放电形式。

（1）导线对杆塔放电：导线对杆塔放电指的是直线塔绝缘子串导线挂点附近的导线与杆塔形成放电回路而产生的放电现象。根据杆塔上的具体放电位置又可分为对塔身放电、对横担放电、对拉线放电三类。

（2）跳线对杆塔放电：跳线对杆塔放电指的是耐张塔跳线与杆塔形成放电回路而产生的放电现象。

（3）相间短路：相间短路指的是不同相位导线之间形成放电回路而产生的放电现象。

（4）导线对其他物体放电：导线对其他物体放电现象常见的有导线对边坡放电、导线对通道树木放电等。

在以上各种风偏闪络形式中，占比例最大的是第 2 种。据统计，我国 1999～2003 年的 210 起风偏跳闸事故中，耐张塔占了 142 起，占比为 68%，因此，解决耐张塔的风偏问题是减少风偏事故的关键。

（二）形成风偏闪络的原因分析

形成风偏闪络的本质原因是在外界各种不利条件下造成输电线路的空气间隙距离减小，当此间隙距离的电气强度不能耐受系统运行电压时便会发生击穿放电。

而造成空气间隙距离减小的因素主要有以下几个。

（1）风荷载的作用：当输电线路处于强风环境下，特别是在某些易产生飑线风的微地形区，强风有可能使得绝缘子串或跳线向杆塔方向倾斜，从而使导线和杆塔之间的空气间隙距离变小，当该距离不能满足绝缘强度要求时便会发生放电。

（2）恶劣气象条件下空气绝缘强度的降低：风和雨往往是一对如影随形的兄弟，恶劣气象条件下经常是狂风伴随着暴雨。雨水、风雨组合情形下导线-杆塔空气间隙工频放电特性会产生以下变化。

1）降雨对间隙的工频闪络强度的影响比较明显。一旦有降雨发生，闪络电压明显降低，且间隙距离越小，该趋势越明显。间隙距离为 1.2m 时，雨水电阻率为 $800\Omega \cdot cm$ 的特大暴雨下闪络电压比全干时降低了约 16%。

2）风雨组合时，当风向平行于放电路径时，闪络电压比有雨但无风时略有降低，且风雨组合对间隙闪络工频电压的影响近似于单独风、单独雨水对闪络电压影响的线性叠加。

（3）设计参数选择不当：与国外相比，我国在风偏角设计参数的选取上给出的安全裕度相对较小，具体涉及的参数包括风压不均匀系数、风速高度换算系数、风速保证频率、风速次时换算时间段、风向与水平面夹角、微地形特征对风速的影响等。有关这些参数的具体选择属于线路设计的范畴，在此不予详细讨论。

（三）风偏监测的目的和意义

为了有效地防止输电线路风偏闪络事故的发生，首先是要严格按照有关标准进行风偏相关参数的设计，并在此基础上结合线路实际情况和国外的先进经验优化参数设计、提高安全裕度；其次是要根据具体情况采取针对性措施防止风偏闪络，如对易发生风偏闪络事故的耐张塔跳线、直线塔的绝缘子串加装跳线绝缘子串和（或）重锤等；再次，可以通过安装绝缘子串风偏角、跳线风偏角、导线风偏角监测设备，对易发生风偏闪络事故的现场进行监控，一方面，当线路参数变化引起最小电气间隙变化且达到预警标准时向相关工作人员发送预警信息，工作人员可以根据情况安排临时性的设备检修；另一方面，系统所积累的大量历史数据可以为风偏闪络的深入研究提供精准的第一手资料，尤其是发生闪络事故时，更可以通过现场的实时气象数据和风偏角数据去印证以往设计参数选择的合理性。

在线路的风偏事故多发地段应用输电线路风偏在线监测系统，通过监测中心对送电线路所经区域气象资料的观测、记录、收集，积累运行资料，完善风偏计算方法，同时准确地记录输电线路杆塔上最大瞬时风速、风压不均匀系数、强风下的导线运动轨迹等，为制定合理的设计标准提供技术数据。对提高线路的现代化管理水平，具有重要的意义。

二、输电线路风偏监测类型

根据架空输电线路风偏智能监测装置技术规范，输电线路风偏监测装置所监测的对象主要有三类：绝缘子串、耐张塔跳线和档中导线。所监测的数据类型如下。

1. 悬垂绝缘子串风偏

通过对悬垂绝缘子串风偏角的实时监测，一方面可以直观地得到悬垂绝缘子串风偏角的值，另一方面，通过建立计算模型和事先测量得到的杆塔基础数据，可以计算出相应的电气间隙的实际值。另外，还可以根据现场实际情况建立计算模型计算出导线挂点与横担、拉线之间的电气间隙的实际值。

2. 导线相间风偏

通过对档中导线风偏角的实时监测，一方面可以直观地得到档中导线风偏角的值，另一方面，通过建立计算模型和事先测量得到的杆塔基础数据，可以计算出档中导线的电气间隙的实际值。

3. 跳线风偏

通过对耐张塔跳线风偏角的实时监测，一方面可以直观地得到耐张塔跳线风偏角的值，另一方面，通过建立计算模型和事先测量得到的杆塔基础数据，可以计算出耐张塔跳线的电气间隙的实际值。

三、输电线路风偏监测实时系统

输电线路风偏监测是对架空输电线路绝缘子串、跳线或档中风偏进行在线监测的一种监测装置，并通过信道将数据传送到系统上一级设备（数据集中器）。输电线路风偏在线监测系统主要由四部分组成，包括导线风偏监测仪、气象环境观测站、线路监测基站和当地监测中心（远程监测中心）。输电线路风偏监测的主要参数有风速、风向等气象条件，以及绝缘子风偏角、风偏距离等线路运行参数。输电线路风偏在线监测系统能够对输电线路的绝缘子串风偏角、摇摆角和导线风偏角、摇摆角以及现场温度、风速、风向等微气象参数进行实时监测，并可根据监测点需要，选配视频录像监控功能。

1. 系统组成

输电线路风偏监测实时系统一般由前端监测装置、通信网络、监控服务主机和监控软件组成，结构示意图如图 16–7–1 所示。

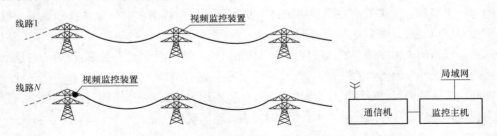

图 16–7–1　风偏监测实时系统示意图

风偏监测实时系统分别安装在输电线路需要监视点附近的杆塔上，如易发生风偏闪络的杆塔，居民点和建筑工地附近，甚至高山峻岭、树木竹林生长处，同一装置上可以有多个风偏角监测传感器部件分别采集导线、绝缘子串和跳线等的风偏角的实时数据，每 5min～1h 发送一次，在必要情况下可由主站命令改变，如 1～2min 发送一次。信号通过 GPRS 网络由安装在在线路运行管理部门的通信机接收并送入监控服务主机，在监控系统软件的支持下，完成数据处理和数据展现等功能。通常风偏监测系统软件应能实现以下主要功能。

（1）监控列表。显示各监控点当天的风偏角及电气间隙数据，点击相应的传感器部件，即可看到所监测对象的各项数据，另外，也可以设定需要显示的时间段（起始和结束时间），显示选定时间段的数据。

（2）信息统计。以另一种方式显示选定的设备，在选定的周期内的数据列表。

（3）参数设置。用于设置监控装置的参数，如装置的早晨开机和晚上关机时间、采样间隔时间等。

（4）浏览器访问。除在监控服务主机上安装风偏角接收处理及数据库软件外，其他客户端的计算机不用安装任何软件，在主机端设定的权限下通过 IE 浏览器即可访问系统并进行各项操作。

2. 传感器技术

风偏角传感器部件是风偏监测装置的核心部件，在选择时应着重考虑能抗恶劣环境，尤其是部件在高低温、高湿度及大雨环境下的可靠性，另外，还需要能抗腐蚀、防尘。根据国网标准，传感器部件在技术参数上应能符合如下要求。

环境温度：–25～+45℃或 –40～+45℃。

相对湿度：5%RH～100%RH。

工作温度：–25～+70℃（工业级）或 –40～+85℃（扩展工业级）。

部件质量轻、体积小、易安装。

应能经受额定导线电流（包括短路电流、雷电流）环境条件的考验。

宜采用双轴倾角传感器，量程不小于±90°，监测精度不低于±0.1°。

安装结构件一方面需要有可靠的固定防松措施，以防松动影响测量精度，另一方面需要采取其他措施，不应对导地线、绝缘子串有磨损或其他机械伤害。

3. 输电线路风偏监测装置主要技术要求

Q/GDW 557《输电线路风偏监测装置技术规范》规定了架空输电线路风偏监测装置的功能要求、技术要求、试验项目、试验方法、安装、调试、验收等。其中对风偏监测装置的定义如下：满足测量数字化、输出标准化、通信网络化特征，具备自检、自恢复功能，对架空输电线路绝缘子串、跳线或档中风偏进行在线监测的一种监测装置。装置一般由风偏采集单元、现场通信网络和数据集中器组成。监测内容为① 直线塔绝缘子串的风偏角、偏斜角及电气间隙；② 耐张塔跳线风偏角、偏斜角及电气间隙；③ 档中导线风偏角、偏斜角，及对地电气间隙。

4. 功能要求

对监测装置的功能要求，主要包括数据的采集、处理与判别、存储、输出，以及通信、远程更新、配置与调试。

（1）数据采集要求。

1）能传感、自动采集直线塔绝缘子串、耐张塔跳线或档中导线风偏角和偏斜角，进行相应存储，并将测量结果通过通信网络传输到状态监测代理装置或状态监测主站系统。

2）具备自动采集功能。按设定时间间隔自动采集导线风偏角和偏斜角，最小采集间隔宜大于 2min，最大采集间隔应不大于 20min，默认时间间隔为 5min。

3）具备受控采集功能，能响应远程指令，按设置采集方式、自动采集时间、采集时间间隔启动采集。

4）对安装在线上的风偏监测单元，宜能同时采集监测装置电源电压等。

（2）数据处理与判别。

1）具备数据合理性检查分析功能，对采集数据进行预处理，自动识别并剔除干扰数据。

2）具备对原始采集量的一次计算功能，得出线路风偏数据。

（3）数据存储。应能循环存储至少 30 天的风偏状态量数据。

（4）数据输出。输出的信息包括：导线风偏角、偏斜角状态量数据，及电源电压、工作温度、心跳包等工作状态数据。

（5）通信功能。通信接口和应用层数据传输规约应满足 Q/GDW 242《输电线路状态监测装置通用技术规范》相关要求。

（6）硬件与软件。

1）具备对装置自身工作状态包括采集、存储、处理、通信等的管理与自检测功能。

2）当判断装置出现运行故障时，能启动相应措施恢复装置的正常运行状态。

（7）远程更新、配置与调试。

1）应具备身份认证、远程更新程序的功能，具备完善的更新机制与方式。

2）应具备按远程指令修改采集频率、采样时间间隔、网络适配器地址等参数的能力。

3）应具备动态响应远程时间查询/设置、数据请求、复位等指令的能力。

4）宜能按远程指令进入远程调试模式，并输出相关调试信息。

5. 监测装置的技术要求

对监测装置的主要技术要求包括工作环境、准确度、供电等要求。

（1）使用环境条件。

1）环境温度：-25～+45℃（普通型）或 -40～+45℃（低温型）。

2）相对湿度：5%RH～100%RH。

3）大气压力：550～1060hPa。

（2）工作温度为-25～+70℃（工业级）或 -40～+85℃（扩展工业级）。

（3）外观及标记。

1）外观应整洁完好，无明显划痕。

2）监测装置上应有型号、名称、出厂编号、出厂日期、制造厂名等标记。

（4）主要技术参数。

监测范围：① 风偏角测量范围：±90°；② 偏斜角测量范围：±90°；③ 准确度。测量误差：≤±0.1°。

（5）基本技术要求。

1）应有防雨、防潮、防尘、防腐蚀措施。

2）外壳的防护性能应符合 GB 4208 规定的 IP65 级要求。

3）应尽可能小巧轻便，总体质量不大于 1kg。

4）风偏监测装置的结构不应对导地线、绝缘子串有磨损或其他机械伤害。

5）风偏监测装置与导线、绝缘子串的连接部件应有锁紧装置，应保证在运行中不松脱。

6）应能经受额定导线电流（包括短路电流、雷电流）、导线温度、大气温度等环境条件的考验。

7）风偏监测装置外壳应和导线等电位。

8）风偏监测装置传感部件应有可靠的固定防松措施，以防松动影响测量精度。

（6）供电要求。

1）可采用太阳能、感应取能或高能电池等方式供电。

2）采用太阳能和蓄电池供电方式时，应根据风偏监测装置的功耗、区域日照状况和蓄电池备用时间，配置太阳电池板和蓄电池的容量可满足无阳光工作日大于 30 天。

3）对采用感应取能供电方式的风偏监测装置，其最小启动电流根据带电导线长期运行电流范围确定，应能保证长期连续供电的要求。

4）采用高能电池供电方式时，电池供电时间不少于 3 年。

6. 监测装置性能要求

对监测装置的其他性能要求电气性能、电磁兼容、气候防护、机械性能等。

（1）电气性能。

1）可见电晕和无线电干扰水平。风偏监测装置的电晕熄灭电压和无线电干扰水平满足相应电压等级的架空输电线路设计规范的相关要求。在试验期间及试验后，风偏监测装置能正常工作。

2）短路电流冲击性能。将风偏监测装置安装在导线上，对导线通过 40kA、≥120ms，31.5kA、≥300ms，15kA、≥2s 的模拟短路电流后，装置无损坏，恢复正常电流时，装置能正常工作。

3）导线电流耐受性能。对于采用感应取能供电方式的风偏监测装置，应能承受不低于单导线或分裂导线子导线允许电流范围内的电流波动而无损坏。

4）温升性能。在环境温度为 20±5℃的条件下，将风偏监测装置安装 400mm^2 的导线上，对导线通以 800A 电流，风偏监测装置夹具及表面的温度应不超过导线表面温度。

5）抗雷电冲击性能。距离被检风偏监测装置 5m，对被检导线施加相应电压等级绝缘子串耐受水平的标准雷电波各 3 次，风偏监测装置能正常工作。

（2）电磁兼容性能。

1）静电放电抗扰度。应能承受 GB/T 17626.2 中第 5 章规定的试验等级为 4 级的静电放电试验。在试验期间及试验后，装置应能正常工作。

2）射频电磁场辐射抗扰度。应能承受 GB/T 17626.3 中第 5 章规定的试验等级为 3 级的辐射电磁场干扰试验。在试验期间及试验后，装置应能正常工作。

3）脉冲磁场抗扰度。应能承受 GB/T 17626.9 中第 5 章规定的试验等级为 5 级的脉冲磁场干扰试验。在试验期间及试验后，装置应能正常工作。

4）工频磁场抗扰度。应能承受 GB/T 17626.8 中第 5 章表 1 和表 2 规定的试验等级为 5 级的工频磁场干扰试验。在试验期间及试验后，装置应能正常工作。

（3）气候防护性能。

1）高温性能。应能承受 GB/T 2423.2 试验 Bb 中严酷等级为：温度+70℃或温度+85℃、持续时间 16h 的高温试验。在试验期间及试验后，装置应能正常工作。

2）低温性能。应能承受 GB/T 2423.1 试验 Ab 中严酷等级为：温度−25℃或−40℃、持续时间 16h 的低温试验。在试验期间及试验后，装置应能正常工作。

3）交变湿热性能。按 GB/T 2423.4 的有关规定进行，高温温度为+55℃，试验周期 1d，原地恢复 2h。在试验期间及试验后，装置应能正常工作。

（4）机械性能。

1）振动性能。在非工作状态下，非包装状态的产品应能通过如下严酷等级的正弦振动试验：① 频率范围：10～55Hz；② 峰值加速度：10m/s^2；③ 扫频循环次数：5

次；④ 危险频率持续时间：10min±0.5min；试验后，装置应能正常工作。

2）垂直振动疲劳性能。风偏监测装置应能承受振幅 $A=\pm0.5mm$、频率 $f=25\sim$ 50Hz、振动次数 $N=1\times107$ 次的垂直振动。在试验期间及试验后，风偏监测装置能正常工作。试验后风偏监测装置各部件应无松动，夹头无滑移、无明显磨损，而且夹头处未磨损导线。

3）运输性能：① 产品包装后应按 GB/T 6587.6《电子测量仪器 运输试验》中规定进行试验，能承受该标准表 1 中等级为 Ⅱ 的运输试验（包括自由跌落、翻滚试验）。试验后，装置应能正常工作；② 产品包装后应按 QJ/T 815.2《产品公路运输加速模拟试验方法》中规定进行试验，能承受该标准中等级为三级公路中级路面的运输试验。经过 2h 试验时间后，装置应能正常工作。

7. 可靠性

平均无故障连续工作时间（MTBF）应不低于 25 000h。

8. 输电线路风偏监测装置系统应用

输电线路风偏在线监测装置包括风偏检测仪、气象环境监测仪和监测中心，风偏检测仪多采用双轴角度传感器，可以安装在绝缘子低压端或导线（跳线）上，以对输电线路的绝缘子串风偏角、摇摆角和导线风偏角、摇摆角进行测量。气象环境监测仪安装在杆塔上，根据需要对现场温度、风速、风向等微气象参数进行实时监测，监测中心设置在线路运行单位。

整个系统由现场监测装置、GPRS 网络、外部数据网和监测中心服务器 4 部分组成。现场监测装置通过通信模块（GPRS 模块）把传送数据分组，无线送到 GPRS 网络，再经由外部数据网，以 TCP/IP 传输协议送到监测中心服务器上。监测中心也可以反向传送各种指令到现场监测装置，调整装置的运行状态。

系统实现的功能主要包括数据采集传送、故障报警、实时控制和采集数据处理。现场监测装置采集环境温度、环境湿度、风速、风向、气压、雨量强度、绝缘子风偏角等相关数据，并根据中心命令实时上传。监测中心收到采集数据后，绘出输电线路一个运行周期内各项数据的曲线图，供技术人员分析输电线路运行情况。当现场出现异常异常信息（包括风偏角超过设计值、风速超过设计风速、雨量超过设定值）的情况下，现场监测装置也能实现上传异常信息。

【思考与练习】

1. 输电线路导线风偏闪络的危害、监测的目的。

2. 输电线路风偏监测的对象和所监测数据的类型。

3. 输电线路导线风偏监测装置系统的组成和功能。

4. 输电线路导线风偏监测装置系统的主要技术要求。

▲ 模块 8　输电线路覆冰雪监测（Z04G7008Ⅲ）

【模块描述】本模块分析了输电线路覆冰形成机理、危害和防护措施，介绍了输电线路覆冰雪主要监测方法和监测装置系统的主要技术要求，掌握输电线路覆冰雪监测系统的应用。

【正文】

一、输电线路覆冰雪监测的目的和意义

（一）输电线路覆冰形成机理

线路覆冰主要形成原因是冷暖空气的交汇，仅有冷空气经过时，虽刮风、降温，但不降雨雪。当冷空气和南方暖湿气流都不够强时，有雨雪和少量覆冰，对线路影响不大。但是当冷暖空气的势力都比较强，且交汇的时间又比较长时，就可能形成较大的覆冰，造成线路故障。线路覆冰按冻结性质可分为雨凇、混合冻结、雾凇和冻雪等四种，其形成的气象条件各有差别。

雨凇为近地表层的过冷却水滴碰到地面上低于零度的物体后在其表面结冰。形成雨凇的气温在 $-4\sim0℃$ 间，风速在 $3\sim15m/s$ 间，相对湿度在 80% 以上。它是一种透明而光结的冰体，质地坚硬，密度座 $0.5\sim0.9g/cm^3$ 的范围内，一般覆冰多呈近圆形。混合冻结主要是由于北方干冷气团南移，与南方的暖湿气团遭遇，形成毛毛雨或雨夹雪气象条件，遇到地面上低于零度的电线即形成混合冻结。形成气温在 $-8\sim0℃$ 间，风速在 $2\sim8m/s$ 间，相对湿度大于 80%。它又称为黏雪或冰雪混合物，呈乳白色的不透明体，质地松软，含水率较大，其密度在 $0.3\sim0.6g/cm^3$ 之间。雨凇和混合冻结都会对线路产生很大的外荷载，形成断线倒塔等事故。雾凇是当空气呈饱和状态时，由于气温骤然下降，导致空气中水汽直接升华而形成晶状雾凇。形成的气温多在 $-5\sim6℃$ 之间，风速很小，相对湿度在 80% 以上。它有粒状和晶状两种，呈乳白色，质地松脆，附着力较小，密度在 $0.1\sim0.3g/cm^3$ 之间。冻雪是因着雪时由于毛细作用使雪片在电线表面粘着，又因水分的二次冻结使雪粒在电线上不断堆积，当气温急剧下降时覆冻雪的机会较多。电线覆冰冻雪多呈圆形，质地松散易破碎，密度约 $0.1g/cm^3$ 左右。冻雪在我国造成的危害较少。

覆冰主要受气象条件、地形因素和线路自身特点三者的综合影响。例如在较高海拔地区的线路形成覆冰的概率较大，同样同一地点的覆冰厚度还与架空线路的高度、线径、方向、档距及当地的地形和海拔均有关系。跨越河流或山谷口、风道等处的也容易形成覆冰。

影响导线覆冰的因素很多，主要有气象条件、地形及地理条件、海拔、凝结高度、

导线悬挂高度、导线直径、导线扭转性能、风速、风向、水滴直径、电场强度及负荷电流（导体温度）等。输电线路覆冰事故与各地的年平均雨凇日数和年平均雾凇日数有关。

（二）线路覆冰的危害

线路覆冰导致输电线路机械性能和电气性能下降，主要造成以下危害：

严重覆冰引起过负荷：线路覆冰会增加所有导线、支持结构和金具的垂直负荷。随着导线覆冰厚度的增加，迎风面所受水平负荷也增加。严重覆冰造成导线、地线断裂，杆塔倒塌，金具损坏。

不均匀覆冰或不同期脱水引起张力差：当相邻档导线不均匀覆冰或不同期脱水时，会产生张力差，使导线缩颈和断裂、绝缘子损伤和破裂、杆塔横担扭转和变形；同时还会导致线间电气间隙减小，导致导线放电烧伤。

绝缘子串覆冰闪络：绝缘子覆冰或被冰凌桥接后，绝缘强度下降，泄漏距离缩短；融冰过程中冰体表面的水膜会溶解污秽物中的电解质，提高融冰水或冰面水膜的导电率，引起绝缘子串电压分布的畸变，从而降低覆冰绝缘子串的闪络电压，形成闪络事故。

覆冰导线舞动：在风力作用下，不均匀覆冰会使导线产生自激振荡和舞动，造成金具损坏、导线断股及杆塔倾斜或倒塌事故。

（三）输电线路覆冰防护措施

1. 冰区划分与冰情监测

冰区的划分直接关系到线路设计参数的合理取值，在冰害多发地区应建立冰情监测站，并在杆塔上设置覆冰监测点，长期监测不同电压等级线路、不同直径导线、不同串型绝缘子和杆塔上的覆冰状况。结合气象资料和数据，总结特点和规律，为合理划分冰区提供第一手资料。

2. 骨干网架的路径选择和设计

为保证在极端覆冰气候下同一输电断面上骨干网架仍能正常运行，需对重要骨干网架进行特殊规划和特殊设计，一是在路径选择时尽量避开覆冰频发和重覆冰的区域。二是应针对最不利的覆冰气候条件采用加强型设计和改造，使之具有抵御最严重自然灾害的能力，这样既保证在最恶劣气候下不发生电网解列和大面积停电，也不会因普遍加强设计导致建设和改造成本过高，在技术经济上较为合理。

3. 线路改造

线路发生覆冰灾害事故时，往往会发生连续倒塔现象，因此应在较长的耐张段中合适位置适当增设耐张塔，以避免一基倒塌引起连环破坏，对冰灾中覆冰倒塌的杆塔要进行加强型改造。由于地线的覆冰冻积率高和覆冰密度大，造成冰灾中地线支架损坏较多，应补强地线支架。对于跨越铁路、高速公路的线路，由于其特殊的重要性，两端杆塔应按冰灾中最严重的覆冰状况设计，塔型应改为耐张塔，导地线均应根据最严重的覆冰情况选择，保证具有足够的安全裕度。另外，对冰灾中发生舞动的线路区段应加装防舞器等防舞装置，双联绝缘子应增大挂点间距或加装间隔装置。

4. 冰闪防治

针对冰闪发生的特点，可分别采取以下措施：一是在塔头间隙尺寸允许时增加绝缘子片数和串长，提高绝缘子串的冰闪电压；二是在雨雪冰冻天气发生前对线路污秽进行清扫，防止绝缘子上积存的污秽渗透和迁移到冰中增大覆冰电导率；三是在横担侧加装一片大盘径绝缘子和采用大小盘径相间的插花串布置，防止冰凌直接桥接伞间间隙，增大覆冰时的爬电距离；四是采用 V 型串、倒 V 串等绝缘子串型布置；五是双联串应增大串间距，防止覆冰严重时冰柱在双串间形成。

5. 应急运行方式

根据冰情发展适时启动应急运行方式，在保证主网安全的前提下，通过调度改变潮流分布，将两条或多条线路的负荷改为通过覆冰区的一条线路，增加导线发热达到融冰目的，在一条线路融冰完成后，再根据重要性依次将负荷通过其他线路分别实现融冰。

6. 融冰技术

在 2008 年抗冰保网的战斗中，湖南电网对多条 220kV 以下线路进行了交流短路融冰技术的应用，根据覆冰监测数据适时启动融冰方案，融冰时间随导线覆冰厚度及环境气候等因素而设定，融冰效果明显，为减少电网受损发挥了重要作用。但受电源容量及技术的限制，目前融冰作业还仅应用于 220kV 及以下电压等级线路，下一步需在总结 220kV 及以下线路短路融冰技术和经验的基础上，重点研究 500kV 直流融冰技术及装置。

7. 线路覆冰的监测与预警

实时监测冰情发展并及时预警，是及时启动应急机制和适时采取融冰除冰决策的基础。全面、准确、灵敏的覆冰监测系统能够有效指导线路除冰工作，并为覆冰的研究工作提供第一手资料。考虑到近年来冰害等环境气候引起的电网事故频发，覆盖面广、危害巨大，严重影响超高压、跨区电网的安全运行，对即将建成的特高压骨干网架也是潜在威胁，因此应结合卫星遥感遥测等技术，重点研究多功能的广域电网覆冰监测预警技术，建立卫星遥感遥测与地面监测站相结合的覆冰监测预警系统，既实时掌握大范围恶劣气候下冰情发展和电网的设备受损情况，又了解重点线路的覆冰厚度、覆冰密度、导线表面温度和张力、杆塔变形等信息，并结合冰情发展分级预警，为各种气候条件下电网稳定运行奠定基础。

自从 1932 年在美国首次出现有记录的输电线路覆冰事故以来，世界范围内的覆冰事故就时有发生，轻则导致绝缘子串冰闪跳闸、相间闪络跳闸和导线大幅舞动等可恢复供电周期较短的重大事故；重则导致杆塔倾斜甚至倒塌、线路金具严重损坏和导线脆断接地等可恢复供电周期较长的特大事故。我国最早有记录的输电线路冰害事故出现于 1954 年，至今我国各类输电线路冰害事故已发生过上千次。湖南、湖北电网在 2005 年春节前后因罕见的冰雪恶劣天气相继发生了从未有过的 500kV 线路大范围跳闸和倒塔事故。输电线路覆冰事故破坏力大、波及面广和损失惨重。

输电线路覆冰雪在线监测系统，是根据线路导线覆冰后的重量变化以及绝缘子的倾斜/风偏角进行覆冰荷载计算、覆冰生长机理、导线舞动、杆塔和金具强度校验以及绝缘子冰闪方面的研究。一方面利用移动或联通的通信网络进行实时数据传输，监控中心专家软件根据各种修正理论模型给出冰情预报，从而及时给出除冰信息，有效预防冰害事故；另一方面采用高性能摄像机进行现场图片拍摄，通过 GPRS/CDMA 网络将图片发送到监控中心，实现对高压线路及环境的全天候监测，对导线覆冰和导线舞动进行定性观测和分析。总之，系统的第一部分实现了对线路覆冰的定量测量，第二部分实现对线路覆冰的定性分析，两者结合起来大大提高了覆冰测量的精度，有效地防止了冰害事故的发生。

输电线路覆冰雪监测的特征参量主要有温度、湿度、风向、风速、导线温度、绝缘子纵向倾角和杆塔挂点处荷载等。对导线覆冰雪情况的监测主要有绝缘子称重法—纵向偏移角法、导线倾角—弧垂法、模拟导线法和图像法等。

二、线路覆冰实时监测方法

1. 气象分析法

该方法要求在沿线杆塔上安装小型气象站，同时在导线上安装测温装置。

如前所述容易产生线路覆冰的气象条件是气温 0～–5℃、相对湿度 80%以上。但由于线路较长，沿线地形的变化，造成线路沿线微气象参数的不同，仅根据地区气象站的天气预报数据是不够的，必需线路附近适当地点安装小型自动气象站。目前国外生产的小型自动气象站的功能已很完善、可靠，它能实时测量环境温度、湿度、风速、风向、雨量和太阳辐射等，并能通过 GSM/GPRS 通道将数据传送到监控中心。这种小型气象站安装在易覆冰线路附近，能实时监测到产生线路覆冰的气象条件，以便及早采取措施。但小型气象站的缺点是在严重风雪下，测量数据可能不准。采用太阳能充电电池供电，当太阳能充电板被冰雪覆盖后，电池供电时间不长。

另外通过线路上装有导线温度监测装置，则在观察气象条件的同时应注意导线温度，如线路负荷电流较大，导线温度在 0℃以上，虽然气象条件符合覆冰条件，线路也不可能覆冰，如导线温度在 0℃以下就可能覆冰。

2. 视频观察法

在沿线杆塔上安装图像监测装置，定时监测导线、绝缘子、杆塔、线路走廊的覆冰情况。

视频监控装置是随着电子技术的进步发展起来的新技术，多年来已在电厂和变电站的监控中有了很大的应用，目前也已在线路监控中发挥作用。国内生产线路视频监控装置的厂家较多，产品也已相对成熟。装置将线路关键地段现场图像信息通过 GSM/GPRS 传输到监控中心，运行管理人员可以通过监控中心的服务器或者远程进行登录，查看线路的监控图像，从而实现对输电线路全天候监测。视频监控装置可实时观察导线和绝缘子串覆冰形成和发展的情况，及覆冰的严重程度，以便做出正确的处理意见。图 16-8-1 和图 16-8-2 为视频监控装置摄录的导线覆冰和绝缘子覆冰情况。

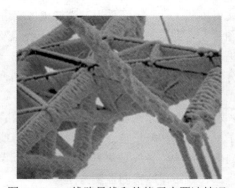

图 16-8-1　线路杆塔覆冰情况　　　　图 16-8-2　线路导线和绝缘子串覆冰情况

视频监控装置的缺点是在严重风雪下，镜头可能被冰雪掩盖，造成图像不清晰或无图像，太阳能充电的电池在连续的冰雪天气下供电不足。

3. 弧垂监测法

在线路上直接安装温度—倾角测量球。

该装置提供了在线直接测量导线温度和导线倾角计算导线弧垂的方法，同时装置也能测量导线电流。装置采用线路电流产生的感应电源、数字式温度传感器、高精度角度传感器、GSM/GPRS 通信模式、多层屏蔽与密封等多项新技术，确保装置能在高压电场和高低温等恶劣天气环境下可靠工作。该装置可用于测量线路负荷变化时，由于导线发热造成的弧垂变化，也可测量由于导线覆冰，导线重量增加造成的弧垂变化。倾角测量的精度为 ±0.03°，分辨率为 0.001°。在没有 GSM/GPRS 信号的山区，可以通过在相邻的档距上装无线信号接力装置，把信息传送到有 GSM/GPRS 信号的测量球上，再集中传送到监控主机。如前所述，测量球的导线温度信息也能辅助测定导线的覆冰情况，导线温度在 0℃ 以上不结冰，0℃ 以下可能结冰。

下面以钢芯铝绞线 LGJ—400/35 为例简单说明通过导线出口处倾角测量等值覆冰厚度的方法。该导线基本参数为：计算截面 425.24mm²；外径 26.82mm；单位质量 1.349kg/m；保证计算拉断力 98 700N；弹性系数 65 000N/mm²；线膨胀系数 20.5×10−61/℃。假设线路两杆塔等高，档距为 350m，平均气温 15℃ 时导线水平张力 24 675N，导线覆冰时气温 −5℃，覆冰厚度 10mm。

平均气温 15℃ 时，导线单位自重荷载按式（16−8−5）计算可得 w_1=13.229 2N/m，已知张力 H_1=24 675N，代入式（16−6−3）、式（16−6−4）分别可得导线弧垂 f_1=8.210m，悬挂点倾角 θ_1=5.360°。

导线覆冰时气温 −5℃，无风，导线单位长度冰荷载按式（16−8−6）计算可得 w_2=10.209 5N/m，导线覆冰时垂向总荷载按式（16−8−7）计算可得 w_3=23.438 7N/m，根据线路状态方程 16−6−5 用上述已知量 H_1、w_1、t_1、w_3、t_3 代入，并用牛顿逐渐趋近法求解，可得 H_3=41 173N，再代入式（16−6−3）、式（16−6−4）分别可得导线弧垂 f_3=8.717m，悬挂点倾角 θ_3=5.689°。相应地可求得气温 −5℃ 导线覆冰厚度 20、30、40mm 时的各项数据，如表 16−8−1 所示。

表 16−8−1　　　　　　　　导线覆冰时的张力、弧垂和悬挂点倾角

平均温度 15℃ 时		荷载（N/m）	张力（N）	弧垂（m）	倾角（°）
		13.339 2	24 675	8.21	5.36
−5℃ 时	无覆冰	13.229 2	27 680	7.32	4.78
	冰厚 10mm	23.438 7	41 173	8.72	5.69
	冰厚 20mm	39.193 4	58 588	10.24	6.67
	冰厚 30mm	60.494 1	78 736	11.77	7.66
	冰厚 40mm	87.340 4	100 985	13.24	8.60

从表 16−8−1 可明显看出弧垂和倾角随覆冰厚度的变化，虽然倾角变化不大，但对于分辨率为 0.01° 的测量装置来说已有足够的能力来判断导线覆冰情况，并从表 16−8−1 数据可估计覆冰厚度。从表 16−8−1 也可以注意到，当导线覆冰厚度达到 40mm 时，导线应力 100 985N 已超过导线保证拉断力 98 770N，故此时导线断线是完全可能发生的。

4. 单塔拉力法

在实际的输电线路中，悬垂绝缘子串挂点处所承受的垂向总荷载由以下几个部分组成：绝缘子串总重量、垂直档距内导线总重量、垂直档距内垂向风荷载、垂直档

距内冰荷载。在线路建成后，绝缘子串总重量一般是保持不变的，垂直档距内导线总重量也只是随垂直档距的变化而变化，在上述前提下，如果忽略垂向风荷载，那么，只要能监测出悬垂绝缘子串挂点处的垂向总荷载，就可以推算出垂直档距内的冰荷载，并根据垂直档距内线长和导线外径参数计算出垂直档距内的导线等值覆冰厚度。

单塔拉力法覆冰监测系统正是根据上述基本原理对输电线路现场的等值覆冰厚度进行监测的，具体方式是：首先测量出悬垂绝缘子串挂点处的轴向拉力及悬垂绝缘子串的倾斜角、风偏角，然后根据计算模型和现场的杆塔基础数据最终计算出垂直档距内的等值覆冰厚度。

与其他等值覆冰厚度监测技术相比，单塔拉力法在监测原理上有着天然的优势，直观、准确的特点使其在市场占有率上独占鳌头，它的唯一缺点是需要更换线路金具，在安装难度、安全性等方面稍逊于其他监测方法。

三、计算输电线路等值覆冰厚度

1. 线路覆冰的厚度

在进行现场覆冰观测时，一般应将观测到的线路覆冰数据按实际情况换算成等值覆冰厚度，等值覆冰厚度指的是覆冰性质为覆冰密度为 $0.9g/cm^3$、覆冰断面为圆形的标准覆冰形态与现场覆冰程度相当的覆冰厚度，其换算方式主要有以下几种。

（1）利用覆冰断面长轴和短轴按椭圆面积换算标准覆冰厚度。设导线实际覆冰的密度为 ρ_x（g/cm^3），覆冰断面长半轴长为 $D_1/2$（mm），短半轴长为 $D_2/2$（mm），导线直径为 D（mm）。按近似椭圆截面换算覆冰的标准厚度 b（mm）为

$$b = \frac{1}{2}\left[\sqrt{D^2 + \frac{\rho_x}{0.9}(D_1 D_2 - D^2)} - D\right] \qquad (16\text{-}8\text{-}1)$$

（2）按覆冰断面的平均外径换算标准覆冰厚度。取覆冰断面的长外径为 D_1，短外径为 D_2，平均外径为（$D_1 + D_2$）/2，覆冰的标准厚度 b（mm）为

$$b = \frac{1}{2}\left\{\sqrt{D^2 + \frac{\rho_x}{0.9}\left[\left(\frac{D_1 + D_2}{2}\right)^2 - D^2\right]} - D\right\} \qquad (16\text{-}8\text{-}2)$$

（3）按覆冰断面周长换算覆冰厚度。如覆冰外围周长为 L（mm），假定所围截面积与外径为 D（mm）的圆形面积相等，其标准覆冰厚度 b（mm）为

$$b = \frac{1}{2}\left\{\sqrt{D^2 + \frac{\rho_x}{0.9}\left[\left(\frac{1}{\pi}\right)^2 - D^2\right]} - D\right\} \qquad (16\text{-}8\text{-}3)$$

（4）按实际覆冰截面积换算覆冰厚度。如将覆冰断面用硬纸片挖孔套进冰断面，画出外形轮廓线，再复制于米格纸上，即可算出覆冰及导线总截面积 A_n（mm^2），可得其标准覆冰厚度 b（mm）为

$$b = \frac{1}{2}\left\{\sqrt{D^2 + \frac{\rho_x}{0.9}\left[\left(\frac{4A_n}{\pi}\right)^2 - D^2\right]} - D\right\} \qquad (16\text{-}8\text{-}4)$$

2. 线路覆冰的荷载及比载

在常态下导线自重力单位荷载 w_1（N/m）为单位长度质量 q 和重力加速度 g 之积。

$$w_1 = qg \approx qg_n = 9.806\,65q \qquad (16\text{-}8\text{-}5)$$

式中　g_n——标准重力加速度，g_n =9.806 65（m/s^2）。

假设各种类型及不同断面外形的覆冰均折算为密度为 0.9g/cm^3 的圆形雨凇断面。当已知导线外径 D（mm）和覆冰厚度 b（mm）时，其单位长度冰荷载 w_2（N/m）为

$$w_2 = \frac{0.9\pi g_n}{4}[(D+2b)^2 - D^2]\times 10^{-3} = 0.027\,728b(b+D) \qquad (16\text{-}8\text{-}6)$$

导线覆冰时垂向总荷载 w_3 为导线自重荷载和比载 w_1 和覆冰荷载 w_2 之和，即

$$w_3 = w_1 + w_2 \qquad (16\text{-}8\text{-}7)$$

导线的风压荷载等暂不考虑，因为它们对本文所述测量方案关系不大，但需要时也可计入。

3. 导线覆冰厚度的计算

在覆冰工况下，绝缘子串挂点处的轴向拉力会因为冰荷载的存在而显著增加，同时，由于覆冰的不均匀性，导线挂点两侧普遍会存在不平衡张力，此时绝缘子串的偏斜角也会发生变化。通过对绝缘子串挂点处轴向拉力以及绝缘子串偏斜角的变化的定量监测，可以对垂直档距内的冰荷载进行定量计算，最后还可计算出垂直档距内的等值覆冰厚度。具体计算方法如下。

（1）计算导线挂点处拉力。由于所测量的绝缘子串拉力是一个三维矢量，因此首先必须将该值转换为线路方向上的拉力值，把风偏方向上的力去掉。

其中 F 为所测量到的绝缘子串挂点处的轴向张力，ϕ 为绝缘子串风偏角。

由于上式中的 F_0 为绝缘子串挂点处所受到的拉力，所以接下来应将其折算成导线挂点处绝缘子串所受到的力。在此首先假定悬垂绝缘子串为一荷载均匀分布的刚体直棒。

（2）根据垂直档距计算出垂直档距内线长。由于垂直档距内线长的计算公式复杂，且其值一般为垂直档距的 1.001 至 1.05 倍之间，为了计算方便，在本模型中我们取经验参数为 1.03，即垂直档距内线长统一计算为垂直档距的 1.03 倍。

$$l_v = l_c \times 1.03 \tag{16-8-8}$$

式中 l_c——垂直檔距；

l_v——垂直檔距内線長。

（3）計算垂直檔距内垂向總荷載。

$$W_n = T \times (\theta + \theta_1) \tag{16-8-9}$$

式中 W_n——垂直檔距内垂向總荷載。

計算單根導線上垂直檔距内單位長度的冰荷載

$$w_{nd} = \frac{\dfrac{w_n}{n} - l_v \times w_0}{l_v} \tag{16-8-10}$$

式中 w_{nd}——單根導線上垂直檔距内單位長度的冰荷載；

n——導線分裂數；

w_0——導線單位長度重量。

（4）計算等值覆冰厚度。

$$b_j = \frac{\sqrt{D^2 \times 0.028\,3^2 + 4 \times w_{nd} \times 0.028\,3} - 0.028\,3 \times D}{2 \times 0.028\,3} = \frac{\sqrt{D^2 + \dfrac{4 \times w_{nd}}{0.028\,3}}}{2} - \frac{D}{2}$$

$$\tag{16-8-11}$$

式中 D——導線外徑；

b_j——等值覆冰厚度，覆冰密度取 0.9。

根據上述絕緣子串拉力及傾角監測裝置、桿塔視頻監測裝置和小型氣象站的配合可實現對線路覆冰的實時綜合監測。該方案的示意圖如圖 16-8-3 所示。

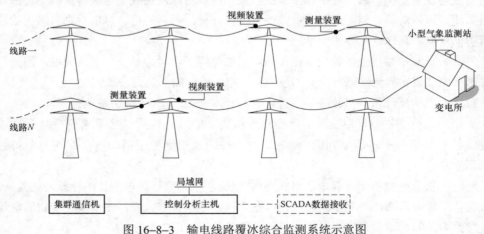

图 16-8-3 輸電線路覆冰綜合監測系統示意圖

首先从气象站的数据了解线路附近气象环境的变化，是否出现能形成覆冰的气象条件，并从导线温度是否低于 0℃，判断导线覆冰的可能性。再从线路视频装置上观察当地雨雪降落的情况，绝缘子串和导线上是否出现了覆冰，覆冰发展趋势。最后根据实测的绝缘子串拉力及倾角的变化来计算出垂向荷载的变化及等值覆冰厚度，确定导线覆冰的严重情况。

系统主站安装在电力公司，线路管理员、调度员和各级应用人员应能方便登录和使用。系统软件应包括导线覆冰分析模型，并能结合环境温度、湿度、风速、风向、导线温度、倾角等信息来计算分析导线水平张力、覆冰厚度、覆冰增长预测以及杆塔强度校验等，及时给出冰害的预报警信息，并能观察到线路覆冰时导线和杆塔的图像。

4. 线路覆冰监测系统的布局

要全面掌握线路覆冰情况的关键是监测装置的布点，它应根据线路沿线微气象条件的变化来决定，一般在气象条件变化较少的平原地区间隔为 70km 左右，气象条件变化较大的山区间隔为 20km 左右。具体每条线路的布点要根据实际情况来定，有下述几个原则。

（1）易发生覆冰情况的区域：如山峰、丘陵、高海拔地区，河道或者湖面上空，风道或风口地区；

（2）已发生过覆冰的区域：在历史上曾经发生过覆冰的线路；

（3）关键线路：跨越公路、铁路、河流的线路，档距较大的线路，线路危险点复杂的线路，交通情况复杂的线路。

5. 预测覆冰增长

自从 1932 年在美国首次出现有记录的架空电线覆冰事故以来，世界各国对导线覆冰问题的研究就没有停止过。由于在许多地区因冻雨覆冰而使输电线路的荷重增加，造成断线、倒杆（塔）、闪络的事故时有发生，因而，试图以有关气象数据为依据，通过理论模型来预测雨凇覆冰荷载的研究工作已进行 50 多年。在这期间，提出了许多使用气象数据的导线雨凇雾凇覆冰计算公式和模型，并且直到现在仍有各种模型还处于研究之中。但所有这些被提出或正在使用中的模型或公式都不能充分表明它是完备的。因为，这些模型在预测同一气象条件下产生雨凇覆冰的冰重时会出现相差较大的预测结果，原因有三：① 对覆冰时物理模型的细节假设上有差别，如覆冰是干增长还是湿增长过程，均匀覆冰还是非均匀覆冰等；② 在经验数据的选取上不同，如空气中含湿量与降水率的关系，风速随高度变化的规律等；③ 在需要的气象参数选取上有所区别，如有的模型需要风速、空气湿度、降水率、空气温度等，而有的模型只需要其中的 2～3 个气象参数。显然，对电网的设计、运行和管理而言，能够通过有关气象数据，靠理论模型计算出最不利条件下导线的覆冰量具有显著的工程指导意义，而覆冰事件之后的有关测量工作可作为以后研究的参考资料。

根据国内外的资料，Makkonen 雨凇覆冰模型表明覆冰增长与风速、降水率和过冷却水滴直径有关，它既保留了模型的清晰物理意义，同时又避免了复杂模型的多参数关联和计算复杂烦琐的问题，具有计算简单的特点。

Makkonen 在分析冻雨覆冰的湿增长过程中发现，导线上未冻结的液体并没有全部掉落，而是在导线的底部长成冰柱，理论和实验研究表明每 m 长导线上有 45 根冰柱长成，而其他模型均未考虑覆冰过程中的这一物理特点，Makkonen 把导线半径、气温、风速、降水率、风吹角度及覆冰时间等作为输入量，用数值计算方法对这种考虑冰柱生长的覆冰模型进行了分析和计算。结果表明，最大覆冰荷载发生在 0℃ 左右气温时，且覆冰重量中，冰柱占有不少分量。

Makkonen 新的复杂数值计算模型是从 Makkonen 模型的基础上改进而来的，在实用中需将以下参数作为模型计算的输入量：导线直径、空气温度、风速、降水率、风与导线的夹角、覆冰持续时间。模型计算的输出量为：每米长冰重（kg/m），导线上覆冰的当量径向厚度（mm），冰柱的径向尺寸，以及冰柱的长度。

四、输电线路等值覆冰厚度监测装置的主要技术要求

Q/GDW 554—2010《输电线路等值覆冰厚度监测装置技术规范》规定了架空输电线路等值覆冰厚度监测装置的组成、技术要求、试验方法、检验规则等。其中对等值覆冰厚度监测装置的要求和定义如下：满足测量数字化、输出标准化、通信网络化特征，具备自检、自恢复功能，对与线路等值覆冰厚度相关参数进行采集与处理，得出线路等值覆冰厚度，并通过通信网络传输到状态监测主站系统。

覆冰监测装置通常由覆冰监测单元、现场通信网络和数据集中器组成。

1. 对监测装置的功能要求

（1）数据采集要求。

1）具备传感、采集功能。能完成绝缘子串拉力、绝缘子串角度及气温、湿度、风速及风向数据的采集、测量，通过网络将测量结果传输到状态监测代理装置或状态监测主站系统。

2）具备自动采集功能。按设定时间间隔自动采集绝缘子串拉力、绝缘子串角度及温度、湿度、风速及风向数据，最小采集间隔宜大于 10min，最大采样间隔应不大于 40min，默认采样间隔为 30min。在监测到存在覆冰可能的情况下，具备加密采集拉力及绝缘子串角度的功能。

3）具备受控采集功能，能响应远程指令，按设置采集方式、自动采集时间、采集时间间隔启动采集。

4）宜具备电池电压等采集功能。

5）应具备良好的同步机制，保证各参数采集时刻的同步性。

（2）数据处理与判别。

1）具备数据合理性检查分析功能，对采集数据进行预处理，自动识别并剔除干扰数据。

2）具备对原始采集量的一次计算功能，得出拉力、绝缘子串角度的状态量数据，以及通过覆冰监测模型进行二次计算，得出导线等值覆冰厚度。

（3）数据存储。应能循环存储至少 30 天的等值覆冰厚度等状态量数据。

（4）数据输出。输出的信息包括：等值覆冰厚度状态量数据、气温、湿度、风速及风向状态量数据，及电源电压、工作温度、心跳包等工作状态数据。

（5）通信功能。通信接口和应用层数据传输规约应满足 Q/GDW 242《输电线路状态监测装置通用技术规范》相关要求。

（6）硬件与软件。

1）具备对装置自身工作状态包括采集、存储、处理、通信等的管理与自检测功能。

2）当判断装置出现运行故障时，能启动相应措施恢复装置的正常运行状态。

（7）远程更新、配置与调试。

1）应具备身份认证、远程更新程序的功能，具备完善的更新机制与方式。

2）应具备按远程指令修改采集频率、采样时间间隔、网络适配器地址等参数的能力。

3）应具备动态响应远程时间查询/设置、数据请求、复位等指令的能力。

4）宜能按远程指令进入远程调试模式，并输出相关调试信息。

2. 主要技术要求

对监测装置的监测单元的主要技术要求包括工作环境、量程、准确度级别等。

（1）工作环境要求。

1）环境温度：−25～+45℃（普通型）或−40～+45℃（低温型）。

2）相对湿度：5%RH～100%RH。

3）大气压力：550～1060hPa。

（2）工作温度为−25～+70℃（工业级）或−40～+85℃（扩展工业级）。

（3）拉力传感器主要技术参数。

1）基本要求：① 应完全满足被替代金具的各种功能要求，试验标准应不低于被替代金具的型式试验标准，如标称破坏载荷应大于相应金具标称的 1.2 倍，并通过相应的试验；② 应能承受安装、维修及运行中可能出现的有关机械载荷，并能经受设计工作电流（包括短路电流、雷电流）干扰、工作温度及环境条件等变化的考验；③ 拉力传感器的结构高度应尽可能减小，导线用拉力传感器控制在原有金具连接高度增加

50mm 以内，地线用拉力传感器控制在原有金具连接高度增加 30mm 以内；④ 应采用合适的材料和生产工艺制造，应满足使用寿命的要求；⑤ 应有防尘、防潮、防腐蚀措施；⑥ 各连接部件应有锁紧装置，应保证在运行中不致松脱。

2）技术参数：① 量程：7t，10t，16t，21t，32t，42t，55t（根据实际需要定制）；② 测量范围：5%～100%FS（线性工作区间）；③ 准确度级别（FS）：0.2 及以上；④ 技术指标：分度数 $n \geqslant 500$；⑤ 零点与最大方位偏差：拉力传感器的示值指示装置应有零点（或作为零点）的调节功能，调节范围应大于由自带附件重力引起的零点变化及不同工作方向引起的最大零点方位偏差。

（4）角度传感器的主要技术参数。

1）基本要求：① 角度传感器应耐低温、抗干扰并能在冰雪天气正常工作；② 应集成在拉力传感器内，成为集成式的拉力传感器。

2）技术参数：① 倾角测量角度范围：双轴 $\geqslant \pm 60°$；② 倾角测量精度：$\leqslant \pm 0.1°$；③ 倾角测量分辨力：$\pm 0.01°$。

3．性能要求

对监测装置的其他性能要求包括电气、电磁兼容、气候防护、机械性能等。

（1）电气性能。抗雷击性能，即对被测导线施加相应电压等级绝缘子串耐受水平的标准雷电波各 3 次，距离被检覆冰监测单元 5m，覆冰监测单元能正常工作。

（2）电磁兼容性能。

1）静电放电抗扰度。应能承受 GB/T 17626.2 中第 5 章规定的试验等级为 4 级的静电放电试验。在试验期间及试验后，装置应能正常工作。

2）射频电磁场辐射抗扰度。应能承受 GB/T 17626.3 中第 5 章规定的试验等级为 3 级的辐射电磁场干扰试验。在试验期间及试验后，装置应能正常工作。

3）脉冲磁场抗扰度。应能承受 GB/T 17626.9 中第 5 章规定的试验等级为 5 级的脉冲磁场干扰试验。在试验期间及试验后，装置应能正常工作。

4）工频磁场抗扰度。应能承受 GB/T 17626.8 中第 5 章表 1 和表 2 规定的试验等级为 5 级的工频磁场干扰试验。在试验期间及试验后，装置应能正常工作。

（3）气候防护性能。

1）高温性能。应能承受 GB/T 2423.2 试验 Bb 中严酷等级为：温度+70℃或温度+85℃、持续时间 16h 的高温试验。在试验期间及试验后，装置应能正常工作。

2）低温性能。应能承受 GB/T 2423.1 试验 Ab 中严酷等级为：温度-25℃或-40℃、持续时间 16h 的低温试验。在试验期间及试验后，装置应能正常工作。

3）交变湿热性能。按 GB/T 2423.4 的有关规定进行，高湿温度为+55℃，试验周期 1d，原地恢复 2h。在试验期间及试验后，装置应能正常工作。

（4）机械性能。

1）振动性能。在非工作状态下，非包装状态的产品应能通过如下严酷等级的正弦振动试验：① 频率范围：10～55Hz；② 峰值加速度：10m/s²；③ 扫频循环次数：5次；④ 危险频率持续时间：10min±0.5min；试验后，装置应能正常工作。

2）运输性能：① 产品包装后应按"GB/T 6587.6 电子测量仪器　运输试验"中规定进行试验，能承受该标准表 1 中等级为 Ⅱ 的运输试验（包括自由跌落、翻滚试验）。试验后，装置应能正常工作；② 产品包装后应按 QJ/T 815.2《产品公路运输加速模拟试验方法》中规定进行试验，能承受该标准中等级为三级公路中级路面的运输试验。经过 2h 试验时间后，装置应能正常工作。

4. 可靠性

（1）平均无故障连续工作时间（MTBF）应不低于 25 000h。

（2）年均数据缺失率应不大于 1%。

五、输电线路覆冰雪监测装置系统应用

输电线路覆冰在线监测系统，可以对覆冰状态下输电线路运行工况进行全天候实时在线监测，系统采用 CDMA/GPRS/GSM 无线通信方式把现场监测数据传回到后台服务器，后台根据状态监测数据并结合导线覆冰数学模型、模糊逻辑诊断等方法计算近似覆冰厚度和预测覆冰发展趋势，方便用户对输电线路覆冰程度进行定性定量分析。实现对线路冰害事故的提前预测，并及时向运行管理人员发送报警信息，以利于提前做好应对紧急情况的措施和准备，有效减少线路冰闪、舞动、断线、倒塔等事故的发生。

输电线路覆冰在线监测系统通过全天候地采集运行状态下输电线路的绝缘子串拉力、绝缘子串风偏角、绝缘子串倾斜角、风速、风向、温度、湿度等特征参数，将数据信息实时传输到分析处理中心，通过智能分析算法计算导线覆冰厚度；相关部门根据线路荷载、覆冰厚度及周边气象环境决定是否需要实施预防措施。系统可结合视频监测系统拍回的现场图片，直观地了解线路的覆冰状况。

监测参数：绝缘子串拉力、绝缘子串风偏角、绝缘子串倾斜角、环境温度、湿度、风速、风向、图像等。

参数技术指标如下。

拉力传感器量程：7t、10t、16t、21t、32t、42t、55t（根据实际需要定制）；

拉力传感器测量范围：2%～100%FS（线性工作区间）；

拉力传感器准确度级别（FS）：0.2 及以上；

拉力传感器技术指标：

分度数 $n \geqslant 500$；

回零误差 Z'_r（%FS）：≤±0.1；

示值误差 δ'（%FS）：≤±0.2；

重复性 R'（%FS）：≤±0.2；

滞后 H'（%FS）：≤±0.3；

长期稳定性 S'_b（%FS）：≤±0.2；

倾角测量角度范围：双轴≥±70°；

倾角测量精度：≤±0.1°；

倾角测量分辨率：±0.01°；

温度监测范围：−50～120℃；精度：±0.3℃；分辨率：0.1℃；

湿度监测范围：1%～100%，精度：±4%RH；分辨率：1%RH；

风速测量范围：0～60m/s；

精度：±（0.5+0.03V）m/s，V 为标准风速值；

分辨率：0.1m/s；

起动风速：<0.2m/s；

抗风强度：75m/s；

风向测量范围：0°～360°；

测量精度：±2°；

分辨率：0.1°；

启动风速：<0.2m/s；

抗风强度：75m/s。

【思考与练习】

1. 输电线路覆冰的危害及防护措施。

2. 输电线路覆冰实时监测方法。

3. 输电线路覆冰监测装置的主要技术要求。

▲ 模块 9　输电线路杆塔倾斜监测（Z04G7009Ⅲ）

【模块描述】本模块主要分析了输电线路杆塔倾斜监测的目的和意义，介绍了输电线路杆塔倾斜监测装置系统组成。通过输电线路塔倾斜监测装置各个组成部分的结构和功能介绍，掌握输电线路塔倾斜监测系统应用。

【正文】

一、输电线路杆塔倾斜监测的目的和意义

输电线路走廊地质、气象环境复杂，近年来，由于煤矿开采、工程施工，以及外

力破坏等原因，输电线路杆塔倾斜倒塌引起的电力事故呈上升趋势，对电网的安全运行造成了很大的威胁。其发展引起杆塔倾斜的原因主要有：① 长期定向风舞引起杆塔受力不均；② 自然地质灾害；③ 杆塔周围建筑施工；④ 杆塔本体异常、导线断裂；⑤ 导线、地线覆冰；⑥ 拉线、塔材被盗；⑦ 采煤、采矿区地陷、滑移等。杆塔倾斜一般缓慢发展，绝大多数事故是可提前预防的。

输电线路杆塔倾斜在线监测系统，是一种主要应用于不良地质区（采空区、滑坡区、沼泽水田区、海边台风区、沙地及高盐冻土区等）高压输电线路杆塔的倾斜监测及报警的系统；采用计算机技术、新能源技术、通信技术、网络技术、强电磁场环境下数据采集技术，通过测量杆塔、拉线的倾斜角度，并测量环境的风速、风向、温度、湿度等参数，并将测量结果通过移动/联通 GPRS/GSM 网络发送到接收中心，中心软件可及时显示杆塔的倾斜状况，并可显示杆塔的倾斜趋势、倾斜速度，在倾斜角度到达某值时以短信、界面、警笛等方式发出报警信息，预防事故的发生。

建立一套可靠的杆塔状态监测装置系统，针对常规目视巡线不能及时发现的隐形故障，对降低故障持续时间过长和故障爆发突然性大为有利。对重点线路以及不良地质段杆塔进行状态监测，可有效地减少自然故障人为故障，为电力系统的降损增收提供有力技术支持，必将产生良好的经济效益。

二、输电线路杆塔倾斜监测系统

1. 系统组成

输电线路杆塔倾斜监测系统由前端监测装置和后台监测中心组成。前端监测装置采用高精度双轴倾斜传感器和微电子控制技术设计。双轴倾斜传感器可对杆塔在顺线路和横线路方向的倾角进行实时测量，由微处理器通过程序指令设定其工作模式和传输方式，包括零点设定、传输波特率设定以及数据的编码方式等。双轴倾斜传感器监测的倾角数据采用透明传输方式，通过 RS232 串口与微处理器进行通信，并把所测得的数据传到微处理器非易失数据存储区。微处理器通过软件对测量值进行分析和计算，然后与设定的阈值进行比较，如果越限，微处理器将启动对双轴倾斜传感器进行复核测量和确认过程，防止发生误动。在确认测量结果确实越限后，微处理器通过 GPRS 模块，将线路杆塔号、杆塔倾斜角度和方向以及装置电源电压等信息发送给监测中心后台服务器，提醒工作人员及时关注和检查该铁塔的运行状况。在日常运行中，根据需要后台监测中心可通过短信命令方式对监测装置的参数进行设置，如设置双轴倾斜传感器开启监测时间间隔、零点调整、越限阈值以及上报时间等参数。输电线路杆塔倾斜监测系统框架图如图 16-9-1 所示。

2. 传感器技术

倾角传感器部件是杆塔倾斜监测装置的核心部件，在选择时应着重考虑如下因素：能抗恶劣环境，尤其是部件在高低温、高湿度及大雨环境下的可靠性，另外，还需要能抗腐蚀、防尘。根据国网标准，传感器部件在技术参数上应能符合如下要求。

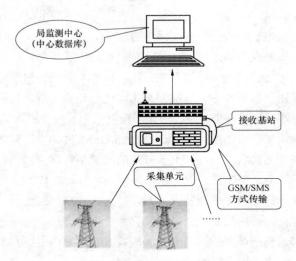

图 16-9-1　系统框架图

（1）环境温度：−25～+45℃或−40～+45℃。

（2）相对湿度：5%RH～100%RH。

（3）工作温度：−25～+70℃（工业级）或−40～+85℃（扩展工业级）。

（4）部件质量轻、体积小、易安装。

（5）采用双轴倾角传感器，量程不小于±10°，监测精度不低于±0.05°。

（6）安装结构件需要有可靠的固定防松措施，以防松动影响测量精度。

三、输电线路杆塔倾斜监测装置主要的技术要求

Q/GDW 559《输电线路杆塔倾斜监测装置技术规范》规定了架空输电线路杆塔倾斜监测装置的功能要求、技术要求、试验项目、试验方法、安装、调试、验收等。其中对杆塔倾斜监测装置的定义为：满足测量数字化、输出标准化、通信网络化特征，具备自检、自恢复功能，对架空输电线路杆塔的倾斜度进行在线监测的一种监测装置，并通过信道将数据传送到状态监测代理装置或状态监测主站。装置一般由一体化杆塔倾斜监测装置组成。监测内容为：① 倾斜度：杆塔偏离中心线的倾斜值与监测点地面高度之比；② 顺线倾斜度：杆塔沿线路方向的倾斜值与监测点地面高度之比；③ 横向倾斜度：杆塔沿线路方向的倾斜值与监测点地面高度之比；④ 顺线倾斜角；⑤ 横向倾斜角。

1. 功能要求

对监测装置的功能要求主要包括数据的采集、处理与判别、存储、输出，以及通信、远程更新、配置与调试。

（1）数据采集要求。

1）能传感、采集杆塔纵向和横向倾斜角度，进行相应存储，并将测量结果通过通信网络传输到状态监测代理或状态监测主站。

2）具备自动采集功能，按设定时间间隔自动采集杆塔横向与纵向倾斜角度，最小采集间隔宜大于 30min，最小采集间隔应不大于 24h，默认时间间隔为 60min；在监测到超过设定阈值时，具备加密采集的功能。

3）具备受控采集功能，能响应远程指令，按设置采集方式、自动采集时间、采集时间间隔、采集点数启动采集。

4）宜具备电源电压采集功能。

（2）数据处理与判别。

1）具备数据合理性检查分析功能，对采集数据进行预处理，自动识别并剔除干扰数据。

2）具备对原始采集量的一次计算功能，得出直观的杆塔倾斜状态量数据。

（3）数据存储。应能循环存储至少 30 天的杆塔横向、纵向角度与倾斜度状态量数据。

（4）数据输出。输出的信息包括：杆塔横向、纵向角度与倾斜度状态量数据，及电源电压、工作温度、心跳包等工作状态数据。

（5）通信功能。通信接口和应用层数据传输规约应满足 Q/GDW 242《输电线路状态监测装置通用技术规范》相关要求。

（6）硬件与软件。

1）具备对装置自身工作状态包括采集、存储、处理、通信等的管理与自检测功能；

2）当判断装置出现运行故障时，能启动相应措施恢复装置的正常运行状态。

（7）远程更新、配置与调试。

1）应具备身份认证、远程更新程序的功能，具备完善的更新机制与方式；

2）应具备按远程指令修改采集频率、采样时间间隔、网络适配器地址等参数的功能；

3）应具备动态响应远程时间查询/设置、数据请求、复位等指令的功能；

4）宜能按远程指令进入远程调试模式，并输出相关调试信息。

（8）其他功能。为了保证测量的准确性，杆塔倾斜监测装置初装时应该具备垂直度、水平度调节功能。

2. 主要技术

对监测装置的主要技术要求包括使用环境、准确度、供电等要求。

（1）使用环境条件。

1）环境温度：–25～+45℃（普通型）或–40～+45℃（低温型）。

2）相对湿度：5%RH～100%RH。

3）大气压力：550～1060hPa。

（2）工作温度为–25～+70℃（工业级）或–40～+85℃（扩展工业级）。

（3）外观及标记。

1）外观应整洁完好，无明显划痕。

2）监测装置上应有型号、名称、出厂编号、出厂日期、制造厂名等标记。

（4）主要技术参数。

1）监测范围：杆塔倾斜角动态测量范围：双轴±10°。

2）准确度。杆塔倾斜角测量误差：≤±0.05°。

（5）基本技术要求。

1）应有防雨、防潮、防尘、防腐蚀措施。

2）外壳的防护性能应符合 GB 4208 规定的 IP65 级要求。

3）杆塔倾斜监测装置的结构不应对杆塔产生磨损或其他机械伤害。

4）杆塔倾斜监测装置应采取防盗、防振、防松措施，保证在运行中不松脱，而且不降低杆塔的机械特性和电气性能。

5）应能经受风霜雨雪等极端气候的考验。

6）杆塔倾斜监测装置应该适应杆塔上强电磁干扰环境。

7）应充分考虑作业人员的高空作业环境，安装简单方便。

（6）供电要求。

1）应采用太阳能或高能电池等供电方式。

2）采用太阳能和蓄电池供电方式时，应根据杆塔倾斜监测装置的功耗、区域日照状况和蓄电池备用时间，配置太阳电池板和蓄电池的容量可满足无阳光工作日大于30 天。

3）采用高能电池供电方式时，电池供电时间不少于 3 年。

3. 性能要求

对监测装置的其他性能要求包括电磁兼容、气候防护、机械性能等要求。

（1）电磁兼容性能。

1）静电放电抗扰度。应能承受 GB/T 17626.2 中第 5 章规定的试验等级为 4 级的静电放电试验。在试验期间及试验后，装置应能正常工作。

2）射频电磁场辐射抗扰度。应能承受 GB/T 17626.3 中第 5 章规定的试验等级为 3 级的辐射电磁场干扰试验。在试验期间及试验后，装置应能正常工作。

3）脉冲磁场抗扰度。应能承受 GB/T 17626.9 中第 5 章规定的试验等级为 5 级的脉冲磁场干扰试验。在试验期间及试验后，装置应能正常工作。

4）工频磁场抗扰度。应能承受 2006 中第 5 章表 1 和表 2 规定的试验等级为 5 级的工频磁场干扰试验。在试验期间及试验后，装置应能正常工作。

（2）气候防护性能。

1）高温性能。应能承受 GB/T 2423.2 试验 Bb 中严酷等级为：温度+70℃或温度+85℃、持续时间 16h 的高温试验。在试验期间及试验后，装置应能正常工作。

2）低温性能。应能承受 GB/T 2423.1 试验 Ab 中严酷等级为：温度−25℃或−40℃、持续时间 16h 的低温试验。在试验期间及试验后，装置应能正常工作。

3）交变湿热性能。按 GB/T 2423.4 的有关规定进行，高温温度为+55℃，试验周期 1d，原地恢复 2h。在试验期间及试验后，装置应能正常工作。

（3）机械性能。

1）振动性能。在非工作状态下，非包装状态的产品应能通过如下严酷等级的正弦振动试验：① 频率范围：10～55Hz；② 峰值加速度：10m/s²；③ 扫频循环次数：5 次；④ 危险频率持续时间：10min±0.5min；试验后，装置应能正常工作。

2）运输性能：① 产品包装后应按 GB/T 6587.6《电子测量仪器 运输试验》中规定进行试验，能承受该标准表 1 中等级为 Ⅱ 的运输试验（包括自由跌落、翻滚试验）。试验后，装置应能正常工作；② 产品包装后应按 QJ/T 815.2《产品公路运输加速模拟试验方法》中规定进行试验，能承受该标准中等级为三级公路中级路面的运输试验。经过 2h 试验时间后，装置应能正常工作。

4. 可靠性

平均无故障连续工作时间（MTBF）应不低于 25 000h。

四、输电线路杆塔倾斜监测装置系统应用

输电线路杆塔倾斜在线监测系统，主要用于不良地质区域（山地滑坡区、采空区、海边台风区、沼泽水田区、沙地和高盐土质区等）内杆塔的双向（沿线路方向和垂直于线路方向）倾斜角度及微气象状况（温湿度、风速风向等）进行实时监测。

系统通过 GSM/GPRS/CDMA 方式对数据进行传输，后台系统综合分析监测数据，判断杆塔倾斜发展趋势，为线路运行和设计部门提供实际依据，当杆塔倾斜角度出现异常时，系统能够及时将预/告警信息发送给线路运行负责人，使其对线路运行状况予以关注或采取相应处理措施，减少因杆塔倾斜而引发的事故，同时协助运行部门查找杆塔故障点，指导检修和维护。

（一）系统结构

1. 系统总体结构（见图 16-9-2）

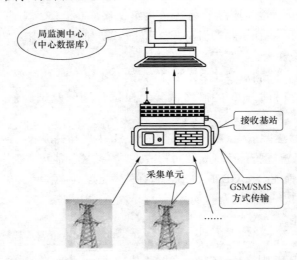

图 16-9-2　系统总体结构示意图

2. 系统组成功能描述

（1）数据采集单元（数据采集、存储、发送）。数据采集单元标准配置，数据采集终端由七部分组成。

1）倾斜采集装置：采用高精度、高分辨率、高可靠性数字倾斜角传感器和重力加速度传感器。

2）数据校正单元，通过数字倾斜角传感器和重力加速度传感器所采集的信号，通过单片机对所采集的信号进行初始化、校正精度。

3）无线通信模块。

4）硅能蓄电池。

5）太阳能电池板。

6）屏蔽线。

7）中央控制器。

（2）基站（数据处理、存入数据库、发送报警信息到相关人员手机上）。

基站系统由五个部分组成：无线通信模块；计算机；天线；数据传输线；数据服

务软件。

基站系统通过 GSM 网络的短消息业务与数据终端进行数据通信，将数据传至计算机，供专家分析系统进行数据分析和处理。

（3）后台系统（分析、处理）。系统软件包括如下内容。

1）应用软件：杆塔倾斜在线监测系统。

2）操作系统：WindowsXP、WindowsNT 等。

3）数据库：Microsoft Access，可方便的与 Sybase Oracle 等大型数据库进行无缝连接。

本系统的主要组成部分：① 线路名称、杆塔号、等档案系统参数建立；② 数据及趋势图表查询；③ 报警查询；④ 指导检修或发出预警信号。

（二）工作原理

HC–XGQ 杆塔倾斜在线监测系统，利用数字倾斜角传感器和重力加速度传感器采集的信号，单片机对所采集的信号进行初始化、校正精度，将报警信息通过 GSM/SMS 方式传输至基站接收系统，基站接收系统处理数据后向相关工作人员发出报警信号，以便于管理人员实时了解运行杆塔的安全状况，指导检修和维护。

采用轮循模式：在预定的时间内由基站接收系统发出控制指令，通知每一数据采集单元将其所有数据通过 GSM/SMS 传输到基站接收系统，基站接收系统对这些大量的数据进行分析处理写入中心数据库。分析查询系统对中心数据库的数据进行统计分析、模糊判断、近似推理等方法分析处理，计算出运行杆塔倾斜状况和发展趋势。

（三）技术参数

使用范围：66～1000kV 的输电线路中运行杆塔的在线状态监测；66～1000kV 的变电站中运行杆塔的在线状态监测。

杆塔倾斜角测量范围：双轴 ±10° 或 双轴 ±15°。

杆塔倾斜角测量分辨率：±0.05°。

杆塔倾斜角测量误差：≤±0.3°。

监测单元工作环境温度：–40～+85℃。

监测单元工作环境湿度：不大于 98%RH。

低功耗：整机功耗 3mA。

监测主机电源：太阳能+蓄电池。

监测主机无阳光情况下可连续运行时间：>30 天。

通信方式：GSM/SMS 无线通信。

蓄电池使用寿命：3～5 年。

太陽能電池板使用壽命：10 年以上。

（四）功能特點

（1）採用高精度、高分辨率、高可靠性數字傾斜角傳感器和重力加速度傳感器。

（2）進行多種方式預報警。

（3）採用休眠、待機、定時傳輸相結合的低功耗模式設計。

（4）抗干擾、防電磁、防水、防雷擊。

（5）採用特殊設計，帶電安裝，不會影響線路自身結構和運行安全。

（6）基站、軟件系統採用人性化設計，擴展性強。

（7）對監測的數據經分析後，以數字列表、曲線和圖表的形式顯示相關參數。

（8）通過趨勢分析軟件作出趨勢分析圖，來推斷杆塔傾斜的發展速度與趨勢。

（9）軟件程序系統具備自動復位、自動糾錯功能，保證軟件常年正常運行。

【思考與練習】

1. 引起輸電線路杆塔傾斜的原因。

2. 輸電線路杆塔傾斜監測系統的組成和功能。

3. 輸電線路杆塔傾斜監測裝置的主要技術要求。

▲ 模塊 10 輸電線路導線舞動監測（Z04G7010Ⅲ）

【模塊描述】本模塊介紹了輸電線路導線舞動理論、監測方法和舞動分析，闡述了輸電線路導線舞動監測的目的和意義，介紹了輸電線路導線舞動監測裝置系統的各組成部分，通過對輸電線路舞動監測系統各組成部分的結構分析和功能介紹，掌握輸電線路舞動監測系統的應用。

【正文】

一、輸電線路導線舞動監測的目的和意義

1. 認識輸電線路導線舞動

輸電導線舞動是指輸電線路導線在不對稱覆冰及風力的作用下引起的一種低頻率（頻率為 0.1～3Hz）、大振幅（振幅為導線直徑的 20～300 倍）的振動現象。舞動多發生在冬季，而且分裂導線比單導線更容易發生。舞動的能量很大，持續時間也較長，導線舞動是威脅輸電線路安全運行的重要因素。舞動產生的危害是多方面的，諸如：跳閘、導線電弧燒傷、金具損壞斷裂、導線斷股、塔材和螺絲變形、斷線、倒塔甚至大面積停電，給國民經濟和社會生活帶來很大的損失。

舞動多發生在覆冰雪導線上，覆冰厚度一般為 2.5～48mm。導線上形成覆冰須具備 3 個條件：① 空氣濕度較大，一般 90%～95%，乾雪不易凝結在導線上，雨淞、凍雨或雨夹雪是导线覆冰常见的气候条件；② 合适的温度一般为-5～0℃，温度过高或过低均不利于导线覆冰；③ 可使空气中水滴运动的风速一般＞1m/s。

要形成舞动，除覆冰因素外，舞动还须有稳定的层流风激励。舞动风速范围一般4～20m/s，且当主导风向与导线走向夹角＞45°时，导线易产生舞动，且该夹角越接近90°，舞动的可能性越大。

影响导线舞动的其他因素有：地形地势，平原开阔地区舞动且产生；冰风参数，冰的形状与风的大小的相互作用；线路结构与参数，是舞动的内因，包括导线类型（分裂导线比单导线易发生舞动）、张力、弧垂、档距及导线特性与参数。

2. 基本理论

目前公认的基本理论仍只有二类，一为邓哈托（Den Hartog）机理，即横向失稳激发机理；二为尼戈尔（O.Nigol）—哈瓦德机理，即扭振失稳激发机理。

当流体从结构的外表面流过时，它将作用于结构物一个激励。激励的大小和性质与结构物的断面形状、流体的性质、流动方向与流速等因素有关。这个激励将激发结构物产生不同性质的振动。同时结构物的振动又会反过来影响流体的运动及其激励力，从而形成流体与结构物之间的耦合振动。

诱发的结构振动有卡门涡振动（Vortex shedding）、颤振（Flutter）和驰振（Galloping）三类。

3. 卡门涡振动

当流体流过结构物的表面，在结构物的后方形成漩涡。当漩涡从结构物的两侧交替脱落时，便作用于结构物一个交变的周期激励力，引起结构物的周期性振动。该振动称为卡门涡振动（或漩涡脱落振动）。输电导线的微风振动属于此类。

卡门涡振动的主导频率 f（Hz）按式（16-10-1）计算

$$f = S\frac{U}{D} \tag{16-10-1}$$

式中　　U——自由流（风）速度，m/s；

D——结构物垂直于流速方向的高度（导线直径），m；

S——斯特劳哈尔常数，圆柱体为0.185～0.21，其他断面为0.10～0.17。

4. 失速颤振

这是经常发生在飞机机翼上的自激振动。它由气流高速流过翼面时，机翼的扭振与横向振动相互耦合而产生的。它激发的结构振动频率不是结构的固有频率，这是与驰振的主要区别。

5. 驰振

驰振也是由于流体以较高速度流过非圆断面的结构物表面所引起的一种自

激振动。但流体的速度比失速颤振低得多，因此振动频率与结构物的固有频率接近。

空气的相对流速范围和导线的结构特点决定了输电导线主要存在卡门涡振动和驰振二种。前者发生在低风速、无冰雪（即导线呈圆截面）的条件下，称为微风振动。后者发生于较高风速、覆冰雪（导线呈非圆截面）的条件下，称为驰振，俗称舞动。这是两种性质全然不同的振动，其治理方法也完全不同。

驰振是导线覆冰形式非圆截面后在风激励下产生的一种低频、大振幅的自激振动。振动频率为 0.1～3，振幅约为导线直径的 5～300 倍。

输电线路导线舞动在线监测技术的目的是获取有关导线舞动的现场数据，为舞动分析研究、防止舞动方案等提供科学依据和基本资料。基于这一目的，舞动监测的内容可分为两个部分：一是舞动时的气象资料，包括当时当地的风速、风向、覆冰形状、覆冰后度、气温、湿度等项目；二是舞动本身的振动特征参数，包括一档内的振动半波数、振动频率、振幅等内容。由于舞动的主要危害是因相间气隙不够造成的相间闪络，故用以反映舞动范围大小的舞动幅值，就成为一个最重要的舞动参数。

采用导线舞动监测，能获得有关舞动的基本数据，为舞动理论研究、防止舞动方案等提供科学依据，为国家电网的安全运行提供必要保障。

二、输电线路导线舞动监测方法

导线舞动会使相邻悬垂串产生剧烈摆动，两端导线张力也有显著变化，引起差频荷载，导致金具损坏、导线断股、相间短路、杆塔倾斜或倒塌等严重事故，给电力企业和国民经济造成重大损失。从 1957 年至今全国范围内发生的舞动事故的记录超过了80 起。其中，1988 年 12 月 25～26 日，湖北省 500kV 姚双与双凤现中山口大跨越发生舞动，舞动峰一峰值 10m，持续舞动 16h 后，1 根子导线因严重磨损，断落江中，2根导线重伤，金具与护线条大量损坏。进入 2008 年 1 月中旬以来，伴随着我国出现的大范围低温、雨雪、冰冻等恶劣天气，河南、湖南、湖北、江西等省所辖输电线路相继出现大面积的覆冰、舞动现象。尤以 220、500kV 线路舞动受损严重。其监测方法有以下几种。

1. 图像法

监测分机安装在杆塔上 10m 处，监测现场当时的温度、湿度以及测量距地 10m 处的地面风的速度及方向值，与事先设定的条件进行比较。当气候条件恶劣到设定条件时，立即启动监测摄像机，收集现场图像，并将其与气候条件参数通过通信网络传送到中心监测服务器上。中心监测服务器工作人员也可以指定对某个地点的监测，进行远程控制摄像机、并记录当前情况进行离线分析。

2. 加速度、位移传感器法

通过安装在同档内导线上的多个加速度或位移传感器，实时记录导线的运动轨迹，对轨迹进行统计分析，可换算出导线舞动的数据如舞动振幅、频率等。目前国内多采用该方法。

三、分析舞动

1. 舞动分析模型

（1）导线舞动的三自由度集中参数系统模型。导线舞动是一种低频大振幅的振动，它包括如下三种形态。

1）横向振动：包括垂直和水平两个方向的振动。

2）档间弧垂导线绕两端固定点的摆动。

3）导线绕其自身轴线（分裂导线为其分裂圆的中心线）的扭转振动。

上述振动中以横向与扭转振动为主，同时还存在惯性耦合与空气动力耦合诱发的振动。将导线转化为集中于档距中点的集中质量（或转动惯量）系统，这是一个具有垂直、水平和扭转振动的三自由度系统，如图 16-10-1 所示。

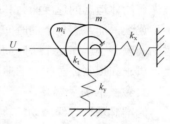

图 16-10-1　三自由度集中参数系统模型

（2）三自由度系统模型的参数分析。空气动力参数的确定：导线运动的性质取决于空气动力参数 C_L，C_D，C_M，它们都是攻角 θ 的函数，且与覆冰导线的形状有关，通常它们只能由实验来决定，将覆冰导线的模型放入风洞中，对于不同的风速和攻角进行实测。

舞动计算的核心部分是进行空气动力的计算，主要计算导线在风载作用下的空气动力载荷。根据流体诱发振动理论，对一根长为 L 的覆冰导线在速度为 v 的水平风作用下，所受的空气动力载荷主要包括阻力 F_D、升力 F_L、扭矩 F_M。在计算中，将其按作用在两节点梁单元上的分布力载荷处理，如图 16-10-2 所示。

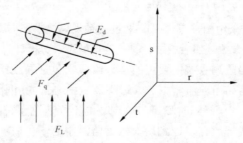

图 16-10-2　导线上的空气动力载荷分布图

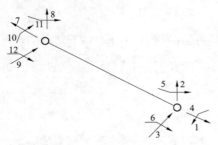

图 16-10-3 节点力分布图

在计算中进行了简化处理，将 3 个方向的分步力简化为各单元的两个节点上的集中力，这些集中力按各个自由度方向作用在节点上。梁单元的两个节点共有 12 个自由度，将分步力简化为 12 个集中力，再对右单元的力矢量进行合成，12 个自由度方向的分力如图 16-10-3 所示。

2. 加速度测量导线舞动的算法

加速度的一重积分是速度，二重积分就是位移，因此利用加速度传感器可以测量位移。通过利用集成加速度传感器，获取导线舞动时在垂直方向和水平方向的加速度，结合边界条件，求出垂直方向和水平方向的位移，并最终叠加成总位移的方式描述出导线舞动轨迹。

管物体运动的速度函数和位移函数都是连续变化的，但从模拟量转化为数字量后不再连续，而是有很小的时间间隔，在很短的时间内加速度变化很小。因此，如果把时间间隔分小，在这个小时间段内，以等加速代替变加速，那么就可以算出部分加速度，再求和得到任意时刻的速度。

3. 初始位置的确定

为准确获取导线舞动的轨迹，必须获取初速度值。为便于分析计算，选取初速度为 0 点作为起始位置。按照一般近似圆周运动特点分析可知：

（1）当水平加速度最大时，垂直加速度为 0，水平速度为 0。

（2）当水平加速度为 0 时，垂直加速度最大，垂直速度为 0。

基于上述分析，选加速度极大值点为初始位置。

4. 直流分量的求值与积分基线的确定

由于加速度传感器输出为单极性输出，其输出存在直流分量，确定该直流分量数值以标定积分基线是轨迹拟合的关键之一，否则拟合轨迹发散。

四、输电线路舞动监测系统及应用

1. 系统组成

导线舞动监测主要采用两种方式：① 通过视频采集技术来实现对舞动的监测；② 通过传感器采集导线舞动参数，然后通过计算机建模处理，分析计算线路舞动情况。

输电线路导线舞动监测系统主要由四部分组成，包括导线舞动监测仪、气象环境观测站、线路监测基站和当地监测中心（远程监测中心），其框图如图 16-10-4 所示。当地监测中心只设置一个，能同时满足多个现场的不同监测系统的数据的处理和分析。监测数据通过无线方式把数据发送到后端数据监测中心，由监测中心根据舞动预警系统对线路舞动情况进行计算和分析，及时向运行单位提出报警、预警信息及辅助决策服务。

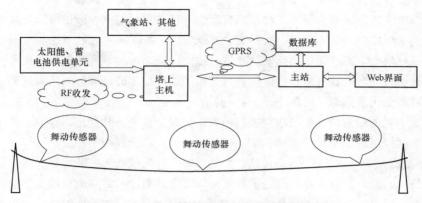

图 16-10-4　输电线路导线舞动实时监测系统框图

2. 传感器技术

舞动传感器为球形结构，如图 16-10-5 所示，内部装有美国 Bosch Sensortec 公司生产的 SMB380 数字式三轴加速度传感器，测量范围和灵敏度分别为：±2g，256LSB/g；±4g，128LSB/g；±8g，64LSB/g；程序可调，带宽为 1500Hz，用来测量导线舞动时的加速度。传感器中还装有无线通信模块（RF），与塔上主机通信，传送数据和命令。传感器采用导线电流感应供电，也有备用电池在无交流电流时供电。根据导线跨度和测量需要，一般在一个跨度的导线上安装 3 个舞动传感器，分别在 1/4、1/2、3/4 跨度处，这样可测量常见的 1 和 2 个半波数的导线舞动，如图 16-10-6 所示。

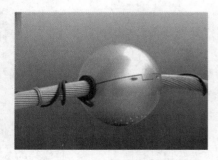

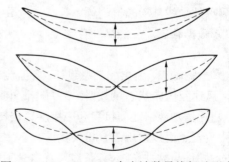

图 16-10-5　舞动传感器外形　　　　图 16-10-6　1、2、3 个半波数导线舞动形态

3. 输电线路导线舞动监测装置主要技术要求

Q/GDW 555《输电线路导线舞动监测装置技术规范》规定了架空输电线路导线舞动监测装置的监测对象、技术要求、试验项目及方法等。其中对导线舞动监测装置的定义为：满足测量数字化、输出标准化、通信网络化特征，具备自检、自恢复功能，

对架空输电线路导线舞动特性进行在线监测的一种装置。装置一般由导线舞动采集单元、气象采集单元、通信网络、数据集中器组成，气象采集单元和数据集中器安装在输电线路杆塔上，舞动采集单元安装在导地线上。舞动采集单元和气象采集单元把采集的导地线舞动参数、气象参数传输到数据集中器，然后通过通信网络发送到状态监测代理装置或状态监测主站系统。

（1）对监测装置的功能要求主要包括数据的采集、处理与判别、存储、输出，以及通信、远程更新、配置与调试。

1）数据采集要求：① 具备传感、采集功能。能完成线上安装点舞动数据、监测点附近气温、湿度、风速及风向数据的采集、测量，通过网络将测量结果传输到状态监测代理装置或状态监测主站系统；② 具备自动采集功能。按设定时间间隔自动采集安装点、监测点附近气温、湿度、风速及风向数据，舞动加速度数据最小采集间隔宜大于 20min，最大采集间隔应不大于 120min，默认采样间隔为 40min。在监测到存在覆冰、舞动可能的情况下，具备加密采集的功能；③ 具备受控采集功能，能响应远程指令，按设置采集方式、自动采集时间、采集时间间隔、采集点数启动采集；④ 对线上采集单元，宜具备电源电压、工作温度采集功能；⑤ 应在一档线路上安装多个舞动采集单元（5 个及以上），沿档均匀布置或根据监测目的布置，舞动采集单元、气象采集单元与数据集中器之间可进行双向通讯并建立起良好的同步机制，在数据集中器的控制下同步采集并传输数据，以保证各参数采集时刻的同步性。

2）数据处理与判别：① 具备数据合理性检查分析功能，对采集数据进行预处理，自动识别并剔除干扰数据；② 应建立起相应的舞动计算模型，由舞动等原始采集量得出监测点处导线舞动幅值、频率等状态量数据。

3）数据存储。应能循环存储至少 30 天的监测点处导线舞动幅值、频率等状态量数据。

4）数据输出。输出的信息包括：各监测点导线舞动幅值、频率状态量数据；气温、湿度、风速及风向状态量数据；装置电源电压、工作温度、心跳包等工作状态数据。

5）通信功能。通信接口和应用层数据传输规约应满足 Q/GDW 242《输电线路状态监测装置通用技术规范》相关要求。

6）硬件与软件：① 具备对装置自身工作状态包括采集、存储、处理、通信等的管理与自检测功能；② 当判断装置出现运行故障时，能启动相应措施恢复装置的正常运行状态。

7）远程更新、配置与调试：① 应具备身份认证、远程更新程序的功能，具备完善的更新机制与方式；② 应具备按远程指令修改采集频率、采样时间间隔、网络适配器地址等参数的能力；③ 应具备动态响应远程时间查询/设置、数据请求、复位等指令的能力；④ 宜能按远程指令进入远程调试模式，并输出相关调试信息。

（2）对监测装置的监测单元的主要技术要求包括工作环境、主要技术参数、供电等要求。

1）环境条件：① 环境温度：–25～+45℃（普通型）或–40～+45℃（低温型）；② 相对湿度：5%RH～100%RH；③ 大气压力：550～1060hPa。

2）工作温度为–25～+70℃（工业级）或–40～+85℃（扩展工业级）。

3）外观及标记：① 外观应整洁完好，各接线端子的标记应齐全清晰，接插件接触良好；② 应有型号、名称、出厂编号、出厂日期、制造厂名等标记。

4）主要技术参数：① 舞动幅值测量量程：0～10m；② 舞动频率测量量程：0.1～5Hz；③ 准确度：综合误差应小于 10%；④ 舞动监测装置同步采集误差：<20ms；⑤ 数据采样频率：不低于 30Hz；⑥ 单次采样点数：400 点以上。

5）基本技术要求：① 应有防雨、防潮、防尘、防腐蚀措施；② 外壳的防护性能应符合 GB 4208 规定的 IP65 级要求；③ 电源应有可靠的保护措施，应避免因电源故障对导线、杆塔造成损伤；④ 导线舞动采集单元的质量应小于 2.5kg，体积应尽可能小，避免影响导线的电气性能和安全性能；⑤ 导线舞动采集单元的外壳应和导线等电位；⑥ 导线舞动采集单元应能经受设计导线电流（包括短路电流、雷电流）、大气温度等环境条件的考验；⑦ 导线舞动采集单元与导线的连接部件应与导线截面匹配；⑧ 导线舞动采集单元与导线的连接部件应有锁紧装置，应保证在运行中不松脱。

6）供电要求。① 对导线舞动采集单元，可采用太阳能、感应取能或高能电池等方式供电；② 对只采用高能电池供电的导线舞动采集单元，电池供电时间不少于 3 年；③ 对采用感应取能供电方式的导线舞动采集单元，其最小启动电流根据带电导线长期运行电流范围确定，应能保证长期连续供电的要求。

（3）对监测装置的其他性能要求包括电气性能、电磁兼容、气候防护、机械性能等。

1）电气性能。① 可见电晕和无线电干扰水平。导线舞动采集单元电晕熄灭电压和无线电干扰水平满足相应电压等级的架空输电线路设计规范的相关要求。在试验期间及试验后，导线舞动采集单元能正常工作。② 短路电流冲击性能。将导线舞动采集单元安装在导线上，对导线通过 40kA、≥120ms，31.5kA、≥300ms，15kA、≥2s 的模拟短路电流后，导线舞动采集单元无损坏，恢复正常电流时，导线舞动采集单元能正常工作。③ 导线电流耐受性能。对于采用感应取能供电方式的导线舞动采集单元，应能承受不低于单导线或分裂导线子导线允许电流范围内的电流波动而无损坏。④ 温升性能。在环境温度为（20±5）℃的条件下，将导线舞动采集单元安装 400mm^2 的导线上，对导线通以 800A 电流，导线舞动采集单元夹具及表面的温度应不超过导线表面温度。⑤ 抗雷电冲击性能。距离被检导线舞动采集单元 5m，对被检导线施加相应电压等级绝缘子串耐受水平的标准雷电波各 3 次，导线舞动采集单元能正常工作。

2）电磁兼容性能：① 静电放电抗扰度。应能承受 GB/T 17626.2 中第 5 章规定的试验等级为 4 级的静电放电试验。在试验期间及试验后，导线舞动采集单元能正常工作。② 射频电磁场辐射抗扰度。应能承受 GB/T 17626.3 中第 5 章规定的试验等级为 3 级的辐射电磁场干扰试验。在试验期间及试验后，导线舞动采集单元能正常工作。③ 脉冲磁场抗扰度。应能承受 GB/T 17626.9 中第 5 章规定的试验等级为 5 级的脉冲磁场干扰试验。在试验期间及试验后，导线舞动采集单元能正常工作。④ 工频磁场抗扰度。应能承受 GB/T 17626.8 中第 5 章表 1 和表 2 规定的试验等级为 5 级的工频磁场干扰试验。在试验期间及试验后，导线舞动采集单元能正常工作。

3）气候防护性能：① 高温性能。应能承受 GB/T 2423.2 试验 Bb 中严酷等级为：温度+70℃或温度+85℃、持续时间 16h 的高温试验。在试验期间及试验后，导线舞动采集单元能正常工作。② 低温性能。应能承受 GB/T 2423.1 试验 Ab 中严酷等级为：温度−25℃或−40℃、持续时间 16h 的低温试验。在试验期间及试验后，导线舞动采集单元能正常工作。③ 交变湿热性能。应能满足 GB/T 2423.4 中高温温度为+55℃，试验周期 24h，原地恢复 2h 的试验要求。在试验期间及试验后，导线舞动采集单元能正常工作。

4）机械性能：① 振动性能。在非工作、非包装状态下，导线舞动采集单元应能通过如下严酷等级的正弦振动试验：频率范围：10～55Hz；峰值加速度：10m/s^2；扫频循环次数：5 次；危险频率持续时间：10min±0.5min。试验后，导线舞动采集单元能正常工作。② 垂直振动疲劳性能。导线舞动采集单元应能承受振幅 $A=\pm0.5mm$、频率 $f=25\sim50Hz$、振动次数 $N=1\times107$ 次的垂直振动。

在试验期间及试验后，导线舞动采集单元能正常工作。试验后采集单元各部件应无松动，夹头无滑移、无明显磨损，而且夹头处未磨损导线。

5）运输性能：产品包装后应按"GB/T 6587.6 电子测量仪器　运输试验"中规定进行试验，能承受该标准表 1 中等级为Ⅱ的运输试验（包括自由跌落、翻滚试验）。试验后，装置应能正常工作；产品包装后应按"QJ/T 815.2 产品公路运输加速模拟试验方法"中规定进行试验，能承受该标准中等级为三级公路中级路面的运输试验。经过 2h 试验时间后，装置应能正常工作。

4. 可靠性

平均无故障连续工作时间（MTBF）不低于 25 000h。

【思考与练习】

1. 输电线路导线舞动的成因、影响因素和危害。
2. 输电线路导线舞动监测方法。
3. 输电线路导线舞动监测系统的组成和功能。
4. 输电线路导线舞动监测装置的主要技术要求。

▲ 模块 11　输电线路导线微风振动监测（Z04G7011Ⅲ）

【模块描述】本模块分析了输电线路导线微风振动起因、在线监测的目的和意义，介绍了输电线路导线微风振动监测系统的各组成部分，通过对导线微风振动监测系统各组成部分的结构分析和功能介绍，掌握输电线路威风振动监测系统的应用。

【正文】

一、输电线路导线微风振动监测的目的和意义

1. 输电线路微风振动起因

输电线路电线受到 0.11～10m/s 的稳定风速吹拂时，在电线背面产生上下交替的旋涡，使电线产生垂直向周期性振动，称为微风振动。其特点是振幅小，一般不超过电线的直径，振动频率高，通常为 3～150Hz，微风振动持续的时间较长，一般为数小时，有时可达数天。

振动沿电线分布，使电线各点产生不同程度的动弯应力，特别在档距两端悬挂点附近动弯应力最大，且持续时间最长。在交变应力下会使电线产生疲劳和磨损，进而发生断股，造成线路故障。为了降低电线振动强度，往往采用适当的防振措施，如安装护线条、防振锤、防振线等，以保障电线的使用寿命。但调查表明架空线路仍普遍存在着断股现象，及时测量并评估线路的振动状态，这对于掌握线路的运行状态、预防疲劳断股事故具有积极作用。

虽然国内外在输电电线疲劳寿命实验室评估方面开展了一些工作，但实时测量输电线路电线的振动数据并进行实时评估还是一项新的工作。预先评估振动状态是避免电线疲劳断股最有效的手段，特别对于造价较高的线路大跨越段，档距大、悬挂点高、所处地形开阔等，引起电线激振的风速范围广，其振动水平也远远高于普通线路，因此对大跨越微风振动状态进行实时测量和评估显得尤为重要。

（1）卡尔曼（Karman）旋涡。电线的振动是由于风作用于电线而产生的"卡尔曼旋涡"造成的。如图 16–11–1 所示，当风从垂直于电线轴线的方向作用于电线后，在电线的背后就会产生旋涡，即所谓的"卡尔曼旋涡"，当风速在一定范围内变化时，旋涡会在电线背风面上下交替地产生，因而会给电线一种上下交替的作用力，引

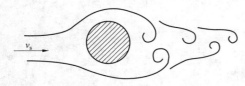

图 16-11-1 风吹过电线产生的
卡尔曼旋涡

起电线的持续振动。

（2）同步效应。风作用于电线后，由于产生卡尔曼旋涡，电线会以一定的频率开始振动，根据电线风洞实验发现，当电线以某频率 f_0 振动以后，气流将受到电线振动的控制，电线背后的旋涡将表现为很好的顺序性，其频率也为 f_0。当风速在一定范围内变化时，电线的振动频率和旋涡的频率都不变化仍保持为 f_0，这种现象称为"同步效应"，也可称为"锁定效应"。

因此，当风作用于电线后，由于以上两种现象的发生，电线将在垂直平面内发生谐振，形成上下有规律的波浪状的往复运动，即微风振动。最常见的振动波形是由两个以上不同频率驻波和行波叠加而成的拍频（Beat）波，如图 16-11-2 所示。

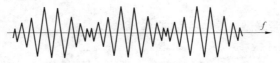

图 16-11-2 拍频（Beat）波形图

2. 输电线路微风振动条件

（1）风速。稳定而均匀的风速吹向电线才易引起振动，一般为 0.5～10m/s，而 0.5～5m/s 最易产生振动，风速过小，能量不够，不足以推动电线上下振动；如果风速过大，气流与地面的摩擦加剧，使地面以上一定高度范围内的风速均匀性遭到破坏，使电线处在紊流风速中，而不能形成稳定的振动。

（2）风向。电线能否产生稳定振动还与风向有关，风向与电线轴线成 45°～90° 时易产生稳定振动，30°～45° 时振动稳定性很小，小于 20° 时一般不发生振动。

（3）电线悬挂高度。电线悬挂越高，振动风速范围扩大，越容易发生微风振动。普通高度的线路振动风速的上限值约为 4～6m/s，而高杆塔大档距风速的上限值约为 7～10m/s。

（4）档距。档距的长度影响振动的振幅和振动延续时间。因为档距越大，档内电线固有振动满足半波数为整数的频率数越多，与风产生的冲击频率相接近而建立稳定振动的谐振机会越多，振动持续时间就会增加。所以档距＜120m 时，很少发生振动，档距＞500m 时，通常都会发生振动。

在电线防振设计中，电线振动风速与悬挂高度及档距的大小关系见表 16-11-1。

表 16–11–l　　　　　　　　　　电线振动风速与悬挂高度及档距关系

档距（m）	电线悬挂高度（m）	起振风速（m/s）
150～250	12	0.11～4
300～450	25	0.11～5
500～700	40	0.11～6
700～1000	70	0.11～8

（5）地形。一般为地形平坦的开阔地带以及跨越江河湖泊、山谷风口等处，有利于气流的均匀流动且风速又大，越易产生电线的严重微风振动；树林、高山，高层建筑物等具有屏蔽风的作用，电线通常不会起振。

（6）电线结构与材料。电线表面形状对振动升力卡尔曼旋涡的形成有直接影响，表面光滑电线比粗糙电线振动较大。电线直径越小，振幅越大，更易疲劳断股。电线的线股层数及股数多时，其自阻尼功率大，有利于降低振动强度。铝绞线及铝钢比大的钢芯铝绞线比钢线、铜线或铝钢比小的钢芯铝绞线振动严重。带有间隔棒的分裂导线的振动强度随分裂根数增多而下降，降低系数接近 $1/n$（n 为分裂导线根数）。

悬垂线夹的性能对电线疲劳起着重要作用，一般要求悬垂线夹应尺寸小、质量轻、惯性小、回转灵活，这样可将部分振动能量传递到相邻档。悬挂点采用"组合线夹"不仅能降低舞动幅值，也能降低微风振动的动弯应力。

（7）电线应力。电线的静态应力（即电线的平均运行应力）越高，动应力就越大，因而电线越容易发生振动。而且动应力增大会促使电线很快疲劳断股，甚至断线。

运行中电线在应力作用下材料的疲劳极限下降很多。运行中钢芯铝绞线的疲劳特性曲线（Wöhler 曲线）通常采用 1999 年国际大电网 22–04 工作组关于"电线寿命估算的建议"中给出的一条比较保守的疲劳特性安全边界线，如图 16–11–3 所示。

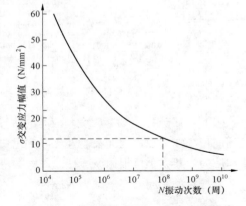

图 16–11–3　绞线中铝股 σ–N 安全边界线

或用公式表示的交变应力 σ（N/mm²）与疲劳振动次数 N 间的关系式为：

$$\begin{cases} \sigma_1 = 450N_i^{-0.2}, (N_i \leqslant 2\times10^7) \\ \sigma_1 = 263N_i^{-0.168}, (N_i \geqslant 2\times10^7) \end{cases} \tag{16-11-1}$$

3. 计算输电线路微风振动

（1）振动记录数据分析。电线微风振动的实时监测装置传送的测量数据保存在控制中心的主机的于存储器中，其中的一段记录波形如图 16-11-4 所示，主机分析软件对上述波型进行处理，并获得电线振动的频率、振幅和各种频率的振动次数，获得如图 16-11-5 所示分布图。图中用不同颜色分类，并可设定超越危险振动时的报警。

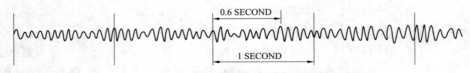

图 16-11-4 电线微风振动的实时记录波形

振幅 (MILS)	0~2	2~6	6~10	10~14	14~18	18~22	22~26	26~30	30~34	34~38	38~42	42~46	46~50	50~60	60~80	80~
39.2~																
36.6~39.2																
34.0~36.6																
31.4~34.0																
28.8~31.2																
26.2~28.6																
23.4~26.0																
20.8~23.4																
18.2~20.8								1	19	15	2					
15.6~18.2						7	9	6	118	180	23					
13.0~15.6					180	86	81	513	698	95	1					
10.4~13.0				8	1001	912	384	1291	1887	378	12	1				
7.8~10.4				160	3418	2966	1459	3035	3969	1315	118	15	37		23	
5.2~7.6			5	39	1336	7907	6536	4454	5554	7295	4456	866	198	418	224	1
2.6~5.0	374	1071	1677	4773	10 098	9469	6972	7566	10 170	9543	3823	1357	794	360	7	1
0~2.4	1016	1810	1271	1547	1744	1406	761	859	1334	1626	966	478	279	210	7	2

频率(Hz)

图 16-11-5 电线振动的频率、振幅和振动次数分布图

（2）电线悬挂点动弯应变和应力的估算。由于电线振动波在悬挂点不能继续往前传播而形成波节点，因而在悬挂点线夹出口的电线上出现比档中波腹处更大的动弯应变和应力，其大小可根据波腹处的最大振幅 A_0 估算如下。

悬挂点动弯应力，单位为 N/m²

$$\sigma_c = \pm\pi A_0 dE\lambda\sqrt{\frac{m}{E_J}}\times10^{-6} \tag{16-11-2}$$

悬挂点动弯应变，单位为 u

$$\varepsilon_{c} = \pm \pi A_0 d \lambda \sqrt{\frac{m}{E_J}} \qquad (16\text{-}11\text{-}3)$$

以上式中　　d——绞线最外层股径，mm；

　　　　　　E——绞线最外层线股的弹性系数，N/mm²；

　　　　　　λ——振动波的波长，m；

　　　　　　A_0——最大单振幅，mm；

　　　　　　E_J——绞线抗弯刚度，N/mm²，通过试验求得。

如有距线夹出口 89mm 处测得的相对于线夹的振动单幅值 A_{89}，上两式可简化为

$$\sigma_{c} = \pm MdEA_{89} \times 10^{-6} \qquad (16\text{-}11\text{-}4)$$

$$\varepsilon_{c} = MdA_{89} \qquad (16\text{-}11\text{-}5)$$

式中 A_{89}——距线夹出口 89mm 处测得的相对于线夹的振动单幅值，mm。

常数 M 实际上是随频率、振幅、电线张力和刚度等因素的不同而变化的，建议对钢绞线取 354，钢芯铝绞线取 540，大跨越用各特种导线取 500。

目前国内沿用的无危险振动标准是根据线夹出口处动态应变来确定的，对铝绞线和钢芯铝绞线（包括铝合金）的普通线路为 $\pm 150 \mu$，大跨越线路为 $\pm 100 \mu$。

4. 电线疲劳寿命的估计

架空电线一年内可能发生各种不同动弯应力对应下的振动次数。1999 年国际大电网 22-04 工作组在关于"电线寿命估计的建议"中，提出采用累积损伤来估算线路电线的疲劳寿命。电线的疲劳寿命 A 为

$$A = \frac{1}{\sum \dfrac{n_i}{N_i}} yr \qquad (16\text{-}11\text{-}6)$$

式中　　n_i——动弯应力为 σ_i 下一年内的振动次数；

　　　　N_i——动弯应力为 σ_i 下由疲劳特性曲线（曲线）查得的疲劳断股振动次数，对铝及钢芯铝绞线常用式（16-11-1）算得的 N_i 代替。

由于本系统为实时监测系统，可以积累一年中各种气象条件下的振动状态，而不必用一段振动数据来推算全年的状态，因此本系统的电线的疲劳寿命计算较正确。

电线的疲劳寿命一般规定为 40 年，用式（16-11-6）算得的疲劳寿命应该是安全保守的，有时还达不到 40 年。

现场测振不能直接测得电线应力，其应力 σ_i 是通过相对振幅换算得来的，必然存在着误差，另外也没有考虑夹头对导线应力 σ_i 的影响。今后在这方面应作更多的工作，以取得误差较小的 σ_i 值，使估算的线路电线的使用寿命更准确些。

二、输电线路导线微风振动监测系统

1. 系统组成

输电线路导线微风振动监测系统主要由四部分组成，包括导线振动监测仪、气象环境观测站、线路监测基站和当地监测中心（远程监测中心）。导线振动监测仪和气象环境观测站将采集到的微风振动（振动的频率、振幅和各种频率的振动次数）、风速、风向、气温、湿度等数据发送给线路监测基站，基站再将处理后的数据发送给远程的监测中心，监测中心通过对监测数据的分析和计算，能及时掌握导地线防振装置消振效果的变化。为输电线路大跨越的安全运行提供实时预警服务，避免现行预防性计划维修（计划修）制度维修不及时或过度维修的弱点，变预防性计划维修为状态维修，能够显著提高输电线路设备的运行可靠性。

2. 传感器技术

装置由一个已校准的悬臂梁传感器组成，传感器固定在线夹上，线夹支撑着一个短的圆柱状仪器外壳。和电线接触的感触器把运动传递给传感器。仪器外壳里包含有一个微处理器，一个电子电路，电源，显示屏和一个温度传感器。装置可以在电线带电或不带电的情况下安装在所有类型的电线上，装置不仅可以安装在金属到金属的悬垂线夹上，而且可以安装在防震支撑装置和其他防振锤、间隔棒的附属装置上，如图 16–11–6 所示。

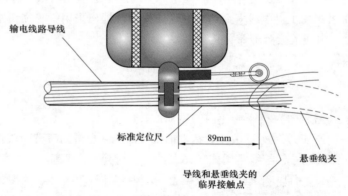

输电线路导线

标准定位尺　　89mm　　悬垂线夹

导线和悬垂线夹的
临界接触点

图 16–11–6　微风振动的实时监测装置安装示意图

装置的采样长度、频度和期限可通过主机遥控设定，一般可参考 IEEE 标准，设定采样长度为 5s（IEEE 标准为 1s，考虑低频振动设为 11～10s）、采样频度为每小时 4 次，期限为 14 天一组数据。

3. 输电线路微风振动监测装置系统的主要技术要求

Q/GDW 2411《输电线路微风振动监测装置技术规范》规定了架空输电线路微风振

动监测装置的功能要求、技术要求、试验项目、试验方法、动弯应变判据等。其中对微风振动监测装置的定义如下：满足测量数字化、输出标准化、通信网络化特征，具备自检、自恢复功能，能够实时自动采集导地线微风振动信号，通过通信网络，将振动信号传输到状态监测代理装置或状态监测主站系统的测量装置。装置一般由微风振动采集单元、现场通信网络和数据集中器组成。其监测内容包括导地线振幅、频率、振动时间、振动波形。

（1）对监测装置的功能要求主要包括数据的采集、处理与判别、存储、输出，以及通信、远程更新、配置与调试。

1）数据采集要求：① 能采集导地线动弯应变，进行相应存储，并将测量结果通过通信网络传输到状态监测代理装置或状态监测主站系统；② 具备自动采集功能，按设定时间间隔自动采集导线动弯应变，最小采集间隔宜大于 5min，最大采样间隔应不大于 15min，默认采集间隔为 10min，每次采样记录时间至少应达到 0.25s；③ 具备受控采集功能，能响应远程指令，按设置采集方式、自动采集时间、采集时间间隔、采集点数启动采集；④ 对线上微风振动采集单元，宜具备电源电压、工作温度等采集功能。

2）数据处理与判别：① 具备数据合理性检查分析功能，对采集数据进行预处理，自动识别并剔除干扰数据；② 具备对原始采集量的一次计算功能，得出能直观反映微风振动水平的动弯应变数据。

3）数据存储。应能循环存储至少 30 天的微风振动状态量数据。

4）数据输出。输出的信息包括：导地线振幅、频率等状态数据，及电源电压、工作温度、心跳包等工作状态数据。

5）通信功能。通信接口和应用层数据传输规约应满足 Q/GDW 242《输电线路状态监测装置通用技术规范》相关要求。

6）硬件与软件：① 具备对装置自身工作状态包括采集、存储、处理、通信等的管理与自检测功能；② 当判断装置出现运行故障时，能启动相应措施恢复装置的正常运行状态。

7）远程更新、配置与调试：① 应具备身份认证、远程更新程序的功能，具备完善的更新机制与方式；② 应具备按远程指令修改采集频率、采样时间间隔、网络适配器地址等参数的能力；③ 应具备动态响应远程时间查询/设置、数据请求、复位等指令的能力；④ 宜能按远程指令进入远程调试模式，并输出相关调试信息。

（2）对监测装置的主要技术要求包括使用环境、准确度等要求。

1）使用环境条件：① 环境温度：−25～+45℃（普通型）或−40～+45℃（低温型）；② 相对湿度：5% RH～100%RH；③ 大气压力：550～1060hPa。

2）工作温度为–25～+70℃（工业级）或–40～+85℃（扩展工业级）。

3）外观及标记：① 外观应整洁完好，无明显划痕；② 微风振动采集单元上应有型号、名称、出厂编号、出厂日期、制造厂名等标记。

4）主要技术参数。

振幅测量范围。依据被测导地线的类型，微风振动采集单元的振幅测量范围为下列的两种之一：① 0～0.6mm；② 0～1.3mm。

频率测量范围。频率测量范围至少为 0～150Hz。

准确度。综合误差应小于 10%。

5）基本技术要求：① 应有防雨、防潮、防尘、防腐蚀措施；② 外壳的防护性能应符合 GB 4208 规定的 IP65 级要求；③ 应尽可能小巧轻便，总体质量不大于 1kg；④ 微风振动采集单元的传感器量程，应能覆盖导地线弧垂变化引起的位移变化，在各种条件下传感器的探头应始终与导地线保持连续接触；⑤ 微风振动采集单元的结构不应对导地线有磨损或其他机械伤害；⑥ 微风振动采集单元连接卡具与导地线之间应刚性固定；⑦ 连接卡具应有防松措施，应保证在运行中不致松脱；⑧ 应能经受额定导线电流（包括短路电流、雷电流）、导线温度、大气温度等环境条件的考验；⑨ 应满足电力线路金具的垂直振动疲劳试验（模拟微风振动）的规定。

（3）对监测装置的其他性能要求包括电气性能、电磁兼容、气候防护、机械性能等。

1）电气性能：① 可见电晕和无线电干扰水平。电晕熄灭电压和无线电干扰水平满足相应电压等级的架空输电线路设计规范的相关要求。在试验期间及试验后，装置应能正常工作。② 短路电流冲击性能。被检微风振动采集单元安装在导线上，对导线通过 40kA、≥120ms，31.5kA、≥300ms，15kA、≥2s 的模拟短路电流后，系统无损坏，恢复正常电流时，装置能正常工作。③ 导线电流耐受性能。对于采用感应取能供电方式的接触类导线温度采集单元，应能承受不低于单导线或分裂导线子导线允许电流范围内的电流波动而无损坏。④ 温升性能。在环境温度为 20±5℃ 的条件下，微风振动采集单元安装在 400mm² 的导线上，对导线通以 800A 电流，微风振动采集单元夹具及表面的温度应不超过导线表面温度。⑤ 抗雷击性能。对被测导线施加相应电压等级绝缘子串耐受水平的标准雷电波各 3 次，距离被检微风振动采集单元 5m，微风振动采集单元能正常工作。

2）电磁兼容性能：① 静电放电抗扰度。应能承受 GB/T 17626.2 中第 5 章规定的试验等级为 4 级的静电放电试验。在试验期间及试验后，装置应能正常工作。② 射频电磁场辐射抗扰度。应能承受 GB/T 17626.3 中第 5 章规定的试验等级为 3级的辐射电磁场干扰试验。在试验期间及试验后，装置应能正常工作。③ 脉冲磁场抗扰度。应能承受 GB/T 17626.9 中第 5 章规定的试验等级为 5 级的脉冲磁场干扰试验。在试验期间及试验后，装置应能正常工作。④ 工频磁场抗扰度。应能承受 GB/T 17626.8 中第 5 章表 1 和表 2 规定的试验等级为 5 级的工频磁场干扰试验。在试验期间及试验后，装置应能正常工作。

3）气候防护性能：① 高温性能。应能承受 GB/T 2423.2 试验 Bb 中严酷等级为：温度+70℃或温度+85℃、持续时间 16h 的高温试验。在试验期间及试验后，装置应能正常工作。② 低温性能。应能承受 GB/T 2423.1 试验 Ab 中严酷等级为：温度−25℃或−40℃、持续时间 16h 的低温试验。在试验期间及试验后，装置应能正常工作。③ 交变湿热性能。按 GB/T 2423.4 的有关规定进行，高温温度为+55℃，试验周期 1d，原地恢复 2h。在试验期间及试验后，装置应能正常工作。

4）机械性能。

a. 振动性能。在非工作状态下，非包装状态的产品应能通过如下严酷等级的正弦振动试验：① 频率范围：10～55Hz；② 峰值加速度：10m/s²；③ 扫频循环次数：5次；④ 危险频率持续时间：10min±0.5min；试验后，装置应能正常工作。

b. 垂直振动疲劳性能。风偏监测装置应能承受振幅 $A=\pm0.5mm$、频率 $f=25\sim50Hz$、振动次数 $N=1\times107$ 次的垂直振动。在试验期间及试验后，风偏监测装置能正常工作。试验后风偏监测装置各部件应无松动，夹头无滑移、无明显磨损，而且夹头处未磨损导线。

c. 运输性能：① 产品包装后应按"GB/T 6587.6 电子测量仪器运输试验"中规定进行试验，能承受该标准表 1 中等级为Ⅱ的运输试验（包括自由跌落、翻滚试验）。试验后，装置应能正常工作；② 产品包装后应按"QJ/T 815.2 产品公路运输加速模拟试验方法"中规定进行试验，能承受该标准中等级为三级公路中级路面的运输试验。经过 2h 试验时间后，装置应能正常工作。

（4）可靠性。

1）平均无故障连续工作时间（MTBF）应不低于 25 000h。

2）年均数据缺失率应不大于 1%。

4. 输电线路微风振动监测系统应用

输电线路导线微风振动在线监测系统，利用高精度加速度传感器高速测量采样周期内所有振动的波形，并对波形数据进行处理，获得导线振动的频率、振幅和各种频率的振动次数，并可通过分析软件进一步计算导线悬挂点出口处的动弯应变和应力以及被测导线大致的估算寿命。

导线微风振动的实时监测装置还配有小型气象站，用于提供线路当地的气象参数，如温度、湿气、风速、风向、日照、雨量等。

输电线路微风振动监测系统，在导线及 OPGW 线夹出口 89mm 处安装振动监测单元，该监测单元采用加速度传感器或光纤传感器进行测量。振动监测单元实时测量导线的振动加速度、振幅、频率、导线温度，并通过 Zigbee 或 RF 射频模块将数据无线上传至铁塔上的监测装置。铁塔上的监测装置还负责对本塔所在微气象区的风速、风向、环境温度等参数进行实时采集，将所有数据通过 SMS/GPRS/CDMA1X 等通讯方式将数据传往监测中心，中心系统据 IEEE 和 CIGRE 方法，判断导、地线和 OPGW 的危险程度，预测疲劳寿命。根据测量数据评估防振措施的有效性，并及时做出修正。弯曲振幅法示意图如图 16-11-7 所示。

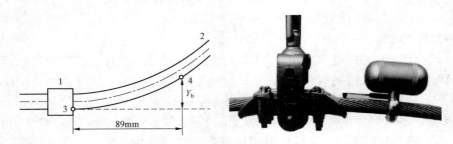

图 16-11-7 弯曲振幅法示意图

1—线夹或夹头；2—导地线；3—导地线与线夹的接触点；4—弯曲振幅 Y_b（相对于线夹）

本系统由若干监测子站和服务器组成，如图 16-11-8 所示。

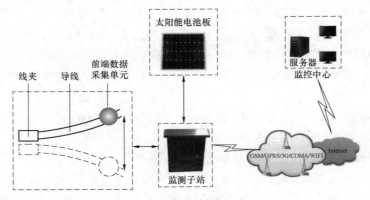

图 16-11-8 系统组成

（1）监测子站（见图 16-11-9）。

监测子站内置 GSM/CDMA/GPR/3G/无线传感器网络通信模块、蓄电池充电管理电路等，与数据采集模块组成监测子站，其中数据采集模块集成振动传感器、电流互感器，融合传感器、数据采集、无线传感器网络和新电源等技术。监测子站具以下功能。

图 16-11-9　监测子站

1）主动按设定周期上传现场架空线路导线振幅以及振动频率等数据。

2）实时响应服务器指令，上传实时数据和一定范围内的历史数据。

3）具有休眠、唤醒功能，以节省电源。休眠期间支持短信。

4）具有失电数据保护功能。

5）具有故障自诊断及自恢复功能。

6）支持报警及报警阈值设定。

7）支持远程复位。

8）支持联网参数设定（更改及查询服务器 IP、端口）。

9）支持密码设定、子站编号设定。

10）支持校时及时间查询。

11）支持对设备供电电压的监测功能。

（2）服务器。

服务器为部署在远程监控中心计算机，运行监控软件，通过访问 Internet 得到数据。监控中心对现场架空线路导线振动相关数据进行存储、显示、统计报表并结合高压输电线路自身设计参数进行分析，完成对高压输电线路导线振动幅度、频率等参数预警功能。

1）具有实时、定时自动接收监控子站采集的监测数据功能。

2）具有远程设置数据采集密度功能。

3）具有自动采集时间，并能向监控子站发送对时命令功能。

4）具有终端设备工作状态监测功能。

5）具备报警提示功能；多种报警方式，报警信息发送到相关人员手机上（多部手机）。

6）报警提示信息将提供报警测点的准确地理位置、测点名称以及本次报警的详细时间，同时在平面图上测点所在位置变成红色。

7）具有设备管理功能和存储服务功能。

8）本系统软件平台能够同时在 B/S 及 C/S 方式下工作。

9）多方式远程监控：远程 WEB、客户端系统控制。

10）对监测的数据进行统计、分析和输出，根据需要选择不同的监测点、不同的时间段，将数据以各种报表、统计图、曲线等方式显示出来。

11）具有无限扩展功能。

12）各地市局的监控中心与省公司监控中心采用有线网络连接方式组网，省公司监控中心可以直接调用各地市局监控中心监测的数据，了解各监控点运行情况。

13）提供对外数据接口，可以与其他 MIS 系统互联。

14）操作简单，界面美观。

【思考与练习】

1. 输电线路导线微风振动起因和振动条件。

2. 输电线路导线微风振动系统的组成和功能。

3. 输电线路导线微风振动监测装置系统的主要技术要求。

▲ 模块 12　输电线路远程可视监控（Z04G7012Ⅲ）

【模块描述】本模块分析了输电线路远程可视监控目的和意义，介绍了远程可视监测系统的典型应用、关键技术和监控装置的各组成部分，通过对输电线路远程可视监测系统各组成部分的结构分析和功能介绍，掌握输电线路远程可视监测系统的应用。

【正文】

一、输电线路远程可视监控目的和意义

近年来，在国民经济发展的带动下，我国电力需求持续、快速增长，至 2005 年年底，全国装机容量已达 500GW，110kV 以上高压输电线路已有几百万千米，750kV 线路已投入运行，1000kV 特高压线路也开始建设，10kV 以上的高压线路更是星罗棋布，越来越广。迅速增长的输电线路给线路运行人员带来越来越多的巡视维护工作量，对交叉跨越、人员活动密集地等线路危险点的观察又是必不可少的。通过对多年来输电线路运行情况及相关故障案例分析发现，输电线路故障多数是由于外界因素导致，如防护区内违章建筑，大风刮起的异物，线路下垂钓，树枝折断掉落在导线上或向导线上抛掷金属物体等均会引起线路跳闸。此外，大型的机械、吊车在线路下方作业，也可能会引起线路短路或断线事故。导线结冰造成弧垂过大、导线断裂、线路倒塔事故也有发生。甚至有些人受利益的驱使，偷窃输电杆塔的导线、塔材、拉线、附件等，对线路安全运行造成很大的影响。

作为电力输送、遍布全国各地的网络，电力线路具有分布区域广、传输距离长、

地形条件复杂多变、受环境气候影响大等特点，完全由人工定期巡检工作量非常大，而且难以做到全天候、广覆盖。

如何利用现代技术手段对电力杆塔、远距离的线路、分散的电力设施实施远程监控，保证输电线路更加安全可靠运行是电力部门致力解决的一项重要课题。

随着通信技术、计算机网络技术以及数字视频技术的飞速发展，对输电线路实行远程视频监控成为可能，多年来视频监控已成功应用在电厂、变电所的监控中，为厂站自动化、无人值班和安全运行发挥了很大作用。由于输电线路固有的分布范围广的特点，实施远程无线视频监控有其独到的优势，更是得到越来越广泛的应用。

输电线路远程可视监控系统，能对输电线路周边状况及环境参数进行全天候监测，操作简便、监控有效，使输电线路运行于可视可控之中，大大提高输电线路运行的可靠性。线路运行管理人员可实现远程设备巡视，减少巡视次数，特别是人员不易到达的地区，及时掌握线路危险点的运行情况，为预先处理可能故障提供依据，大大提高输电线路安全性。

二、输电线路远程可视监控的典型应用

（1）防外力破坏事故。输电线路的外力破坏是指人们有意或无意而造成的线路事故，而大量的外力破坏是由于人们疏忽大意、蓄意或对电知识了解不够而引起的。虽然国务院在 1987 年就发布了《电力设施保护条例》，对保障电力生产和建设起到了很大作用，但近几年来输电线路遭到人为过失破坏的问题越来越突出。

国家电网公司在 2006 年 2 月就《国务院办公厅关于加强电力设施保护工作的通知》发布时指出，近几年来，外力破坏引起的电网、设备事故一直居高不下，有些还造成了重大经济损失和严重社会影响。统计表明，电力设施遭受外力破坏已经成为影响电网安全运行的重要因素，是威胁城市电网安全运行的首要因素。其中，输电线路是遭受外力破坏最频繁、最严重的电力设施。2005 年国家电网公司系统 66kV 及以上输电线路因外力破坏引起输电线路跳闸共 691 起，占同口径线路跳闸总次数的 28%；造成输电线路非计划停运 366 起，占同口径非计划停运总次数的 39%。2005 年，国家电网公司系统共发生盗窃、破坏电力设施案件 12 554 起。10kV 及以上变压器遭受外力破坏 2400 多台，倒杆（塔）300 多基，丢失、受损输电导线 4000 多 km、电力电缆 200 多 km，通信线路 70 多 km，塔材近 5 万件，直接经济损失 8875 万元。给电网企业造成了重大的经济损失，而且极大影响了正常生产、生活秩序和社会公共安全。

江苏电力公司在总结 2005 年迎峰度夏工作时也指出外力破坏电力设施特别是吊车碰线和盗窃造成的危害依然严重，输电线路通道受违章侵占和树线交跨的矛盾还比较突出，严重威胁着电网安全。今年前 7 个月，江苏省已发生故意破坏电力设施案件 619 起，发生过失破坏电力设施案件 243 起，直接经济损失超过 1000 万元。

防止输电线路的外力破坏是供电运行部门的一项重要工作，除了要对通道沿线群众做好宣传工作、加强法律意识教育，得到群众支持参与保护电力设施工作外，不断提高输电线路的自防自卫能力，采取适当的监视措施也是很必要的。根据日常巡线的经验，在线路位于施工点附近、人口密集区、林区、开发区、交通繁忙区等的危险点安装线路视频监视装置，以解决巡线人员不可能做到的，实时监视、记录这些危险点的环境情况，及时发现违章和危及线路安全运行的行为，并及时进行制止，避免造成事故。

（2）防线路覆冰。我国疆土辽阔，是世界上输电线路覆冰最为严重的国家之一。线路严重覆冰会导致输电线路机械和电气性能急剧下降，从而造成线路事故。我国湖南、湖北、贵州、江西、云南、四川、河南及陕西等省都曾发生过输电线路覆冰事故。

1999 年 3 月京津唐地区出现持续近 1 周的大雾，部分地区有雨雪，气温在 0℃左右。绝缘子覆冰（雪）造成京津唐电网 10 条线路 47 条次的闪络，造成包括 110kV、220kV 及 500kV 线路事故，影响范围很大。

2004 年 12 月～2005 年 2 月华中地区，特别是湖南、湖北电网遭遇历史上时间跨度最长、范围最广的严重覆冰灾害。数千公里长的电网设施出现覆冰现象，一些地段覆冰厚度达到 80～100mm，严重超出 10～20mm 设计标准。造成 220、500kV 线路多次跳闸，及线路倒塔、断线事故，严重影响了电网的安全运行和正常供电。

2005 年 2 月重庆东南地区遭遇 20 年一遇的特大风雪袭击，覆冰厚度达 50～70mm。造成 220kV 线路多处倒塔。

线路覆冰主要形成原因是冷暖空气的交汇，仅有冷空气经过时，虽刮风、降温，但不降雨雪。当冷空气和南方暖湿气流都不够强时，有雨雪和少量覆冰，对线路影响不大。但是当冷暖空气的势力都比较强，且交汇的时间又比较长时，就可能形成较大的覆冰，造成线路故障。线路覆冰按冻结性质可分为雨凇、混合冻结、雾凇和冻雪等四种，其形成的气象条件各有差别。覆冰主要受气象条件、地形因素和线路自身特点三者的综合影响。例如在较高海拔地区的线路形成覆冰的概率较大，同样同一地点的覆冰厚度还与架空线路的高度、线径、方向、档距及当地的地形和海拔高度均有关系。跨越河流或山谷口、风道等处的也容易形成覆冰。

在对输电线路覆冰长期观察和研究的基础上，提出了防止覆冰事故的"避、抗、融、改、防" 5 项基本措施。其中包括对输电线路覆冰的特点、机理进行深入观测和研究，绘制各地区输电线路覆冰雪分布图，研制有效的覆冰监测装置、防冰除冰措施和防覆冰舞动措施，制定积极有效的防止和处理冰害事故的应急对策，以尽量防止和减少冰害事故。

线路视频监视装置提供了近距离观察和记录线路覆冰过程的有力手段，可实时了解线路覆冰形成和发展的情况。对于大部分气象条件尚好，较轻的覆冰现象，通过视频监视还可及时采取措施，如调整负荷加大电流等方法去除覆冰，防止进一步发展。对于恶劣气象条件，如上述湖南等情况，严重覆冰不可避免，但视频监视装置能记录下覆冰发展过程，为进一步研究提供数据。

三、输电线路远程可视监控关键技术

视频监控已有几十年的应用历史，最初在单个楼宇、银行网点监控中应用，后来通过网络形成监控系统，为安全防范发挥了很大作用。视频监控在 20 世纪 90 年代引入电厂和变电所自动化中，特别是农网、城网改造期间变电所无人值班技术的推广，使视频监控得到了很大发展，目前数以千计的变电所已安装了视频监控系统。变电所主站的运行人员能直接看到变电所的设备和环境，实时了解现场情况，发现异常时及时处理。

近几年来视频监控也开始在输电线路上应用，虽然线路视频监控与变电所视频监控有许多相似之处，但线路与变电所的自然环境不同，对视频监控装置的要求也全不相同，主要需解决以下 3 项技术。

（1）太阳能供电和低功耗技术。线路上没有低压交流电源，装置的电源一般采用蓄电池加太阳能板浮充电的方式。考虑到装置的成本和体积，蓄电池的容量和太阳能板的面积不可能很大，蓄电池一般为 12V，7~40Ah，太阳能板为 30cm×30cm，10~15W，为保证装置在连续阴雨天气（一般为 5~7d）能正常工作，装置必需省电，要采用各种低功耗的芯片，并使装置在不工作时处于待机节电状态。监控的摄像头一般不采用云台式遥控摄像头，因为耗电太大，故障时修复困难，为解决视角问题可采用多个摄像头，分别监视导线、绝缘子串和杆塔等。

（2）GPRS 无线网络技术。线路不同于变电所无法用导线联网，必须采用无线通信，目前公用移动通信公司 GPRS 网覆盖面积越来越大为用户组网提供了方便，GPRS 是一种基于 GSM 系统的无线分组交换技术，提供端到端的、广域的无线 IP 连接。简单地说，GPRS 是一项高速数据传输的技术，其方法是以"分组"的形式传送数据，并且可以按照产生的流量来计费。所以在线路视频监控装置中嵌入了 GPRS 模块和相应的通讯控制软件，只要在 GPRS 网络覆盖的地方就可以把视频信号数据传送到监控主站。

（3）防恶劣环境技术。线路的运行环境比变电所户外部分更严峻，风霜雨雪的影响更严重，因此装置必须有更好的防护措施。比如，除了具有优良的防护电磁干扰能力，装置外壳在夏季必须能够保证良好的通风，雨季必须确保防水防锈，在冬季还需保证良好的防寒抗冻能力，在风沙较大地区还必须增加抗风沙能力。

1. 图像压缩技术

（1）JPEG 压缩编码标准。联合图像专家组（Joint Picture Expert Group，JPEG）

是国际标准化组织（ISO）和 CCITT 联合制定的静态图像的压缩编码标准。和相同图像质量的其他常用文件格式（如 GIF，TIFF，PCX）相比，JPEG 是目前静态图像中压缩比最高的。我们给出具体的数据来对比一下。例图采用 Windows95 目录下的 Clouds.bmp，原图大小为 640×480，256 色。用工具 SEA（version1.3）将其分别转成 24 位色 BMP、24 位色 JPEG、GIF（只能转成 256 色）压缩格式、24 位色 TIFF 压缩格式、24 位色 TGA 压缩格式。得到的文件大小（以字节为单位）分别为：921，654，17，707，177，152，923，044，768，136。可见 JPEG 比其他几种压缩比要高得多，而图像质量都差不多（JPEG 处理的颜色只有真彩和灰度图）。

正是由于 JPEG 的高压缩比，使得它广泛地应用于多媒体和网络程序中，例如 HTML 语法中选用的图像格式之一就是 JPEG（另一种是 GIF）。这是显然的，因为网络的带宽非常宝贵，选用一种高压缩比的文件格式是十分必要的。

JPEG 有几种模式，其中最常用的是基于 DCT 变换的顺序型模式，又称为基线系统（Baseline），以下将针对这种格式进行讨论。

（2）JPEG 的压缩原理。JPEG 的压缩原理其实上面介绍的那些原理的综合，博采众家之长，这也正是 JPEG 有高压缩比的原因。其编码器的流程如图 16–12–1 所示。

原始图像数据
分成8×8的小决
DCT
量化器
熵编码器
压缩数据
量化表
码表

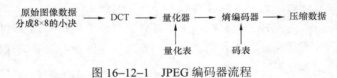

图 16–12–1 JPEG 编码器流程

解码器基本上为上述过程的逆过程，如图 16–12–2 所示。

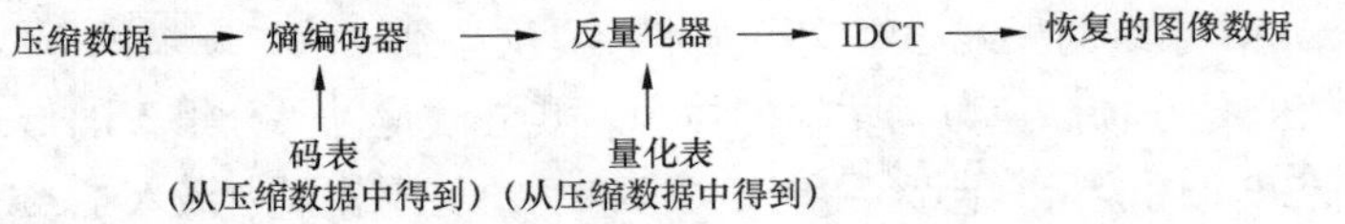

压缩数据
熵编码器
反量化器
IDCT
恢复的图像数据
码表
（从压缩数据中得到）
量化表
（从压缩数据中得到）

图 16–12–2 解码器流程

8×8 的图像经过 DCT 变换后，其低频分量都集中在左上角，高频分量分布在右下角（DCT 变换实际上是空间域的低通滤波器）。由于该低频分量包含了图像的主要信息（如亮度），而高频与之相比，就不那么重要了，所以我们可以忽略高频分量，从而达到压缩的目的。如何将高频分量去掉，这就要用到量化，它是产生信息损失的根源。这里的量化操作，就是将某一个值除以量化表中对应的值。由于量化表左上角的值较小，右上角的值较大，这样就起到了保持低频分量，抑制高频分量的目的。JPEG 使用的颜色是 YUV 格式。我们提到过，Y 分量代表了亮度信息，UV 分量代表了色差信息。相比而言，Y 分量更重要一些。我们可以对 Y 采用细量化，对 UV 采用粗量化，可进一步提高压缩比。所以上面所说的量化表通常有两张，一张是针对 Y 的；一张是针对 UV 的。

上面讲了，经过 DCT 变换后，低频分量集中在左上角，其中 F（0，0）（即第一行第一列元素）代表了直流（DC）系数，即 8×8 子块的平均值，要对它单独编码。由于两个相邻的 8×8 子块的 DC 系数相差很小，所以对它们采用差分编码 DPCM，可以提高压缩比，也就是说对相邻的子块 DC 系数的差值进行编码。8×8 的其他 63 个元素是交流（AC）系数，采用行程编码。这里出现一个问题：这 63 个系数应该按照怎么样的顺序排列？为了保证低频分量先出现，高频分量后出现，以增加行程中连续"0"的个数，这 63 个元素采用了"之"字型（Zig—Zag）的排列方法，如图 16-12-3 所示。

这 63 个 AC 系数行程编码的码字用两个字节表示，如图 16-12-4 所示。

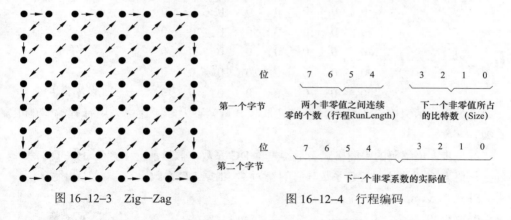

图 16-12-3 Zig—Zag   图 16-12-4 行程编码

上面，我们得到了 DC 码字和 AC 行程码字。为了进一步提高压缩比，需要对其再进行熵编码，这里选用 Huffman 编码，分成如下两步。

1）熵编码的中间格式表示。

对于 AC 系数，有两个符号。符号 1 为行程和尺寸，即上面的（Run Length，Size）。（0，0）和（15，0）是两个比较特殊的情况。（0，0）表示块结束标志（EOB），（15，0）表示 ZRL，当行程长度超过 15 时，用增加 ZRL 的个数来解决，所以最多有三个 ZRL（3×16+15=63）。符号 2 为幅度值（Amplitude）。

对于 DC 系数，也有两个符号。符号 1 为尺寸（Size）；符号 2 为幅度值（Amplitude）。

2）熵编码。

对于 AC 系数，符号 1 和符号 2 分别进行编码。零行程长度超过 15 个时，有一个符号（15，0），块结束时只有一个符号（0，0）。

对符号 1 进行 Huffman 编码（亮度，色差的 Huffman 码表不同）。对符号 2 进行变长整数 VLI 编码。举例来说：Size=6 时，Amplitude 的范围是–63～–32，以及 32～63，对绝对值相同，符号相反的码字之间为反码关系。所以 AC 系数为 32 的码字为100000，33 的码字为 100001，–32 的码字为 011111，–33 的码字为 011110。符号 2 的码字紧接于符号 1 的码字之后。

对于 DC 系数，Y 和 UV 的 Huffman 码表也不同。

下面为 8×8 的亮度（Y）图像子块经过量化后的系数。

```
15    0   -1    0    0    0    0    0
-2   -1    0    0    0    0    0    0
-1   -1    0    0    0    0    0    0
 0    0    0    0    0    0    0    0
 0    0    0    0    0    0    0    0
 0    0    0    0    0    0    0    0
 0    0    0    0    0    0    0    0
 0    0    0    0    0    0    0    0
```

可见量化后只有左上角的几个点（低频分量）不为零，这样采用行程编码就很有效。

第一步，熵编码的中间格式表示：先看 DC 系数。假设前一个 8×8 子块 DC 系数的量化值为 12，则本块 DC 系数与它的差为 3，根据 DC 系数表

Size	Amplitude
0	0
1	–1，1
2	–3，–2，2，3
3	–7～–4，4～7
4	–15～–8，8～15
5	–31～–16，16～31
6	–63～–32，32～63
7	–127～–64，64～127
8	–255～–128，128～255
9	–511～–256，256～511

10　　　　−1023～512，512～1023

11　　　　−2047～−1024，1024～2047

查表得 Size=2，Amplitude=3，所以 DC 中间格式为（2）（3）。

下面对 AC 系数编码。经过 Zig—Zag 扫描后，遇到的第一个非零系数为−2，其中遇到零的个数为 1（即 Run Length），根据下面这张 AC 系数表：

Size	Amplitude
1	−1，1
2	−3，−2，2，3
3	−7～−4，4～7
4	−15～−8，8～15
5	−31～−16，16～31
6	−63～−32，32～63
7	−127～−64，64～127
8	−255～−128，128～255
9	−511～−256，256～511
10	−1023～512，512～1023

查表得 Size=2。所以 Run Length=1，Size=2，Amplitude=3，所以 AC 中间格式为（1，2）（−2）。

其余的点类似，可以求得这个 8×8 子块熵编码的中间格式为

（DC）（2）（3），（1，2）（−2），（0，1）（−1），（0，1）（−1），（0，1）（−1），（2，1）（−1），（EOB）（0，0）

第二步，熵编码：

对于（2）（3）：2 查 DC 亮度 Huffman 表得到 11，3 经过 VLI 编码为 011；

对于（1，2）（−2）：（1，2）查 AC 亮度 Huffman 表得到 11011，−2 是 2 的反码，为 01；

对于（0，1）（−1）：（0，1）查 AC 亮度 Huffman 表得到 00，−1 是 1 的反码，为 0；

最后，这一 8×8 子块亮度信息压缩后的数据流为 11011，1101101，000，000，000，111000，1010。总共 31 比特，其压缩比是 64×8/31=16.5，大约每个像素用半个比特。

可以想见，压缩比和图像质量是呈反比的，以下是压缩效率与图像质量之间的大致关系，可以根据你的需要，选择合适的压缩比，见表 16-12-1。

表 16–12–1 压缩比与图像质量的关系

压缩效率（单位：bits/pixel）	图像质量
0.25～0.50	中～好，可满足某些应用
0.50～0.75	好～很好，满足多数应用
0.75～1.5	极好，满足大多数应用
1.5～2.0	与原始图像几乎一样

以上是 JPEG 压缩的原理，其中 DC 系数使用了预测编码 DPCM，AC 系数使用了变换编码 DCT，二者都使用了熵编码 Huffman，可见几乎所有传统的压缩方法在这里都用到了。这几种方法的结合正是产生 JPEG 高压缩比的原因。

2. 视频压缩技术

（1）H.264 基本概况。H.264 是一种高性能的视频编解码技术。目前国际上制定视频编解码技术的组织有两个，一个是"国际电联（ITU–T）"，它制定的标准有 H.261、H.263、H.263+等，另一个是"国际标准化组织（ISO）"它制定的标准有 MPEG–1、MPEG–2、MPEG–4 等。而 H.264 则是由两个组织联合组建的联合视频组（JVT）共同制定的新数字视频编码标准，所以它既是 ITU–T 的 H.264，又是 ISO/IEC 的 MPEG–4 高级视频编码（Advanced Video Coding，AVC），而且它将成为 MPEG–4 标准的第 10 部分。因此，不论是 MPEG–4 AVC、MPEG–4 Part 10，还是 ISO/IEC 14496–10，都是指 H.264。

H.264 最大的优势是具有很高的数据压缩比率，在同等图像质量的条件下，H.264 的压缩比是 MPEG–2 的 2 倍以上，是 MPEG–4 的 1.5～2 倍。举个例子，原始文件的大小如果为 88GB，采用 MPEG–2 压缩标准压缩后变成 3.5GB，压缩比为 25∶1，而采用 H.264 压缩标准压缩后变为 879MB，从 88GB 到 879MB，H.264 的压缩比达到惊人的 102∶1。H.264 为什么有那么高的压缩比？低码率（Low Bit Rate）起了重要的作用，和 MPEG–2 和 MPEG–4 ASP 等压缩技术相比，H.264 压缩技术将大大节省用户的下载时间和数据流量收费。尤其值得一提的是，H.264 在具有高压缩比的同时还拥有高质量流畅的图像。

（2）H.264 算法的优势。H.264 是在 MPEG–4 技术的基础之上建立起来的，其编解码流程主要包括 5 个部分：帧间和帧内预测（Estimation）、变换（Transform）和反变换、量化（Quantization）和反量化、环路滤波（Loop Filter）、熵编码（Entropy Coding）。

H.264/MPEG-4 AVC（H.264）是 1995 年自 MPEG-2 视频压缩标准发布以后的最新、最有前途的视频压缩标准。通过该标准，在同等图像质量下的压缩效率比以前的标准提高了 2 倍以上，因此，H.264 被普遍认为是最有影响力的行业标准。

（3）H.264 标准的关键技术。

1）帧内预测编码。帧内预测是指利用当前帧中已经编码宏块的信息对当前编码宏块进行预测的一种方式。与以往标准在频域进行帧内预测不同，在 H.264/AVC 中，帧内预测是在空间域进行的。其基本原理就是利用相邻像素的空间相关性，根据已经重建的相邻块的一些像素来实现对当前编码块的预测。

根据亮度和色度信号的不同，H.264/AVC 的帧内预测又分为亮度分量和色度分量帧内预测两类。对于亮度分量，帧内预测又有 INTRA4×4 和 INTRA16×16 两种模式。INTRA4×4 有 9 种预测模式，适用于纹理比较复杂的图像区域；INTRA16×16 有 4 种预测模式，适用于纹理变化平坦的区域。色度分量的帧内预测模式与亮度分量 INTRA16×16 模式比较相近，但在块大小和具体的模式顺序上稍有不同。

在 H.264/AVC 中，帧内预测不仅用于 I 帧的编码，在 P 帧和 B 帧的编码中也会用到。当 P 帧或 B 帧中的宏块在帧内编码模式下的开销最小时，编码器会选择对应的帧内编码模式作为该宏块的最佳编码模式，如图 16-12-5 所示。

2）帧间预测编码。H.264/AVC 在帧间预测方面采用了多种先进技术，主要包括支持多种块划分模式、高精度的运动搜索和多参考帧预测。

a. 多种帧间块划分模式。在以往的视频编码标准中，帧间预测过程中块尺寸的大小均是固定的，如 16×16 和 8×8。为了能在帧间预测时做到更精确的匹配，H.264/AVC 定义了 7 种块划分模式，如图 16-12-6 所示。多种块划分模式使得帧间预测时块与块之间的匹配更加准确，从而减小预测误差、提高压缩率。尤其当宏块中包含多个运动对象的情况下，不同的块划分模式能够更准确地描述各个不同对象的运动情况，显著提高此类情况下帧间预测的准确性。

b. 高精度运动搜索。在 H.264/AVC 中，亮度分量的运动向量精度由以往标准的 1/2 像素提高到了 1/4 像素，色度分量的运动向量精度为 1/8 像素。分数像素通过自适应内插滤波器插值获得，1/2 像素位置上的像素采用参数为（1, -5, 20, 20, -5, 1）/32 的一阶 6 抽头 FIR 滤波器分别在水平和竖直方向上计算得到，1/4 像素直接由相邻的整像素和 1/2 像素通过线性插值得到。图 16-12-7 给出了 H.264/AVC 中亮度分量的 1/2 像素插值情况。

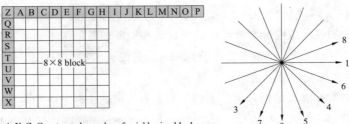

A-X, Z: Constructed samples of neighboring blocks

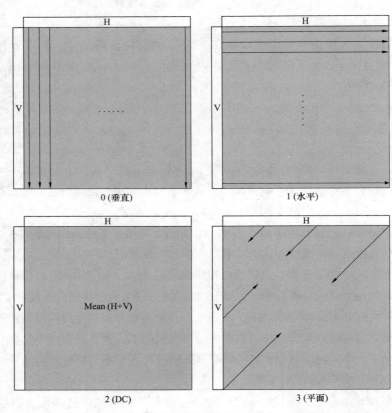

图 16–12–5 9 种 4×4 预测模式与 4 种 16×16 预测模式

图 16–12–7 中 b 和 h 两个 1/2 像素位于水平和竖直方向上整像素之间，首先计算出中间值 b_1 和 h_1

$$b = E - 5F + 20G + 20H - 5I + J$$
$$h_1 = A - 5C + 20G + 20M - 5R + T$$

然后计算出 b 和 h

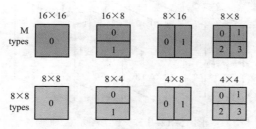

图 16-12-6　7 种帧间预测块模式

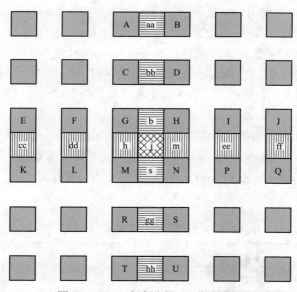

图 16-12-7　亮度分量 1/2 像素插值

$$b = clip[(b_1 + 16) \gg 5]$$

$$h = clip[(h_1 + 16) \gg 5]$$

c. 多参考帧预测。相比于以往标准只支持 1 个参考帧，H.264/AVC 在帧间预测时可以支持 5 个参考帧。图 16-12-8 描述了 H.264/AVC 中多参考帧条件的预测情况。通过在多个参考帧中进行运动搜索，当视频场景中的物体发生周期性运动或遮蔽时可以获得更好的编码效果。

3）变换和量化。

a. 变换。以往的视频编码标准采用的都是 8×8 DCT 变换来降低预测残差的空间冗余，但由于是浮点运算，因此在变换和反变换之间存在误差偏移。在预测过程中，这

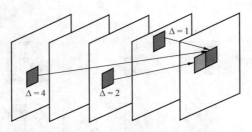

图 16-12-8 多参考帧示意图

种由变换引起的误差将不断被积累和放大。当误差积累到一定程度后，编码效率会迅速降低。与传统标准不同，H.264/AVC 采用的是整数变换。在基准档次（Basiline Profile，BP）和主档次（Main Profile，MP）中，根据数据类型的不同，包含 3 种变换：① 针对所有残差数据的 4×4 整数 DCT 变换；② 4×4 Hadamard 变换（针对 INTRA16×16 模式下亮度 DC 系数）；③ 2×2Hadamard 变换（针对所有色度块 DC 系数）。所有变换过程中的运算都是整数运算，因此不会出现由浮点运算带来的舍入误差，正变换与反变换的结果能够准确匹配。

b. 量化。为了提高码率控制能力，H.264/AVC 采用的是分级量化，支持的量化参数 QP（Quantization Parameter）多达 52 个。每个 QP 值对应着一个量化步长 Qstep：QP 值每增加 6，Qstep 增加 1 倍；QP 每增加 1，Qstep 增加 12.5%。表 16-12-2 显示了 H.264/AVC 中量化参数与量化步长之间的映射关系。

表 16-12-2   H.264/AVC 中量化参数与量化步长的关系

QP	0	1	2	3	4	5	6	7	8	9	10	11	12	…
Qstep	0.625	0.687 5	0.812 5	0.875	1	1.125	1.25	1.375	1.625	1.75	2	2.25	2.5	…

QP	…	18	…	24	…	30	…	36	…	42	…	48	…	51
Qstep		5		10		20		40		80		160		224

量化后的变换系数根据帧/场模式分别进行 Zig-zag 扫描（见图 16-12-9）或场扫描（见图 16-12-10），之后对扫描系数进行熵编码。

4）熵编码。H.264/AVC 中有两种熵编码方法，一种采用变长码（Variable Length Code，VLC），对宏块的编码模式和运动向量采用统一的指数哥伦布编码（Exp-Golomb），对量化系数采用上下文自适应的变长编码（Context-Adaptive Variable Length Coding，CAVLC）；另一种熵编码方法为基于上下文的自适应二进制算术编码（Context-based Adaptive Binary Arithmetic Coding，CABAC）。

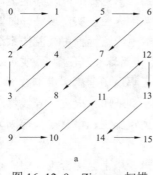

图 16-12-9　Zig-zag 扫描

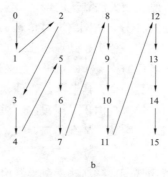

图 16-12-10　场扫描

　　由于在概率估计方面的不同，这两种方法的计算复杂性和压缩效率各有不同。CAVLC 根据残差的统计特性，设计了多个码表。在编码时根据语法元素进行码表的切换，编码具有自适应能力，编码效率较高。但 CAVLC 使用的是静态概率估计码表，没有考虑不同视频流的统计特性，也忽略了符号间的相关性，没有利用相邻符号为当前待编码符号提供信息。这些缺点限制了 CAVLC 的编码效率，尤其是在高码率下压缩效果较差。

　　CABAC 则完全克服了 CAVLC 的这些缺点，编码效率较高，在相同编码质量下比 CAVLC 编码节省 10%～15% 的码率。

　　5）去块效应滤波。

　　为了有效地去除重建图像中的块效应，H.264/AVC 引入了环路去块效应滤波。不同于视频图像的后处理，只在显示图像时进行图像的平滑处理。H.264/AVC 中的去块效应滤波模块包含在整个编解码过程中，即重建后的图像经去块效应滤波后将放入帧存中作为参考帧供后续待编码帧使用。这样做不仅改善了图像质量，而且能够进一步提高帧间预测的编码效率。

　　在计算复杂度方面，去块效应滤波的计算量能够占到整个解码器计算量的 1/3。但在编码器中，由于整个编码过程中其他主要模块的计算量非常大，去块效应滤波的计算量只占到 0.1%～0.8%。

四、输电线路远程可视监控系统

　　输电线路远程可视监控系采用高性能摄像机，并利用数字图像压缩技术、低功耗技术、GPRS/CDMA 无线通信技术以及太阳能应用技术，能够对绝缘子串、导线（导线金具、导线弧垂）、地线（地线金具、地线羊角）、杆塔（塔身、塔基及对面杆塔）等进行全方位无盲点监视，并且可以监测到输电绝缘子闪络弧光情况，以高灵敏度的红外报警启动即时拍摄监控现场视频录像以及启动即时抓拍检测现场图片，将远程无人值守或观测人员无法到达的现场情况的高清晰图文信息数据以及其他现场辅助信息数据，后通过 3G 无线网络即时传送至监控中心监测人员，实现现场即时图片信息数据的采集、通信、分析、处理和应用的一体化。输电线路远程可视监控系统同时集成了对微气象条件的检测（如温湿度、风速、风向、雨雪以及气压等），实现对高压线路现场和环境参数的全天候监测。管理人员可及时了解现场信息，将事故消灭在萌芽状态，从而有效地减少由于导线覆冰、洪水冲刷、不良地质、火灾、导线舞动、通道树木长高、线路大跨越、导线悬挂异物、线路周围建筑施工、塔材被盗等因素引起的电力事故。

输电线路视频在线监测系统主要由工业摄像机、塔上监测分机、中心接收基站、中心查询软件组成。可应用于各种不同需求的场合，在巡视人员不易到达地区，可以有效减少巡视次数或提高巡视的时效性。系统的长期运行，能够有效减少由于导线覆冰、风偏舞动、线路大跨越、导线悬挂异物、线路周围建筑施工、杆塔防盗、树木长高等因素引起的电力事故，提高输电网持久稳定运行的可靠性，为输电线路的巡视及状态检修开辟了一条新的思路。

图像/视频监测装置一般采用高性能 ARM 处理器，装置具备极高的图像数据处理能力，具备低功耗、待机时间长、可靠性好、轻便灵活的特点。设备安装在输电线路铁塔上，线路不停电也可安装。装置将现场图像信息经电缆传输到塔上主控装置，再通过 GPRS 等通信技术传送到监控中心，实现对输电线路全天候监测。

图像/视频监控装置有两种规格，一种为定焦枪机，主要用于线路上定点的图像监视，外形和安装如图 16-12-11、图 16-12-12 所示。

图 16-12-11　定焦枪机的外貌　　　　图 16-12-12　定焦枪机安装在杆塔上

另一种图像/视频监控装置为高速球机，图像清晰度高，能变焦和旋转，用于对图像要求较高或需视频采集的地方，外型和安装如图 16-12-13、图 16-12-14 所示。

图 16-12-13 高速球机的外貌

图 16-12-14 高速球机安装在杆塔上

1. 监测装置系统主要技术要求

Q/GDW 560《输电线路图像视频监控装置技术规范》规定了架空输电线路图像/视频监控装置的基本功能、技术要求、试验项目、试验方法、安装、调试、验收等。其中对图像/视频监控装置的定义是：具备自检、自恢复、自识别能力，利用图像视频手段对目标进行监视和信息记录的装置。装置一般由摄像装置（通常为高速球或定焦枪机）、视频处理单元（采集、压缩）组成。

监测对象主要有：① 输电线路本体，包括杆塔、导线、绝缘子、金具等的运行情况，包含对线路覆冰等情况的实时监控；② 线路周边通道环境情况，包括施工、树木生长等。

装置按监测原理分类：① 红外视频监控装置具备红外拍照摄像功能，且红外功能可控的视频监控装置；② 非红外视频监控装置不具备红外拍照摄像功能的视频监控装置。

（1）对监测装置的功能要求。

1）基本功能：① 应具备远程受控视频信号采集、处理和传输功能：视频监控装置能定时或按远程指令采集工程现场视频信号，经压缩编码等视频信号处理后，通过无线网络或者光缆等方式传送给状态监测主站，或状态监测代理装置（仅传输图片信息，且同一现场有多台其他类型监测装置）；② 应具备对电源的远程控制功能，可在预设条件或远程指令控制下开启和关闭装置前端设备的供电电源；③ 应具备远程设置图片采集时间间隔的功能；④ 应具备远程修改网络适配器地址设置的功能；⑤ 应能够接收系统的对时命令；⑥ 应留有适当的接口，以便必要时能就地调试；⑦ 应具备一定的数据暂存能力。在通信发生异常应能存储 7 天以上报警图片，通信恢复后，能自动上载到后端平台；⑧ 应具备对装置自身工作状态包括采集、存储、处理、通信等的管理与自检测功能；判断装置出现运行故障时，能启动相应措施恢复装置的正常运行状态；⑨ 宜输出电源电压、工作温度等工作状态数据；⑩ 宜具备对现场隐患的识别与报警能力。

2）图片、视频采集要求。在没有人员操作的情况下，监测装置自动采集，每天至少每预置位拍摄两张照片。

3）高级功能：① 具备红外摄像功能；② 具备红外控制功能，即打开关闭红外灯功能，宜具备红外全开、半开等多级控制功能；③ 具备远程受控变焦、聚焦、方位调整及预制位设置功能；监控装置能在预设或远程指令控制下，实现对摄像机的焦距、光圈、方位和云台预制位的设置和调整；④ 具备对摄像机及云台的可控加热功能；对摄像机外壳具有自动控制和远程控制加热功能；

（2）对监测装置的技术要求。

1）环境条件。① 环境温度：–25～+45℃（普通型）或–40～+45℃（低温型）；② 相对湿度：5%RH～100%RH；③ 大气压力：550～1060hPa。

2）工作温度为–25～+70℃（工业级）或–40～+85℃（扩展工业级）。

3）外观及标记：① 外观应整洁完好，各接线端子的标记应齐全清晰，接插件接触良好；② 应有型号、名称、出厂编号、出厂日期、制造厂名等标记；③ 外壳采用全金属制作，外观整洁，并能有效的防火与机械损坏；④ 各零部件应安装正确，牢固可靠，操作部分不应有迟滞、卡死、松脱等现象。

4）监测装置主要技术参数。

a. 摄像机主要技术参数。

a）像素数：≥752（H）X582（V）（PAL），或根据用户要求调整；

b）最低照度：≤0.01Lux/ f1.2；

c）变焦率：≥光学 18 倍，或定焦枪机。

b. 云台主要技术参数。

a）预置位数量：≥8；

b）水平旋转角度：0°～355°；

c）俯仰角度：0°～90°。

5）基本技术要求：① 应有防雨、防潮、防尘、防腐蚀措施；② 外壳的防护性能应符合 GB 4208 规定的 IP65 级要求；③ 摄像装置具备双层外壳，其整体结构具备一定的防覆冰性能；④ 电源应有可靠的保护措施，应避免因电源故障对杆塔造成损伤；⑤ 各零部件应按 JB/T 5750 的有关规定进行防盐雾、防潮湿、防霉菌的处理；⑥ 应具有良好的防震结构，避免在杆塔安装环境中的振动对光学仪器产生影响和对视频图像质量产生影响；⑦ 应具有良好的抗工频电磁干扰性能和良好的接地安装措施，能实现在特高压电磁环境中视频数据的准确、完整采集，以及对前端设备的准确控制；不应出现雪花点、黑纹等视频干扰现象及云台失控等故障现象；⑧ 装置总重量不得超过100kg，以满足线路杆塔荷载要求。

6）供电要求：① 供电系统包括太阳电池（或者风能、感应取能等）、蓄电池及电源控制器三部分，电源系统具有过压保护、防过充等功能。② 蓄电池使用寿命：≥5年。③ 太阳能电池使用寿命：≥20年。④ 应根据装置的功耗、区域日照状况和蓄电池备用时间，配置太阳电池板和蓄电池的容量。在每天全功率（云台、摄像头、视频服务器、通信模块全部打开的状态）工作不低于一小时的情况下，蓄电池单独供电时间大于20d。

（3）对监测装置的其他性能要求。

1）电磁兼容性能：① 静电放电抗扰度。应能承受 GB/T 17626.2 中第 5 章规定的试验等级为 4 级的静电放电试验。在试验期间及试验后，装置应能正常工作。② 射频电磁场辐射抗扰度。应能承受 GB/T 17626.3 中第 5 章规定的试验等级为 3 级的辐射电磁场干扰试验。在试验期间及试验后，装置应能正常工作。③ 脉冲磁场抗扰度。应能承受 GB/T 17626.9 中第 5 章规定的试验等级为 5 级的脉冲磁场干扰试验。在试验期间及试验后，装置应能正常工作。④ 工频磁场抗扰度。应能承受 GB/T 17626.8 中第 5 章表 1 和表 2 规定的试验等级为 5 级的工频磁场干扰试验。在试验期间及试验后，装置应能正常工作。

2）气候防护性能：① 高温性能。应能承受 GB/T 2423.2 试验 Bb 中严酷等级为：温度+70℃或温度+85℃、持续时间 16h 的高温试验。在试验期间及试验后，装置应能正常工作。② 低温性能。应能承受 GB/T 2423.1 试验 Ab 中严酷等级为：温度−25℃或−40℃、持续时间 16h 的低温试验。在试验期间及试验后，装置应能正常工作。③ 交变湿热性能。按 GB/T 2423.4 的有关规定进行，高温温度为+55℃，试验周期 1d，原地恢复 2h。在试验期间及试验后，装置应能正常工作。④ 防覆冰性能。图像视频监测装置在覆冰发生过程中，装置整体外形构造应具备一定的阻止玻璃罩结冰作用。

3）机械性能。

a. 振动性能。在非工作状态下，非包装状态的产品应能通过如下严酷等级的正弦振动试验：① 频率范围：10～55Hz；② 峰值加速度：10m/s²；③ 扫频循环次数：5次；④ 危险频率持续时间：10min±0.5min；试验后，装置应能正常工作。

b. 运输性能。① 产品包装后应按 GB/T 6587.6《电子测量仪器　运输试验》中规定进行试验，能承受该标准表 1 中等级为 Ⅱ 的运输试验（包括自由跌落、翻滚试验）。

试验后，装置应能正常工作；② 产品包装后应按 QJ/T 815.2《产品公路运输加速模拟试验方法》中规定进行试验，能承受该标准中等级为三级公路中级路面的运输试验。经过 2h 试验时间后，装置应能正常工作。

（4）可靠性。平均无故障连续工作时间（MTBF）应不低于 25 000h。

2. 系统组成

输电线路远程可视监控系统由视频监测装置、塔上主机和电力公司主机及软件组成。

监控装置分别安装在输电线路需要监视点附近的杆塔上，如跨越公路、铁路，居民点和建筑工地附近，甚至高山峻岭、树木竹林生长处，同一装置上可以有 1～2 个摄像头分别采集导线、地面和杆塔等的图像信号，每 30min～1h 发送一次，在必要情况下可由主站命令改变，如 5～10min 发送一次。信号经电缆送到塔上主机，再通过 GPRS 网络由安装在在电力公司的通信机接收并送入监控服务主机，在监控系统软件的支持下，完成图像处理和显示等功能。

上述图像信息是通过移动 GPRS 通道传输，它的主要问题是传输速率较低，不适宜传输大量图像和数据量大的视频，因此在条件较好的线路上可采用 OPGW 光缆传输实时视频。在 220kV 和 500kV 线路上一般都采用带 OPGW 光缆的地线，而且光缆的光纤芯数比较多，除了电力调度、自动控制和企业管理等领域的信息传输中的应用外，还有一些备用光纤。所以可以使用一对备用光纤和光交换机建成通道来传输视频信息。图 16-12-15 是在控制室通过监测系统和光纤通道观看到线路上导线融冰实时视频的截图，图像清晰、流畅，可以看到下部与导线接触处冰块融化并跌落的情景。

图 16-12-15 融冰过程的视频截图

3. 新能源技术及低功耗技术

输电线路远程视频监控装置安装在输电线路杆塔上，对线路状态进行长年监控，必须较好地解决装置的电源问题 如从高压线路的导线取能，设备的绝缘问题难以解决，势必提高设备的制造成本，同时还会引入电磁干扰，降低设备可靠性。采用以太阳能电池对蓄电池进行浮充的供电方式，并采用微处理器对电池特性进行实时检测，严格按照蓄电池充放电特性曲线进行充放电控制，从而大大延长蓄电池的使用寿命监控装置中央控制板采用超低功耗 MSP43016 位 RISC 结构的单片机，同时考虑到本系统对实时性的要求并不十分严格，因此综合采用以下措施降低功耗：将 DSP 图像采集压缩模块与主控模块单独设计，其接口为并行或串行通信，由于 DSP 芯片功耗较高，因此只有在需拍摄时才通电启动，每次工作时间仅约十秒钟，其大部分时间处于断电状态，大大降低了整机功耗对通讯模块也采用分离式设计，采用系统待机，定时开机等工作模式，降低功耗。

4. 防电磁干扰技术

视频压缩模块、通讯模块和中央控制板等均由精密电子元器件组成，运行在高压输电线路铁塔上，属于典型的弱电系统在强电环境下的应用高压输电线路周围电磁干扰的覆盖频谱从几十赫兹到数兆赫兹以上，范围较宽，干扰非常严重，因此必须解决系统的抗干扰问题在线路设计时严格按照电磁兼容性原理进行设计，并加上软件及硬件看门狗，实时监控主微控制器的运行状态在壳体上采用三层屏蔽措施最外层采用密封铁制壳体中层密封铝合金壳体线路板用铜制屏蔽层，很好地解决系统电磁干扰问题。

【思考与练习】

1. 输电线路远程可视监控的典型应用。

2. 输电线路远程可视监控关键技术。

3. 输电线路远程可视监控系统的组成和功能。

4. 输电线路图像视频监控装置的主要技术要求。

▲ 模块 13　输电线路现场污秽监测（Z04G7013Ⅲ）

【模块描述】本模块分析了输电线路污闪的危害及防污闪措施，介绍了现场污秽监测方法和监测系统的各组成部分，通过对输电线路现场污秽监测系统各组成部分的结构分析和功能介绍，掌握输电线路现场污秽监测系统的应用。

【正文】

一、污闪危害及防污闪措施

1. 污秽形成机理

尘土、盐碱、鸟粪、海水、工业型污秽等沉积在绝缘子表面，便构成绝缘子污秽，它的形成受到风力、自身重力、黏附力、气候和地区等多方面的影响。

空气水分的湿润使绝缘子表面污层的电导率增加，从而大大降低了绝缘子的绝缘特性。同时，由于表面的净化、污秽量的减少和冲洗掉污秽物质中的可溶导电物，空气水分能提高绝缘子的放电电压。因此，自然条件下绝缘子的性能不仅由污秽特性决定，且在一定程度上是由雨雪的类型所决定的。

　　污秽绝缘子受湿后，表面污秽层的可溶物质逐渐溶于水，在绝缘子表面形成一层薄的导电液膜。这层液膜的导电率取决于污秽层的化学成分和湿的程度。在污秽层达到湿润饱和时，污层的表面电阻能下降几个数量级，绝缘子的泄漏电流也相应地剧增。在铁脚附近，因直径最小，电流密度最大，发热最甚。当绝缘子垂直悬挂时，该处被瓷裙所遮挡，不易直接受到雨雪的湿润，该处表面被逐渐烘干。先是在靠近铁脚的附近形成局部烘干区。由此烘干区的表面电阻大增，使得原来流经该区表面的电流转移到与该区并联的两侧的湿膜上，因此这些湿膜的电流密度有很大的增高，这些湿膜也同样被很快地烘干，这样发展下去，在铁脚的周围很快形成环形的烘干带。烘干带具有很大的电阻，这就使烘干带的电压激增。当烘干带的某处电压超过临界电压时，该处就发生沿面放电。由于这种放电具有不稳定特征，称为闪烁放电。于是，大部分泄漏电流经闪烁放电的通道流过。在闪烁放电通道的外端附近湿润表面出的电流密度比两侧大，促使烘干区向外扩展。另外，由于闪烁放电通道的存在，等于把烘干带短路，使通道两侧烘干带中流过的泄漏电流降到很小，这些区中的烘干作用就很微弱了，大气中的水分又逐渐使这些区表面湿润，表面电导增大，反过来对闪烁放电通道造成分流，减小闪烁放电通道中的电流，以至于可能使闪烁放电熄灭。于是原通道中的电流转移到两侧的湿润区，使该区再烘干，并在该区引发新的"闪烁放电"。这样闪烁放电的路径一面向径向逐渐伸长，一面又会向横向转移，总的趋势是使环形烘干带的宽度逐渐加大，闪烁放电的长度也随之增长。

　　如果污秽较轻，其余串联湿润部分的电阻还较大，则烘干带中闪烁放电的电流就较小，放电通道呈蓝紫色细线状。当闪烁放电的长度增到一定程度时，分担到放电通道上的电压已不足以维持这样长的闪烁放电，这闪烁放电就熄灭。在此期间，大气中的小水滴又逐渐把烘干带润湿，泄漏电流又增大，基本上重复上述循环，这样整个过程就成为烘干与润湿，熄弧与重燃，间歇性交替的过程，这样的过程在雾中可能持续几个小时而不会造成整个绝缘子的沿面闪络。

　　但是，如果污秽比较严重，而且又充分受潮，再加上绝缘表面的泄漏距离较小，此因素决定了绝缘表面的湿污层的电阻较小，则流过烘干带的闪烁放电电流就较大，从而会出现较强烈的放电现象。放电通道的现象表现为呈橘红编织状，且较粗，在这种条件下跨越干区的放电形式为电弧放电，电弧呈黄红色并作频繁伸缩的树枝形状，通道中的温度也增高到热游离的程度，成为具有下降伏安特征的电弧放电，通道所需的场强变小，分担到闪烁放电通道上的电压足以维持很长的局部电弧而不会熄灭，与这种相对应的泄漏电流脉冲值较大，可达数十或数百毫安，局部小电弧越强烈，相应的泄漏电流值越大，最后发展到整个绝缘子沿面闪络。

　　电力设备的电瓷表面，受到固体的、液体的和气体的导电物质的污染，在遇到雾、露和毛毛雨等湿润作用时，使污层电导增大，泄漏电流增加，产生局部放电，在运行电压下瓷件表面的局部放电发展成为电弧闪络，这种闪络即为污闪。如何阻止闪络事故即污闪的发生，我们称之为防污闪，污闪典型照片如图16-13-1所示。

图16-13-1　污闪典型照片

2. 污闪危害

近年来，我国经济的飞速发展，工业污染物不断增多，大气环境污染日趋严重。随之而来的电网污闪事故发生的频率也在上升，事故的后果越来越严重，往往造成多条线路、多个变电所失电，甚至引起系统振荡，从而造成电网瓦解，引起大面积停电。20世纪70年代以来，我国东北、华北、华中、西北等各大电网相继发生了严重的污闪事故，造成了严重的损失。据不完全统计，1979～1985年发生污闪事故886次，此后，由于经济的快速发展，相应地，污染治理没有及时跟上，污闪愈来愈频繁。1986～1987年，2年间，发生577次。进入20世纪90年代以后，污闪造成的危害也越来越大，发生大面积电网停电事故。如2001年冬末春初，我国东北、华北又发生大面积污闪事故。多年来我国污闪事故不断，污闪事故已遍及全国各地。一次污闪事故损失的电量可达几万至千万度，而间接损失更是无法估计。

3. 防污闪措施

（1）带电水冲洗法。为清除外绝缘上的积污，在运行状态下采用有一定绝缘电阻的高压水柱去冲洗电瓷表面的方法，称带电水冲洗法。带电水冲洗电瓷外绝缘时，是自下而上进行当水柱开始冲洗绝缘下部时，附着在绝缘表面的污秽将潮解而显示更强的导电性，这部分绝缘电阻将降低，它所承担的电压也将降低，而使更大部分的电压降在未被冲湿的干燥区域。此时大约是在整个外绝缘长度的一半被冲湿前，绝缘表面的泄漏电流没有大变化；随着水柱向绝缘上部移动、干燥区域越来越少，但承受的电压更高，电场强度越来越大，在干燥区内开始出现局部电弧，并逐渐从局部延伸加长造成泄漏电流的渐增。当干燥区只占全绝缘的1/3左右时，泄漏电流大大增加，此时应移动水柱迅速将干燥区冲湿，使电压分布趋于均匀，从而消除局部电弧的发展延伸而引起闪络。在水柱上移过程中，外绝缘上有两种互相矛盾的现象同时存在，一方面是水使污秽受潮而增大泄漏电流，掌握不好就会导致冲击闪络；另一方面是水冲洗将污秽冲走而净化了外绝缘，又使泄漏电流减小，如何减少不利而增加有利因素，是实施水冲洗方法的核心问题。

冲洗水的电阻率、设备表面污染盐密值以及设备本身的爬电距离，是影响设备冲击闪络电压的三个重要因素。当其他条件相同时，一般水阻率越高冲击闪络电压也越高；设备的盐密值越大，冲击闪络电压越低；设备的爬电距离越低，冲击网络电压也愈低。水冲洗方式是否合适也极大地影响着冲击闪络电压，对能否保证安全运行起着很重要的作用。冲洗方法一般分单枪和双枪两种，冲洗路径有四种：① 先冲一面，后冲一面；② 螺旋式上升；③ 由下往上对冲；④ 分主次，主枪在上，辅枪在下，形成跟踪。这四种方式在相同的设备（喷嘴、直径、压强相同），水阻率和设备盐密相同的条件下，其冲击闪络电压不同，其中双枪跟踪方式的冲击闪络电压最高。比第一种单枪方式高约 12%，其原因是跟踪式可以通过主枪完成冲下污秽的作用，而辅枪可将带有污秽的污水及时冲走，使其不可能形成污水连线，从而提高了冲洗效果，另外，单枪在一个方向不能一次洗净设备全圆周的裙内污秽，而有辅枪相助，则效果必然增强。同时，冲洗设备的本身性能、高度以及临近设备都是影响到闪络事故的重要因素。

（2）风力清扫环。在一个绝缘环上穿若干个按一个方向排列的风力推动碗，组成风力清扫环。将风力清扫环套在绝缘子上。当有风吹动时，风力清扫环就会转动，风力推动碗的边沿就不断地刮去绝缘子表面上的污垢，从而保证绝缘子表面永远清洁，防止污闪事故发生。清扫环采用轻质绝缘材料制成，经实际风力清扫试验，效果十分显著，清扫到的地方光亮如新，未清扫到的地方积污严重。清扫环上有风力推动碗若干个，起到了绝缘伞群作用，增大了其本身的爬电距离。风力推动碗是竖向排列，积污程度低，下雨时自洁程度好，其材料内加入了憎水剂，防止受潮、雨淋造成绝缘程度降低。同时，使用风力清扫环还可以使绝缘子下表面积污时间延长，减少雷击掉闸次数，节省大量的人力物力，免除清扫或减少清扫次数，消除因清扫给人带来的不安全因素，减少因清扫带来的停电，提高供电可靠性。

（3）室温硫化硅橡胶（PRTV）涂料。PRTV 防污闪涂料选择端羟基聚二甲基硅氧烷作为基胶，以脱醇型氨基烷氧基硅烷交联剂为交联体系，配以硫化促进剂、增粘剂、缩合催化剂、稳定剂、特种溶剂等，形成单组分无填料长效防污闪涂料。使用时，涂敷在电瓷表面后，交联体系中极易水解的官能团被空气中的水分水解成硅醇，在催化剂作用下，使端羟基聚二甲基硅氧烷缩聚固化，在电瓷表面形成一层均匀的弹性硅橡胶薄膜，这一固化过程对环境温度、湿度均无严格要求。$-20 \sim +40℃$ 均可正常固化，一般表干时间约 45min，二十几小时深层完全固化，并于电瓷表面形成足够的附着强度。由于 PRTV 是由聚二甲基硅氧烷缩聚而成，其基本结构是立体网状硅氧键，其中包含大量的小分子基团（如甲基），同时包含大量的游离状态的有机硅低聚物和小分子基团。这些低聚物和小分子基团是憎水性的，它们与涂料表面水分子之间的作用力小于水分子本身之间的内聚力，使水分在 PRTV 表面呈现为孤立的水珠，难以形成连续的水膜——此为憎水性；当 PRTV 表面积累污秽后，PRTV 的游离态憎水性基团向污层扩散，在污秽表面也形成憎水性–憎水迁移特性；当 PRTV 涂层受到长期浸泡或雨水冲刷时，涂层的憎水性暂时减弱或者消失，自然晾干放置一段时间后，PRTV 内部憎水性基团又向外逐步扩散，其表面憎水性又逐渐恢复——憎水性复性。PRTV 涂层表面起憎水性作用的憎水基团与 PRTV 涂层全部憎水基团在数量上相比是很小的，因此，PRTV 憎水性的寿命是很长的。

（4）防污闪辅助伞群。辅助伞裙可分为两类：一类是活动型的，俗称防护罩；另一类是固定型的，又称增爬裙。防护罩是加装在电瓷外绝缘伞裙间的、可活动的、形状和瓷绝缘子伞裙相似的绝缘隔板。一般做成开口的环状，用尼龙螺丝连接，以便于安装和随时拆卸。这种防护罩的主要作用是：① 改善绝缘子表面的受潮条件；② 阻止局部电弧的发展，有绝缘隔板的作用；③ 在雨水稍大时，能够防止污水流桥接瓷裙；④ 部分盐密测试结果表明。防护罩还可以改善绝缘子的染污状况。增爬裙为固定伞锗，该伞裙紧缩成通过黏合剂密粘在瓷绝缘子的伞裙上，构成复合绝缘，共同承担设备所应承担的各种电压。其作用除了兼有防护罩的几种作用外，由于增爬裙的直径大，又和瓷裙密粘成一体，对于原绝缘子来讲有增加爬电距离的作用。增爬裙装设的片数和增爬裙本身的材质与抗污闪能力有关，也与运行的污秽环境和原来设备基础绝缘水平有关。对具体设备而言，最好进行不同污秽度下不同片数的污闪电压试验。并经过技术经济比较，最后取一个比较安全经济的片数。

（5）复合绝缘子。硅橡胶复合绝缘子作为电力系统新一代的绝缘子，其优异的防污闪性能首先得益于硅橡胶材料所特有的表面憎水性的迁移性能，另外，简单平滑的伞形与较细的杆径也是复合绝缘子优异耐污性能的重要因。复合绝缘子除耐污性能优异外，还有其他诸多优点，如重量轻、体积小、不易破碎、运输安装方便、生产工艺简单、废品率低、生产能耗低、生产过程对环境污染小等。

在硅橡胶中，连接在分子主链上的有机侧基（主要是甲基）O 键与主链上的硅原子相结合，围绕着 Si—O 键轴有很大的旋转自由度，增加了自由旋转的空间体积，烃基上的氢原子占有相当广阔的空间，与相邻分子之间的距离较大，分子间作用力弱。Si—O 键主链化学性质稳定，且硅橡胶分子主链的有机侧基无不饱和键，因而硅橡胶除了具有优异的耐大气老化性、耐高低温、耐臭氧老化性等类似于无机物材料的特性外，还具有许多有机物材料的特点，诸如机械性能和电气性能。

二、输电线路现场污秽监测方法

1. 泄漏电流在线监测法

（1）绝缘子运行状态的特征量

为了确定绝缘子的污秽程度，定量的划分污秽水平，人们需要表征污秽绝缘子运行状态的特征量，进行了大量的研究后，人们提出了很多参数，下面分别加以介绍。

1）等值附盐密度（ESDD）。等值附盐密度是指绝缘子表面每平方厘米的面积上附着的污秽中导电物质的含所相当于的 NaCl 含量（mg/cm^2），由于它只与绝缘子的污秽量、成分和性质有关，以称为污秽的静态参数。

2）表面污层电导率。表面污层电导率是指污秽绝缘子表面每平方厘米的电导（μS）。该参数是在污秽绝缘子受潮和施加比运行电压低的电压下测得的，从而把特征量与污秽及电压直接联系起来，比静态参数前进了一大步。但因测试电压低，并不能反映污秽层在高电压下的真实变化，故称为表征污秽绝缘子运行状态的半动态参数。

3）泄漏电流。泄漏电流是指在运行电压下污秽受潮时测得的流过绝缘子表面污层的电流。它是电压、气候、污秽三要素的综合反映和最终作用结果，故称为动态参数。泄漏电流可测得有效值、平均值、瞬时值等等多种。

由于流过绝缘子的泄漏电流脉冲的最大幅值 I_k 表征了该绝缘子临近闪络的程度。因此，我们把泄漏电流波形的最高峰值作为表征绝缘子运行状态的特征量。实际测量中就是在给定时间内，获取绝缘子的最高值泄漏电流（考虑过干扰的情况）。绝缘子的泄漏电流是逐渐增加的，一直增加到临界电流 L，时就可能发生闪络。由于污闪过程是一种随机过程，I_k 是一种分散性很大的随机变量，这也是在我们的监测系统后台处理中要增加对一定时期泄漏电流波形的绘制和分析的原因，只有这样，才能比较准确地确定绝缘子的污湿程度。

4）脉冲数（频次数）。泄漏电流的脉冲频次，即单位时间内脉冲幅值超过设定电流（一般为 5mA）的次数。这主要是考虑泄漏电流的脉冲通常产生于交流污闪的最后阶段之前，而且随着临近闪络的逼近，脉冲的频率和幅值都要增加，因此脉冲频次对我们给出闪络危险警报是一个很重要的。

（2）泄漏电流在线监测原理。绝缘子表面泄漏电流是电压、气候、污秽三要素的综合反映，因此可将绝缘子表面泄漏电流作为监测绝缘子污秽程度的特征量。泄漏电流在线监测是利用泄漏电流沿面形成的原理，在绝缘子接地侧通过引流卡或电流传感器在线实时测量泄漏电流，利用信号处理单元计算出一段时间内泄漏电流的各种统计值（如峰值平均值、峰值最大值或大电流脉冲数），通过无线传输与有线传输相结合，将数据传输到控制中心，运用专家知识和自学习算法对各种统计值进行综合分析，对绝缘子的积污状况做出评估和预测。

（3）泄漏电流在线监测组成。在绝缘子串接近悬挂点的最上面一片绝缘子上安装泄漏电流采集环，如图 16-13-2 所示。从采集环采集的泄漏电流送入控制箱，经过泄漏电流传感器和放大、滤波等电路，将从绝缘子取得十分微弱的泄漏电流信号送入单片机进行处理。

每个杆塔监测装置的控制箱可监测 1～6 串独立绝缘子，如图 16-13-3 所示。控制箱由太阳能电池板、充电电路、高性能蓄电池、数据闪速存储器、低功耗单片机、16 位 A/D 转换器、泄漏电流传感器、温湿度传感器、GPRS/GSM 通信模块和控制软件等组成。

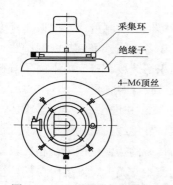

图 16-13-2　泄漏电流采集环安装示意图

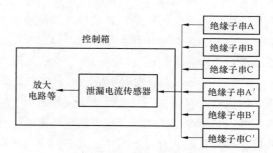

图 16-13-3　杆塔监测装置控制箱的信号接入

线路上各杆塔监测装置的数据送到地或省电力公司的监控中心主机，监控中心专家软件可实时监测该线路各杆塔上的泄漏电流等变量情况。并通过对监测装置的点测、巡测的实时数据进行分析判断。利用将运行经验、试验结果与相对分析法相结合的模糊诊断等方法判断该监测点的积污状况，当所测泄漏电流超过 0.8mA 时，单片绝缘子污闪电压仅约 7kV，低于该型号绝缘子标称电压 15kV，污秽已比较严重时给出预报警，并把报警信息以手机短消息发给当前管理员和相关领导。专家软件集中管理泄漏电流幅值、脉冲频次以及环境参数，提供单独和全面的查询、分析和打印，建立该线路的污秽信息数据库。并可结合运行经验重新绘制该地区的污秽分布图。

（4）安装实例如图 16-13-4 所示。

2. 等值附盐密在线监测法

实践表明，造成电力系统污闪事故的原因是多方面的，其中，空气环境的恶化和局部恶劣的气象等自然条件是引发污闪事故的主要因素。但应该看到，目前国内采用的表征设备外绝缘污秽程度的方法以及相关的实施措施对预防减少污闪事故的发生具

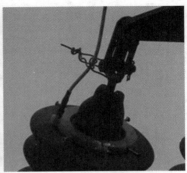

图 16-13-4 安装图

有很大影响。长期以来，污秽度的测量方法主要是采用等值盐密测量法，根据其测量结果进行污秽等级的标定，并指导现场开展每年一次的设备清扫。等值盐密测量法对表征电力设备污秽度具有重要作用，但对于设备表面的积污速度、年度内不同季节和气象条件下最高污秽程度以及污秽程度的发展趋势等缺乏应有的监测。

1990 年，日本人在实验室成功地研制出光纤盐密传感器，并进行了现场实验。1992 年，国内有关科研部门对光纤盐密传感器用于输变电设备外绝缘盐密测量进行了可行性研究，初步探索了光纤传感器测量盐密的可行性。与传统的等值盐密方法相比较，光纤盐密测量法具有以下特点：其一，将现场污秽度的测量与温度、湿度等自然环境状况有机结合起来，弥补了传统等值盐密方法的不足。其二，光纤盐密测量为非停电状况下污秽度监测装置，克服了传统测量方法中必须停电测量的问题。光纤盐密传感器一旦挂网运行即可全天候、全年度实时对电气设备周围环境的污秽状况进行监测，同时，还可对某一时期的污秽情况随时进行统计和分析，从而有利于现场人员更加准确了解和制订针对性较强的预防措施。其三，有望解决现场饱和盐密的测量问题。长期以来，防污闪技术中有关污秽等级的标定是以等值盐密值来确定的。由于等值盐密值是基于一年一清扫的防污闪原则获取的，这一过程几乎无法获得当地的饱和盐密值。依据等值盐密值来确定设备外绝缘爬距比配置以及相应防污闪措施往往具有一定局限性。光纤盐密传感器可以对设备表面的积污速度、年度内不同季节和气象条件下最高污秽程度以及污秽程度的发展趋势进行有效的监测，从而为设备外绝缘爬距比的合理配置提供准确的依据。其四，光纤盐密测量法具有安装方便、简单、准确度高特点，具有较好的实用性。

（1）盐密监测原理，如图 16-13-5 所示。光传感器测量盐密是基于介质光波导中的光场分布理论和光能损耗机理。置于大气中的低损耗石英棒是一个以棒为芯、大气为包层的多模介质光波导。在石英棒上无污染时，由光波导中的基模和高次模共同传输光的能量，其中绝大部分光能在光波导的芯中传输，但有少部分光能将沿芯包界面的包层传输，光波传输过程中光 的损耗很小。当石英玻璃棒上有污染时，由于污染物改变了高次模及基模的传输条件；同时，污染粒子对光能的吸收和散射等产生光能损耗；通过检测光能参数可计算出传感器表面盐分多少。由于传感器与绝缘子串处于相同环境，因此，通过计算可得出绝缘子表面的盐密值。

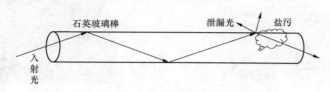

图 16-13-5　盐密测量原理

（2）系统组成。光传感器输变电设备盐密在线监测系统（见图 16-13-6）主要由数据监测终端（见图 16-13-7）和数据监测中心（见图 16-13-8）两部分组成，是一种智能化大范围远程分布式盐密实时监测系统，系统组网十分方便，并可提供监测中心多级管理功能，实现在不同位置同时对监测点的监测。数据采集终端安装在送电线路杆（塔）或变电站绝缘子附近，完成对现场污秽物（盐密）、温度、湿度的实时监测。监测数据通过短信方式，向监测中心发送。数据监测中心完成对监测数据的转换和处理。

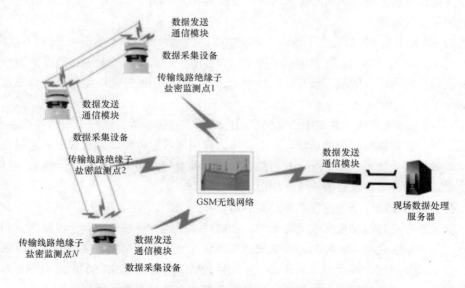

图 16-13-6　光传感器输变电设备盐密在线监测系统

图 16-13-7 数据监测终端

图 16-13-8 数据监测中心

（3）系统主要功能。

1）实时盐密电子地图。电子地图的绘制遵循国家电力公司国电安运〔1998〕223号文关于修订《电力系统污区分布图》的通知中《电力系统污区分布图规定》，同时污区的分级参考了《高压架空线路和发电厂、变电所环境污区分级及外绝缘选择标准》。标准号：GB/T 16434。在盐密电子污区分布图中不同电压等级的高压线和不同级别污区的划分及着色均遵循该标准。实时盐密电子地图用来在监测中心工作站上实时反映监测终端采集到的盐密和其他相关数据，信息可以实时动态刷新。运行部门可用来监测输变电设备动态变化的实时盐密情况，为输变电设备的清扫、评价外绝缘耐污能力、适时调爬提供依据。

2）最大（饱和）盐密电子地图。监测中心提供最大（饱和）盐密电子地图。绘制原则同上。最大（饱和）盐密电子地图用来在监测中心工作站上反映在数据监测终端所安装的区域内出现的最大盐密值，为电力公司提供在污区分布图绘制及绝缘配置方面的参考。

3）绘制参考曲线。监测中心提供采用曲线图方式显示数据监测终端监测点温度，湿度，及盐密数据与时间的曲线。可以使电力部门随时、方便、直观的了解监测点输变电设备的历史盐密变化情况，并可结合温度、湿度与时间关系的信息分析监测点输变电设备的积污规律及自清洗率，作出相应对策。

三、输电线路现场污秽度监测装置应用

输电线路现场污秽度在线监测系统，能够对高压运行环境中绝缘子泄漏电流和监测点微气象状况进行实时监测，全天候地采集运行状态下输电线路现场的污秽度如盐密、灰密以及温度、湿度等气象参数，系统将数据信息通过 GSM/SMS 或 GPRS 方式对数据传输到分析处理中心，通过专家分析系统综合各种参数，根据泄漏电流值、放电脉冲数及气象参数等得出等值附盐密度和污秽发展趋势，并及时了解运行绝缘子的安全、可靠状况，对超标绝缘子及时进行多种方式预警、报警，指导检修和清扫。系统安装示意图如图 16-13-9 所示。

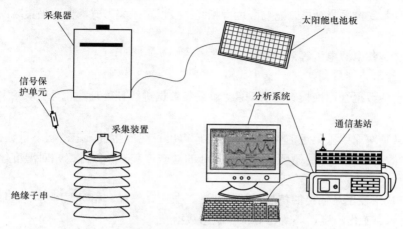

图 16-13-9　系统安装示意图

系统不仅能够在一定程度上降低绝缘子闪络、跳闸等事故发生的概率，而且能够提供某段时间内的线路、塔杆、绝缘子等泄漏电流值查询，同时统计出最大泄漏电流、平均泄漏电流及各相的最大泄漏电流、平均泄漏电流；最大盐密值、平均盐密值及各相的最大盐密值、平均盐密值，为总结绝缘子电气性能下降规律、绝缘子闪络与其微气象、微环境变化之间的关系提供理论依据，为线路运行维护部门逐步实现从"定期检修"到"状态检修"的转变，提供宝贵的现场运行资料。

Q/GDW 558《输电线路现场污秽度监测装置技术规范》规定了输电线路现场污秽度监测装置的功能要求、技术要求、试验项目、试验方法、安装、调试、验收等。其中对现场污秽度监测装置定义如下：满足测量数字化、输出标准化、通信网络化特征，具备自检、自恢复功能，对输电线路现场的污秽度，如盐密、灰密等进行在线监测的一种测量装置。装置一般由一体化现场污秽度监测装置组成。监测内容为盐密、灰密、气温、相对湿度。

1. 功能要求

对监测装置的功能要求，主要包括数据的采集、处理与判别、存储、输出，以及通信、远程更新、配置与调试。

（1）数据采集要求。

1）能传感、采集现场盐密、灰密、气温、相对湿度，进行相应存储，并将测量结果通过通信网络传输到状态监测系统（通常适用于一现场只装一台盐密监测装置，并无其他监测装置的场合），或状态监测代理装置。

2）具备自动采集功能，按设定时间间隔自动采集盐密、灰密、气温、相对湿度，最小采集间隔宜大于 60min，最大采样间隔应不大于 24h，默认时间间隔为 120min。

3）具备受控采集功能，能响应远程指令，按设置采集方式、自动采集时间、采集时间间隔启动采集。

4）宜具备电源电压等采集功能。

（2）数据处理与判别。

1）具备数据合理性检查分析功能，对采集数据进行预处理，自动识别并剔除干扰数据。

2）具备对原始采集量的一次计算功能，得出直观的盐密、灰密状态量数据。

（3）数据存储。应能循环存储至少 30d 的盐密、灰密、气温、相对湿度等状态量数据。

（4）数据输出。输出的信息包括：盐密、灰密、气温、相对湿度等状态量数据，及电源电压、工作温度、心跳包等工作状态数据。

（5）通信功能。通信接口和应用层数据传输规约应满足 Q/GDW 242《输电线路状态监测装置通用技术规范》相关要求。

（6）硬件与软件。

1）具备对装置自身工作状态包括采集、存储、处理、通信等的管理与自检测功能。

2）当判断装置出现运行故障时，能启动相应措施恢复装置的正常运行状态。

（7）远程更新、配置与调试。

1）应具备身份认证、远程更新程序的功能，具备完善的更新机制与方式。

2）应具备按远程指令修改采集频率、采样时间间隔、网络适配器地址等参数的能力。

3）应具备动态响应远程时间查询/设置、数据请求、复位等指令的能力。

4）宜能按远程指令进入远程调试模式，并输出相关调试信息。

2. 技术要求

对监测装置的主要技术要求包括工作环境、准确度、供电等要求。

（1）使用环境条件。

1）环境温度：–25～+45℃（普通型）或–40～+45℃（低温型）。

2）相对湿度：5%RH～100%RH。

3）大气压力：550～1060hPa。

（2）工作温度为–25～+70℃（工业级）或–40～+85℃（扩展工业级）。

（3）外观及标记。

1）外观应整洁完好，无明显划痕。

2）监测装置上应有型号、名称、出厂编号、出厂日期、制造厂名等标记。

（4）主要技术参数。

1）盐密值测量范围：0～1.0mg/cm²；准确度：±10%。

2）灰密值测量范围：0～2.0mg/cm²；准确度：±10%。

3）气温测量范围：−40～+50℃；准确度：±0.5℃。

4）相对湿度测量范围：0～80%RH，准确度：±4% RH；80～100%RH，准确度：±8%RH。

（5）基本技术要求。

1）应有防雨、防潮、防尘、防腐蚀措施。

2）外壳的防护性能应符合 GB 4208 规定的 IP65 级要求。

3）现场污秽度监测装置的结构不应对杆塔产生磨损或其他机械伤害。

4）现场污秽度监测装置应采取防盗、防振、防松措施，保证在运行中不松脱，而且不降低杆塔的机械特性和电气性能。

5）应能经受风霜雨雪等极端气候的考验。

6）现场污秽度监测应该适应杆塔上强电磁干扰环境。

7）应充分考虑作业人员的高空作业环境，安装简单方便。

（6）供电要求。

1）应采用太阳能等供电方式。

2）采用太阳能和蓄电池供电方式时，应根据现场污秽度监测装置的功耗、区域日照状况和蓄电池备用时间，配置太阳电池板和蓄电池的容量可满足无阳光工作日大于 30 天。

3. 性能要求

对监测装置的其他性能要求包括电磁兼容要求、气候防护和机械性能等要求。

（1）电磁兼容性能。

1）静电放电抗扰度。应能承受 GB/T 17626.2 中第 5 章规定的试验等级为 4 级的静电放电试验。在试验期间及试验后，装置应能正常工作。

2）射频电磁场辐射抗扰度。应能承受 GB/T 17626.3 中第 5 章规定的试验等级为 3 级的辐射电磁场干扰试验。在试验期间及试验后，装置应能正常工作。

3）脉冲磁场抗扰度。应能承受 GB/T 17626.9 中第 5 章规定的试验等级为 5 级的脉冲磁场干扰试验。在试验期间及试验后，装置应能正常工作。

4）工频磁场抗扰度。应能承受 GB/T 17626.8 中第 5 章表 1 和表 2 规定的试验等级为 5 级的工频磁场干扰试验。在试验期间及试验后，装置应能正常工作。

（2）气候防护性能。

1）高温性能。应能承受 GB/T 2423.2 试验 Bb 中严酷等级为：温度+70℃或温度

+85℃、持续时间 16h 的高温试验。在试验期间及试验后，装置应能正常工作。

2）低温性能。应能承受 GB/T 2423.1 试验 Ab 中严酷等级为：温度−25℃或−40℃、持续时间 16h 的低温试验。在试验期间及试验后，装置应能正常工作。

3）交变湿热性能。按 GB/T 2423.4 的有关规定进行，高温温度为+55℃，试验周期 24h，原地恢复 2h。在试验期间及试验后，装置应能正常工作。

（3）机械性能。

1）振动性能。在非工作状态下，非包装状态的产品应能通过如下严酷等级的正弦振动试验：① 频率范围：10～55Hz；② 峰值加速度：$10m/s^2$；③ 扫频循环次数：5次；④ 危险频率持续时间：10min±0.5min；试验后，装置应能正常工作。

2）运输性能：① 产品包装后应按 GB/T 6587.6《电子测量仪器 运输试验》中规定进行试验，能承受该标准表 1 中等级为Ⅱ的运输试验（包括自由跌落、翻滚试验）。试验后，装置应能正常工作；② 产品包装后应按 QJ/T 815.2《产品公路运输加速模拟试验方法》中规定进行试验，能承受该标准中等级为三级公路中级路面的运输试验。经过 2h 试验时间后，装置应能正常工作。

（4）可靠性。平均无故障连续工作时间（MTBF）应不低于 25000h。

【思考与练习】

1. 输电线路污闪的危害及防污闪措施。

2. 输电线路现场污秽监测方法。

3. 输电线路现场污秽度监测系统的组成和功能。

4. 输电线路现场污秽度监测装置的主要技术要求。

▲ 模块 14 输电线路防盗报警监测（Z04G7014Ⅲ）

【模块描述】本模块分析了输电线路防盗报警监测的目的和意义，阐述了防盗报警监测的关键技术，介绍了防盗报警监测系统的各组成部分，通过对输电线路防盗报警监测系统各组成部分的结构分析和功能介绍，掌握输电线路防盗报警监测系统的应用。

【正文】

一、输电线路防盗报警监测目的和意义

输电线路具有面广、线长、高空、野外、分散性大的特点，极易遭遇外力破坏。我国每年由于不法分子偷盗塔材、盗割电缆等引起的经济损失十分惨重，严重影响供电安全及地方经济建设。据不完全统计，我国每年由于高压输电线路塔材、导线被盗引起的经济损失达上亿元之多，造成国家财产损失严重，并严重影响电网安全运行

情况。线路被破坏图如图 16-14-1 所示。

针对偷盗行为，电力部门采取了大量的
措施，如加强巡视次数和力度、与公安部门
联动、线路沿线发放张贴保护电力设施宣传
品、在杆塔底部使用防盗螺栓等，但都收效
甚微，只能在偷盗行为发生后采取事后补救
方式处理。由于电力输电线路地理位置上分
散性非常大、多处于偏僻地区，巡视一次浪
费极大的人力、物力，在晚上不利于工作开
展，难以做到全天候、广覆盖。因此传统的

图 16-14-1　线路被破坏图

巡视方式已经不能满足现有的安全需求，急需一种有力地监控、监测手段对输电线路
周边状况及环境参数进行全天候监测，使输电线路运行于可控之中，预防并及时制止
盗窃超高压线路上电力设备的行为。在有偷盗情况发生时及时发出警报，达到减少并
预防盗窃案件发生的目的。因此，研制一种能在输电线路塔材、导线被盗时及时报警
并能通知相关人员的盗窃监测系统，对打击盗窃行为，保障电力系统安全运行具有十
分重要的意义。

二、输电线路防盗报警监测关键技术

随着科学技术的不断发展，远程通信技术成为可能，解决了监控系统远程无线数
据传输的技术瓶颈。由于输电线路点多、线长、面广，针对输电线路的监控系统必须
依赖于远程数据传输技术的发展。当前，多种输电线路监控系统不断投入使用，输电
线路中采用的主要有四种方式。

（1）杆塔振动监控技术。这种监控系统采用振动传感器，安装于铁塔上，前置振
动传感器与杆塔机械接触，适合捕捉钢锯锯铁塔构件时发生的振动；特别有效于连续
振动传导，对周围声音、不连续的敲击反应不明显，有效避免误传误报。当监测到铁
塔有规律的振动时，经过分析判断将报警的杆塔信号通过无线方式传输到后台或指定
的线路工作人员手机上。该方案的前点是利用振动原理可能因为盗贼的偷盗方式不同
而失去监测功能（如窃贼在偷盗塔材前将传感器信号线剪断），并且抗干扰设计也比较
复杂。振动检测需要应对各种风吹、雨雪击打等自然恶劣现象引起的振动，还要考虑
各种动物（牛、羊等）的碰撞引起的振动等，容易误报警。在报警发生后，由于只能
发送报警信号，对于造成报警的原因无法提供直观的信息，应用效果差。即时报警信
息正确，也往往由于距离远，赶到现场时，偷盗分子已经撤离现场，不能留下直接的
证据。

（2）微波探测监测技术。微波探测器选取连续波雷达探测器，工作频率选择较高

的 K 波段（24.125GHz），因为采用高的微波频率有利于探测缓慢移动目标，而盗窃铁塔的分子在塔下通常做缓慢移动。微波探测器可探测到人或其他动物靠近探测元件的行为，或监测到一定时间间隔内，人或其他动物在铁塔附近规定区域内的活动情况，判断与偷盗行为时，触发报警信号，将报警信息通过无线网络传输到监控中心。微波探测技术与振动型监控装置一样，都要考虑各种动物进入检测范围带来的警报，也无法提供直观的报警信息。

（3）视频图像监测技术。图像监控系统是安全监控系统中的一个重要组成部分，是一种先进的、防范能力极强的综合系统。它通过遥控前端设备及其辅助设备（云台、镜头等）直接观看被监视场所的一切情况，以防止意外情况的发生。同时，图像监控系统可以把监控场所的图像全部或部分记录下来，为日后对某些事件的处理提供了重要依据。但是如何控制摄像头的工作时间和储存大量的监控信息。如果让摄像头一天24h 都工作，监控人员 24h 对着监控视频，不仅浪费了设备的储存空间，而且浪费电力、人力资源。

（4）生物电探测技术。在电力铁塔上安装一生物电探测器，此探测器由主机及一根 30～50m 的探测线组成，环绕固定在铁塔下部，当有人靠近或攀爬时启动报警。报警信息通过短信方式传输之信息中心，同时发往有关人员的手机。在启动报警的同时，启动摄像机抓拍功能，将图像发往监控中心，确认是否为误发或小动物误闯。并保留犯罪人员证据及确认警情。

三、输电线路防盗报警监控系统

1. 系统组成

整个系统由监测分机、监控中心、巡检人员组成，在每个基杆塔上安装一台监测分机，随时监测杆塔周围移动物体的状态信息，监控中心主机监护软件处于后台工作模式，当接收到某基杆塔发送来的短信时，激活监护软件，监控人员可及时了解短信内容，确定可能发生被盗的杆塔线路、位置、时间，及时通知巡检人员。

（1）监测分机。监测分机主要由微波感应传感器、太阳能板、语音警示电路、中央处理器、GSM 通信模块组成。其结构如图 16-14-2 所示。

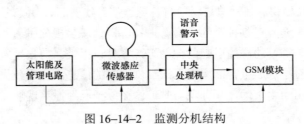

图 16-14-2 监测分机结构

监测分机安装在杆塔上，用于感应 10m 之内的移动物体，当有移动物体靠近杆塔时，微波感应传感器将感应到的移动物体信息输出到中央处理器，中央处理器滤除微弱信号的干扰，例如野外动物、树木随风摆动等非人员的随机干扰；当确定为大型移动物体时，启动语音警示，同时开始累计感应信息次数，感应信息次数达到预设次数时，表明语音警示无效，此移动物体有意地靠近杆塔或电力线，这时启动 GSM 通信模块，向监控中心发送短信。GSM 通信模块则接收监控中心发送来的短信，并自动进行回复。

中央处理器采用微功耗 CPU 微波感应传感器，GSM 通信模块不工作时处于休眠状态。因此，监测分机整体功耗小，采用太阳能电池供电，并备用可充电电池，可以确保在野外长期工作。

（2）监控中心。为了提高系统的通用性并考虑到监测分机发送短信的并发性和突发性，监控软件由后台数据库和前台服务程序组成。为了便于对短信进行管理，采用后台数据库用于存储各杆塔的基本信息（所处的线路、编号、位置等）。在短信并发量较大时可以用作缓冲，并存储各巡检人员的电话号码等信息。系统只需简单地对数据库进行操作，就可完成短信的发送和接收。

2. 基于光纤检测及图像监测技术的输电线路防盗报警监测

基于光纤检测及图像监测技术的输电线路防盗报警监测，运用光纤探测技术、图像监测技术、现代通信技术、新能源技术、新软件技术，使报警可靠性达 98%以上，很好地解决了输电线路防盗预警的难题，为国内首创。

系统由埋在铁塔周围（及塔基内部）的光纤传感器、安装在塔上的智能视频监视及分析装置组成。当有人靠近铁塔或攀爬时，光纤报警器发出预警信号，并把预警信号传输给安装在铁塔上的图像监测装置，监测装置收到报警信号后打开摄像机，启动图像监测功能，进行图像连拍，将图像传输至监控中心，并启动现场语音告警。监控中心能及时接收报警信息、图像的显示并存储，同时以语音、短信等方式进行告警。监测中心还可立即进行远程喊话警告，重大偷盗行为发生时可与 110 联动出警，确保线路的安全运行。

多通道周界光纤传感器是基于全光纤白光微分干涉技术、虚拟仪器技术和智能化振动学习识别技术研制的一项用于安全检测的高新技术产品。其利用光纤的光弹效应直接进行声波和振动信号的调制，实现振动信号的测量，体现了全光纤传感的理念。同时，由于采用了全光纤白光微分干涉技术进行相位解调以及单芯传输的新型结构，具有极高的可靠性。光缆采用单模铠装室外通信光缆，可感应作用在光缆上的震动信号，将震动信号转换成变化的光学物理量，如光强、偏震态、偏转角、光信号频率等，并将隐含以上变化的物理特性的光信号传输到震动光缆报警主机中。由于使用了光缆作为传感单元，外界的强电磁场、雷电等因素不会对系统产生影响，而且光缆具有成本低、抗紫外线、抗老化，可适用于不规则周界等特点，非常适合大范围、长距离、环境条件恶劣的野外周界环境。

【思考与练习】

1. 输电线路防盗报警监测关键技术。
2. 输电线路防盗报警监测系统的组成和功能。
3. 基于光纤检测及图像监测技术的输电线路防盗报警监测。

第十七章

输 电 线 路 检 修

▲ 模块 1 线路检修分类与检修周期（Z04H1001 Ⅱ）

【模块描述】本模块包含线路检修的分类、检修及维护周期等。通过要点介绍、图表对比，熟悉线路检修分类和检修维护周期。

【正文】

一、线路检修的分类

根据国网（运检/4）310《国家电网公司架空输电线路检修管理规定》总则第 2 条之规定：线路检修是指基于资产全寿命周期管理，以状态评价为基础开展的设备检查、维修、改造、抢修等工作。检修管理工作主要包括项目计划、检修准备、项目实施、带电作业、抢修管理、安全与质量控制、档案资料管理、人员培训、检查考核等。

1. 维修

为保证线路本体、附属设施和线路保护区内安全所进行的修理、保护等工作。如调整拉线、基础培土、砍伐或修剪树木等。

2. 大修

为保证线路原有机械性能、电气性能，改善其运行特性、延长使用寿命，对线路缺陷、异常情况所进行的修复、处理工作。如改善接地装置、铁塔防腐和导地线修复等工作。线路经大修后不增加其固定资产额。

3. 技术改造

为提高线路的安全运行性能、健康水平、输电容量或改善电网运行特性所进行的更换、增容等工作。如迁改路径、整体性更换线路区段、升压改造、增大导线截面和增建（延长）线路等工作。线路经技术改造后其固定资产额应重新确定。

4. 事故抢修

为使事故停运或随时有可能导致事故发生的线路尽快恢复正常运行所进行的抢救性修理工作，属于非计划检修工作。

二、输电线路的检修及维护周期

输电线路的检修及维护周期应根据设备状态的巡视和测试结果确定，见表 17-1-1 和表 17-1-2。

表 17-1-1 输电线路检修的主要项目及周期

序号	项 目	周期（年）	备 注
1	杆塔紧固螺栓	必要时	新线投运需紧固 1 次
2	混凝土杆内排水，修补防冻装置	必要时	根据季节和巡视结果在结冻前进行
3	绝缘子清扫	1～3	根据污秽情况、盐密测量、运行经验调整周期
4	防振器和防舞动装置维修调整	必要时	根据测振依监测结果调整周期进行
5	砍修剪树、竹	必要时	根据巡视结果确定，发现危急情况随时进行
6	修补防汛设施	必要时	根据巡视结果随时进行
7	修补巡线道、桥	必要时	根据现场需要随时进行
8	修补防鸟设施和拆巢	必要时	根据需要随时进行
9	各种在线监测设备维修调整	必要时	根据监测设备监测结果进行
10	瓷绝缘子涂 RTV 长效涂料	必要时	根据涂刷 RTV 长效涂料绝缘子表面的憎水性确定

表 17-1-2 根据巡视结果及实际情况需维修的项目

序号	项 目	备 注
1	更换或补装杆塔构件	根据巡视结果进行
2	杆塔铁件防腐	根据铁件表面锈蚀情况决定
3	杆塔倾斜扶正	根据测量、巡视结果进行
4	金属基础、拉线防腐	根据检查结果进行
5	调整、更新拉线及金具	根据巡视、测试结果进行
6	混凝土杆及混凝土构件修补	根据巡视结果进行
7	更换绝缘子	根据巡视、测试结果进行
8	更换导线、地线及金具	根据巡视、测试结果进行
9	导线、地线损伤补修	根据巡视、测试结果进行
10	调整导线、地线弧垂	根据巡视、测量结果进行
11	处理不合格交叉跨越	根据测量结果进行
12	并沟线夹、跳线连板检修紧固	根据巡视、测试结果进行
13	间隔棒更换、检修	根据检查、巡视结果进行
14	接地装置和防雷设施维修	根据检查、巡视结果进行
15	补齐线路名称、杆号、相位等各种标志及警告指示、防护标志、色标	根据巡视结果进行

【思考与练习】

1. 输电线路检修的主要项目有哪些？
2. 杆塔紧固螺栓、绝缘子清扫项目的检修周期是如何规定的？
3. 输电线路为什么要定期进行维护？

▲ 模块2 导地线检修（Z04H1002Ⅱ）

【模块描述】本模块包含导地线检修的一般要求、典型案例和安全注意事项等。通过内容介绍、图表对比、流程讲解，掌握导地线的检修方法。

【正文】

一、工作内容

输电线路导、地线检修方法应视其表面状况和损伤程度来确定。一般导、地线断股及损伤减少截面积的处理标准见表 17-2-1。如果导、地线表面腐蚀，外层脱落或呈疲劳状态，应取样进行强度试验。若试验值小于原破坏值的 80%，则应换线。

表 17-2-1　　　　　　　　导地线断股、损伤减少截面积的处理标准

损伤处理　处理方法　线别	金属单丝、预绞式补修条补修	预绞式补修条、普通补修管补修	加长型补修管、预绞式接续条	接续管、预绞式接续条、接续管补强接续管
钢芯铝绞线钢芯铝合金绞线	导线在同一处损伤导致强度损失未超过总拉断力的 5% 且截面积损伤未超过总导电部分截面积 7%	导线在同一处损伤导致强度损失未超过总拉断力的 5%～17% 且截面积损伤未超过总导电部分截面积 7%～25%	导线损伤范围导致强度损失在总拉断力的 17%～50% 且截面积损伤在总导电部分截面积 25%～60%	导线损伤范围导致强度损失在总拉断力的 50% 以上且截面积损伤在总导电部分截面积 60% 及以上
铝绞线铝合金绞线	断损伤截面不超过总面积 7%	断股损伤截面占总面积的 7%～25%	股损伤截面占总面积的 25%～60%	股损伤截面超过总面积的 60% 及以上
镀锌钢绞线	19 股断 1 股	7 股断 1 股 19 股断 2 股	7 股断 2 股 19 股断 3 股	7 股断 2 股以上 19 股断 3 股以上
OPGW	断损伤截面积不超过总面积 7%（光纤单元未损伤）	断股损伤截面积占面积 7%～17%，光纤单元未损伤（修补管不适用）		

注　1. 钢芯铝绞线导线应未伤及钢芯，计算强度损失或总铝截面积损伤时，按铝股的总拉断力和铝总截面积作基数进行计算。

　　2. 铝绞线、铝合金绞线导线计算损伤截面积时，按导线的总截面积作基数进行计算。

　　3. 良导体架空地线按钢芯铝绞线计算强度损失和铝截面积损失。

导地线断股、损伤检修的一般方法有：① 修光棱角、毛刺；② 缠绕补强法；③ 预绞丝补修法；④ 补修管补修法；⑤ 切断重接。本部分主要介绍采用预绞丝补修导线的方法。

1. 修光棱角、毛刺

在施工放线或运输过程中，导线、地线与硬物相碰或拖地摩擦都有可能造成磨损、棱角、毛刺。如果导线在同一处的损伤同时符合下述情况时，可不作补修，只需将损伤处棱角与毛刺用 0 号砂纸顺着线股的绞制方向擦拭磨光并用清扫布抹干净。

（1）铝、铝合金绞线单丝损伤深度小于直径的 1/2。

（2）钢芯铝绞线及钢芯铝合金绞线损伤截面积为导电部分截面积的 5%及以下，且强度损失小于 4%。

（3）单金属绞线损伤截面积为 4%及以下。

2. 缠绕补强法

（1）将受伤处线股处理整平。

（2）用同金属的单股线（钢绞线用镀锌铁线）顺导线与导线外层铝线绞制方向一致缠绕，修补铝线要紧密，其中心应位于损伤最严重处，并应将损伤部位全部覆盖。

（3）修补最短距损伤部位边缘单边不得少于 50mm，补修表面平滑、无毛刺。

3. 预绞丝补修法

（1）将损伤导线处理整平，用钢丝刷顺着导线绕向向断股处打磨掉导线表面氧化层，用清扫布将打磨掉的脏污擦净，在导线修补部位均匀地涂上一层电力复合脂。

（2）用预绞丝对导线缠绕修补，缠绕的方向应与导线铝股绞向一致，缠绕应平滑、紧密，缠绕时应一根紧贴一根，导线损伤部位应位于修补预绞丝的中间位置。

（3）用细绑线在预绞丝两端距端头 20mm 处进行绑扎，绑扎不得少于三圈，将小辫拧花并拍平。要求修补预绞丝长度不得少于三个节距。

4. 补修管补修法

（1）将损伤处的线股恢复原绞制状态，对损伤处处理平整，用钢丝刷顺着导线绕向向断股处打磨掉导线表面氧化层，用清扫布将打磨掉的脏污擦净。

（2）在导线修补部分均匀地涂上一层电力复合脂，将补修管安装在导线损伤最严重处，并将其全部覆盖，需补修的范围应位于管内各 20mm。

（3）补修管可采用钳压、液压或外爆压进行压接。

5. 锯断重接

当导、地线损伤的截面积或损失的强度超过补修标准时，应割断重接。其连接方法最常见为液压连接法，具体工艺可参见 Z04F3004 Ⅱ 模块。

二、危险点分析和控制措施

采用预绞丝停电修补导线危险点主要有高空坠落、物体打击、触电等。其控制措施有以下几点。

1. 防止高空坠落措施

（1）上杆塔作业前，应先检查杆根、拉线和基础是否牢固。登杆塔前，应先检查安全带、脚扣、脚钉、爬梯、防坠装置等是否完整牢靠。严禁利用绳索、拉线上下杆塔或顺杆下滑。

（2）上横担进行工作前，应检查横担连接是否牢固和腐蚀情况。在杆塔上作业时，应使用有后备绳或速差自锁器的双控背带式安全带，安全带和保护绳应分挂在杆塔不同部位的牢固构件上，应防止安全带从杆顶脱出或被锋利物损坏。人员在转位时，手扶的构件应牢固，且不得失去后备保护绳的保护。

（3）杆塔上有人时，不准调整或拆除拉线。

2. 防止物体打击措施

（1）现场工作人员必须正确佩戴好安全帽。

（2）高空作业应使用工具袋，较大的工器具应固定在牢固的构件上，不准随便乱放。上下传递物件应用绳索拴牢传递，严禁上下抛掷。

（3）在高处作业现场，工作人员不得站在作业处的垂直下方，高空落物区不得有无关人员通行或逗留。在行人道口或人口密集区从事高处作业，工作点下方应设围栏或其他保护措施。

3. 防止触电措施

放落导线时应注意导线下方是否跨有带电线路，防止被检修的导线触碰下方带电线路或安全距离不够，必要时申请停电后再进行作业。

三、作业前准备工作

1. 作业方式及作业条件

采用预绞丝补修导线的方法，应在良好天气下进行，如遇雷、雨、雪、雾不得进行作业，风力大于 6 级时，一般不宜进行作业。

2. 人员组成

工作负责（监护）人 1 名，杆上作业人员一般 2 名，地面作业人员 3 名，共 6 人（根据工作现场实际情况可适当增减作业人员）。

3. 作业工器具、材料配备

（1）所需工器具主要有法兰螺栓、卡线器、导线保护绳、单轮滑轮、双钩、机动绞磨、各种规格钢丝绳和钢丝绳套等。

（2）所需材料主要有预绞丝、棉纱、电力复合脂等。

四、作业步骤和质量标准

1. 上杆作业前准备

（1）工作人员根据作业内容选择工器具及材料并检查是否完好齐全。

（2）地面作业人员在适当的位置将起吊绳理顺确保无缠绕。

（3）按工作票的要求在工作地段前后杆塔的导线上验明确无电压后装设好接地线。

（4）在 1、3 号杆塔将待修补的导线打好临时拉线，临时拉线应使用钢丝绳，不得使用白棕绳、麻绳等，绑扎工作应由有经验的人员担任，不得固定在有可能移动或其他不可靠的物体上。修补导线施工布置如图 17-2-1 所示，*A* 为导线损伤处。

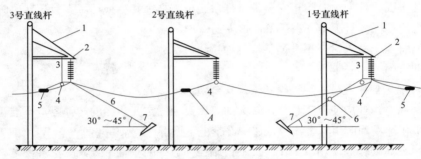

图 17-2-1 修补导线施工布置

1—直线横担补强钢丝绳；2—双钩；3—钢丝绳；4—滑车；5—卡线器；6—临时拉线；7—角铁桩

2. 登杆作业

（1）杆上作业人员检查登杆工具及安全防护用具并确保良好、可靠。

（2）杆上作业人员戴好安全帽，携带安全带、后备保护绳、吊绳开始登杆。

（3）杆上作业人员登杆到适当位置系好安全带、后备保护绳、个人保安线，在横担合适的位置挂好吊绳。

3. 放落待修补的导线

（1）杆上作业人员将后备保护绳系在杆塔横担的牢固构件上，检查无误后，携带吊绳到达被修补线的挂线横担头后系好安全带，将吊绳挂在适当的位置。

（2）杆上作业人员用吊绳将钢丝绳、单轮滑车、卡线器等工器具吊至杆上，并安装牢固。

（3）杆上作业人员用起吊钢丝绳拴牢待修补的导线后，缓慢启动牵引使导线受力，拆除待修补导线 2 号杆的悬垂线夹，将导线放至地面。

4. 用预绞丝修补损伤导线

（1）地面作业人员检查导线的损伤处，在需要修补的地方用钢丝刷顺着导线绕向将断股处导线表面氧化层打磨掉，用清扫布将打磨掉的污秽物擦净，将损伤处导线处理整平，并在导线修补部分均匀地涂上一层电力复合脂。

（2）地面作业人员用预绞丝在导线上缠绕修补，缠绕的方向应与导线铝股绞向一致，缠绕时应一根紧贴一根，缠绕应平滑、紧密，导线损伤部位应位于修补预绞丝的中间位置。修补预绞丝长度不得少于三个节距，修补后用细绑线在预绞丝两端距端头20mm处进行绑扎，绑扎不得少于三圈，将小辫拧花并拍平。

5. 恢复导线

（1）地面作业人员用起吊钢丝绳将修补好的导线拴牢，并将导线提升至杆上。

（2）杆上作业人员将导线放入悬垂线夹内，并使悬垂线夹保持垂直后进行紧固，检查无问题后，放松牵引钢丝绳，拆除钢丝绳与导线的连接。

（3）杆上作业人员用吊绳将钢丝绳和滑车等工器具拴牢吊至地面。

（4）杆上作业人员检查杆上无任何遗留物后，解开安全带、后备保护绳，携带吊绳下杆。

（5）杆上作业人员将登杆证交还工作负责（监护）人，工作负责（监护）人在工作任务单填写执行情况。

6. 工作结束

工作负责人确认在杆塔上、导线上、绝缘子串上及其他辅助设备上没有遗留的个人保安线、工具、材料等，查明全部工作人员确由杆塔上撤下后，再命令拆除工作地段所挂的接地线，并向工作许可人汇报作业结束，终结工作票。

五、注意事项

（1）放落和收紧导线时应设专人看护，时刻注意被跨越物，防止卡住导线，发生意外。

（2）所跨越的通信线及广播线禁止用手直接攀抓，采取措施以防压伤。

（3）放落或紧线时，要防止转向滑车脱出，应及时进行检查，牵引绳内角侧严禁站人。

（4）牵引钢丝绳在绞磨卷筒上的卷绕圈数不得少于五圈，绳尾受力，并由专人看管。

（5）紧线时，如遇导线有卡、挂现象，应松线后处理。处理时操作人员应站在卡线处外侧，采用工具、大绳等撬、拉导线。严禁用手直接拉、推导线。

（6）拆除杆上导线时，应先检查杆根，做好防止倒杆措施，在挖坑前应先绑好拉绳。

【思考与练习】

1. 编写更换局部导线损伤的施工方法。

2. 采用补修管补修导线时应符合哪些规定？

3. 输电导线在运行中有哪些因数会导致导、地线损伤？

▲ 模块 3　杆塔检修（Z04H1003Ⅱ）

【模块描述】本模块包含几种典型杆塔检修案例的施工布置、操作方法要点和安全注意事项等。通过要点分析、案例讲解，掌握杆塔检修的方法。以下内容还涉及输电线路杆塔维护主要检查项目、杆塔主要缺陷及处理、铁塔防腐施工，以及转角铁塔倾斜调整案例施工布置、操作方法要点和安全注意事项等。

【正文】

一、工作内容

架空输电线路的杆塔是用来支持导线和避雷线的支持结构。杆塔的主要作用是支持导线、地线、绝缘子和金具，保证导线与地线之间、导线与导线之间、导线与地面或交叉跨越物之间所需的距离，并能承受导线、避雷线及本身的荷载和外荷载。由于输电线路杆塔工作于城市、乡村、高山、河畔、原野等不同环境，经受着风、霜、雨、雪的袭击，承受着不同状态的外力作用。例如：大风、低温时将使铁塔承受较大的横向或纵向外力的作用，微风时可能导致导线及避雷线振动，振动传至铁塔又可能使某些构件因疲劳而断裂或螺栓松动，甚至于脱落。低洼地带因低温冻鼓，可能引起主材的不均匀受力，致使斜材弓弯；车辆等交通机械碰撞损坏；塔材被盗；塔材锈蚀等。因此，对运行中的输电线路杆塔应做好运行维护管理，确保线路运行安全。

输电线路杆塔长期运行在野外，受大气环境及地形、地貌的变迁影响，杆塔会出现各种各样的缺陷。混凝土杆最常见的缺陷有流白浆、裂纹、连接抱箍锈蚀、混凝土剥落、钢筋外露、杆身弯曲和倾斜；铁塔最常见的缺陷有塔材锈蚀、连接螺丝松动、塔脚混凝土保护帽开裂、塔材弯（扭）曲、塔身倾斜以及塔脚支链锈裂。根据杆塔缺陷性质可采取调整杆塔、高空更换杆段、电杆加高等检修方法。

二、输电线路杆塔的运行维护

1. 输电线路杆塔的分类

目前广泛应用在输电线路上的杆塔多为铁塔，按型式分为两大类，即自立式铁塔与拉线式铁塔。按构成铁塔的材料可分为钢管铁塔、角钢铁塔及圆钢铁塔。国外还有铝合金铁塔。也有钢管与角钢、圆钢混合使用的，还有采用充填混凝土的钢管铁塔。按回路数可分为单回路、双回路、多回路等形式。拉线铁塔的分类大致有单柱式拉线塔、拉 V 形塔和拉门型塔。按用途分类可分为：直线塔、耐张塔、转角塔、换位塔、跨越塔、分歧塔及终端塔等。

2. 输电线路杆塔的外荷载

杆塔所受的外荷载包括：杆塔本身的风荷载，架设在杆塔上的导线及避雷线的风荷载，包括金具及绝缘子串的风荷载；故障时的断线张力，承力塔的不平衡张力，角度荷载以及杆塔自重力，导线、避雷线的自重力；另外还有施工人员及工器具重力等。

3. 输电线路杆塔维护主要检查项目

在对线路杆塔巡视检查和测试中，主要应做好下列工作。

（1）检查杆塔基础的混凝土有无腐蚀、酥松或脱落的现象；雨季应注意基础附近有无被水冲刷而影响基础稳定或某个塔腿基础的不均匀下沉的现象；冬季要注意位于低洼地带及河谷区域的铁塔基础有无冻鼓的现象。防止冻鼓的办法是将基础周围的土壤挖开，换以大块石头。春秋季风大还要留意基础与地面有无裂缝发生。位于化工区的铁塔基础易受化工厂的排放物质腐蚀，应予充分留意。风沙大的地区，位于低洼处的塔腿易受沙土埋没而锈蚀，应予清理。

（2）检查杆塔有无倾斜，所有构件有无变形、丢失。缺少辅助材则标志受力构件长细比的增大，使受力条件恶化。运行中因丢失辅助材与斜材而倒塔的事故教训，不是耸人听闻的。运行部门应备一定数量常用规格的镀锌角钢，对缺少的构件及时填补。应检查构件的锌皮（涂料）有否脱落、锈蚀；螺栓有无松动与脱落。

（3）拉线塔的拉线系统同样是杆塔的主要部件，应详细检查各部件是否生锈，各连接紧固件的螺帽有否松动、丢失，应随时紧固与填补。应检查拉线基础有无上拔突起的现象及混凝土的完好状态。拉线松弛将改变铁塔的受力状态。拉线初应力的降低将使拉线点的位移及弯矩成倍地增加，因此应随时调整。应检查位于交通要道附近的拉线基础所设的防撞设施是否完好。

拉线应力在投入运行 1～2 年内，每年平均下降约 20%～40%左右。2 年以后，每年约下降 10%左右，5～10 年后才趋于稳定，但每年还要下降 2%左右。因此，应重视拉线的调整工作，特别是投入运行后的 1～2 年内，应该力求保证拉线的初应力符合要求。

（4）应检查高塔上所设航空障碍灯的电路是否健全，灯泡有无损坏。登塔设施是否完整、齐备，应使其处于良好的运行状态。

4. 输电线路杆塔主要缺陷分析及处理

输电线路杆塔出现最多的缺陷是螺栓松动、脱落，塔材锈蚀、变形、被盗、被撞、倾斜等。

新建线路铁塔螺栓的松动主要是由于导线初应力释放等外力变化和铁塔内力重新

分布引起的，因此规程规定新建线路的铁塔螺栓在一年后应重新紧固一次。导地线、铁塔受到微风振动也会使铁塔螺栓松动，规程规定应每五年复紧一次螺栓，对位于微气象区的铁塔应增加螺栓紧固情况的检查。对于经过防松、防盗处理的螺栓松动情况要好得多，复紧可视巡视结果进行。

塔材锈蚀一般是由于镀锌层破坏引起的，镀锌层破坏又是由于外力冲撞、环境污染、运行时间长等原因引起，巡视时应找出镀锌层破坏的原因，以便有针对性采取措施。塔材变形的原因有外力冲撞、基础不均匀下降、基础根开变化、尺寸不合格塔材强行安装等，塔材变形会影响到铁塔的整体受力结构变化，应及时更换。对于塔材经常被盗的区域应适当提高防盗高度。位于路边、厂区等经常有车辆通过区域的杆塔，应设置明显的警示标志，必要时应修筑混凝土防撞设施。

××年 8 月，某单位巡线人员发现所辖 500kV ××线 087 号塔 C 腿被穿越线路在建高速公路施工车辆撞损，其中塔腿段主材、大斜材、插入式角铁均撞扭曲变形，小水平材、斜材共 14 根撞变形撕裂，运行单位及时启动应急抢修机制，及时带电对受损塔材进行了更换，防止了倒塔、断线、跳闸事故的发生。同时采取了防范措施，在铁塔周围设置了防撞混凝土墩，在防撞墩（见图 17-3-1）上涂刷红白漆醒目警示，并竖立了提醒过路司机的警示牌，防范类似撞塔事件再次发生。对一些易受过往车辆、大型施工机械碰撞的塔位除安装防撞设施（见图 17-3-2）和警示标志牌外（见图 17-3-3），还在塔身安装远程在线视频监控（见图 17-3-4），一来作为安全监控预警，二来可作为事发后索赔的证据。

杆塔倾斜一般是由地质不良引起的，如滑坡、泥石流、湿陷性黄土遇水、采空区塌陷等。在这些地质不良地带，应定期或地表发生变化时测量杆塔倾斜情况，必要时应安装杆塔倾斜在线监测装置。DL/T 741 要求，50m 以下铁塔倾斜的最大允许值为 1%，50m 及以上铁塔倾斜的最大允许值为 0.5%，如超过这个范围，应及时采取纠偏措施。

对于拉线杆塔，其稳定的条件是拉线受力并均匀分布。因此巡视时需特别注意拉线的均匀受力，发现拉线松弛应及时调整。我国每年都会发生拉线构件被盗引发的倒杆塔事故，因此所有拉线必须全部安装防盗设施，对易盗区还应采取防锯割措施。拉线、拉线棒锈蚀会影响拉线杆塔的强度，拉线锈蚀的检查除外观检查外，还应检查其单股钢线的弹性，拉线棒应重点检查其地上与地下的结合部位。为了防止农耕机械撞损拉线，需要对拉线下部安装反光护套予以警示，线路巡视中要检查修补，确保完好。拉线反光护套如图 17-3-5 所示。

图 17-3-1　防撞墩

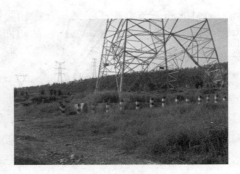

图 17-3-2　防撞桩

图 17-3-3　防撞警示牌

图 17-3-4　远程在线视频监控系统

5. 塔材的锈蚀及防腐处理

对输电铁塔，一般都进行了热浸镀锌防腐蚀处理，但经过若干年的使用之后，也往往由于锌层破坏而发生锈蚀，大大降低了钢结构构件的承载能力，其使用寿命往往取决于所使用环境的腐蚀程度。塔材在大气中，若表面不加保护或保护措施不当，在周围介质化学和电化学的作用下，就会产生锈蚀，使构件截面减薄，降低结构的使用年限。铁塔的锈蚀与大气中的有害成分（如酸、盐等）、周围环境、湿度、温度和通风情况有关。使用富锌涂料防锈是目

图 17-3-5　拉线反光护套

前解决铁塔防锈最普遍和最常用的一种方法。对插入式基础底部塔腿的腐蚀处理，可在防腐处理后再浇制混凝土保护帽的方法加以保护。

涂料的施工与维护：钢结构在涂刷防锈涂料前，必须对构件表面彻底清理，清除毛刺、铁锈、油污及其他附着物，使构件表面露出银灰色，以增加漆膜与构件表面的黏合和附着力。

为了使涂层耐久，应有良好的施工条件。涂料的施工应在晴天和良好天气进行，应避免在雨、雪、雾、风沙天气或烈日下施工。因露水常在夜间凝结在结构物上，早晨涂漆应从朝阳一面开始。当气温低于 5℃ 或高于 35℃ 时，一般不宜施工。气温低于 5℃ 时，涂膜干燥得慢，涂料也易变稠，使操作性能变坏，而且会附着上肉眼看不见的水分。夏季天气炎热，钢材表面温度过高时，涂料干燥得快。不能充分反复涂刷，会产生涂刷不均匀的缺陷。尤其要注意的是涂装面上有可能鼓汽泡。当气温在 30~40℃ 时，钢材表面的温度可达 50~70℃ 左右。在湿度大于 85% 时不能进行涂装施工，湿度极大时，在钢结构表面上会沾附着肉眼看不见的水分，可使涂装黏着性下降，也有因加水作用使涂料发生分解的危险，这些问题在施工中都应充分予以重视。一般情况下塔腿和塔身部分带电进行防腐施工，塔头部分的防腐结合线路停电综合检修时进行，施工中还应采取隔离措施防止涂料飘浮到绝缘子串上污染绝缘子并降低绝缘子的绝缘性能。插入式基础塔腿浇制保护帽如图 17-3-6 所示，施工时防止污染绝缘子如图 17-3-7 所示。

图 17-3-6　插入式基础塔腿浇制保护帽　　　图 17-3-7　施工时防止污染绝缘子

钢结构使用油漆涂料维护，维护间隔时间的长短依涂料品种和周围介质的情况而定。凡发现涂层表面失去光泽达 90%；涂层表面粗糙、风化、开裂达 25%；或漆起泡、构件有轻微腐蚀达 40% 等，应及时进行维护。目前，如华东电网 500kV 输电线路铁塔冷涂锌防腐工程技术和工艺规范规定防腐质量标准是保证 8 年。

对于重新油漆维护的钢结构工程，如旧的漆膜是完好的，只需将构件表面的灰垢彻底清除掉，然后涂漆即可。当大面积的漆膜完好只局部有锈时，只需将有锈的漆膜除掉，保留完好的漆膜。重新油漆之后，因漆膜增厚，故保护寿命可延长。如钢结构锈蚀率较大，旧漆膜已经脱落、脱皮，或失去附着力，则应将旧漆膜彻底清除，然后重新油漆。

三、几种典型杆塔检修案例介绍

（一）高空更换门型双杆上段案例介绍

1. 危险点分析和控制措施

高空更换门型双杆上段危险点有高空坠落、物体打击、倒杆和碰伤等，其控制措施有以下几方面。

（1）防止高空坠落措施。

1）上杆塔作业前，应先检查杆根、拉线和基础是否牢固。登杆塔前，应先检查安全带、脚扣、脚钉、爬梯、防坠装置等是否完整牢靠。严禁利用绳索、拉线上下杆塔或顺杆下滑。

2）上横担进行工作前，应检查横担连接是否牢固和腐蚀情况。在杆塔上作业时，应使用有后备绳或速差自锁器的双控背带式安全带，安全带和保护绳应分挂在杆塔不同部位的牢固构件上，应防止安全带从杆顶脱出或被锋利物损坏。人员在转位时，手扶的构件应牢固，且不得失去后备保护绳的保护。

（2）防止物体打击措施。

1）现场工作人员必须正确佩戴好安全帽。

2）高空作业应使用工具袋，较大的工器具应固定在牢固的构件上，不准随便乱放。上下传递物件应用绳索拴牢传递，严禁上下抛掷。

3）在高处作业现场，工作人员不得站在作业处的垂直下方，高空落物区不得有无关人员通行或逗留。在行人道口或人口密集区从事高处作业，工作点下方应设围栏或其他保护措施。

4）除指挥人员外，其他人员应在离开杆塔高度的 1.2 倍距离以外，行人不得进入工作现场。

（3）防止倒杆措施。

1）要设专人指挥，信号明确。

2）临时拉线上、下连接点，应牢固可靠，固定电杆的临时拉线要派专人看守，以防拉线松脱。

3）当临时拉线完全受力后，检查无问题方可拆除旧拉线。

4）当永久拉线完全受力后，检查无问题方可拆除临时拉线。

5）杆塔上有人时，不准调整或拆除拉线。

6）利用抱杆提升电杆时，起吊工具、抱杆的强度和刚度必须满足起吊重量的要求，抱杆底部必须采取可靠的防滑措施。

7）抱杆底部应固定牢固，抱杆顶部应设临时拉线控制，临时拉线应均匀调节并由有经验的人员控制。抱杆应受力均匀，两侧拉绳应控制好，不得左右倾斜。

8）抱杆提升过程中应缓慢牵引，提升完成后，应检查抱杆及各部受力情况良好后才能提升电杆。

（4）防止碰伤措施。

1）在拆除电杆或提升电杆时，应控制好方向控制绳，以免电杆碰伤作业人员。

2）在提升、放落上节电杆过程中，严禁登杆作业。

2. 作业前准备工作

（1）作业方式及作业条件。高空更换门型双杆上段工作时，应在良好天气下进行，如遇雷电、暴雨、冰雹、大雾、沙尘暴等恶劣天气不得进行作业，风力大于 6 级时，一般不宜进行作业。

（2）人员组成。工作负责（监护）人 1 名，杆上作业人员一般 2 名，焊工 1 人，地面作业人员 8 名，共 12 人（根据工作现场实际情况可适当增减作业人员）。

（3）施工布置图。高空更换门型双杆上段施工布置如图 17-3-8 和图 17-3-9 所示。

（4）作业工器具、材料配备。

1）所需工器具主要有木抱杆、起重滑车、白棕绳、法兰螺栓、气焊工具、卸扣、角铁桩、双钩、机动绞磨及相关规格钢丝绳等。

2）所需材料主要有混凝土杆上节等。

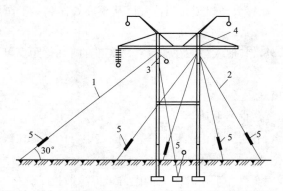

图 17-3-8　高空更换门型双杆上段施工布置图（一）

1—横线路方向临时拉线；2—四方临时拉线；3—吊挂中导线钢绳套；

4—被更换电杆上节；5—双钩

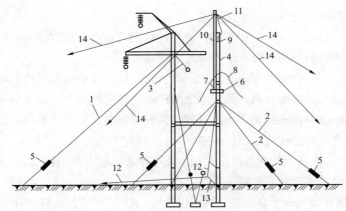

图 17-3-9　高空更换门型双杆上段施工布置图（二）

1—横线路方向临时拉线；2—不需更换杆的四方临时拉线；3—吊挂中导线钢绳套；
4—被更换电杆上节；5—双钩；6—耐张横担抱箍；7—抱杆根部固定钢绳套；
8—控制绳；9—起吊钢绳套；10—独脚抱杆；11—起吊滑车组；
12—牵引钢丝绳；13—导向滑车；14—抱杆四方拉线

3. 作业步骤和质量标准

（1）上杆作业前的准备。

1）工作人员根据工作情况选择工器具及材料并检查是否完好齐全。

2）工作人员检查杆塔根部、所有的拉线及基础是否完好。

3）按工作票的要求在工作地段前后杆塔的导线上验明确无电压后装设好接地线。

（2）登杆作业。

1）杆上作业人员检查登杆工具及安全防护用具并确保良好、可靠。

2）杆上作业人员戴好安全帽，携带安全带、后备保护绳、传递绳和滑车开始登杆。

3）杆上作业人员登杆到适当位置系好安全带、后备保护绳后，在合适的位置挂好起吊绳。

（3）作业过程操作要点。

1）如图 17-3-8 所示，在不需要更换的电杆横担处，横线路方向打好一侧临时拉线（对地夹角一般小于 45°）；在需要更换的电杆顶部，打好四方临时拉线，以保证该杆拆除拉线和横担顶架后的稳定性。

2）拆除被更换电杆侧的导线、绝缘子串和地线金具串与线夹连接的销钉，将边导线及地线放落到地面，中相导线可用钢绳套将导线吊挂在不需更换的横担下方；然后拆除被更换电杆上的绝缘子串、地线金具串、横担、吊杆等。

3）在被更换的杆段距杆顶 500mm 处，分别在杆段两侧安装好两套起吊钢绳，用以吊装抱杆。两钢绳套有效长度应一致。

4）如图 17-3-9 所示，在被更换的杆段的中段合适的位置打好四方临时拉线、安装好耐张横档抱箍和焊接平台（距焊口约 1000mm）。

5）事先在抱杆顶部挂好起吊滑车组和四根临时拉线，利用被更换的电杆提升独脚抱杆，使抱杆位于顺线路方向，其根部坐落在耐张横担抱箍上。根部与电杆之间垫入一根 60mm×60mm×300mm 的方木，使抱杆离开焊接头，用钢绳套将根部与电杆固定牢固，并将四方临时拉线与地面锚桩固定。

6）利用独脚抱杆上的起吊滑车组吊紧被更换的杆段，并在其下端适当位置打好控制绳，以防钢箍接头割开后杆段晃动。

7）焊工登杆到作业平台上高空割开焊接头，在焊接头完全割开前，应控制好更换杆段下端的控制绳，防止杆段晃动。然后利用抱杆上的滑车组，将被更换的杆段通过机动绞磨缓慢吊至地面。

8）在新更换杆段顶部适当位置绑扎好四方落地拉线，在下端绑好两根控制大绳，便于就位，供找正用。

9）利用抱杆上的滑车组提升新杆段到顶部，调整杆段上的控制大绳，使焊口对齐，在焊缝间垫入焊条，使之保持一定的间隙。打好新杆段四方临时拉线，通过临时拉线将杆身调直后在四周点焊定位，再进行焊接，焊接好后杆身应垂直。

10）在新电杆顶部安装好起吊滑车，将抱杆吊至地面。

11）安装好永久拉线，拆除新杆段四方临时拉线，安装好横担，恢复导、地线。

（4）作业结束。

1）杆上作业人员检查施工质量无问题后，拆除临时拉线，用传递绳将工器具拴牢传至地面。

2）杆上作业人员检查杆上无任何遗留物后，解开安全带、后备安全绳，携带起吊绳下杆。

3）杆上作业人员将登杆证交还工作负责（监护）人，工作负责（监护）人在工作任务单填写执行情况。

4）工作负责人确认在杆塔上、导线上、绝缘子串上及其他辅助设备上没有遗留的个人保安线、工具、材料等，查明全部工作人员确由杆塔上撤下后，再命令拆除工作地段所挂的接地线，并向工作许可人汇报作业结束，终结工作票。

4. 注意事项

（1）所更换的电杆上节配筋及强度必须达到或高于原设计要求，且不得出现纵、横向裂缝。

（2）杆上焊接时，焊缝应有一定的加强面，一个焊接口应连续焊接好，焊缝应呈平滑的鱼鳞状。

（3）电杆钢圈焊接头表面铁锈应清除干净，焊接完后应除净焊渣及氧化层，然后涂刷防锈漆。

（4）电杆更换好后其倾斜度小于3‰。

（5）放落和提升电杆时，要防止转向滑车脱出，应及时进行检查，牵引绳内角侧禁止站人。

（6）牵引钢丝绳在绞磨卷筒上的卷绕圈数不得少于五圈，绳尾受力，并设专人看管。

（7）放落和提升电杆要使用合格的起重设备，严禁过载使用。

（8）升降抱杆必须有统一指挥，信号畅通，四侧临时拉线应由经验丰富的作业人员操作并均匀放出。

（9）抱杆垂直下方不得有人，杆上人员应站在杆身内侧的安全位置上。

（10）起吊和就位过程中，吊件外侧应设控制绳。

（11）在起吊、牵引过程中，受力钢丝绳的周围、上下方、转向滑车内角侧和起吊物的下面，禁止有人逗留或通过。

（12）牵引时，不准利用树木或外露岩石作受力桩。一个锚桩上的临时拉线不准超过两根，临时拉线不得固定在有可能移动或其他不可靠的物体上。临时拉线绑扎工作应由有经验的人员担任。

（13）杆塔上下无法避免垂直交叉作业时，应做好防落物伤人的措施，作业时要相互照应，密切配合。

（14）杆塔施工中不宜用临时拉线过夜；需要过夜时，应对临时拉线采取加固措施。

（二）混凝土杆加高案例介绍

1. 危险点分析和控制措施

混凝土杆加高危险点有高空坠落、物体打击、倒杆和碰伤等，其控制措施有以下几方面。

（1）防止高空坠落措施。

1）上杆塔作业前，应先检查杆根、拉线和基础是否牢固。登杆塔前，应先检查安全带、脚扣、脚钉、爬梯、防坠装置等是否完整牢靠。严禁利用绳索、拉线上下杆塔或顺杆下滑。

2）上横担进行工作前，应检查横担连接是否牢固和腐蚀情况。在杆塔上作业时，应使用有后备绳或速差自锁器的双控背带式安全带，安全带和保护绳应分挂在杆塔不同部位的牢固构件上，应防止安全带从杆顶脱出或被锋利物损坏。人员在转位时，手扶的构件应牢固，且不得失去后备保护绳的保护。

（2）防止物体打击措施。

1）现场工作人员必须正确佩戴好安全帽。

2）高空作业应使用工具袋，较大的工器具应固定在牢固的构件上，不准随便乱放。上下传递物件应用绳索拴牢传递，严禁上下抛掷。

3）在高处作业现场，工作人员不得站在作业处的垂直下方，高空落物区不得有无关人员通行或逗留。在行人道口或人口密集区从事高处作业，工作点下方应设围栏或其他保护措施。

4）除指挥人员外，其他人员应在离开杆塔高度的 1.2 倍距离以外，行人不得进入工作现场。

（3）防止倒杆措施。

1）要设专人指挥，信号明确。

2）临时拉线上、下连接点，应牢固可靠，固定电杆的临时拉线要派专人看守，以防拉线松脱。

3）当临时拉线完全受力后，检查无问题方可拆除旧拉线。

4）当永久拉线完全受力后，检查无问题方可拆除临时拉线。

5）杆塔上有人时，不准调整或拆除拉线。

6）利用抱杆提升角钢框架式杆段时，起吊工具、抱杆的强度和刚度必须满足起吊重量的要求，抱杆底部必须采取可靠的防滑措施。

7）抱杆底部应固定牢固，抱杆顶部应设临时拉线控制，临时拉线应均匀调节并由有经验的人员控制。抱杆应受力均匀，两侧拉绳应控制好，不得左右倾斜。

8）抱杆提升过程中应缓慢牵引，提升完成后，应检查抱杆及各部受力情况良好后才能提升。

（4）防止碰伤措施。

1）在提升角钢框架式杆段时，应控制好方向控制绳，以免角钢框架式杆段碰伤作业人员。

2）在提升角钢框架式杆段过程中，严禁登杆作业。

2. 作业前准备工作

（1）作业方式及作业条件。混凝土杆加高工作时，应在良好天气下进行，如遇雷电、暴雨、冰雹、大雾、沙尘暴等恶劣天气不得进行作业，风力大于 6 级时，一般不宜进行作业。

（2）人员组成。工作负责（监护）人 1 名，杆上作业人员一般 2 名，地面作业人员 5 名，共 8 人（根据工作现场实际情况可适当增减作业人员）。

（3）施工布置图。混凝土杆加高施工布置如图 17-3-10、图 17-3-11 所示。

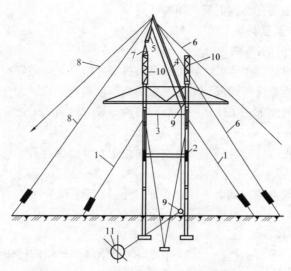

图 17-3-10 混凝土杆加高施工布置图（一）

1—侧向临时拉线；2—前后临时拉线；3—水平拉线；4—抱杆；5—起吊滑车组；6—上风拉线；
7—起吊钢绳套；8—抱杆四方拉线；9—转向滑车；10—新加高铁杆段；11—机动绞磨

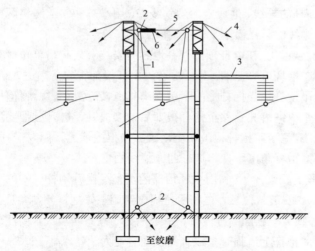

图 17-3-11 混凝土杆加高施工布置图（二）

1—起吊钢丝绳；2—转向滑车；3—横担；4—新加高铁杆段四方拉线；5—水平拉线；6—双钩

（4）作业工器具、材料配备。

1）所需工器具主要有木抱杆、起重滑车、白棕绳、法兰螺栓、气焊工具、卸扣、角铁桩、双钩、机动绞磨、经纬仪、主接地线及相关规格钢丝绳等。

2）所需材料主要有角钢框架式加高杆段等。

3. 作业步骤和质量标准

（1）上杆作业前的准备。

1）工作人员根据工作情况选择工器具及材料并检查是否完好齐全。

2）工作人员检查杆塔根部、所有的拉线及基础是否完好。

3）按工作票的要求在工作地段前后杆塔的导线上验明确无电压后装设好接地线。

（2）登杆作业。

1）杆上作业人员检查登杆工具及安全防护用具并确保良好、可靠。

2）杆上作业人员戴好安全帽，携带安全带、后备保护绳、传递绳和滑车开始登杆。

3）杆上作业人员登杆到适当位置系好安全带、后备保护绳后，在合适的位置挂好起吊绳。

（3）作业过程操作要点。

1）在导线横担下方的电杆上，打好前后四根临时拉线和两根侧向临时拉线，两杆之间用钢丝绳套和双钩连接并收紧。

2）拆除加高杆相邻两基直线杆塔导线、地线悬垂线夹，并将导线、地线放入放线滑车内。

3）拆除加高杆的导线、地线上的悬垂线夹，用滑车和钢丝绳将两根边导线和地线放松到地面，中导线放落在横梁上。

4）抱杆的安装：① 在电杆顶部架空地线处安装一只起吊单轮滑车，将牵引绳穿过滑车一端绑扎在抱杆重心上部，另一端通过电杆根部转向滑车进入机动绞磨。② 用机动绞磨缓慢起吊抱杆，当抱杆上的牵引绳绑扎点接近滑车时，将抱杆临时和电杆捆绑在一起，并将牵引绳绑扎点移至抱杆根部后继续提升，提升过程要注意控制好抱杆顶部四根临时拉线，直至将抱杆根部吊至坐落在横担抱箍上，并和杆身固定牢靠。③ 抱杆就位后，调整好抱杆角度，并将抱杆四方拉线固定好。

5）加高杆段的安装：① 利用抱杆顶部的滑车组提升抱杆一侧的加高杆段（一般采用角钢框架式），安装就位后，再利用拉线重新调整好抱杆倾斜角度，吊装另一侧加高杆段。② 在吊装另一侧加高杆段时，由于抱杆的倾斜角度大，要注意抱杆稳定的控制，确保倾斜后的抱杆上风临时拉线有两根同时受力。

6）加高杆段全部安装好后，将六根临时拉线和两杆连接钢丝绳套移到加高杆段上打设（移动临时拉线前，永久拉线必须调紧好），注意绑扎点不应影响横担的安装。

7）在加高桁架上安装一只单轮滑车，利用牵引绳通过机动绞磨将抱杆放落到地面。

8）横担的提升：在加高杆段顶部各安装一只滑车，用两根牵引绳和两台机动绞磨沿电杆平行提升就位，如图17-3-11所示。当横担提升就位后，先将牵引绳固定牢固，再登杆将横担安装好。

9）将永久拉线移至新的位置并安装好，调正杆身，将导、地线安装就位，同时恢复前后杆塔的导、地线。杆上作业人员检查施工质量无问题后，拆除临时拉线，用传递绳将工器具拴牢传递至地面。

（4）作业结束。

1）杆上作业人员检查施工质量无问题后，拆除临时拉线，用传递绳将工器具拴牢传至地面。

2）杆上作业人员检查杆上无任何遗留物后，解开安全带、后备安全绳，携带起吊绳下杆。

3）杆上作业人员将登杆证交还工作负责（监护）人，工作负责（监护）人在工作任务单填写执行情况。

4）工作负责人确认在杆塔上、导线上、绝缘子串上及其他辅助设备上没有遗留的个人保安线、工具、材料等，查明全部工作人员确由杆塔上撤下后，再命令拆除工作地段所挂的接地线，并向工作许可人汇报作业结束，终结工作票。

4. 注意事项

（1）检修杆塔不准随意拆除受力构件，如需要拆除时，应事先做好补强措施。调整杆塔倾斜、弯曲、拉线受力不均或迈步、转向时，应根据需要设置临时拉线及其调整范围，并应有专人统一指挥。

（2）高处作业人员在作业过程中，应随时检查安全带是否拴牢。高处作业人员在转移作业位置时不准失去安全保护。

（3）在进行高处作业时，除有关人员外，不准他人在工作地点的下面通行或逗留，工作地点下面应有围栏或装设其他保护装置，防止落物伤人。

（4）起吊物件应绑扎牢固，若物件有棱角或特别光滑的部位时，在棱角和滑面与绳索（吊带）接触处应加以包垫。起吊电杆等长物件应选择合理的吊点，并采取防止突然倾倒的措施。

（三）转角铁塔倾斜调整案例

1. 危险点分析和控制措施

转角铁塔倾斜调整危险点有高空坠落、物体打击、倒杆塔等，其控制措施有以下几方面。

（1）防止高空坠落措施。

1）上杆塔作业前，应先检查基础是否牢固。登杆塔前，应先检查安全带、脚钉、爬梯、防坠装置等是否完整牢靠。

2）上横担进行工作前，应检查横担连接是否牢固和腐蚀情况。在杆塔上作业时，应使用有后备绳或速差自锁器的双控背带式安全带，安全带和保护绳应分挂在杆塔不同部位的牢固构件上，应防止安全带从杆顶脱出或被锋利物损坏。人员在转位时，手扶的构件应牢固，且不得失去后备保护绳的保护。

（2）防止物体打击措施。

1）现场工作人员必须正确佩戴好安全帽。

2）高空作业应使用工具袋，较大的工器具应固定在牢固的构件上，不准随便乱放。上下传递物件应用绳索拴牢传递，严禁上下抛掷。

3）在高处作业现场，工作人员不得站在作业处的垂直下方，高空落物区不得有无关人员通行或逗留。在行人道口或人口密集区从事高处作业，工作点下方应设围栏或其他保护措施。

2. 作业前准备工作

（1）作业方式及作业条件。停电更换横担工作时，应在良好天气下进行，如遇雷电、暴雨、冰雹、大雾、沙尘暴等恶劣天气不得进行作业，风力大于 6 级时，一般不宜进行作业。

（2）人员组成。工作负责（监护）人 1 名，杆上作业人员 1 名，地面作业人员 6 名，共 8 人（根据工作现场实际情况可适当增减作业人员）。

（3）施工布置图。转角铁塔向内角侧倾斜调整施工布置如图 17-3-12 所示。

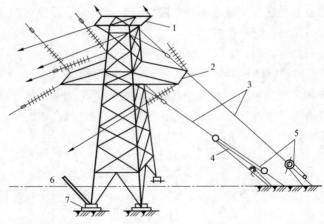

图 17-3-12 转角铁塔向内角侧倾斜调整施工布置

1—上横担；2—下横担；3—牵引拉线；4—牵引滑车组；5—手扳葫芦；6—撬棍；7—垫块

（4）作业工器具、材料配备。

1）所需工器具主要有滑车、角铁桩、手扳葫芦、卸扣、法兰螺栓、经纬仪、大锤、钢丝绳套及相关规格钢丝绳等。

2）所需材料主要有钢板等。

3. 作业步骤和质量标准

（1）工作人员根据工作情况选择工器具及材料并检查是否完好齐全。

（2）工作人员检查杆塔基础是否完好。

（3）按工作票的要求在工作地段前后杆塔的导线上验明确无电压后装设好接地线。

（4）塔上作业人员检查登杆工具及安全防护用具并确保良好、可靠。

（5）塔上作业人员戴好安全帽，携带安全带、后备保护绳、传递绳和滑车开始登塔。

（6）塔上作业人员登塔到适当位置系好安全带、后备保护绳后，在合适的位置挂好起吊绳。

（7）塔上、地面作业人员配合先后在铁塔外角侧导、地线横担与塔身交接处，分别用钢丝绳套在两根主材上的节点上绑扎好，通过 U 型环与临时拉线上端相连。地线临时拉线下端串接手扳葫芦与地锚固定，导线临时拉线下端采用滑车组、牵引绳用手扳葫芦收紧，牵引拉线对地夹角一般为 30° 左右。

（8）当牵引拉线收紧后，地面作业人员适当拧松内角侧和外角侧的地脚螺帽，但不要全部松出，至少保留一个螺帽。

（9）一边收紧外角侧牵引拉线，一边在内角侧的两只塔脚底板下用大撬棍支在硬板上同时进行撬动，使塔脚板抬起，直至铁塔正直，并略向外角侧倾斜。

（10）按塔脚撬离基面后的空隙高度，地面作业人员在塔脚底板下面塞入钢板，塞入钢板的厚度视塔身倾斜程度而定，并浇灌混凝土砂浆充实。

（11）地面作业人员拧紧地脚螺帽，检查施工质量无问题后，用混凝土砂浆封好保护帽，塔上作业人员拆除临时拉线，用传递绳将工器具拴牢传至地面。

（12）塔上作业人员检查塔上无任何遗留物后，解开安全带、后备保护绳，携带吊绳下塔。

（13）塔上作业人员将登杆（塔）证交还工作负责（监护）人，工作负责（监护）人在工作任务单填写执行情况。

（14）工作负责人确认在杆塔上及其他辅助设备上没有遗留的个人保安线、工具、材料等，查明全部工作人员确由杆塔上撤下后，再命令拆除工作地段所挂的接地线，并向工作许可人汇报作业结束，终结工作票。

4. 注意事項

（1）鐵塔調整後，其頂端不應超過鉛垂線而偏向受力側，並符合設計規定。

（2）塔腳板與基礎面之間的空隙應澆灌混凝土砂漿，保護帽的混凝土應與塔腳板上部鐵板結合緊密，且不得有裂縫。

（3）牽引時，不准利用樹木或外露岩石作受力樁。一個錨樁上的臨時拉線不准超過兩根，臨時拉線不得固定在有可能移動或其他不可靠的物體上。臨時拉線綁紮工作應由有經驗的人員擔任。

（4）桿塔上下無法避免垂直交叉作業時，應做好防落物傷人的措施，作業時要相互照應，密切配合。

【思考與練習】

1. 編寫門型雙桿整體放倒的施工方法。

2. 編寫鐵塔主材更換的施工方法。

3. 編寫組立鋼管塔的施工方法。

4. 桿塔傾斜度超過多少時必須進行調整？

5. 輸電線路桿塔維護主要檢查哪些項目？

6. 輸電線路桿塔主要出現哪些缺陷？針對這些缺陷應如何處理？

7. 輸電線路鐵塔防腐施工中應注意哪些事項？

8. 桿塔傾斜調整中應注意哪些安全事項？

▲ 模塊 4 拉線、叉梁和橫擔檢修（Z04H1004Ⅱ）

【模塊描述】本模塊介紹拉線、叉梁和橫擔檢修更換方法和安全注意事項等。通過內容介紹、操作流程講解，掌握拉線、叉梁和橫擔更換方法。

【正文】

一、工作內容

輸電線路運行後，因受自然環境、外力破壞等各種因素的影響，桿塔拉線出現銹蝕、散股、斷股；橫擔出現歪扭、構件缺損、銹蝕變形；叉梁出現彎曲、鼓肚、露筋等缺陷。根據缺陷性質採用更換拉線、橫擔、叉梁等措施，下面具體介紹更換叉梁、橫擔、拉線的方法。

二、更換桿塔叉梁、橫擔、拉線的方法介紹

（一）停電更換桿塔叉梁方法介紹

1. 危險點分析和控制措施

停電更換桿塔叉梁危險點有高空墜落、物體打擊、倒桿和碰傷等，其控制措施有

以下几方面。

（1）防止高空坠落措施。

1）上杆塔作业前，应先检查杆根、拉线和基础是否牢固。登杆塔前，应先检查安全带、脚扣、脚钉、爬梯、防坠装置等是否完整牢靠。严禁利用绳索、拉线上下杆塔或顺杆下滑。

2）上横担进行工作前，应检查横担连接是否牢固和腐蚀情况。在杆塔上作业时，应使用有后备绳或速差自锁器的双控背带式安全带，安全带和保护绳应分挂在杆塔不同部位的牢固构件上，应防止安全带从杆顶脱出或被锋利物损坏。人员在转位时，手扶的构件应牢固，且不得失去后备保护绳的保护。

（2）防止物体打击措施。

1）现场工作人员必须正确佩戴好安全帽。

2）高空作业应使用工具袋，较大的工器具应固定在牢固的构件上，不准随便乱放。上下传递物件应用绳索拴牢传递，严禁上下抛掷。

3）在高处作业现场，工作人员不得站在作业处的垂直下方，高空落物区不得有无关人员通行或逗留。在行人道口或人口密集区从事高处作业，工作点下方应设围栏或其他保护措施。

（3）防止倒杆和碰伤措施。

1）要设专人指挥，信号明确。

2）拆除旧叉梁和起吊新叉梁时要注意控制好绳索，以免碰伤人。

3）杆塔上有人时，不准调整或拆除拉线。

4）设专人全程监护，监护人不得从事其他工作。

2. 作业前准备工作

（1）作业方式及作业条件。停电更换杆塔叉梁工作时，应在良好天气下进行，如遇雷电、暴雨、冰雹、大雾、沙尘暴等恶劣天气不得进行作业，风力大于 6 级时，一般不宜进行作业。

（2）人员组成。工作负责（监护）人 1 名，杆上作业人员一般 2 名，地面作业人员 4 名，共 7 人（根据工作现场实际情况可适当增减作业人员）。

（3）施工布置图。停电更换叉梁施工现场布置如图 17-4-1 所示。

（4）作业工器具、材料配备。

1）所需工器具主要有单轮滑车、起吊绳、法兰螺栓、角铁桩、机动绞磨及相关规格钢丝绳等。

2）所需材料主要有叉梁、连接螺栓等。

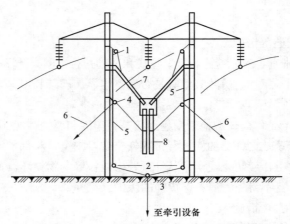

至牵引设备

图 17-4-1　停电更换叉梁施工现场布置
1—上起吊滑车；2—转向滑车；3—平衡滑车；4—下起吊滑车；5—起吊钢丝绳；
6—控制钢丝绳；7—上叉梁；8—下叉梁

3. 作业步骤和质量标准

（1）上杆作业前的准备。

1）工作人员根据工作情况选择工器具及材料并检查是否完好齐全。

2）工作人员检查杆塔根部、所有的拉线及基础是否完好。

3）按工作票的要求在工作地段前后杆塔的导线上验明确无电压后装设好接地线。

（2）登杆作业。

1）杆上作业人员检查登杆工具及安全防护用具并确保良好、可靠。

2）杆上作业人员戴好安全帽，携带安全带、后备保护绳、传递绳和滑车开始登杆。

3）杆上作业人员登杆到适当位置系好安全带、后备保护绳后，在合适的位置挂好起吊绳。

（3）更换叉梁操作要点。

1）杆上作业人员在杆上适当位置安装好上起吊滑车 1 和下起吊滑车 4，地面作业人员在地面杆段处安装好转向滑车 2。

2）杆上作业人员与地面作业人员配合吊上起吊绳，并将上起吊绳的两头绑在上叉梁适当位置，起吊钢丝绳放入上起吊滑车 1 和转向滑车 2，钢丝绳中间装入平衡滑车 3 一起连接至机动绞磨。

3）杆上作业人员将起吊下叉梁的钢丝绳吊上，通过下起吊滑车 4 系在下叉梁适当位置连接至地面锚桩上。

4）杆上作业人员拆除下叉梁连接螺栓，地面作业人员缓慢放松下起吊绳，使下叉梁 8 靠拢并保持垂直状态。

5）地面作业人员收紧上叉梁起吊钢丝绳 5 使其受力,杆上作业人员拆除上叉梁连接螺栓并使叉梁脱离抱箍。

6）地面作业人员缓慢放松上叉梁起吊钢丝绳 5,使叉梁缓慢放落至地面。

7）地面作业人员在地面将新叉梁组装好,用上起吊钢丝绳 5 绑在上叉梁 7 的适当位置,控制钢丝绳 6 绑在下叉梁 8 的适当位置,启动机动绞磨缓慢牵引将新叉梁吊上,杆上作业人员将上叉梁安装在上叉梁抱箍上。地面作业人员收紧控制钢丝绳 6,杆上作业人员将下叉梁安装在下叉梁抱箍上。

8）杆上作业人员检查新叉梁安装无问题后,拆除上、下起吊钢丝绳,并用传递绳将起吊钢丝绳及其工器具拴牢传至地面。

9）杆上作业人员带上起吊绳、解开安全带、安全绳下杆。

10）杆上作业人员将登杆证交还工作负责(监护)人,工作负责(监护)人在工作任务单填写执行情况。

(4)工作结束后,工作负责人确认在杆塔上及其他辅助设备上没有遗留工具、材料等,查明全部工作人员确由杆塔上撤下后,再命令拆除工作地段所挂的接地线,并向工作许可人汇报作业结束,终结工作票。

4. 注意事项

(1)松紧牵引绳时,要防止转向滑车脱出,应及时进行检查,牵引绳内角侧禁止站人。

(2)所更换完的叉梁,螺栓连接应紧密,组合后应正直,不得有明显的弯曲、鼓肚。

(3)所使用的工器具必须严格检查,严禁超载使用。

(4)牵引钢丝绳在绞磨卷筒上的卷绕圈数不得少于五圈,绳尾受力,并设专人看管。

(二)停电更换横担

1. 危险点分析和控制措施

停电更换横担危险点有高空坠落、物体打击、倒杆和碰伤等,其控制措施有以下几方面。

(1)防止高空坠落措施。

1）上杆塔作业前,应先检查杆根、拉线和基础是否牢固。登杆塔前,应先检查安全带、脚扣、脚钉、爬梯、防坠装置等是否完整牢靠。严禁利用绳索、拉线上下杆塔或顺杆下滑。

2）上横担进行工作前,应检查横担连接是否牢固和腐蚀情况。在杆塔上作业时,应使用有后备绳或速差自锁器的双控背带式安全带，安全带和保护绳应分挂在杆塔不同部位的牢固构件上，应防止安全带从杆顶脱出或被锋利物损坏。人员在转位时，手扶的构件应牢固，且不得失去后备保护绳的保护。

（2）防止物体打击措施。

1）现场工作人员必须正确佩戴好安全帽。

2）高空作业应使用工具袋，较大的工器具应固定在牢固的构件上，不准随便乱放。上下传递物件应用绳索拴牢传递，严禁上下抛掷。

3）在高处作业现场，工作人员不得站在作业处的垂直下方，高空落物区不得有无关人员通行或逗留。在行人道口或人口密集区从事高处作业，工作点下方应设围栏或其他保护措施。

4）除指挥人员外，其他人员应在离开杆塔高度的 1.2 倍距离以外，行人不得进入工作现场。

（3）防止倒杆措施。

1）要设专人指挥，信号明确。

2）临时拉线上、下连接点，应牢固可靠，固定电杆的临时拉线要派专人看守，以防拉线松脱。

3）当临时拉线完全受力后，检查无问题方可拆除旧拉线。

4）当永久拉线完全受力后，检查无问题方可拆除临时拉线。

5）杆塔上有人时，不准调整或拆除拉线。

（4）防止碰伤措施。

1）在拆除横担或提升横担时，应控制好方向控制绳，以免横担碰伤作业人员。

2）在提升、放落横担过程中，严禁登杆作业。

2. 作业前准备工作

（1）作业方式及作业条件。停电更换横担工作时，应在良好天气下进行，如遇雷电、暴雨、冰雹、大雾、沙尘暴等恶劣天气不得进行作业，风力大于 6 级时，一般不宜进行作业。

（2）人员组成。工作负责（监护）人 1 名，杆上作业人员一般 2 名，地面作业人员 5 名，共 8 人（根据工作现场实际情况可适当增减作业人员）。

（3）施工布置图。更换横担施工现场布置如图 17-4-2 所示。

（4）作业工器具、材料配备。

1）所需工器具主要有单轮滑车、起吊绳、角铁桩（地锚）、机动绞磨及相关规格钢丝绳等。

2）所需材料主要有所更换的横担、螺栓等。

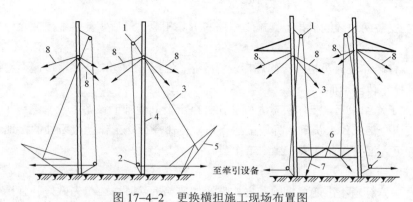

图 17-4-2　更换横担施工现场布置图

1—起吊滑车；2—转向滑车；3—提升钢丝绳；4—电杆；5—边相横担；6—中相横担；
7—方向控制绳；8—四方临时拉线

3. 作业步骤和质量标准

（1）工作人员根据工作情况选择工器具及材料并检查是否完好齐全。

（2）工作人员检查杆塔根部、所有的拉线及基础是否完好。

（3）按工作票的要求在工作地段前后杆塔的导线上验明确无电压后装设好接地线。

（4）杆上作业人员登杆到适当位置系好安全带、后备保护绳后，在合适的位置挂好起吊绳。

（5）首先打好两根电杆临时拉线，并收紧受力。

（6）然后拆除三根导线，将导线放至地面或通过滑车将导线暂时悬挂在电杆上适当位置。

（7）在电杆顶部安装一只起吊滑车，提升钢丝绳通过转向滑车和该起吊滑车后，绑扎在待拆除的边相导线横担上。

（8）收紧提升钢丝绳并使其受力，杆上作业人员拆除边相导线横担连接螺栓、横担与导线抱箍的连接螺栓、横担穿钉及吊杆，使边相横担脱开，缓慢放松提升钢丝绳，将边相横担放至地面；另一侧的边相横担采取同样的方法进行拆除。

（9）杆上作业人员在两根电杆的顶部适当位置挂好滑车，提升钢丝绳分别通过转向滑车和起吊滑车后，绑在中相横担的两端适当位置。收紧提升钢丝绳，使其受力后，拆除横担吊杆、横担抱箍连接螺栓，控制好两根提升钢丝绳，使其平衡缓慢放至地面。

（10）地面作业人员用提升钢丝绳分别在中相导线横担两侧绑扎好，启动牵引，将中相导线横担吊至杆上，在提升时注意保持平衡，杆上作业人员将新的中相导线横担与各部连接好。

（11）安装两边导线横担，其施工程序和拆除相反。最后恢复导线，拆除杆塔临时拉线。

（12）杆上作业人员检查无问题后，拆除左、右提升钢丝绳，并用传递绳将钢丝绳及工器具拴牢传至地面。

（13）工作结束后，工作负责人确认在杆塔上及其他辅助设备上没有遗留工具、材料等，查明全部工作人员确由杆塔上撤下后，再命令拆除工作地段所挂的接地线，并向工作许可人汇报作业结束，终结工作票。

4. 注意事项

（1）检修杆塔不准随意拆除受力构件，如需要拆除时，应事先做好补强措施。调整杆塔倾斜、弯曲、拉线受力不均或迈步、转向时，应根据需要设置临时拉线及其调整范围，并应有专人统一指挥。

（2）在起吊、牵引过程中，受力钢丝绳的周围、上下方、转向滑车内角侧和起吊物的下面，禁止有人逗留或通过。

（3）牵引时，不准利用树木或外露岩石作受力桩。一个锚桩上的临时拉线不准超过两根，临时拉线不得固定在有可能移动或其他不可靠的物体上。临时拉线绑扎工作应由有经验的人员担任。

（4）杆塔上下无法避免垂直交叉作业时，应做好防落物伤人的措施，作业时要相互照应，密切配合。

（5）当部件组装有困难时，应查明原因，严禁强行组装。个别部件需扩孔时，扩孔部分不应超过 3mm，当扩孔需要超过 3mm 时，应先堵焊再重新打孔，并进行防锈处理，严禁使用气割扩孔或烧孔。

（三）更换拉线

1. 危险点分析和控制措施

停电更换杆塔拉线危险点有高空坠落、物体打击、倒杆和碰伤等，其控制措施有以下几方面。

（1）防止高空坠落措施。

1）上杆塔作业前，应先检查杆根、拉线和基础是否牢固。登杆塔前，应先检查安全带、脚扣、脚钉、爬梯、防坠装置等是否完整牢靠。严禁利用绳索、拉线上下杆塔或顺杆下滑。

2）上横担进行工作前，应检查横担连接是否牢固和腐蚀情况。在杆塔上作业时，应使用有后备绳或速差自锁器的双控背带式安全带，安全带和保护绳应分挂在杆塔不同部位的牢固构件上，应防止安全带从杆顶脱出或被锋利物损坏。人员在转位时，手扶的构件应牢固，且不得失去后备保护绳的保护。

（2）防止物体打击措施。

1）现场工作人员必须正确佩戴好安全帽。

2）高空作业应使用工具袋，较大的工器具应固定在牢固的构件上，不准随便乱放。上下传递物件应用绳索拴牢传递，严禁上下抛掷。

3）在高处作业现场，工作人员不得站在作业处的垂直下方，高空落物区不得有无关人员通行或逗留。在行人道口或人口密集区从事高处作业，工作点下方应设围栏或其他保护措施。

（3）防止倒杆和碰伤措施。

1）要设专人指挥，信号明确。

2）临时拉线上、下连接点，应牢固可靠。

3）当临时拉线完全受力后，检查无问题方可拆除旧拉线。

4）当新的拉线完全安装好后，检查确无问题方可拆除临时拉线。

5）杆塔上有人时，不准调整或拆除拉线。

2. 作业前准备工作

（1）作业方式及作业条件。停电更换横担工作时，应在良好天气下进行，如遇雷电、暴雨、冰雹、大雾、沙尘暴等恶劣天气不得进行作业，风力大于 6 级时，一般不宜进行作业。

（2）人员组成。工作负责（监护）人 1 名，杆上作业人员 1 名，地面作业人员 2 名，共 4 人（根据工作现场实际情况可适当增减作业人员）。

（3）作业工器具、材料配备。

1）所需工器具主要有卡线器、断线钳、双钩紧线器、卸扣、防盗螺帽拆卸工具、绝缘起吊绳及相关规格钢丝绳等。

2）所需材料主要有钢绞线、楔型线夹、UT 线夹、防盗螺帽等。

3. 作业步骤和质量标准

（1）杆上作业人员与地面作业人员相互配合，用传递绳将临时拉线吊至杆上，在距拉线挂点下方 200mm 处的电杆身上缠绕两圈后，用卸扣拴牢。

（2）地面作业人员将双钩紧线器的一端挂在拉棒环内，另一端与钢丝绳拴牢。收紧双钩紧线器，使拉线的荷载转移到临时拉线上，旧拉线呈松弛状态。

（3）地面作业人员检查临时拉线无问题后，拆除旧拉线的 UT 线夹，使旧拉线与拉棒脱离。

（4）杆上作业人员拆除旧拉线楔型线夹，并与地面人员配合，将旧拉线传递至地面。

（5）地面作业人员根据现场情况，做好新拉线楔型线夹（回头长度为 300～

500mm，钢绞线与楔子半圆弯曲结合处不得有死角和空隙），杆上作业人员与地面作业人员配合将新拉线吊上杆，杆上作业人员安装好新拉线楔型线夹。

（6）地面作业人员做好 UT 线夹（回头长度为 300～500mm，钢绞线与线夹的舌板半圆弯曲结合处不得有死角和空隙，线夹的凸肚应在尾线侧）并与拉棒连接好，调整 UT 线夹，使临时拉线的荷载转移到新拉线上。UT 线夹螺母露出丝扣长度不小于1/2 螺杆的螺纹长度为宜，同组拉线使用两个线夹时，其线夹尾端的方向应统一。

（7）检查新拉线无问题后，杆上作业人员和地面作业人员拆除临时拉线，并用传递绳将临时拉线及工器具拴牢传递至地面。

（8）工作结束后，工作负责人确认在杆塔上及其他辅助设备上没有遗留工具、材料等，查明全部工作人员确由杆塔上撤下后，再命令拆除工作地段所挂的接地线，并向工作许可人汇报作业结束，终结工作票。

4. 注意事项

（1）更换后拉线的机械强度不得低于原设计标准，并采取防盗措施。

（2）监护人应严格监护杆塔上作业人员的活动趋向和活动范围，发现不规范的动作行为和违章时，应及时提醒、纠正和制止，监护人不得擅自离开岗位。

（3）拉线与拉棒应呈一直线。

（4）X 型拉线的交叉点处应留有足够的空隙，避免相互磨碰；拉线应无金钩、散股、松股等现象。

（5）组合拉线的各根拉线受力应一致。

（6）拉线做头时，用木榔头敲击线夹时注意力应集中，手抓稳，落点正确，防止伤手。

（7）展放拉线时应两人配合，顺绞展放，防止弹伤。

（8）起吊材料及拉线时应绑扎牢固并慢慢吊递。

【思考与练习】

1. 造成拉线缺陷的原因有哪些？

2. 为什么有些双杆需要装设叉梁？

3. 编写更换耐张混凝土杆横担的施工方法。

4. 编写更换电杆双拉线的施工方法。

▲ 模块 5　绝缘子、金具更换（Z04H1005Ⅱ）

【模块描述】本模块包含绝缘子、金具更换的方法和安全注意事项等。通过内容介绍、操作流程讲解，掌握绝缘子、金具更换方法。

【正文】

一、工作内容

输电架空线路经过一段时间运行后，绝缘子和金具因种种原因会造成各种缺陷，为确保输电线路的健康水平必须安排检修消缺。但因线路绝缘子串和金具有不同的型号和组合形式，各地有各自的检修习惯，检修作业方法有很多方式方法，因此检修作业方法没有固定的模式。本模块在这里主要介绍停电更换双回路 330kV 及以上直线 V 串整串绝缘子和停电更换 330kV 及以上线路间隔棒的方法以供参考。

二、停电更换 330kV 及以上直线 V 串整串绝缘子（本线路为双回，一回停电检修，另一回带电运行）

（一）危险点分析和控制措施

停电更换 330kV 及以上直线 V 串整串绝缘子危险点有高空坠落、触电、物体打击及工器具失灵，导线脱落，绝缘子串脱落，挂线二连板挤伤人、现场作业安全监护等，其控制措施有以下几方面。

1. 防止高空坠落措施

（1）上杆塔作业前，应先检查杆塔基础是否牢固。登杆塔前，应先检查安全带、脚钉、爬梯、防坠装置等是否完整牢靠。严禁利用绳索下滑。

（2）上横担进行工作前，应检查横担连接是否牢固和腐蚀情况。在杆塔上作业时，应使用有后备绳或速差自锁器的双控背带式安全带，安全带和保护绳应分挂在杆塔不同部位的牢固构件上，应防止安全带从杆顶脱出或被锋利物损坏。人员在转位时，手扶的构件应牢固，且不得失去后备保护绳的保护。

2. 防止触电措施

在同塔架设双回路作业时。

（1）在带电导线附近所用工器具、材料应用绝缘无极绳索传递。

（2）登塔作业人员、绳索、工器具及材料与带电体必须保持 6m 的安全距离。

（3）设专人监护，监护人不得从事其他工作。

（4）杆塔上人员身穿经检测合格的全套屏蔽服。

3. 防止物体打击措施

（1）现场工作人员必须正确佩戴好安全帽。

（2）高空作业应使用工具袋，较大的工器具应固定在牢固的构件上，不准随便乱放。上下传递物件应用绳索拴牢传递，严禁上下抛掷。

（3）在高处作业现场，工作人员不得站在作业处的垂直下方，高空落物区不得有无关人员通行或逗留。在行人道口或人口密集区从事高处作业，工作点下方应设围栏或其他保护措施。

4. 防止工器具失灵、导线脱落、绝缘子脱落、挂线二连板挤伤人等措施

（1）所有工器具要定期检查，使用前必须专人检查，保证合格、配套、灵活好用；作业时要连接牢固可靠并打好保护套。

（2）在交叉跨越的各种线路、公路、铁路作业时，必须采取防止导线掉落的保护措施，并应有足够的强度，对被跨越的电力线，必要时申请停电后再进行作业。

（3）为防止绝缘子串收紧松弛后，弹簧销子脱落或金具连接不牢发生突然脱落伤人事故，首先要认真检查连接情况是否牢固，无问题后方可紧线。

（4）认真检查绝缘子连接情况是否牢固，防止绝缘子串突然脱落或翻滚，连板变位挤伤人。

（5）绝缘子串收紧前，检查工器具连接情况是否牢固可靠。

5. 现场作业安全监护

自作业开始至作业结束，安全监护人必须始终在作业现场对作业人员进行不间断的安全监护。

（二）作业前准备工作

1. 作业方式及作业条件

停电更换 330kV 及以上直线 V 串整串绝缘子时，应在良好天气下进行，如遇雷电、暴雨、冰雹、大雾、沙尘暴等恶劣天气不得进行作业，风力大于 5 级时，一般不宜进行作业。

2. 人员组成

工作负责人 1 名，专职监护人 1 名，塔上作业人员一般 3 名，地面作业人员 6 名，共 11 人（根据工作现场实际情况可适当增减作业人员）。

3. 作业工器具、材料配备

（1）作业所需主要工器具有绝缘绳、导线后备保护绳、钢丝绳套、导线提线器、传递滑车、手扳葫芦、链条葫芦、卸扣、绝缘电阻表、机动绞磨、牵引钢丝绳等。

（2）作业所需主要材料有同型号绝缘子、闭口销等。

（三）作业步骤和质量标准

（1）上塔作业前的准备。

1）工作人员根据工作情况选择工器具及材料并检查是否完好。

2）工作人员检查铁塔根部、基础是否完好。

3）地面作业人员在适当的位置将循环绳理顺确保无缠绕，逐个对绝缘子进行外观检查，将表面及裙槽清擦干净，并用 5000V 绝缘电阻表检测绝缘（在干燥情况下绝缘电阻不得小于 500MΩ），无问题后连接成串放置好。

4）按工作票的要求在工作地段前后杆塔的导线上验明确无电压后装设好接地线。

（2）登塔作业。

1）塔上作业人员检查登塔工具及安全防护用具并确保良好、可靠。

2）塔上作业人员戴好安全帽，携带安全带、后备保护绳、传递绳开始登塔。

（3）更换绝缘子串。

1）塔上作业人员携带传递绳、10kN传递滑车登至需更换V串绝缘子横担上方，将安全带、后备保护绳系在横担主材上，在V串横担中间适当位置挂好传递绳；地面作业人员在停电回路侧的两只塔脚上分别设置绞磨以及牵引钢丝绳的转向。

2）地面作业人员将导线保护绳及四只50kN卸扣和60kN手扳葫芦传递上塔。塔上作业人员将导线保护绳一端拴在横担中部的一操作眼孔上，另一端拴在导线联板的一操作眼孔上。然后塔上作业人员将连接好的60kN手扳葫芦一端挂在横担中部的另一操作眼孔上，另一端勾住导线提线器且分别勾住四根子导线，收紧手扳葫芦使之受力，将两V串绝缘子松弛。

3）塔上作业人员将传递上来的牵引钢丝绳挂好且分别在V串的横担挂点处挂设一个转向滑车（便于绝缘子的竖直起降），做好放落绝缘子串的准备。导线上作业人员拆除V串处的均压环，然后分别拆除V串绝缘子的其中一串与联板的连接，并使绝缘子串处于竖直状态后通过机动绞磨将绝缘子串徐徐放落至地面。

4）地面作业人员将整串绝缘子串牵引至横担挂点，快到达绝缘子安装处，缓慢牵引，到达安装处时，先将绝缘子串一端与横担挂点金具连接。由于此时的绝缘子串处于竖直状态，须将事先挂在绝缘子串倒数第3～4片处的10kN链条葫芦的另一端用卸扣拴在联板上，收紧链条葫芦将绝缘子串导线端与联板连接好，安装好均压环，检查各部位的锁紧销是否齐全。按照同样的方法更换另一串。绝缘子串收紧前，检查链条葫芦的连接是否牢固可靠，注意绝缘子串的受力情况。

（4）塔上作业人员将手扳葫芦松至绝缘子串受力后，检查绝缘子串受力情况。无问题后松开手扳葫芦并摘下导线侧钩子及保护套，拆除塔上作业工器具并用传递绳拴牢传递至地面。

（5）塔上作业人员携带传递绳，解开安全带、后备保护绳下塔。

（6）塔上作业人员将登杆证交还工作负责（监护）人，工作负责（监护）人在工作任务单上填写执行情况。

（7）工作结束后，工作负责人确认在杆塔上、导线上、绝缘子串上及其他辅助设备上没有遗留的个人保安线、工具、材料等，查明全部工作人员确由杆塔上撤下后，再命令拆除工作地段所挂的接地线，并向工作许可人汇报作业结束，终结工作票。

（四）注意事项

（1）新更换的绝缘子爬距应能满足该地区污秽等级要求。

（2）严禁使用线材（铁丝）代替锁紧销。

（3）单、双悬垂串上的锁紧销均按线路方向穿入。使用 W 锁紧销时，绝缘子大口均朝线路后方；使用 R 锁紧销时，大口均朝线路前方。

（4）耐张绝缘子串上的螺栓、穿钉、锁紧销均由上向下穿；当使用 W 锁紧销时，绝缘子大口均应向上；当使用 R 锁紧销时，绝缘子大口均应向下，特殊情况可由内向外，由左向右穿入。

（5）上下绝缘子串时，手脚要稳，并打好后备保护绳。

（6）新旧绝缘子串上下时，要使用绝缘子方向控制绳，防止绝缘子串碰撞横担及其他部件。

（7）承力工器具严禁以小代大，并应在有效的检验期内。

（8）在脱离绝缘子串和导线连接前，应仔细检查承力工具各部连接，确保安全无误后方可进行。

（9）在相分裂导线上工作时，安全带、绳应挂在同一根子导线上，后备保护绳应挂在整组相导线上。

三、停电更换 330kV 及以上线路间隔棒

（一）危险点分析和控制措施

停电更换 330kV 及以上线路间隔棒危险点有高空坠落、触电、物体打击、现场作业安全监护、作业人员回塔困难等，其控制措施有以下几方面。

1. 防止高空坠落措施

（1）上杆塔作业前，应先检查安全带、脚钉、爬梯、防坠装置等是否完整牢靠，严禁利用绳索下滑。

（2）上横担进行工作前，应检查横担连接是否牢固和腐蚀情况。在杆塔上作业时，应使用有后备绳或速差自锁器的双控背带式安全带，安全带和保护绳应分挂在杆塔不同部位的牢固构件上，应防止安全带从杆顶脱出或被锋利物损坏。人员在转位时，手扶的构件应牢固，且不得失去后备保护绳的保护。

（3）杆塔上有人时，不准调整或拆除拉线。

（4）在相分裂导线上工作时，安全带、绳应挂在同一根子导线上，后备保护绳应挂在整组相导线上。

2. 防止触电或感应触电措施

在同塔架设双回路作业时应注意以下几方面。

（1）在带电导线附近所用工器具、材料应用绝缘无极绳索传递；

（2）登塔作业人员、绳索、工器具及材料与带电体保持安全距离为 6m；

（3）设专人监护，监护人不得从事其他工作；

（4）严格执行停电、验电、装设接地线、使用个人保安线制度。

3. 防止物体打击措施

（1）现场工作人员必须正确佩戴好安全帽。

（2）高空作业应使用工具袋，较大的工器具应固定在牢固的构件上，不准随便乱放。上下传递物件应用绳索拴牢传递，严禁上下抛掷。

（3）在高处作业现场，工作人员不得站在作业处的垂直下方，高空落物区不得有无关人员通行或逗留。在行人道口或人口密集区从事高处作业，工作点下方应设围栏或其他保护措施。

4. 现场作业安全监护

自作业开始至作业结束，安全监护人必须始终在作业现场对作业人员进行不间断的安全监护。

5. 作业人员回塔困难

作业人员应具备在本档距内独立往返走线能力且身体现状能够进行本次作业，否则禁止出线作业。

（二）作业前准备工作

1. 作业方式及作业条件

停电更换 330kV 及以上线路间隔棒时，应在良好天气下进行，如遇雷电、暴雨、冰雹、大雾、沙尘暴等恶劣天气不得进行作业，风力大于 6 级（双回路 5 级）时，一般不宜进行作业。

2. 人员组成

工作负责人 1 名，专职监护人 1 名，塔上作业人员一般 2 名，地面作业人员 2 名，共 6 人（根据工作现场实际情况可适当增减作业人员）。

3. 作业工器具、材料配备

（1）更换 500kV 线路间隔棒工器具主要有四线推拉器、滑车、绝缘绳等。

（2）主要材料为同型号间隔棒等。

（三）作业步骤和质量标准

1. 上杆（塔）作业前的准备

（1）工作人员根据工作情况选择工器具及材料并检查是否完好。

（2）工作人员检查杆塔根部是否完好。

（3）地面作业人员在适当的位置将传递绳理顺确保无缠绕。

（4）按工作票的要求在工作地段前后杆塔的导线上验明确无电压后装设好接地线。

2. 登塔作业

（1）塔上作业人员检查登塔工具及安全防护用具并确保良好、可靠。

（2）塔上作业人员戴好安全帽，携带安全带、后备保护绳、传递绳开始登塔。

3. 工器具安装

（1）塔上作业人员携带传递绳沿绝缘子串进入导线侧，系好安全带后，解开后备保护绳到工作位置。复合绝缘子必须沿硬梯、爬梯或软梯等辅助工具进入导线，严禁蹬踏复合绝缘子。

（2）地面作业人员将拆装间隔棒所需工器具及四线推拉器传递至导线上，塔上作业人员将四线推拉器安装在导线合适的位置上。

4. 拆除旧间隔棒

塔上作业人员将拆除的间隔棒绑扎在传递绳上，将被更换的间隔棒传至地面。

5. 安装新间隔棒

（1）地面作业人员利用传递绳将检查良好的新间隔棒传递至导线上。

（2）塔上作业人员将新间隔棒按正确方向安装在原位置上，检查其各部连接良好、牢固。

6. 工器具拆除

（1）塔上作业人员拆除四线推拉器，将四线推拉器及专用工器具分别传递至地面。

（2）导线上作业人员检查安装质量无问题后，解开安全带，携带传递绳回到塔上。

（3）拆除沿复合绝缘子进入导线所用的硬梯、爬梯或软梯等辅助工具时，塔上作业人员与地面作业人员配合用传递绳将辅助工具传递至地面。

（4）塔上作业人员检查塔上无任何遗留物后，解开安全带、后备保护绳，携带吊绳下塔。

7. 工作结束

工作负责人确认在杆塔上、导线上、绝缘子串上及其他辅助设备上没有遗留的个人保安线、工具、材料等，查明全部工作人员确由杆塔上撤下后，再命令拆除工作地段所挂的接地线，并向工作许可人汇报作业结束，终结工作票。

（四）注意事项

（1）分裂导线的间隔棒的结构面应与导线垂直，安装时应采用准确的方法测量次档距。

（2）杆塔两侧第一个间隔棒的安装距离偏差不应大于次档距的±1.5%，其余不应大于±3%。

（3）各相间隔棒安装位置应相互一致。

（4）销钉的穿入方向与旧间隔棒的穿入方向一致，弹性闭口销垂直穿者一律由上向下，不得用线材代替闭口销。

【思考与练习】

1. 造成绝缘子零值、低值的原因有哪些？

2. 绝缘子损坏有哪些表征？

3. 试编写停电更换耐张双串绝缘子单串中一片绝缘子的施工方法。

4. 输电线路金具可分为哪几类？举例说明。

模块6　接地装置检修（Z04H1006Ⅱ）

【模块描述】本模块包含接地装置常见的缺陷、检修方法及相关安全注意事项等。通过内容介绍、操作流程讲解，掌握接地装置检修方法。

【正文】

一、工作内容

输电线路杆塔的接地装置包括引下线、引出线、接地网等。线路运行后受地形、地貌及外部环境等因素影响，出现接地体锈蚀（包括杆塔接地引下线、埋入地中的地网引出线、接地网）、假焊、地网外露、外力破坏撞击、被盗等缺陷。本部分主要介绍延长接地射线（施工方法采用氧焊焊接）降低接地电阻的方法。降低接地电阻常见的方法有。

（1）尽量利用杆塔金属基础，钢筋混凝土基础等自然接地体。

（2）尽量利用杆塔基础坑埋设人工接地体，避免了地面干湿的影响和偷盗。

（3）采用适当比例的食盐、木炭、铁屑与土壤混合。

（4）采用电阻率较低的土壤置换原电阻率较高的土壤，以达到降低接地电阻的目的。

（5）采用接地模块改善接地体电阻，这种方法既可降低接地电阻，也避免了腐蚀接地体。

（6）采用降阻剂与土壤混合来达到降低电阻的目的，不过一般降阻剂对接地体的腐蚀性较强。

（7）采用集中接地的方法，沿着杆塔附近周围（在杆塔的基础之外）挖一圈深600mm 的沟，在沟内每隔 3～5m 打一根垂直接地体（∟50mm×5mm×1500mm 的角钢），用 ϕ12 的圆钢或∟50mm×5mm 扁钢将所有的垂直接地体相连（焊接）再与杆塔的接地引下线相连接。

二、危险点分析和控制措施

接地装置检修危险点主要有火灾、烫伤、碰伤等。其控制措施有以下几点：

1. 控制火灾措施

（1）禁止在存放有易燃易爆物品的房间内焊接。在易燃易爆材料附近焊接时，其最小水平距离不得小于 5m，并根据现场实际情况采取可靠安全措施。

（2）在风力大于 5 级时，禁止露天焊接或气割。但在风力 3～5 级时进行露天焊接或气割时，必须搭设挡风屏以防止火星飞溅引起火灾。

（3）在有可能引起火灾的场所附近进行焊接工作时，必须有必要的消防器材。焊接人离开现场前必须进行检查，现场应无火种留下。

（4）严禁使用不合格的气焊工具，现场运输氧气瓶时应套橡皮圈，以防滚动和暴晒。应将瓶颈上的保险帽和气门侧面连接头的螺帽盖盖好，严禁氧气和乙炔瓶一起运送或储存，押运人员应坐在驾驶室内。工作中防止乙炔回火，防止引燃草木。

2. 控制烫伤措施

（1）焊接工应穿帆布工作服，戴工作帽，上衣不准扎在裤里，口袋须有遮盖，脚面应有鞋罩。焊接时戴防护皮手套，以免烧伤。焊接时应戴护目眼镜。

（2）进行焊接工作时，必须设有防止金属熔渣飞溅、掉落的措施，以防烫伤。

3. 控制碰伤措施

（1）现场埋设接地体时，要防止弹伤眼睛。

（2）挖接地槽时注意尖镐刨伤手脚或磕伤手。

（3）敷设接地线时，应观察周围情况，不得随意抛掷，防止发生意外。

（4）开挖接地体时，开挖人正前方禁止站人，多人开挖时，要保持一定距离。

三、作业前准备工作

1. 作业方式及作业条件

采用延长接地射线降低接地电阻方法，应在良好天气下进行，如遇雷、雨、雪、雾不得进行作业，风力大于 6 级时，一般不宜进行作业。

2. 人员组成

工作负责（监护）人 1 名，焊工 1 名，地面作业人员一般 3 名，共 5 人（根据工作现场实际情况可适当增减作业人员）。

3. 作业工具、材料配备

（1）所需工器具主要有铁锹、尖镐、焊枪、大锤、气焊工具、接地电阻测试仪等。

（2）所需材料主要有圆钢、扁钢、角钢等。

四、作业步骤和质量标准

1. 开挖接地槽

（1）按设计规定的接地体型式结合现场地形而定。在确定接地槽时应避开道路、电缆、地下管道等，当接地槽位于山坡上时，应防止山洪冲刷接地槽。

（2）在山坡上挖接地槽时，应沿山坡的等高线开挖，遇有大石宜绕开开挖。

（3）接地槽开挖深度应符合设计要求，耕地不得小于 0.8m，非耕地不得小于 0.6m，槽底应平整，并应清除沟中影响接地体与土壤接触的杂物。

2. 加装接地体（线）

（1）接地体应平直无明显的弯曲，紧贴地槽底面。

（2）接地装置焊接应连接可靠，连接前应清除连接部位的铁锈等附着物。

（3）接地体的出土部分应经防腐处理，其防腐范围包括地下部分 300mm 以内，并与杆塔连接紧密良好，不得灌入混凝土基础保护帽中，便于以后打开测量接地电阻。

（4）水平接地体在倾斜地形宜沿等高线敷设，两接地体间的平行距离不应小于 5m，接地体敷设应平直，混合接地体的垂直接地体间距不应小于其长度的 2 倍，以减少屏蔽影响。

（5）接地槽回填土时应一个人用脚踩住接地体，防止其跷起，边移动边回填土边夯实。回填土时应从原土中选取好土，清除石块、树枝等杂物，砂石槽应换电阻率小的土壤。

（6）水平接地体一般采用圆钢或扁钢。垂直接地体一般采用角钢或钢管。新敷设接地体和接地引下线的规格：圆钢不小于 φ12mm、扁钢不小于⊥50mm×5mm、角钢不小于⌐50mm×5mm×1500mm。接地引下线的表面应采取有效的防腐处理。

（7）回填土时每回填 300mm 需夯实一次。接地槽上面应留有 300～500mm 的防沉层。

3. 连接接地装置

（1）接地装置的连接应可靠，除设计规定的断开点可用螺栓连接外，其余应都用焊接或爆压连接。连接前应清除连接部位的铁锈等附着物。

（2）搭接焊接时，其搭接长度：圆钢为直径的 6 倍，并应双面施焊；扁钢为宽度的 2 倍，并应四面施焊。

4. 测量接地电阻

接地体改造完成后，须测量杆塔接地电阻。接地电阻的测量方法应执行现行接地装置规程的有关规定。当设计对接地电阻已经考虑了季节系数时，则所测得的接地电阻值应符合换算后的要求。

5. 工作结束

工作负责人清理作业现场，盘点工具、材料数目，并向工作许可人汇报作业结束，线路没有遗留问题，终结工作票。

五、注意事项

（1）垂直接地体应垂直打入，并防止晃动。

（2）接地引下线与杆塔的连接应接触良好。如引下线直接从架空地线引下时，引下线应紧靠杆身，每隔 3m 左右与杆身固定一次。

（3）改造后所测量的接地电阻值应满足考虑季节系数换算后的要求。

（4）接地绝缘电阻表放置平稳，摇动摇柄速度为 120r/min。

（5）接地体应尽可能采用热镀锌钢材。

（6）焊接处必须做好防腐措施。

（7）遥测接地电阻时电流接地探针和电压接地探针应插在与线路垂直的方向。

【思考与练习】

1. 如何测量杆塔接地电阻？

2. 有些电杆接地引下线为什么要从杆顶引下？

3. 接地装置采用搭接焊接时有何要求？

4. 接地敷设时，应注意哪些事项？

▲ 模块 7　基础维护（Z04H6001Ⅰ）

【模块描述】本模块包含影响基础稳定的因素、基础维护方法及相关安全注意事项等。通过上述内容介绍、知识讲解，掌握基础检修维护方法。

【正文】

一、工作内容

输电线路杆塔基础是线路的一个重要组成部分。其担负着杆塔在各种受力情况下的稳定性，确保不发生杆塔倾覆、下陷或上拔。但常常由于外力的影响，造成杆塔基础不能满足原设计的要求，致使杆塔产生上拔、下沉、变形或倾倒。因此，在日常的维护中必须加强线路的巡视并根据巡线的结果，及时做好基础的维护工作，以保证输电线路的可靠运行。

（一）影响基础稳定的因素

输电线路在运行过程中，由于某种原因造成基础的标高较原来的标高要低很多。如地势下沉、局部积水而产生不均匀沉降，个别地方堆土，形成一方受压；或者一方取土导致拉线基础上拔；山体滑坡造成基础松动、河边杆塔受河水的冲刷等各种现象。

（二）基础维护的方法

1. 培土

培土就是在基础周围填上泥土，一般应分层夯实，每回填 300mm 厚度夯实一次。要求夯实后高出地表 300~500mm 为宜，且上部边宽不得小于坑口边宽。

2. 排积水

对处于水塘中的杆塔基础一般采取排积水处理。通常可在基础的周围用混凝土砂浆砌成正方形石井（或采用混凝土浇筑），边长一般大于原基础 1000～2000mm 为宜，砌好后排干井内积水再进行回填土、沙石料并夯实，要求高出洪水位 500mm 以上。

3. 开挖排水沟和护坡

地处山坡上、河边的杆塔或拉线基础，由于受到流水（洪水）的冲刷，将造成基础的外露或塌方。对这种情况一般可采用开挖排水沟或护坡的方式，疏通流水（洪水）避免对杆塔的直接冲刷。

4. 加压防上拔

出现基础上拔的情况有两种：一种是置于吊档杆位的基础上拔；另一种是埋设深度不够或拉线盘上部承压面积太小以及拉线棒与拉线盘不垂直。加压防上拔有以下两种情况。

（1）吊档杆加压防上拔，一种在电杆下横担处重新加装防风拉线；另一种在悬垂线夹下端加装重锤。

（2）拉线防上拔，首先是加大拉线盘上部承压面积；其次是纠正拉棒与拉线盘不够垂直的夹角；再次是加大拉线盘埋设的深度或浇制重力型基础，如图 17-7-1 和图 17-7-2 所示。

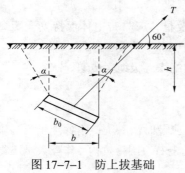

图 17-7-1　防上拔基础

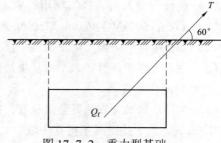

图 17-7-2　重力型基础

Q_f—基础自重力

5. 抗沉降

抗沉降工作较为复杂。它涉及杆塔位置具体的地质情况、地形地貌、杆塔型式以及基础设计和施工方法。通常有以下几种方法可以借鉴。

（1）排干基础周围积水，防止水土流失。

（2）人为的改善基础土质结构，挖开基础护土，用砂子或角石料填充基坑，并应留有 300～500mm 的防沉层。

（3）加大基础下层承压面积（如增大电杆底盘、安装卡盘或增大铁塔基础型式）。

二、危险点分析和控制措施

杆塔基础维修危险点主要有高空坠落、触电、砸伤、挤碰伤等。其控制措施有以下几点。

1. 控制高空坠落措施

（1）上杆塔作业前，应先检查杆根、拉线和基础是否牢固。登杆塔前，应先检查安全带、脚扣、脚钉、爬梯、防坠装置等是否完整牢靠。严禁利用绳索、拉线上下杆塔或顺杆下滑。

（2）上横担进行工作前，应检查横担连接是否牢固和腐蚀情况。在杆塔上作业时，应使用有后备绳或速差自锁器的双控背带式安全带，安全带和保护绳应分挂在杆塔不同部位的牢固构件上，应防止安全带从杆顶脱出或被锋利物损坏。人员在转位时，手扶的构件应牢固，且不得失去后备保护绳的保护。

（3）遇有冲刷、起土、上拔或导地线、拉线松动的杆塔，应先培土加固或支好架杆后再行登杆，打临时拉线时应先检查杆根情况，混凝土杆是否有影响登杆的裂纹、腐蚀、剥落、露筋、漏浆等情况。

（4）杆塔上有人工作时，不准调整或拆除拉线。临时拉线不得使用白棕绳、麻绳等，绑扎工作应由有经验的人员担任，不得固定在有可能移动或其他不可靠的物体上。

2. 控制触电措施

（1）登杆作业人员、杆塔所用绳索、工器具及材料应与带电体保持安全距离：330kV 为 4.0m；500kV 为 5.0m；750kV 为 8.0m；1000kV 为 9.0m。

（2）在带电导线附近所用工器具、材料应使用绝缘无极绳索传递。

（3）设专人监护，监护人不得从事其他工作。

3. 控制砸伤措施

（1）挖基坑前必须安装好临时拉线，挖坑时，应及时清除坑口附件浮土。当坑深超过 1.5m 时，向上扬土时不得打伤坑口人员，防止土石块回落坑内。作业人员不得在坑内休息。

（2）临时拉线要保证足够强度，全部开挖或在水坑上打临时拉线时，必须打好四方临时拉线。

（3）临时拉线地锚应符合相关要求，埋设深度要足够，回填土要夯实。

（4）在不影响铁塔稳定的情况下，可以在对角线的两个塔脚同时开挖，严禁四角同时开挖。

（5）与工作无关人员应远离杆塔高度 1.2 倍距离以外。

（6）上杆作业，小件工具和材料应放在个人工具袋内，大件工具和材料应用绳索传递并绑扎牢固。

（7）在居民区及交通道路附件开挖的基坑，应设坑盖或可靠遮栏，加挂警告标牌，夜间挂红灯。

4. 控制挤碰伤措施

（1）在杆塔基坑内有人工作时，各部拉线必须有专人看守。不准拆除或调整拉线，防止杆塔倾斜挤伤坑内工作人员。

（2）在土质松软处挖坑，应采取防止塌方措施，如加挡板、撑木等。任何人不得站在挡板、撑木上传递或放置传土工具或土、石。禁止由下部掏挖土层。

（3）正确使用搬运工器具防止磕碰伤手脚，坑内上下传递工具时防止打伤作业人员。

（4）挖坑时注意铁锹、尖镐不要碰伤手脚。

三、注意事项

（1）浇制重力型基础的混凝土标号不应低于 C15，浇制同时应捣固，捣固要保证均匀。

（2）回填土时，每回填 300mm 厚度夯实一次，夯实程度应达到原状土密实度的 80%及以上。

（3）回填土时，应先排除坑内积水。

（4）装配式基础、洪水冲刷严重的基础需要加固（或防腐）时，应事先打好杆塔临时拉线。

（5）修补、补强基础时，混凝土中严禁掺入氯盐，不同品种的混凝土不应在同一个基础腿中同时使用。

（6）杆塔及拉线基坑的回填，都应在坑面上筑防沉层。其上部不得小于坑口，其高度视夯实程度确定，一般为 300~500mm。

【思考与练习】

1. 试列举本地区影响基础稳定的因素有哪些？
2. 结合本地实际情况，基础维护还有哪些方法？
3. 造成基础上拔有哪些原因？应如何处理？

▲ 模块 8　输电线路导线断股停电缠绕修补作业指导书 （Z04H1008Ⅲ）

【模块描述】本模块包含输电线路导线断股停电缠绕修补作业指导书编制的工作程序及相关安全注意事项。通过工序介绍、要点解释、流程讲解，熟练编制输电线路导线断股停电缠绕修补作业指导书。

【正文】

一、输电线路检修作业指导书的编制原则和格式

（一）作业指导书的一般构成

输电线路检修作业指导书的一般结构可由封面、范围、引用文件、天气及作业现场要求、作业人员要求、作业准备阶段、作业实施阶段、作业结束阶段、作业总结阶段、附录十项内容组成。

（二）指导书的内容与格式

1. 封面

封面由作业名称、编号、编写人及时间、审核人及时间、批准人及时间、作业负责人、作业工期、编写部门八项内容组成，封面格式如图 17-8-1 所示。

编号：Q/×××

×××kV×××线导线修补作业指导书

编 写 人：_____ ____年____月 ___日

审 核 人：_____ ____年____月 ___日

批 准 人：_____ ____年____月 ___日

作业负责人：

作业日期： 年 月 日 时至 年 月 日 时

××检修公司（供电公司）×××

图 17-8-1 封面

（1）作业名称。包含：电压等级、线路名称、具体作业的杆塔号、作业内容。如"××kV××线导线修补作业指导书"。

（2）编号。应具有唯一性和可追溯性，便于查找。可采用企业标准编号，Q/×××，位于封面的右上角。

（3）编写人及时间。负责作业指导书的编写。在指导书编写人一栏内签名，并注明编写时间。

（4）审核人及时间。负责作业指导书的审批，对编写的正确性负责。在指导书审核人一栏内签名，并注明审核时间。

（5）批准人及时间。作业指导书执行的许可人。在指导书批准人一栏内签名，并注明批准时间。

（6）作业负责人。监督检查指导书的执行情况，对检修的安全、质量负责。在指

导书作业负责人一栏内签名。

（7）作业日期。现场作业具体工作时间。

（8）编写部门。作业指导书的具体编写部门。

2. 范围

对作业指导书的应用范围做出具体的规定。如本作业指导书针对××kV××线导线修补作业指导书工作编写而成，仅适用于该项工作。

3. 引用文件

明确编写作业指导书所引用的法规、规程、标准、设备说明书及企业管理规定和文件（按标准格式列出）。

4. 天气及作业现场要求

本条款是指执行本次检修任务时，对气候条件和作业现场所条件提出的基本要求。

5. 作业人员要求

本条款是指执行本次检修任务时，对作业人员的配置情况和素质的基本要求。包括作业人员的分工、职责要求、精神状态、作业技能、安全资质和特殊工种资质等方面。

6. 作业准备阶段

作业准备阶段主要是对项目作业前的工作准备和安排，如查阅线路资料、明确作业方法并准备好工器具和材料、对作业人员分工、技术交底、进行作业危险点分析并制定控制措施、办理工作票等内容。

（1）准备工作安排。准备工作安排的记录格式见表17-8-1。

表 17-8-1 准 备 工 作 安 排 记 录

√	序号	内　容	标　准	责任人	备　注

（2）召开班前会。召开班前会的记录格式见表17-8-2。

表 17-8-2 召 开 班 前 会 记 录

√	序号	内　容	标　准	备　注

（3）工器具。工器具包括专用工具、一般工器具、仪器仪表、电源设施等，并逐项记录在表17-8-3中。

表 17-8-3 工 器 具 表

√	序号	名　称	型号/规格	单　位	数　量	备　注

（4）材料。材料包括装置性材料、消耗性材料等，并逐项记录在表 17-8-4 中。

表 17-8-4 材 料 表

√	序号	名　称	型号/规格	单　位	数　量	备　注

7. 作业实施阶段

（1）作业开工。规定办理开工许可手续前应检查落实的内容、宣读工作票、核对工作范围及设备、验电及挂接地线等内容，并逐项记录在表 17-8-5 中。

表 17-8-5 作 业 开 工

√	序号	内　容	作业人员签字

（2）危险点控制流程。本条款主要是对作业项目的危险点进行防范，主要有：高处坠落、高处坠物伤人、工器具失灵、触电或感应电伤人、现场作业安全监护等方面开展分析和防范，并将危险点部位或名称及其预防措施逐项记录在表 17-8-6 中。

表 17-8-6 危险点及其预防措施

√	序号	危险点部位或名称	预 防 措 施

（3）作业内容及标准。针对每一项作业内容，明确作业步骤及工艺质量标准，并逐项记录在表 17-8-7 中。

表 17-8-7 作业内容、作业步骤及工艺质量标准

√	序号	作业内容	作业步骤及工艺质量标准

8. 作业结束阶段

规定工作结束后的注意事项，如清理工作现场、关闭电源、检查临时接地线、短接线确已拆除、清点工具和材料、申请验收、办理工作票等。将工作程序名称、工作内容或要求逐项记录在表 17–8–8 中。

表 17–8–8　　工作程序名称、工作内容或要求

√	序号	工作程序名称	工作内容或要求	备注

9. 作业总结阶段

记录检修结果，对检修质量做出整体评价；记录存在问题及处理意见。

10. 附录

根据需要添加，如工具、材料等可以用附件的形式列出。

二、输电线路导线断股停电缠绕修补作业指导书编写

1. 作业指导书的封面

作业指导书的封面如图 17–8–2 所示。

编号：Q/×××

330kV（及以上）××线停电缠绕修补作业指导书

编　写　人：______　　______年______月　___日

审　核　人：______　　______年______月　___日

批　准　人：______　　______年______月　___日

作业负责人：

作业日期：　　年　月　日　时　至　　年　月　日　时

××检修公司（供 电 公 司）×××

图 17–8–2　作业指导书封面

2. 适应范围

本作业指导书明确规定用于 330kV 及以上架空输电线路导线断股停电缠绕修补检修项目。

三、规范性引用文件

规范性引用文件是指编写作业指导书所引用的法规、规程、标准、设备说明书及企业管理规定和文件（按标准格式列出）。如本作业指导书编制的主要依据有以下内容：

（1）GB 50233《110～500kV 架空送电线路施工及验收规范》。

（2）GB 50545《110～750kV 架空输电线路设计规范》。

（3）DL/T 741《架空输电线路运行规程》。

（4）DL/T 5168《110～500kV 架空电力线路工程施工质量及评定规程》。

（5）Q/GDW 1799.2《国家电网公司电力安全工作规程（线路部分）》。

（6）国网（运检/4）305《国家电网公司架空输电线路运维管理规定》。

（7）国家电网公司《110（66）kV～500kV 架空输电线路检修导则》。

四、天气及作业现场要求

本项作业必须满足以下天气和作业现场要求。

（1）在同杆塔架设的多回线路检修工作时，如遇雷、雨、冰雹及 5 级以上大风时，工作负责人应停止检修工作。

（2）在同杆塔架设的多回线路中，部分线路停电检修，作业人员对带电导线最小距离应不小于 4.0m。

（3）在连续档距的导地线上挂梯（或飞车）时，其导地线的截面积要求：钢芯铝绞线和铝合金绞线不得小于 120mm²；钢绞线不得小于 50mm²（同等 OPGW 光缆和配套的 LGJ–70/40 型导线）。有下列情况之一者，应经验算合格，并经本单位主管生产领导（总工程师）批准后才能进行。

1）在孤立档的导地线上的作业。

2）在有断股的导地线和锈蚀的地线上的作业。

3）在钢芯铝绞线和铝合金绞线 120mm²，钢绞线 50mm²（同等 OPGW 光缆和配套的 LGJ–70/40 型导线）以外的其他型号导地线上的作业。

4）两人以上在同档同一根导地线上的作业。

五、作业人员配置、职责及要求

（1）工作负责（监护）人，定员 1 人，职责：负责本次工作任务的人员分工、工作前的现场勘察、作业方案的制定、工作票的填写、办理工作许可手续、召开工作班前会、负责作业过程中的安全监督、工作中突发情况的处理、工作质量的监督、工作后的总结。要求具有 5 年及以上的工作经验，年度《国家电网公司电力安全工作规程》（电力线路部分）考试合格，工作负责人资格考试合格并经公司安监部门认可批准。

（2）高空作业人员，定员 2 人，职责：负责本次导线断股停电缠绕修补过程作业。要求经医师鉴定无妨碍高空作业的疾病（体检合格）；具备必要的电气知识，熟悉《国家电网公司电力安全工作规程》（电力线路部分）及相关规程，并经考试合格；熟悉检修工艺、质量标准和运行知识。

（3）地面作业人员，定员 3～4 人，职责：负责本次作业过程的地面辅助工作，配合、协助杆上作业人员进行导线断股停电缠绕修补；要求具备必要的电气知识，熟悉《国家电网公司电力安全工作规程》（电力线路部分）及相关规程，并经考试合格；熟悉检修工艺、质量标准和运行知识。

六、作业准备阶段

1. 准备工作

作业准备工作的工作项目、工作内容或要求见表17-8-9。

表17-8-9　　　　　　　　　　准　备　工　作

确认(√)	序号	工作项目	工作内容或要求	责任人
	1	勘查现场、查阅资料	（1）查阅施工线路的图纸资料，了解和掌握作业所需的资料，选用工器具；（2）勘查现场，了解交叉跨越、平行线路、有无影响施工的障碍物等情况	
	2	工作方法	软梯头法	
	3	主要工器具及材料	详见表17-8-15和表17-8-16	
	4	外包工资格审查	经过安全技术培训并考试合格；无妨碍工作的病症	

2. 召开班前会

班前会的内容及标准见表17-8-10。

表17-8-10　　　　　　　　班前会的内容及标准

确认(√)	序号	内　容	标　准	备注
	1	人员分工	根据作业内容及工作量确定具体的人员分工	
	2	技术交底	明确作业方法、工艺及质量标准	
	3	进行危险点分析并制定控制措施	危险点分析及控制措施详尽并有针对性	

3. 填写并签发工作票

完整填写工作票并履行审批、签发手续。

七、作业实施阶段

1. 作业开工

作业开工的工作项目、工作内容或要求见表17-8-11。

表 17–8–11   作业开工的工作项目、工作内容或要求

确认（√）	序号	工作项目	工作内容或要求	备注
	1	办理工作许可手续	作业前与调度联系线路确已停电，并且安全措施已布置完毕，可以作业	
	2	宣读工作票	（1）工作负责人召集全体人员列队，宣读工作票，工作人员列队认真听票。 （2）工作负责人讲明工作中的危险点及控制措施，并对 2～3 人进行提问，无问题后方可开始作业	
	3	核对工作范围及设备	工作负责人接到工作许可命令后，率领工作班成员到达现场。工作负责人要亲自按工作票、缺陷传递单核对作业线路名称、杆塔号和色标	
	4	验电、挂地线	（1）由专人用合格的验电器在作业地段前后杆塔验电，并设专人监护。 （2）验明线路确无电压后，开始装设接地线。应先接接地端后接导线端，接地线应接触良好，连接可靠，接地线不得缠绕	

2. 危险点分析及控制措施

危险点部位或名称及其预防措施见表 17–8–12。

表 17–8–12   危险点部位或名称及其预防措施

确认（√）	序号	危险点部位或名称	预防措施
	1	高空坠落	（1）上杆塔作业前，应先检查杆根、拉线和基础是否牢固。登杆塔前，应先检查安全带、脚扣、脚钉、爬梯、防坠装置等是否完整牢靠。严禁利用绳索、拉线上下杆塔或顺杆下滑。 （2）上横担进行工作前，应检查横担连接是否牢固和腐蚀情况。在杆塔上作业时，应使用有后备绳或速差自锁器的双控背带式安全带，安全带和保护绳应分挂在杆塔不同部位的牢固构件上，应防止安全带从杆顶脱出或被锋利物损坏。 （3）人员在转位时，不得失去后备保护绳的保护。 （4）杆塔上有人时，不准调整或拆除拉线
	2	物体打击	（1）现场工作人员必须正确佩戴好安全帽； （2）杆塔上作业人员要防止高空落物，使用的工器具、材料等应装在工具袋里，工器具要用绳索传递，杆塔下方严禁行人逗留。在行人道口或人口密集区作业，工作点下方应设围栏或其他保护措施
	3	工器具失灵	所用工器具要定期检查，使用前必须经专人检查，保证合格、配套、灵活好用

确认(√)	序号	危险点部位或名称	预 防 措 施
	4	防触电及感应电	（1）导地线下方跨越带电线路时，应注意导地线下沉情况，防止被检修的导地线触碰下方带电线路，必须设专人监护； （2）在同杆塔架设多回线路时，部分线路停电作业检修，工作人员对带电导线最小安全距离不得小于4.0m； （3）绑扎线要在下面绕成小盘再带上杆塔使用； （4）个人保安线应装设牢固，防止脱落
	5	现场作业安全监护	自作业开始至结束，安全监护人必须始终在作业现场对作业人员进行不间断的安全监护

3. 作业内容及质量控制流程

作业项目或内容、作业要求及工艺质量标准见表17-8-13。

表 17-8-13 　　　　　作业项目或内容、作业要求及工艺质量标准

确认(√)	序号	作业项目或内容	作业要求及工艺质量标准
	1	工器具摆放	在塔位附近选一较平坦处（有条件可铺好苫布），将所用工器具依次摆放好
	2	悬挂传递绳	塔上作业人员戴好安全帽，携带传递绳上塔，到合适位置，系好安全带及后备保护绳后，将传递绳挂在杆塔合适位置
	3	准备出线	（1）塔上作业人员携带传递绳沿绝缘子串进入导线侧，系好安全带；对复合绝缘子线路，应通过复合绝缘子下线硬或软梯进入导线侧，严禁踩踏复合绝缘子； （2）塔上作业人员将导线保护绳一端固定在导线上，另一端固定在横担上，做好双重保护； （3）导线上作业人员拆除出线侧导线防振锤； （4）地面作业人员将软梯头传递至导线上； （5）导线上作业人员将软梯头安装在导线上，并扣好软梯头闭锁装置； （6）软梯头的两端分别系好牵引绳（一端由地面作业人员直接控制，另一端通过导线横担上的滑轮控制）； （7）导线上作业人员携带传递绳坐到软梯头上，再将安全带系到导线上后，解开后备保护绳
	4	出线作业	（1）地面作业人员通过牵引绳匀速拖动软梯头至工作位置； （2）导线上作业人员选择合适位置安装好传递绳； （3）地面作业人员将补修导线用的材料传递至导线上； （4）导线上作业人员首先将损伤导线处整平、打磨后，均匀地涂上一层导电脂，然后用铝丝顺导线平压一段开始缠绕，缠绕方向与导线外层铝线绞制方向一致，修补铝线要紧压导线，其中心应位于损伤最严重处，并应将损伤部位全部覆盖，最后线头要和先压紧线头绞紧； （5）导线上作业人员修补完成后，要求修补最短距损伤部位边缘单边不少于50mm，补修表面平滑、无毛刺； （6）检查无问题，出线作业人员恢复被拆除的防振锤后返回塔上
	5	工器具拆除	（1）塔上作业人员拆下软梯头、导线保护绳及其他工器具至地面； （2）塔上作业人员检查作业各部位正常、完好，塔上无任何遗留物； （3）塔上人员携带传递绳下塔

八、作业结束阶段

作业结束后，应按表 17-8-14 的要求进行检查。

表 17-8-14　　　　　　　　作 业 结 束 后 的 检 查

确认 （√）	序号	工作程序	工作内容或要求	备注
	1	作业现场清理	达到工完、场清、料净	
	2	盘点工具、 材料数量	按表 17-8-15 和表 17-8-16 核实工具、材料数量	
	3	申请办理质量验收	由验收单位按工艺标准及有关规程组织施工质量验收	
	4	拆除接地线、 人员撤离	工作结束后，工作负责人检查作业现场无问题、确定所有人员下塔后，下令拆除接地线	
	5	办理工作票终结手续	工作负责人向工作许可人汇报作业结束，现场人员全部下塔后，线路所挂的接地线已全部拆除，没有遗留问题，可以恢复送电	

九、作业总结阶段

1. 召开班后会

总结本次作业安全、质量情况以及经验、教训，并将详细内容记入"班组工作日志"中。

2. 整理资料及归档

将本次检修情况分别填入相应的记录及技术档案中。

十、附录

附录列举了本次作业的主要工器具和材料清单，实际作业时应根据作业方式和检修内容确定数量。

1. 主要工器具（见表 17-8-15）

表 17-8-15　　　　　　　　　主 要 工 器 具

序号	名称	规格	单位	数量	备注
1	绝缘循环绳		根	1	
2	单轮滑车	10kN	只	1	
3	软梯头		架	1	
4	个人保安线		根	1	
5	钢丝绳套	$\phi 12.5$	只	1	

续表

序号	名称	规格	单位	数量	备注
6	验电笔		支	1	同线路电压等级
7	主接地线	截面积不得小于 25mm²	组	2	
8	硬（软）梯		副	1	上下合成绝缘子用
9	导线保护绳		根	1	
10	个人工具		套	2	含安全工具

2. 材料清单（见表 17-8-16）

表 17-8-16　　　　　　　　材　料　清　单

序号	名称	规格	单位	数量	备注
1	铝线	同导线规格	根		
2	导电脂		瓶	1	
3	预绞丝		根		根据实际情况而定

注　表 17-8-15 和表 17-8-16 使用时，应根据实际情况填写。

【思考与练习】

1. 该作业指导书的由哪几部分构成？
2. 在连续档距的导地线上挂梯（或飞车）时，其导地线的截面积有哪些要求？
3. 该作业指导书中工作负责人的职责和要求是什么？

▶ 模块 9　输电线路耐张杆塔停电综合检修作业指导书 （Z04H1009Ⅲ）

【模块描述】本模块包含输电线路耐张杆塔停电综合检修作业指导书编制的工作程序及相关安全注意事项。通过内容介绍、流程讲解，熟练编制输电线路耐张杆塔停电综合检修作业指导书。

【正文】

一、作业指导书的封面

作业指导书的封面编制参见 Z04H1008Ⅲ 模块的封面编制。

二、适用范围

本作业指导书适用于 330kV 及以上架空送电线路标准检修项目耐张杆、塔停电综合检查并处理缺陷。

三、规范性引用文件

下列文件中的条款通过本作业指导书的引用而成为本作业指导书的条款。

（1）GB 50233《110kV～500kV 架空送电线路施工及验收规范》。

（2）GB 50545《110kV～750kV 架空输电线路设计规范》。

（3）DL/T 741《架空输电线路运行规程》。

（4）DL/T 5168《110kV～500kV 架空电力线路工程施工质量及评定规程》。

（5）Q/GDW 1799.2《国家电网公司电力安全工作规程（线路部分）》。

（6）国网（运检/4）305《国家电网公司架空输电线路运维管理规定》。

（7）国网（运检/4）310《国家电网公司架空输电线路检修管理规定》。

（8）国家电网公司《110（66）kV～500kV 架空输电线路检修导则》。

四、天气及作业现场要求

（1）架空输电线路停电检修工作时，如遇雷、雨、冰雹及 6 级（双回路 5 级）以上大风时，工作负责人可临时停止检修工作。

（2）在同杆塔架设的多回线路中，部分线路停电检修，应保证工作人员对带电导线最小距离不小于表 17-9-1 的安全距离时，才能进行。

表 17-9-1 工作人员对带电导线的最小距离要求

电压等级（kV）	安全距离（m）	电压等级（kV）	安全距离（m）
330	5.0	1000	10.5
500	6.0	±660	10.0
750	9.0	±800	11.1

五、作业人员配置、职责及要求

（1）工作负责（监护）人，定员 1 人，职责：负责本次工作任务的人员分工、工作前的现场查勘、作业方案的制定、工作票的填写、办理工作许可手续、召开工作班前会、负责作业过程中的安全监督、工作中突发情况的处理、工作质量的监督、工作后的总结；要求具有 5 年及以上的工作经验；年度《国家电网公司电力安全工作规程》（电力线路部分）考试合格；工作负责人资格考试合格并经公司安监部认可批准。

（2）杆上作业人员，定员 2 人，职责：负责本次耐张杆、塔的检修作业；要求经医师鉴定无妨碍高空作业的疾病（体检合格）；具备必要的电气知识，熟悉《国家电网公司电力安全工作规程》（电力线路部分）及相关规程，并经考试合格；熟悉检修工艺、质量标准和运行知识。

（3）地面作业人员，定员 2 人，职责：负责本次作业过程的地面辅助工作，配合、协助高空作业人员进行检修工作；要求具备必要的电气知识，熟悉《国家电网公司电力安全工作规程》（电力线路部分）及相关规程，并经考试合格；熟悉检修工艺、质量标准和运行知识。

六、作业准备阶段

1. 准备工作

准备工作的工作项目、工作内容或要求见表 17-9-2。

表 17-9-2　　　　　　　　　准 备 工 作

确认 （√）	序号	工 作 项 目	工作内容或要求	责任人
	1	勘查现场、查阅资料	（1）查阅施工线路的图纸资料，了解和掌握作业所需的各种参数，并据此选用工器具； （2）勘查现场情况	
	2	工作方法	综合检查和检修	
	3	主要工器具及材料	详见表 17-9-8 和表 17-9-9	
	4	外包工资格审查	必须经安全技术培训并考试合格；无妨碍工作的病症	

2. 召开班前会

班前会的内容及标准见表 17-9-3。

表 17-9-3　　　　　　　　　班前会的内容及标准

确认 （√）	序号	内容	标　准	备注
	1	人员分工	根据作业内容及工作量确定具体的人员分工	
	2	技术交底	明确作业方法、工艺及质量标准	
	3	进行危险点分析并制定控制措施	危险点分析及控制措施详尽并有针对性	

3. 填写并签发工作票

完整填写工作票并履行审批、签发手续。

七、作业实施阶段

1. 作业开工

作业开工的工作项目、工作内容或要求见表 17-9-4。

表 17-9-4　　　　　　　　作 业 开 工

确认 （√）	序号	工作项目	工作内容或要求	备注
	1	办理工作许可手续	作业前与调度联系线路确已停电，办理工作许可手续，并且安全措施已布置完毕，可以作业	
	2	宣读工作票	（1）工作负责人召集全体人员列队，宣读工作票，工作人员列队认真听票。 （2）工作负责人讲明工作中的危险点及控制措施，并对 2~3 人进行提问，无问题后方可开始作业	
	3	核对工作范围及设备	工作负责人接到工作许可命令后，率领工作班成员到达现场。工作负责人要亲自按工作票、缺陷传递单核对作业线路名称、杆塔号和色标	
	4	验电、挂地线	（1）由专人用合格的验电器在作业地段前后杆塔验电，并设专人监护。 （2）验明线路确无电压后，开始装设接地线。应先接接地端后接导线端，接地线应接触良好，连接可靠；接地线不得缠绕	

2. 危险点分析及控制措施

作业实施过程中的危险点部位或名称及其预防措施见表 17-9-5。

表 17-9-5　　　　　　　危 险 点 及 预 防 措 施

确认 （√）	序号	危险点部位或名称	预 防 措 施
	1	高空坠落	（1）上杆塔作业前，应先检查杆根、拉线和基础是否牢固。登杆塔前，应先检查安全带、脚扣、脚钉、爬梯、防坠装置等是否完整牢靠。严禁利用绳索、拉线上下杆塔或顺杆下滑。 （2）上横担进行工作前，应检查横担连接是否牢固和腐蚀情况。在杆塔上作业时，应使用有后备绳或速差自锁器的双控背带式安全带，安全带和保护绳应分挂在杆塔不同部位的牢固构件上，应防止安全带从杆顶脱出或被锋利物损坏。 （3）人员在转位时，不得失去后备保护绳的保护。 （4）杆塔上有人时，不准调整或拆除拉线
	2	物体打击	（1）现场工作人员必须正确佩戴好安全帽。 （2）杆塔上作业人员要防止高空落物，使用的工器具、材料等应装在工具袋里，工器具要用绳索传递，杆塔下方严禁行人逗留。在行人道口或人口密集区作业，工作点下方应设围栏或其他保护措施
	3	工器具失灵	所用工器具要定期检查，使用前必须经专人检查，保证合格、配套、灵活好用

续表

确认 （√）	序号	危险点部位或名称	预 防 措 施
	4	防触电及感应电	（1）导地线下方跨越带电线路时，应注意导地线下沉情况，防止被检修的导地线触碰下方带电线路，必须设专人监护。 （2）在同杆塔架设多回线路时，部分线路停电作业检修，工作人员对带电导线最小安全距离不得小于表17-9-1的数值。 （3）绑扎线要在下面绕成小盘再带上杆塔使用。 （4）个人保安线应装设牢固，防止脱落
	5	现场作业安全监护	自作业开始至结束，安全监护人必须始终在作业现场对作业人员进行不间断的安全监护

3. 作业内容及工艺质量标准

作业项目或内容、作业要求及工艺质量标准应符合表 17-9-6 的要求。

表 17-9-6 作业内容及工艺质量标准

确认 （√）	序号	作业项目或内容	作业要求及工艺质量标准
	1	工器具摆放	在杆塔附近选一块平坦处，将所有工器具依次摆放好
	2	系好安全绳、挂好个人保安线	在杆塔适当位置系好安全带，挂好个人保安线
	3	挂好传递绳	在杆塔适当位置挂好传递绳
	4	杆塔、基础及拉线	基础及拉线附近土壤无流失；铁塔无锈蚀、变形、构件无丢失；混凝土电杆无横纵向裂纹、倾斜；拉线无严重锈蚀、断股、防盗帽齐全；无影响登杆的问题
	5	架空导地线部分	架空导地线与线夹结合部无锈蚀、导地线线夹螺栓连接紧固、开口销到位；地线支架连接紧固；导地线无断股、松股；导线对杆塔的距离满足运行要求；导地线防振锤无移位、连接紧固
	6	绝缘部分	与导线横担的连接紧固；瓷质绝缘子之间连接紧固、弹簧销到位；与导线线夹的连接紧固；瓷质绝缘子无裂纹、釉面无损伤、钢帽及球头无裂纹；复合绝缘子表面无损伤、表面无污垢及附着物、伞群无龟裂
	7	检查引流板、并沟线夹、螺栓	紧固引流板、并沟线夹螺栓，涂导电膏（打开周期为四年一次）
	8	接地装置部分检查	混凝土电杆的外敷设接地引下线与地线支架的连接是否牢靠；接地引下线的地面部分与地网的连接是否牢靠；接地装置无严重锈蚀、无缺损
	9	清点个人工器具	检查杆上是否有遗留工器具
	10	拆除个人保安线和安全带	
	11	下杆（塔）	

八、作业结束阶段

作业结束后应检查的工作程序的工作内容或要求见表 17-9-7。

表 17-9-7　　　　　　　　作业结束后的检查

确认（√）	序号	工作程序	工作内容或要求	备注
	1	作业现场清理	达到工完、场清、料净	
	2	盘点工具、材料数量	按表 17-8-8 和表 17-8-9 核实工具、材料数量	
	3	申请办理质量验收	由验收单位按工艺标准及有关规程组织施工质量验收	
	4	拆除接地线、人员撤离	工作结束后，工作负责人检查作业现场无问题、确定所有人员下塔后，下令拆除接地线	
	5	办理工作票终结手续	工作负责人向工作许可人汇报作业结束，现场人员全部下塔后，线路所挂的接地线已全部拆除，没有遗留问题，可以恢复送电	

九、作业总结阶段

1. 召开班后会

总结本次作业安全、质量情况以及经验、教训，并将详细内容记入"班组工作日志"中。

2. 整理资料及归档

将本次检修情况分别填入相应的记录及技术档案中。

十、附录

主要工器具和材料清单。

1. 主要工器具（见表 17-9-8）

表 17-9-8　　　　　　　　主要工器具

序号	名称	规格	单位	数量	备注
1	个人工具		套	2	含安全工具
2	个人保安线		根	2	
3	登杆工具	试验合格	副	2	
4	梅花扳手		套	2	
5	毛巾		条	2	
6	验电笔		支	1	同线路电压等级

续表

序号	名 称	规 格	单位	数量	备 注
7	主接地线	截面积不得小于 25mm²	组	2	
8	硬梯		副	1	上下复合绝缘子用

2. 材料清单（见表 17-9-9）

表 17-9-9 　　　　　　　　　材 料 清 单

序号	名 称	规 格	单位	数量	备 注
1	锁紧销		个		
2	导电脂		瓶	1	
3	砂纸	0 号	张		用于引流板接触面打磨
4	螺栓、螺帽		套		根据实际情况而定
5	塔材		根		根据实际情况而定

注 表 17-9-8 和表 17-9-9 使用时，应根据实际情况填写。

【思考与练习】

1. 耐张杆塔检修的天气及现场要求是什么？
2. 班前会的内容及要求是什么？
3. 防高空坠落的预控措施是什么？

▲ 模块 10　输电线路停电更换耐张整串绝缘子作业指导书（Z04H1010Ⅲ）

【模块描述】本模块包含输电线路停电更换耐张整串绝缘子作业指导书编制的工作程序及相关安全注意事项。通过内容介绍、流程讲解，熟练编制输电线路停电更换耐张整串绝缘子作业指导书。

【正文】

一、作业指导书的封面

作业指导书的封面编制参见 Z04H1008Ⅲ模块的封面编制。

二、适用范围

本作业指导书适用于 330kV 及以上架空输电线路停电更换耐张杆塔绝缘子串。

三、规范性引用文件

下列文件中的条款通过本作业指导书的引用而成为本作业指导书的条款。

（1）GB 50233《110kV～500kV 架空送电线路施工及验收规范》。

（2）GB 50545《110kV～750kV 架空输电线路设计规范》。

（3）DL/T 741《架空输电线路运行规程》。

（4）DL/T 5168《110kV～500kV 架空电力线路工程施工质量及评定规程》。

（5）Q/GDW 1799.2《国家电网公司电力安全工作规程（线路部分）》。

（6）国网（运检/4）305《国家电网公司架空输电线路运维管理规定》。

（7）国网（运检/4）310《国家电网公司架空输电线路检修管理规定》。

（8）国家电网公司《110（66）kV～500kV 架空输电线路检修导则》。

四、天气及作业现场要求

（1）架空输电线路停电检修工作时，如遇雷、雨、冰雹及 6 级以上大风时（双回路 5 级大风），工作负责人可临时停止检修工作。

（2）在同杆塔架设的多回线路中，部分线路停电检修，应保证工作人员对带电导线最小距离不小于 4.0m。

五、作业人员配置及职责

（1）工作负责（监护）人，定员 1 人。职责：负责本次工作任务的人员分工、工作前的现场查勘、作业方案的制定、工作票的填写、办理工作许可手续、召开工作班前会、负责作业过程中的安全监督、工作中突发情况的处理、工作质量的监督、工作后的总结；要求具有 5 年及以上的工作经验；年度《国家电网公司电力安全工作规程（线路部分）》考试合格；工作负责人资格考试合格并经公司安监部认可批准。

（2）高空作业人员，定员 2 人。职责：负责本次更换耐张杆塔绝缘子（整串）过程的作业；要求经医师鉴定无妨碍高空作业的疾病（体检合格）；具备必要的电气知识，熟悉《国家电网公司电力安全工作规程（线路部分）》及相关规程，并经考试合格；熟悉检修工艺、质量标准和运行知识。

（3）地面作业人员，定员 4 人。职责：负责本次作业过程的地面辅助工作，配合、协助高空作业人员进行检修工作；要求具备必要的电气知识，熟悉《国家电网公司电力安全工作规程（线路部分）》及相关规程，并经考试合格；熟悉检修工艺、质量标准和运行知识。

六、作业准备阶段

1. 准备工作

作业准备工作的工作项目、工作内容或要求见表 17–10–1。

表 17-10-1　　　　　　　　准 备 工 作

确认 (√)	序号	工作项目	工作内容或要求	责任人
	1	勘查现场、查阅资料	（1）查阅施工线路的图纸资料，了解和掌握作业所需的各种参数。复核导线荷载，并据此选用工器具。 （2）勘查现场，了解交叉跨越、平行线路、有无影响施工的障碍物等情况	
	2	工作方法	手扳葫芦双吊法	
	3	主要工器具及材料	详见表 17-10-7 和表 17-10-8	
	4	外包工资格审查	必须经安全技术培训并考试合格；无妨碍工作的病症	

2. 召开班前会

班前会的内容和标准见表 17-10-2。

表 17-10-2　　　　　　　　班前会的内容和标准

确认 (√)	序号	内容	标　准	备注
	1	人员分工	根据作业内容及工作量确定具体的人员分工	
	2	技术交底	明确作业方法、工艺及质量标准	
	3	进行危险点分析并制定控制措施	危险点分析及控制措施详尽并有针对性	

3. 填写并签发工作票

完整填写工作票并履行审批、签发手续。

七、作业实施阶段

1. 作业开工

作业开工的工作项目、工作内容或要求见表 17-10-3。

表 17-10-3　　　　　　　　作 业 开 工

确认 (√)	序号	工作项目	工作内容或要求	备注
	1	办理工作许可手续	作业前与调度联系线路确已停电，办理工作许可手续，并且安全措施已布置完毕，可以作业	
	2	宣读工作票	（1）工作负责人召集全体人员列队，宣读工作票，工作人员列队认真听票。 （2）工作负责人讲明工作中的危险点及控制措施，并进行提问，无问题后方可开始作业	

确认（√）	序号	工作项目	工作内容或要求	备注
	3	核对工作范围及设备	工作负责人接到工作许可命令后，率领工作班成员到达现场。工作负责人要亲自按工作票、缺陷传递单核对作业线路名称、杆塔号和色标	
	4	验电、挂接地线	（1）由专人用合格的验电器在作业地段前后杆塔验电，并设专人监护。 　　（2）验明线路确无电压后，开始装设接地线。应先接接地端后接导线端，接地线应接触良好，连接可靠；接地线不得缠绕	

2. 危险点分析及控制措施

作业实施阶段的危险点及其预防措施见表 17-10-4。

表 17-10-4　　　　　　　　　　危险点及其预防措施

确认（√）	序号	危险点部位或名称	预　防　措　施
	1	高空坠落	（1）上杆塔作业前，应先检查杆根、拉线和基础是否牢固。登杆塔前，应先检查安全带、脚扣、脚钉、爬梯、防坠装置等是否完整牢靠。严禁利用绳索、拉线上下杆塔或顺杆下滑。 　　（2）上横担进行工作前，应检查横担连接是否牢固和腐蚀情况。在杆塔上作业时，应使用有后备绳或速差自锁器的双控背带式安全带，安全带和保护绳应分挂在杆塔不同部位的牢固构件上，应防止安全带从杆顶脱出或被锋利物损坏。 　　（3）人员在转位时，不得失去后备保护绳的保护。 　　（4）杆塔上有人时，不准调整或拆除拉线
	2	物体打击	（1）现场工作人员必须正确佩戴好安全帽。 　　（2）杆塔上作业人员要严防止高空落物，使用的工器具、材料等应装在工具袋里，工器具要用绳索传递，杆塔下方严禁行人逗留。在行人道口或人口密集区作业，工作点下方应设围栏或其他保护措施
	3	工器具失灵	所用工器具要定期检查，使用前必须经专人检查，保证合格、配套、灵活好用
	4	防触电及感应电	（1）导地线下方跨越带电线路时，应注意导地线下沉情况，防止被检修的导地线触碰下方带电线路，必须设专人监护。 　　（2）在同杆塔架设多回线路时，部分线路停电作业检修，工作人员对带电导线最小安全距离不得小于 4.0m。 　　（3）绑扎线要在下面绕成小盘再带上杆塔使用。 　　（4）个人保安线应装设牢固，防止脱落
	5	现场作业安全监护	自作业开始至结束，安全监护人必须始终在作业现场对作业人员进行不间断的安全监护

3. 作业内容及工艺质量标准

作业项目或内容、作业要求及工艺质量标准见表 17–10–5。

表 17–10–5　　　　　　　　　　作业内容及工艺质量标准

确认 （√）	序号	作业项目或内容	作业要求及工艺质量标准
	1	工器具摆放	在杆位附近选一较平坦处（有条件可铺好苫布），将所用工器具依次摆放好
	2	悬挂传递绳	杆上作业人员戴好安全帽，携带传递绳上塔到合适位置，系好安全带后，将传递绳挂在合适位置
	3	工器具的传递、安装	（1）杆上作业人员系好安全带、后备保护绳，进入导线侧的工作位置。在横担侧和导线侧分别安装主吊绳。 （2）杆上作业人员互相配合做好导线的后备保护绳，并将导线后备保护绳安装在合适的位置上。 （3）杆下作业人员利用传递绳将两套张力转换系统（前后端连接工具，钢丝绳、手扳葫芦等）传递到杆上。 （4）杆上作业人员将两套张力转换系统分别安装在被更换绝缘子串的两侧。 （5）杆上作业人员互相配合安装好托瓶架。 （6）所有工具安装完毕后，杆上作业人员均匀收紧手扳葫芦，使其承受一定张力。对张力转换系统的各个连接及受力部位进行全面检查
	4	转移导线荷载	（1）确认张力转换系统工作状态良好，杆上作业人员分别拔除绝缘子串两端的弹簧销。 （2）收紧手扳葫芦使绝缘子串松弛至托瓶架上，适当调整导线后备保护绳，将绝缘子串承担的导线张力转移至张力转换系统
	5	旧绝缘子串拆除	（1）杆上作业人员将绝缘子串前后连接点分别与金具脱离。 （2）用主吊绳将绝缘子串系牢，杆上、地面作业人员配合传递至地面
	6	新绝缘子的检查与测试	地面作业人员检查新绝缘子，应完好无损、表面清洁，用 5000V 绝缘电阻表逐个进行测量，绝缘电阻值大于 500MΩ，检查绝缘子钢帽、绝缘体、钢脚在同一轴线上
	7	新绝缘子串的安装	（1）地面作业人员将检验合格的绝缘子串用主吊绳系牢后，杆上、地面作业人员配合传递到杆上。 （2）杆上作业人员将绝缘子推至托瓶架上，恢复绝缘子串前后连接点的连接，并安装好弹簧销，检查绝缘子及作业各部位的连接状况，调整绝缘子串的开口方向，使其一致
	8	恢复导线荷载	（1）调整导线后备保护绳。 （2）横担侧作业人员松动手扳葫芦使张力转移到绝缘子串上
	9	工器具拆除	（1）检查各部金具连接无问题后，拆除工器具及导线保护绳传至地面，导线侧作业人员返回杆上。 （2）杆上作业人员检查作业各部位正常、完好，杆上无任何遗留物。 （3）杆上人员解开安全带、后备保护绳，携带传递绳下至地面

八、作业结束阶段

作业结束后，按表 17-10-6 进行检查。

表 17-10-6 作 业 结 束 后 的 检 查

确认（√）	序号	工作程序名称	工作内容或要求	备注
	1	作业现场清理	达到工完、场清、料净	
	2	盘点工具、材料数量	按表 17-10-7 和表 17-10-8 核实工具、材料数量	
	3	申请办理质量验收	由验收单位按工艺标准及有关规程组织施工质量验收	
	4	拆除接地线、人员撤离	工作结束后，工作负责人检查作业现场无问题、确定所有人员下塔后，下令拆除接地线	
	5	办理工作票终结手续	工作负责人向工作许可人汇报作业结束，现场人员全部下塔后，线路所挂的接地线已全部拆除，没有遗留问题，可以恢复送电	

九、作业总结阶段

1. 召开班后会

总结本次作业安全、质量情况以及经验、教训，提出改进意见，并将详细内容记入"班组工作日志"中。

2. 整理资料及归档

将本次检修情况分别填入相应的记录及技术档案中。

十、附录

主要工器具及材料清单。

1. 主要工器具（见表 17-10-7）

表 17-10-7 主 要 工 器 具

序号	工器具、机械名称	规格型号	单位	数量	备 注
1	手扳葫芦	30kN	套	2	
2	托瓶架		副	1	
3	导线后备保护绳		根	1	
4	钢丝绳套	$\phi16\times2m$	只	2	
5	滑车组	30kN	套	1	
6	主吊绳	$\phi14$	根	1	

续表

序号	工器具、机械名称	规格型号	单位	数量	备　注
7	传递绳		根	3	
8	U 型环	100kN	只	2	
9	毛巾		条	2	
10	验电笔		支	1	同线路电压等级
11	主接地线	截面积不得小于 25mm²	组	2	
12	个人保安线		根	1	
13	绝缘电阻表	5000V	只	1	
14	脚扣		副	1	
15	个人工具		套	2	含安全工具

2. 材料清单（见表 17–10–8）

表 17–10–8　　　　　　　　材 料 清 单

序号	材 料 名 称	规 格 型 号	单位	数量	备　注
1	绝缘子	根据实际情况而定	片		
2	弹簧销子		颗	若干	

注　表 17–10–7 和表 17–10–8 使用时，应根据实际情况填写。

【思考与练习】

1. 停电更换耐张整串绝缘子的天气及现场要求是什么？

2. 班前会的内容及要求是什么？

3. 防高空坠落的预控措施是什么？

▶ 模块 11　输电线路停电更换直线单片绝缘子作业指导书
（Z04H1011Ⅲ）

【模块描述】本模块包含停输电线路停电更换直线单片绝缘子作业指导书编制的工作程序及相关安全注意事项。通过内容介绍、流程讲解，熟练编制输电线路停电更换直线单片绝缘子作业指导书。

【正文】

一、作业指导书的封面

作业指导书的封面编制参见 Z04H1008Ⅲ模块的封面编制。

二、适用范围

本作业指导书适用于 330kV 及以上架空输电线路标准检修项目停电更换直线杆塔单片绝缘子。

三、规范性引用文件

下列文件中的条款通过本作业指导书的引用而成为本作业指导书的条款。

（1）GB 50233《110kV～500kV 架空送电线路施工及验收规范》。

（2）GB 50545《110kV～750kV 架空输电线路设计规范》。

（3）DL/T 741《架空输电线路运行规程》。

（4）DL/T 5168《110kV～500kV 架空电力线路工程施工质量及评定规程》。

（5）Q/GDW 1799.2《国家电网公司电力安全工作规程（线路部分）》。

（6）国网（运检/4）305《国家电网公司架空输电线路运维管理规定》。

（7）国网（运检/4）310《国家电网公司架空输电线路检修管理规定》。

（8）国家电网公司《110（66）kV～500kV 架空输电线路检修导则》。

四、天气及作业现场要求

（1）架空输电线路直线杆、塔停电检修工作时，如遇雷、雨、冰雹及 6 级以上大风时（双回路 5 级大风），工作负责人可临时停止检修工作。

（2）在同杆塔架设的多回线路中，部分线路停电检修，应在工作人员对带电导线最小距离不小于 4.0m。

五、作业人员配置及职责

（1）工作负责（监护）人 1 名，杆上作业人员一般 2 名，地面作业人员 3 名。工作负责（监护）人，职责：负责本次工作任务的人员分工、工作前的现场查勘、作业方案的制定、工作票的填写、办理工作许可手续、召开工作班前会、负责作业过程中的安全监督、工作中突发情况的处理、工作质量的监督、工作后的总结；要求具有 5 年及以上的工作经验；年度《国家电网公司电力安全工作规程》（电力线路部分）考试合格；工作负责人资格考试合格并经公司安监部认可批准。

（2）高空作业人员，定员 2 人，职责：负责本次更换直线杆塔绝缘子（单片）过程的作业；要求经医师鉴定无妨碍高空作业的疾病（体检合格）；具备必要的电气知识，熟悉《国家电网公司电力安全工作规程》（电力线路部分）及相关规程，并经考试合格；熟悉检修工艺、质量标准和运行知识。

（3）地面作业人员，定员 3 人，职责：负责本次作业过程的地面辅助工作，配合、协助高空作业人员进行绝缘子更换工作；要求具备必要的电气知识，熟悉《国家电网公司电力安全工作规程》（电力线路部分）及相关规程，并经考试合格；熟悉检修工艺、质量标准和运行知识。

六、作业准备阶段

1. 准备工作

作业准备工作的工作项目、工作内容或要求见表 17-11-1。

表 17-11-1　　　　　　　　　　准 备 工 作

确认 （√）	序号	工作项目	工作内容或要求	责任人
	1	勘查现场、查阅资料	（1）查阅施工杆塔的垂直档距及导线型号，计算出各自的垂直荷载。 （2）勘查现场，了解交叉跨越、平行线路、有无影响施工的障碍物等情况	
	2	工作方法	卡具法	
	3	主要工器具及材料	详见表 17-11-7 和表 17-11-8	
	4	外包工资格审查	必须经安全技术培训并考试合格，无妨碍工作的病症	

2. 召开班前会

班前会的内容及标准见表 17-11-2。

表 17-11-2　　　　　　　　　　班前会的内容及标准

确认 （√）	序号	内容	标　准	备注
	1	人员分工	根据作业内容及工作量确定具体的人员分工	
	2	技术交底	明确作业方法、工艺及质量标准	
	3	进行危险点分析并制定控制措施	危险点分析及控制措施详尽并有针对性	

3. 填写并签发工作票

完整填写工作票并履行审批、签发手续。

七、作业实施阶段

1. 作业开工

作业开工的工作项目、工作内容或要求见表 17-11-3。

表 17–11–3　　　　　　　　　　　　　作 业 开 工

确认 （√）	序号	工作项目	工作内容或要求	备注
	1	办理工作许可手续	作业前与调度联系线路确已停电，办理工作许可手续，并且安全措施已布置完毕，可以作业	
	2	宣读工作票	（1）工作负责人召集全体人员列队，宣读工作票，工作人员列队认真听票。 （2）工作负责人讲明工作中的危险点及控制措施，并进行提问，无问题后方可开始作业	
	3	核对工作范围及设备	工作负责人接到工作许可命令后，率领工作班成员到达现场。工作负责人要亲自按工作票、缺陷传递单核对作业线路名称、杆塔号和色标	
	4	验电、挂接地线	（1）由专人用合格的验电器在作业地段前后杆塔验电，并设专人监护。 （2）验明线路确无电压后，开始装设接地线。应先接接地端后接导线端，接地线应接触良好，连接可靠；接地线不得缠绕	

2. 危险点分析及控制措施

作业实施过程中的危险点部位或名称及其预防措施见表 17–11–4。

表 17–11–4　　　　　　　　　　　危险点及其预防措施

确认 （√）	序号	危险点部位或名称	预 防 措 施
	1	高空坠落	（1）上杆塔作业前，应先检查杆根、拉线和基础是否牢固。登杆塔前，应先检查安全带、脚扣、脚钉、爬梯、防坠装置等是否完整牢靠。严禁利用绳索、拉线上下杆塔或顺杆下滑。 （2）上横担进行工作前，应检查横担连接是否牢固和腐蚀情况。在杆塔上作业时，应使用有后备绳或速差自锁器的双控背带式安全带，安全带和保护绳应分挂在杆塔不同部位的牢固构件上，应防止安全带从杆顶脱出或被锋利物损坏。 （3）人员在转位时，不得失去后备保护绳的保护。 （4）杆塔上有人时，不准调整或拆除拉线
	2	物体打击	（1）现场工作人员必须正确佩戴好安全帽。 （2）杆塔上作业人员要防止高空落物，使用的工器具、材料等应装在工具袋里，工器具要用绳索传递，杆塔下方严禁行人逗留。在行人道口或人口密集区作业，工作点下方应设围栏或其他保护措施
	3	工器具失灵	所用工器具要定期检查，使用前必须经专人检查，保证合格、配套、灵活好用

续表

确认 (√)	序号	危险点部位或名称	预 防 措 施
	4	防触电及感应电	（1）导地线下方跨越带电线路时，应注意导地线下沉情况，防止被检修的导地线触碰下方带电线路，必要时应联系停电后再进行作业。 （2）在同杆塔架设多回线路时，部分线路停电作业检修，工作人员对带电导线最小安全距离不得小于4.0m。 （3）绑扎线要在下面绕成小盘再带上杆塔使用。 （4）个人保安线应装设牢固，防止脱落
	5	现场作业安全监护	自作业开始至结束，安全监护人必须始终在作业现场对作业人员进行不间断的安全监护

3. 作业内容及工艺质量标准

作业项目或内容、作业要求及工艺质量标准见表17–11–5。

表 17–11–5　　　　　　　　　作业内容及工艺质量标准

确认 (√)	序号	作业项目或内容	作业要求及工艺质量标准
	1	工器具摆放	在杆塔位附近选一较平坦处，将所用工器具依次摆放好
	2	悬挂传递绳	杆上作业人员戴好安全帽，携带传递绳上杆，到合适位置，系好安全带后，将传递绳挂在合适位置
	3	工器具的传递、安装	（1）杆上作业人员系好安全带，打好后备保护绳。 （2）地面作业人员利用传递绳用专用卡具和导线保护绳传递至杆上作业人员。 （3）杆上作业人员将导线保护绳一端固定在导线上，另一端固定在横担上，做好双重保护。 （4）杆上作业人员将卡具安装在待更换绝缘子两侧相邻绝缘子的钢帽上，并认真检查卡具各部位连接状况，确保其连接良好
	4	旧绝缘子拆除	（1）杆上作业人员拔出被更换绝缘子的上下两端弹簧销子，然后均匀收紧卡具两侧的丝杆。 （2）当两侧丝杆收紧至合适位置时，将被更换的绝缘子拆离绝缘子串。 （3）杆上作业人员将拆下的绝缘子绑在传递绳上。 （4）地面作业人员利用传递绳将拆下的绝缘子传递到地面
	5	新绝缘子的测试与安装	（1）新绝缘子表面应清洁、完好无损、绝缘子钢帽、绝缘体、钢脚在同一轴线上，用5000V绝缘电阻表对绝缘子进行测量，电阻值大于500MΩ（应在准备阶段完成）。 （2）地面作业人员利用传递绳将检测好的绝缘子系牢后传递至杆上。控制好传递绳，避免绝缘子与杆塔碰撞受损伤。 （3）杆上作业人员将新绝缘子安装上，并装好上下两端的弹簧销子，检查开口方向与原线路一致。 （4）杆上作业人员松动卡具两侧丝杆，使新绝缘子串承受垂直荷载
	6	工具拆除	（1）检查各部金具连接无问题后，拆除卡具及导线保护绳传递至地面，导线侧作业人员返回到杆上。 （2）杆上作业人员检查作业各部位正常、完好，杆上无任何遗留物，解开安全带、后备保护绳，携带传递绳下杆

八、作业结束阶段

作业结束后，按表 17-11-6 进行检查。

表 17-11-6　　　　　　　作 业 结 束 后 的 检 查

确认 （√）	序号	工作程序名称	工作内容或要求	备注
	1	作业现场清理	达到工完、场清、料净	
	2	盘点工具、材料数量	按表 17-11-7 和表 17-11-8 核实工具、材料数量	
	3	申请办理质量验收	由验收单位按工艺标准及有关规程组织施工质量验收	
	4	拆除接地线、 人员撤离	工作结束后，工作负责人检查作业现场无问题、确定所有人员下塔后，下令拆除接地线	
	5	办理工作票终结手续	工作负责人向工作许可人汇报作业结束，现场人员全部下塔后，线路所挂的接地线已全部拆除，没有遗留问题，可以恢复送电	

九、作业总结阶段

1. 召开班后会

总结本次作业安全、质量情况以及经验、教训，提出改进意见，并将详细内容记入"班组工作日志"中。

2. 整理资料及归档

将本次检修情况分别填入相应的记录及技术档案。

十、附录

主要工器具及材料清单。

1. 主要工器具（见表 17-11-7）

表 17-11-7　　　　　　　　主 要 工 器 具

序号	名　称	规　格	单位	数量	备　注
1	卡具		套	1	视绝缘子型号确定卡具规格
2	后保钢丝绳	$\phi 12.5$	套	1	含 U 形环
3	白棕绳	$\phi 14$	根	1	长度根据杆塔高度定
4	滑车	15kN	个	2	闭口滑车
5	验电笔		支	1	同线路电压等级
6	毛巾		条	2	

续表

序号	名　称	规　格	单位	数量	备　注
7	主接地线	截面积不得小于 25mm²	套	2	
8	绝缘电阻表	5000V	只	1	
9	脚扣		副	2	
10	个人保安线		根	1	
11	个人工具		套	2	含安全工具

2. 材料清单（见表 17-11-8）

表 17-11-8　　　　　　　　　材　料　清　单

序号	材料名称	规格型号	单位	数量	备　注
1	绝缘子		片		配弹簧销子

注　表 17-11-7 和表 17-11-8 使用时，应根据实际情况填写。

【思考与练习】

1. 停电更换直线串单片绝缘子的天气及现场要求是什么？

2. 班前会的内容及要求是什么？

3. 防高空坠落的预控措施是什么？

第十八章

输电线路状态检修

◢ 模块 1 架空输电线路状态检修概念（Z04H2001Ⅰ）

【模块描述】本模块包含架空输电线路状态检修基本概念、部分常用线路专业术语。通过概念描述、知识讲解，掌握线路状态基本概念和部分常用线路专业术语。

【正文】

随着电网的快速发展，以及用户对供电可靠性要求的逐步提高，传统的基于周期的设备检修模式已经不能适应电网发展的要求，迫切需要在充分考虑电网安全、环境、效益等多方面因素情况下，研究、探索提高设备运行可靠性和检修针对性的新的检修管理方式。状态检修是解决当前检修工作面临问题的重要手段。

一、输电线路状态检修的定义

状态检修主要是指是企业、单位以安全情况、可靠性、环境情况、经营成本为基础，通过设备状态、风险评估，制定检修决策，最终达到检修成本合理、效率最大化、运行安全可靠的一种检修策略。

输电线路状态检修（condition based maintenance，CBM）是在日常工作中通过对输电线路设备的巡视、检查、试验等手段，或者在有条件的时候通过在线监测、带电检测等获取一定数量的状态量，对输电线路进行状态评价，合理的制定检修计划，同时，状态检修兼顾考虑整个区域电网风险和检修成本，如线路在电网中的重要性、设备故障后的损失和检修费用的比较、线路可能故障对人员安全或环境的影响等因素，以达到最高的效率和最大的可靠性的一种检修手段。

二、输电线路状态检修的意义

状态检修不是简单的延长设备的检修周期，也可能是缩短检修周期。状态检修是在保证设备安全的基础上，通过状态评价结果直接为制订检修计划提供明确的依据，改变以往不顾线路状态、"一刀切"地定期安排试验和检修，纠正状态检修概念混乱，盲目延长试验周期的不当做法。将以时间为周期的检修方式科学地转换到以按诊断设备状态的智能型检修方式，科学地预测、预试、分析判断，能进一步满足输电线路设备运行安全、经济、可靠运行，其主要意义体现如下。

（1）合理安排输电线路检修工作量，保证检修质量。

（2）对输电线路的各元件的实际运行工况做出清楚的判断和认识，为制定相应的检修策略打下基础。

（3）可以对输电线路设备进行全寿命管理。

（4）对输电线路形成统一管理和宏观调控，减少线路检修的随意性。

（5）提高输电线路的可靠性指数，减少设备反复停电次数。

（6）节约人力、物力、财力上的巨大浪费

三、输电线路状态检修常用名词术语

1. 状态量 criteria

反映线路状况的各种技术指标、试验数据和运行情况等参数的总称。状态量分为一般状态量和重要状态量。

一般状态量 minor criteria——对线路的性能和安全运行影响相对较小的状态量。

重要状态量 major criteria——对线路的性能和安全运行有较大影响的状态量。

2. 线路单元 component

根据线路的结构和特点，将线路上功能和作用相对独立的同类设备总称为线路单元。

根据线路的特点，将线路分为：基础、杆塔、导地线、绝缘子串、金具、接地装置、附属设施和通道环境等八个线路单元。

3. 线路的状态 condition of component

线路的状态分为：正常状态、注意状态、异常状态和严重状态。

正常状态 normal condition：表示线路各状态量处于稳定且在规程规定的警示值、注意值（以下简称标准限值）以内，可以正常运行。

注意状态 attentive condition：表示线路有部分状态量变化趋势朝接近标准限值方向发展，但未超过标准限值，仍可以继续运行，应加强运行中的监视。

异常状态 abnormal condition：表示线路已经有部分重要状态量接近或略微超过标准值，应监视运行，并适时安排检修。

严重状态 serious condition：表示线路已经有部分严重超过标准值线路，需要尽快安排停电检修。

4. 状态量权重

根据状态量对线路安全运行的影响程度，从轻到重分为四个等级，对应的权重分别为权重1、权重2、权重3、权重4，其系数为1、2、3、4。权重1、权重2与一般状态量对应，权重3、权重4与重要状态量对应。

5. 状态量劣化程度

根据状态量的劣化程度从轻到重分为四级，分别为Ⅰ、Ⅱ、Ⅲ和Ⅳ级。其对应的基本扣分值为 2、4、8、10 分。

6. 状态量扣分值

状态量扣分是针对一条线路整体同类设备单元的状态而言，即状态量应扣分值等于该状态量的基本扣分值乘以权重系数。状态量正常时不扣分。状态量评价表见表 18–1–1。

表 18–1–1　　　　　　　　　　　状 态 量 评 价 表

状态量劣化程度　　基本扣分值	权重	1	2	3	4
Ⅰ	2	2	4	6	8
Ⅱ	4	4	8	12	16
Ⅲ	8	8	16	24	32
Ⅳ	10	10	20	30	40

【思考与练习】

1. 什么是输电线路状态检修？

2. 输电线路状态检修的意义是什么？

3. 按照状态检修原则，输电线路的状态共有几种，分别是什么？

◢ 模块 2　输电线路状态检测的项目、周期（Z04H2002Ⅰ）

【模块描述】本模块包含线路开展状态巡视应具备的条件、状态巡视项目、巡视周期及计划的编制。通过概念介绍、要点归纳，熟悉状态巡视项目、主要内容，掌握状态巡视的管理。

【正文】

输电线路是电网中的重要设备，因外绝缘的配置为节约型设计，又架设在野外，导致电网故障的 80%左右发生在输电线路上，其中的 80%左右又发生在绝缘子串上，因此线路专业人员应熟悉线路绝缘子的各种优缺点、电气性能特性和使用范围，以减轻对绝缘子的检测、维修工作量，降低输电线路故障率。

一、输电线路关键检测项目

DL/T 741《架空送电线路运行规程》中需要定期开展检测的项目众多，基本属于普查式检测，工作量繁重，输电线路开展状态检修，必须有的放矢解决带电部分和不带电部分。若不符合规定要求易引起线路停电或需停电后处理的设备隐患，涉及的相关检测、检查项目如下。

（1）绝缘子检查、检测：主要包括瓷绝缘子瓷件破损、瓷釉烧伤和绝缘电阻低零值检测；玻璃绝缘子伞裙自爆检查；复合绝缘子伞裙、护套表面有否蚀损、漏电起痕、树枝状放电或电弧烧伤痕迹，是否出现硬化、脆化、粉化、开裂等现象，伞裙有否变形，伞裙之间黏接部位有否脱胶等现象，端部金具连接部位有否明显的滑移，密封有否破坏，硅橡胶伞裙的憎水性有否下降等；绝缘子有否钢脚锈蚀、弯曲、电弧烧损和锁紧销缺少；绝缘子附盐密检测等。

（2）绝缘子附盐密值检测：主要是在设定的盐密监测点测量累积运行现场污秽度，既要检测累积附盐密值，又要检测得出灰密量，对现场污秽度严重或超标的杆塔应将污液送试验室进行导电离子和成分的分析。

（3）复合绝缘子憎水性丧失及机械强度下降检测：主要是对运行若干年的复合绝缘子硅橡胶伞裙憎水性是否丧失进行检测，其次是对运行 8～10 年的复合绝缘子每个批次抽 3 支送试验室进行耐污水平和机械强度的试验。

（4）引流板、并沟线夹等电气连接部位的检查、检测：主要包括引流板、并沟线夹螺栓是否紧固、电气连接处和导电脂是否完好，是否存在发热现象。

（5）导地线损伤检查。

（6）接地电阻检查、检测：主要包括接地电阻是否合格，接地引下线是否完好，接地射线是否完好。

（7）交叉跨越或风偏距离测量：主要检测导线与树竹木的最小距离是否符合要求，其次是检测导线在设计风速下对线路通道内后建造的建筑物校核风偏距离是否满足。

上述检测项目均针对线路检修工作量的内容，且前几项都在带电部分，若缺陷严重时必须需要线路停电检修（目前多数运行单位均不开展带电检修和消缺），因此应尽可能按线路设备状况进行检测和判定。合理配置绝缘子是减少线路故障、检修工作量和检测工作量的基础。

目前线路上常用的绝缘子类别有瓷质盘型绝缘子、玻璃盘型绝缘子、复合棒型绝缘子三种类型，这三种绝缘子各有优缺点，因此熟悉常用绝缘子的特性、优缺点和使用范围是线路运行单位专业技术人员必须掌握的关键技术，通过在不同区域合理使用绝缘子种类和配置是降低线路故障跳闸率、减少绝缘子检测工作量、提高输电线路可用率的有效技术保证。

二、常用线路绝缘子的优缺点

（1）瓷绝缘子属无机物材料，其瓷伞属非均质材料，瓷件系脆物质，运输、搬运碰撞易碰碎伞裙，障电流产生的电弧会烧伤瓷釉层，致使水分渗入瓷件内引发绝缘下降。因此在运行中应对瓷件破损、表面瓷釉烧伤、绝缘电阻下降等劣化瓷绝缘子应及时更换。

由于瓷件与铁帽钢脚和水泥胶合剂之间的膨胀系数不同（瓷件为 $4×10^6/℃$；水泥为 $10×10^6/℃$；钢脚为 $12×10^6/℃$），其形成的内应力在长期运行的机械和电场力的作用下，可使钢脚水泥胶合处及钢帽内瓷件原微孔状逐渐产生或转化为隐裂纹，水分沿钢脚处裂纹侵入瓷件内部，使绝缘子的内绝缘（钢帽内瓷件头部）下降至低值或零值（劣化）。当雷击、污闪等过电压沿绝缘子串通过时，由于低、零值瓷绝缘子仍有完整的伞裙屏障，故障电流只能从钢帽、隐裂纹瓷件、钢脚间通过，引发瓷体、胶合水泥等裂纹中的水分在短路电流高温下急剧热膨胀，膨胀的气体将钢帽炸裂而发生导线落地的恶性事故。

原武汉高压研究所试验证明：运行中瓷质绝缘子发生钢帽炸裂有 3 种原因：① 内因—劣化；② 外因—雷电或雾湿；③ 触发原因—雷击、污闪或工频续流。为防止劣化瓷绝缘子在故障时发生掉串，只要查出并消除内因并及时更换劣化绝缘子，运行线路就不会发生故障时的掉串事故。因此 DL/T 741 规定：盘型绝缘子绝缘电阻 330kV 及以下线路不应小于 300MΩ，500kV 及以上不应小于 500MΩ。盘型绝缘子绝缘测试 330kV 以上检测周期为 6 年；220kV 以下检测周期为 10 年。

（2）钢化玻璃绝缘子属早期劣化暴露产品，玻璃绝缘子因绝缘劣化、玻璃件内应力不均匀或受外力击打等能自行爆裂，因此玻璃绝缘子不需检测绝缘电阻，随着运行年限的增加，绝缘子劣化自爆率将呈下降趋势并稳定在一定水平上，因此线路玻璃绝缘子串不需采用检测仪器检测其绝缘电阻，只需在巡视检查中肉眼即可发现。玻璃绝缘子自爆后的残余荷载，标准规定应达到其额定荷载的 80%以上，即玻璃绝缘子自爆后一般不会发生导线掉串事故，对自爆后的绝缘子串泄漏比距不满足污秽等级的，运行单位应在雾季前采用带电作业方式或停电方式更换。

同时，伞盘自爆后因钢帽内的玻璃件绝缘完好，故障电流直接从自爆后的钢帽与钢脚间通过，所以不会发生钢帽炸裂现象。由于玻璃件是熔融体，质地均匀，绝缘子串遭受故障电流电弧会烧伤玻璃件表面并发生脱皮或掉渣，烧伤后的玻璃件新表面仍然是光滑的玻璃体，其玻璃伞裙能自行恢复绝缘，不需更换闪络烧伤过的绝缘子，国外实验室曾多次对玻璃绝缘子串用陡波做过冲击试验，其结果都是大气闪络，从未发生玻璃件的击穿情况。

（3）硅橡胶复合绝缘子又称合成绝缘子，其硅橡胶一般由两种以上有机材料合成，复合绝缘子的耐污性能主要体现在它的憎水性能和耐起痕蚀损性能。硅橡胶的憎水性能好,绝缘子表面的污层电阻高,泄漏电流小,耐污闪电压高。在大自然紫外线和强电场的作用下,硅橡胶伞裙材料会老化、硬化、龟裂、密封处损坏、材料电蚀损和漏电起痕等质变,导致界面电击穿、损坏密封及芯棒脆断掉串事故乃至发生芯棒脆断掉串。

复合绝缘子聚硅氧烷生胶的含量即基础聚合物重量应达到整个混练胶重量的50%,运行多年的复合绝缘子会发生憎水性丧失,暂时性丧失后其伞裙和护套应能耐受干区放电或电弧下不起痕、不蚀损。如混练胶含量达不到40%,复合绝缘子的憎水性能等电气性能会下降且使用寿命较短,在大自然中,常年受紫外线和电老化的侵害,憎水性丧失后很难自行恢复。

复合绝缘子制造有伞间距、爬电系数、均压环罩入距等技术要求,而硅橡胶伞裙盘径因受制造工艺和材质的限制,最大只能生产ϕ220mm 伞盘,按相应电压等级的盘形绝缘子串相同结构高度,复合绝缘子最多只能生产出 2.75cm/kV 及以下泄漏比距的绝缘子,复合绝缘子的泄漏比距若超过 2.8cm/kV 时,必然靠增加结构高度,不然爬电系数肯定不符合标准要求。表 18-2-1 是常用复合绝缘子的技术参数。

1) 复合绝缘子的伞间距。伞间距是指具有相同伞径的相邻大伞,上面的一个伞的滴水缘最低点到下一个伞表面的垂线长度。图 18-2-1 是 DL/T 864 标准要求的复合绝缘子的最小伞间距图。

表 18-2-1　　　　　　　　　　　　复合绝缘子的技术参数

产品型号	伞裙数大小		伞径ϕ大/小	结构高度(mm)	绝缘干弧距离	爬电距离	泄漏比距	雷电耐受电压(kV)	1min 湿工频耐受电压(kV)	爬电系数 $C.F$
FXBW-330/120	35	34	150/100	2990±30	2600	9075	2.75	1425	570	3.49
FXBW-500/210	52	51	156/121	4450±50	4000	13 500	2.70	2250	740	3.38

伞间最小距离 C 值反映了在高潮湿天气或同样污秽作用下,相邻两大伞放电桥接情况。

DL/T 864《标称电压高于 1000V 交流架空线路用复合绝缘子使用导则》第 5.3.1 条:伞间最小距离(C)规定:对大小伞推荐 C 值应不小于 70mm,对等径伞推荐 C 值应不小于 40mm。

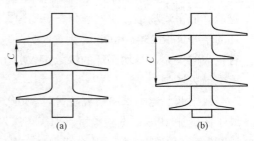

图 18-2-1　复合绝缘子的最小伞间距
(a) 等径伞的伞间距;(b) 大、小伞的伞间距

　　上述规定的大小伞是指一大一小间隔的伞状，由于复合绝缘子标准只规定了等径伞和大、小伞两种最小伞间距尺寸，对目前复合绝缘子生产的一大二小伞或两大一中二小五伞状，相关标准还没有规定其最小伞间距尺寸，如两大一中二小五型伞的爬电系数达 4.0 以上，违反了规程"对Ⅰ、Ⅱ级污级，推荐 $C.F$ 应不大于 3.2"的规定；对Ⅲ、Ⅳ级污级，部分厂家将两大一中二小五型伞的两大伞间距定为 126mm，即每个伞间距只有 31.5mm，它违反了 DL/T 864 规定的"大、小伞盘间距应不得小于 35mm"要求，所以其爬电系数是不符合 DL/T 864 标准的有关规定的。

　　2）复合绝缘子的爬电系数。复合绝缘子的爬电系数 $C.F$ 是整体绝缘子尺寸的设计参数，指整支绝缘子总爬电距离（长度）与绝缘子两电极间沿空气放电最短距离（干弧距离）之比。伞间距的优化取值来源于两伞之间的爬电距离与两伞之间的间距之比，理论和试验证明：伞间距的优化值取 2.5 为最优外绝缘配合，考虑到硅橡胶的属性和制造工艺等原因，复合绝缘子标准将 2.5 扩大到 3.0 左右，但不得大于 3.5。

　　DL/T 864 第 4.4.2.2 条：爬电系数 $C.F$ 是整体绝缘子尺寸的设计参数，对Ⅰ、Ⅱ级污级，推荐 $C.F$ 应不大于 3.2；对Ⅲ、Ⅳ级污级，推荐 $C.F$ 应不大于 3.5.

　　3）复合绝缘子均压环的罩入距。硅橡胶复合绝缘子属长棒全绝缘，这种情况在绝缘子棒越长、电压等级越高的线路上越明显，即复合绝缘子的工作（分布）电压沿绝缘子轴向分布极不均匀，以 500kV 为例，复合绝缘子在没有安装均压环前，15%的芯棒上承担 100%的工作电压（288kV）；两端安装上均压环后，其 55%的芯棒上承担 100%的工作电压（中间段分布电压很低），其导线端的分布电压处在 30～38kV/cm 间，已超过电晕起始电压值，由于复合绝缘子的耐雷水平比同等结构高度的盘形绝缘子串低，所以复合绝缘子的均压环均不采用罩入保护硅橡胶伞裙，只均压保护芯棒金具连接处。

　　试验证明：高压端均压环的管径 r 越大越能降低装环侧的端部场强和平均场强，当环的圆管半径 $r>10mm$ 时，端部场强可降低至空气击穿场强以下；均压环的环半径 r 太小，会使距高压侧 10%绝缘距离处的场强有增大趋势，而均压环的环半径 r 越大，越能降低平均场强，使电场分布更均匀，因此武汉高压研究院推荐 500kV 高压端均压环的半径 r 取 250～300mm 为宜。另外场强还与均压环深入（抬高）罩住伞裙的距离有很大的关系，当均压环的深入距 $\Delta h \approx 0$，均压环开口平面处的芯棒、金具连接处将承受最大场强。

　　我国西北电力试验研究院曾对 330kV 安装均压环进行试验，证明：330kV 复合绝缘子在施加 190kV 试验电压，均压环深入距 $\Delta h=0$ 时，测得芯棒、钢脚压接处场强超过 5.5～6.5kV/cm，第一片伞裙上分布电压达 28～34kV（占运行电压的 20%～26%）。当均压环罩入屏蔽住 2～4 个伞裙时（即抬高 120～150mm），芯棒端部连接处场强降低到 0.4～1.6kV/cm，导线侧的伞裙最大分布电压仅为运行电压的 10%。

原武汉高压研究所与某省电力公司共同对均压环罩入距尺寸等进行试验：在复合绝缘子高压端安装一个罩入深度为 40mm 的 9 号圆形均压装置，没有屏蔽伞裙，试验测得绝缘子高压端部的分布电压最高，均压装置的均压效果不是很明显，靠近高压端的 2 个伞裙上的电压占运行电压的 21.3%。换上罩入深度为 75mm 的 5 号圆形均压装置时，屏蔽了 2 个伞裙，由检测的电压分布曲线可知，靠近高压端部的 2 个伞裙，分布电压值为运行电压的 12.2%，比安装 9 号均压装置要降低 9.1%，且整支绝缘子上的电压分布也要均匀一些，试验说明了均压装置的罩入深度对电压分布的影响较大。

我国电力行业对复合绝缘子均压装置的设计、选型缺乏统一认识，也未制定出均压环生产的技术标准，特别是均压环的罩入屏蔽尺寸更是重视不足，造成各生产厂家设计的均压装置结构、环径（管径）尺寸和安装方式五花八门，目前的复合绝缘子均压环存在着结构不合理、尺寸过小、基本未考虑金属均压环罩入保护硅橡胶伞裙等问题。

三、瓷绝缘子低零值检测

根据 DL/T 626《劣化盘形悬式绝缘子检测规程》的要求，对瓷绝缘子采用绝缘电阻或分布电压法检测低零值，按规程中瓷绝缘子检测周期中的年劣化率对应的检测周期进行，因目前有较为精确的带电、停电方式用绝缘电阻检测仪和带电方式用分布电压检测仪，运行单位应淘汰早期的火花间隙检测瓷绝缘子方式。

Q/GDW 1168《输变电设备状态检修试验规程》规定例行试验项目：瓷绝缘子零值检测周期为 330kV 及以上 6 年；220kV 及以下为 10 年。

盘形瓷绝缘子零值检测：采用轮试的方式，即每年检测一部分，一个周期内完成全部普测。如某批次盘形瓷绝缘子的零值检出率明显高于运行经验值，则对于该批次绝缘子应酌情缩短零值检测周期。

应用绝缘电阻检测零值时，宜用 5000V 绝缘电阻表，绝缘电阻应不低于 500MΩ，达不到 500MΩ 时，在绝缘子表面加屏蔽环并接绝缘电阻表屏蔽端子后重新测量，若仍小于 500MΩ 时，可判定为零值绝缘子。

从上次检测以来又发生了新的闪络或有新的闪络痕迹的，也应列入最新的检测计划。

四、运行绝缘子累积盐密值的检测

Q/GDW 168 规定例行试验项目：现场污秽度评估每 3 年一次。

现场污秽度评估：每 3 年或有下列情况之一进行一次现场污秽度的评估。

1）附近 10km 范围内发生了污闪事故。

2）附近 10km 范围内增加了新的污染源（同时也需要关注远方大、中城市的工业污染）。

3）降雨量显著减少的年份。

4）出现大气污染和恶劣天气相互作用带来的湿沉降（城市和工业区及周边地区尤其要注意）。现场污秽度测量内容和周期按 Q/GDW 152《电力系统污区分级与外绝缘选择标准》的规定，测量等值盐密/灰密或等值盐密度；检测周期至少为 3 年，根据积污的饱和趋势可延长至 5 年或更长。

带电运行线路的绝缘子串要发生污闪跳闸，必须要达到以下两个条件。

（1）绝缘子表面上必须聚积了一定量的污秽物。

（2）该绝缘子串必须处在 90%以上湿度的潮湿天气中，即绝缘子表面上的污秽物必须充分受潮；两者缺一就不会发生污闪。无论绝缘子串黏附有多大的污秽量，若是处在 80%以下空气湿度天气下，线路绝缘子是不会发生污秽闪络跳闸的。

运行单位应按绝缘子串污秽状况来指导线路是否清扫绝缘子，而要确定绝缘子串污秽状况，必须要检测污秽监控点的绝缘子串盐密值。

线路污闪跳闸是从运行的绝缘子串上发生的，所以污秽盐密值从运行串上清洗检测更具有现实意义，多数单位的绝缘子串盐密检测都从杆塔上悬挂的不带电样品串上清洗检测，虽然不带电悬挂串也处在电场中，但绝缘子串上没有分布电压，电场也远比运行串小，按规定不带电的盐密值要以 1.25～1.4 的系数换算成带电绝缘子串的盐密值，但强电场能吸引许多导电离子积聚在绝缘子表面，因此从运行串清洗检测的盐密值，与现实污秽跳闸环境下的附盐密值更接近。

五、复合绝缘子憎水性能检测

成立硅橡胶憎水性能检测小组，选择责任心强，有一定专业知识的生产骨干，基本保持稳定检测小组，按输电线路复合绝缘子产品寿命和批次，制定检测周期和杆号，对污源点周围应缩短检测周期，对运行 4～5 年后的复合绝缘子，应尽量采取在连续几天阴天后进行憎水性能检测，采用喷水壶登塔在硅橡胶伞裙上喷洒水雾，以检测喷在伞裙上的水是否为连片或成水珠、水珠的倾角等，正确掌握复合绝缘子的憎水性能。

六、复合绝缘子的运行巡查和污秽性能和机械强度检测

DL/T 741 规定：每 2～3 年检查合成绝缘子伞裙、护套、黏结剂老化、破损、裂纹；金具及附件锈蚀。

按照 DL/T 864 规定："每 3～5 年一次，检测憎水性和机械性能。投运 8～10 年内的每批次绝缘子应随机抽样 3 只试品进行机械拉伸破坏负荷试验，按表 2 运行绝缘子憎水性检测周期，检测出的憎水性级别 HC 不等，执行不同的检测周期；同样按表 3 机械特性检测周期，检测出的机械破坏负荷值 SML 的不同，执行不同的检测周期。"

七、导线耐张跳线并沟线夹或引流板检查和检测

Q/GDW 1168 规定例行试验项目：导线接点温度测量周期为 330kV 及以上 1 年；220kV 及以下为 3 年。

导线接点温度测量：500kV 及以上导线接续管、耐张引流夹每年测量 1 次，其他 3 年一次。接点温度可略高于导线温度，但不得超过 10℃，且不高于导线允许运行温度。在分析时，要综合考虑当时及前 1 小时的负荷变化及大气环境条件。

该规定属采用红外测温仪器检测，但因仪器的有效检测距离、检测时天气情况、检测时间和设备后的辅助光源等，采用仪器检测不符合企业实际和员工安全、劳动强度。目前线路检修工检测紧固导线耐张跳线连接螺栓一般都采用 10 寸活动扳手，由于无拧紧数值控制，导线跳线金具连接易发生因扭矩偏松而致使接触电阻值变大，当线路大负荷输送中容易造成连接金具发热—电阻增大—发热加剧—烧断跳线或连接金具而跳闸。由于运行单位有严格的可靠性指标要求，输电线路不可能长时间地停电检查紧固导线跳线连接点，按照输电线路运行实际和企业现状及状态检测要求，运行单位可安排检修员工在新建线路竣工验收和停电检修时，采用扭矩扳手按相应规格螺栓的扭矩值检查、紧固跳线连接金具的扭矩值，使跳线连接完好可靠；同时根据红外检测有关检测规定，运行单位在符合仪器检测气候、无附加光源影响条件下，部分采用登塔方式（如 500kV）在横担上采用远红外成像仪定期检测耐张跳线连接处的发热隐患。

八、按照导地线不同钢比情况判定损伤截面积或强度损失

架空线路用钢芯铝绞线运行中有两项功能，承受拉力（张力）和输送电能荷载，钢芯铝绞线有不同的横钢截面积与横铝截面积之比，不同钢比导线的钢芯、铝截面的计算破断力是不等的，光按钢芯铝绞线、钢绞线损伤、断股的截面积百分比来判定处理方式，有时会造成部分型号受损伤、断股后的导、地线的应力（安全系数）下降，按照 DL/T 1069 的规定检修修复是线路状态检修的好方法，根据钢芯铝绞线的铝截面积损伤、断股或强度损失的不同，可分别采用缠绕、补修管、护线条、接续条或开断重接等修理方式，特别是导电铝截面超标的损伤导线，不再需要停电将导线落地进行开断重接处理。

九、杆塔工频接地电阻的检测

Q/GDW 1168 规定例行试验项目：杆塔接地电阻测量周期为大跨越和变电所 2km 进线保护段：500kV 及以上 1 年；其他为 2 年。其他线路首次运行 3 年后；接下去检测周期 500kV 及以上 4 年；其他 8 年。

杆塔接地阻抗检测：测量周期按上述规定，测量方法采用 2km 出线保护地段每基杆塔测量；500kV 以上一般采用每隔 3 基，其他每隔 7 基检测 1 基的轮换方式。对于地形复杂、难以达到的区段，轮换方式可酌情自行掌握。如某基杆塔的测量值超过设计值时，补测与此相邻的 2 基杆塔。如果连续 2 次检测的结果低于设计值（或要求值）的 50%，则轮式周期可延长 50%～100%。检测宜在雷暴季节之前进行。测量方法参照 DL/T 887。

Q/GDW 1168 是按线路重要性来延长杆塔接地电阻的检测周期，没有从杆塔的耐雷水平和输电线路实际雷害跳闸的类别确定检测周期和测量方式，且雷电击中架空地线时，雷电流是向两侧快速分流至杆塔下泄入地，若该杆塔接地电阻大，则塔顶电位迅速升高而反击跳闸，因此隔基轮测杆塔接地电阻不符合防范雷击跳闸的技术原理。

目前线路杆塔人工敷设接地线为 $\phi 10 \sim \phi 12mm$ 热镀锌接地线，一般可腐蚀 10 多年。输电线路的雷击跳闸多数是绕击雷，特别是 330kV 及以上电压等级线路的雷害事故几乎均为绕击雷，而杆塔接地电阻大小对防止绕击雷关系不大，因此新建线路或接地大修后，运行单位应全线正确按杆塔设计敷设的接地射线长度的 0.618 布置测量射线检测接地电阻并按土壤季节系数换算，以符合接地电阻设计值，对遭雷击故障的杆塔必须在故障后用接地电阻仪按三线法的 0.618 布置测量射线正确检测杆塔接地电阻，同时按雷击跳闸类别采取防范措施。

为减少一线员工检测接地电阻的工作量，对变电站出线段及其他线路段可采用不需展放辅助测量射线的钳型感应式接地电阻测量仪进行检测。

【思考与练习】

1. 为什么劣化瓷绝缘子在短路电流下会发生钢帽炸裂导线掉串事故？
2. 玻璃绝缘子为什么不会发生钢帽炸裂导线掉串事故？
3. 瓷绝缘子瓷釉被电弧烧伤后继续运行有什么危害？
4. 玻璃绝缘子在运行中发生自爆的原因有哪些？
5. 线路绝缘子串上污秽很严重，为什么在夏天不会发生污闪事故？
6. 为什么复合绝缘子芯棒脆断部位基本在导线侧第 2～4 片伞裙处？

▲ 模块 3　输电线路设备状态评价（Z04H2003 Ⅱ）

【模块描述】本模块包含输电线路设备状态评价，通过对输电线路设备状态评讲解，掌握输电线路设备状态评价方法。

【正文】

状态检修是企业以安全、环境、效益等为基础，通过设备的状态评价、风险分析、检修决策等手段开展设备检修工作，达到设备运行安全可靠、检修成本合理的一种设备检修策略。

输电线路状态检修的流程如下图输电线路设备状态评价–1 所示。

一、输电线路状态检修实施流程

输电线路状态检修的实施流程主要包括设备信息收集、设备状态评价、风险评估、检修策略、检修计划、检修实施及绩效评估等七个环节。

状态检修工作流程图如图 18–3–1 所示,状态检修实施流程框图如图 18–3–2 所示。

1. 设备信息收集

设备信息收集是在设备制造、投运、运行、维护、检修、试验等全过程中,通过对投运前基础信息、运行信息、试验检测数据、历次检修报告和记录、同类型设备的参考信息等特征参量进行收集、汇总,为设备状态的评价奠定基础。

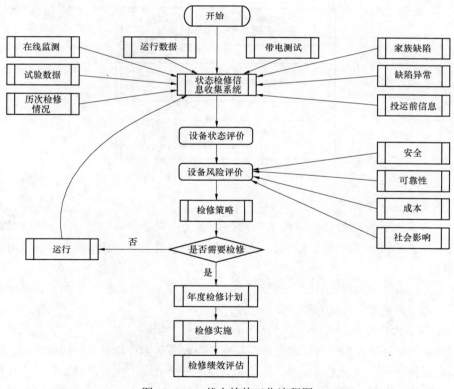

图 18–3–1　状态检修工作流程图

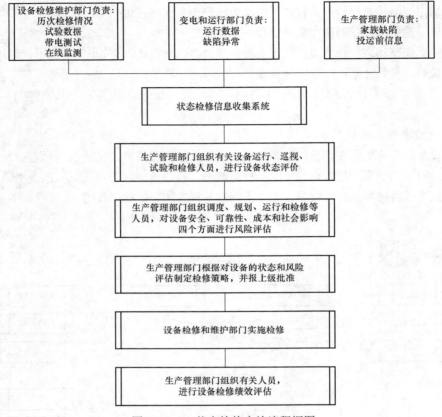

图 18-3-2 状态检修实施流程框图

2. 设备状态评价

设备状态评价主要依据《国家电网公司输变电设备状态检修试验规程》《输变电设备状态评价导则》等技术标准，依据收集到的各类设备信息，确定设备状态和发展趋势。

设备状态评价是通过持续、规范的设备跟踪管理，综合离线、在线等各种分析结果，准确掌握设备运行状态和健康水平。

3. 设备风险评估

设备风险评估是按照《国家电网公司输变电设备风险评价导则》的要求，利用设备状态评价结果，综合考虑安全、环境和效益等三个方面的风险，确定设备运行存在的风险程度，为检修策略和应急预案的制订提供依据。

4. 检修策略

检修策略是以设备状态评价结果为基础，参考风险评估结果，在充分考虑电网发展、技术进步等情况下，对设备检修的必要性和紧迫性进行排序，并依据《输变电设备状态检修导则》等技术标准确定检修方式、内容，并制订具体检修方案。

5. 检修计划

检修计划依据设备检修策略制定，分为两个部分。

（1）覆盖整个设备寿命周期内的长期检修、维护计划，用于指导设备全寿命周期内的检修、维护工作。

（2）与公司资金计划相对应的年度检修计划和多年滚动计划、规划，用于指导年度检修工作的开展，以及未来一定时期内检修工作安排和资金需求。

6. 检修计划实施

检修计划实施即贯彻设备检修策略，对下达的检修计划组织实施并完成。

7. 绩效评估

绩效评估是在状态检修工作开展过程中，依据《国家电网公司输变电设备状态检修绩效评估标准》，对工作体系的有效性、检修策略的适应性、工作目标实现程度、工作绩效等进行评估，确定状态检修工作取得的成效，查找工作中存在的问题，提出持续改进的措施和建议。

二、输电线路状态检修注意事项

1. 输电线路状态检修状态量

在输电线路状态评价过程中，各地区可根据当地的实际情况，并结合运行实际，合理选择状态量、状态量的权重、状态量的劣化程度分级等，制定实施细则，可根据需要增加或减少部分状态量，或调整状态量的权重。针对不同电压等级或不同型式的设备设置不同的状态量表，以更好地适应当地电网的实际需要。

2. 状态评价周期

输电线路状态评价中的状态量较多，且有些状态量如运行巡视的状态量会经常变化。如果完全采用手工评价工作量较大，可根据《国网公司状态检修辅助决策系统编制导则》编制相应的计算机辅助决策系统，将相应的过程信息化，以减少人工工作量。

在计算机辅助决策系统且大多数状态量可实现自动采集的情况下，线路状态评价应实时进行，即每条线路状态量变化时系统自动完成线路状态的更新。在制定年度检修计划前，定期对线路进行状态评价。

3. 普遍性轻微缺陷的状态评价

考虑到线路点多面广的特殊性，对于一些普遍性轻微缺陷也应做好统计分析工作，当达到一定比例时，应将该线路的状态由正常状态提高到注意状态，以便于在制订检修计划时对于普遍性轻微缺陷的处理进行安排。

4. 线路隐蔽工程的状态评价

对于一些隐蔽工程（如接地装置、掩埋式基础等），必须通过采取抽样开挖检查的方式获取其状态量信息。

5. 金具、地线和绝缘子等承受机械负荷的设备

当金具、地线和绝缘子等出现磨损、变形或锈蚀情况时，为了确定其机械强度，可抽样进行机械强度试验，根据试验结果进行评价。

6. 新投运线路的状态检修

根据运行经验，新投运线路带负荷运行后，一般只需不到 1 年时间许多施工质量问题都将暴露出来，因此在人力充分的条件下对于 110kV 及以下电压等级线路也可在投运后 1 年即安排一次例行试验、紧固检查和参数测量工作，收集各种状态量，并进行一次状态评价。

7. 老旧线路的状态检修

老旧线路是指接近其运行寿命的设备。根据国内外的研究，电力设备的运行一般遵循浴盆曲线，即在线路投运的初期和寿命终了期是缺陷发生概率较高的时期，这也比较符合我们的运行经验。因此，对于接近其运行寿命的线路，制定检修策略时应偏保守，一般推荐的做法是，即使该类设备评价为正常状态，其检修周期在正常周期的基础上也不宜延长，而评价为注意状态的设备，其检修周期应缩短。

8. 停电检修计划安排

在安排检修计划时，当线路状态不是非常迫切需要停电检修时，应协调相关变电设备的检修周期，尽量统一安排，避免重复停电。

同一线路存在多种缺陷，也应尽量安排在一次检修中处理，必要时，可调整检修类别，适当延长一次停电时间，减少停电次数。

9. 带电作业项目

在缺陷不是非常紧急的情况时，若在较近的时间内该线路有停电检修计划或可靠性允许的情况下，为了降低带电作业的危险性和操作流程的复杂性，提高工作效率，可改为停电进行。

【思考与练习】

1. 输电线路状态检修的基本流程有哪些？
2. 对于老旧线路，在开展状态检修上应遵循哪些原则？
3. 新投运线路的状态检修工作如何开展？
4. 设备状态评价主要依据是什么？

▲ 模块 4　制定状态检修策略（Z04H2004Ⅲ）

【模块描述】本模块包含输电线路状态检修策略，通过对输电线路状态检修策略讲解，掌握输电线路状态检修策略。

【正文】

输电线路检修策略的内容既包括检修，也包括日常维护和试验的内容，并依据状态检修导则确立的分级维修标准，确定具体的检修项目和检修时间，将建议结果递交设备管理人员或传送到相关的生产管理系统进行安排。

一、输电线路检修策略的制定要求

1. 加强设备寿命周期的全过程管理

新投入的设备和已进入寿命后期的旧设备发生事故的概率比较大，在这两段寿命期内，应重点投入人力、物力实施检修。对于已进入运行稳定的使用寿命期的设备，应重点分析运行过负荷、经受短路电流冲击及其他一些非正常工况等重大故障或障碍情况，设备的操作次数和设备其他异常运行的有关数据；通过运行巡视、运行状态监测获得设备运行信息，及时发现有价值的设备故障缺陷隐患线索；掌握同类设备的缺陷和故障等相关信息，以及电网事故对设备可能造成的影响。通过全面系统的科学分析，判断设备每个部件的状态，决定是否需要检修，及检修时间和检修内容的安排。

2. 强调设备的运行情况分析和管理

对于输电线路的各种设备元件，由于其结构特点、制造工艺、运行时间的不同，体现不同的状态劣化趋势，应该采取不同的检修策略，即对每一类设备元件制定相应的正常检修周期。正常检修周期的设定应依据推荐检修维护周期、运行年限、长期运行积累的运行经验和对运行中缺陷故障率分析等。

3. 强化维护和检修

（1）强化投运后初次停电检修及与此同时进行的检查、维护。

（2）对于易损的设备元件，应利用停电机会进行检修，以保证设备处于良好的状态。

（3）强化实用、有效的带电测试和在线监测。大力推广应用实用有效的带电检测，如红外线测温，充分发挥检测不停电及可根据需要增加检测频度的优越性，为状态管理提充分、准确可信的判据。

积极使用在线监测系统，如绝缘子污秽在线监测装置、导线舞动在线监测等，认真总结经验，重视其信息的收集管理及判断标准的制订工作，条件许可时逐步扩大试用面，让其信息为状态检修提供参考判据。

（4）按实用有效原则制订检修周期、项目。要根据输电线路运行设备元件总体水平和特殊性、实用性合理制订检修周期和项目。

对于通过停电检测或不停电检测或运行状况反映有任何不正常（可疑）迹象的设备元件，应特殊对待、加强不停电检测、停电检测、巡视检查的频度和力度，直至转为正常状态。

二、输电线路检修分类及检修项目

1. 检修分类

按工作性质内容与工作涉及范围，线路检修工作分为五类：A 类检修、B 类检修、C 类检修、D 类检修、E 类检修。其中 A、B、C 类是停电检修，D、E 类是不停电检修。

A 类检修——指对线路主要单元（如杆塔和导地线等）进行大量的整体性更换、改造等。

B 类检修——指对线路主要单元进行少量的整体性更换及加装，线路其他单元的批量更换及加装。

C 类检修——指综合性检修及试验。

D 类检修——指在地电位上进行的不停电检查、检测、维护或更换。

E 类检修——指等电位带电检修、维护或更换。

2. 检修项目

A 类检修项目如下。

（1）杆塔更换、移位、升高（五基以上）。

（2）导线、地线、OPGW 更换（一个耐张段以上）。

B 类检修项目如下。

（1）主要部件更换及加装：导线、地线、OPGW、杆塔。

（2）其他部件批量更换及加装：横担或主材、绝缘子、避雷器、金具。

（3）主要部件处理：修复及加固基础、扶正及加固杆塔、修复导地线、调整导线、地线弛度。

C 类检修项目如下。

（1）绝缘子表面清扫。

（2）线路避雷器检查及试验。

（3）金具紧固检查。

（4）导地线走线检查。

D 类检修项目如下。

（1）修复基础护坡及防洪、防碰撞设施。

（2）铁塔防腐处理。

（3）钢筋混凝土杆塔裂纹修复。

（4）更换杆塔拉线（拉棒）。

（5）更换杆塔斜材。

（6）拆除杆塔鸟巢。

（7）更换接地装置。

（8）安装或修补附属设施。

（9）通道清障（交叉跨越、树竹砍伐等）。

（10）绝缘子带电测零。

（11）接地电阻测量。

（12）红外测温。

E 类检修项目如下。

（1）带电更换绝缘子。

（2）带电更换金具。

（3）带电修补导线。

（4）带电处理线夹发热。

三、输电线路状态检修策略内容

1. 年度检修计划的制定

年度检修计划每年至少修订一次。根据最近一次线路状态评价结果，参考线路风险评估因素，确定下一次停电检修时间和检修类别。在安排检修计划时，应协调相关变电设备的检修周期，尽量统一安排，避免重复停电。

2. 缺陷处理

对于线路缺陷，应根据缺陷性质，按照有关缺陷管理规定处理。同一线路存在多种缺陷，也应尽量安排在一次检修中处理，必要时，可调整检修类别。

3. 试验和不停电的维护

不停电维护和试验根据实际情况安排，对于可用带电作业处理的检修或消缺宜安排 E 类检修。

4. 检修策略

（1）"正常状态"检修策略：被评价为"正常状态"的线路，执行 C 类检修。根据线路实际状况，C 类检修可按照正常周期或延长一年执行。在 C 类检修之前，可以根据实际需要适当安排 D 类检修。

（2）"注意状态"检修策略：被评价为"注意状态"的线路，若用 D 类或 E 类检修可将线路恢复到正常状态，则可适时安排 D 类或 E 类检修，否则应执行 C 类检修。

如果单项状态量扣分导致评价结果为"注意状态"时，应根据实际情况提前安排 C 类检修。如果仅由线路单元所有状态量合计扣分或总体评价导致评价结果为"注意状态"时，可按正常周期执行，并根据线路的实际状况，增加必要的检修或试验内容。

（3）"异常状态"检修策略：被评价为"异常状态"的线路，根据评价结果确定检修类型，并适时安排检修。

（4）"严重状态"检修策略：被评价为"严重状态"的线路，根据评价结果确定检修类型，并尽快安排检修。

【思考与练习】

1. 输电线路检修策略的制定要求有哪些？

2. 输电线路检修分类共有几种，分别是什么，那些是停电检修，哪些是不停电检修？

3. 某输电线路距上次停电检修时间已有 5 年，合成绝缘子已运行 10 年，请问该线路可进行哪几类检修？

4. 被评为"注意"状态的线路，有哪些检修策略或注意事项？

第十九章

输电线路应急处理

◢ 模块 1 应急管理组织体系与应急抢修机制
（Z04H3001 Ⅱ）

【模块描述】本模块包含抢修前的准备工作和施工组织措施。通过内容介绍、流程讲解，熟悉线路抢修组织工作。

【正文】

输电线路在运行过程中，常常会遭受到恶劣天气、外力破坏等原因，造成突发性事故，如倒杆、断线等导致线路停运。为尽快恢复线路的正常运行，必须组织人员对事故线路进行抢修。通常各供电公司必须根据国家电网生〔2003〕389 号《国家电网公司重特大生产安全事故预防与应急处理暂行规定》和国家电网安监〔2005〕611 号《国家电网公司处置电网大面积停电事件预案》管理的要求，建立和完善应急组织机构及重特大线路事故等应急预案，并定期演练，做好应急人员、物质、资金、交通和通信工具等储备。线路工区应结合分管的线路情况，制定各种典型的抢修预案。本模块主要是介绍班组（应急施工队）如何做好一般的抢修组织措施，讲解应急管理组织体系与事故突发事件应急抢修机制。

一、抢修组织流程图

抢修组织流程如图 19-1-1 所示。

二、抢修前的准备工作

勘察人员到达事故发生地点后，应重点对以下几个方面进行详细勘察和记录。

1. 事故发生的地理位置

事故发生地所在的县、乡、村及相应的交通运输路径。

2. 事故发生的范围

事故所涉及的线路名称及杆塔编号。

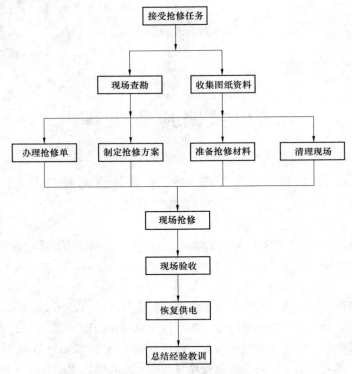

图 19-1-1 抢修组织流程图

3. 事故区段线路受损情况的检查

（1）检查人员沿线路对受到破坏的范围进行全过程踏勘，对所涉及的基础、铁塔、导地线等进行认真检查，做好书面记录，重要部位应有影像记录。

（2）基础检查时应将已受损保护帽清理干净，将基础立柱部分开挖并将表面清洗干净后进行检查。如基础受损，应加大开挖范围确定受损程度和范围，同时把其作为事故原因分析的第一手资料。清理后如地脚螺栓弯曲或断裂、基础开裂或断裂，此时基础均应作报废处理。

（3）铁塔检查时，除明显受损的铁塔外，其余可利用望远镜进行认真检查，如需进一步确认受损情况，应登塔检查并做好书面及影像记录。

（4）导地线检查时，应重点对导线受事故影响较小塔位（如绝缘子串偏斜较小时）逐一登杆检查，以确认导线受损的确切情况及范围。

（5）了解事故发生时的现状，以初步分析引起灾害事故的原因。

（6）事故发生地点的地形及交通情况：对事故发生地的地形、地貌、跨越物、道路、耕种等情况进行详细的勘察、了解并做好记录，特殊地形应予以拍照。

4. 资料收集

事故单位根据事故线路现场调查的情况收集有关的资料，以作为抢修施工和事故分析的依据。

（1）平断面图、杆塔明细表、地形图、基础施工图、铁塔施工图、绝缘子金具组装图、导、地线应力曲线图，线路有光缆时还需收集有关光缆的设计和施工资料。

（2）基础评级记录、铁塔评级记录、紧线及弧垂观测评级记录、附件安装评级记录。

（3）收集事故线路的有关运行资料。

（4）收集线路事故发生时当地的气象资料。

5. 事故研判

控制事故范围控制，事故单位根据现场勘察的情况和事故线路受损范围，研究分析事故线路业已存在的态势，为防止事故进一步扩大，采取有效的措施消除客观存在的隐患，防止次生灾害的发生。然后协调调度部门将完好设备恢复运行，将故障影响限定在最小范围内。

（1）如事故范围两端为耐张塔，应在耐张塔发生事故侧设置临时拉线，以部分平衡耐张塔另一侧的导地线张力。如耐张塔部分损坏，应在未发生事故侧，所在档导线未损坏的直线塔上更换放线滑车进行过轮临锚，以减小耐张塔所受的导线张力。

（2）如事故范围一端为耐张塔，一端为直线塔，应对耐张塔设置临时拉线，同时在直线塔未遭损坏侧，选择受事故影响较小的直线塔更换滑车设置过轮临锚，该直线塔两侧档内的如有间隔棒均应拆除。如耐张塔部分损坏，应在未发生事故侧，所在档导线未损坏的直线塔上更换放线滑车进行过轮临锚，以减小耐张塔所受的导线张力。

（3）如事故范围两端均直线塔，应在直线塔未遭损坏侧，受事故影响较小，导线完好且未受损坏的直线塔更换滑车设置过轮临锚。

（4）抢修故障线路时，要保证对线路下方的跨越物要有足够的安全保障措施。

（5）事故段导线落在交跨电力线路上，或杆塔倒在电力线路上，应确定电力线路运行状况，采取安全措施后方可实施故障线路的抢修工作。

（6）事故对铁路、重要公路、通航河道等通行造成影响的，应优先恢复其通行。

（7）对事故现场危险（可能倾覆）的杆塔，要采取隔离措施，防止人身伤害事件。

三、编制抢修施工方案

经现场检查获得详细的资料后，现场应急抢修指挥部召开会议，讨论确定抢修施工方案，拿出翔实的可行的抢修措施，抢修措施的内容如下。

（1）明确事故控制的范围和方法，使事故线路处于可控状态。

（2）临时拉线、过轮临锚一般设置在导线张力放线段两端或以外，如果事故范围的两端或其附近均有场地，能够设置牵张场，则需优先考虑张力展放导线，必要时采用延伸牵引方式或转向牵引等特殊张力架线方式。如果事故范围及其附近均无场地，难以采用特殊张力架线时，则应考虑人力展放导引绳，采用机动绞磨低张力牵引导线的方式。地线一般采用人力展放导引绳，机动绞磨低张力牵引展放。220kV 及以下线路一般采用人力展放导引绳，机动绞磨低张力牵引展放为主。

（3）光缆应事先进行测试，确定损坏的确切范围，然后决定光缆更换的范围。光缆应采用张力展放的方式。

（4）事故范围确定并实施控制措施后，应尽快清理事故范围内已损坏的导线、附件、铁塔和基础，清理过程中应对线路下方的有关跨越物进行清理或保护。清理的顺序一般为导线→铁塔→基础。清理物应专人负责并及时运走。

（5）如线路基础发生损坏，按如下原则处理。

1）直线塔基础全部受损，则需报废重新浇制，此时应考虑将塔位前移或后移，移位后如档距超过规范要求，应及时请设计校核。

2）直线塔基础部分受损，可考虑部分报废，如采用通常所说的"半根开"的方式。

3）对灌注桩基础，应请专业部门检测其是否损坏，根据检测的情况决定部分利用还是移位重新浇制。

4）对转角塔基础，如有损坏，因无法移位，只能在原位置根据受损情况采用部分或全部报废的方式进行处理。

5）对铁塔受损轻微的，可采取更换受损构件的方法，铁塔塔段大部分完好的（如只有横担受损的），可以只更换受损部分。

四、抢修施工组织

（1）应急施工队负责人是现场抢修施工安全、质量第一责任人，在现场指挥部的领导下，全面协调本施工队的抢修工作，做好危险点、危险源辨识与风险控制，对施工安全、质量和进度进行有效控制。

（2）应急抢修施工队应建立技术组、施工组（基础、立塔、架线）、质安组。在施工抢修过程中，各抢修组应服从现场抢修的需要，各司其职，做好抢修工作。

（3）技术组参与现场勘查和研判工作，根据研判结果制订抢修实施方案，编制抢修物资使用计划、负责排定抢修施工进度，协调解决抢修施工中的各类技术问题。

（4）施工组负责本抢修队具体施工任务的实施工作，落实抢修施工人员的组织，施工工器具的调配，以及工程实施，配合工程验收。

（5）质安组负责组织在抢修过程中的工程质量安全控制，监控施工中的各项安全措施的落实情况，对各个工序的施工质量进行严格监测，并配合监理工作，对抢险工程资料的及时收集、归档和工程验收工作，负责落实抢修施工的安全措施与质量措施。

五、抢修工具、物资准备

（1）重新浇制，则应在第一时间落实砂、石料、水泥厂、钢材供应厂家，落实后随即取样送检并做配合比试验。试验结果出来前应尽量完成基础浇制的各项准备工作。在基础施工过程中，可以落实塔材、导、地线、光缆、金具等材料的供应。材料的供应应专人负责，并随时掌握供应的进度。

（2）塔材、导地线、光缆、金具等材料出厂前应专人进行检查、验收，以防材料进场后不合格延误抢修工期。

（3）导、地线进场后应随即取样进行握力试验。金具进场后应立即派专人负责清点、检查和组装，以减小现场的工作量。

（4）抢修期间，物资供应组应 24h 有人值班，随时根据现场的需要落实抢修物资供应。

（5）抢修材料的供货厂家在近期工程中参与供货、质量好、信誉高、服务好、能及时供货的厂家中选择，尽可能缩短订货及加工时间。

六、抢修施工

（1）抢修施工是一项非常复杂、严密的系统工程，施工前应进行详细的交底，要把每一个环节做细、做实，要把具体的任务落实到人，要充分做好后勤保障工作，要分秒必争。

（2）要考虑到现场的道路、地形条件和气候条件的变化，提前对关键的道路进行修补或采取可靠措施，以确保施工的顺利进行。

（3）抢修工作的第一步是在作业区两端挂接地线，作业区内的铁塔接地良好，以杜绝不利天气和感应电造成的危害。

（4）施工时既要合理安排各道工序，夜间施工时应有可靠的照明、通信等措施，并加强各关键施工点的监督、检查。

（5）抢修过程中一定要特别注意安全，严格按施工措施进行作业，做好现场的监护工作，加强现场监督检查工作，坚决杜绝冒险和违章作业。要做到"急而不慌、忙而不乱"。

（6）施工完毕随即进行检查，确认安装正确，坚决杜绝返工。

七、验收

（1）由于抢修时间紧迫，抢修工程验收应跟班进行，每道工序完工并经自检后，立即进行检查验收，检查验收时应请运行部门参加，对验收发现的问题当即进行消缺整改。

（2）抢修施工全部完工，三级检查后，立即对施工部分进行总体验收，验收由业主单位、运行单位、施工单位共同进行，确保线路尽快顺利恢复运行。

（3）消缺完成，拆除抢修段两端的接地线后，施工单位向有关单位汇报"工作结束，线路上无人工作，接地拆除，可以恢复送电"。

（4）此后区域应急抢修队伍、建设单位、运行单位应继续做好地面有关收尾工作，场地清理、工器具拆场、政策处理问题善后处理等。

【思考与练习】

1. 输电线路抢修事故研判主要有哪些工作？

2. 班组在抢修施工阶段主要抓好哪些具体工作？

3. 班组在抢修验收阶段主要有哪些具体工作？

◢ 模块 2　常规输电线路应急预案（Z04H3002 Ⅱ）

【**模块描述**】本模块包常规输电线路应急预案。通过常规输电线路应急预案讲解，熟悉线路常规输电线路应急预案。

【正文】

一、施工抢修体系

（1）抢修队在接到区域应急抢修指挥部通知后，应迅速按照应急预案要求，到达指定抢修地点，会同属地供电公司组建抢修指挥部，成立技术组、质安监控组、后勤保障组、物资供应组、政处组、基础施工组、立塔施工组、架线施工组，明确责任，落实到人。

（2）在接到输电线路发生事故通知或有关紧急救援信息时，应急抢修队立即启动抢修应急体系。按照应急体系，应急抢修队应按照区域应急抢修指挥部的指令，迅速赶往事故现场，组织进行抢修。

（3）各抢修施工队应成立各自现场抢修施工项目部，组织其应急抢修工作。各应急抢修队负责实施现场抢修工作任务，随时向区域应急抢修指挥部汇报工程抢修的进展情况及存在问题，贯彻落实区域应急抢修指挥部关于抢修的各项指示和精神。

（4）技术组参与相关工程技术、设计、现场勘查和研判工作，编制抢修方案、编制抢修物资使用计划、负责排定抢修施工进度，协调解决抢修施工中的各类技术问题。

（5）质安监控组负责组织在抢修过程中的工程质量安全控制，监控施工中的各项安全措施的落实情况，对各个工序的施工质量进行严格监测，并配合监理工作，督促抢修工程资料的及时收集、归档和，并参与工程验收工作，负责落实抢修施工的安全措施与质量措施。

（6）后勤保障组负责落实本施工队现场住宿、饮食、应急医疗、防暑降温、防寒防冻等方面工作，负责落实夜间施工所必需的装备及施工措施。

（7）物资供应组负责及时上报本抢修队物资需求计划及要求，以及现场运输与卸货的条件，组织协调落实设备、材料的供应商及到货时间等。

（8）政处组在事故单位的配合下，负责处理本抢修队在施工过程中所遇到的政策处理问题，协助施工顺利开展。

二、抢修流程（见图 19-2-1）

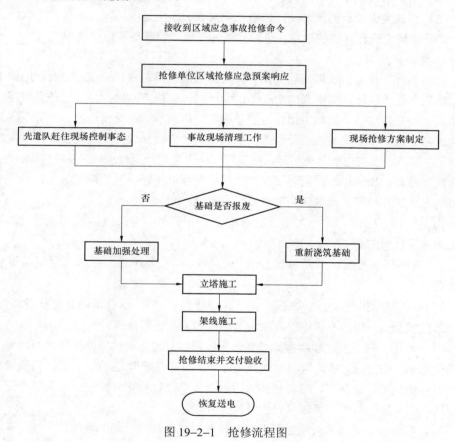

图 19-2-1　抢修流程图

三、事故抢修准备

1. 事故范围控制

事故应急预案启动后，抢修单位应火速派遣抢险小分队奔赴现场配合事故发生单位进行事故范围控制，防止事故进一步蔓延扩大，将故障影响限定在最小范围内。

2．现场勘测及信息收集

先期人员到达事故发生地点后，应重点对以下几个方面进行详细勘察和记录。

（1）事故发生地所在的县、乡、村及相应的交通运输路径情况。

（2）事故发生的范围：事故所涉及的线路名称及杆塔编号。

（3）事故区段线路的受损情况，对可能发生次生灾害的地域采取必要的隔离措施，设立安全围栏，架设警示警告牌，必要时要装设警示灯。

（4）了解事故发生时的现状，以初步分析引起灾害事故的原因。

（5）事故发生地点的地形及交通情况：对事故发生地的地形、地貌、跨越物、道路、耕种等情况进行详细的勘察、了解并做好记录，特殊地形应予以拍照。

3．抢修方案制定

（1）基础。将事故铁塔基础开挖并将表面清洗干净后进行检查，必要时应请专业部门检测其是否损坏，将检测的情况提供给研判组以决定基础部分利用还是重新移位浇制。如线路直线塔基础发生损坏，应仔细判定每个基础的受损情况：部分受损时，可考虑部分报废，如采用通常所说的"半根开"的方式处理；全部受损时，需报废重新浇制，可考虑将塔位前移或后移，移位后如档距超过规范要求，应及时请设计校核。对转角塔基础，如有损坏，因无法移位，只能在原位置根据受损情况采用部分或全部报废的方式进行处理。具体分为三种处理方案。

1）基础部分加强处理。对事故铁塔基础受损轻微的，经研判后，可以通过加固处理后满足使用要求。

2）基础部分报废。对基础部分受损的情况，经研判后，可对部分基础进行报废处理。

3）基础整体报废。对严重损坏的基础，经研判后，对整基基础进行重新浇筑处理，可按照配式金属基础或早强钢筋混凝土基础两种方案进行浇筑。

（2）杆塔。铁塔整体倾倒造成损坏则应作报废处理。对铁塔受损轻微的，可采取更换受损构件的方法，铁塔塔段大部分完好的（如只有横担受损的），在事故段受力状态稳定确保安全的情况下，登塔仔细对主材及各部进行检查并做好书面及影像记录，在经研判组认可的情况下可以只更换受损部分。

（3）导地线。应重点对事故段及事故段前后几基杆塔之间的导线、地线（光缆）受损情况细致逐一登杆检查，以确认导线、地线（光缆）修复和更换方案。

四、抢修方案实施

（一）事故现场清理

在事故设备受力的状态下清理事故现场是一项危险性工作，清理事故现场必须按应急抢修指挥部制定的拆除方案及措施进行施工，拆除根据现场倒塔情况及周边地形环境，可采用整体倒塔法和分解拆除方法进行施工。先对落地导线进行处理，确保铁塔不受断线张力的影响后进行拆塔工作。整体倒塔时，使用乙炔、氧气等焊割工具自铁塔底部直接割断后整体倒塔；分解拆塔时，事故抢修人员登塔使用乙炔、氧气等焊割工具对事故杆塔进行分解拆除。

（二）基础施工

1. 现场准备

现浇混凝土基础施工前的准备包括测量定位、分坑验线、开挖、基坑的操平找正、材料的运输、材料及机械的现场布置等。

（1）混凝土。一般现场抢修宜采用高强度混凝土，如 C40 商品混凝土加早强剂，24h 达到 C15 混凝土的设计强度，可进行组立铁塔工作；48h 达到 C20 混凝土的设计强度，可进行架线工作。

（2）钢材。钢材的品种应符合设计图纸的规定，其质量应符合该种钢材有关标准规定。钢筋进场时，应按现行国家标准规定抽取试件到具有 I 级资质的检验机构作力学性能检验，其质量必须符合有关标准的规定。

（3）焊接材料。焊条的质量应符合国家现行有关标准的规定，其品种、牌号必须与所使用钢材的化学成分和机械性能相当，并应具有良好的焊接工艺性能。使用前应进行外观检查，并应符合相关规程规定。

2. 基坑开挖

基坑开挖前，应将杆塔桩位基面及附近的浮土、浮石及杂物清理干净，基坑开挖的坑壁应留有适当坡度。

采用机械开挖基坑时，应选择合适的挖掘机械，挖掘机操作员应有操作合格证。在开挖过程中，随时注意土壤变化。如果发现土壤湿度增大，或者土质松散时，应采取措施，加大坡度或对坑壁加以支撑。

3. 模板安装

对运达现场的钢、木模板应检查尺寸是否符合设计要求，有无变形、裂缝等，合格后再进行拼装，拼装连接必须牢固。模板一般安装程序是：模板拼装→吊装→坑内调整→加固支撑→安装地脚螺栓样板。由于基础配筋及型式的不同，有时需要与钢筋绑扎交叉作业。

4. 钢筋加工与安装

钢筋连接方式应符合设计要求，钢筋的接头宜设置在受力较小处。同一纵向受力钢筋不宜设置两个或两个以上接头。接头末端至钢筋弯起点的距离不应小于钢筋直径的 10 倍。

5. 地脚螺栓安装

地脚螺栓安装前必须检查螺栓直径、长度及组装尺寸，符合设计要求后方准安装。对于耐张塔的受压腿和受拉腿，地脚螺栓规格不相同，必须核对无误后方准安装。

6. 混凝土浇筑前工作

应清除坑内泥土、杂物和积水，检查地脚螺栓及钢筋是否符合设计要求，检查模板有无缝等。混凝土下料时不应发生离析，下料顺序应先从立柱中心开始，逐渐延伸至四周，避免将钢筋向一侧挤压。

捣固混凝土时，混凝土应分层捣固，采用插入式振捣器，每层振动厚度为 300～400mm。铁塔地脚螺栓周围应捣固密实。

7. 混凝土养护

混凝土的养护方法一般有淋水养护和过氯乙烯塑料薄膜养护两种，现场一般使用淋水养护。

（三）杆塔施工

1. 组立铁塔

（1）组立前的基本要求。

1）基础中间检查验收合格，分解组塔时基础强度必须达到设计强度的 70%以上。

2）铁塔组立前的质量检查应核对运到现场的塔材与塔型是否符合设计，并清点塔材数量、进行排料。

3）直线塔应着重检查基础根开、对角线；地脚螺栓根开、对角线及外露高度；基础顶面操平等。

4）转角塔除检查常规项后，还应着重检查预偏值及预偏方向。

（2）工艺流程（见图 19-2-2）。

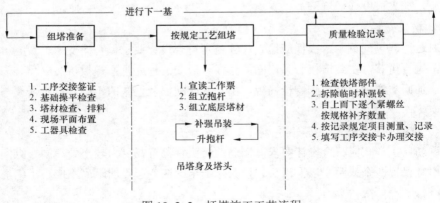

图 19-2-2　杆塔施工工艺流程

（3）组立。

1）外抱杆组塔施工。该方法适用于铁塔周边环境较好，易于进行铁塔地面组装及四侧拉线的安装，铁塔分段的重量相对较轻的杆塔。组立时应注意：① 塔脚板与塔腿段连在一起组装好，用倒落式抱杆，在地脚螺栓处垫木桩或方木，保护地脚螺栓。在"V"形吊点间用ϕ140补强木补强，并收紧制动绳，塔腿旋转扳起。用撬杠撬起铁塔的塔脚板，使塔脚板孔对准地脚螺栓，抽出垫木，铁塔就位。安装好地脚螺栓螺帽。在已立好的塔片上端各装两只 3t 单轮滑车，用ϕ13 钢丝绳作吊及千斤绳扳起另一片。② 利用两根 3~4m 的角铁组成简易支架形成人字形，通过钢钎锁根后，将抱杆立起；将基础侧面下段构件组装好后利用抱杆吊起构件进位。③ 对转角段下段重量较重构件，也可将抱杆竖立在基础中心桩位置后，从两侧面将构件扳起。④ 对直线塔或下段构件较小铁塔可先由人工利用麻绳将下段组立好后，在下段顶部挂上滑车将抱杆吊立后提升抱杆继续组装。⑤ 已立好的塔腿片应打好拉线，拉线对地夹角不大于45°，拉线采用ϕ11×30m 钢丝绳（或麻绳），拉线固定在地钻上，而后再装侧面搭铁。⑥ 当现场条件不能满足要求时，可将四侧浪风按"八"字形布置。⑦ 分片吊装时，"V"形吊点之间应用补强木补强。主材必须装接假腿，活动的构件必须扎牢。先吊靠近抱杆侧的吊件，后吊远离抱杆侧的吊件。宜设两根控制绳（ϕ12.5×130m），一根设在"V"形吊点处，另一根设在塔片的下部，以便调整塔片的角度，利于"登堂"就位。⑧ 整段吊装时，靠近地面的那一侧主材也必须装设假腿，活动的构件同样必须扎牢。吊件控制绳用松根器控制，松根器前应增设地钻和转向滑车，防止绞磨上绕。⑨ 吊件吊装过程中，离已立塔身的距离不大于400mm，吊件高出已立塔顶不超过200mm。外抱杆组塔施工主要工器具和人员配置表分别见表 19-2-1 和表 19-2-2。

表 19-2-1 外抱杆组塔施工主要工器具

主要工器具					
序号	名称	规格	单位	数量	备注
1	薄臂钢管抱杆	ϕ290×16m	付	1	连抱杆帽
	铝合金抱杆	L500×L500×17	付	1	连抱杆帽
		L400×L400×15	付	1	连抱杆帽
2	起重滑车	H6×ZD	只	2	起重滑车组
3	起重滑车	H3×ZD	只	4	转向滑车
4	钢丝绳	ϕ13×150m	根	3	抱杆拉线
5	钢丝绳	ϕ15×150m	根	1	抱杆拉线（上风）
6	钢丝绳	ϕ13×350m	根	1	滑车组绳

续表

主要工器具					
序号	名称	规格	单位	数量	备注
7	钢丝绳	$\phi13\times100m$	根	1	提升抱杆用
8	钢丝绳	$\phi12.5\times130m$	根	2	控制绳
9	钢丝绳	$\phi11\times100m$	根	2	上控制绳及降抱杆用
10	钢丝绳	$\phi13$、$\phi17$	根	若干	吊点用
11	钢丝绳	$\phi11\times30m$	根	2	临时拉线
12	钢丝绳	$\phi15.5\times4m$	根	1	绑抱杆
13	钢丝绳套	$\phi13$	根	若干	
14	手扶拖拉机绞磨	3t	台	1	
15	地钻	$\phi250\times1.7m$	根	若干	
16	白棕绳	$\phi18$	根	若干	
17	卸克	6.2t	只	2	
18	卸克	3.3t	只	3	滑车组用
19	卸克	2.1t	只	20	
20	铁道木	$200\times200\times600$	只	若干	
21	双钩	3t	把	若干	
22	补强木	$\phi140$	根	若干	
23	尖头扳手	M16	把	8	
24	尖头扳手	M20	把	8	
25	圆锉	$\phi16$	把	2	
26	铁锤		把	2	
27	经纬仪	J2	台	1	
28	松根器		只	4	

表 19-2-2　　　　　　　　人 员 配 置 表

序号	工作岗位	技工	民工	合计	备　注
1	工作负责人	1		1	施工组织和指挥
2	技术员	1		1	负责组塔作业技术问题
3	安全员	1		1	负责现场施工安全
4	塔上作业	6		6	负责塔上作业
5	地面作业	1	8	9	配合塔上人员施工
	合计	10	8	18	分工明确，责任到人

2）内悬浮抱杆组塔施工。采用内悬浮外拉线工艺组立杆塔时应注意：① 各种工器具运往现场及使用前必须经过检查，不符合要求的坚决不允许使用。② 螺杆确认符合组立要求，方准使用；必须无裂纹、无严重锈蚀、无弯曲等缺陷。螺帽、底座的各种焊缝应完好无裂缝，转动部分灵活，连接螺栓不得变形。③ 机动绞磨必须仔细检查各部件，特别是刹车装置是否完好。滑车必须经常检查，滑车边缘有裂纹或严重磨损、轴承变形、轴瓦磨损严重、吊钩外观检查有裂纹或明显变形，均不得使用。④ 双钩两端应有保险螺丝，索卡、卸扣应进行外观检查。⑤ 钢丝绳断股、磨损或腐蚀达原直径40%以上、受过严重火烧或局部电烧、压扁变形或表面毛刺严重等应报废或截除。钢丝绳套的插接长度不得小于钢丝绳直径的 15 倍，且不得小于 300mm，新插接的绳套必须经过 125%超负荷试验。穿过滑车、磨芯、滚角的钢丝绳不宜有接头。内悬浮抱杆组塔施工主要工器具和人员配置表分别见表 19-2-3 和表 19-2-4。

表 19-2-3 主 要 工 器 具

序号	名称	规格	单位	数量	备注
1	浮抱杆	25m	副	1	配连接螺栓、抱杆帽
2	承托绳	ϕ17.5	根	12	长度符合吊装表要求
3	卸扣	50kN	只	12	
4	钢丝绳	ϕ17.5×3m	根	4	承托绳绑扎千斤套，绕3道
5	钢丝绳	ϕ13×180m	根	3	浮抱杆四角拉线
6	链条葫芦	30kN	副	4	
7	松线器	特制	套	4	用于四角拉线
8	卸扣	30kN	只	12	
9	钢丝绳套	ϕ13×1.5m	根	4	
10	地钻	ϕ250×1810m	根	8	
11	双钩	30kN	把	4	
12	人字抱杆	ϕ150×10m	副	1	
13	钢丝绳	ϕ13×18m	根	4	吊点绳
14	钢丝绳	ϕ13×50m	根	1	总牵引
15	钢丝绳	ϕ13×15m	根	4	制动绳
16	钢丝绳套	ϕ15.5×15m	根	2	抱杆拖根
17	双钩	30kN	把	6	
18	卸克	30kN	只	12	
19	滑车	30kN	只	1	转向用

续表

序号	名称	规　格	单位	数量	备注
20	地钻	$\phi250\times1810m$	根	2	
21	滑车	30kN	只	3	
22	钢丝绳	$\phi13\times200m$	根	1	
23	钢丝绳	$\phi15.5\times1.5m$	根	1	绑扎千斤套
24	钢丝绳	$\phi13\times1.5m$	根	2	
25	卸克	30kN	只	8	
26	白棕绳	$\phi16\times120m$	根	1	
27	机动绞磨	30kN	台	1	
28	滑车	60kN 二轮	只	2	走二走一滑车组
29	滑车	60kN 单轮	只	2	走二走一滑车组
30	滑车	30kN 单轮	只	4	走一走一滑车组
31	滑车	30kN 单轮	只	4	转向
32	钢丝绳	$\phi13\times350m$	根	2	磨绳、一端插接
33	钢丝绳	$\phi15.5$	根	8	满足吊装表要求
34	钢丝绳	$\phi13$	根	8	满足吊装表要求
35	钢丝绳	$\phi17.5\times6m$	根	2	吊点绳
36	卸扣	50kN	只	2	
37	卸扣	30kN	只	12	
38	大绳	$\phi16\times100m$	根	2	倒滑车组用
39	补强木	$\phi250\times12m$	根	2	
40	钢丝绳	$\phi13\times150m$	根	2	
41	钢丝绳	$\phi13\times50m$	根	8	塔片临时拉线
42	钢丝绳	$\phi11\times100m$	根	2	
43	钢丝绳	$\phi13\times20m$	根	2	V 形套
44	滑车	30kN	只	1	有保险
45	卸克	30kN	只	8	
46	地钻	$\phi250\times1810m$	只	10	备用
47	机动绞磨	30kN	台	1	
48	加强木			若干	
49	经纬仪		台	1	

序号	名称	规 格	单位	数量	备注
50	绳卡	与钢丝绳配套	只	若干	
51	红白旗		面	2	
52	电喇叭		只	2	
53	钢丝绳套	各种规格	根	若干	
54	滑车	10kN，30kN	只	若干	
55	白棕绳	$\phi12$、$\phi14$、$\phi16$		若干	
56	卸扣	30、50kN	只	若干	
57	铁锹		把	8	
58	方木	200×200×400	块	若干	
59	麻袋片			若干	
60	铁丝	8、14 号		若干	
61	补强木	$\phi150$、$\phi250$	根	各 2	
62	拉起子	10kN	把	6	
63	木道木		根	若干	
64	竹梯	8m	付	各 4	
65	地锚	60kN	只	2	
66	地锚	40kN	只	8	

表 19–2–4   **人 员 配 置 表**

序号	工作岗位	技工	民工	合计	备　注
1	工作负责人	1		1	施工组织和指挥
2	技术员	1		1	负责组塔作业的相关技术、看图纸
3	安全员	1		1	负责现场施工安全
4	塔上作业	6		6	其中一人为安全监护人
5	地面作业	1	11	12	配合塔上人员施工
6	机械工	1	2	3	机动绞磨操作
	合计	11	13	24	分工明确，责任到人

2. 组立钢管杆

（1）吊车组立。

组装。

1）组装钢管杆时，将钢管杆各分段按组装顺序尽可能一次排放到起吊位置；将钢管杆各分段按序用道木垫放至同一平面，并尽可能接近。

2）钢管杆各分段爬梯应朝上，并从头开始逐段进行连接，始终保持爬梯在上，按规范要求进行螺栓连接。

3）将横担、爬梯按厂家提供的配对次序进行装配，确保质量。

吊装前的准备。

1）提前将吊车进出的道路进行处理，如吊车不能靠近，则使用钢板铺设施工道路。

2）按照所需吊装的重量并参考规范要求的安全系数选择合适的钢丝绳套，并为保证不损坏钢管杆外锌层，钢管杆系钢丝绳套的地方或钢丝绳套本身需要采用保护措施。

3）对钢管杆基础附近影响立塔的线路采取停电等措施。

吊装钢管杆。

1）将吊车就位，支好撑脚，尽可能将尾部对准基础。

2）系好钢丝绳套，将其尽可能收紧，吊点应布置在重心以上 2～3m 处，如长度及重量较大时，可采用两吊点和三吊点起吊。

3）当吊车启动将钢管杆刚吊离地面时，暂停起吊，检查钢管杆受力及吊车受力情况，确认没有问题后再继续工作。

4）将钢管杆起吊至接近垂直状态，控制好钢管杆根部，将根部法兰盘上的螺孔与地脚螺栓一一对应，同时考虑横担方向。吊车缓慢下放钢管杆，将钢管杆就位，同时迅速将地脚螺帽紧上。此时使用经纬仪进行顺线路和横线路侧观测，调整杆身倾斜度，当符合要求时，将地脚螺帽拧紧，再拆除钢丝绳套。

（2）抱杆组立。

组装钢管杆。此种情况下组装将钢管杆时，钢管杆各分段按组装顺序尽可能一次排放到各起吊位置。

吊装。

1）按照所需吊装的最大重量并参考规范要求的安全系数选择合适的钢丝绳套和抱杆，并为保证不损坏钢管杆外锌层，钢管杆系钢丝绳套的地方或钢丝绳套本身需要采用保护措施。

2）对钢管杆基础附近影响立塔的线路采取停电等措施。

3）将工器具等按施工方案进行布置，可依据抱杆组立杆塔方案实施。

（四）架线施工

1. 放线前的准备工作

（1）铁塔需经中间验收合格，缺陷处理完毕，螺栓紧固符合要求，基础的强度达到设计强度的 100%，转角塔的预偏符合设计要求。各档的实际档距复测后，复测的数据交施工技术部门。

（2）对跨越电力线路、通信线、公路及无法清除的障碍物，应事先搭设越线架。凡跨越电力线路原则上要求停电落线，个别线路停电落线有困难的应考虑搭设越线架。停电线路事先联系停电，越线架的搭设应符合《安规》要求，越线架顶要处理好，避免金属物等坚硬物体磨损导线、地线和光缆。

（3）对跨越 110kV 时如不停电时进行特殊跨越，针对具体情况再编制《带电跨越架线施工作业指导书》进行施工。

（4）明确搭设跨越架的高度、跨距等技术参数，并按搭设方案组织施工。

（5）使用材料的原件在运至现场前，均需按有关验收标准和规范进行验收和检验，并取得出厂合格证书。运至现场后，应按照设计图纸进行检查。

（6）布线时，导、地线不允许接头档，结合放线工艺安排线盘位置，为避免放线混乱，应对线盘逐个编号。

（7）对耐张承力塔设置反向临时拉线，导线横担临时拉线采用 GJ–70 钢绞线，地线横担临时拉线采用 ϕ12.5 钢丝绳。临时拉线安装在耐张塔受力反向侧，其上端应绑扎在尽量靠近挂线点的主材上，不影响挂线，主材内衬方木并缠以麻片。临时拉线对地夹角不大于 40°，临时拉线下端与地钻群相连，并用 5t 双钩作调节装置。

（8）紧线的顺序：先地线，后导线；导线按上、中、下相顺序进行。

2. 放紧线

（1）放线采用人力展放钢丝绳和张力展放导线，张力机牵引相结合的方法，机械牵引可以单项牵引；地线、导线钢丝绳及光缆导引绳一同进行放好，并将其锚空，待一个光缆放线段结束后再紧线。

（2）放线过程中应保持通信通畅，信号统一。

（3）放线过程中应保护好导线、地线和复合光缆，交叉跨越处派专人看护。领线人员应认准方向、保持距离，控制牵线速度，线头过滑车时应注意过渡情况。机械牵引速度不宜过快，以免导线互相混绞。

（4）导线、地线的耐张管、引流管、补修管、接续管均采用液压工艺进行，施工时必须遵守 SDJ 226《液压施工规程》。

（5）紧线段通信畅通，各岗位经检查正常，收紧档内余线。对余线用 ϕ12.5 钢丝绳直接临锚，临锚钢丝绳对地夹角不大于 30°。

（6）弧度观测档选择应符合《规范》要求，紧线结束后应测量耐张塔的倾挠，若向内侧倾斜应查明原因及时进行处理。

3. 附件安装及跳线搭设

（1）导线附件安装用 5t 双钩及提线器同时提升分裂导线，此时要求用 ϕ12.5 钢丝绳套将导线保险在横担上，相邻杆塔附件安装时避免同线作业。滑车摘除后缠上预绞丝护线条，再装上线夹后应做到线夹中心，护线条中心及划印点重合。光缆提线时为了避免损伤光缆而采用双侧平衡提线器。

（2）跳线引流板光洁面与耐张压接管光洁面相连，在施工安装时塔的前后两侧耐张线夹与跳线引流板朝向必须一致，确保连接板为光面接触。连接前用汽油清洗接触面，涂以导电脂并用细铁丝刷清除其表面的氧化膜，保留导电脂进行搭接，逐个拧紧螺栓，其扭矩为 60～80（N·m）。

（3）双分裂导线下导线的跳线位于塔的内侧，上导线的跳线位于塔的外侧，施工时注意铁塔两侧的一致性。双分裂导线设计为垂直排列，压接时要注意。

（4）附件安装过程中人员需上下导线时，应用铝合金梯或绳梯进行，严禁沿合成绝缘子上下。

五、安全质量措施

（1）在实施抢修工作的过程中，必须坚定不移地贯彻落实安全第一、预防为主的方针，把安全工作始终置于诸生产工作的首位。进一步健全完善安全质量保证体系和安全质量监督体系，使安全质量工作实现规范化、标准化，从而有效地达到在各项工作中保障人身和设备的安全，确保抢修施工质量符合规范要求。

（2）建立以抢修项目部负责人为组长，专业人员及施工负责人参加的抢修工地安全质量监察领导小组，从行政领导、安全思想、安全技术及生活后勤上为安全质量工作提供保障；抢修项目负责人负责组织建立本抢修项目部各级人员安全质量责任体系，并对各级人员安全质量责任落实负责。

（3）认真贯彻执行公司编制的《质量保证手册》，严格遵守各项质量控制制度，提高安全意识，坚持"质量至上"的原则，要求全体参加抢修人员，都要把质量视为硬指标，把增效能力着眼于质量，坚决走质量效益型的路子，选择高质量、高标准的最佳策略，创建优质工程。

（4）抢修工作开工前，对全体施工人员进行一次针对现场抢修工作内容、危险点危险源预控等的交底工作，并经全体抢修人员确认。抢修施工期间，采用多种形式，对抢修人员进行经常性的安全教育，提高其安全意识，特殊工种人员必须持证上岗。

（5）健全安全生产责任制，对安全生产实现全员、全方位的闭环管理，坚持谁主管、谁负责，到岗到位。使工地、班组每个生产岗位都有明确的安全职责，做到各尽其职、各负其责，切实搞好本职工作。

（6）实行全面质量管理，对关键项目、薄弱环节，加强现场检查督促的力度，采用科学的管理方法和必要的管理措施，实行预控，达到提高抢修工程质量的效果。

（7）认真宣传、学习各项规章制度和安全生产的文件、会议精神和有关的事故通报，认真吸取经验教训，及时地、确切地掌握施工中各种不安全情况，通过安全活动和三交三查工作，使参与抢修人员对安全生产形势做到心中有数，从而提高全员的自我保护意识和能力。

（8）加强抢修施工现场安全管理建设，抓牢安全生产的第一道防线，坚持从严考核，执行规程制度不走样，有效地控制习惯性违章的发生，提高现场文明施工管理水平。

（9）加强施工班组安全管理机制，通过三级控制，实现安全目标。在班组安全施工中，首先要做好查找危险点，做好预测、预控工作，对危险点采取具体措施进行有效的辨识和风险控制。层层把好安全生产的第一关，使安全生产工作水平进一步提高。

（10）在抢修过程中，必须严格执行工作票制度，一切施工必须填写工作票，施工工作票由施工负责人认真地进行填写，经同级安全员审核，并由具有工作票签发权的人员签发。每日工作前，必须由现场工作负责人向参加本项工作的全体人员逐条、逐项宣读。工作票宣读完毕后，参加本项目工作的全体人员在工作票上进行签字。

（11）杆塔组立、高空分解组塔、架线和平衡挂线作业、重要跨越架的搭设和拆除等每一单项危险作业，必须设一名安全监护人，不准单独一人作业；班（组）内的兼职安全员，要负责本班当天危险作业的监护工作，不准从事其他与安全监护无关的工作。安排危险作业的施工班（组），班（组）长必须亲临现场，对作业现场实行全面检查。

（12）在杆塔上工作，必须使用安全带，进入施工现场必须戴安全帽。系安全带后必须检查扣环是否扣牢，安全帽带子是否扣好。

（13）攀登杆塔前，应先检查登杆工具。攀登脚钉时，应检查脚钉是否牢固。

（14）高空作业人员应防止掉东面，使用的工具、材料应用绳子传递，不得乱扔。杆塔下应防止行人逗留。

（15）组立杆塔应使用合格的起重工具，严禁过载使用。

（16）立杆过程中，杆坑内严禁有人工作。除指挥人及指定人员外，其他人员必须在远离杆下 1.2 倍杆高的距离以外。

（17）使用吊车立、撤杆塔时钢丝绳套应吊在杆塔的适当位置以防止杆塔突然倾倒。

（18）使用抱杆整体倒落式立杆时，主牵引绳、尾绳、杆塔中心及抱杆顶应在一直线上。抱杆应受力均匀，两侧拉绳应拉好，不得固定在有可能移动的物体上，或其他不可靠的物体上。

（19）杆塔起立离地后，应对各受力点处作一次全面检查，确无问题，再继续起立。起立 60° 后，应减缓速度，注意各侧拉线。

（20）起重机械，如绞磨、汽车吊、卷扬机等，必须安置平稳牢固，并应设有制动。当重物吊离地面后，工作负责人应检查各受力部位，无异常情况后方可正式起吊。在起吊、牵引过程中，受力钢丝绳的周围、上下方、内角侧和起吊物的下面，严禁有人逗留和通过。起吊物体必须绑牢，物体若有棱角或特别光滑的部分时，应加以包垫。

（21）使用开门滑车时，应将开门勾环扣紧，防止绳索自动跑出。

（22）起重时，在起重机械的滚筒上至少绕有五圈钢丝绳，拖尾钢丝绳应随时拉紧，并应有经验的人负责。起重机具应妥善保管、均应有铭牌标明允许工作荷重。定期按规定检查试验。钢丝绳应定期浸油，按规定进行报废检查，使用应有规定的安全系数。

六、现场文明施工

（1）在抢修工作的实施过程中，应该按照安全管理制度化、安全设施标准化、现场布置条理化、机料摆放定置化、作业行为规范化、环境影响最小化的方针组织实施文明施工工作。

（2）现场文明施工责任区应划分明确，职责应落实，并设有明显的标志。

（3）现场的材料、机具、砂、石、水泥堆放应整齐，安置有序。现场的机械、设备完好、整洁，安全操作规程齐全，操作人员持证上岗并熟悉机械性能和作业条件。

（4）施工现场的安全设施和个人劳动保护用品应逐步实现标准化和规范化，施工临建设施完整，布置合理，环境整洁，施工现场应有应急设施。

（5）施工便道应保持畅通、安全、可靠。工序安排应紧密、合理。上道工序交给下道工序必须干净、整洁、符合工艺要求的工作面。

（6）施工现场的安全施工设施和文明设施及消防设施严禁乱拆乱动。施工场所应保持整洁、有序，作业点应做到"工完料尽场地清"，剩余材料应堆放整齐、可靠。

【思考与练习】

1. 铁塔组立前的基本要求？
2. 架线施工中放线前有哪些准备工作？
3. 附件安装及跳线搭设有哪些基本要求？

◢ 模块 3 大型输电线路应急预案范例（Z04H3003Ⅲ）

【模块描述】本模块包括大型输电线路应急预案范例。通过大型输电线路应急预案范例讲解，熟悉线路大型输电线路应急预案范例。

【正文】

一、500kV 耐张绝缘子串断串事故处理预案

预案背景为迎峰度夏期间，500kV××线路发生一起永久性故障，××供电公司调度责令输电运检工区巡线查找故障点。故障原因确定为 8 号 A 相 500kV 耐张四联绝缘子串断串，市公司应急指挥中心下令由该工区进行抢修。

（一）设备基本情况

（1）500kV××线 8 号塔绝缘子型号为 XWP2-160 型。耐张绝缘子每相为两个双联绝缘子串，水平排列，串长 40 片，每片绝缘子高度为 155mm，导线为 4 分裂 LGJ-400/50 型钢芯铝绞线。

（2）此次抢修要求导线过牵引长度尽量减少，以避免更换结束后对导线弛度影响过大，对线路下方的交叉跨越物安全距离不够。

（3）以前用带电作业的方法更换过耐张塔四联耐张绝缘子串并有成功案例，带电作业工具的机械强度满足该线路上导线张力转移的要求，经计算研究可以使用带电作业工具在停电状态下更换耐张绝缘子串，只是将绝缘拉板和绝缘绳更换成钢丝绳。

（4）耐张四联串每两串在垂直方向上用联板联结，实际就是用并联的双绝缘子串起到单绝缘子串的作用，只不过绝缘子吨位降低一些罢了，因此方案设想每次更换一个单边的双联绝缘子串，但更换过程中存在着以下问题需要克服。

1）双联绝缘子串因存在上下两部分重力，受力稍偏离竖直方向就可能出现绝缘子串反转问题。

2）双联耐张绝缘子串之间距离很近，在起吊、安装过程中可能发生相互碰撞，XWP2-160 绝缘子为双伞型，裙边比较薄，容易碰损。

3）每串绝缘子 40 片，两串和在一起就是 80 片，绝缘子串又长又重，就位过程中难度会比较大。

（二）方案设计

该相绝缘子分两次完成，每次更换 1 个双联串。第一步转移导线张力，使绝缘子串自然松弛；第二步收紧绝缘子串，使横担侧金具不受绝缘子串作用力，然后拆除横担侧平行挂板螺栓；第三步转移导线侧金具受到的绝缘子作用力，拆除导线侧平行挂板螺栓；第四步将导线侧绝缘子缓缓放松使绝缘子串呈竖直状态；第五步利用转向滑车将绝缘子串放置地面，安装程序相反。

（1）导线张力转移系统：将带电作业工具 30t 翼型卡前卡安装在 L-3045 联板上，5t（2 把）手扳胡芦安装在横担挂线板操作孔上，中间用 φ15×6.5m 钢丝绳（2 根）连接，通过收紧手扳胡芦将绝缘子串上的导线张力转移，绝缘子串在重力作用下自然下垂。

（2）横担侧平行挂板螺栓拆除配合工具：用 ⌀15×2.5m 钢丝绳套兜住二联板，3t 手扳胡芦固定在横担主材上，收紧葫芦，金具串不再受绝缘子作用力而自然下垂，拆除平行挂板螺栓。

（3）导线侧平行挂板螺栓拆除：在耐张钢锚的 U 形挂环上固定转向滑车，钢丝绳一端固定在联板操作孔上，一端通过转向滑车至横担再到地面绞磨，收紧钢丝绳使金具串不再受绝缘子作用力而自然下垂，拆除平行挂板螺栓。缓缓松出钢丝绳，在重力作用下，绝缘子串呈竖直状态挂在横担上，此时绝缘子串由 3t 手扳葫芦与横担相连。

（4）将绝缘子串放到地面：在横担上安装转向滑车，钢丝绳一端拴在横担侧联板操作孔上，一端穿过转向滑车至地面绞磨，先收紧钢丝绳拆除手扳葫芦，再将绝缘子串放至地面。

（三）方案实施 $L_{串} = L_{后1} + \dfrac{8}{3}\dfrac{f_{串}^2}{L_{后1}}$

根据方案设计，前期准备工作期间对照线路运行参数，对工器具许用荷载进行试验、计算校核，选用的工器具满足更换要求。

（1）尽量减少导线的过牵引长度。转移导线的张力时，5t 手扳葫芦受力后再各收紧 50mm，既导线过牵引 50mm，绝缘子串就出现了 30 多 cm 的弛度，基本与先前的计算相一致（绝缘子串每片自重相同，各绝缘子之间连接灵活，在弧度不大的情况下可以视为均布荷载的悬链线进行计算，$L_{串} = L_{后1} + \dfrac{8}{3}\dfrac{f_{串}^2}{L_{后1}}$；$f_{串} = 0.313$ （m），拆除绝缘子串前后的金具分两步走，每次仅需把绝缘子串拉起一点，平行挂板螺栓就能松动，不需要再收紧导线，拆完一边再拆另一边，合理利用了绝缘子串的弛度。

（2）拆除金具螺栓的关键点是提起绝缘子串的受力与原绝缘子串的安装方向一致，并且还能克服绝缘子串本身自重力。这需要注意两点：一是受力手扳葫芦或钢丝绳尽可能与绝缘子串形成竖直方向的夹角，这样牵引力在竖直方向的分力就能更好克服绝缘子的重力，实际操作时横担侧 3t 手扳葫芦利用横担竖材与绝缘子串形成一个夹角，导线侧采用在联板上加装支撑滑车来取得竖直方向分力；二是牵引力与金具串受力方向一致，这样才能方便螺栓的拆除和安装，实际操作时，横担侧 3t 手扳葫芦就在金具挂点的垂直上方，导线侧支撑滑车就安装在平行挂板边的联板上，很好地解决了受力方向一致的问题。

（3）绝缘子串在起吊和就位过程中可能相互碰撞的问题克服。开始安装时为防止碰撞利用绝缘子原包装进行保护，虽然能起到保护绝缘子的作用，但是高空安装时外包装阻碍安装进程，很不方便。于是在绝缘子串由地面水平状态向垂直状态过度时，采用两个人一边一个拉开的方式，起吊过程中尽量保持垂直状态绝缘子串就不相互碰撞，安装就位过程中，速度稍微慢一点，吊点挂在联板的上操作孔，这样绝缘子串在重力作用下就会相互保持一定的距离，不致发生碰撞。正在就位的双联绝缘子串如图 19-3-1 所示。

图 19-3-1　正在就位的双联绝缘子串

本次耐张绝缘子四联串更换，借鉴了带电作业的成熟施工方法方法，整个过程简洁方便，工器具轻便，主要工具仅用了 2 把 5t 手扳葫芦、1 把 3t 手扳葫芦、机动绞磨一台及一些钢丝绳就完成了以往需要大量人力、物力的耐张绝缘子更换，创造了带电作业从检修作业中来，又反促进检修作业的成功范例。同时又针对停电作业不必考虑电场防护和电流泄露的特点，用普通工具代替昂贵的绝缘工具，节省大量费用。作业中遇到的难点克服方法，问题的处理又能给带电作业提供经验教训，也是一次带电作业的模拟训练，为两者工艺发展提供相互借鉴和发挥的思路。

二、330～500kV 线路断线事故处理预案

预案背景为迎峰度夏期间，××kV××线路发生一起永久性故障，××供电公司调度责令输电运检工区巡线查找故障点。故障原因确定为 4～5 号 A 相导线断线，市公司应急指挥中心下令由该工区进行抢修。

（一）事故情况

断一相导线（含断股超出正常修补范围）。

断线事故处理的三种基本方法如下。

方案一如图 19-3-2 所示。

断线点靠近耐张杆塔，采用更换一段地线或导线。

方案二如图 19-3-3 所示。

断线点不靠近耐张杆塔，采用将断线点的旧线重新对接，再在耐张线夹附近接一段新线。

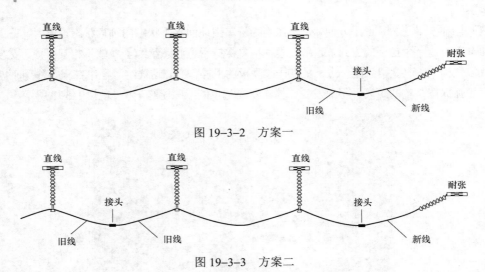

图 19-3-2　方案一

图 19-3-3　方案二

方案三如图 19-3-4 所示。

断线点远离耐张杆塔，采用在断线处更换一段新线，使两个接头分别在直线杆塔的两侧。

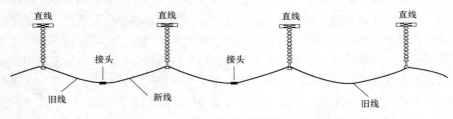

图 19-3-4　方案三

1. 方案一施工方法

施工顺序如下。

(1) 耐张杆塔做反向导线的临时拉线；拆除跳线线夹；做松线的准备工作。

(2) 直线杆塔做导线的锚线工作，如果导线断落地面，则应先将断落地面的导线临时用钢丝绳拉紧至瓷瓶串基本垂直，然后再锚线。

(3) 放线和穿越交叉线路的工作（该项工作也可在松线后进行）。

(4) 松线工作。

(5) 新、旧线接头（LGJ-300 以上导线，如果断线部位在一个液压接管范围内，则可以用原来的旧线对接，如果钢芯是搭接，则可以在瓷瓶串上加瓷瓶、金具来调节，这样可以不需要更换新线，不需要重做耐张线夹，不需要两次紧线，省一个耐张压接管）。

（6）紧线工作。

（7）耐张杆塔拆除临时拉线和紧线设备；跳线压接和搭头等工作。

（8）直线杆塔拆除埋线设备；调整瓷瓶串等工作。

（9）恢复交叉跨越线路。

2. 方案二施工方法

施工顺序如下。

（1）耐张杆塔做反向导线的临时拉线；拆除跳线线夹；做松线的准备。

（2）直线埋线杆塔做导线的理线工作，如果导线断落地面，则应先将断落地面的两侧导线临时用钢丝绳拉紧至瓷瓶串基本垂直，然后再理线或将直线杆塔导线放在放线滑轮内；地线一侧可以直接埋线，另一侧也应临时用钢丝绳拉紧至悬垂线夹基本垂直，然后将直线杆塔地线放在放线滑轮内。

（3）中间的直线杆塔将导、地线放在放线滑轮内，拆除悬垂线夹、防震锤等金具。

（4）放线和穿越交叉线路的工作（该项工作也可在松线后进行）。

（5）松线工作。

（6）断线处旧线与旧线接头，耐张杆塔处旧线与新线接头（地线或 LGJ—300 以上导线，如果断线部位在一个液压接管范围内，则可以用原来的旧线对接，如果钢芯是搭接，则可以在瓷瓶串上另瓷瓶、金具来调节，这样可以不需要更换新线，不需要重做耐张线夹，不需要两次紧线，省直线接续管、耐张压接管各一个）。

（7）紧线工作。

（8）耐张杆塔拆除临时拉线和紧线设备；跳线压接和搭头等工作。

（9）埋线的直线杆塔拆除埋线设备；调整瓷瓶串等工作。

（10）中间的直线杆塔附件安装。

（11）恢复交叉跨越线路。

3. 方案三施工方法（适用于导线的钳压连接）

施工顺序如下。

（1）如果导线未断落地面，估计一下导线大概要落下几挡才可能使断线点降至地面，然后在两侧不落线的直线杆塔上埋线。

（2）如果导线已断落地面，应先将断落的两侧导线分别用钢丝绳临时拉紧，然后在两侧不落线的直线杆塔上埋线。

（3）中间的直线杆塔拆除悬垂线夹、防震锤等金具，将导线放到地面。

（4）放新线一段，使其一端在断线点附近，另一端放过直线杆塔至另一挡内。

（5）如果导线已断，应先用 2 只导线夹头、链条滑轮将断线临时连接起来，使其保持原来状态。

（6）在新导线的两端分别套入两根钳压连接管，用两组导线夹头、双钩（或链条滑轮）将新、旧导线并排拉得一样松紧，然后在新、旧导线的适当位置划印，防止移动。

（7）在两侧分别将旧导线开断，将旧导线穿入钳压管压接，压接结束后，拆除导线夹头等连接工具，剪断副线的多余部分。

（8）将连接好的导线用提升工具拉到横担附近进行附件安装。

（9）拆除两侧的埋线钢丝绳。

（二）断线事故处理技术安全措施及注意事项

（1）对事故现场进行详细的工作查勘，特别是施工段内的跨越线路要核对清楚，以便申请和联系停电。

（2）线路抢修工作使用线路事故抢修单，必须履行停电许可手续，并做好验电、接地等技术安全措施。使用电话许可必须全过程录音。

（3）一项抢修工作只设一个工作负责人，原则上只使用一个班组工具间里的工器具。

（4）抢修作业人员进入施工现场必须戴好安全帽，杆塔上作业人员必须使用双控安全带，双控带应系在牢固的杆塔构件上，并不得低挂高用。

（5）非工作时间的抢修工作，三小时内饮酒的人员不得参加抢修的主要工作（如工作负责人、杆塔上作业人员、小组负责人、卷扬机操作和尾绳控制等），但可以作为辅助工协助工作。驾驶员严禁酒后开车。

（6）服从命令听指挥。

（7）严格按照施工顺序中规定的先后顺序进行操作。

（8）工作前向全体工作人员进行事故情况及处理方法的交底工作，并明确分工，使每个工作人员对整个抢修工作和自己分管的工作了解得清清楚楚，以便在做好自己本职工作的同时，协助其他人工作。各班组人员之间应密切配合。

（9）杆塔上作业应设监护，夜间作业必须配备足够的地面和杆塔上的照明设备。

（10）地钻应按规定埋设，每只地钻前必须加垫道木，如遇地质松软，应采取增加地钻数量或其他补强措施；采用 2 只及以上的组合地钻时，地钻之间的距离应保持 1.5m 以上。

（11）上、下工具材料使用绳索传递，严禁抛扔。

（12）埋线、松、紧线工作的地钻的对地夹角不宜大于 30°，临时拉线地钻对地夹角不大于 45°。

（13）做埋线、临时拉线或松线前应检查导、地线横担的损坏和锈蚀情况，必要时应做补强措施。

（14）埋导线时应绑扎竹梯，作业人员站在竹梯上进行埋线工作，安全带严禁系在瓷瓶串上或导线上。竹梯应绑扎牢固。

（15）埋线时应使瓷瓶串稍微向导线夹头处倾斜，以便在紧线时观察弧垂；埋线时挂钢滑轮的钢丝短头应挂在挂线点附近；瓷横担杆的埋线工作不得直接在瓷横担上进行。

（16）松、紧线时杆塔上的导向滑轮悬挂位置应适当，不妨碍松、紧线操作；杆塔上作业人员应在卷扬机停止的情况下，才能进行划印或装、拆挂线点金具的工作。如需绑扎竹梯，竹梯不得直接悬挂在导线上。

（17）松、紧线时牵引钢丝绳的尾绳在卷扬机滚筒上至少缠绕五圈，并派有经验的人员随时拉紧尾绳。

（18）松、紧线时应有防止损伤交叉线路的措施，并在每档内派专人看守，有情况及时联系。

（19）紧线时的弧垂以埋线杆塔上的瓷瓶串垂直为准。

（20）放线跨越房屋时，作业人员严禁站在石棉瓦或玻璃钢瓦等不牢固的屋顶上；遇有河道时，应用船只引渡或用绳索、旧线牵引过河，作业人员严禁泅水过河。

（21）导线采用钳压管连接时，模数、尺寸标准和压接顺序参照《钢芯铝绞线钳压连接的压口位置及操作顺序》，压接时注意正负线不得压错。

（22）导、地线的液压连接（跳线压接除外）应使用不小于 100t 的液压机具进行压接，压接时每模压力都应达到 70～80MPa，不以合模为压好标准。超过 80MPa 为超压，不允许长时间使用。

（23）根据压接管的外径选择压模，各种液压管压后呈正六边形，压后应分别复测三个对边距，其中只能有一个对边距达到最大值，对边距标准尺寸和最大值见表 19-3-1。

表 19-3-1　　　　　　　　　　边距标准尺寸和最大值　　　　　　　（mm）

管材	外径	内径	对边距		备注
			正常值	最大值	
钢管	16	8.4	13.86	13.95	
	18	9.6	15.59	15.67	
	20	11.2	17.32	17.39	
	22	17.0	19.05	19.11	
	24	15.4	20.78	20.83	
铝管	40	26（25.5）	34.64	/	
	45	29.5	38.97	/	

（24）直线接管距离悬垂线夹不小于 5m，距离耐张线夹不小于 15m。

（25）旧导、地线在开断接头前应将断股处导、地线拉松并临时固定。

（26）跨越公路应派专人持红白旗在道路两端指挥来往车辆缓慢通过或搭设简易牢固的越线架。夜间作业除有照明设备外，作业人员应穿有荧光涂料的背心。

（27）在人口稠密区工作时。在容易发生危险的工作地点附近应用安全围栏或警告带围起来，防止闲杂人员进入。

三、330～500kV 线路绝缘子掉串事故处理预案

预案背景为迎峰度夏期间，××kV××线路发生一起永久性故障，××供电公司调度责令输电运检工区巡线查找故障点。故障原因确定为 4 号塔 A 相掉串，市公司应急指挥中心下令由该工区进行抢修。

（一）事故抢修具体操作步骤

（1）办理事故应急抢修单。

（2）验电、挂接地线。

（3）提升导线。

（4）附件安装。

（5）验收检查，拆除接地线。

（二）做好抢修危险点、危险源分析及其预测、预控措施（见表 19-3-2）

表 19-3-2　　　　　　　　危险点、危险源分析及其预测、预控措施

序号	危险点、危险源	预控、预控措施	备注
1	高处坠落	（1）登杆塔前，应先检查登高工具和设施。禁止携带器材登杆塔或在杆塔上移动。严禁利用绳索、拉线上下杆塔。 （2）上杆塔前，应先检查根部、基础和拉线是否牢固。遇有冲刷、起土、上拔或导地线、拉线松动的杆塔，应先培土加固，打好临时拉线后，再行登杆。注意检查脚钉是否牢固可靠，在杆塔上作业时，必须使用双保险。 （3）高处作业时，安全带应挂在牢固的构件上，并不得低挂高用，禁止系在移动或不牢固的物体上。系安全带后应检查扣环是否扣牢。 （4）在杆塔高空作业时，应使用有后备绳的双保险安全带，安全带和保护绳应分挂在杆塔的不同部位的牢固构件上，应防止安全带被锋利物损坏。人员在转位时，手扶的构件应牢固，且不得失去后备保护绳的保护。 （5）高处作业必须设专人监护，专责监护人不得兼任其他工作，专责监护人必须穿戴红马甲，认真履行安全监护职责，做好安全监护，及时制止违章作业。 （6）在气温低于零下 10℃时，不宜进行高处作业。确因工作需要进行作业时，作业人员应采取保暖措施，施工场所附近设置临时取暖休息所，并注意防火。高处连续工作时间不宜超过 1h。在冰雪、霜冻、雨雾天气进行高处作业，应采取防滑措施	

续表

序号	危险点、危险源	预控、预控措施	备注
2	物体打击	（1）作业人员必须正确配戴安全帽。 （2）高处作业应使用工具袋，较大的工具应固定在牢固的构件上，不准随便乱放。上下传递物件应用绳索拴牢传递，严禁上下抛掷。 （3）在高处作业现场，工作人员不得站在作业处的垂直下方，高空落物区不得有无关人员通行或逗留。在行人道口或人口密集区从事高处作业，工作点下方应设围栏或其他保护措施。 （4）杆塔上下无法避免垂直交叉作业时，应做好防落物伤人的措施，作业时要相互照应，密切配合	
3	触电及带负荷挂接地线	（1）在未接到停电工作命令前，严禁任何人攀登杆塔。 （2）停电、送电工作必须指定专人负责，严禁采用口头或约时停电、约时送电的方式进行任何工作。 （3）停电作业前，办理事故应急抢修单。 （4）在接到停电工作命令后，必须首先进行验电；验电必须使用相应电压等级的合格的验电器；验电时必须戴绝缘手套并逐相进行；验电必须设专人监护。 （5）验明线路确无电压后，必须立即在预定杆塔挂好接地线，同时将三相短路。 （6）登杆塔前必须认真核对线路名称、杆号牌，加强监护。 （7）工作完毕后由专人拆除停电线路上的工作接地线；接地线一经拆除，该线路即视为带电，严禁任何人进入带电危险区	
4	交通事故	（1）驾驶员必须持双证驾车。 （2）两人及以上出车时必须指定行车安全员。 （3）控制车速，保持安全距离，严禁超速行驶。 （4）定期检查，保证车况良好。 （5）杜绝酒后驾驶和疲劳驾驶。 （6）驾车时不准使用手机，若必须使用手机时应将车辆停靠在不影响其他车辆通行的道路上	

（三）工器具及材料（见表 19-3-3～表 19-3-5）

表 19-3-3 安全工器具、设施表

序号	工器具名称	型号	数量	备注
1	验电器	110～220kV	各 1 支	
2	接地线	25mm²	2 根	
3	个人保安线	16mm²	若干	
4	发电机		2 台	
5	照明灯		若干	

表 19-3-4 抢 修 用 工 器 具 表

序号	名称	型号	数量	备注
1	绞磨	10kN	1 台	
2	钢丝绳	φ13.5×200m	1 根	绞磨绳
3	钢丝套	φ12.5×1.5m	2 根	
4	钢丝套	φ9.3×1m	4 根	
5	铁滑车	30kN	4 个	
6	铁滑车	50kN	3 个	
7	角铁桩	∠10×100×1500	6 个	
8	钢线卡子	φ18	6 个	
9	大锤	16P	2 把	
10	卸扣	30kN	6 个	
11	链条葫芦	20kN	2 把	
12	链条葫芦	30kN	2 把	
13	提线钩		3 套	
14	铁滑车	30kN	3 个	
15	铁滑车	50kN	3 个	
16	钢丝绳	φ9×120m	1 根	
17	白棕绳	φ14×120m	1 根	
18	U 型环	UL-10	4 个	

表 19-3-5 抢 修 用 材 料

序号	材料名称	型号	数量	备注
1	线夹		若干	
2	绝缘子		若干	根据实际需要
3	金具		若干	
4	铝包带		若干	

【思考与练习】

1. 在杆塔上工作应采取哪些安全措施？
2. 架空线路的导线损伤达到哪种程度应锯断重接？导线压接前应做哪些准备工作？
3. 防震锤的安装要求？

第五部分

输电线路生产管理系统

第二十章

输电线路电网资源管理系统

▲ 模块1 基础维护（Z04G6001Ⅰ）

【模块描述】本模块包含线路专业班组的维护，线路的专业班组为后期对线路设备进行各类运维及检修工作的班组，维护专业班组是今后开展各项工作的最基本的基础条件。

【正文】

输电线路设备基础维护主要是指输电线路的专业班组维护，可通过批量维护专业班组以及在线路台账基础维护过程中对专业班组进行维护。

一、功能描述

输电线路基础维护主要是对输电线路的检修班组以及运维班组进行专业班组维护，只要在线路检修班组中的工作班组才能够对该线路及线路下设备进行检修工作，在系统中走检修流程时才能选择该线路及设备。同样的，只有在线路运维班组中的工作班组才能够对该线路及线路下设备进行运维工作，在系统中走运维流程时才能选择该线路及设备。

二、功能菜单

标准中心>>电网资源管理>>设备台账维护。

三、操作介绍

（1）批量维护专业班组：在设备台账维护的初始界面，可以通过右侧对话框中的"批量维护专业班组"功能对多条线路的专业班组进行维护。具体操作为在右侧的线路列表中勾选所有需要维护专业班组的线路，如图20-1-1所示。

点击"批量维护专业班组"，在弹出的对话框中可见专业班组分为运维班组、检修班组以及调度班组。作为输电运检专业班组，我们只需对线路的运维及检修班组进行维护。点击"运维"或"检修"右侧的"班组名称"栏目，将会出现"…"按键，如图20-1-2所示。

图 20-1-1　线路设备台账维护的界面批量维护专业班组的选择

图 20-1-2　线路专业班组配置界面

　　点击"…"将弹出班组选择对话框，如图 20-1-3 所示。在对话框中最初班组层级为本单位下的班组，若有维护需求可以选择本市局、本省局下的班组进行维护。当勾选完所需维护的班组后该班组将会在右侧已选择班组名称中显示，点击确定即可完成该项目的检修班组维护。

图 20-1-3 线路专业班组选择界面

（2）线路台账维护中专业班组维护：在设备台账维护的初始界面选择左侧的某一条具体线路，在界面右侧将会出线该线路的线路基本台账，基本台账上方有"专业班组"按键，如图 20-1-4 所示，点击后将会进入专业班组维护界面，剩余操作与批量维护专业班组相同。

图 20-1-4 线路台账维护界面的专业班组功能按键

四、注意事项

当线路为分段跨区线路时，请各单位仅仅维护本段分段线路的专业班组即可，否则在后期运维、检修工作设备选择时会将其他单位的分段线路以及主线共同显示且线路名称均一致，极易造成设备选择错误，影响工作流程。

【思考与练习】

1. 当班组在走检修流程时发现需要检修的线路及设备未在设备选择列表中显示，可能是什么原因造成的，班组将如何操作？

2. 维护专业班组过程中，想将系统内非本单位的班组维护成专业班组，该如何操作？

3. 选择设备时，发现跨区线路出现多条一模一样的线路该如何解决？

模块 2　设备台账维护（Z04G6002Ⅰ）

【模块描述】本模块包含线路设备台账基本维护、支线维护（分段线路维护）、杆塔维护、导线维护、地线维护、线路交叉跨越台账维护等内容。通过功能描述、操作介绍和注意事项，掌握输电设备台账维护和管理。

【正文】

输电线路设备台账维护内容主要包含设备基本台账维护、支线维护（分段线路维护）、杆塔维护、导线维护、地线维护、交叉跨越台账维护六大部分。

一、设备基本台账维护

1. 功能描述

本模块用于维护不同电压等级输电线路的基本台账信息，如线路起止位置、运维单位、专业班组、投运日期、资产性质等。

2. 功能菜单

标准中心>>电网资源管理>>设备台账维护。

3. 操作介绍

线路设备台账维护的界面如图 20-2-1 所示。

（1）选择线路：在上图左侧的设备列表中根据不同电压等级选择相应线路，选中相应电压等级节点后点击电压等级左侧"△"展开符合从而显示出相应电压等级下的所有线路，再在线路列表中选中相应线路名称，在对话框右侧即会显示相应线路台账，如图 20-2-2 所示。

（2）线路台账基本信息维护：在上图所示界面，点击"修改"即可对所选线路的"运行编号""维护班组""所属调度""调度单位""跨区域类型""是否代维""是否标准化""是否农网""设计电压等级""投运日期""是否接地""线路色标""线路总长度""架空线路长度""电缆线路长度""起点类型""起点电站""起点位置""起点开关编号""终点类型""终点电站""终点位置""终点开关编号""设计单位""建设单

图 20-2-1 线路设备台账维护的界面

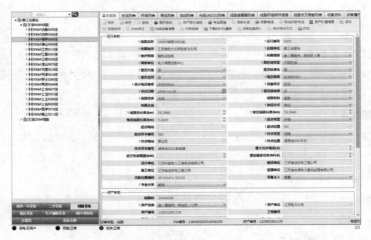

图 20-2-2 线路设备台账维护选中线路后的界面

位""施工单位""监理单位""设备主人""专业分类""资产性质""资产单位""工程编号""工程名称""设备增加方式""WBS 编码""是否有光纤""是否终端线""是否同杆并架线路"等字段进行手动修改维护，如图 20-2-3 所示。

4. 注意事项

线路台账基本信息维护时"所属地市""运维单位"与图形端中该线路台账所对应的线路图形台账的"所属地市""所属责任区"一致，若需修改则需对图形台账、设备台账提报 QC 进行相应修改。"线路性质"与图形端中该线路的线路性质一致，若需修改则需对线路图形进行修改后将图形重新发布。

图 20-2-3　输电线路基础台账修改界面

二、支线维护（分段线路维护）

1. 功能描述

能够对分支线路的支线、跨区线路的分段线进行台账维护，如查看、新建、删除操作。分段线路列表界面如图 20-2-4 所示。

图 20-2-4　分段线路列表界面

2. 操作介绍

（1）新建：能够在主线下方新建出支线、分段线路，其台账中"线路性质"即为"支线"或"分段线路"，其他字段维护与主线一致，其台账界面可认为独立的线路台账维护界面。

（2）查看与维护：在支线列表或分段线路列表中勾选相应线路，点击"查看"，即可进入对应支线、分段线台账界面，点击"修改"，即可对支线、分段线台账进行维护，维护方式与主线一致，如图 20-2-5 所示。

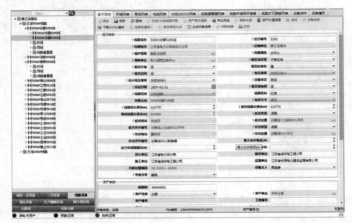

图 20-2-5　分段线路台账维护界面

（3）删除：在支线列表或分段线路列表中勾选相应线路，点击"删除"，即可对多余的或废旧的支线、分段线路进行删除。

3. 注意事项

（1）并非所有线路均有支线或分段线路，当主线线路图形在图形端中由不同所属责任区分段共同绘制完成且主线台账基本信息中如图 20-2-6 所示"跨区域类型"选择"跨国境""跨网""跨省""跨地市""跨工区"后才会出现分段线路列表。

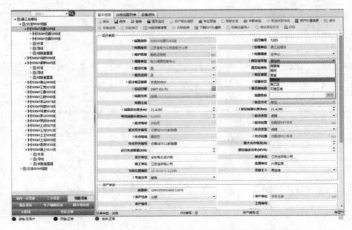

图 20-2-6　主线台账"跨区域类型"维护界面

（2）各分段线、直线台账应由各分段线、直线运维单位各自在主线的支线列表、分段线路列表中新增，只有如此操作才能使得支线、分段线运维单位与实际相符。

三、杆塔维护

1. 功能描述

能够对杆塔列表中的杆塔进行查看、批量修改、排序、批量退役、相应档距计算以及每基杆塔台账进行维护，如杆塔性质、投运日期、档距、呼高、相序等。杆塔列表界面如图 20-2-7 所示。

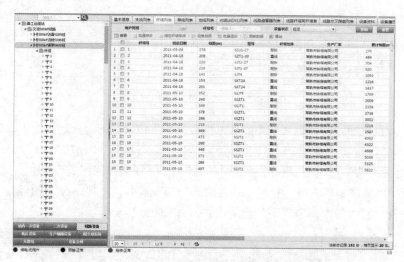

图 20-2-7　杆塔列表界面

2. 操作介绍

（1）查看：在杆塔列表中勾选相应的杆塔，点击"查看"，即可查看该基杆塔的设备台账并可进行维护。

（2）单基杆塔台账维护：在查看单基杆塔台账界面，点击"修改"，即可对该杆塔的相应台账进行维护，如图 20-2-8 所示。

"维护班组""投运日期""设备状态""档距""呼称高""型号""生产厂家""杆塔材质""固定方式"等字段可以直接手动修改。

"档距"填写时需注意准确性，因为该档距为后期进行累计档距、代表档距的最基础数据。

绝缘子维护：可对线路杆塔上所挂绝缘子台账进行新建、修改、删除操作。

金具维护：可对线路杆塔上所使用金具台账进行新建、修改、删除操作。

拉线维护：可对线路杆塔所使用拉线进行新建、修改、删除操作。

图 20-2-8 单基杆塔维护界面

（3）批量修改：在杆塔列表中点击"批量修改"按键，可对杆塔"维护班组""投运日期""是否终端""呼称高""同杆线路位置""是否换相""相序/极别""导线排列方式""专业分类""地区特征""是否同杆架设""同杆架设回路数""施工单位""型号""厂家""杆塔材质""杆塔高""基础形式""基础图号""接地装置图号""横担材质""资产性质""资产单位"进行批量维护，如图 20-2-9 所示。

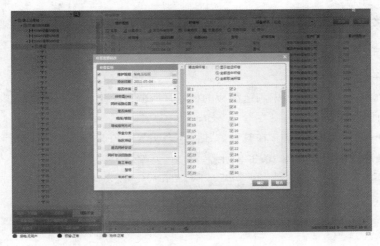

图 20-2-9 杆塔批量维护界面

在杆塔批量修改对话框左侧勾选所需修改的台账字段并维护好预设值，在右侧杆塔列表勾选所需批量修改的杆塔号，点击"确定"，即可对右侧所选杆塔的左侧所勾选台账字段进行批量维护。

（4）指定杆塔排序：在杆塔列表中点击"指定杆塔排序"，在弹出的对话框中勾选所需排序的杆塔编号，在右侧的"排序编号"中按照所需排序的顺序进行编号，编号完成后点击"保存"，即可对杆塔列表中按照需求进行重新排序，如图 20-2-10 所示。

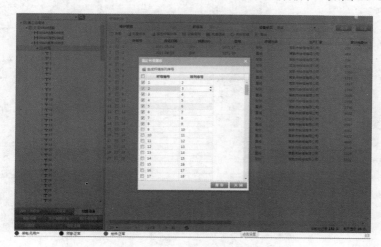

图 20-2-10　指定杆塔排序界面

（5）批量退役：在杆塔列表中勾选所需退役的杆塔，点击"批量退役"，然后在弹出的对话框中填写"退役日期""退役原因"后点击确定即可对所选择的杆塔进行批量退役，如图 20-2-11 所示。

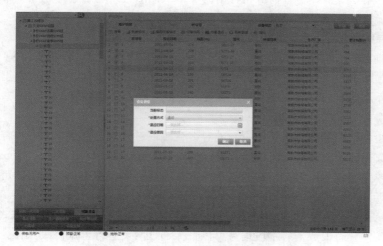

图 20-2-11　杆塔批量退役界面

（6）刷新数据：点击杆塔列表上方的"刷新数据"，系统将根据每基杆塔台账中维护的档距对"累计档距""耐张段长度""代表档距"进行重新计算并在杆塔列表刷新显示，如图 20-2-12 所示。

图 20-2-12　杆塔列表刷新数据界面

3. 注意事项

（1）单基杆塔维护过程中"杆塔编号""所属线路""所属地市""运维单位""电压等级""杆塔性质"等字段因为由线路图形台账直接带入所以无法从网页修改，需通过对图形进行修改或者提报 QC 进行更改。

（2）杆塔退役操作执行前应将杆塔的图形从图形客户端中进行删除，否则非资产级设备无法从网页端进行退役。

四、导线维护

1. 功能描述

能够对线路导线列表下的所有导线进行台账查看、批量修改、批量退役及每条导线台账进行数据维护，如导线型号、长度、生产厂家、分裂数等。

2. 操作介绍

（1）查看：在导线列表所需查看的导线台账前进行勾选，点击上方"查看"按键即可对所选择的导线设备台账进行查看。

（2）单条导线台账维护：在查看单条导线台账界面，点击"修改"即可对该导线的相应台账进行维护，如图 20-2-14 所示。

"维护班组""长度""投运日期""专业分类""设备状态""导线排列方式""型号""生产厂家""分裂根数"等字段信息可以直接通过网页进行台账修改保存。导线列表界面如图 20-2-13 所示。

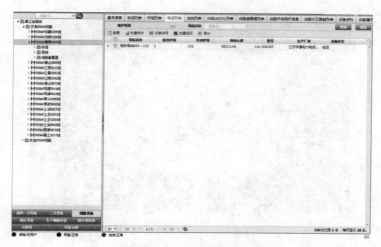

图 20-2-13　导线列表界面

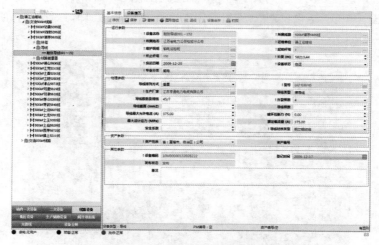

图 20-2-14　单条导线台账维护界面

（3）批量修改：在导线列表中点击"批量修改"，可对杆塔"维护班组""投运日期""导线排列方式""型号""生产厂家""导线类型""导线股数及规格""分裂根数""导线截面""导线最大允许电流""破坏拉断力""资产性质""导线材质类型""专业分类"进行批量维护，如图 20-2-15 所示。

在杆塔批量修改对话框左侧勾选所需批量修改的导线设备，在右侧勾选需要批量修改的台账字段并维护好预设值，点击"确定"，即可对右侧所选杆塔的左侧所勾选台账字段进行批量维护。

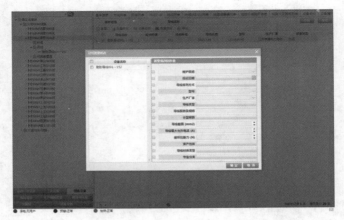

图 20-2-15　导线台账批量修改界面

（4）批量退役：在导线列表中勾选所需退役的杆塔，点击"批量退役"，然后在弹出的对话框中填写"退役日期""退役原因"后点击"确定"即可对所选择的导线进行批量退役，如图 20-2-16 所示。

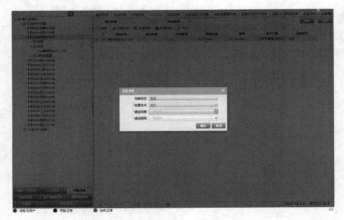

图 20-2-16　导线台账批量退役界面

3. 注意事项

（1）导线台账中"设备名称""所属线路""所属地市""运维单位""起始杆塔""终止杆塔"字段信息均由该导线台账所对应的图形台账决定，若需进行修改，需对台账所对应的图形进行更改并重新发布或提报 QC 进行后台数据更改。

（2）导线退役操作执行前应将杆塔的图形从图形客户端中进行删除，否则非资产级设备无法从网页端进行退役。

五、地线维护

1. 功能描述

能够对线路地线列表下的所有导线进行台账新建、修改、批量修改、删除、复制、粘贴及每条导线台账进行数据维护，如地线型号、长度、生产厂家、地线根数等。

2. 操作介绍

（1）新建：点击地线列表中的"新建"，在列表中会立即新增 1 条地线台账数据，如图 20-2-17 所示。

图 20-2-17　地线新建界面

（2）删除：勾选所需删除的地线台账，然后点击"删除"，在弹出的对话框中选择"确定"，即可将所选的地线台账进行删除，如图 20-2-18 所示。

图 20-2-18　地线删除界面

（3）修改：对所需修改的地线台账进行勾选，然后点击"修改"，即可对地线台账中"起始杆塔""终止杆塔""安装位置""投运日期""设备状态""专业分类""长度""型号""生产厂家"等字段进行修改保存。地线台账维护界面如图 20-2-19 所示。

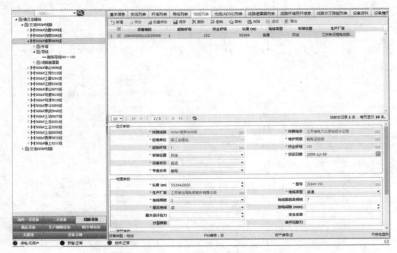

图 20-2-19　地线台账维护界面

（4）批量修改：在地线列表中点击"批量修改"按键，可对杆塔"长度""安装位置""投运日期""生产厂家""地线类型""地线根数""地线股数及规格""放电间隙"进行批量维护，如图 20-2-20 所示。

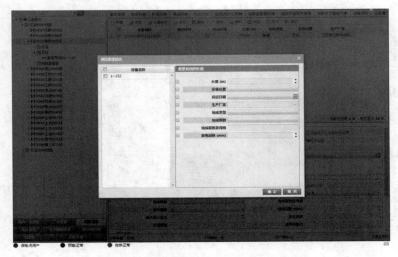

图 20-2-20　地线台账批量修改界面

在地线批量修改对话框左侧勾选所需批量修改的地线设备，在右侧勾选需要批量修改的台账字段并维护好预设值，点击"确定"，即可对右侧所选杆塔的左侧所勾选台账字段进行批量维护。

（5）复制、粘贴：勾选本地线列表下所需复制的地线台账，点击"复制"及"粘贴"，即可在地线列表中生成 1 条与勾选地线台账一模一样的数据。

3. 注意事项

地线台账中的"起始杆塔""终止杆塔"修改方式与导线台账中不一样，可直接进行列表选择修改，无须通过图形。

六、交叉跨越台账维护

1. 功能描述

可以对线路的交叉跨越情况建立台账并对台账进行修改、删除、复制粘贴操作，对每一处交叉跨越台账可以对"起始杆塔""终止杆塔""被跨越物分类""被跨越物名称"等信息进行修改维护。

2. 操作介绍

（1）新建：点击交叉跨越台账列表中的"新建"，列表中将新生成 1 条交叉跨越台账，如图 20-2-21 所示。

图 20-2-21　交叉跨越台账新建界面

（2）修改：勾选所需修改的交叉跨越台账后，点击"修改"即可对交叉跨越台账中"起始杆塔""终止杆塔""被跨物分类""被跨物名称""离小号侧距离""离大号侧距离""交跨要求距离""实际交跨距离""交跨角度""测量日期""测量温度""海拔"

"专业分类"字段内容进行修改维护。也可对现场测量照片进行附件上传。

（3）删除：勾选所需删除的交叉跨越台账，然后点击"删除"，在弹出的对话框中选择"确定"，即可将所选的交叉跨越台账进行删除，如图 20-2-22 所示。

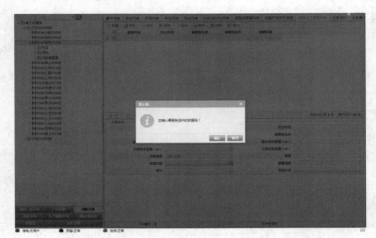

图 20-2-22　交叉跨越台账新建界面

（4）复制、粘贴：勾选本交叉跨越台账列表下所需复制的交跨台账，分别点击"复制"和"粘贴"，即可在交跨列表中生成 1 条与勾选交跨台账一模一样的数据。

3. 注意事项

本交叉跨越台账维护好后即为检测记录中"线路交叉跨越测量"的基础台账，若未维护线路交跨台账，则在后期进行线路交叉跨越测量记录录入时无法选择到设备。

【思考与练习】

1. 线路设备台账维护主要包括哪几块内容？

2. 导线、地线台账中起始杆塔、终止杆塔的修改有何不同？

3. 交跨测量记录录入过程中，对话框中无待选设备的原因是什么？

▲ 模块 3　设备台账变更（Z04G6003 I）

【模块描述】本模块包含输电线路设备新增、设备台账修改、设备台账退役等内容。通过功能描述、操作介绍和注意事项，掌握输电设备台账的变更管理。

【正文】

输电线路设备设备台账变更内容主要包含设备新增、设备台账修改、设备台账退役三大部分。

1. 功能菜单

标准中心>>电网资源管理>>设备变更管理。设备变更申请单管理界面如图20-3-1所示。

图20-3-1 设备变更申请单管理界面

2. 操作介绍

（1）新建：点击设备变更申请单列表中的"新建"，在弹出的对话框中可根据实际需要选择相应的设备变更类型。

若需要进行台账新增，则申请单类型需要选择"设备新增"。

若需要进行台账更换，则申请单类型需要选择"设备更换"。

若需要进行台账退役，则申请单类型需要选择"设备退役"。

若需要把台账中处于"未投运/现场留用"状态的设备进行投运，则申请单类型需要选择"设备投运"。

若需要对线路设备进行切改操作，例如把A线上的部分设备切割到B线上，则申请单类型需要选择"线路切改"。

若只是对当前台账的某个参数进行修改，则申请单类型需要选择"台账修改"即可。

（2）修改：可以选中未启动流程的设备变更申请单进行内容修改，修改保存后申请单内容及对应的后续流程将相应改变。

（3）删除：可以选中未启动流程的设备变更申请单进行删除。

（4）发送：将设备变更申请单执行审核流程，发送至审核人员处。

（5）流程撤回：对未处于执行流程的设备变更申请单可以从审核人员处撤回至管理列表中。

3. 注意事项

（1）设备变更申请单填写过程中工程编号应根据所选择的变更申请单类型，当工程编号为必填项时，则工程编号需要按照业务规范填写。

（2）设备变更申请单中图形变更与台账变更的勾选：可按需选择进行勾选，但"图形变更"的设备若涉及台账变更的，必须要勾选"台账变更"。

（3）设备变更申请单中仅可对未走流程的申请单进行修改及删除操作。

（4）流程撤回仅可对未处于执行流程中的申请单进行撤回。

一、设备新增

1. 功能描述

通过设备新增可以在系统中新增普通网省公司线路，新增分部、国网、用户线路，新增跨省市线路，新增跨地市、运维站线路并对新增线路中各类设备台账进行维护及同步工作。

2. 操作介绍

新增普通网省公司线路。在设备台账变更申请单填写过程中选择"设备新增"，并如实填写"工程编号"及"工程名称"，同时勾选"图形变更"与"台账变更"后点击保持并启动，如图 20-3-2 所示。

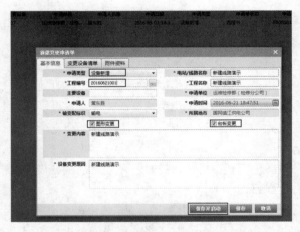

图 20-3-2　设备新增变更申请单填写界面

在弹出的"发送人"窗口中，选择好申请变更审核人员后，点击"确定"，如图 20-3-3 所示。

退出系统，使用审核人员的账号登录 PMS2.0 网页端，在"待办"页面中，找到刚才发送过来过来的申请单，单击打开该申请单，进入申请单审核页面，在申请单审核页面中，填写审核意见，点击"发送"按钮，将申请台账维护人员。在弹出的"发送人"页面中，分别选择"图形/台账维护"人员，点击"确定"，如图 20-3-4 所示。

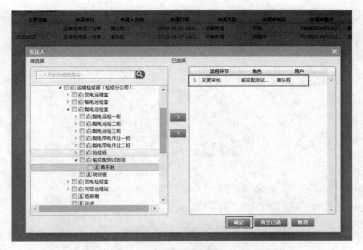

图 20-3-3　设备变更申请单发送审核界面

图 20-3-4　台账维护、设备维护人员选择界面

　　打开图形客户端，登录图形维护人员的账号，点击"任务管理"，在窗口右侧弹出的"任务管理"页面中，找到需要进行图形维护的任务，双击打开，如图 20-3-5 所示。

　　点开"设备导航树"，在窗口右侧弹出的"设备导航树"页面中，在需要新增线路的变电站节点上单击鼠标右键——"设备定位"（注：若"设备导航树"中找不到该变电站，可在"全网设备树"进行查找），定位到该变电站；如图 20-3-6 所示，也可通过"快速定位"功能对需要查找的设备进行查找定位，功能使用方法详见"系统管理"——"帮助"文档。

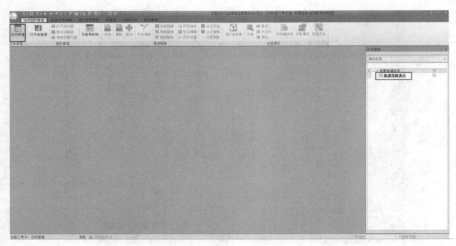

图 20-3-5　图形客户端任务管理界面

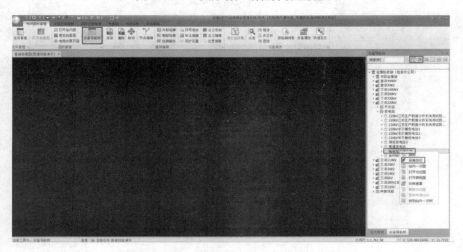

图 20-3-6　设备导航树中设备定位界面

点击"添加"按钮，在屏幕右侧弹出的"工具箱面板"中，选择"站外—超链接线"图元，将鼠标放置在需要添加的出线点上，系统将自动吸附到可添加的连接点，单击鼠标左键开始绘制，在系统自动弹出"线路参数设置"窗口中，选择"创建线路"，选择好"线路类型"和"出线开关"（必须选择该间隔上的断路器作为线路的出线开关），点击"确定"；如图 20-3-7 所示。

在地理图中确定好连接线的轨迹后，双击鼠标左键结束绘制，即可完成站外超连接线的添加及线路的新建操作；如图 20-3-8 所示。

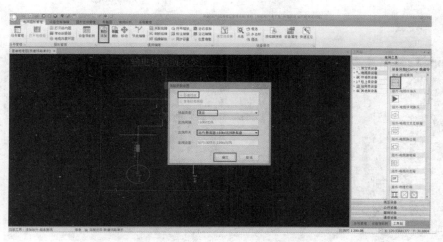

图 20-3-7　电站生成线路界面

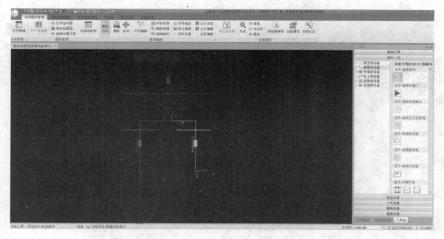

图 20-3-8　线路新建操作界面

　　线路新建完成后，我们可在"设备导航树"中查看该线路及线路下的设备，点击"设备导航树"，在屏幕右侧的"设备导航树"面板中，在变电站的节点上单击鼠标右键，进行"刷新"；如图 20-3-9 所示。

　　打开设备导航树中该变电站下的"线路设备"，即可看到我们刚添加的新线路，由于出线点的名称为"110kV 出线"，线路名称继承的是出线点的名称，因此线路名称也叫"110kV 出线"。若需要对线路进行更名，可在设备导航树该线路的节点上，单击鼠标右键进入"设备定位"，待地理图定位到该线路后，点击"设备属性"，进入"设备属性面板"；如图 20-3-10 所示。

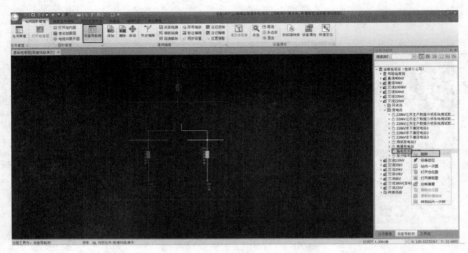

图 20-3-9　查询新生成线路界面

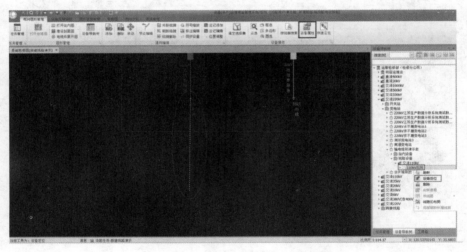

图 20-3-10　设备性面板查询界面

　　在屏幕右侧弹出的"设备属性维护"面板中，可对线路的"设备名称"和"线路类型"进行修改，修改完成后点击"保存"，在本例中已将线路名称修改为"10kV 西班牙线"；如图 20-3-11 所示。

　　修改完成后，对设备导航树进行刷新，即可看到线路更名后的状态，以上为线路新建的基本操作。如图 20-3-12 所示。

　　完成线路新建操作后，我们需要在线路中添加设备，本例将以常见的"站外—电缆"和"站外—导线"的添加操作进行演示。

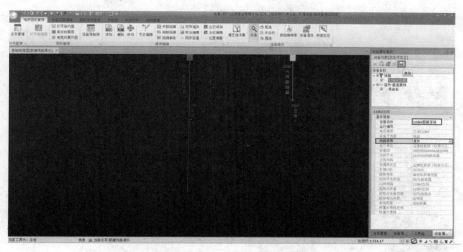

图 20-3-11 设备属性维护界面

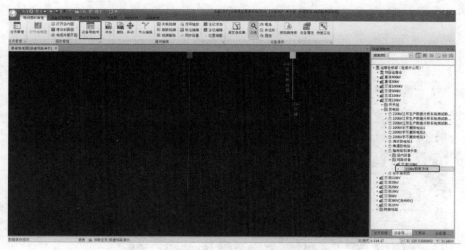

图 20-3-12 更改设备操作界面

下面对"站外—电缆"的添加进行演示。

点击"添加",在屏幕右侧弹出的"工具箱"面板中,选择"站外—电缆段"图元,将鼠标放置在需要添加的"站外—超链接线"末端节点上,待系统自动吸附到可添加的连接点,单击鼠标左键开始绘制电缆段的轨迹(注意:添加电缆段时,若起点设备不是站外连接线或站外超连接线,则在绘制轨迹过程中系统将把第一次单击的位置将作为电缆的起始电缆终端头的添加位置),若当前屏幕范围过小,不够电缆段的添加长度,可同时按下键盘上的"shift+C"键,对地理图进行漫游,按 ESC 键退出漫游。轨迹绘制好了以后，双击结束绘制；如图 20-3-13 所示。

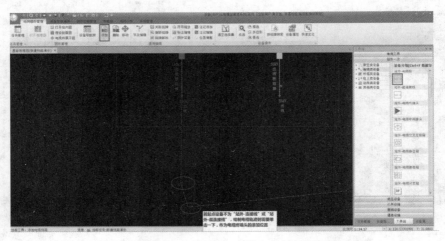

图 20-3-13 "站外—电缆"的添加界面

完成电缆段的添加后，我们可看到电缆段的两端自动生成电缆终端头；如图 20-3-14 所示。

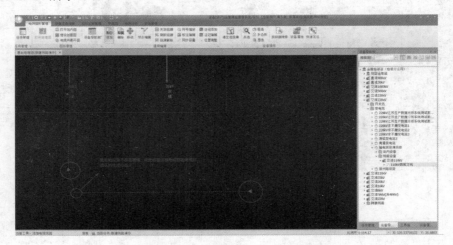

图 20-3-14 电缆终端头生成界面

若需要添加"站外—电缆中间接头"，可点击"添加"，在屏幕右侧弹出的"工具箱"面板中，选择"站外—电缆中间接头"图元，将鼠标放置在需要添加的电缆上，系统将自动捕捉到该电缆，确定好添加位置，单击鼠标左键进行添加；如图 20-3-15 所示。

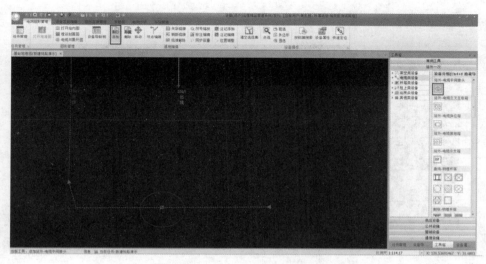

图 20-3-15　"工具箱"面板界面

在屏幕右侧弹出的"添加站外—电缆中间接头"面板中，填写该电缆中间接头的名称，点击"确定"，完成添加操作，如图 20-3-16 所示。

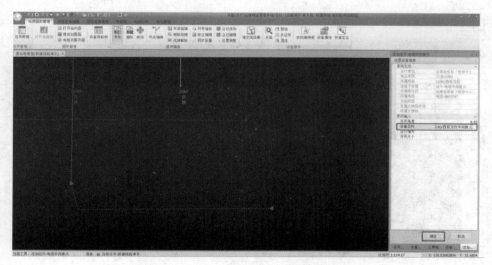

图 20-3-16　电缆中间接头添加界面

刷新设备导航树，我们可看到该"站外—电缆"已经添加到"10kV 西班牙线"下。如图 20-3-17 所示。

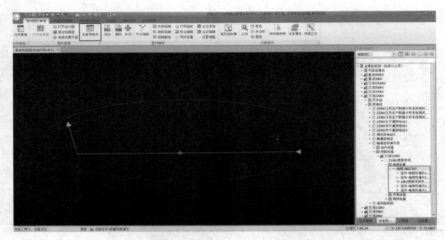

图 20-3-17　添加设备成功界面

接下来"站外—导线"的添加演示如下。

先通过"杆线同布"功能添加后，再统一进行批量精确移动至正确的位置上。在"设备定制编辑"菜单中，点击"杆线同布"，在屏幕右侧弹出的"添加架空线路"面板中，填写参数，其中"回路位置"为同杆架设方式，可避免线路重合；如图 20-3-18 所示。

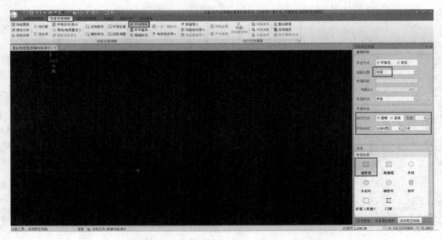

图 20-3-18　"站外—导线"添加界面

将鼠标放置在需要添加的起点设备上，系统会自动吸附到可添加的连接点，单击鼠标左键开始导线轨迹的绘制，系统默认所添加导线的起点和终点杆塔为耐张杆，其余均为直线杆，若需要添加耐张杆，可在添加的同时按住键盘上 ctrl 键进行添加；如图 20-3-19 所示。

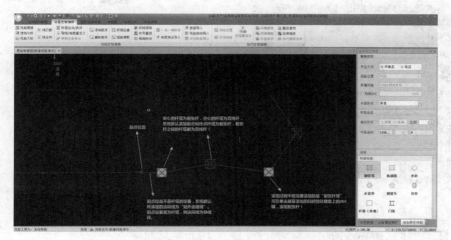

图 20-3-19 "站外—导线"生成界面

双击结束绘制，完成杆塔和导线的添加操作；如图 20-3-20 所示。

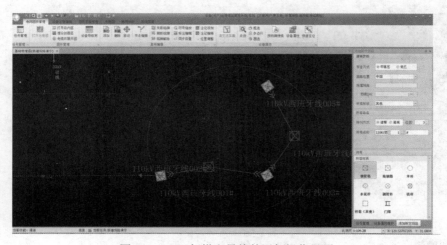

图 20-3-20 杆塔和导线的添加操作界面

接下来将对所添加的杆塔按照坐标进行精确移动，在"设备定制编辑"菜单中，点击"精确移动"，弹出精确移动的对话框后，框选需要移动的杆塔，选中的杆塔会自动添加到精确移动对话框中，在对应的杆塔后面输入 X、Y 坐标，点击应用按钮；如图 20-3-21 所示。

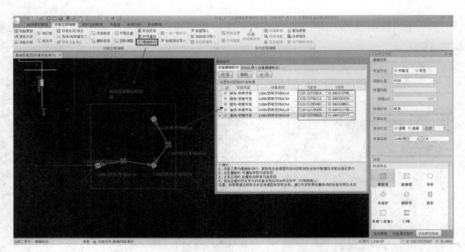

图 20-3-21 杆塔移动界面

杆塔会根据所输入的坐标自动进行沿布，沿布结果如图 20-3-22 所示。

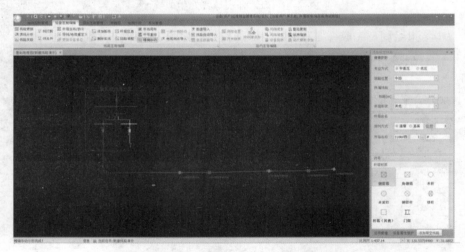

图 20-3-22 杆塔按坐标生成界面

线路设备添加完成后，刷新设备导航树，查看所添加的设备列表，如图 20-3-23 所示，系统默认两个耐张杆塔之间生成一段"站外—导线"，可能不符合现场实际台账需要，因此用户可对"站外—导线"的范围进行重新定义；本例将以把"110kV 西班牙线 001 号～110kV 西班牙线 003 号导线"和"110kV 西班牙线 003 号～110kV 西班牙线 005 号导线"合并成作为一条"站外—导线"为例。

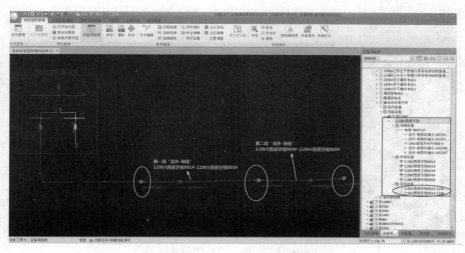

图 20-3-23 合并线路界面

在"设备定制编辑"菜单中，点击"导线/电缆重定义"，屏幕右侧自动弹出"导线/电缆重定义"面板，选择需要进行重定义的起始耐张运行杆（110kV 西班牙线 001 号）；如图 20-3-24 所示。

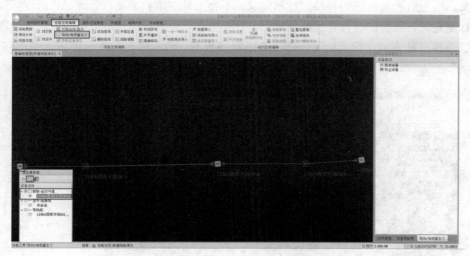

图 20-3-24 "导线/电缆重定义"面板

选择好起始杆塔后，选择终止耐张运行杆塔（110kV 西班牙线 005 号）；如图 20-3-25 所示。

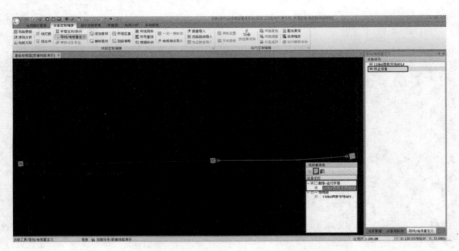

图 20-3-25 起止、终止塔号选择界面

　　选择好终点杆塔后，系统会自动对所选择的"起点杆塔—终点杆塔"路径上的导线设备进行分析，分析结果显示在屏幕右侧的"导线/电缆重定义"面板中，在"可选所属导线"选项框中，若勾选该路径上已有的导线（路径设备上的所属导线）进行重定义，则会对所勾选的该导线进行重定义，不会另外生成新导线；若选择"新建导线"进行重定义，则会在已有导线的基础上，另外生出一条新导线；由于导线台账未生成，不管选择何种方式进行重定义，都不会出现图数不一致的情况，本例中将选择"新建导线"的方式进行重定义。勾选"新建导线"，点击"重定义"，如图 20-3-26 所示。

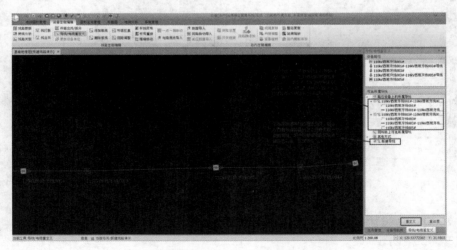

图 20-3-26 新建线路重定义界面

在弹出的重定义提示框中，点击"确定"，如图 20-3-27 所示。

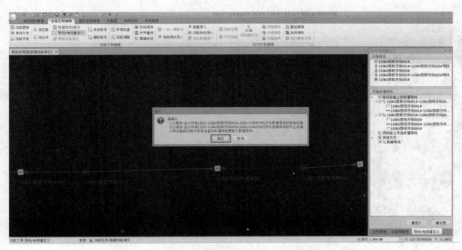

图 20-3-27　新建线路重定义生成界面

选择"新建导线"的方式进行重定义后，"起点杆塔—终点杆塔"路径上的所有杆塔和导线段都会被定义到这条新生成的导线中，路径上原有的导线将变成空虚拟设备。如图 20-3-28 所示。

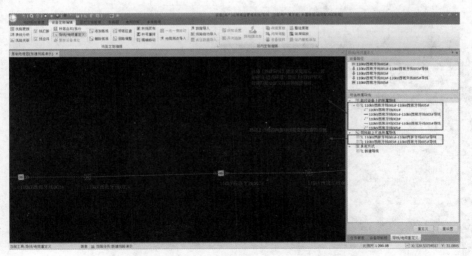

图 20-3-28　"新建导线"的方式进行重定义界面

刷新设备导航树，在原有导线的节点上点击鼠标右键——"删除"，如图 20-3-29 所示。

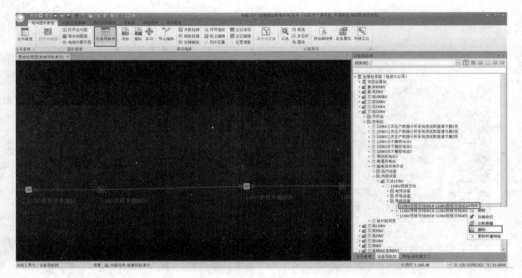

图 20-3-29 删除设备界面

在弹出的"待删除设备列表"窗口中，我们可看到所要删除的"站外—导线"，其"所属子设备"列表为空，说明该导线是空虚拟设备，点击"确定"；如图 20-3-30 所示。

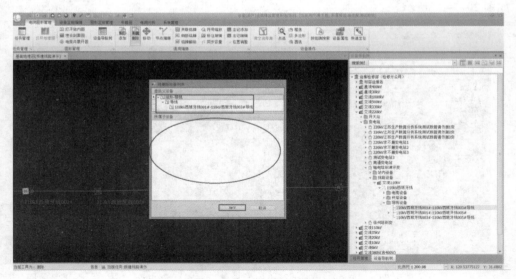

图 20-3-30 空虚拟设备界面

重复以上操作，删除另外一条空导线；如图 20-3-31 所示。

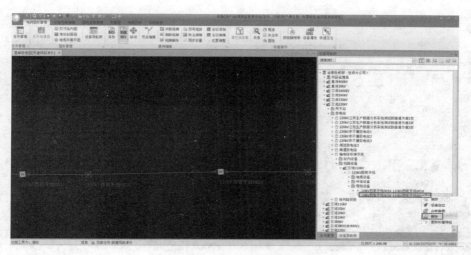

图 20-3-31　重复删除设备界面

完成以上操作后，刷新设备导航树，确定设备导航树中设备的挂接关系是否正确。我们可把设备导航树理解为与台账设备树的一个映射关系，不管是线路新建、线路整改还是数据治理，我们都可以通过以图形客户端设备导航树的变更作为参照，完成台账设备树的变更。如图 20-3-32 所示。

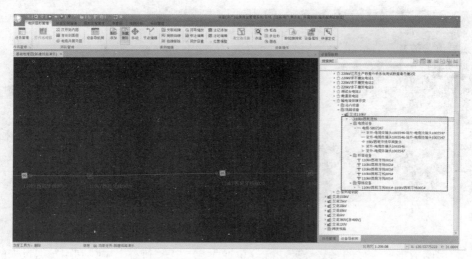

图 20-3-32　台账设备树的变更界面

在"电网图形管理"菜单中，点击"任务管理"，屏幕右侧弹出的"任务管理"面板中，双击需要提交的任务，如图 20-3-33 所示。

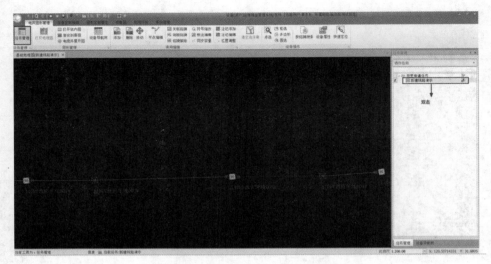

图 20-3-33 "任务管理"面板界面

选择图形审核人员，点击"确定"，如图 20-3-34 所示。

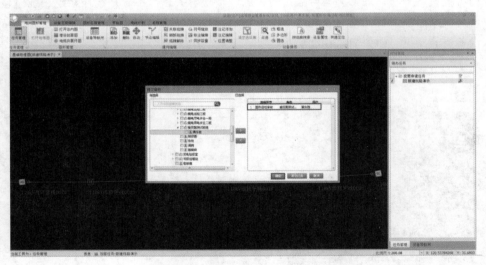

图 20-3-34 图形审核人员选择界面

使用图形审核人员的账号登录 PMS2.0 网页端，在"待办"中找到刚发送过来的任务，双击打开，点击"图形变更审核"，如图 20-3-35 所示。

在图形审核页面中，对图形进行审核，审核通过后填写审核意见，点击"确定"，如图 20-3-36 所示。

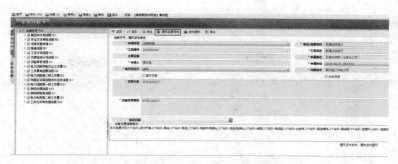

图 20-3-35　任务在"待办"中显示界面

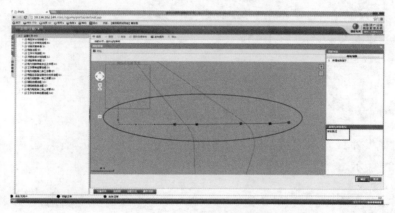

图 20-3-36　形审核界面

选择"投运日期",如图 20-3-37 所示。

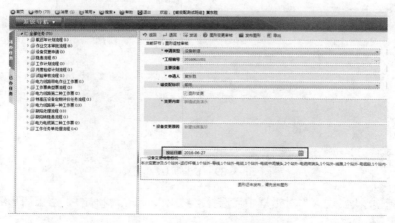

图 20-3-37　设备投运日期选择

点击"发布图形"，屏幕下方出现"任务已加入发布队列，请稍候……"的提示，如图 20-3-38 所示。

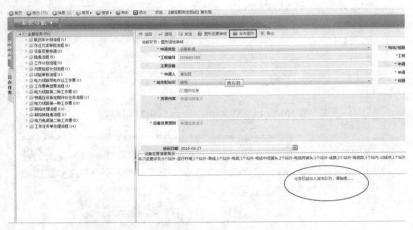

图 20-3-38 图形发布过程界面

待图形发布成功后（屏幕下方出现图形发布成功的提示），点击"发送"，如图 20-3-39 所示。

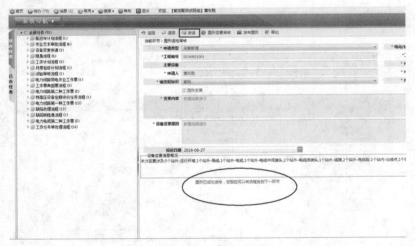

图 20-3-39 待图形发布界面

在弹出的"发送人"对话框中，选择"结束"，点击"确定"，结束图形维护流程。如图 20-3-40 所示。

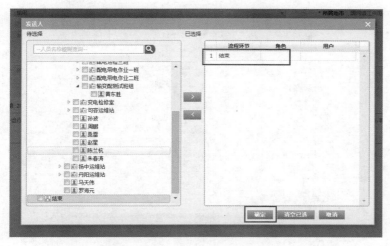

图 20-3-40 图形维护流程结束界面

结束图形维护任务后，使用台账维护人员的账号登录 PMS2.0 网页端，在"待办"页面中，找到任务流程中处于"台账维护"流程环节的任务，双击打开。点击"台账维护"，进入"台账维护"页面；如图 20-3-41 所示。

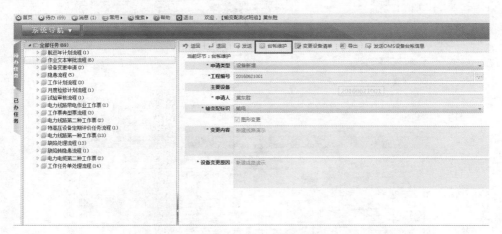

图 20-3-41 台账维护界面

在台账维护页面中，切换到"线路设备"页面，找到刚生产的新线路台账（110kV 西班牙线），点击"修改"；如图 20-3-42 所示。

修改完台账后，点击"保存"，如图 20-3-43 所示。

参照以上操作，对线路下所有设备的台账进行维护，如图 20-3-44 所示。

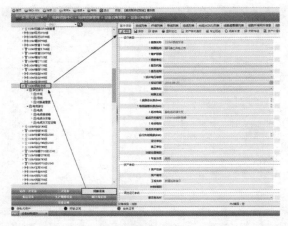

图 20-3-42　线路台账修改界面

图 20-3-43　设备修改保存界面

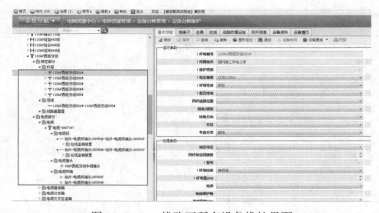

图 20-3-44　线路下所有设备维护界面

完成所有设备台账的维护后（包括"新建支线"的操作），点击"待办"按钮，如图 20-3-45 所示。

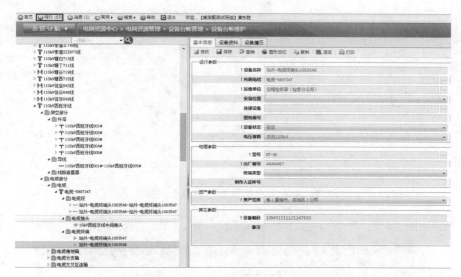

图 20-3-45　待办选项中设备界面

若需要将台账同步至调度，则点击"发送 OMS 设备台账信息"（若不需要同步，则直接进行下一步），如图 20-3-46 所示。

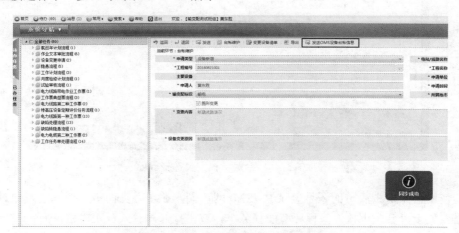

图 20-3-46　台账同步至调度界面

点击"发送"，如图 20-3-47 所示。

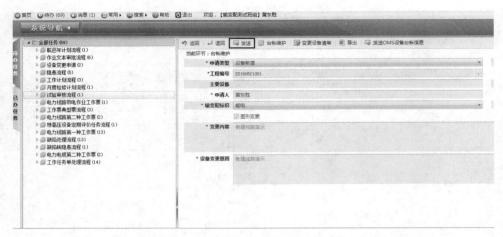

图 20-3-47　台账同步至调度操作界面

在弹出的"发送人"窗口中，选择台账审核人员，点击"确定"，如图 20-3-48 所示。

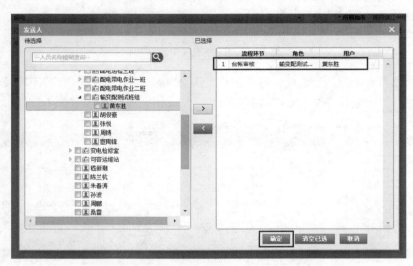

图 20-3-48　台账审核人员选择界面

使用台账审核人员的账号登录 PMS2.0 网页端，在待办页面中，找到刚发送过来的需要处于"台账审核"流程环节的任务单，双击打开，进入台账审核页面。

在台账审核页面中，点击"设备台账变更审核"，如图 20-3-49 所示。

在设备台账变更审核页面中，填写"审核意见"，点击"确定"，如图 20-3-50 所示。

回到台账审核页面中，点击"发送"，如图 20-3-51 所示。

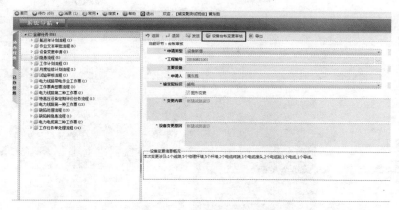

图 20-3-49　台账审核界面

图 20-3-50　设备台账变更审核界面

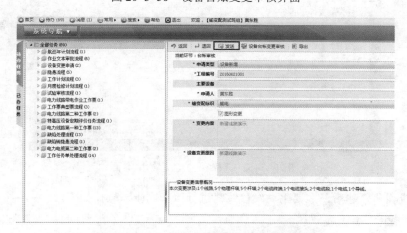

图 20-3-51　设备台账变更审核操作界面

由于是新建线路，需要手动同步建卡，因此在弹出的资产同步窗口中，可直接点"关闭"按钮；如图 20-3-52 所示。

图 20-3-52　手动同步建卡界面

在弹出的"发送人"对话框中，选择结束，点击"确定"，结束台账维护流程；如图 20-3-53 所示。

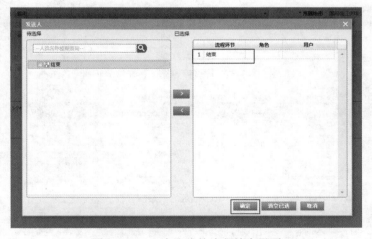

图 20-3-53　台账维护流程结束界面

完成线路新建后，需要手动对该线路进行资产同步，操作如下。

1）点击"系统导航"——"实物资产管理"——"设备资产同步"，如图 20-3-54 所示。

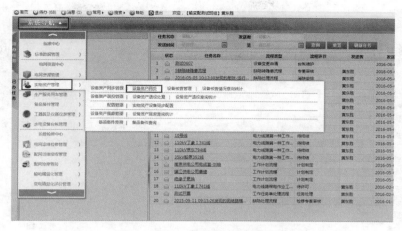

图 20-3-54　线路资产同步界面

2）点击工程编号后面的 ⠿ 按钮，在弹出的"工程选择"对话框中，输入工程编号，点击"查询"，在查询结果选择需要同步的工程，点击"确定"，如图 20-3-55 所示。

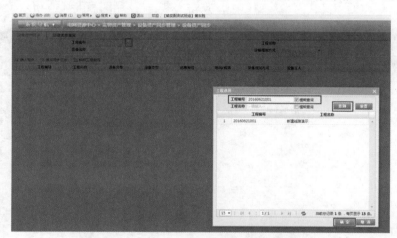

图 20-3-55　线路资产同步操作界面

3）点击"查询"，如图 20-3-56 所示。

图 20-3-56　"查询"按钮界面

点击"确认同步"，如图 20-3-57 所示。

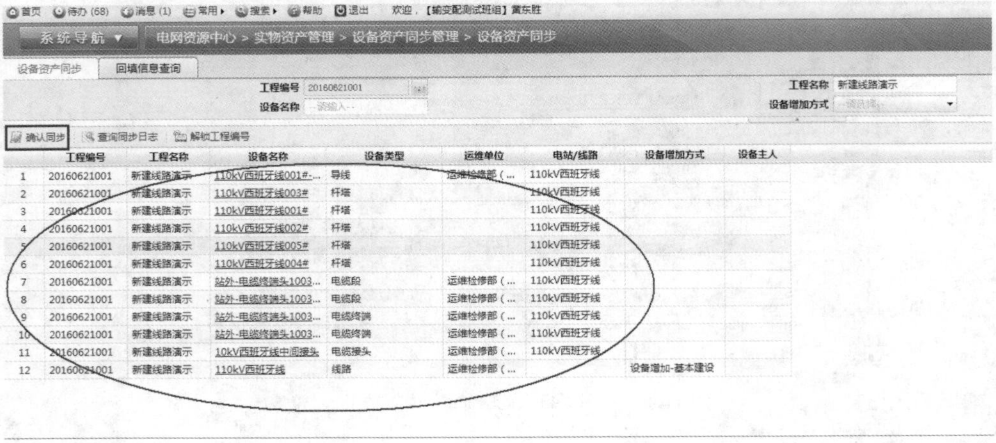

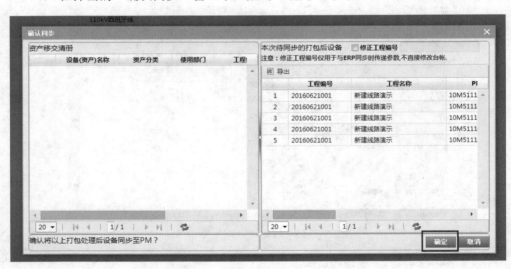

图 20-3-57 "确认同步"按钮界面

4）在弹出的"确认同步"窗口中，点击"确定"，如图 20-3-58 所示。

图 20-3-58 "确认同步"窗口界面

在弹出的同步结果提示框中，查看同步结果，如图 20-3-59 所示。

点击"查询同步日志"，查看设备同步情况，按照提示对同步失败的设备进行修改，如图 20-3-60 所示。

图 20-3-59　同步结果界面

图 20-3-60　查询同步日志界面

修改完成再重复以上操作进行资产同步。

分部、国网、用户输电线路台账新增流程与普通输电线路台账新增操作流程，区别在于发起设备变更申请时填写工程编号，同时还需要注意以下几点。

1）新增无 WBS 信息、无资产信息的设备（例如：用户、租赁设备）工程编号填写 24 个 0。

2）新增无 WBS 信息、有资产信息的设备的用户捐赠设备，工程编号填写 24 个 1。

3）新增无 WSB 信息、有资产信息的代管国网总部的设备，工程编号填写 24 个 2。

4）新增无 WBS 信息、有资产信息的代管国网华东分部的设备，工程编号填写 24

个 3。

（3）跨省线路新增。跨省输电线路台账的新增要先在图形客户端绘制该线路的图形，发布图形后系统自动根据图形生成线路及线路下设备台账，操作步骤同上（2）分部、国网输电线路台账新增操作流程，区别在于绘制跨省线路时并没有线路出线的电站，因此要用分界杆塔代替，具体方法如下：

（4）绘制分界杆塔。根据实际情况选择添加直线分界杆塔或耐张分界杆塔，如图 20-3-61 所示。

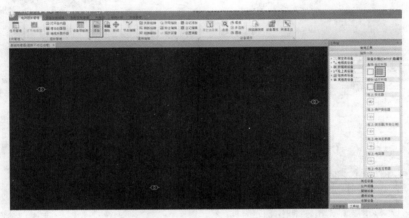

图 20-3-61　分界杆塔添加界面

添加杆塔，设置杆塔名称、运行编号和电压等级，点击"确定"，完成分界杆塔添加，如图 20-3-62 所示。

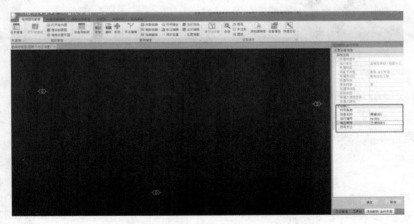

图 20-3-62　分界杆塔添加结束界面

在弹出对话框中设置该跨界杆塔下出线的线路架设方式，点击"确定"，完成设置，如图 20-3-63、图 20-3-64 所示。

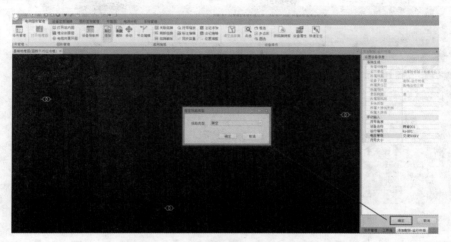

图 20-3-63　线路架设方式操作过程界面

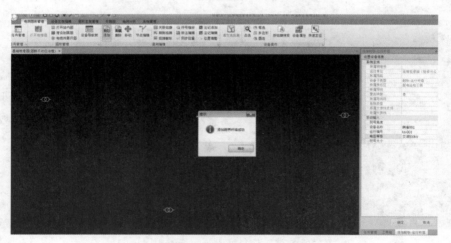

图 20-3-64　线路架设方式确认界面

从分界杆塔开始绘制线路，在'设备定制编辑'菜单中点击"杆线同步"，在右侧弹出的对话框中设置相应的参数，选择相应的杆塔图元类型，在图中鼠标捕捉到分界杆塔单机开始绘制架空线路杆塔和导线，绘制完最后一个杆塔后双击结束绘制，绘制完成后提交图形维护任务并发布图形，余下的步骤流程同上所述，如图 20-3-65、图 20-3-66 所示。

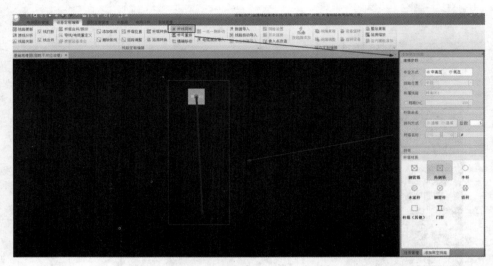

图 20–3–65　从分界杆塔开始绘制线路界面

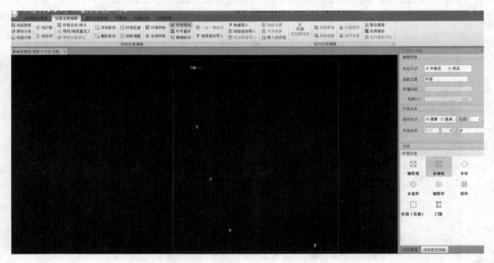

图 20–3–66　分界杆塔绘制线路完成界面

（5）跨地市、运维站线路新增。在 PMS2.0 图形客户端中，不存在分段线的模型，也就是说，在图形客户端中，并没有分段线和主线的区分，所有的设备都挂在同一条线路下。分段线只存在于台账中，在台账中新建分段线的操作如下。

在台账维护页面中，切换到"线路设备"页面，找到刚主线线路台账（110kV 西班牙线），点击"修改"，如图 20–3–67 所示。

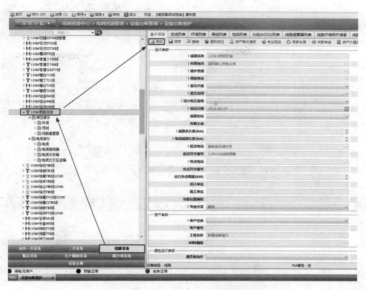

图 20-3-67　跨地市、运维站线路新增

修改台账时，"跨区域类型"按要求选择，并维护好台账其他字段后，点击"保存"，如图 20-3-68 所示。

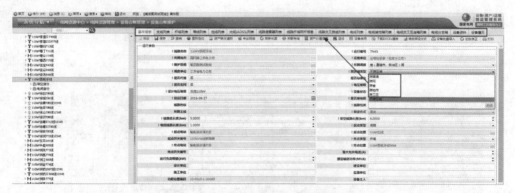

图 20-3-68　设备跨区域类型选择界面

当"跨区域类型"不为"不跨区域"时，刷新设备树，就可以看到线路基本信息菜单发生了变化，如图 20-3-69 所示。

选中设备树中的主线，切换到"分段线路列表"页面，点击"新建"，如图 20-3-70 所示。

在弹出的"线路信息"提示框中，点击"确定"，如图 20-3-71 所示。

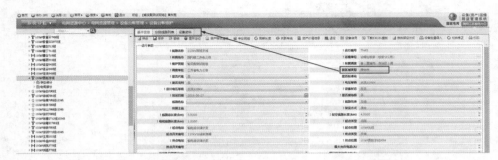

图 20-3-69 "跨区域类型"不为"不跨区域"时界面

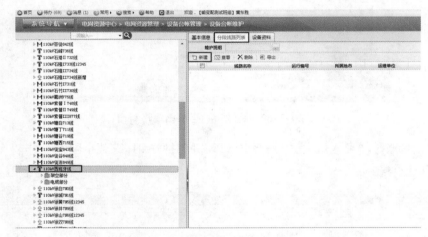

图 20-3-70 新建分段线路界面

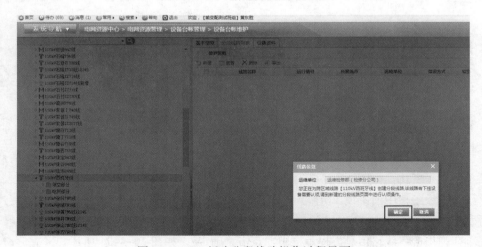

图 20-3-71 新建分段线路操作过程界面

第一段分段线路创建完成后，选中该分段线路，点击"支线/分段线路关联"，将主线上的设备认领到该分段线路上，如图 20-3-72 所示。

图 20-3-72　支线/分段线路关联

在弹出的"请选择要认领的设备"，勾选需要认领的设备，点击"认领"按钮，如图 20-3-73 所示。

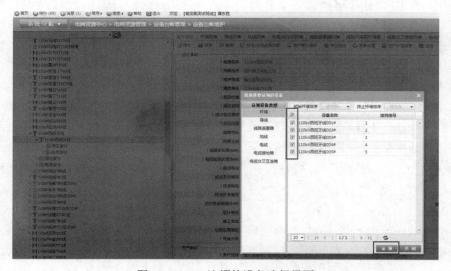

图 20-3-73　认领的设备选择界面

重复以上操作，将设备都认领到分段线路中。如图 20-3-74 所示。

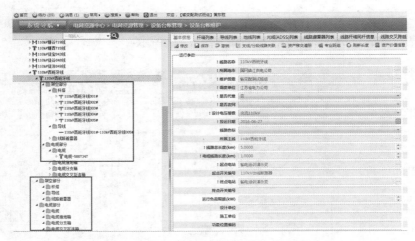

图 20-3-74　设备认领到分段线路中界面

　　完成第一段（A 段）分段线路的新建，维护线路台账相应属性字段后结束台账维护流程。

　　接下来再由 B 单位发起设备变更申请，进入图形客户端中，紧跟着在 A 段设备的后面，添加 B 段的设备，具体流程参考 1.1.1 普通输电线路台账新增，此时在图形客户端中，B 单位所添加的设备，全都挂在由 A 单位所创建的主线下，也就是说，在图形中，没有分段线和主线的区分，所有的设备都挂在一条线路上（也就是 A 单位所创建的主线），只是该线路下设备的所属责任区不一致，将图形任务发布后，此时在台账中，B 单位所添加的所有设备，都会跟图形一样，挂到 A 单位所创建的主线下，接着再由 B 单位按同上步骤在台账中新建 B 段的分段线，并将 B 单位的设备认领到 B 分段线中。B 单位在新建分段线时，若在"线路设备"列表中看不到主线，请切换到"设备全树"中找到主线后在主线分段线路列表中进行新建，新建完成后，再切换到线路设备进行台账维护，如图 20-3-75 所示。

　　（6）用户电站或电厂线路新增。用户站或电厂出线台账的创建同（3）跨省线路台账新增操作步骤。

　　3. 注意事项

　　与支线的新建不同，分段线分别需要两个单位相互配合进行图形的绘制和分段线路的新建。如图 20-3-76 所示，首先需要 A 单位发起设备变更申请，进入图形客户端新建线路（主线）后并添加分段线中 A 段的设备，将图形任务发布再按照本操作手册在台账中新建 A 段的分段线，将 A 单位的设备认领到 A 分段线中。接着再由 B 单位发起设备变更申请，进入图形客户端，紧接着在 A 段后面，添加 B 段的设备，

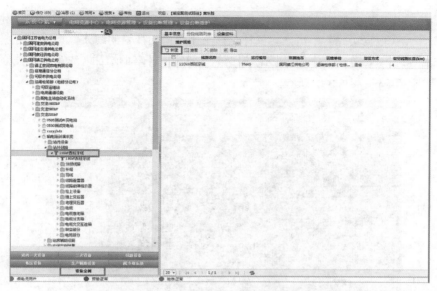

图 20-3-75 不同单位设备建立与维护

此时在图形客户端中，B 单位所添加的设备，全都挂在由 A 单位所创建的主线下，将图形任务发布后，再由 B 单位按照本操作手册在台账中新建 B 段的分段线，并将 B 单位的设备认领到 B 分段线中，如图 20-3-76 所示。

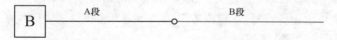

图 20-3-76 用户电站或电厂线路新增图

二、设备台账修改

1. 功能描述

线路设备台账修改可对线路路径（杆塔、导地线）进行变更、线路开环、线路合并操作，并对改建后的线路设备台账进行维护与修改。

2. 操作介绍

（1）线路设备（导线、杆塔等）变更。设备变更申请单中"设备类型"选择"设备台账修改"，同时勾选"图形维护"与"台账维护"后，启动审核及人员发送流程，与设备新增步骤一致。

打开图形客户端，登录图形维护人员账号后进入图形维护任务，开始线路设备变更操作。

在两基杆塔中间新增一基杆塔操作如下。

点击"添加"按钮，在右侧"工具箱"中选择"杆塔类设备—直线物理杆/耐张物理杆"图元（根据实际）单击，将鼠标点移至需要增加杆塔的线路位置，点击左键，然后按 ESC 或者点击其他按钮退出添加功能，即完成杆塔的增加（线路自动被分成两段），如图 20-3-77 所示。

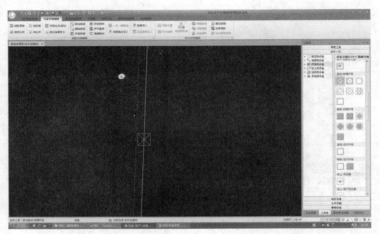

图 20-3-77　线路设备（导线、杆塔等）变更界面

技改——杆塔改造：拉门塔改自立塔（位置不变）。点击"设备定制编辑—杆塔转换"，选中需要变更的杆塔（框选），在右侧出现的杆塔转换对话框中，"选择需要变更的设备""要变更的设备符号"，点击右下角"确定"按钮，既完成设备杆塔转换，如图 20-3-78、图 20-3-79 所示。

图 20-3-78　拉门塔改自立塔界面

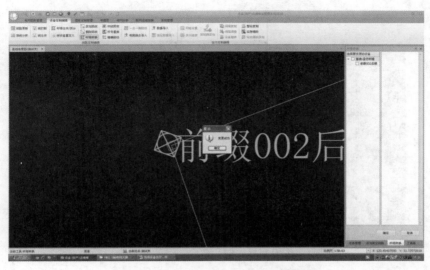

图 20-3-79 角钢塔转换为钢管塔界面

多回杆塔，后期新增一条线路：如山双线新增一条并架线路。首先定位到并架的目标杆塔，点击"设备定制编辑—杆线同布"，从分支杆开始，在第一个并驾杆的图标范围内单击，在第二基单击，以此类推，直到最后一基，双击及完成图形维护，如图 20-3-80、图 20-3-81 所示。

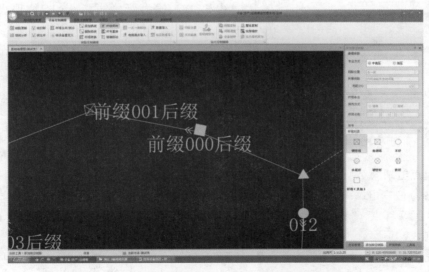

图 20-3-80 新增同杆双回线路另一回起始杆塔操作界面

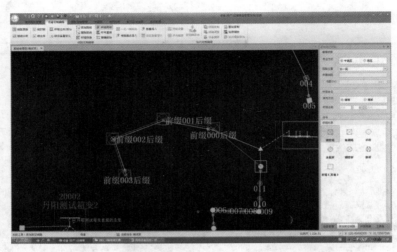

图 20-3-81 新增同杆双回线路另一回终止杆塔操作界面

红色为后期新增的并驾线路。图形维护好后，发送至审核人员处进行审核，并将图形发布后终结流程。再进入台账维护人员账号对所更改的杆塔、导线等设备台账进行维护后发布，流程与设备新增中一致。

（2）线路开环。线路开环中，主要分为以下两种类型：开环后 AC/BC 线由 AB 线更名而来，BC/AC 线为新建线路；开环后 AC 线和 BC 线为新建线路，AB 线退役，如图 20-3-82 所示。

1）开环后 AC/BC 线由 AB 线更名而来，BC/AC 线为新建线路。如图 20-3-83 所示，将在标记处（"110kV 西班牙线 003 号"杆塔）对"110kV 西班牙线"进行开环。

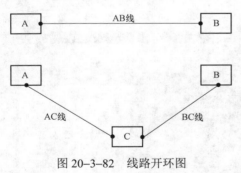

图 20-3-82 线路开环图

开环后 A—C 变电站的线路由原来的"110kV 西班牙线"更名为"110kV 德国线"，线路起点电站为 A 变电站；C—B 变电站的线路"110kV 意大利线"为新建线路，起点电站为 C 变电站；其中，开环点左边的设备将更新至"110kV 德国线"下，开环点右边包括开环点（"110kV 西班牙线 003 号"杆塔）的设备将更新至新建线路"110kV 意大利线"下。

先走一个"设备新增"流程，从 C 变电站新建"110kV 意大利线"，并将开环点右边包括开环点（"110kV 西班牙线 003 号"杆塔）的设备更新至新建线路下，维护线路台账并同步线路资产。再走另外一个"设备新增"流程，沿着电流方向从开环点的后面添加"开环点—C 变电站"的设备，并将线路更名为"110kV 德国线"德国线即可，如图 20-3-83 所示。

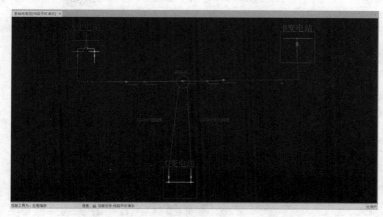

图 20-3-83　线路开环后变更名称界面

2）新建 110kV 意大利线。设备变更申请流程及设备添加流程请参照《普通输电线路台账新增》。

进入图形客户端打开图形维护的任务后，先定位到 C 变电站。

在"电网图形管理"菜单中，点击"添加"，在屏幕右侧弹出的"工具箱"面板中，选择"站外–超连接线"图元，将鼠标放置在需要添加线路的出线点上，待系统自动吸附到可添加的连接点后，点击鼠标左键，在弹出"线路参数设置"对话框中，选择"创建线路"，并指定线路类型，必须选择断路器"断路器"作为出线开关，点击"确定"按钮，即可创建一条新线路，如图 20-3-84 所示。

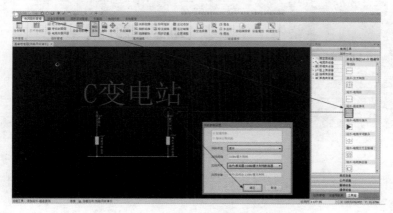

图 20-3-84　新建线路操作流程界面

确定好超连接线的轨迹后，双击结束绘制，如图 20-3-85 所示。

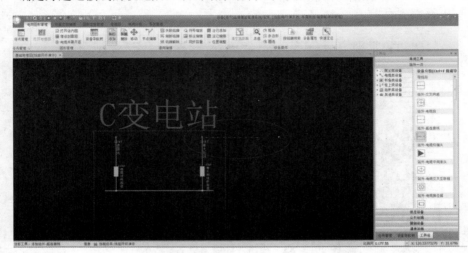

图 20-3-85　超连接线轨迹的确认界面

刷新"设备导航树"，即可看到新增的线路已添加到导航树中，但线路下设备列表为空，因此需要在该线路上添加设备，沿布至"开环点"，如图 20-3-86 所示。

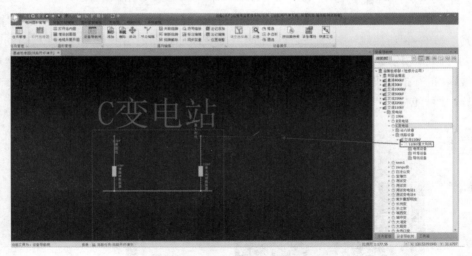

图 20-3-86　设备导航树界面

设备的添加方法，请参照《普通输电线路台账新增》；线路设备添加完成，如图 20-3-87 所示。

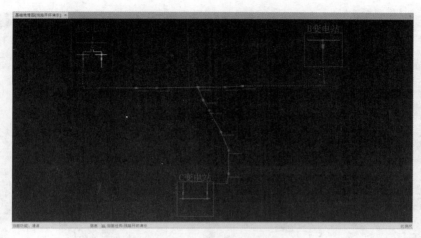

图 20-3-87 "开环"线路添加设备界面

使用"电网图形管理"—"节点编辑"功能将"开环点"左边的导线拉开，如图 20-3-88 所示。

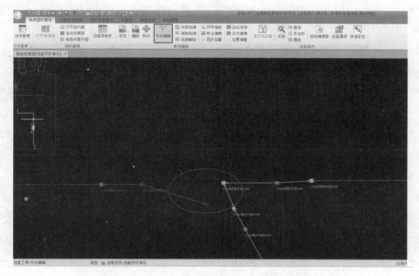

图 20-3-88 "开环"线路开环点的断开界面

在设备导航树中右键"设备定位"该线路，我们可看到只能定位到新增的设备段，开环点右边的设备没有定位到。这是由于开环点右边的设备，其"所属线路"还属于原来的线路，因此需要使用"线路更新"功能将这些设备更新至新建线路下，如图 20-3-89 所示。

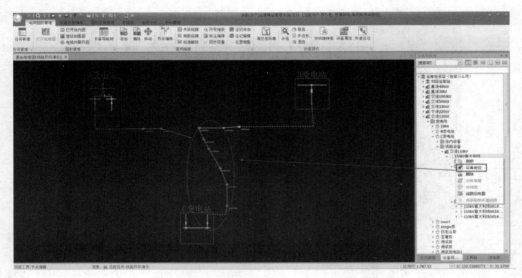

图 20-3-89　被"开环"线路设备定位界面

在"设备定制编辑"菜单中，点选"线路更新"按钮，在屏幕右侧弹出的"线路更新"面板后，需要进行以下操作。

第一步：先选择需要更新的"目标线路"。如需要将 A 线上的设备更新到 B 线上，则将 B 线选为目标线路，在本例中的目标线路就是"110kV 意大利线"，点选"110kV 意大利线"上的任意设备，系统会自动设备这个设备的"所属线路"，并将"所属线路"选择为目标线路。

第二步：目标线路选择好了以后，接下来选择"搜索方式"。输电线路的更新建议使用"一点一侧搜索"的搜索方式，选择"一点一侧搜索"的前提是确保需要更新的线路路径上与别的线路不存在任何联通的地方。

第三步：选择搜索路径。点选目标线路的起点设备（一般选择"站外—超连接线"），然后查看搜索方向，也就是点选超连接线后，出现的一个点，那个点若是出现在变电站出线点一侧，则需要将"搜索方向"切换到"2 端子方向"；若那个点出现在变电站出线点另一侧，则不需要切换，如图 20-3-90 所示。

接下来点击"搜索"按钮，系统会自动对所选择起点设备（站外—超连接线）的搜索方向进行拓扑搜索，直到下一个变电站出线点结束，在这个搜索方向上存在联通的设备，都将被搜索到，如果刚才开环点没有使用"节点编辑"断开，那么开环点左边的设备也会被搜索到。搜到的设备将自动添加到屏幕右侧"刷新设备列表"中，刷新设备列表中的所有设备，就是即将要进行线路更新的设备，如图 20-3-91 所示。

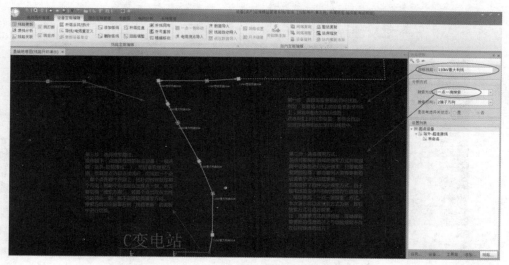

图 20-3-90　设备定制编辑界面

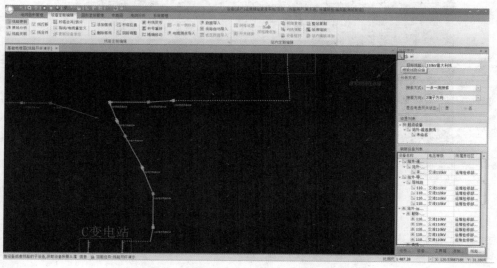

图 20-3-91　"开环"更新界面

　　查看"刷新设备列表"中的设备，确认这些设备是否是需要进行线路更新的设备，确定好了以后点击"更新"，进行更新，如图 20-3-92 所示。

　　在弹出的更新提示框中，点击"确定"，完成"线路更新"操作；如图 20-3-93 所示。

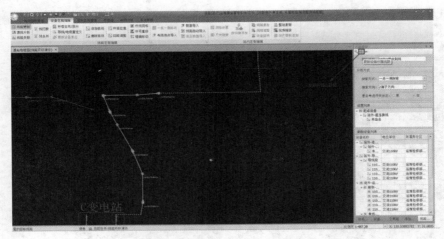

图 20-3-92　"开环"更新查询界面

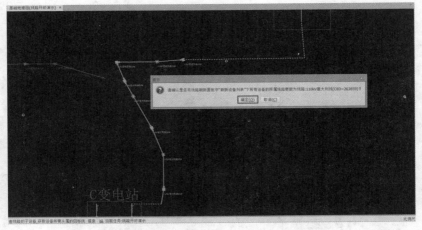

图 20-3-93　"开环"线路台账确认界面

更新完成后，刷新设备导航树，我们可看到"110kV 西班牙线"上开环点右侧的设备都已经被更新到"110kV 意大利线"中，但杆塔的命名似乎不是我们想要的，可对这些杆塔的杆号进行"杆号重排"操作，如图 20-3-94 所示。

在"设备定制编辑"菜单中，点击"杆号重排"，在屏幕右侧弹出的"杆号重排设置"面板后，需要进行以下操作。

第一步：点选屏幕右侧"杆号重排设置"面板中的"选择起点"，在地理图中选择需要进行杆号重排的起始杆塔（需要选择"耐张-运行杆塔"），若设备相距过远，可通过"设备导航树"进行"设备定位"后点选进行选择。

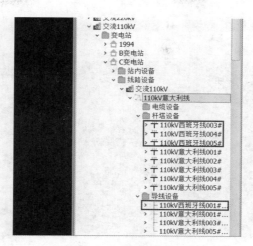

图 20-3-94　杆号重排界面

第二步：点选屏幕右侧"杆号重排设置"面板中的"选择终点"，在地理图中选择需要进行杆号重排的终点杆塔（需要选择"耐张—运行杆塔"）。

第三步：待系统自动完成对所选择的"起点杆塔—终点杆塔"路径上的所有杆塔和导线拓扑分析，并将分析结果显示在"杆号预览"框中后，接下来就按要求填写杆号规则，这里的杆号规则与"杆线同布"中的规则类似。杆线同布界面如图 20-3-95 所示。

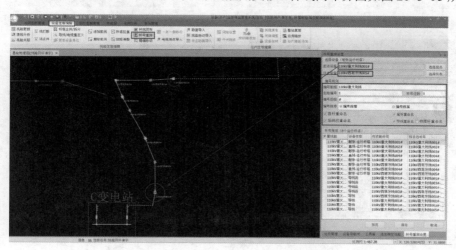

图 20-3-95　杆线同布界面

点击"预览"，即可预览重排后的杆号，确认无误后点击"保存"，完成杆号重排操作，如图 20-3-96 所示。

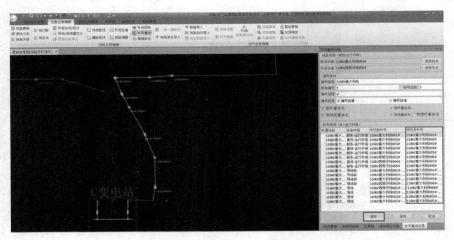

图 20-3-96　杆号重排完整界面

刷新设备导航树，我们可看到线路下杆塔的杆号已经发生了变化。但导线设备似乎也不是我们想要的，因此我们可对导线进行"导线/电缆重定义"操作，把导线维护成我们需要的结果，具体操作步骤可参照《普通输电线路台账新增》，如图 20-3-97 所示。

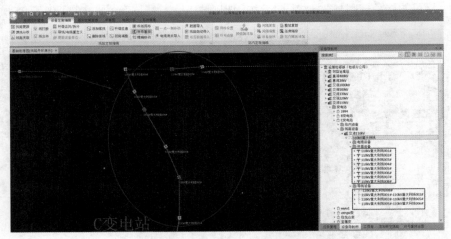

图 20-3-97　导线设备维护界面

完成"导线/电缆重定义"操作后，刷新设备导航树，统计线路下的设备数量是否正确，右键点击"设备定位"该线路，查看地图高亮的部分是否为我们需要的线路，确认无误后提交并发布该图形任务，进入"台账维护"流程，具体操作步骤可参照《普通输电线路台账新增》，如图 20-3-98 所示。

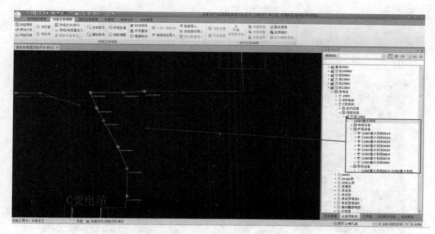

图 20-3-98　设备定位界面

在"台账维护"中，我们可看到"110kV 意大利线"已在台账中生成，且线路下的设备都已完成了切改和新建！有时候进行"线路更新"后，图形已完成了切改，但台账中部分设备还是未切到新线路上，依然挂在原来的线路下面，出现这样的问题，很大原因是未更新过来的那些设备"图数不一致"导致，请完成图数对应后，再走建个任务到图形客户端中进行"线路更新"操作即可。客户端中线路更新操作界面如图 20-3-99 所示。

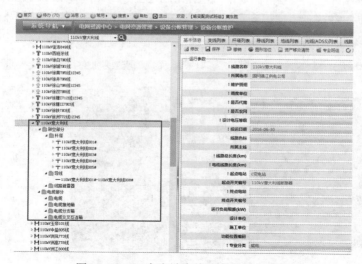

图 20-3-99　客户端中线路更新操作界面

接下来维护好台账并进行台账审核后，发布台账，最后做线路资产同步即可完成该部分开环工作。

将"110kV西班牙线"更名为"110kV德国线"，做完了"开环点"右侧的开环操作，接下来我们对开环点左侧进行开环，如图20-3-100所示。

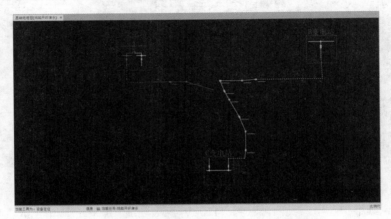

图20-3-100 "开环"点左侧进行"开环"界面

新建一个"设备新增"设备申请流程，在"图形维护"流程环节，打开图形客户端，点击"任务管理"并打开该任务（设备变更申请流程及注意事项请查看《普通输电线路台账新增》第一章节）。进入任务后，在"电网资源管理"菜单中，点击"添加"按钮，在屏幕右侧弹出的"工具箱"面板中，选择"物理杆"图元，将鼠标放置在需要添加的导线段上，待系统提示"捕捉到了导线段"，单击鼠标左键进行添加，在今后的图形维护中，单独添加杆塔的操作，都可按照这个步骤进行添加，如图20-3-101所示。

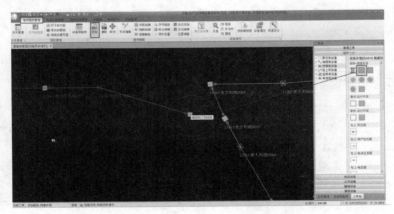

图20-3-101 导线段添加界面

完成杆塔的添加，但杆塔处于未命名状态，若等下需要进行"杆号重排"操作，则不需要单独对杆塔进行重命名，若不需要进行"杆号重排"，则需要在杆塔（物理杆和运行杆）的"设备属性"中对杆塔重命名，如图 20-3-102 所示。

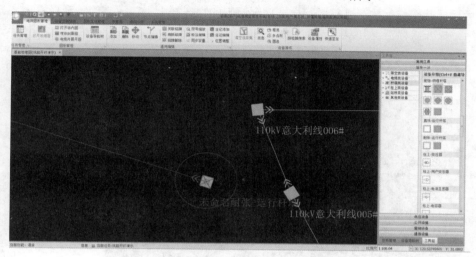

图 20-3-102　物理杆和运行杆操作界面

使用"框选"功能选中杆塔，点击"设备属性"，在屏幕右侧弹出的"设备属性维护"面板中，修改"设备名称"，点击"保存按钮"，即可完成杆塔的命名操作，如图 20-3-103 所示。

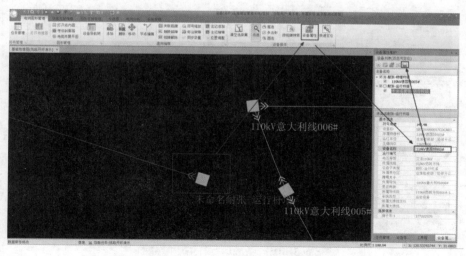

图 20-3-103　杆塔的命名操作

　　若该杆塔与原杆塔是"同杆架设"，可使用"设备定制编辑"菜单中"杆塔合并/拆分"功能将新增的运行杆拆分到原来的物理杆上。点击"杆塔合并/拆分"按钮，点选需要进行拆分的运行杆，待运行杆和与该运行杆相连的导线段都高亮显示后，点击该运行杆并按住鼠标左键将运行杆拖动至原来的物理杆上，待原来的物理杆也高亮显示后，松开鼠标左键并双击结束，如图 20-3-104 所示。

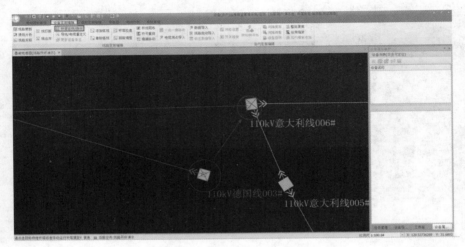

图 20-3-104　杆塔合并/拆分界面

　　完成杆塔的合并操作，再将新增的运行杆塔删掉即可，如图 20-3-105 所示。

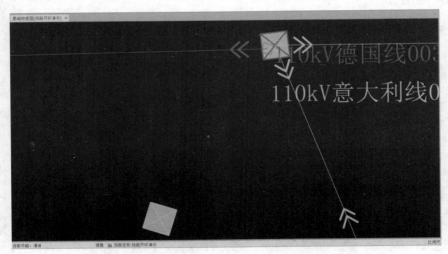

图 20-3-105　新增运行杆塔删除界面

接着原有的设备后面，添加从"开环点—C 变电站"的设备（设备添加方法请参照《普通输电线路台账新增》），如图 20-3-106 所示。

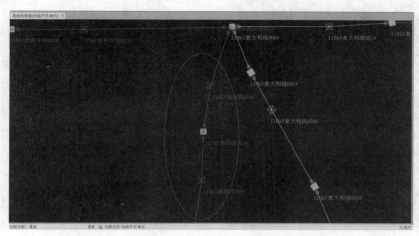

图 20-3-106　"开环点—C 变电站"添加设备界面

需要注意的是，最后一级"站外—超链接线"，需要从"站外→站内"的方向进行添加，否则会产生新线路，如图 20-3-107 所示。

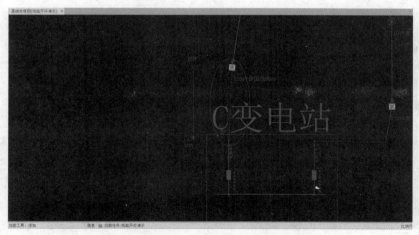

图 20-3-107　"站外—超链接线"界面

完成设备的添加后，刷新设备导航树，可看到设备已经成功添加至线路下，但线路名称、杆塔编号、导线数量明显不符合要求：线路名称需要更名为"110kV 德国线"，杆塔中有两基杆塔还是原来线路的杆塔编号，还有导线的名称和条数也有问题，如

图 20-3-108 所示。

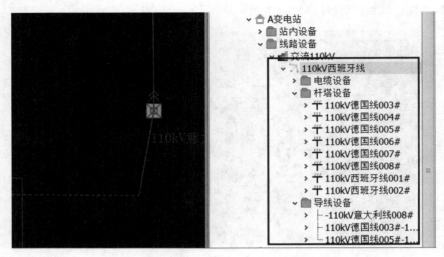

图 20-3-108 错误信息显示界面

在设备导航树中右键定位该线路，如图 20-3-109 所示。

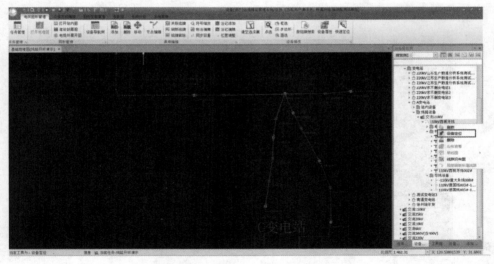

图 20-3-109 右键定位线路界面

定位到线路后，点击"设备属性"按钮，在屏幕右侧弹出的"设备属性维护"面板中，修改"设备名称"，点击"保存按钮"，即可完成线路的更名操作，如图 20-3-110 所示。

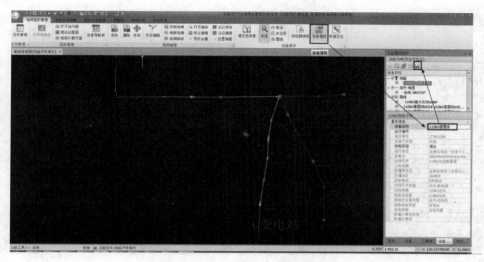

图 20-3-110　线路更名操作界面

刷新设备导航树，线路已成功更名为"110kV 德国线"，但还需要对杆塔和导线进行修改，如图 20-3-111 所示。

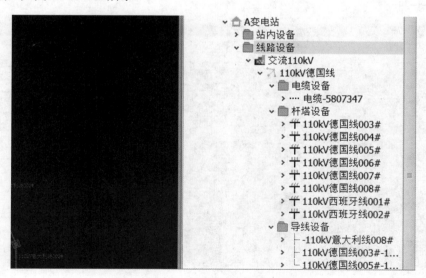

图 20-3-111　杆塔和导线修改界面

使用"杆号重排"功能对杆塔进行杆号重排（具体操作请查看上文），如图 20-3-112 所示。

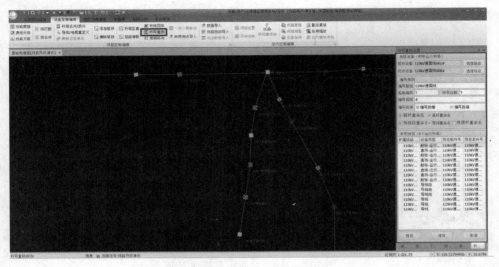

图 20-3-112　杆号重排界面

使用"导线/电缆重定义"功能对导线进行重定义（具体操作请查看上文），如图 20-3-113 所示。

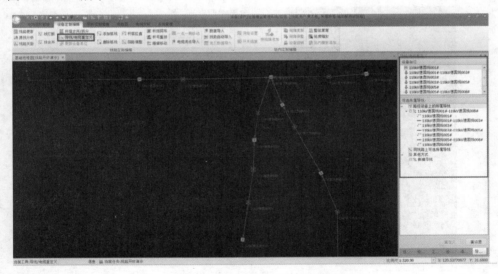

图 20-3-113　导线重定义界面

刷新"设备导航树"，查看线路及设备的各个属性是否正确；如图 20-3-114 所示。

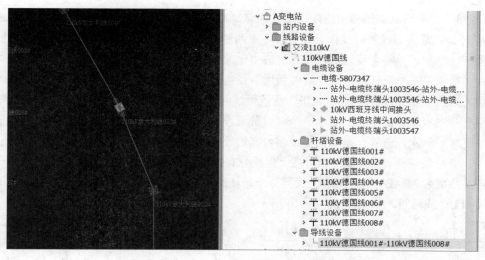

图 20-3-114　线路及设备属性查询界面

完成整个线路的图形开环操作，如图 20-3-115 所示。

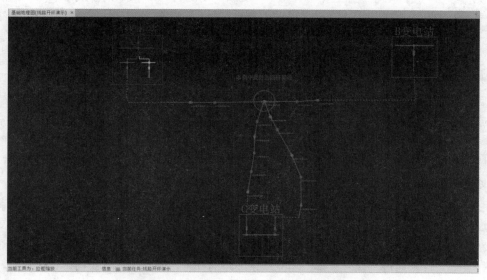

图 20-3-115　线路图形"开环"操作完整界面

确认无误后提交并发布该图形任务，进入"台账维护"流程，具体操作步骤可参照《普通输电线路台账新增》。在"台账维护"中，我们可看到"110kV 德国线"已完成线路更名，且线路下的设备都已完成了切改和新建。

3）开环后 AC 线和 BC 线为新建线路，AB 线退役。该部分实际上与上文中"新建 110kV 意大利线"的操作类似！开环点两侧都要新建新路后再将老线路的设备更新至新线路下，并将老线路从设备导航树中删除后将台账退役掉。

需要走三个流程：两个"设备新增"设备变更申请流程，参照上文"新建 110kV 意大利线"章节分别新建 AC、BC 两条新线路，并将老线路 AB 线的设备更新至新线路下并同步线路资产。最后走一个"设备退役"流程，将老线路 AB 线从图形的设备导航树中删除，进入台账维护将线路台账退役。

（3）线路合并。在线路合并中，主要分有以下两种类型：开环后 AC/BC 线其中一条线路更名为 AB 线，AC/BC 线另外一条线路退役；开环后 AB 线为新建线路，AC 线和 BC 线退役，如下图 20-3-116 所示。

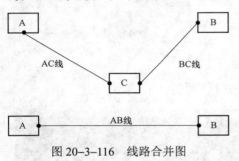

图 20-3-116　线路合并图

1）开环后 AC/BC 线其中一条线路更名为 AB 线，AC/BC 线另外一条线路退役。

先走一个"设备新增"流程，进入图形客户端将两条线路合并在一起，使用"线路更新"功能将 AC、BC 两条线路刷成一条线路（注意不要刷成资产中要退役掉的那条线路），把这条线路重命名为 AB 线，并使用"导线/电缆重定义"功能将线路上的导线按需要进行重定义，再通过"杆号重排"功能重排线路的杆号，刷新设备导航树确认无误后，提交并发布图形任务，进入台账维护最后同步资产即可（注：两条线路的新建流程要分开走）。

再走一个"设备退役"流程，进入图形客户端将需要进行退役的线路从设备导航树中删除，提交并发布图形任务后，进入台账维护退役该线路，最后做退役设备资产处置即可。

2）开环后 AB 线为新建线路，AC 线和 BC 线退役。先走一个"设备新增"流程，进入图形客户端，从变电站新建一条线路 AB 线，将 AC、BC 线的设备通过"线路更新"功能更新至 AB 线中，并使用"导线/电缆重定义"功能将线路上的导线按需要进行重定义，再通过"杆号重排"功能重排线路的杆号，刷新设备导航树确认无误后，提交并发布图形任务，进入台账维护最后同步资产即可。

再走两个退役流程，分别进入图形客户端，从设备导航树将 AC、BC 线删除，提交并发布图形任务，进入台账维护退役该线路，最后做退役设备资产处置即可（注：两条线的退役流程一定要分开走）。

三、设备台账退役

1. 功能描述

线路设备台账退役模块提供对线路下方杆塔、导线等设备进行部分设备退役也可以进行将全线及其线路下所有设备整线退役的操作。

2. 操作介绍

（1）部分设备退役。设备变更申请单中"申请类型"为"设备退役"，同时勾选"图形变更"与"台账变更"，填写完成后启动流程发送至审核人处。

登录审核人员账号，审核后选择图形维护与台账维护人员，对维护任务进行发送。

打开图形客户端，登录图形维护人员账户，进入图形维护任务后对所需退役的设备图形如导线、杆塔等进行删除，全部删除完成后，将任务发送至审核人处审核。

审核人员将更改后的图形任务发布并结束图形维护流程。

登录台账维护人员账户，进入设备台账维护模块，对所需退役的设备台账点击"退役"按键。退役操作完成后，将台账维护任务发送给审核人员审核并发布后结束流程。

（2）整线退役。操作流程同上输电线路部分设备退役，区别在于删除图形是线路及线路下所有设备图形一并删除，退役台账线路台账，并且退役线路时线路下所有设备会一并被退役掉。

3. 注意事项

设备退役的前提为该设备台账所对应的图形已经完全删除，已无图形台账与设备台账进行对应。

【思考与练习】

1. 分界杆塔可以解决哪些线路的新增问题？

2. 跨地市、运维站线路主线下未生成分段线路列表的原因是什么？

3. 杆塔、导线设备退役过程中发现设备无法正常退役，可能是因为什么原因？

▲ 模块 4　设备台账查询统计（Z04G6004Ⅰ）

【模块描述】本模块包含线路查询统计、杆塔查询统计、绝缘子查询统计、电缆查询统计、交叉跨越台账查询统计等内容。通过功能描述、操作流程和步骤的介绍，掌握输电线路设备查询系统的功能及应用。

【正文】

输电设备查询统计内容主要包括输电设备台账查询以及输电设备台账统计，此外还能对系统中所查询到的设备台账或统计数据根据自己的需求进行导出。

1. 功能菜单

标准中心>>电网资源管理>>设备台账查询统计。设备台账查询统计界面如

图 20-4-1 所示。

图 20-4-1　设备台账查询统计界面

2. 操作介绍

（1）查询：在左侧的组织导航树中选中所需查询设备的运维单位，在右侧对话框中根据需求通过选择相应的"查询设备类型""电压等级""维护班组""线路名称"等条件从而查询出符合条件的所有设备台账。

（2）统计：在左侧的组织导航树中选中所需统计设备的运维单位，在右侧对话框中根据需求通过选择相应的"查询设备类型""电压等级""维护班组""线路名称"等条件确定所需统计的准确设备信息，在根据各种不同方式进行分类统计。

3. 注意事项

设备台账查询初始界面默认查询的为站内一次设备，进行输电设备查询前应在左下方选择"线路设备"。

一、设备台账查询

1. 功能描述

设备台账查询可以通过各种固有条件或自定义的限制条件对系统后台的所有设备台账数据进行筛选，从而查询出某运维单位下所有符合条件的设备台账。并能够根据需求对所筛选出的台账"obj_id""设备名称""所属线路""所属地市""运维班组"等信息作为 Excel 表格导出。

2. 操作介绍

（1）被查询运维单位选择：在设备台账查询界面左侧基准组织树中选择某一节点

的运维单位，即后期通过各种条件筛选出的数据均仅为本运维位下的设备台账。

（2）查询设备类型选择：在设备台账查询界面右侧的筛选条件中点击"查询设备类型选择"处的下拉对话框，可以选择交叉跨越台账、线路、电缆线路设备、架空线路设备、在线监测装置等设备类型，如图 20-4-2 所示。

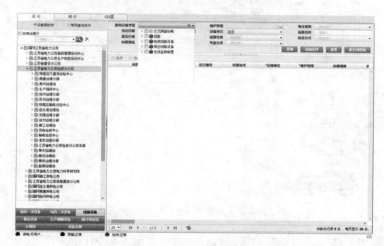

图 20-4-2 查询设备类型选择界面

电缆线路设备：在选择电缆线路设备时还可以通过点击下拉列表中的展开按键从而选择电缆线路中的子设备作为查询设备类型，如电缆段、电缆终端、电缆接头、电缆分支箱、阻隔设备、电缆，如图 20-4-3 所示。

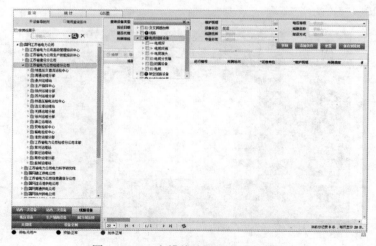

图 20-4-3 电缆线路子设备选择界面

架空线路设备选择：在选择架空线路设备时还可以通过点击下拉列表中的展开按键从而选择架空线路中的子设备作为查询设备类型，如导线、地线、杆塔、光缆、柱上变压器等，如图20-4-4所示。

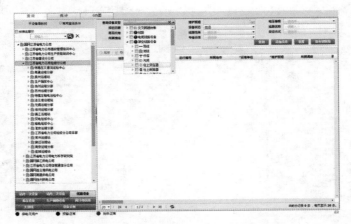

图20-4-4　架空线路子设备选择界面

（3）添加条件：当需要对台账进行筛选时可以通过添加相应的筛选条件以进行精确查询，添加条件又分本次条件与固有条件两种。

本次条件：即仅为本次查询过程中的新增条件，在对话框各类字段列表中选择需要被加入的筛选条件并可以在条件后方选择好筛选预定值，当所有需要新增的条件都已选择完成后即可点击"确定"。之后这些条件将在查询界面紧接在初始条件后方出现，如图20-4-5所示。

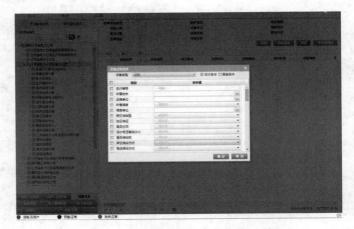

图20-4-5　添加本次条件操作界面

固有条件：在设备台账查询界面默认的查询条件有"查询设备类型""维护班组""电压等级""投运日期""线路性质""线路名称""是否代维""设备状态""架设方式""所属馈线"以及"专业分类"，这些条件被称之为固有条件，可以根据需求勾选相应需要的条件并确定筛选值后对数据进行查询，如图20-4-6所示。

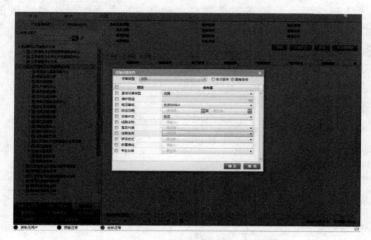

图20-4-6　添加固有条件操作界面

（4）设备台账查询：在确定了各类筛选条件后点击"查询"按键即可查询出该单位下所有满足条件的设备台账，如图20-4-7所示。

图20-4-7　设备台账查询后界面

在所查询出的设备台账列表中可以查看各条数据的具体台账，仅需点击台账数据中"设备名称"的超链接即可。

（5）设备台账查询结果导出：当需要对当前条件下所查询出的设备台账结果进行导出时，可以点击查询结果列表的"导出"按键，在弹出的提示对话框中若选择"是"导出符合条件的所有后台数据，选择"否"则仅导出当前页面的数据，如图 20-4-8 所示。

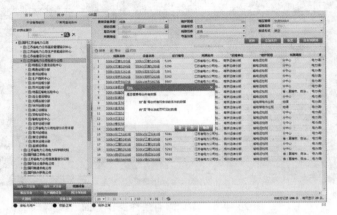

图 20-4-8　设备台账查询结果导出提示对话框

在选择后，将进入具体导出数据字段选择界面，如图 20-4-9 所示。左侧待选项列表中有该类设备台账的所有字段，可根据需求进行选择，选择后点击">"，即进入已选导出项，点击"<"，即为将已选项退回至待选项，点击"》"为全选，点击"《"为全部取消。

图 20-4-9　设备台账查询结果导出字段属性选择界面

3. 注意事项

（1）许多设备台账查询结果导出时最重要的字段为"obj_id"，此 ID 数值为每条台账所对应的唯一值，当存在问题数据时可以通过核对此 ID 进行问题数据排查。

（2）杆塔、导线等设备在架空线路设备节点下，而金具、绝缘子又在杆塔节点下，因此查询过程中应尽可能地通过展开列表中的节点来选择设备类型。

二、设备台账统计

1. 功能描述

设备台账统计可以通过各种固有条件或自定义的限制条件对系统后台的所有设备台账数据进行筛选，从而查询出某运维单位下所有符合条件的设备台账并对其数值按照不同方式进行统计。

2. 操作介绍

（1）被统计运维单位选择：在设备台账统计界面左侧基准组织树中选择某一节点的运维单位，即后期通过各种条件筛选统计出的数据均仅为本运维位下的设备台账数据。

（2）被统计设备筛选：为了对被统计的台账数据进行有条件的筛选，可以通过"添加条件"功能限制"查询设备类型""专业分类""电压等级""是否代维"等条件从而对被统计设备进行筛选。同样的"添加条件"分为"本次条件"与"固有条件"两种，整个被统计设备的筛选操作与设备台账查询过程中的操作一致。

（3）按照不同方式进行数据统计：在设备台账统计初始界面有五种固有的统计方式，即"按线路统计""按地市统计""按电压等级统计""按资产性质统计""按投运年限统计"，当然也可以对整个数据的统计格式进行自定义。

按线路统计：该统计方式列内容为"线路名称""电压等级""架空线路长度""电缆线路长度"及"线路总长"，每一行分别为该单位下每一条线路的相应数据，如图 20-4-10 所示。

图 20-4-10　按线路统计界面

按地市统计：该统计方式列内容为"所属地市""架空线路长度""电缆线路长度"以及"线路总长"，每一行分别为该单位下每一地市的相应数据，如图 20-4-11 所示。

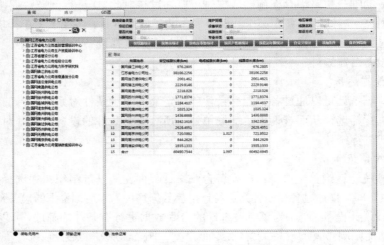

图 20-4-11　按地市统计界面

按电压等级统计：该统计方式列内容为每种电压等级，每一行分别为该单位下每个单位相应电压等级线路的条数，如图 20-4-12 所示。

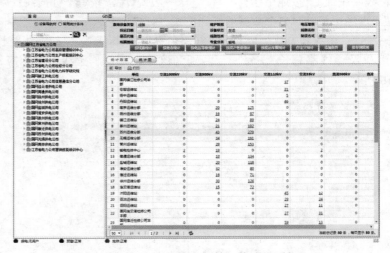

图 20-4-12　按电压等级统计界面

按资产性质统计：该统计方式列内容为每种资产性质，每一行分别为该单位下每个单位相应资产性质的线路条数，如图 20-4-13 所示。

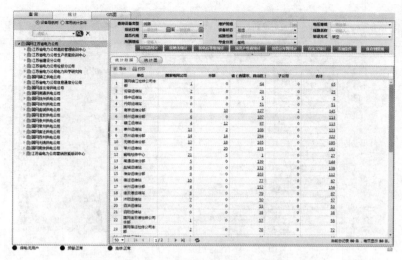

图 20-4-13　按资产性质统计界面

按投运年限统计：该统计方式列内容为每 5 年一个区间的投运年限，每一行分别为该单位下每个投运年限区间内的线路条数，如图 20-4-14 所示。

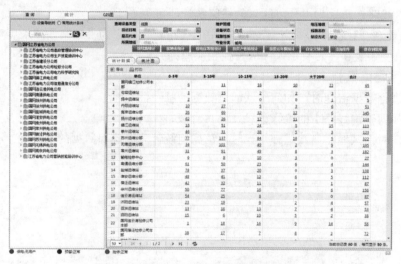

图 20-4-14　按投运年限质统计界面

自定义统计：该统计方式中可以自定义每个行标签与列标签，在对话框中选择所需的标签后点击"确定"按键，系统将会根据自定义的行与列标签进行数据统计，如图 20-4-15 所示。

图 20-4-15　自定义统计界面

3. 注意事项

（1）对于跨区线路的条数进行统计时，若作为整个网省公司进行统计时仅需对"线路性质"为"主线"的线路进行统计即可。而各个被跨区的子单位统计跨区线路条数时应对"线路性质"为"分段线"的线路统计即可。

（2）按线路统计时，每一行的数据中"线路总长"应为"架空线路长度"与"电力线路长度"之和，若有出入，应查找相应原因并进行治理。

【思考与练习】

1. 进行数据治理时，如何确认问题数据的唯一性？

2. 如何查询线路下的绝缘子以及金具台账？

3. 在对跨区线路条数进行统计时，该如何统计才能确保数据的准确性？

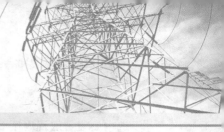

第二十一章

运行、检修管理

▲ 模块1　周期性工作管理（Z04G6005Ⅱ）

【模块描述】本模块包含输电架空线路巡视周期的制定、工作维护和输电架空线路的超周期工作提示、到期工作查询统计等内容。通过要点介绍、图文结合、操作流程及步骤讲解，掌握输电架空线路巡视周期性的管理方法。

【正文】

一、输电架空线路巡视周期制定

（一）功能介绍

架空线路巡视周期制定用于设置输电架空线路的巡视周期及初始化最后巡视时间（以后巡视时间由登记巡视记录时自动更新）。

（二）功能菜单

电网运维检修管理>>巡视管理>>>巡视周期维护。

（三）操作介绍

1. 查询

在巡视周期维护界面点击"线路巡视周期"TAB 页，进行线路周期维护。

（1）选中电压等级节点，右侧显示线路的运行单位等于选中节点的上级节点，并且线路的电压等级等选中节点线路的巡视周期记录。

（2）选中线路节点，仅显示该线路的巡视周期记录。查询界面如图 21-1-1 所示。

电压等级	线路名称	杆塔大概站名称	巡视范围	巡视类型	巡视周期名称	巡视周期	周期单位	巡视内容	上次巡视时间
交流500kV	500kV泰S5293线		全线	正常巡视	输电巡视班	1	月		2017-06-22 16:58:58
交流500kV	500kV山S5268线	无	全线	正常巡视	输电巡视班	1	月		2017-06-22 16:56:11
交流500kV	500kV山S5223线		全线	正常巡视	输电巡视班	1	月		2017-06-22 16:54:49
交流500kV	500kV泰S5093线	无	全线	正常巡视	输电巡视班	1	月		2017-06-22 16:53:48
交流500kV	500kV泰S5275线		全线	正常巡视	输电巡视班	1	月		2017-06-22 16:52:41
交流500kV	500kV泰S5265线		全线	正常巡视	输电巡视班	1	月		2017-06-22 16:51:30
交流500kV	500kV泰S5221线		全线	正常巡视	输电巡视班	1	月		2017-06-22 16:46:42
交流500kV	500kV泰S5276线		全线	正常巡视	输电巡视班	1	月		2017-06-22 16:45:48
交流500kV	500kV泰S5269线		全线	正常巡视	输电巡视班	1	月		2017-06-22 16:44:31

图 21-1-1　查询界面

2．设置巡视周期

选中要设置巡视周期的记录，在输入巡视周期编辑框中输入要设置的周期时间，点击"设置周期"按钮，即将所选记录的巡视周期设置为指定值。

3．设置周期巡视时间

选中要设置上次巡视时间的记录，在输入上次周期巡视时间的编辑框中输入要设置的周期时间，点击"设置周期巡视时间"按钮，即将所选记录的上次周期巡视时间设置为指定的值。同时自动计算 t 和更新到期时间。

（四）注意事项

架空线路的巡视周期维护完成后，在进行架空线路的巡视记录登记（模块为"标准中心>>设备巡视管理>>架空输电线路巡视记录登记"）时，系统会自动提示巡视到期线路，以便根据到期线路自动生成巡视记录。

二、输电架空线路周期工作维护

（一）功能介绍

架空线路周期工作维护用于设置线路周期工作的工作周期、提前报警时间及初始化最后一次工作时间（之后登记检修、检测记录时自动更新）。

（二）功能菜单

标准中心>>电网运维管理管理>>检测管理>>检测周期维护。

（三）操作介绍

1．查询

登录界面后，页面的左侧显示线路导航树，以线路的电压等级分组。在导航树中选择一个电压等级或具体的线路，右侧的线路周期工作列表中就会显示出符合线路条件的周期工作，更改工作类型的值，同样会执行查询操作，过滤出指定工作类型的线路周期工作。

2．新建

（1）在"线路检测周期维护"TAB 页，在左侧导航树中选择一条线路，在右侧点击"新建"，如图 21-1-2 所示。

图 21-1-2　新增界面

（2）在"新建线路检测周期"界面，选择相应的周期模板，在此模板下选择检测类型，选择完成后，点击"确认"，如图 21-1-3 所示。

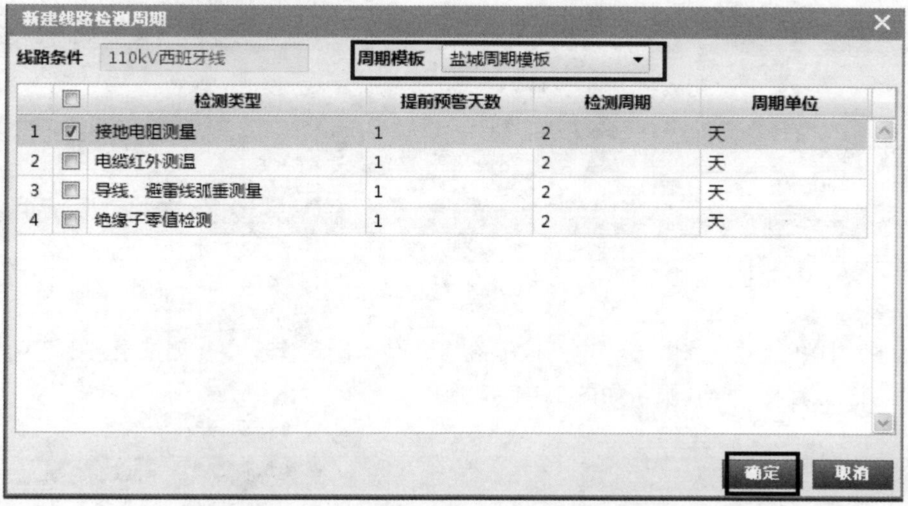

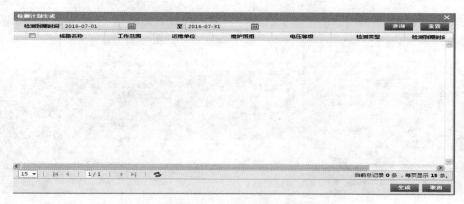

图 21-1-3　模板选择界面

注：周期模板可在运维检修中心＞＞电网运维检修管理＞＞标准库管理＞＞周期模板界面进行周期模板维护。

（3）检测周期维护完成后，打开运维检修中心＞＞电网运维检修管理＞＞检测管理＞＞检测计划编制界面"线路检测计划编制"TAB 页，在默认的"计划编制"页签下点击"按周期新建"按钮，在"检测计划生成"界面查询到上步骤中维护的检测周期，如图 21-1-4 所示。

图 21-1-4　计划查询界面

（4）选择上步骤中维护的检测周期，点击"生成"按钮，生成一条检测计划，选择检测计划，点击"发布"按钮，进行检测计划发布，如图 21-1-5 所示。

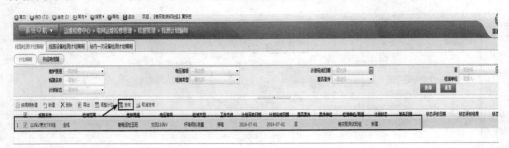

图 21-1-5　发布界面

（5）打开运维检修中心>>电网运维检修管理>>检测管理>>检测记录录入界面"线路检测记录录入"TAB 页，如图 21-1-6 所示。

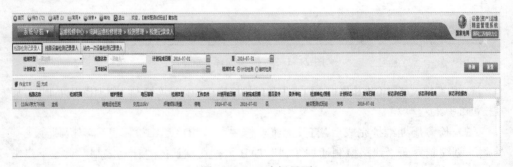

图 21-1-6　选择界面

（6）在检测记录录入界面"线路检测记录录入"TAB 页，选中步骤 6 发布的检测计划，点击"作业文本"，在"作业文本"界面，点击"新建"，进行作业文本编制；如图 21-1-7、图 21-1-8 所示。

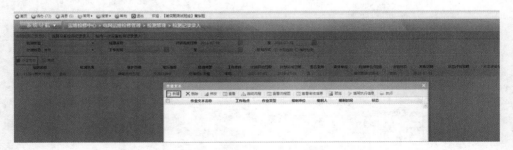

图 21-1-7　文本新建界面

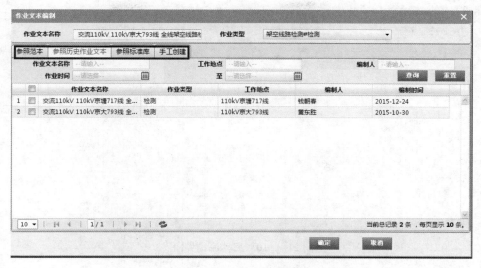

图 21-1-8　文本选择界面

（7）在"作业文本编制"界面，可根据"参照范本""参照历史作业文本""参照标准库""手工创建"编制作业文本，在"作业文本详情"界面填写相关信息，如图 21-1-9 所示。

图 21-1-9　文本编辑界面

（8）作业文本编制完成后，在"作业文本"界面，点击"启动流程"按钮，在"发送人"界面选择相应人员，点击确认按钮，如图 21-1-10 所示。

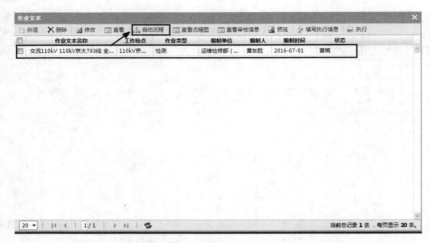

图 21-1-10 启动流程界面

（9）在系统首页中单击"待办"按钮，在待办任务树中选择：全部任务>>作业文本审批流程>>班组审核，选择提交的审核任务单，点击任务单的"任务名称"链接，如图 21-1-11 所示。

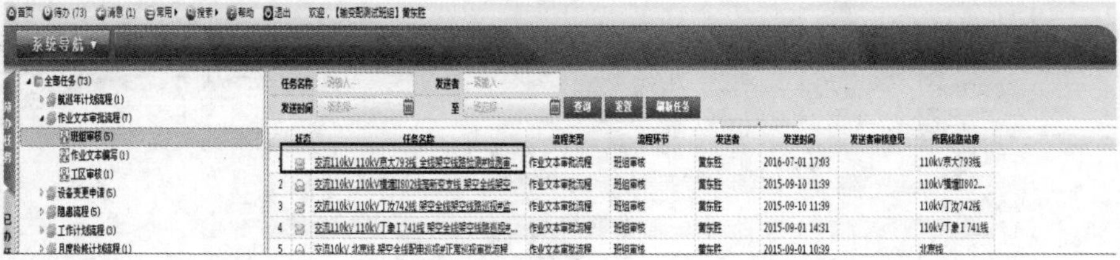

图 21-1-11 审核界面

（10）在"班组审核"界面填写审核意见、审核人，点击"发送"，在"发送人"界面选择发布，结束作业文本流程（也可选择工区审核继续进行流程扭转），如图 21-1-12 所示。

图 21-1-12 发布界面

（11）返回检测记录录入界面"线路检测记录录入"TAB 页，选中上步骤中的发布的检测计划，点击"作业文本"按钮，填写作业文本执行信息，如图 21-1-13 所示。

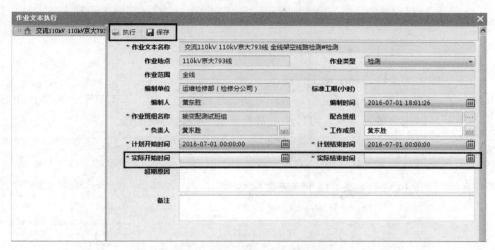

图 21-1-13　执行信息填写界面

（12）执行信息填写完成后，点击"保存" >> "执行"，执行完成后，点击关闭，在检测记录录入界面"线路检测记录录入"TAB 页，选中上步骤中的发布的检测计划，点击"按计划新建"，填写检测记录信息，如图 21-1-14 所示。

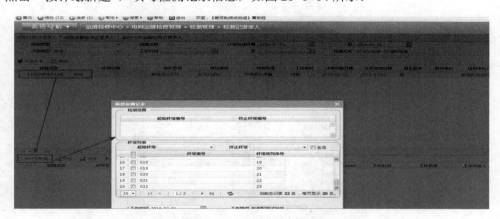

图 21-1-14　新建计划界面

（13）针对临时检测计划，可在检测记录录入界面"线路检测记录录入"TAB 页的条件区选择检测方式 >> 临时检测，登记临时检测记录，如图 21-1-15 所示。

图 21-1-15 临时计划界面

三、输电架空线路超周期工作提示

（1）查询统计。登录界面后，界面左侧显示线路导航树，右侧显示查询条件和查询结果。通过组合各项条件，可过滤出符合要求的线路周期工作。

点击"按类型统计"，若未选择统计项目，则执行查询功能，列出符合条件的线路周期工作。执行结果如图 21-1-16 所示。

图 21-1-16 查询统计执行结果界面

（2）选择统计项目，则执行统计功能，系统将会显示超周期的具体明细，统计线路超周期工作，执行结果如图 21-1-17 所示。

图 21-1-17 超周期工作详情

【思考与练习】

1. 简述输电架空线路巡视周期制定的操作方法。
2. 简述输电架空线路周期工作维护的操作方法。
3. 如何实现管理系统在对数据的批量修改。

▲ 模块2 生产运行记录管理（Z04G6006 Ⅱ）

【模块描述】本模块包含输电架空线路故障记录的登记、查询统计和输电线路检测记录的登记、查询统计等内容。通过功能介绍、图文结合、操作说明及步骤讲解，掌握输电架空线路生产运行记录的管理方法。

【正文】

一、输电线路故障记录的登记、查询统计

（一）输电故障记录登记

1. 功能介绍

该模块提供线路故障记录的登记、删除、修改等功能。登记故障记录时，可以选择关联变电已登记的故障记录，根据变电故障记录生成线路的故障记录，并导入变电登记的保护动作相关信息；当故障是由缺陷引起的时，允许直接登记缺陷并进入缺陷处理流程。

2. 功能菜单

标准中心>>电网运维检修管理>>故障登记。

3. 操作介绍

（1）已维护故障记录查询。输电故障记录登记界面提供了跳闸时间、故障发生地点、故障性质、跳闸原因等查询条件，选择条件后点击"查询"按钮执行查询，不论是否选择线路作为查询条件，查询结果都不是完全依赖线路过滤，而是按故障记录的登记班组过滤，故障记录的主界面如图21-2-1所示。

图 21-2-1 已维护故障记录查询

（2）添加故障记录。在图21-2-1所示界面中点击左上方的"新建"，出现故障记录登记对话框，如图21-2-2所示。

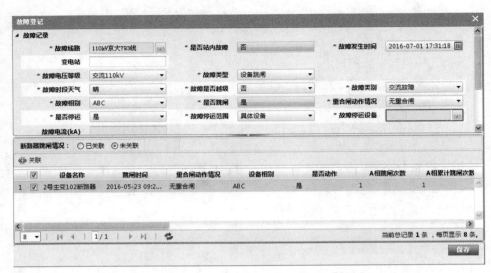

图 21-2-2 添加故障记录界面

（3）导入变电故障记录。在"故障登记"界面，如果需要填写故障停运设备，需注意故障停运设备需要关联了跳闸记录才能维护，线路故障可以关联线路起点变电站或终点变电站的跳闸记录。如果在未关联中没有跳闸记录可以选择，请核实线路的起点变电站或终点变电站是否登记了跳闸记录。系统弹出变电故障记录选择对话框，如图 21-2-3 所示。

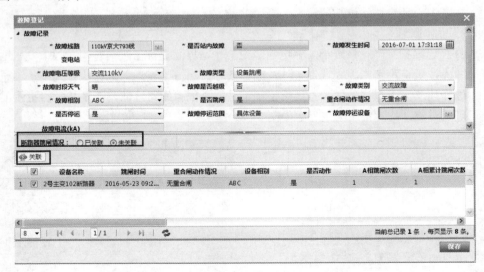

图 21-2-3 关联变电故障记录界面

在"断路器跳闸情况"侧点击"未关联",再点击"关联",关联完成后,点击"已关联"页签,可查看到故障关联变电站跳闸记录,如图 21-2-4 所示。

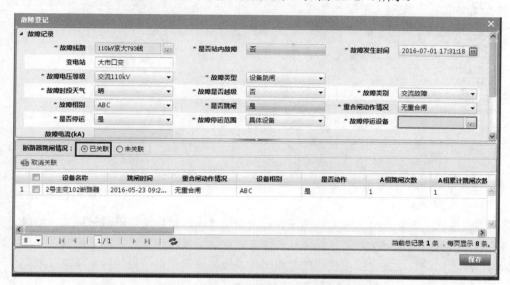

图 21-2-4 管理变动故障对话框

(4)点击图 21-2-4 中"故障停运设备"字段后的按钮,在"设备选择窗口"选择故障停运设备。维护故障停运设备等必填项,点击"保存",完成故障的录入。

(二)输电故障记录查询统计

1. 功能介绍

输电故障记录查询统计模块提供以常用的查询条件和统计项目,查询或统计故障信息等功能,同时可以通过 EXCEL 文本输出查询或统计结果。

2. 功能菜单

标准中心>>电网运维检修管理>>故障管理>>故障查询统计。

3. 操作介绍

登录界面后,界面左边显示所在单位的组织关系,右侧上部分显示常用的查询条件和统计项目,如图 21-2-5 所示。通过组合各项条件,可过滤出符合要求的线路故障记录。

点击"查询统计",若未选择统计项目,则执行查询功能,列出符合条件的线路故障记录。

若选择统计项目,则执行统计功能,以选择的统计项目为统计项,统计线路故障记录。

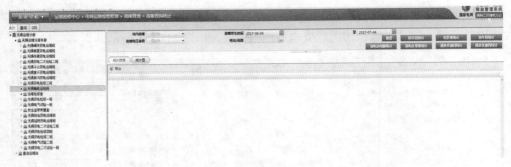

图 21-2-5　查询统计执行结果界面

二、输电架空线路检测记录登记、查询统计

（一）输电架空线路检测记录登记

1. 功能介绍

该模块用来登记架空输电线路的各种检测记录，包括接地电阻测量记录、绝缘子盐密（灰密）测量记录、架空线路红外测温记录、交叉跨越及对地测量记录、导地线弧垂测量记录、地埋金属部件锈蚀检测记录、覆冰观测记录、瓷绝缘子零值（玻璃自爆）检测记录、复合绝缘子龟裂老化检查记录、复合绝缘子憎水性丧失检测记录、复合绝缘子机械强度检测记录、杆塔倾斜测量记录、电杆裂纹检测记录、导地线振动舞动观测记录等。

在登记检测记录时，对不合格的记录允许直接登记缺陷，一条检测记录允许登记多条缺陷记录，当缺陷流程未启动时，允许修改及删除检测记录对应的缺陷记录。

保存新登记的检测记录时，如果检测为周期性的，系统将根据新登记检测记录的检测时间刷新对应线路的检测周期，刷新时从系统中找出同一条线路、同一种检测类型检测记录的最大检测时间，刷新线路的最后工作时间，删除检测记录时也会做同样的处理。

2. 功能菜单

标准中心>>电网运维检修管理>>检测管理>>检测周期维护。

3. 操作介绍

（1）已维护检测记录查询。不同工作类型的检测记录，所包含的记录格式不相同，查询已维护的检测记录时，必须首先选择工作类型，然后再选择线路或时间条件，点击"查询"。如图 21-2-6 所示。

图 21-2-6　已维护检测记录查询

（2）添加检测记录。在"线路检测周期维护"TAB 页，在左侧导航树中选择一条线路，在右侧点击"新建"。在"新建线路检测周期"界面，选择相应的周期模板，在此模板下选择检测类型，选择完成后（注：周期模板可在运维检修中心>>电网运维检修管理>>标准库管理>>周期模板界面进行周期模板维护），点击"确认"，具体界面如图 21-2-7 所示。

新建线路检测周期				✕
线路条件 110kV西班牙线		**周期模板** 盐城周期模板 ▼		
	检测类型	提前预警天数	检测周期	周期单位
1 ☑	接地电阻测量	1	2	天
2 ☐	电缆红外测温	1	2	天
3 ☐	导线、避雷线弧垂测量	1	2	天
4 ☐	绝缘子零值检测	1	2	天
				确定　取消

图 21-2-7　模板选择对话框

（3）检测周期维护完成后，打开运维检修中心>>电网运维检修管理>>检测管理>>检测计划编制界面"线路检测计划编制"TAB 页，在默认的"计划编制"页签下点击"按周期新建"按钮，在"检测计划生成"界面查询到上步骤中维护的检测周期。

1）选择上步骤中维护的检测周期，点击"生成"按钮，生成一条检测计划，选择检测计划，点击"发布"按钮，进行检测计划发布，具体界面如图 21-2-8 所示。

2）打开运维检修中心>>电网运维检修管理>>检测管理>>检测记录录入界面"线路检测记录录入"TAB 页，具体界面如图 21-2-9 所示。

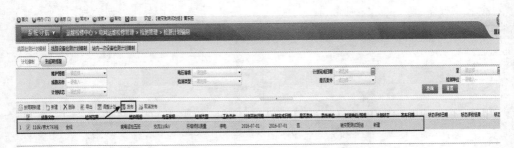

图 21-2-8　计划发布对话框

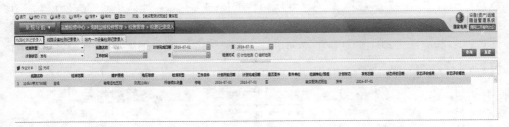

图 21-2-9　记录录入对话框

3）在检测记录录入界面"线路检测记录录入"TAB 页，选中上步骤中发布的检测计划，点击"作业文本"，在"作业文本"界面，点击"新建"，进行作业文本编制；具体界面如图 21-2-10 所示。在"作业文本编制"界面，可根据"参照范本""参照历史作业文本""参照标准库""手工创建"编制作业文本，在"作业文本详情"界面填写相关信息；界面如图 21-2-11 所示，作业文本编制完成后，在"作业文本"界面，点击"启动流程"，在"发送人"界面选择相应人员，点击"确认"，界面样式如图 21-2-12 所示。

图 21-2-10　作业文本编制对话框

图 21-2-11　作业文本编制界面

4）在系统首页中单击"待办"，在待办任务树中选择："全部任务" >> "作业文本审批流程" >> "班组审核"，选择提交的审核任务单，点击任务单的"任务名称"链接，如图 21-2-13 所示。

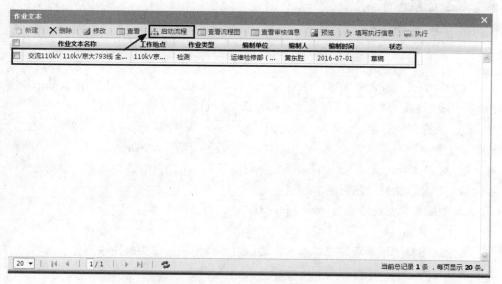

图 21-2-12　作业文本流转界面

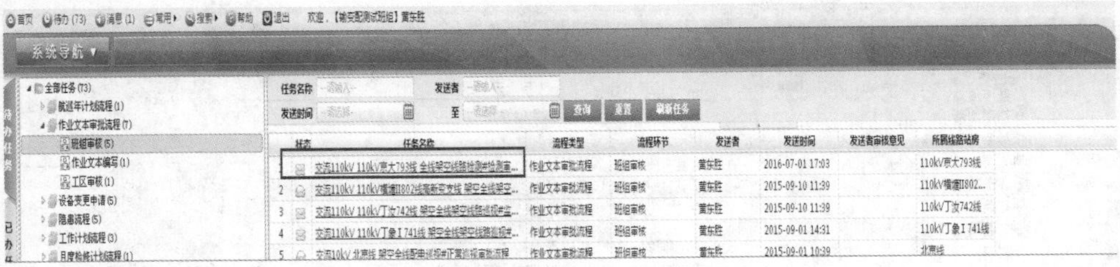

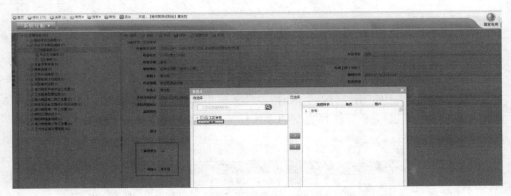

图 21-2-13 作业文本审批流程对话框

（4）在"班组审核"界面填写审核意见、审核人，点击"发送"，在"发送人"界面选择发布，结束作业文本流程（也可选择工区审核继续进行流程扭转），具体界面如图 21-2-14 所示。

图 21-2-14 班组审核界面

返回检测记录录入界面"线路检测记录录入" TAB 页，选中上步骤中发布的检测计划，点击"作业文本"，填写作业文本执行信息；执行信息填写完成后，点击"保存">>"执行"，执行完成后，点击关闭，在检测记录录入界面"线路检测记录录入" TAB 页，选中上步骤中发布的检测计划，点击"按计划新建"，填写检测记录信息；针对临时检测计划，可在检测记录录入界面"线路检测记录录入"TAB 页的条件区选择检测方式>>临时检测，登记临时检测记录。

（二）输电架空线路检测记录查询统计

1. 功能介绍

架空线路检测记录查询统计模块，提供对各种检测工作类型的检测记录以常用的查询条件和统计项目进行查询和统计。

2. 功能菜单

标准中心>>电网运维检修管理>>检测管理>>检测记录查询统计。

3. 操作介绍

登录界面后，首先选择工作类型的值，指定查询该工作类型的检测记录。界面左侧显示线路导航树，右侧为查询条件和结果显示框，如图 21-2-15 所示。通过组合各项条件，可过滤出符合要求的线路检测记录。

图 21-2-15　查询结果界面

点击"查询统计"，若未选择统计项目，则执行查询功能，列出符合条件的线路检测记录。

【思考与练习】

1. 简述输电架空线路故障记录的登记、查询统计方法。

2. 简述输电架空线路检测记录的登记、查询统计方法。

3. 如何实现架空输电线路的缺陷统计？

◢ 模块 3　设备巡视管理（Z04G6007Ⅱ）

【模块描述】本模块包含输电架空线路故障记录的登记、查询统计和输电线路检测记录的登记、查询统计等内容。通过功能介绍、图文结合、操作说明及步骤讲解，掌握输电架空线路设备巡视的管理方法。

【正文】

一、输电架空线路巡视到期提示

1. 功能介绍

该模块提供向输电运行班组人员提示定期巡视到期线路的功能。提示的到期线路为登录人所在班组维护范围内的线路，并以不同的颜色标出超期线路的超周期时间范围。

2. 功能菜单

标准中心>>电网运维检修管理>>巡视管理>>巡视到超期提醒。

3. 操作介绍

登录界面后，选择"线路巡视到超期提醒"，选择查询条件，显示本班组维护范围内、截止到当前时间的到期或超期的线路，为了查出今后某个时间哪些线路到期，可更改到期提示上方的"巡视到期时间"查询条件，并点击"查询"，以显示符合条件的到期巡视记录，如图 21-3-1 所示。

4. 注意事项

（1）本模块应只授权给线路的运行班组人员，其他人员不可以授权，否则会导致无内容的提示。

（2）线路的巡视周期，必须预先进行维护，否则无法正常提示。

（3）线路的上次定期巡视时间，是通过巡视记录自动更新的，如果不及时登记巡视记录，将导致不准确的提示。

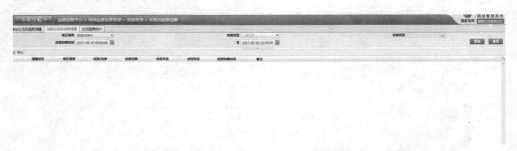

图 21-3-1　输电架空线路巡视到期查询界面

二、输电架空线路巡视记录登记

1. 功能介绍

该模块提供登记架空线路巡视记录、根据巡视到期的线路批量生成定期巡视的巡视记录等功能，若在巡视过程发现缺陷或外部隐患，可直接登记缺陷及外部隐患记录，登记的缺陷及外部隐患记录自动与相应的巡视记录建立关联关系，查询巡视记录时可以直接查看发现的缺陷及外部隐患记录。

登记定期巡视记录时，系统后台将根据该巡视记录的巡视时间，自动更新对应线路的上次周期巡视时间，据此系统进行架空输电线路的巡视到期提示。

2. 功能菜单

标准中心>>电网运维检修管理>>巡视管理>>巡视周期维护界面。

3. 操作介绍

（1）在巡视周期维护界面点击"线路巡视周期"TAB 页，进行线路周期维护，如图 21-3-2 所示。

（2）在"线路巡视周期"维护 TAB 页中点击"新建"按钮，在"巡视周期设置"界面点击"添加设备"，如图 21-3-3 所示。

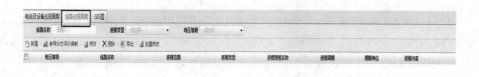

图 21-3-2 周期维护界面

图 21-3-3 新建巡视记录界面

（3）在"站外巡视范围选择"界面选择一条线路，点击 <u>V</u> ，选中一条线路，点击"确认"；巡视到期线路的界面如图 21-3-4 所示。在"巡视周期设置"界面维护该线路巡视周期、周期天气、提前报警天数等必填项，维护完成后，点击"确定"。

图 21-3-4 添加设备界面

（4）打开运维检修中心>>电网运维检修管理>>巡视管理>>巡视计划编制界面，在"巡视计划编制">>"线路巡视计划"TAB 页条件区填写"计划巡视时间""线路名称"，点击"由周期生成"，生成巡视计划；选择一条巡视计划，点击"计划发布"；在"系统提示"界面点击"确认"，将巡视计划发布；界面如图 21-3-5 和图 21-3-6 所示。

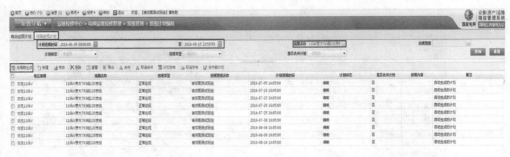

图 21-3-5　生产巡线计划界面

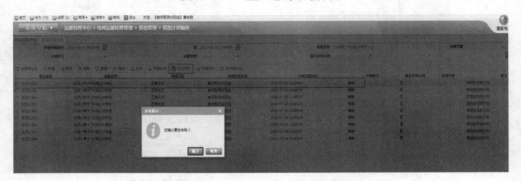

图 21-3-6　计划发布界面

（5）打开运维检修中心>>电网运维检修管理>>巡视管理>>巡视记录登记界面，点击"线路巡视记录登记"TAB 页，可查询到上步骤中发布的巡视计划；如图 21-3-7。

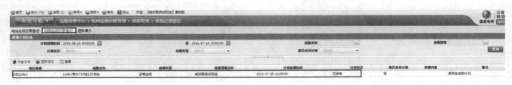

图 21-3-7　记录登记界面

（6）选择发布的线路巡视计划，点击"作业文本"按钮，在"编制作业文本"界面，点击"新建"，进行作业文本编制；如图21-3-8、图21-3-9所示。

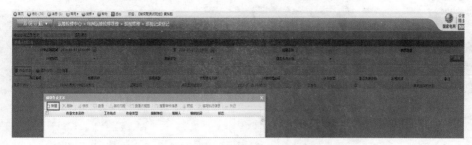

图 21-3-8　作业文本新建界面

图 21-3-9　选择历史文本界面

（7）在"作业文本编制"界面，可根据"参照范本""参照历史作业文本""参照标准库""手工创建"编制作业文本，在"作业文本详情"界面填写相关信息，如图21-3-10所示。

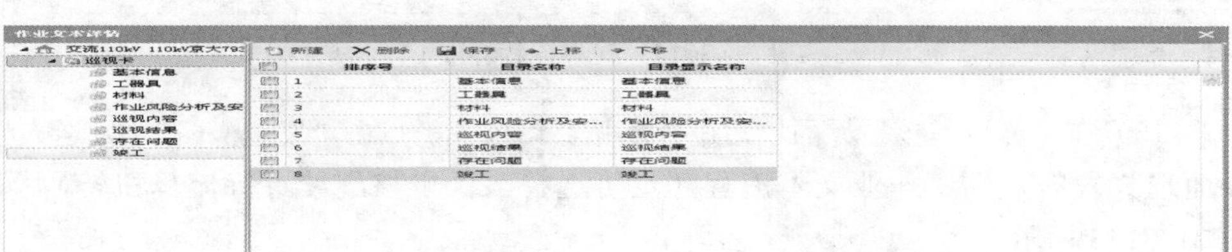

图 21-3-10　文本选择界面

（8）作业文本编制完成后，在"编制作业文本"界面，点击"启动流程"，在"发送人"界面选择相应人员，点击"确认"，如图 21-3-11 所示。

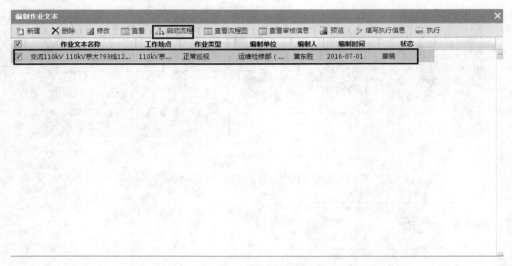

图 21-3-11 启动流程界面

（9）在系统首页中单击"待办"，在待办任务树中选择："全部任务" >> "作业文本审批流程" >> "班组审核"，选择提交的审核任务单，点击任务单的"任务名称"链接；如图 21-3-12 所示。

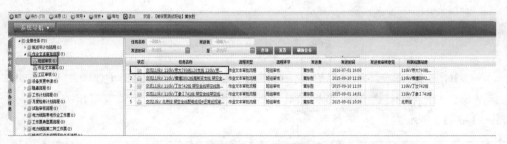

图 21-3-12 代办流程界面

（10）在"班组审核"界面填写审核意见、审核人，点击"发送"，在"发送人"界面选择发布，结束作业文本流程（也可选择工区审核继续进行流程扭转）；如图 21-3-13 所示。

（11）返回"巡视记录登记" >> "线路巡视记录登记"界面，选择步骤 6 中发布的巡视计划，点击"作业文本"按钮，填写作业文本执行信息，如图 21-3-14 所示。

图 21-3-13　班组审核界面

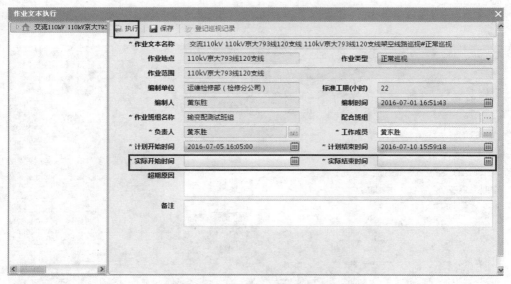

图 21-3-14　执行界面

（12）执行信息填写完成后，点击"保存">>"执行"按钮，执行完成后，点击"登记巡视记录"按钮，登记巡视记录信息，如图 21-3-15 所示。

（13）在"登记线路巡视记录"界面填写线路巡视信息，填写完成后，点击"保存"，在"系统提示"界面选择是否更新巡视周期，如图 21-3-16 所示。

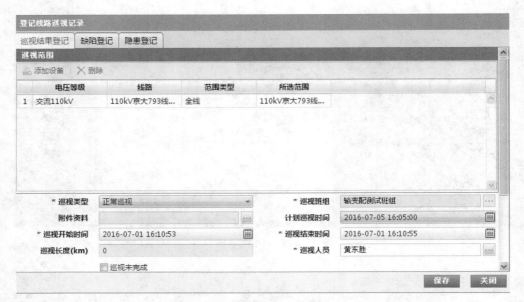

图 21-3-15 巡视结果登记界面

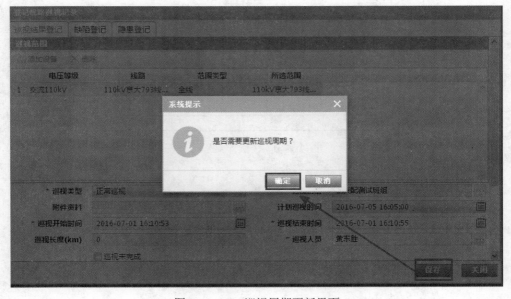

图 21-3-16 巡视周期更新界面

（14）更新巡视周期后，点击"关闭"，在"巡视记录登记" >> "巡视记录信息"下，选择待归档的巡视记录，点击"归档"；如图 21-3-17 所示。

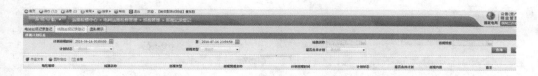

图 21-3-17 归档界面

注：在未归档之前巡视记录都可以修改，归档之后则不能再做修改。

三、输电架空线路巡视记录查询统计

1. 功能说明

该模块提供以常用的查询条件、统计项目对架空线路巡视记录查询和统计等功能。

2. 功能菜单

标准中心>>电网运维检修管理>>巡视管理>>巡视记录查询统计。

3. 操作介绍

登录界面后，界面上部分显示常用的查询条件及统计项目，如图 21-3-18 所示。通过组合各项条件，可过滤出符合要求的巡视记录。

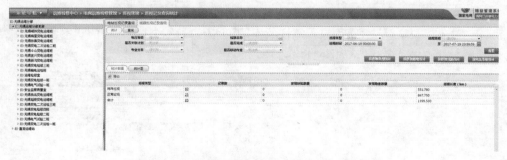

图 21-3-18 输电架空线路巡视记录查询结果界面

点击"查询统计"，若未选择统计项目，则执行查询功能，列出符合条件的线路巡视记录。

若选择统计项目，则执行统计功能，以选择的统计项目为统计项，统计线路巡视记录。

【思考与练习】

1. 简述输电架空线路巡视到期提示操作的注意事项。

2. 简述输电架空线路巡视记录登记和查询统计的操作方法。

3. 输电线路巡视登记必填字段有哪些？

▲ 模块 4　缺陷管理（Z04G6008Ⅱ）

【模块描述】 本模块包含输电架空线路缺陷处理流程、缺陷查询统计、缺陷两率统计和外部隐患记录登记、查询统计等内容。通过功能介绍、图文结合、操作说明及步骤讲解，掌握输电架空线路缺陷管理的方法。

【正文】

一、缺陷处理

（一）架空线路缺陷登记

1. 功能介绍

该模块提供架空线路缺陷记录的登记、流程启动以及已维护缺陷的查询功能。

2. 功能菜单

标准中心>>电网运维检修管理>>缺陷管理>>缺陷登记。

3. 操作介绍

（1）在首页系统导航下拉菜单中选择：运维检修中心>>"电网运维检修管理">>"缺陷管理">>"缺陷登记"。

（2）在"缺陷登记"页面中点击"新建"，如图 21-4-1 所示。

（3）在"缺陷登记"页面录入测试数据，（可根据缺陷描述所对应的状态量确认缺陷性质）并点击"确认"，如图 21-4-2 所示。

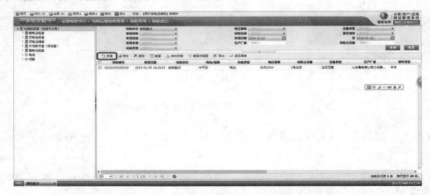

图 21-4-1　缺陷新增界面

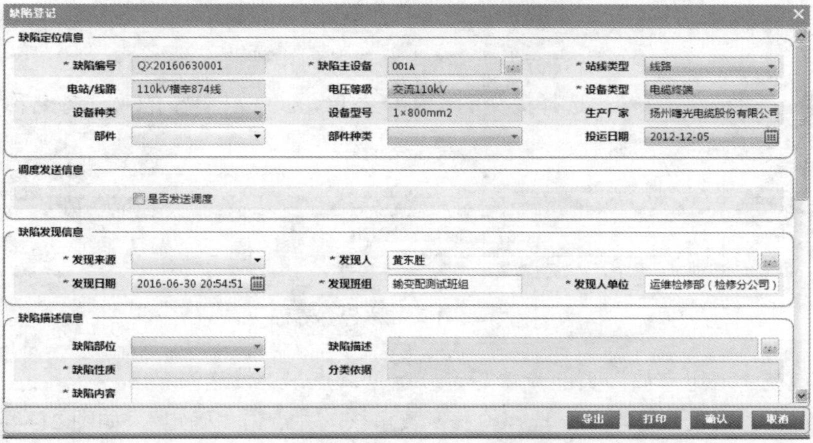

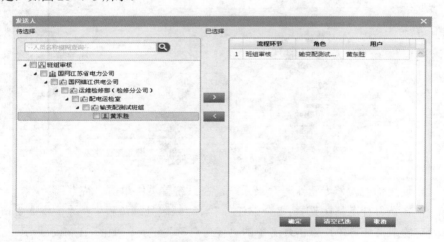

图 21-4-2　缺陷录入界面

（4）选择新建的缺陷数据，点击"启动流程"，在发送人中选择输电运检人员，点击确定，如图 21-4-3 所示。

图 21-4-3　启动流程界面

（二）缺陷审核及消缺安排

1. 功能介绍

运行单位专工审核提供对班组上报的缺陷进行缺陷重新定性、将缺陷添加到任务池、继续上报缺陷或直接将缺陷发给班组进行消缺处理等功能。

2. 功能菜单

待办任务列表>>缺陷管理>>缺陷审核。

3. 操作介绍

（1）在系统首页中单击"待办"，在待办任务树中选择："全部任务" >> "缺陷处理流程" >> "班组审核"，选择提交的审核任务单，点击任务单的"任务名称"链接，如图 21-4-4 所示。

图 21-4-4　审核代办界面

（2）在"班组审核"页面，填写审核意见，点击"发送"。

（3）在"发送人"页面，选择检修专责审核，并点击"确定"，如图 21-4-5 所示。

图 21-4-5　发送流程界面

（4）使用输电检修专责账号登录系统，在系统首页中单击"待办"。

（5）在待办任务树中选择："全部任务" >> "缺陷处理流程" >> "检修专责审核"，选择提交的审核任务单，点击任务单的"任务名称"链接，如图 21-4-6 所示。

（6）在"检修专责审核"页面，填写建议检修类别、建议检修时间、拟采取检修内容及审核意见，点击"发送"；在"发送人" >> "消缺安排"页面，选择输电专责，并点击"确定"，如图 21-4-7 所示。

（7）使用输电检修专责账号登录系统，在系统首页中单击"待办"。

（8）在待办任务树中选择："全部任务" >> "缺陷处理流程" >> "消缺安排"，选择提交的审核任务单，点击任务单的"任务名称"链接。

（9）在"消缺安排"页面，填写审核意见，点击"保存"。

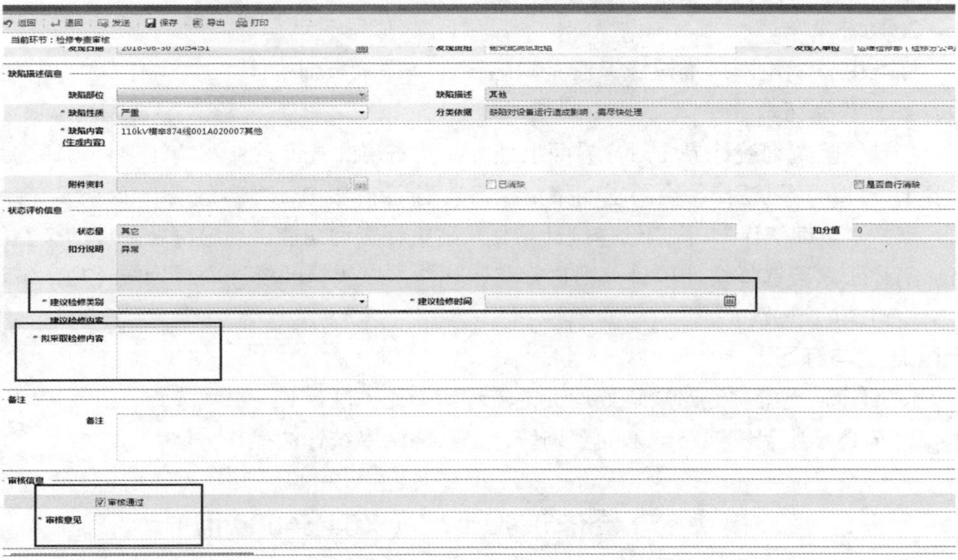

图 21-4-6　缺陷审核界面

图 21-4-7　审核流程界面

二、输电架空线路缺陷查询统计

1. 功能介绍

架空线路缺陷查询统计提供以常用的查询条件和统计项目，对架空线路缺陷记录进行查询和统计，同时提供以图形显示统计结果的功能。

2. 功能菜单

标准中心>>电网运维检修管理>>缺陷管理>>缺陷查询统计。

3. 操作介绍

登录缺陷查询统计界面后，界面上部分显示常用的查询条件及统计项目。通过组合各项条件，可过滤出符合要求的架空线路缺陷记录。

点击"查询统计"，若未选择统计项目，则执行查询功能，列出符合条件的架空线路缺陷记录；若选择统计项目，则执行统计功能，以选择的统计项目为统计项，统计架空线路缺陷记录。

【思考与练习】

1. 简述输电架空线路缺陷处理关键流程的操作方法。

2. 简述输电架空线路缺陷的查询统计、缺陷两率统计的操作方法。

▲ 模块5 检修试验管理（Z04G6009Ⅱ）

【模块描述】本模块包含输电架空线路检修记录登记、查询统计及带电作业查询统计等内容。通过功能介绍、图文结合、操作说明及步骤讲解，掌握输电架空线路检修试验管理的方法。

【正文】

一、输电架空线路检修记录登记

1. 功能介绍

该模块用来登记输电架空线路的检修记录，检修记录在任务池中工作任务的基础上进行登记，在登记检修记录时可以挂接相应的检修报告，对具有带电作业性质的检修记录，可填写对应的带电作业登记表。

2. 功能菜单

标准中心>>电网运维检修管理>>检修管理>>修试记录验收。

3. 操作介绍

（1）添加检修记录。在班组工作任务列表中选择一条工作任务，点击该任务"检修记录"栏的相应链接进行添加，添加时系统会根据工作任务的内容生成检修记录的部分内容，如线路名称、工作类型、工作范围，一条工作任务可以添加多条检修记录，但如果该工作任务是一项消缺任务，则只允许添加一条检修记录（详见工作票管理模块检修记录编写）。

（2）删除检修记录。删除检修记录时，如果检修记录是根据工作任务添加的，则将工作任务的已登记检修记录数减去删除的记录数；如果检修记录对应的工作任务是消缺任务，则禁止删除检修记录。

（3）登记带电作业。登记检修记录时，可同时登记带电作业，一条检修记录最多只能登记一条带电作业记录。选中如图 21-5-1 所示界面中的检修记录的"是否带电作业"后，在出现的对话框中填写相应的内容并保存。

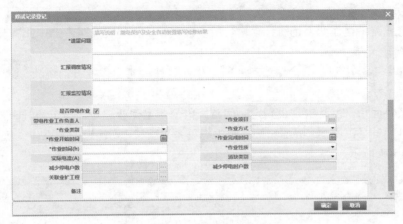

图 21-5-1　带电作业界面

二、输电架空线路检修记录查询统计

1. 功能介绍

主要提供架空线路检修记录的查询和统计。

2. 功能菜单

标准中心>>电网运维检修管理>>检修管理>>修试记录查询统计。

3. 操作介绍

登录界面后，检修记录主界面显示任务池中的工作任务、已维护检修记录，通过界面上定义的查询条件来查询记录，如图 21-5-2 所示。

图 21-5-2　检修记录查询统计界面

在两组查询条件中分别选择一些条件，并点击"查询"，即可查询对应的记录，其中带电作业是依附检修记录的，即列出的带电作业记录是与查询出的检修记录相关联的记录。

三、输电架空线路带电作业查询统计

1. 功能介绍

架空线路带电作业查询统计模块，用于查询和统计架空线路带电作业情况。

2. 功能菜单

标准中心>>电网运维检修管理>>带电作业管理>>带电作业查询统计。

3. 操作介绍

登录界面后，默认查询出指定时间范围内的带电作业记录，指定的时间范围为截至当前时间一月范围内。界面左侧显示组织关系导航树，切换选中节点作为查询条件，如图 21-5-3 所示。

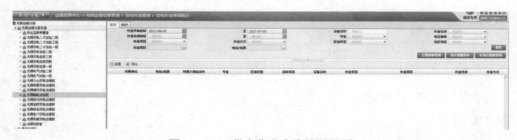

图 21-5-3　带电作业查询结果界面

若选择统计项目，则执行统计功能，以选择的统计项目为统计项，统计架空线路带电作业，次数的值，如图 21-5-4 所示。

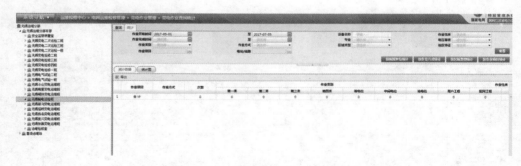

图 21-5-4　带电作业统计结果界面

【思考与练习】

1. 简述输电架空线路检修记录登记、查询统计的操作方法。

2. 简述输电架空线路带电作业查询统计的操作方法。

3. 输电架空线路带电作业查询统计分为几个模块？

▶ 模块 6 工作票管理（Z04G6010 Ⅱ）

【模块描述】本模块包含线路工作票管理、工作票查询、工作票统计及工作票日志等内容。通过功能介绍、图文结合、操作说明及步骤讲解，掌握输电架空线路工作票管理的方法。

【正文】

一、工作票管理

线路工作票管理的关键流程包括工作票填写、工作票签发、工作票接收打印、工作票终结四个环节，具体处理流程如图 21-6-1 所示。

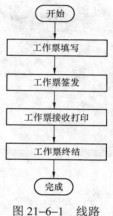

图 21-6-1 线路工作票管理流程

（一）工作票填写

1. 功能介绍

该模块提供工作负责人或签发人起草工作票功能。

2. 功能菜单

标准中心>>工作票管理>>工作票开票。

3. 操作介绍（以线路第一种工作票为例）

（1）新建工作票。新建工作票有多个入口，可以通过工作票管理菜单中新建工作票，也可以通过工作任务单模块去新建工作票，下面分别介绍这两种方式。

1）从工作票管理菜单中新建工作票。在主页菜单栏中，选择菜单"标准中心>>工作票管理>>工作票开票"，进入工作票管理界面，如图 21-6-2 所示。

图 21-6-2 工作票管理界面

点击"新建"，在弹出的窗口中选择票类型、线路名称，如图 21-6-3 所示。也可以从工作任务单中取任务进行开票，系统允许没有任务单的工作票。

2）从工作任务单新建工作票，如图 21-6-4 所示，当弹出工作任务单界面后，填写完必要信息后，点击"工作票"按钮，将新建工作票。

（2）利用典型票开票。从工作票的分类树中选择"典型票"节点，系统将典型票显示在右侧列表中。选中想要利用的历史票后，点击"复制"，系统复制一张工作票放到当前登录用户的"草稿箱"中。用户通过点击票分类树的"草稿箱"按钮便可找到新复制出来的工作票。

图 21-6-3　新建工作票界面　　　　图 21-6-4　从工作任务单新建工作票界面

（3）利用历史票开票。从工作票的分类树中选择"存档票"节点，系统将存档的工作票显示在右侧列表中。选中想要利用的存档票后，点击"复制"按钮，系统复制一张工作票放到当前登录用户的"草稿箱"中。用户通过点击票分类树的"草稿箱"便可找到新复制出来的工作票。系统复制存档票时，只复制历史票中工作负责人填写的内容（工作单位、工作班组、工作班组成员、计划工作时间除外）。

（4）工作票发送。工作负责人或签发人填写完整工作票后，便可点击"发送"，并选择将要发送的签发人，系统将工作票发送给指定的签发人。

（二）工作票签发

1. 功能介绍

该模块提供工作票签发人签发工作票功能。

2. 功能菜单

标准中心>>工作票管理>>工作票管理。

3. 操作介绍

（1）查找待签发工作票。在工作负责人申请签发成功后，工作签发人登录后可以在首页的当前任务中选中该票点击"处理流程"进入该票面操作相应内容；也可以在自己的收件箱中找到该票，双击票名称进入票面完成签发操作。当前任务中也可以通过点击"查看流程图"或"查看日志"，进行流程图或日志的查看。

（2）签发工作票。工作签发人打开工作票，确认工作票内容填写无误后，点击票中"工作票签发人签名"处，系统显示电子签名界面，界面的签名人默认为当前登录人，签发人只需输入正确密码，便可完成工作票的签发操作（签发日期系统自动设置为当前服务器时间）。在签发完后可以点击"发送"，将工作票发送给工作负责人。

4．注意事项

（1）签发人在签票的时候，如果发现票不合格，可以点击"退回"，将该票退回给工作负责人，由负责人重新修改好再次申请签发。

（2）签发人签发完发生票时，系统根据规则自动生成票号。

（三）工作票接收打印

1．功能介绍

该模块提供工作负责人接收工作票并打印的功能。

2．功能菜单

标准中心>>工作票管理>>工作票管理。

3．操作介绍

工作签发人在签发完工作票后，工作负责人登录后便可以在当前任务中选择该票，点击"处理流程"，打开相应工作票；此时工作负责人可以将该票打印出，带纸票到现场执行。

（四）工作票回填终结

1．功能介绍

该模块提供将打印后在纸票上填写的信息回填录入到系统中的功能。

2．功能菜单

标准中心>>工作票管理>>工作票管理。

3．操作介绍

（1）工作票作废或未执行。若由于工作票填写有问题或天气等其他原因而不能正常开工，导致工作取消或延期执行时，工作许可人可以点击该票上方的"作废"或"未执行"，将该票作废或转成未执行票。

（2）填写修试记录。如果工作票关联了工作任务单，则工作票的工具将会出现"修试记录"，如图 21-6-5 所示。

点击"修试记录"，登记修试记录，在下面的检修记录栏中填写检修情况，点击"保存"保存检修记录。如图 21-6-6 所示。

图 21-6-5　修试记录界面

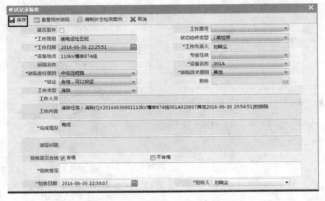

图 21-6-6　修试记录填写界面

（3）工作票回填终结。工作负责人在现场施工完成后，将打印后填写的内容回填录入到系统中，点击"发送"，将该票转成存档案，该票整个流程结束，并产生已执行章。回填工作票是为了保证系统中工作票数据的完整性，便于后续工作票审核和查询统计。在"任务处理"页面，工作任务 TAB 页，点击"班组任务单终结"，在弹出的提示框中选择"确定"，如图 21-6-7 所示。

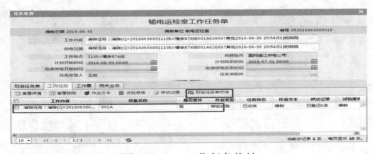

图 21-6-7　工作任务终结

二、工作票查询

1. 功能介绍

该模块提供根据查询条件对工作票进行查询的功能。

2. 功能菜单

标准中心>>工作票管理>>工作票查询统计。

3. 操作介绍

在主界面菜单栏中，进入工作票查询界面，如图 21-6-8 所示。

图 21-6-8　工作票查询界面

通过条件区选择查询条件（票类型、票状态、存档单位、制票单位、票名称、线路名称）。对于查询结果，用户可以双击打开后进行浏览；如果当前登录人具有修改票的权限，在查询结果中打开票后还可以修改票内容。也可通过自定义查询，点击"自定义查询"，在页面中选择条件，然后点击"确定"。也可以将经常使用的查询条件保存为查询方案，在以后的查询中直接点击"选择查询方案"，选择具体方案进行查询即可。保存的查询方案为私有，每个用户只能使用自己保存的查询方案。

三、工作票统计

1. 功能介绍

该模块提供根据时间、执行单位对工作票进行统计的功能。

2. 功能菜单

运行工作中心>>工作票管理>>工作票查询统计。

3. 操作介绍

在主界面菜单栏中，进入工作票统计界面，如图 21-6-9 所示。

图 21-6-9　工作票统计界面

可根据选择统计时间、执行单位，统计方式，对工作票进行统计，统计结果显示各班组执行票数、作废票数、票总数。

四、工作票评价

1. 功能介绍

根据执行单位评价已执行的工作票。

2. 功能菜单

标准中心>>工作票管理>>工作票评价。

3. 操作介绍

在主界面菜单栏中，进入工作票评价界面，如图 21-6-10 所示。

图 21-6-10　工作票评价界面

【思考与练习】

1. 简述线路工作票管理关键流程环节及相应的操作方法。

2. 简述线路工作票查询、工作票统计及工作票日志的操作方法。

3. 如何进行工作怕的维护？

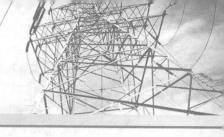

第二十二章

参数维护统计报表

◢ 模块 1 任务池（Z04G6011Ⅲ）

【模块描述】本模块包含输电任务池管理和查询统计。通过功能描述、图形提示、操作过程详细介绍和注意事项，掌握输电任务池管理的应用。

【正文】

一、输电任务池管理

1. 功能描述

该模块提供输电检修工作任务的维护功能，可以勾选周期性的工作入池、也可以将未消除缺陷或未完成的工作任务添加入池。

任务池管理模块还提供了下月到期、明年到期任务以及未入池缺陷的入池提示功能，可以直接勾选这些提示的记录加入池中。

2. 功能菜单

标准中心>>电网运维检修管理>>任务池管理。

3. 操作介绍

打开菜单进入输电任务池新建，如图 22-1-1 所示。

图 22-1-1 输电任务池界面

新建。点击"新建"，填写新增任务的相应信息，带有星号的为必填信息，如图 22-1-2 所示。

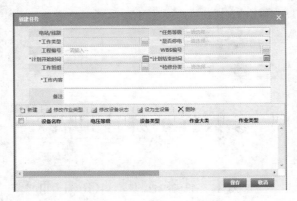

图 22-1-2　新建任务界面

点击"新建"，选择设备，如图 22-1-3 所示。

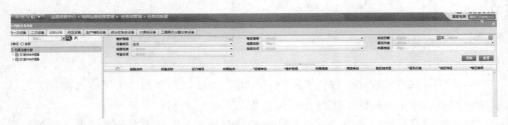

图 22-1-3　选择设备界面

输入线路设备名称，点击"查询"，选择所需要的设备，点击 ∨，确定。如图 22-1-4 所示。

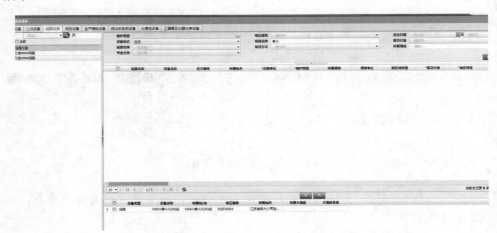

图 22-1-4　设备入池界面

4. 注意事项

（1）模块查询出的已维护工作任务，均为待开展的任务。

（2）模块查询出的已维护工作任务，为该用户所在的单位（地市、工区或县局）的下级单位或部门登记下的所有任务，具体来说，如果用户是班组下的用户，则用户只能查询本班组登记的工作任务记录，如果是工区用户，则用户只能查询本工区下的所有部门登记的工作任务记录，如果用户是地市级用户，则用户只能查询本地市下的所有部门登记的工作任务记录。

（3）通过本模块的"新建"，添加的任务，均视为临时工作任务。

（4）任务池任务列表下方的下周到期任务、下月到期任务、明年到期任务、未消除缺陷的提示区域，所提示的记录为该用户所在的单位（地市、工区或县局）管辖范围内线路的到期检修任务或未消除的缺陷，运行（检测）到期任务不包含在内，所谓检修任务，是指工作类型的根类型为"检修"的任务。

（5）任务池下方的下周到期任务、下月到期任务、明年到期任务、未消除缺陷的提示的区域，是动态的，任何一种提示区域无记录，则该提示区域将消失。

（6）任务池下方的未消除缺陷的提示区域所显示的缺陷，为专工已审核但未添加到任务池的缺陷，并且在任务池中至少发现一条同线路的其他工作任务，所谓专工已审核，是指该缺陷已经缺陷流程的专业所专工审核。

（7）无论是缺陷还是周期性检修工作，被添加到任务池后，不能被再次添加。

（8）缺陷流程环节中的也提供了将缺陷添加到任务池的功能，如果在缺陷流程处理时通过这些功能将缺陷添加到任务池，则本模块将不能再次添加，入池提示也不再显示该缺陷记录。

（9）对于临时性任务，可以修改其任何一个属性信息；对于周期检修任务、未完成任务、未消除缺陷任务，只能修改"计划开始时间""计划结束时间""工作班组""备注"等信息。

二、输电任务池查询统计

1. 功能描述

查看输电任务池情况。

2. 功能菜单

标准中心>>电网检修运维管理>>任务池管理>>任务池查询统计。

3. 操作介绍

（1）查询。打开菜单进入输电任务池查询统计界面，如图 22-1-5 所示。

用户可根据工作类型、任务等级、计划工作时间、登记部门、线路名称、任务来源、电压等级、工作班组、工作内容、任务状态等条件选项查询出符合条件的输电任务情况。

图 22-1-5　输电任务池查询界面

（2）统计。也可对任务来源、任务状态、任务等级、工作班组等项作出相应的统计。

（3）导出。点击"导出 excel"，将查询统计出的数据导入到 excel 文档并打印。

【思考与练习】

1. 输电线路任务池添加有哪几种方式？

2. 输电线路任务池管理需注意哪些事项？

3. 可以通过哪些途径实现查询？

▲ 模块 2　输电检修计划管理（Z04G6012Ⅲ）

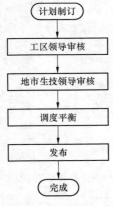

图 22-2-1　输电年度
检修计划流程

【模块描述】 本模块包含输电年度计划管理、输电月计划管理、输电工作计划管理等内容。通过功能描述、图形提示、操作介绍，掌握输电线路检修计划管理的应用。

【正文】

一、输电年度计划管理

（一）输电年度检修计划流程

输电年度检修计划流程，如图 22-2-1 所示。

（1）工区生产办人员制定输电年度检修计划。

（2）工区领导审核年度检修计划。

（3）地市公司生技领导审核年度检修计划。

（4）地市调度审核平衡年度检修计划。

（二）输电年度检修计划制定

1. 功能描述

用于输电年度检修计划的制定、修改。

2. 功能菜单

标准中心>>电网运维检修管理>>检修管理>>年度检修计划编制。

3. 操作介绍

（1）新增。点击"新增"，弹出任务选择界面，如图 22-2-2 所示。

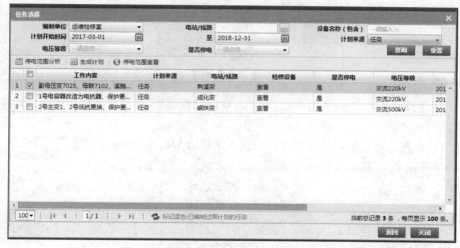

图 22-2-2　输电年度检修计划过滤界面

选择要生成计划的任务，点击"添加到计划"即可。

（2）查看详细。选择计划，点击"🖃"查询，可以查看当前计划的详细信息以及相关任务信息；可对处于制定状态的计划信息可进行修改、削减和增加计划相关任务等操作。修改信息后，点击"保存"数据即可。

（3）合并。选择计划，点击"合并"，系统可将相同线路的计划合并为一条新计划并替换所选计划。

（4）发送。选择计划，点击"发送"弹出迁移选择对话框，选择要发送的用户，点击"发送"将计划发送到计划流程下一环节。

（三）年度检修计划审核

1. 功能描述

用于年度检修计划领导审核，提供年度计划的修改、回退、审核、时间平衡、发送等功能；提供对已审核年度计划的查看功能。

2. 功能菜单

标准中心>>电网运维检修管理>>检修管理>>检修计划审核。

3. 操作介绍

（1）查询。按用户所需查询的要求输入跳线，查询时间段内当前用户的计划，如图 22-2-3 所示。

图 22-2-3　查询界面

（2）查看详细。选择"待审核计划"，点击"查询"，弹出计划修改界面，用户可对计划信息修改，填写审核意见。

（3）审核。在年度检修计划审核页面，选择多条待审核的计划，点击"审核"弹出审核意见填写界面，填写审核意见，点击"确定"即可。

（4）发送。选择计划，点击"发送"弹出迁移选择对话框，选择要发送的用户，点击"发送"将计划发送到计划流程下一环节。

（5）回退。选择计划，点击"回退"弹出回退迁移选择对话框，选择要回退的用户，点击"发送"将计划回退到指定流程环节。

二、输电月计划管理

（一）输电月度检修计划流程

输电月度检修计划流程如图 22-2-4 所示。

（1）工区生产办人员制定计划。

（2）工区领导审核月检修计划。

（3）调度审核平衡月检修计划。

（二）输电月度检修计划制定

1. 功能描述

用于输电月度检修计划的制定、修改。

2. 功能菜单

标准中心>>电网运维检修管理>>修管理>>月度检修计划编制。

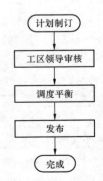

图 22-2-4　输电月度检修计划流程图

3. 操作介绍

（1）新建。取年计划：月度计划制定上报与年度计划制定上报流程基本一致，不同的是，月度计划可以取已发布的年计划，点击"取年计划"弹出年计划选择界面，如图 22-2-5 所示。选择年计划，点击"确定"将年计划加入当前月即可。

（2）月度计划的新增、上报流程，与年度计划上报流程基本一致，不再描述。

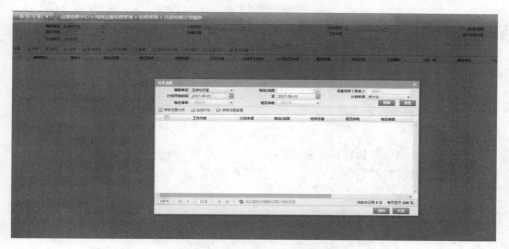

图 22-2-5　取年计划界面

（三）月度检修计划审核

1. 功能描述

用于月度检修计划领导审核，提供月度计划的审核、时间平衡、计划信息的修改、计划回退、计划发送功能，提供对已审核过计划信息的查看功能。

2. 功能菜单

标准中心>>电网运维检修管理>>修管理>>检修计划审核。

3. 操作介绍

具体流程参考年度计划审核。

三、输电工作计划管理

根据地域以及管理方式的不同，工作计划可以作为日计划、周计划、旬计划，具体按各地的实际情况进行调整。

输电工作检修计划流程如图 22-2-6 所示（当前流程为标准版系统提供流程，用户可通过工作流平台自定义流程环节）。

（1）工区生产办人员制定工作检修计划。

图 22-2-6　输电工作
检修计划流程

（2）工区领导审核工作检修计划。

（3）调度审核平衡工作检修计划。

（一）输电工作计划制定

1. 功能描述

输电工作检修计划的制定、修改。

2. 功能菜单

标准中心>>电网运维检修管理>>检修管理>>周检修计划编制。

3. 操作介绍

具体流程参考月度计划编制。

（二）工作检修计划审核

1. 功能描述

用于工作计划领导审核，提供工作计划的审核、时间平衡、计划信息的修改、计划回退、计划发送功能，提供对已审核过计划信息的查看功能。

2. 功能菜单

标准中心>>电网运维检修管理>>修管理>>检修计划审核。

3. 操作介绍

工作计划的审核流程处理可参考月计划审核。

（三）工作计划调度审核

1. 功能描述

用于工作计划调度审核，提供工作计划的审核、时间平衡功能；提供对已审核过计划信息的查看功能。

2. 功能菜单

标准中心>>电网运维检修管理>>修管理>>检修计划审核。

3. 操作介绍

工作计划的调度审核流程处理可参考年度计划调度审核。

【思考与练习】

1. 简要描述输电线路年度计划的流程。

2. 检修计划的调度审核主要提供哪些功能？

3. 如何将一个工作任务例为季度检修计划？

4. 如何将一个季度检修任务例为年度检修计划？

▲ 模块 3　输电停电申请单登记（Z04G6013Ⅲ）

【模块描述】本模块包含输电停电申请单登记、审批等内容。通过操作过程详细介绍，掌握输电停电申请单的应用。

【正文】

1. 功能描述

用于输电停电申请单的登记，提供输电停电申请单的登记、审批等功能。

2. 功能菜单

标准中心>>电网运维检修管理>>停电申请单管理。

3. 操作介绍

（1）查询。用户可以设置过滤条件点击"查询"，查询停电申请单，如图 22-3-1 所示。

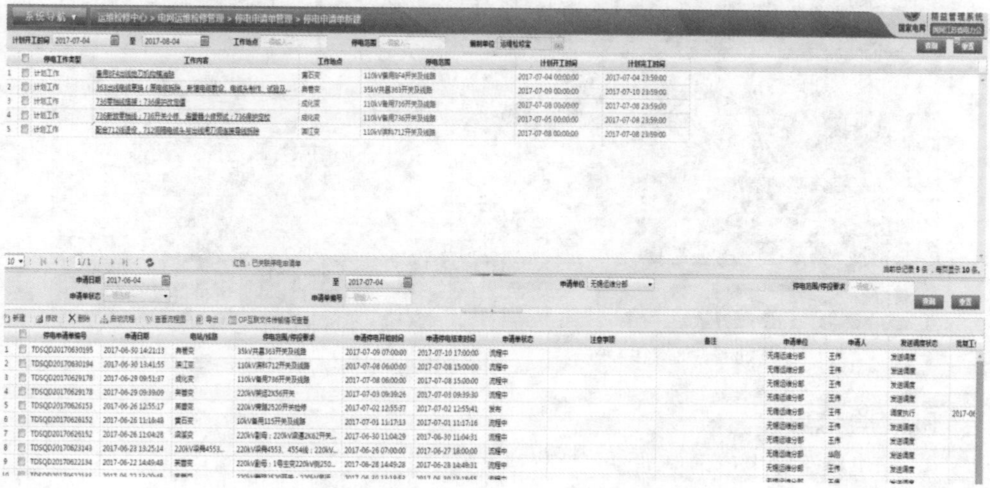

图 22-3-1　停电申请单查询界面

（2）新建。选择所需的检修计划，点击"新建"，进入新建界面，如图 22-3-2 所示。

（3）填写。填写申请单内容，点击"保存"，点"启动流程"，进入审批流程，系统会将停电申请单自动发送至 OMS 系统，如图 22-3-3 所示。

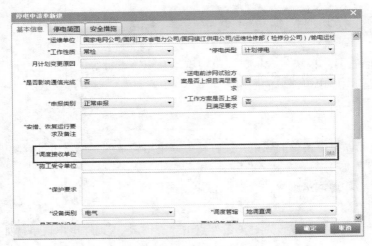

图 22-3-2　新建界面

图 22-3-3　申请单审批界面

【思考与练习】

1. 输电线路停电申请单主要包括哪些字段？

2. 简要描述输电线路停电申请流程。

3. 工作任务单批复的内容有哪里？

▲ 模块 4　工作任务单管理（Z04G6014Ⅲ）

【模块描述】本模块包含输电工作任务单分配、班组受理、处理等内容。通过功能描述、操作和注意事项介绍，掌握输电线路工作任务单的管理方法。

【正文】

一、工作任务单分配

（一）功能描述

该模块提供输电工作任务单创建及派发功能。创建工作任务单时，首先选择计划任务或临时任务，同时需要指定受理任务的工作班组，一个任务单可以对应多条计划或多条临时任务，在创建工作任务单时可以关联停电申请单或创建停电申请单，也可以开写工作票。

在进行任务单创建时，允许选择的计划任务为周（旬）工作计划（在系统中称为"输电工作计划"，是比月度工作计划更具体的计划），这些输电工作计划必须是调度发布后且尚未开写工作任务单的计划。

（二）功能菜单

标准中心>>电网运维检修管理>>检修管理>>工作任务单编制及派发。

（三）操作介绍

打开菜单进入输电工作任务单分配界面，如图 22-4-1 所示。

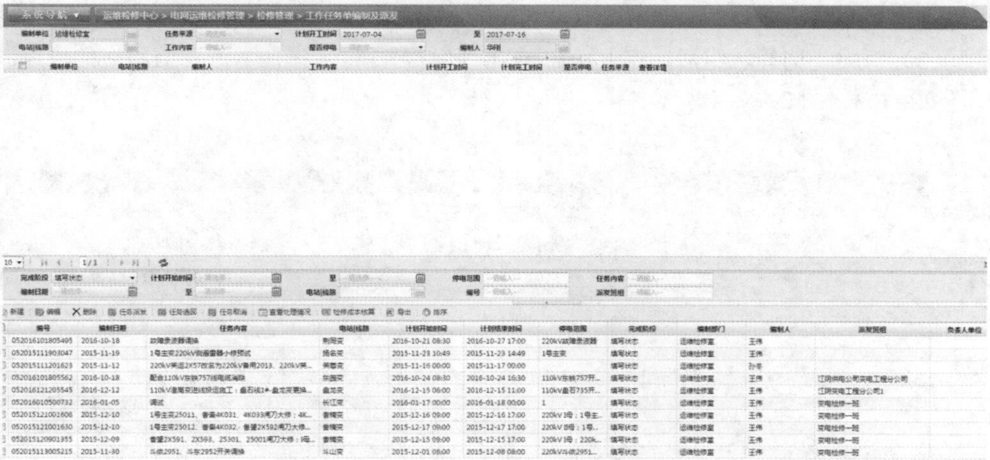

图 22-4-1　输电工作任务单分配界面

1. 新建任务单

在页面上半部分的工作计划或临时任务中选择要建任务单的计划或任务，点击"新建"进入新建界面，如图 22-4-2 所示。

2. 指定任务的受理班组并派发

（1）任务选择。在检修设备列表中选择当前的检修任务。

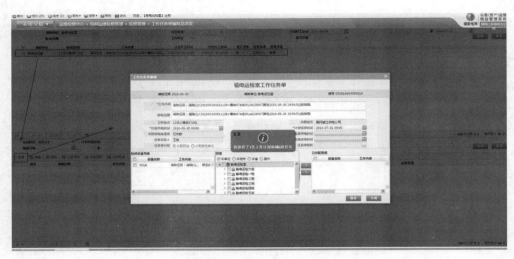

图 22-4-2　新建任务界面

（2）班组。在下拉列表中选择需要派发的班组，也可使用搜索功能。在此步骤中可以选择多个班组。

（3）派发。选择班组后，点击 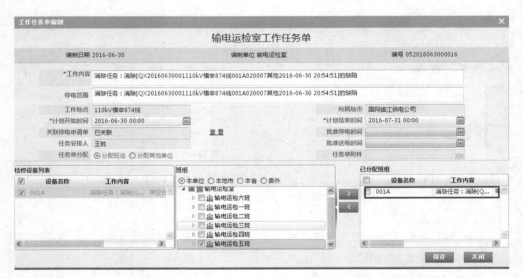，点击"保存"，将工作任务派发至相应的班组。如图 22-4-3、图 22-4-4 所示。

图 22-4-3　指定界面

图 22-4-4　派发界面

3. 招回任务

对于已派发给工作班组的任务，如果这些班组尚未进行接受，可以对任务单执行招回操作，点击图 22-4-1 所示主界面中的"任务追回"，系统提示是否确认追回，用户点击"确定"后执行。

（四）注意事项

（1）模块查询出的工作计划，均为调度发布且未对其开写工作任务单的计划。

（2）模块查询出的临时任务，为待开展的任务，即尚未对其开写工作任务单。

（3）新建任务单选择工作计划或临时任务时，可以选择多条工作计划或多条临时任务，但这些工作计划或临时任务必须是同一条线路的。

（4）在对班组指定受理的工作内容时，同一条工作任务，可以指定给不同的工作班组。

（5）在图 22-4-1 所示主界面上选择工作计划或临时任务新建工作任务单时，工作计划及临时任务可以同时选。

（6）任务单上开写工作票时，必须首先指定工作班组，未指定工作班组的工作任务单禁止开工作票。

（7）不管任务单有多少个工作班组，该任务单只能开写一张工作票，如果需要开多张工作票，任务单发给班组后，由各班组受理任务单后再分别开票。

（8）一张工作任务单只能链接或创建一张停电申请单，链接后的停电申请单，不能再被其他工作任务单链接，可链接的停电申请单，可通过"计划任务中心>>停电申请单>>输电停电申请单登记模块"维护。

（9）任务单追回时，该任务单必须尚未关闭，招回后的工作任务单，不能再进行任何其他操作，即该任务单被封掉，其对应的工作任务被重新放入池中。

二、工作任务单班组受理

1. 功能描述

该模块提供对派发到班组的工作任务单进行受理操作的功能，通过该模块班组可受理专工派发的工作任务单并指定工作负责人，对已安排的工作任务单可提供任务处理功能，在进行任务单的工作任务处理中，还可以开工作票、填写检修记录等。

2. 功能菜单

班组中心>>电网运维检修管理>>检修管理>>工作任务单受理。

3. 操作介绍

使用派发步骤中派发班组人员账号登录系统，在系统首页中单击"待办"按钮，"全部任务">>"工作任务单处理流程">>"消缺任务安排"，选择提交的审核任务单，点击任务单的"任务名称"链接，如图 22-4-5 所示。

图 22-4-5 工作任务界面

（1）指派负责人。在工作任务单列表中勾选一条已分配的任务单，点击"指派负责人"，弹出工作负责人选择对话框，选择负责人，点击"确定"即可，如图 22-4-6 所示。

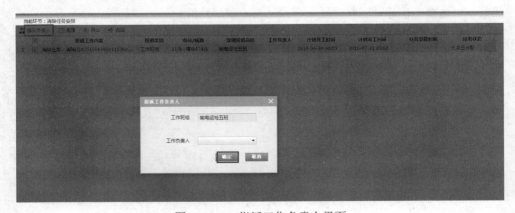

图 22-4-6 指派工作负责人界面

（2）任务处理。在工作任务单列表中勾选一条已安排的工作任务单，点击"任务处理"，系统弹出任务处理界面进行相应操作，如图 22-4-7 所示。

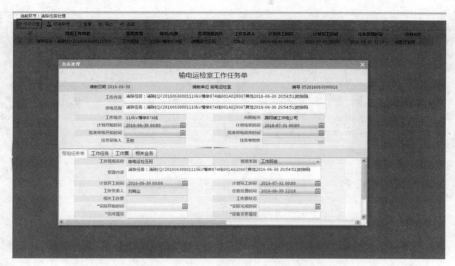

图 22-4-7 工作负责人任务处理界面

（3）开写工作票。在图 22-4-7 所示的任务处理界面中，点击"工作票"，系统弹出工作票新建对话框，系统弹出工作票新建对话框，对话框中选择票的种类（如第一种工作票还是第二种工作票），确定后就可以创建并填写工作票。如图 22-4-8 所示。

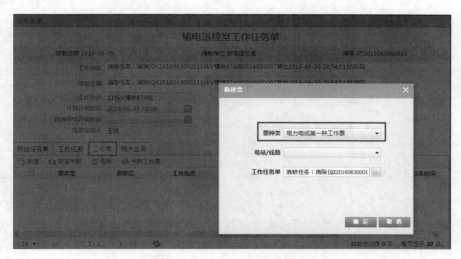

图 22-4-8 新建工作票界面

（4）作业文本编制。在图 22-4-7 所示的任务处理界面中，点击"工作任务"，选择当前任务，点击"作业文本"，在弹出的"作业文本编制"页面可编制作业文本。如图 22-4-9 所示。

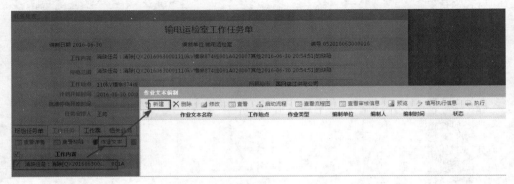

图 22-4-9　作业文本编制对话框

（5）检修记录编制。在标准化作业执行与工作票终结后，可回系统中编制修试记录、终结班组任务单。在"任务处理"页面，工作任务 tab 页，选择工作任务，点击"修试记录"，在弹出的"修试记录登记"页面维护修试记录信息，并点击"保存并上报验收"，如图 22-4-10 所示。

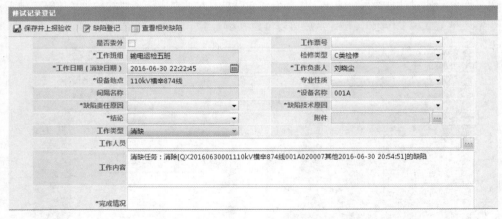

图 22-4-10　检修记录编制对话框

（6）工作任务终结。在"任务处理"页面，班组任务单 tab 页，填写实际开始时间、实际完成时间、完成情况及设备变更情况，点击"确定"，如图 22-4-11 所示。

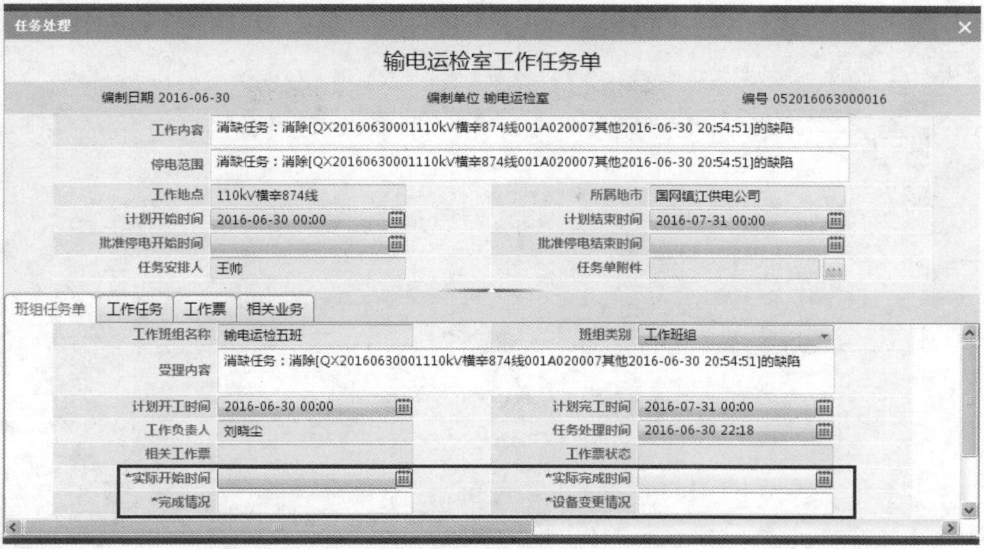

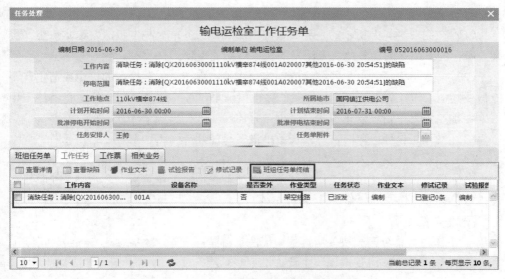

图 22-4-11　填写班组任务单对话框

　　在"任务处理"页面，工作任务 tab 页，点击"班组任务单终结"，在弹出的提示框中选择"确定"，如图 22-4-12 所示。

图 22-4-12　班组任务单终结对话框

　　（7）检修记录验收。在系统首页中单击"待办"，"全部任务" >> "修试记录审核流程">>"验收"，选择提交的审核任务单，点击任务单的"任务名称"链接，如图 22-4-13 所示。

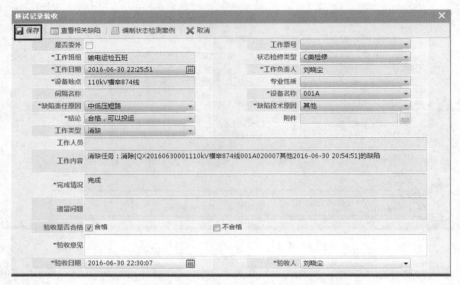

图 22-4-13　检修记录验收对话框

4. 注意事项

（1）在图 22-4-9 所示的主界面查询出的工作任务单，是专责派发给本班组（登录人所在的班组）的任务单，未派发的任务单不能查到。

（2）一张工作任务单只能链接或创建一张停电申请单，链接后的停电申请单，不能再被其他工作任务单链接，可链接的停电申请单，可通过"计划任务中心>>停电申请单>>输电停电申请单登记模块"维护，具体操作参见模块 Z04G6013Ⅲ。

（3）受理工作任务单时，每张任务单最多只能开一张工作票。

（4）指定工作负责人后，任务单的状态自动改为"任务已安排"。

（5）在登记检修记录或工作票之前，必须首先指定工作负责人，否则系统禁止登记检修记录或工作票的操作。

【思考与练习】

1. 工作任务单分配模块使用过程中应注意哪些问题？

2. 工作任务单班组受理模块主要提供哪些功能？

3. 工作任务单填好后如何进行分配？

4. 工作任务单分配给工作负责人还是工作票签发人？

第六部分

输电运检规程规范

第二十三章

规　程　规　范

▲ 模块 1　DL/T 741—2010《架空送电线路运行规程》
（Z04B4001 Ⅰ）

【模块描述】本模块包含线路运行的基本要求、线路运行的标准、线路巡视等内容。通过概念描述、条文解释，能够掌握线路运行的基本要求、线路运行的标准、线路巡视方法，掌握特殊区段的运行要求以及线路检测、维修的项目和周期。

【正文】

DL/T 741《架空送电线路运行规程》（简称《规程》）是输电线路运行检修工作人员的工作准则，既是对线路运行状况评价的标准，又是检测、维护和检修的标准依据。线路运行检修人员应认真学习、掌握《规程》，根据《规程》的有关标准和要求来判别线路的运行水准，分析线路存在的缺陷、发生故障的原因和制定、采取防范措施及检修质量的判断标准。

我国在 20 世纪 50 年代和 60 年代初陆续制定了一批国家和行业标准，《高压架空线路运行规程》于 1959 年由水利水电部颁发，指导全国输电线路运行检修单位工作。1972 年全国开始对各行各业进行整顿治理，水利水电部在（72）水电电字第 118 号《关于继续执行 15 种生产管理和运行规程的通知》中指出："两年多来，各地发供电单位都在逐步建立和健全规程制度并已做了很多工作。最近，在我部召开的企业管理座谈会期间，我们征求了与会各单位的意见，认为有些生产技术规程仍需由部作出统一规定。兹选择附表所列 15 种规程（电业安规、线路运行规程等），重申继续执行，并交由水利电力出版社重版，……"。水利水电部在稳定全国电力企业安全生产的同时，组织对该 15 种规程和其他相关规程如设计、验收、过电压保护绝缘配合、接地装置等规程进行修订，水利水电部于 1976 年组织起草了《电力线路防护规程》并颁发试行，对电力线路防护工作起到了一定的指导和提高作用。随着"文革"的结束，各行各业开始拨乱反正，电力工业部于 1979 年将经过多年修订后的报批稿以（79）电生字第 53 号颁发《架空送电线路运行规程》，1979 版《运规》有 7 个章节计 43 条和 1 个附录"发电厂、变电所和架空送电线路的电瓷绝缘污秽分级暂行规定"。水利电力部对 1976 版《电力线路防护规程》在运行 2 年多后又组织了修订，并以（79）水电规字第 6 号颁发《电力线路防护规程》，该规程有条文 14 条和 1 个附录。1987 年由国务院颁发了《电力设施保护条例》，该条例有 6 个章节计 35 条（保护条例颁发后架空线路防护规程废除）。这 1 个法规和 2 个部颁规程对不同时期输电线路的安全运行起到了积极有效的作用。

原 1979 年版《架空送电线路运行规程》颁布实施后（早期规程没有编号），原电力工业部于 1986 年组织华北电力集团公司负责成立修编组进行修订，1992 年中电联标准化中心以第 36 项计划任务将《运行规程》列入当年的制、修编计划，1993 年 3 月"修编组"提交了《运行规程》修订初稿，随后因修编组的大部分人员退休，运行规程的修订工作一度搁浅。几年后中电联标准化中心调整了《规程》修编组，于 1999 年 11 月重新成立了《架空送电线路运行规程》的修订小组。修编组将原修订初稿重新进行了修订补充，于 2000 年 6 月形成报批稿，国家经贸委以 DL/T 741 标准号颁发执行，修订后的《运行规程》有 9 个章节计 43 条 16 款和 3 个附录。2007 年，全国架空线路标委会线路运行分委会根据《国家发改委办公厅关于印发 2007 年行业标准修订、制订计划的通知》（发改办工业〔2007〕1415 号）的安排，组织部分单位对 DL/T 741 版进行了修订，以 DL/T 741 标准号重新颁发执行，修订后的《运行规程》有 12 个章节计 74 条 84 款和 3 个附录，增加了术语和定义、保护区的维护和输电线路的环境保护 3 个章节，将原附录 B 线路环境的污秽分级改为绝缘子钢脚腐蚀判据；将原附录 C 各电压等级线路的最小空气间隙改为采动影响区分级标准与防灾措施。

一、范围

《规程》规定了架空送电线路运行工作的基本要求和技术标准，并对线路巡视、检测、维修、技术管理及线路保护区的维护和线路的环境保护提出了具体的技术要求；适用范围也进行了调整，原 2001 版为 35～500kV 架空送电线路，现改为 110（66）～750kV 架空输电线路，将原 35kV 交流线路归并和直流架空输电线路一起参照执行。

二、引用标准

《规程》引用了 12 个相关标准，比原 2001 版的 6 个标准增加了：带电作业技术导则、盘形劣化绝缘子检测规程、杆塔工频接地电阻测量、架空送电线路钢管杆设计技术规定和电力设施保护条例等标准、法规。

三、术语和定义

修订后的《规程》新增了本章节，将需要应用到的部分术语阐述了其定义，方便了运行单位的理解和管理上的规范性。

四、基本要求

《规程》对线路运行工作提出了基本要求，线路的运行工作必须贯彻安全第一、预防为主的方针，运行维护单位应全面做好线路的巡视、检测、维修和管理工作，应积极采用先进技术和实行科学管理，不断总结经验、积累资料、掌握规律，保证线路安全运行。运行维护单位应经常分析线路运行情况，并根据本地区的特点、运行经验，制定出反事故措施，提高线路的安全运行水平。

本章节有 12 条技术要求，主要是针对线路运行的一些基本规定和有关技术要求。

4.1 条　明确了本标准虽为《送电线路运行规程》，但规程中含有 5 个方面的内容，如线路巡视、设备检查测量、设备维护工作、设备检修工作和技术管理工作。原因是我国一直以来没有线路专业的检修规程、预防性试验规程（DL/T 596《预防性试验规程》基本以变电设备为主，涉及近有 40 种设备，其中只有 1kV 以上线路、接地装置 2 项属输电线路检测内容）和其他检测规程。

4.2 条　规定了运行单位应参加新建线路的路径选择、设计审查、材料设备选型和招标等生产全过程管理，并根据本地环境特点、运行经验、防范事故措施等纳入新建线路设计中去。现实工程中，设计单位应根据运行单位运行经验，对线路外绝缘配置考虑有效泄漏比距、悬垂双联串 10%的污耐压降低弥补措施、尽量按相应电压等级复合绝缘子的结构高度设计绝缘子片数以及用足塔（窗）头空气间隙即突破原常规 7 片/串、13 片/串等设计理念，尽可能在规程规定的雷过电压空气间隙下，改变绝缘子串悬挂方式或在绝缘子串上安装金属招弧角等，以增加外绝缘泄漏比距；另外运行单位应向设计人员建议：尽量采用大盘径大爬距盘形玻璃绝缘子、山区良导体架空地线直线塔应采用提包式带护线条悬垂线夹、山区前后档距严重不均匀时应改为直线耐张以防覆冰倒塔、平地直线塔尽量采用悬垂串挂点处叉铁少的塔型，以防鸟类筑巢引发鸟害事故、采用高塔跨越树竹木区和高塔沿村镇边架设，以防运行后树竹木砍伐或农户平屋升高改建造成导线风偏校核不满足、尽量要求设计单位采用架空地线零或负保护角杆塔，以杜绝线路遭绕击雷跳闸事故等，总之力争新建线路的设备和通道符合输电线路按状态巡视、检修的标准，避免新建线路建成投运之日，运行单位即申请对线路某一部件进行技术改造之时。

总之，线路规划、可研、设计、材料选型和招标，在满足现有设计、验收、运行规程和标准的同时，要及时吸取运行单位的经验及教训，提高新设备健康水平。

4.3 条　是运行单位对新建线路竣工验收的要求，线路竣工验收项目多，运行单位无充足人员和长时间安排线路竣工验收，因此运行单位应在线路验收前制定关键和重要项目的验收单，如导、地线弧垂不允许有超标准的负误差、导线弓子线引流板或并沟线夹的施工质量应采用扭矩扳手复核螺栓拧紧扭矩值（过紧对运行也不利）、导线弓子线扭曲松散，因导线集肤效应，会在钢绞线产生电流，某地曾发生导线弓子线烧断事故）、核查导、地线压接隐蔽工程的施工记录并上塔抽查部分耐张压接管尺寸与施工记录核对、采用扭矩扳手按比例核查杆塔螺栓紧固情况、全线杆塔接地电阻按规程要求的 0.618 法展放接地辅助射线检测杆塔工频接地电阻值并以季节系数换算后校核是否符合接地电阻设计值等。

4.4 条　要求运行单位的巡视和管理人员必须由有检修经验和专业知识较全面的人员组成，能分析线路运行情况和故障原因，提出并实施相应的反事故措施，以确保输电线路安全健康运行及线路可用率指标达到优良指标。

4.5 条　规定了运行单位开展按线路设备状态进行巡视和检修必须以科学有效的管理制度和手段（如设备评价标准、缺陷程度判定规定等），开展状态巡视和检修不得擅自延长输电线路巡视、检修的周期。

4.6 条　规定了线路的维护界限，要求线路运行维护单位应与发电厂、变电所和相邻的运行管理单位必须有明确的分界点，不得出现空白点。但条文没有明确分界点划分的位置要求，现实工作中分界点的划分一般是：与发电厂、相邻的运行管理单位签订分界点协议，划分位置为某杆塔一侧最外端防振装置出去 1m 处；与变电所的分界点一般以围墙为界，由本单位生产技术部门下发线路、变电所职责范围分界规定执行。

4.7 条　规定了按国家有关电力设施保护条例等法律法规管理线路通道，建立健全线路沿线群众护线员组织，依靠当地政府进行防止线路外力破坏工作。

4.8 条　规定了外绝缘配置应在长期监测的基础上，结合运行经验，综合考虑防污、防雷、防风偏、防覆冰等因素，即要按常用绝缘子的特性配置外绝缘，但条文没有强调输电线路外绝缘配置必须考虑有效泄漏比距值满足或大于电网污秽分级标准的内容。

4.9 条　属新增条文，规定了易发外力破坏、鸟害和洪水冲刷段线路，应加强巡视并采取针对性技术措施。

4.10 条　规定了输电线路每基杆塔必须悬挂有线路双重命名、杆号、相位及有关安全警示内容的标示牌和安全警示、警告和宣传、保护内容的标示牌。同塔多回线路的塔身和每个横担上必须设置有醒目、清晰、明了的识别标记。

五、运行标准

5.1 条　规定了杆塔和基础的一些标准内容，规定了杆塔和基础若出现一些情况或缺陷，应进行处理的规定。同时增加了目前线路上运行的钢管杆倾斜、挠度、插入式钢管杆的插入尺寸和插入精度配合或法兰盘拼凑块数等规定要求。

5.2 条　规定了导、地线损伤修补、开断重接的标准，输电线路上运行的钢芯铝绞线有不同的钢铝截面比，即钢芯承受的计算破断力也是不同的，钢铝截面比越小，铝截面承受的张力越大，原规程只按铝截面损伤比例来判定修补还是开断重接是不全面的，对有的运行线路导线会减小安全系数。本次修改根据 GB 50233—2005《110～500kV

架空送电线路施工及验收规范》中规定钢芯铝绞线损伤按强度损失和铝截面受损百分比考核处理的规定和 DL/T 1069—2007《架空输电线路导地线补修导则》的方法，对钢芯铝绞线的铝截面受损超过 25%或导线（同一处）损伤范围导致强度损失超过 17%时，导线不必开断重接，可采用预绞式接续条、加长型补修管等修补，极大地方便了运行线路缺陷处理，减少了缺陷处理工作量，提高了输电线路的可用率。同时将原 4.6 条导地线弧垂运行标准，归并到本条文一起。

5.3 条　规定了绝缘子受损处理的标准，增加了复合绝缘子的运行内容，修改了原规程中玻璃绝缘子伞盘表面有电弧闪络痕迹需处理的要求，事实上玻璃绝缘子表面闪络后即可恢复绝缘水平，运行单位不必更换处理；规定悬垂串沿顺线路方向的偏斜角不大于 7.5 或偏移值不大于 300mm，但此处若是为弥补污耐压下降而采用按八字形方式两悬垂线夹悬挂的悬垂双联串，应该说不受该条文的规定。

5.4 条　是金具方面受损处理标准，条文要求内容明确，运行人员只需对照执行即可。增加了 OPGW 光缆金具运行要求和处理标准，针对杆塔、金具等钢制螺栓连接的紧固度，标准提供了螺栓扭矩值，其中 20mm 的扭矩值为 160～200N·m，铝合金并沟线夹或引流板的 16mm 扭矩值，应按南京线路金具研究院的试验数值 6500～7500N·cm 控制。

取消了原规程中"接续金具的电压降比同样长度导线的电压降的比值大于 1.2"的规定，此内容应该是金具研究所在设计、开发导线接续管时，对接续管管径与导线精度配合和压接后握力是否符合才需要做的试验，运行线路上运行单位是不可能进行此内容检测的。

5.5 条　是有关接地装置的技术标准，本次修改中增加了检测输电线路杆塔工频接地电阻值应进行季节系数换算，同时提供了季节系数表。

六、巡视

6.1 条　从六个方面规定了线路巡视的基本要求，线路巡视是为了经常掌握线路的运行状况，及时发现线路本体、附属设施以及线路保护区出现的缺陷或隐患，近距离对线路进行观测、检查、记录的工作，并为线路检修、维护及状态评价（评估）等提供依据。

线路运行单位对所管辖每条输电线路，均应设专责巡线员，同时明确其巡视的范围、周期以及线路保护（包括宣传、组织群众护线）等责任。巡线员应身体健康、具有线路运行的基本知识和专业技能，地面巡视应配以必要的检修及安全工器具。

巡视发现故障、隐患或缺陷等，运行人员应进行记录、拍照等，方便缺陷定性、故障分析等。

6.2 条　规定了设备巡视要求和内容，将原因、规程文字述说描述改为表格化，清楚明了。

6.3 条　规定了线路通道的巡视要求和内容，将原电力设施保护条例实施细则中的文字描述内容，改为表格化。

6.4 条　规定了巡视周期的确定原则，允许根据线路经过的不同区域、设备状况和运行环境特点，采取不同的巡视周期。针对不同性质的线路，如单电源、重要电源、主干输送通道、网间联络线、运行状况差的老旧线路、缺陷频发线路区段等，巡视周期不得超过 1 个月；对特殊区域的线路、区段，如易外力破坏区、采动影响区、易建房屋区、树竹木速长区等通道环境恶劣地段，应按相应的规律，缩短巡视周期。

七、检测

本章节设置了一张检测项目与周期表格，罗列了输电线路检查和检测的内容和要求。线路检测是发现设备隐患、开展设备状态评估、为状态检修提供科学依据的重要手段。线路运行单位负责线路的检测工作。

线路运行单位应建立相应规章制度和岗位责任制，对所管辖线路的检测工作进行统筹安排，禁止检测不到位而出现遗漏和空白点。

线路运行单位所采用的检测技术应成熟，方法应正确可靠，测试数据应准确。

检测人员应具备线路运行的基本知识和专业技能，做好检测结果的记录和统计分析，检测统计应符合季节性要求。要做好检测资料的存档保管。

杆塔栏中增加了钢管杆的检测内容，对部分检测周期不明确规定年限，由运行单位根据线路巡查结果，确定是否检测或延长检测周期、检测数量等。

绝缘子栏中增加了复合绝缘子每 5 年一次进行电气机械抽样检测试验内容。

导地线栏中将原导线接续金具的检测划入金具检测栏。

金具栏中增加了导线接续金具的检测要求，明确导线接续管采用望远镜观察压接管口有否断股、滑移现象；规定跳线并沟线夹、引流板检修应测试螺栓连接扭矩值，若要进行红外测温，必须在线路输送负荷较大时测温。为满足线路状态检修的需要，对带电部分原人工检测的项目，改为必要时和每次检修时。

防雷设施及接地装置栏中应注明一下，由于输电线路架设在野外，且雷区基本在山区，因此输电线路不会采用那种避雷器本体常年承受运行电压的电站型避雷器。原因是电站型氧化锌避雷器每年要采用绝缘电阻表检测绝缘电阻值，每年检测直流 1mA 电压及 $0.75U_1$mA 下的泄漏电流值，每年检测运行电压下的交流泄漏电流值，每年检测底座绝缘电阻值，每年检查放电计数器情况，必要时检查工频参考电流下的工频参考电压值；而此类验收和检测需要试验电源，输电线路上难以实现，因此输电线路上采用的是带空气间隙或带支撑件的避雷器，即线路避雷器本体不带运行电压的线路型避雷器。

八、维修

本章节是线路维修内容，有 7 条技术要求，其中 8.7 条为新增条文，该章节对维修工作的要求、检查记录、抢修与备品备件、带电作业提出了要求。标准对事故抢修工作做了规定，即各单位应按相应事故的类别，事先制定相应的抢修预案，平时经常进行预案演习，使各级指挥人员熟悉抢修流程，工作人员熟悉相应工器具在何处，自己应该做哪些工作，车辆、通信工具、后勤保障等如何调度和保证。另外表格中的多数要求都是针对设备损坏后的修理和更换工作，检修应遵守相关的检修工艺和质量标准，特别是机械强度和有关参数（含电气）不能低于原设计要求。其次是运行单位应大力推行带电检修和带电消缺工作，原因是带电检修可不受系统安全运行的限制，同时输电线路缺陷一般不会大范围出现，而是出现在线路上的某基杆塔或某个部件，有时为了个别缺陷而将线路停电检修，使线路设备失去备用，降低了线路设备的可用率指标。

随着紧凑型线路的不断增多，提出了在紧凑型线路上带电作业前，应计算作业线路的最大操作过电压倍率，并校核作业中可能出现的最小间隙距离。

由于线路长度的增加远大于维护检修人员的增加，按设备状态进行巡视、检修是必然趋势，新增条文对开展状态检修和维护提出了要求。

九、特殊区段的运行要求

9.1 条　为新增条文，具体地规定了什么是特殊区域。

9.2 条　规定了线路大跨越段的运行维护，分 7 个方面提出维护要求，虽然大跨越段的设计已经按超过常规线路的设计标准，但由于地形繁杂、运行环境恶劣，设计人员也是参照其他大跨越线路的有关技术要求，因此运行单位应按国家电网公司有关大跨越线路运行的要求开展工作，详细记录运行中发现的问题，为今后在本地区再设计线路大跨越和安全运行提供运行经验。本次修改新增了大跨越段线路应缩短杆塔接地电阻的检测周期。

9.3 条　是多雷区运行的技术要求，本条有 5 款内容，都是防雷措施的具体工作，运行单位应注意的是，许多次线路遭雷击跳闸，多数是绕击雷事故，特别是 220kV 以上，几乎是绕击雷故障，且多发生在斜山坡的下山坡相，因此当雷击故障点查到后，应检测接地电阻值和分析故障受损情况，因为绕击雷是不需下大力气去降杆塔接地电阻值的，绕击雷的最有效防范措施是增加绝缘子片数、减小架空地线保护角度；原因是杆塔组立在山坡上，因山坡倾斜角度问题，下山坡相导线的地线保护角要加上山坡倾斜角，形成新的地线保护角，因此下山坡相遭绕击雷要比上山坡相多许多，如何改造和防护、屏蔽下山坡相导线是防止绕击雷的关键。

按照绝缘子的电气特性，雷季前，运行单位必须将低零值瓷绝缘子更换，以防止雷过电压下,劣化瓷绝缘子发生钢帽炸裂,导线掉串恶性事故。

9.4 条　是重污区运行的技术要求,首先运行单位应定期检测运行线路上累积 3~5 年的绝缘子附盐密值和灰密,确证该区段的真实污秽等级,其次选择好适合的绝缘子类型,即要能承受污耐压的强度,又要选择产品寿命长的绝缘子,以减少运行检测和更换改造的工作量。对盘形绝缘子,最好选择玻璃绝缘子,可以减少零值绝缘子的检测工作量,又能杜绝因瓷绝缘子劣化而发生钢帽炸裂掉串事故;同时设计要用足塔头间隙,不受原 7 片/串、13 片/串的理念控制,选择大盘径大爬距的普通玻璃绝缘子,提高绝缘子串的有效泄漏比距;对超高压线路应对复合绝缘子采取措施使其离开高压端(即采用玻璃、复合绝缘子组合串方式,由玻璃绝缘子承担强电场,复合绝缘子承受污耐压),降低复合绝缘子高压端的强电场伤害,避免复合绝缘子在超高压线路的强电场处发生硅橡胶电蚀穿孔、树枝状贯通而引发芯棒脆断掉串事故。

按照线路污闪原理和绝缘子电气特性,运行维护单位应在雾季前,及时更换自爆绝缘子,以恢复绝缘子串的泄漏比距;必须更换低零值瓷绝缘子,以防止污闪过电压下,劣化瓷绝缘子发生钢帽炸裂,导线掉串恶性事故。

9.5 条　是关于线路冰灾内容,有 4 条要求,早期输电线路严重覆冰区在云贵高原、川、峡、湘、黔山区和其他省份 800m 海拔以上地区,导线覆冰倒塔断线是电网恶性事故,影响很大,特别是 2008 年南方冰灾倒塔事故,导线覆冰多数在海拔 200~500m 处的山区,因此运行单位做好覆冰防护工作和设计单位重视分裂导线线路不均匀档距覆冰后的不均匀脱冰造成冲击拉垮直线塔的教训,提高分裂导线不平衡张力的百分比或山区档距不均匀时多开耐张措施,避免输电线路倒塔断线事故。

根据绝缘子串冰闪跳闸原理和绝缘子的形状,运行维护单位应对容易发生绝缘子串结冰现象地段的线路,进行绝缘子串防冰闪跳闸措施改造,如盘形绝缘子串采用间隔插花形式,每隔几片插入一片大盘径绝缘子,使悬垂绝缘子串结冰断开(破坏连续结冰状);悬垂复合绝缘子可采用导线侧大八字形悬挂,使复合绝缘子倾斜,覆冰后无法连接成冰柱状,杜绝冰闪事故的发生。

9.6 条　为微地形、气象区的运行要求,是新增条文,有 4 条内容和要求,微气象区主要是设计控制内容,运行维护单位应搜集现有运行线路上或临近所发生或存在的现象,提供给线路设计单位,对已运行的线路进行路径改造,新建线路应避开此类微气象区。

9.7 条　为采动影响区的运行要求,该条系新增条文,有 4 条内容和要求,主要针对地下矿藏开采挖空后地陷、地质滑动等对地表面上的架空线路的影响,根据地质滑陷不同情况,运行维护单位应采取相应的防范措施,尽量减少此类事故的发生。

十、线路保护区的运行要求

本章节系新增条文，有 10 条内容和要求，虽然它们都是《电力设施保护条例》或《实施细则》中的内容，本次修改将容易引起线路隐患或故障的要求归入规程，方便运行维护单位控制。

十一、输电线路的环境保护

本章节系新增条文，有 4 条内容和要求，随着国民经济的快速发展，输电线路运行电压越来越高，线路架设也越来越多，运行线路与沿线农户间的运行维护矛盾也多了起来，因此运行维护单位也应掌握一些工频电磁场方面的知识，平时运行中搜集些现象、资料和反映，提供给线路设计单位，力争和谐架空线路与沿线农户的相处环境。

十二、技术管理

本章节要求运行单位认真做好技术管理工作，线路专业管理的设备地处野外，所有输电线路又采取早期节约型的设计理念，如 110～5000kV 电压等级的外绝缘配置，即空气间隙与绝缘子串长是相等的，造成电网故障跳闸 80%发生在绝缘子串上，线路设备可靠性较差；其次线路设备一般多按机械强度考虑，致使设备制造质量不精密，容易产生设备缺陷，因此做好输电线路的技术管理工作非常重要。管理学是门科学学科，重视科学管理，提高检测技术，分析研究故障原因，加强技术管理是控制输电线路雷击、污闪、冰冻、鸟害、风偏和外力破坏等事故的有效手段，目前线路运行、检修工作仍然依靠人力和体力进行，因此要做好运行资料收集的连续性和可信性工作，对防止输电线路的各类事故发生会起到重要作用。输电线路的技术管理离不开运行经验，而运行经验在于运行资料的积累，特别是缺陷、故障等发生的原因、分析结论和采取措施后的运行情况，以掌握好设备的运行状况和相关事故易发的原因；同时将运行经验和防止事故措施纳入新建线路的设计中，将大大提高线路安全运行可控水平。

【思考与练习】

1. 架空送电线路运行规程包含哪些工作内容？
2. 运行规程采用钢芯铝绞线铝截面积受损修复、开断重接标准为什么不合理？
3. 输电线路采用液压方式连接导线为什么不会发生电流致热现象？
4. 输电线路为什么不采用常年带运行电压的避雷器？
5. 为什么有的新建线路刚投运期间，在某些气象条件下会发出噪声？
6. 为什么超高压线路下方不允许有常年住人的房屋？

▲ 模块 2　GB 50233—2005《110kV～500kV 架空送电线路施工及验收规范》（Z04B4002 Ⅰ）

【模块描述】本模块包含原材料及器材的检验、测量、土石方工程等内容。通过概念描述和条文解释，掌握架空电力线路施工及验收的内容、方法和标准。

【正文】

　　我国在 20 世纪 50 年代和 60 年代初制定了一批国家和行业标准，其中 DJG—63《电力建设施工及验收暂行技术规范——送电线路篇》由国家基本建设委员会颁发。1972 年起，全国开始对各行各业进行整顿治理，水利水电部以（72）水电电字第 118 号文首先恢复 15 种企业当前必需的安规、运行、检修规程和试验规程，也起草颁发"全国供用电规则"（试行），以稳定全国电力企业的安全生产；同时组织对该 15 种规程和其他有关规程进行修订或起草颁发，如送电、配电线路设计规程、过电压保护规程、电力设备接地规程、供用电规则等，并于 1976～1977 年颁发。《线路施工验收规范》从 1975 年起组织修订，增加了岩石基础、导地线接头爆破压接、钢绞线修补和杆塔螺栓紧固等新技术和新工艺，于 1981 年颁发，以后在 1990 年又进行了修订，目前的 GB 50233《110kV～500kV 架空送电线路施工及验收规范》是根据建设部建标〔2002〕85 号文件《关于印发"2001～2002 年度工程建设国家标准制订、修订计划"的通知》的要求，在 GBJ 233《110kV～500kV 架空电力线路施工及验收规程》的基础上修订的。如 1981 年版有总则、器材检验、施工测量、土石方工程、基础工程、杆塔工程、架线工程 7 个章节，1990 年版增加到总则、原材料及器材检验、施工测量、土石方工程、基础工程、杆塔工程、架线工程、接地工程和工程验收 9 个章节计 173 条，2005 年版只对 1990 年版做了补充和修正，增加了部分新产品等内容。如随着技术的进步和施工架设中出现的情况，标准的条文、内容也不断进行了增补，其中对电压等级进行了调整，将原来的 35、66kV 电压等级从规程中退出，并增加了 330、500kV 和 500kV 电压等级，条文也从几十条增加至数百条。2005 年，国家建设部和国家质检局以 GB 50233《110kV～500kV 架空送电线路施工及验收规范》颁布执行，规范共有 9 章 228 条和一个附录，它规范了施工架设过程中的质量控制要求，同时也为运行单位验收核对提供了标准和依据。为控制工程质量，本次修订专门规定了以黑体字标志的 18 条及 12 款作为强制性条文，必须严格执行；同时规定强制性条文由国家建设部负责条文解释，由原中国电力建设研究所（现中国电力科学研究院）负责其他技术条文的解释。

一、总则

规定了适用范围是 110~500kV 交流、直流架空线路的新建、改建和扩建工程的施工与验收。

1.0.3 条 是强制性条文，架空送电线路工程必须按照批准的设计文件和经有关方面会审的设计施工图施工。当需要变更设计时，应经设计单位同意。

1.0.5 条 架空送电线路工程测量及检查用的仪器、仪表、量具等，必须经过检定，并在有效使用期内。该条文是根据国家计量法和 ISO 9000 系列质量管理体系的要求，列为强制性条文必须执行。

本规范中的"验收"是指建设、监理和运行单位各方对工程质量确认的行为，规范中所有的条文都是施工、监理单位在作业前、作业中操作和控制的标准，只有事前控制才能确保工程质量，同时也是运行单位检查、检测验收的标准。

本章节中删除了原规范中的 66kV 电压等级部分，但由于基础施工、立杆架线及附件安装大同小异，建设单位和运行单位可在施工合同中规定，工程质量参照本施工及验收规范执行即可。

二、原材料及器材的检验

2.0.1 条 第 1 款规定：工程所用的每批原材料和器材，必须有产品出厂质量检验合格证书；第 3 款规定：对砂石等无质量检验资料的原材料，应抽样并经有检验资格的单位检验，合格后方可使用；都列为强制性条文，这也是为了确保工程质量能有效控制的手段。

2.0.5 条 是根据建标〔2004〕43 号《建设部关于严格建筑用海砂管理的意见》要求：原因是利用海砂拌制混凝土和砂浆，会使建筑工程出现氯离子腐蚀，降低工程耐久性，给工程质量带来隐患，所以在规范中规定：不得使用海砂。

2.0.7 条 规定了浇制混凝土用水要求，但由于输电线路一般沿人员活动较少的野外、丘陵或山区架设，现场浇制混凝土点分散，要求工程浇制都采用饮用水是不现实的，故允许用清洁的溪河水或池塘水。规定中不得使用海水和不得使用海砂的道理是相同的。

2.0.8 条 是对设计允许在现浇混凝土基础中掺入大石块的规定，监理首先要核查是否"设计允许"，其次核查石块的强度和大小。因基础工程属外包施工，建设单位的质量管理和甲方监理人员应严格督查，运行单位要针对当地情况在基础验收时重点核查。

2.0.11 条 规定角钢铁塔按 GB 2694《输电线路铁塔制造技术条件》国家标准控制，而对水泥杆线路的横担和铁抱箍加工，由于没有标准，也只能套用 GB 2694。2.0.11 条是将原规范 2.0.12 条和 2.0.15 条合并而成。

2.0.12 条　是新增条文，由于我国没有钢管铁塔的标准，在符合 DL/T 5030《薄壁离心钢管混凝土结构技术规程》标准外，还必须符合设计要求；随着城市化的进展，钢管杆替代角钢塔架设在道路旁或绿化带内，给城市带来了美观，2.0.15 条也是新增条文。

2.0.16 条　规定导线质量应符合 GB/T 1179《圆线同心绞架空导线》规定，但该导线标准系 1999 年 12 月 30 日发布，2000 年 8 月 1 日实施的国家新标准，替代原国标 GB 1179《铝绞线及钢芯铝绞线》。这是为了接轨 IEC（国际电工委员会）制定的相关标准，新导线标准内容与 IEC 标准及国际惯例基本一致，尤其是在产品的规格和命名型号上。它与 1983 年版标准有较大区别，新、老 400 导线技术参数表分别见表 23-2-1 和表 23-2-2。

表 23-2-1　　　　　　　　1983 年标准 LGJ-400/35 导线参数表

标称截面铝/钢（mm²）	钢比（%）	结构根数/直径（mm）		计算截面（mm²）			外径（mm）	计算破断力（N）	直流电阻不大于（Ω/km）	计算重量（kg/km）
		铝	钢	铝	钢	合计				
400/35	9	48/3.22	7/2.50	390.88	34.36	425.24	26.82	103 900	0.073 89	1349

表 23-2-2　　　　　　　　1999 年标准"规格号"400 导线参数表

规格号	钢比（%）	面积（mm²）			单线根数		单线直径（mm）		直径（mm）		外径（mm）	额定抗拉力 JL/G1A kN	直流电阻20℃（Ω/km）	计算重量（kg/km）
		铝	钢	总计	铝	钢	铝	钢	钢芯	绞线				
400	9	400	27.7	428	45	7	3.36	2.24	6.73	6.73	26.9	98.36	0.072 2	1320.1

由于导线标准是全国电线电缆标准化技术委员会制定的，标准中明确新标准替代 GB 1179《铝绞线及钢芯铝绞线》，而金具标准化技术委员会又是电力行业架空线路标准化技术委员会属下，导线的接续管和耐张压接管都采用 1983 年标准导线参数，如 1983 年标准中 LGJ-400/35，导线直径 26.82mm，它的铝面积为 3.22×48 股= 390.88mm²，连钢芯 2.50×7 股一起总计算标称截面 425.24mm²；1999 年标准中的 400 型，导线直径 26.9mm，它的铝面积为 3.36×45 股=400mm²，连钢芯 2.24×7 股一起总面积为 428mm²，两者的破断力（抗拉力）也不相等，每千米导线的直流电阻也有一定的差异，因此国内设计院所设计采用的导线型号和各电力公司所使用的导线型号（结构部分）仍然是 GB 1179《铝绞线及钢芯铝绞线》、GB 9329《铝合金绞线及钢芯铝合金绞线》中的规格。各导线生产厂家则只能仍然执行 1983 年标准，为此电线电缆标委会以缆标委字

（2004）第 016 号发送"国家标准 GB/T 1179《圆线同心绞架空导线》第 1 号修改通知单（送审稿）"的函，规定 1983 年标准中的结构作为过度标准，仍然允许使用。所以运行单位和施工单位去导线厂家验收导线，应执行 GB/T 1179《圆线同心绞架空导线》的第 1 号修改通知单（即 GB 1179《铝绞线及钢芯铝绞线》）标准。

2.0.17 条　是根据电网需要，将复合光缆（即 OPGW）作为通信线，架设在导线上方作为架空避雷线用。即通信光纤穿入光缆线内的不锈钢细管内，且一正一备用绞制在光缆内，因此光缆的直径偏大，架设在线路上驰度明显比纯钢绞线大，一侧光缆、一侧钢绞线架设，弛度不一，两线的直径不等。设计一般将一侧的钢绞线改成良导体，使两根架空地线直径、弧垂等几乎配合。良导体其实就是钢芯铝绞线，无非是钢芯较大，目前有 LGJ—50/30、LGJ—70/40、LGJ—95/55、LGJ—120/70 四种，它有很好的通流能力，当电网近区短路时，短路电流能快速下泄，不致造成钢绞线在通过大短路电流时，因电阻大发热致使钢绞线强度下降而发生事故。

2.0.20 条　主要是针对各种绝缘子及绝缘子串制定的质量标准，由于绝缘子是输电线路最重要的电气设备之一，线路上故障的 80%沿绝缘子串发生，整个线路检修维护工作量也多数在绝缘子串上，因此建设单位、施工单位和运行单位在对绝缘子产品出厂验收时应注意按各相应绝缘子产品标准进行验收。因工厂验收是抽样试验，要特别指定熟悉标准的专业工程技术人员旁站监督电气和机械试验，特别是要掌握电气试验方法和试验规定，以确保新建线路绝缘子质量符合要求。条文第 3 款特别指明直流线路，原因是直流线路的电场与交流线路不一样，积污速度和积污量都远大于交流线路；另外直流电场的电解腐蚀速度快，所以直流线路的爬电距离要比交流大，且绝缘子钢脚上要套一只锌护套作为牺牲电极让其腐蚀。

2.0.21 条　系新增条文，目前杆塔防卸措施已普遍采用，由于防卸螺栓式样众多，虽然厂家随该防卸螺栓提供专用扳手，但为方便检修单位检修，检验防卸螺栓的防卸效果是否良好，条文注明了杆塔防卸螺栓的选择应征求建设单位的意见。

三、测量

本章节没有强制性条文，主要是针对施工测量复核和基础分坑测量的有关技术要求。

3.0.3 条　指明对三类情况应重点复测并纠正，施工单位按准确的测量数据施工，是确保输电线路符合设计要求和投运后能安全运行的前提。

3.0.6 条　规定了基础分坑测量的要求，有了准确的塔脚、拉线坑位置，再对浇制塔脚基础、埋设拉线坑施工等控制质量，则立塔架线和拉线的受力、运行维护等都有了质量的保障。

3.0.7 条　是新增条文，规定非城市规划范围内的输电线路均应符合 DL/T 5092 中的附录 A 涉及安全距离的要求，属强制执行的内容。

3.08 条　是新增条文，GB 50293《城市电力规划规范》是城市电网建设应遵守的技术政策和环保要求。

四、土石方工程

本章节没有强制性条文，主要是针对土石方开挖中应注意的规定和超深或回填方面的有关技术要求。

4.0.1 条　比原规范增加了"按设计施工"和"保护环境"的要求，早期山区线路基础施工，挖出的土石有时沿山坡滚下，对植被破坏很大，多年后仍然有一条损坏植被的痕迹，现在设计对山区线路增加了许多挡土墙，有时建设单位挡土墙费用结算了，而施工单位往往不按规定砌挡土墙，仍将废土沿偏僻山沟倾倒。

4.0.3 条　是对基础开挖提出的技术要求，针对淘挖式基础对环保影响小，目前线路设计广泛使用，因此强调"淘挖基础和岩石基础的尺寸不允许有负误差"。

4.0.6 条　原规范中只对杆塔接地沟开挖深度提出要求，施工中有施工队将人工敷设接地线部分整圈埋下或较难开挖而截断接地线长度的现象，本规范对人工敷设的接地线长度也提出符合设计规定的要求，并明确提出接地沟的长度和深度不得有负偏差。同时规定"在山坡上挖接地沟时，宜沿等高线开挖"，这是为了避免下雨时接地沟的回填土被雨水冲走，使接地线外露而增大杆塔冲击接地电阻值。

4.0.11 条　将原规范要求"及其他杂物的好土"改为"泥土"更好掌握，由于杆塔接地线的埋设符合设计要求，其"冲击接地电阻"效果会很好，其耐雷水平更好，因此施工质检人员和监理人员应严格旁站监督，使此类隐蔽工程不给安全运行留下隐患。

五、基础工程

5.1.2 条　第 1 款基础混凝土中严禁掺入氯盐，这是强制性规定。第 2 款基础混凝土中掺入外加剂应符合 GB 50119《混凝土外加剂应用技术规范》的规定。

掺加氯盐是作为防冻剂进行冬季混凝土施工用，某些外加剂的氯离子的含量比较高，氯离子 Cl⁻在混凝土内达到临界浓度后会破坏钢脚表面纯化膜，在空气、水的作用下，使钢筋腐蚀生锈。因此为赶工期在混凝土施工中添加早强剂等，应符合 GB 50119 的规定。

5.1.4 条　规定是因为线路基础工程比较分散，混凝土量小，每基又分四个不相连的基腿，若一条腿的基础浇制，为节约而混用不同品种的水泥，会造成不可知的后果。

5.1.5 条　是规定施工单位对基础平面预偏措施的技术要求，监理和运行单位在基础工程验收中应特别注意该点的执行，原因是施工单位往往会在立塔前补做或不做，造成前后的混凝土不黏合、塔脚悬空或点受力的情况，对铁塔结构受力状况不利。

5.2 章节是现场浇筑基础的技术要求，多数内容都是历年来的成熟经验，文字明确易懂，关键是目前的建设工程都专门列了监理费，由专业管理懂行的中介机构替建设单位监督施工质量，扭转了以往运行单位派人员驻工地代表那种外行管内行的局面。

5.2.6 条　规定了现场浇制混凝土应采用机械搅拌和机械捣固，"个别特殊地形"无法采用机械搅拌的，应有专门的质量保证措施。

5.2.9 和 5.2.10 条　是强制性条文，规定基础试块必须从现场浇制中的混凝土内取样制作，养护条件也等同现场的基础，混凝土强度是以试块试验的强度作为依据，所以监理人员应严格把关，旁站监督试块制作，平时注意该试块的保养应与本杆塔基础处在相同的环境条件，并采用相同的养护手段，由有资质的试验机构进行试验，确保该隐蔽工程满足设计强度要求。

5.3 章节是钻孔灌注桩基础的技术要求，由于该类基础已在线路工程中大量应用，而浇制标准又多为"工民建专业"，每一条规定均明白无误，监理人员应该能掌握。因灌注桩的浇制和验收内容很多，无法一一列出，所以 5.3.10 条规定对规范中没有的技术要求应执行 JGJ 94《建筑桩基技术规范》有关规定。

5.4 章节是混凝土电杆基础及预制基础浇制的技术要求，该类工程是最早采用的基础工程，技术要求成熟。随着经济的发展，该类杆塔只能使用在一般的输电线路上且占地面积大，近年来已逐步退出输电线路专业。

5.5 章节是岩石基础浇制的技术要求，岩石基础是属于环保型基础，它充分利用山区岩石的自然结构，少开挖、混凝土方量小，基础受力强度好，规定的技术条文明确易懂，施工浇制可控，监理人员只要在浇制时，监督核对设计要求和检查尺寸和材质等，使隐蔽工程的浇制质量满足设计要求。

5.6 章节是混凝土冬季施工的有关技术要求，本节为新增内容，主要依据 JGJ 104《建筑工程冬期施工规程》的规定，主要是考虑北方地区，因输电线路的混凝土工程比较分散，且有时在偏僻山区，混凝土方量又小，所以规定了一些技术规定和要求。

六、杆塔工程

本章节分成五块内容，主要是铁塔、混凝土电杆、钢管电杆和拉线等组立、起吊方面的技术要求。

6.1.1 条　是强制性技术条文，要求组立杆塔必须有完整的施工技术方案和技术设计，使杆塔在组立过程中不至于部件变形或损坏。

6.1.2 条　规定确保塔材与塔材交叉处若有空隙时，应装设相应厚度的垫圈或垫板，使塔材受力时的作用力传递处在同一轴线上。

6.1.6 条　规定了杆塔连接螺栓的拧紧扭矩值，虽然早在 1981 年版验收规范上就明确有各类螺栓规格的标准拧紧扭矩值，但近三十年来，施工单位和运行单位均未强制规定连接螺栓必须采用扭矩扳手，不论工作人员个子大小、体力强弱，人人使用一把 300mm 长度的活动扳手，无数量级地各自作业，根本实现不了该条文的要求。

6.1.12 条　规定了杆塔上的固定标志及警示牌要求。这些要求不全面，因为在制作线路双重名称标志牌时，没有顺便将线路相位标识一起制作在同一块杆号牌上，所以此处应按 DL/T 741 运行规程 3.12 条规定：线路的杆塔上必须有线路名称、杆塔编号、相位以及必要的安全、保护等标志，同塔双回、多回线路应有色标（色标是 2001 年版要求，新版已按安规要求完善）。国家电网线路安规 5.2.4 条、5.3.5.1 条和 5.3.5.5 条均明确要求每杆必须有：识别标记（色标、判别标识等）和双重命名。5.3.5.5 条：同塔多回路……登杆塔至横担处时，应再次核对停电线路的识别标记与双重称号……。即每基杆塔悬挂有双重名称、编号和相位杆号牌及有电危险禁止攀登的警示牌；在同塔多回路杆塔除有上述规定悬挂外，在每个横担与塔身连接处悬挂有醒目的线路双重名称、编号的分相牌。

6.2 章节是组立铁塔的技术要求，它规定了铁塔组立中和组立后的有关要求，较简单明了。

6.2.1 条　是强制性条文，它规定线路基础浇制完成后，必须要按该条的 3 个条款后才能组立铁塔，这是因为有时新建线路要赶工期竣工或某几个基础由于农户赔偿造成迟迟不能开挖浇制，等青苗赔偿工作做通后，施工工期已被大大延期，施工方在延期浇制的基础完成后，有时急于立塔，特别是架线，会对这些未达到设计强度的混凝土基础造成塑性受损。

6.3 章节是组立混凝土电杆的技术要求，目前该类电杆在输电线路上已很少采用，特别是超过 30m 全高的水泥杆线路，几乎不再采用，由于高杆整体起吊的作业基本没有，电杆的横向裂纹和纵向裂纹也就不易产生了。

6.3.1 条　是强制性条文，它规定了混凝土电杆及预制构件在装卸、运输和起吊中该如何防止碰撞、不正确吊装的要求。

6.4 章节是吊装钢管电杆的技术要求，目前钢管杆的使用越来越多，故新增本章节。

6.4.3 条　规定钢管杆连接后，分段或整根电杆的弯曲不应超过对应长度的 2‰。

6.4.4 条　规定了直线电杆在架线后的倾斜不应超过 5‰，耐张或转角杆只规定宜向受力侧预倾斜，预倾斜值由设计确定。而 DL/T 5130《架空送电线路钢管杆设计技术规定》第 6.2.1 条规定：在荷载的长期效应组合（无冰、风速 5m/s 及年平均气温）作用下，钢管杆顶部的最大挠度不应超过：直线杆不大于杆身高度的 5‰；直线转角杆不大于杆身高度的 7‰；110～220kV 电压等级的耐张或转角杆的挠度不大于杆身高度的 20‰；该技术要求也编入了修改后的 DL/T 741《架空线路运行规程》内。

6.5 章节是拉线部分的技术要求，由于拉线杆塔已逐步退出输电线路，且该章节的内容都是成熟的检验条文，只需在验收中注意：拉线制作后的尾线应在楔型线夹的凸侧；电杆各根拉线的受力应均衡；拉线与拉线棒在受力后应在同一轴线上；X 形拉线在受力时的交叉处应有足够的空隙，避免相互磨碰；拉线的对地夹角允许偏差应为 1。这里特别增加了拉线"受力后"的要求，因为施工单位在施工中分坑、开挖及下拉盘时不符合要求，工程完成后在自检过程中，有时会发现 X 形拉线交叉处有磨碰现象，对地距离大于 1 或拉线、拉线棒不在同一轴线上等缺陷，有的施工单位会在拉线棒泥地处垫石块人为造成拉线、拉线棒等符合标准，一旦线路运行和杆塔下沉及拉线受力后，这些拉线缺陷会重新存在。

七、架线工程

7.1 章节是放线的一般规定，主要规定了展放导线和架空地线的要求，对交跨的公路等交通要道和不能停用、触碰的管（索）道、电力和弱电线路提出设置完整可靠的施工跨越设施要求，并对放线滑车的轮槽尺寸和槽轮材料作出规定。

7.1.1 条 是强制性条文，要求放线前必须有完整有效的架线施工技术文件。

7.1.3 条 规定了跨越有关交通要道和电力线路、索道等档距内不得有导地线压接头的要求。

7.2 章节是非张力放线导线损伤修复的技术要求，该章内容是成熟的施工、验收规定，在连续几次修订中均重新作为新版标准的内容。

7.2.2 条 规定了导、地线损伤较轻微的修复要求，特别强调若单根铝股损伤深度达到直径的 1/2 时，应按断股考虑。

7.2.3 条 规定了导线损伤修复或开断重接的标准和要求，由于钢芯铝绞线有众多规格，它们的钢铝截面比各不相同，则导线的铝股、钢芯承受拉力也不相同，验收规范明确规定了导地线损伤、断股等造成导线强度损失和铝截面损伤减少导电部分百分比数值，以及如何修复或开断重接的要求，这比光按导线铝股受损多少来定采取何种方法修复处理更科学。钢芯铝绞线的多种钢铝截面比及承担机械荷载的参数见表 23–2–3。

表 23–2–3　钢芯铝绞线的多种钢铝截面比及承担机械荷载的参数表

标称面积 铝/钢	钢比	根数/直径（mm）		计算截面（mm²）		外径 （mm）	计算破断力 （N）	铝股占 （%）	钢芯占 （%）
		铝	钢	铝	钢				
70/40	58	12/2.72	7/2.72	69.73	40.67	13.60	58 220	18.18	81.82
95/55	58	12/3.20	7/3.20	96.51	56.30	16.00	78 110	18.18	81.82

续表

标称面积 铝/钢	钢比	根数/直径（mm）		计算截面（mm²）		外径 (mm)	计算破断力 （N）	铝股占 (%)	钢芯占 (%)
		铝	钢	铝	钢				
120/25	20	7/4.72	7/2.10	122.48	24.25	15.74	47 880	38.29	61.71
185/10	6	18/3.60	1/3.60	183.22	10.18	18.00	40 880	69.46	30.54
185/25	13	24/3.15	7/2.10	187.04	24.25	18.90	59 420	47.86	52.14
240/40	16	26/3.42	7/2.66	238.95	38.90	21.66	83 370	46.90	53.10
400/20	5	42/3.51	7/1.95	406.40	20.91	26.91	88 850	72.99	27.01
400/35	9	48/3.22	7/2.50	390.88	34.36	26.82	103 900	62.37	37.63
400/95	23	30/4.16	19/2.5	407.75	93.27	29.14	171 300	38.06	61.94
630/45	7	45/4.20	7/2.80	623.45	43.10	33.60	148 700	67.05	32.95

例如：LGJ-70/40 钢芯铝绞线，它的钢比是 58，外层只有一层铝股，若铝股 3 股全断，其他轻微损伤 2 股，则铝截面积受损约 30%左右，按照 DL/T 741—2001《架空送电线路运行规程》的要求，必须开断重接，由于该导线的铝截面只承担全部导线的计算破断力 19%，此时导线强度损失约 3300N，开断重接显然是不合理的。另外钢比 5 的 LGJ—400/20 导线，铝的承受破断力要占全部计算破断力的 73%左右，而钢芯承受的破断力只占全部计算破断力的 27%左右，此导线铝截面受损若达到 30%时，则导线强度要损失 20 000N 左右，约占总破断力的 23%。由此可知，由于钢比的不同，损伤同样的铝截面积，导线强度损失是不一样的，因此本规范即按导线强度损失又按铝截面积受损考虑进行修复或开断重接，比《线路运行规程》合理。非张力放线导线损伤补修处理标准见表 23-2-4。

表 23-2-4　　　　　　非张力放线导线损伤补修处理标准

处理方法 / 损伤处理 / 线别	0 号砂纸磨光	金属单丝、预绞丝补修条补修	预绞式护线条、普通补修管补修	加长型补修管、预绞式接续条、全张力预绞接续条补修
钢芯铝绞线 钢芯铝合金绞线	铝、铝合金单股损伤深度小于股直径的1/2；导线或铝合金导线损伤截面积为导电部分截面积的 5%及以下。且强度损失小于 4%	导线在同一处损伤导致强度损失未超过总拉断力的5%且截面积损伤未超过总导电部分截面积的 7%	导线在同一处损伤导致强度损失在总拉断力的 5%，但不足17%，且截面积损伤也不超过导电部分截面积的 25%	导线损伤范围导致强度损失在总拉断力的 17%～50%间，且截面积损伤在总导电部分截面积的 25%～60%
铝绞线 铝合金绞线	铝、铝合金单股损伤深度小于股直径的1/2；导线或铝合金导线损伤截面积为导电部分截面积的 5%及以下。且强度损失小于 4%	导线在同一处损伤导致强度损失未超过总拉断力的5%	导线在同一处损伤导致强度损失已超过总拉断力的 5%，但不足 17%	导线损伤范围导致强度损失在总拉断力的 17%～50%

续表

处理方法 损伤处理 线别	0 号砂纸磨光	金属单丝、预绞丝 补修条补修	预绞式护线条、 普通补修管补修	加长型补修管、预绞 式接续条、全张力预 绞接续条补修
镀锌钢绞线		19 股断 1 股	7 股断 1 股； 19 股断 2 股	7 股断 2 股； 19 股断 3 股
OPGW		断损伤截面不超 过总面积 7%（光纤 单元未损伤）	断股损伤截面占面 积 7%～17%，光纤单 元未损伤（修补管不 适用）	

注　1. 钢芯铝绞线导线应未伤及钢芯，计算强度损失或总铝截面损伤时，按铝股的总拉断力和铝总截面积
　　　　作基数进行计算。
　　　2. 铝绞线、铝合金绞线导线计算损伤截面时，按导线的总截面积作基数进行计算。
　　　3. 良导体架空地线按钢芯铝绞线计算强度损失和铝截面损失。
　　　4. 全张力预绞式接续条只考虑导电铝截面严重损伤的补修，不采用导线有钢芯损伤后的修补。

　　7.3 章节是张力放线的技术条文，规定了张力放线机械设备的配置、挂线和附件安装等注意事项；同时规定了导线损伤修复的标准，要求张力放线中导线损伤程度的控制比非张力放线更严格，提高 50%技术指标。这是由于采用张力放线后，可避免导线落地摩擦。

　　7.3.1 条　第 1 款是强制性条文，规定 330kV 及以上电压等级线路必须采用张力展放。对良导体架空地线及 220kV 线路导线也应采用张力放线，110kV 线路导线宜采用张力放线。张力放线可减少导线损伤的概率，同时可大幅度减少青苗赔偿费用。

　　7.4 章节是导、地线连接技术要求，该章节是重要章节，导、地线运行是否安全，决定于它们的连接，特别是该章节中有多条强制性条文，导线压接人员、建设单位质量管理人员和中介机构的施工监理人员应严格控制，运行单位验收时，不能光检查核对施工记录和监理人员的旁站签名，应上耐张塔实际检测压接管的尺寸，原因是目前多数导线架设采用空中平衡挂线，即在高空压接耐张压接管，其压接工艺和监理旁站都有疏忽的可能。

　　7.4.1 条　是强制性技术条文，该条规定比较容易做到。

　　7.4.2 条　也是强制性技术条文，它要求压接操作人员必须经过培训并考试及格、持有操作许可证。连接完成并自检合格后，在压接管上打上操作人员的钢印。现在线路工程又增加了由有资质的中介机构监理公司专责监督施工质量的要求，特别对重要隐蔽项目如导地线压接、基础现场浇制等，需要监理人员旁站监督施工质量。

　　7.4.3 条　又是强制性技术条文，它规定在导、地线展放架设前，由本次架设施工中要操作导、地线压接人员，采用相应规格的金具进行导、地线压接并试验其计算破

断力；试件不得少于 3 组，其握力强度不得小于本导线与相应规格金具连接后的 95%
计算破断力，以检验导线、金具的破断力、握力和压接人员的压接工艺水平。

对小牌号导线即采用螺栓式耐张线夹悬挂的导线接续管，若连接后一起做破断力
试验时，有两个强度控制标准，导线应大于 95% 的计算破断力；螺栓式线夹应大于 90%
的计算破断力。即拉到 90% 导线破断力时，稳住拉力，检查螺栓式耐张线夹是否完好，
再继续拉到导线破断力的 95%，稳住拉力检查导线接续管的情况（此间有可能发生螺
栓式线夹损坏）。工程中有的工程技术人员或试验站会错误地认为，按导线的计算破断
力乘 95% 后再乘 90% 的数值，作为螺栓式耐张线夹连同导线接续管一起试验时的控制
值，这是误解了本条文的意思。

7.4.5 条　第 1 款属强制性条文，切割作业时应严格执行 4 个注意款项。

7.4.6 条　规定了压接管在压接前，应在导线连接部分外层铝股上洗擦后薄薄地涂
上一层电力复合脂（导电脂），用细钢丝刷清刷导线表面氧化膜，在保留导电脂情况下
进行压接。导线接续管和耐张压接管的导电截面和连接部分的接触面积均比导线的截
面积大得多，所以压接管的电阻肯定比导线小，电阻小就是为消除因压接管压后可能
造成的接触不良而引起接触电阻增大。本规范 1981 年版修编组对压接管与导线的电阻
比值做了多组对比试验，压接后的压接管电阻与等长导线的电阻比均小于 1，绝大部
分的比值在 0.7 以下。整个压接管电阻与等长导线电阻的比值与压接管、导线的清洗
质量有关。

7.4.8 条　第 1 款的爆压工艺和第 3 款已作废，原因是 SDJ 276《架空电力线外爆
压接施工工艺规程》已被国家发展和改革委员会 2005 年第 45 号公告作废，该公告共
作废 181 个标准，其中电力标准 39 个（同理 7.4.13 条也应作废）。第 5 款校直后的接
续管如有裂纹，应割断重接；该款规定属强制性条文，原因是接续管弯曲一般是将弯
曲接续管放在木板上，采用木榔头敲打，有可能使接续管裂纹。

7.4.9 条　规定了一个档距内导、地线的压接管数量和压接管处在什么位置的要求。
其实严格地讲，在一个档距内多一个接续管对运行来说是无所谓的，规范的目的是要
求施工单位抓好工程质量。但对各类压接管处在档距中的位置，则对导线运行有影响。
原因是导、地线在运行中，多数时间是在振动的，导线振动波是从 1/3 档距处传递至
线夹口，由于线夹内的导线已被包裹固定住，导线振动波传递至线夹口时成一驻波，
线夹口的铝股在常年振动波的曲折下，疲劳损伤铝股，因此导、地线都安装有防振装
置来卸载振动荷载。各类压接管或补修管，处在防振装置外，此时如同一只线夹，常
年的导线振动波会使管口的铝股疲劳受损，理论上导线压接管最好处在档距的 1/3 前
面（无振动波），通过计算，压接管或补修管处在条文规定的以外，导线振动波对铝股
的损伤可接受。

7.4.10 条　是小牌号导线连接用的钳压管，压接位置和压接模数条文中都明确规定。关键是运行单位在验收中要特别注意，钳压管口的压模必须在副线上，钳压模压接后对导线是有凹压的，若管口压模在主线上时，振动波更容易使铝股疲劳折断。

7.5　是导线紧线的技术要求，该章节也是成熟的技术条文，已执行多年，条文意思清楚明确。

7.5.5 条　规定了导线紧线时的过牵引尺寸，早期导线紧线后的挂线时，由于紧线滑车的悬挂点肯定低于耐张塔挂线孔，加上耐张绝缘子串和金具不会全部受力拉直（现平衡挂线时的紧线器后的导线也不能拉直受力），势必要紧过头一些（过牵引）以方便导线头压接操作和挂线，对连续档紧线问题不会太大，但对档距短的孤立档，则必须要控制过牵引长度，否则会由于过牵引增大导线张力，造成导线或其他部件损伤。

7.5.8 条　规定相分裂导线的同相子导线弧垂应力要力求一致，第 1 款对没有间隔棒且垂直双分裂的导线要求两子导线间的弧垂不允许有负误差，原因是双分裂导线在输送一定的负荷和在一定的档距情况下，两根子导线会相互吸拢，严重时两线会缠绞在一起，不能恢复原位或造成永久性变形。

7.6　规定了附件安装的技术要求，该章节条文意思明确，且是成熟的条文内容。

7.6.6 条　规定悬垂串的线夹中心位置与横担悬挂点应垂直，偏移角不应超过 5，最大偏移值不应超过 200mm。线路设计一般只考虑机械受力，由于悬垂双联串的污耐压比单串绝缘子下降约 10%左右，设计一般不采取污耐压弥补措施。事实证明：单串、双联串的绝缘子片数相等时，污秽闪络跳闸几乎发生在双联串上。目前运行单位多提出若采用双联串时，导线端采用单独线夹与导线连接，且两线夹的中性点间距应大于600mm（原武汉高压研究院曾试验验证双联串间距大于该数值后，其污耐压值与单串相似）。

7.6.15 条　第 3 款规定了导线跳线引流板或并沟线夹的螺栓紧固要求，其螺栓的扭矩值应符合该产品说明书的扭矩技术要求。

7.7 章节规定了架空地线中含有通信用 OPGW 光缆的架设技术要求，对于输电线路，运行单位在维护架空地线或光缆时除断股压接不能像钢绞线那样，平时运行均与一般的架空地线一样。但对放线架设时，对施工单位提出了 21 条技术规定。

7.7.3 条　第 1 款属强制性技术条文，主要是防止沿地面展放被山上树桩、岩石钩住，紧线中拉坏 OPGW 中的光纤。该条中的八、接地工程部分，这部分技术规定属成熟的技术要求，多年来一直采用。1981 年版验收规范有"雨后不应立即测量接地电阻"的规定，原因是设计接地电阻值已经是换算到雨后的接地电阻，何况南方有许多杆塔处在农田内，即使冬季，其接地线处的土壤都是潮湿的，所以 1990 年版修改时取消了该规定。

GB 50169《电气装置安装工程接地装置施工及验收规范》的第3.3.6条规定：接地体敷设完后的土沟其回填土内不应夹有石块和建筑垃圾等；外取的土壤不得有较强的腐蚀性；在回填土时应分层夯实。即接地体敷设后回填接地沟时，应纯泥土回填，这对杆塔冲击接地电阻值的降低有效，原因是快速强大的雷电流下泄到大地，瞬间高电压将接地线周围的土壤击穿，使接地线及周围被击穿的土壤成导电体，强大的雷电流快速释放，避免塔顶电位升高后造成沿绝缘子串反击跳闸。若接地沟内的接地线周围为石块等物搁空，雷电流下泄时，只有接地线为下泄通道，造成冲击接地电阻值大，雷电流排泄不畅，使塔顶电位升高后引发沿绝缘子串反击后线路跳闸。

8.0.2条 规定线路杆塔人工敷设的接地线应按设计要求敷设，当现场地形不能满足需要变动时，施工单位应按改动埋设的接地线，画出敷设简图并标示相对位置和尺寸，此要求来源于GB 50169《电气装置安装工程接地装置施工及验收规范》的第3.7.8条规定。该点运行单位要特别注意，在验收时应核查杆塔接地线是否符合等高线埋设和接地线埋深尺寸的要求。

8.0.7条 规定了杆塔人工敷设接地线工频接地电阻值的检测要求，测量时应注意，现场检测的接地线工频接地电阻值还不等于杆塔接地电阻设计值，需按现场情况，将测量得到的工频接地电阻值与季节系数换算后，才是设计要求的接地电阻值。水平接地体接地电阻测量用的季节系数见表23-2-5。

表 23-2-5 水平接地体接地电阻测量用的季节系数表

杆塔接地射线埋深为 0.5（m）时	季节系数 ϕ 取 1.4～1.8
杆塔接地射线埋深为 0.8～1.0（m）时	季节系数 ϕ 取 1.25～1.45

注 测量接地装置电阻如土壤较干燥时季节系数取较小值，土壤较潮湿时取较大值。

八、工程验收与移交

9.1章节规定了工程验收的技术要求，工程验收分隐蔽工程验收、中间验收和竣工验收三个环节。隐蔽工程的验收必须要在隐蔽前进行验收，以便核查、检测清楚各种部件的规格、尺寸和位置等。由于线路工程多，又有监理单位专责监理，有时运行单位在竣工验收时，只检查核对施工记录，为了新建线路能符合按设备的状态进行运行和检修，验收组对有的项目可现场打破检查施工质量、登塔高空实际检测耐张压接管和回弹仪、取芯检验混凝土基础的强度、接地装置核查回填是否泥土和埋深尺寸等，以确保输电线路工程投运后能安全运行。

9.2章节为竣工线路的试验工作，此类程序多在线路启动委员会操作，由变电专业和调度部门合作完成，对输电线路专业关系不大。

9.2.2 条　是强制性条文，一般均能按该要求执行。

9.4　是竣工资料移交内容，条文明确，按要求执行即可。但运行单位应认真核查施工记录、与农户签订的众多青苗赔偿协议、跨越民宅或线路通道内今后农户原地升高等补偿协议等，线路运行后，有时会由此产生许多纠纷。

【思考与练习】

1. 架空送电线路验收规范为什么要将部分条文列为强制性条文？

2. 规范为什么规定钢芯铝绞线有强度损失和铝截面积受损两个修复、开断重接要求？

3. 导线跳线引流板或并沟线夹采用扭矩扳手紧固设备有什么好处？

4. 对隐蔽工程项目在竣工验收中可采取什么方法核查其施工质量？

5. 工程竣工后应移交哪些资料？

▲ 模块 3　《国家电网公司架空输电线路运维管理规定》（Z04B4009Ⅱ）

【模块描述】本模块包含输电线路生产准备及验收、线路巡视、检测及维护、缺陷管理、运行分析与状态评价、专项管理、气象监测、资料管理、人员培训、检查考核等内容。通过要点介绍和条文解释，熟悉架空输电线路运维管理的主要内容、要求和方法。

【正文】

20 世纪 90 年代，原能源部电力司以电供〔1990〕111 号文颁发了《架空送电线路专业生产工作管理制度》，共计 5 章 40 条，并有 5 个附件；2003 年 7 月国家电网公司组织部分专家起草编写了《架空输电线路管理规范》，11 月 17 日以国家电网生〔2003〕481 号文颁布试行，该规范正文有 9 个章节计 51 条 185 款外加一个附录，附录含 4 个规范性附录和一个资料性附录。通过几年试行，2006 年国家电网公司组织专家对《架空输电线路管理规范（试行）》版进行修订，于 10 月 24 日以国家电网生〔2006〕935 号文颁发《架空输电线路管理规范》，新版《管理规范》分 15 个章节计 121 条外加一个规范性附录，2014 年 6 月 11 日国家电网企管〔2014〕752 号文件，颁布了国网（运检/4）305《国家电网公司架空输电线路运维管理规定》）。（简称本规定）。

输电线路占电网固定资产的 50% 以上，且架设在野外，运行环境差，因此输电线路运行单位的管理者们期盼其输电线路专业管理规范化，所以国家电网公司公司不定期组织广大专业技术人员修订、完善了本规定。

本规定包括总则、职责分工、生产准备及验收、线路巡视、检测及维护、缺陷管理、运行分析与状态评价、专项管理、气象监测、资料管理、人员培训、检查考核、附则等 13 个方面内容。是架空输电线路生产管理的基础性、综合性规范。本规范对线路全过程、全方位安全生产管理工作提出基本要求。输电线路的技术标准、运行规范、检修规范、技术监督规定、评价标准、技术改造指导意见和预防事故措施等均应遵守本规范，并共同组成国家电网公司输电线路管理的制度体系。

一、总则

本章共 3 条，明确为加强架空输电线路（简称"线路"）运维管理，提高运维工作的质量和效率，保障电网安全运行，特制定本规定；线路运维管理是指对公司系统 35kV 及以上电压等级交直流线路开展的运维管理相关工作，主要包括新、改建线路工程（以下简称"工程"）的生产准备、验收；在运线路的巡视、检测、维护、缺陷管理、运行分析、状态评价，以及专项管理、资料管理、人员培训和检查考核等工作；规定适用于公司总（分）部及所属各级单位（含全资单位、控股）的线路运维管理工作。

二、职责分工

本章节有 10 条，它规定了公司线路按分级分片管理的原则，公司运检部、省检修（分）公司运检部、地（市）公司运检部、县公司运检部（以下简称"各级运检部门"）为线路运维管理工作的归口管理部门，国网设备状态评价中心、省设备状态评价中心（以下简称"各级评价中心"）负责线路运维工作的技术支撑，省检修（分）公司运维分部或输电运检中心、地（市）检修分公司、县检修（建设）工区（简称"线路运检单位"）负责组织线路运维管理工作，输电运维班负责线路运维工作的具体实施。

三、生产准备及验收

本章节有 12 条，从设计阶段、施工及验收阶段、生产准备阶段等阶段，强调了运行单位在新建线路规划设计阶段就应介入管理，将运行在该区域特别是新建线路临近的运行线路运行经验和已采用的有关反事故措施提供给线路设计人员，使设计人员有针对性地将运行线路上行之有效的各类措施等添加在新建线路上。它避免了有时基建单位为节约少量的工程投资，造成运行单位在线路投运后再投巨资且长时间停电改造（如更换或升高杆塔、绝缘子等）的实际现象，即要求基建、运行两部门同心协力，力争建成符合本线路途径区域运行状况的输电线路，达到新建线路投运后能符合按设备状态开展检修和运行的目标，规定各级运检部门应提前参与可行性研究、设计选线、终勘定位、初步设计评审及技术审查工作，落实技术标准和反措要求，提出书面意见；提前介入工程施工管理；输电运维班参与工程施工质量、设备材料的抽查和中间验收，对发现的问题与缺陷，形成书面材料报上级主管部门和相关单位，并跟踪核实；同时还对生产准备、工程验收、工程的启动、竣工投运、档案、技术资料、生产准备费用形成的实物资产、工程竣工投运后 1 年内出现的质量问题等工作职责、时限要求做了具体规定。

四、线路巡视

本章节有 20 条，这部分内容基本是 DL/T 741《架空送电线路运行规程》内容的细化，规定了运行线路不得出现运行维护的空白点，这主要是为防止由于不同的设备维护单位间、各设备主人对所辖设备分界或区分点的划分不明确，而造成设备漏巡；若两设备主人对某一档距的分界没有明确的文字划分资料，就会发生一人巡视到 29号，而另一人负责从 30 号以后的情况，从而造成 29～30 号档几百米导线及线路通道的安全运行责任未落实到人，线下树木、毛竹生长和导线风偏距离校核，通道内或通道外对设计风速下的导线风偏安全距离构成威胁的树木、毛竹无人管理的现象；第 30条规定了正常巡线、故障巡线、特殊巡线的要求。

第 31 条是状态巡视。当输电线路运行设备及线路通道状况评价线路是安全的、某些隐患或缺陷在可控时，可以开展状态巡视，明确地规定了开展状态巡视的基本条件；要真实有效地做到设备主人对所管辖的线路设备运行状况基本熟悉和按设备情况进行巡查和处理，首先需要线路巡视人员有较强的责任心和一定专业技术水平；，通过一段时间将所辖线路设备和通道彻底查清运行状况，划分树木毛竹生长区、违章采矿爆破区、易违章建筑区、塔材易盗区、重污区、重冰区、雷击多发区、导线舞动区、车辆易撞杆塔、拉线危险点、鸟害易发区、机械塔吊易碰导线区、漂浮物易发区、洪水冲刷区、滑坡或易被开挖区等不同区段，根据不同情况制定不同的防范措施，以特殊区域确保安全运行的处理方法和程序，具体规定了各状态巡视周期，使输电线路按设备状态开展巡视的管理有据可依；对故障巡视作了细致规定、要求线路运检单位应积极采用直升机、无人机等巡检技术开展线路巡视工作。

五、检测及维护

本章节 8 条，对检测内容、检测计划、检测设备配备、在线监测运维等做了规定。输电线路检测有多项内容，必须按规范进行。线路设备缺陷有的可能会立刻引发线路停电故障，如导线对地距离严重不足、瓷绝缘子低零值、复合绝缘子硅橡胶护套电蚀穿孔或密封失效、导线跳线连接点严重发热等。有的暂时不至于造成线路停电，如复合绝缘子憎水性下降、绝缘子附盐密值大、绝缘子钢脚锈蚀严重、杆塔接地电阻值、玻璃绝缘子自爆等。线路检测是为了及时发现设备缺陷，首先检测必须按制定的周期结合运行状况落实检测和评价判定；其次对各类检测知识进行培训和实际操作，确定必要的检测人员以确保各类状态量检测数据的准确性，分析讨论有关危险检测数据的"短板"判据，使线路检修有的放矢地修复消缺，提高线路设备的可用率。

六、缺陷管理

本章节有 6 条，制定缺陷分类（设备缺陷、附属设施缺陷和外部隐患）、分级及缺陷处理程序等相应管理办法。对缺陷管理应按危急、严重和一般三个层次进行，缺陷应及时记录、统计，按设备评价标准分析评价，建立缺陷管理系统，必须实现设备缺陷全过程闭环管理确定采取何种方式消缺，并要求组织验收，以确保消缺工作完整有效。

七、运行分析与状态评价

本章节有 6 条，明确要求各级运检部门应认真做好月度、季度、年度；行分析和典型故障、缺陷的专题分析制度；根据《架空输电线路状态评价导则》，对线路设备的整体状况开展评价工作。

八、专项管理

本章节有 8 条，即专项技术监督，有防雷、防污闪、防治冰害、防风偏、防外力破坏、防治鸟害、大跨越段管理、标准化线路等技术监督，应按各个专项编制运行、检测、分析和技术改造的监督流程，使相关的专项技术监督做到可控和能控。

技术监督应由专人负责，坚持科学性和严肃性，即查阅图纸资料、技术标准与对实物进行检查、检测、分析、试验和总结相结合，每次技术监督检查后，工程技术人员必须作出完整、准确的技术结论。对技术监督用的工器具、仪器、仪表及试验设备应符合和满足监督使用要求，对此类设备必须按周期校核。

运行单位必须建立技术监督异常预警制度，当发现设备、材料存有重大质量问题或专项技术监督存有危急或严重缺陷时，应及时发出预警通知。

九、气象监测

本章节有 25 条，对气象监测目的、监测范围、管理职责及监测设备运维等做了规定，本书亦有专门模块解释此内容，利用先进的科学手段，掌握动态的气象变化，制定有效的防范技术措施是输电线路管理重要手段。

十、资料管理

本章节有 2 条，线路运检单位应建立健全线路台账和运维管理技术档案，明确资料清单。

十一、人员培训

本章节有 3 条，企业活动中人是第一动力，随着企业与电网发展不断加快，电网设备装备水平及技术含量不断提高，检测、检修用的仪器越来越先进和精密，企业员工必须不断学习新知识和新技术，既要进行理论培训和考试，也应开展生产技能的学习和培训，使广大员工不断补充新知识，提高员工的生产技能水平。

十二、检查考核、附则

这两章节有 3 条，要求逐级考核；附则对本规定术语做了解释；还附有 7 个附件，对输电线路运维工作的流程、现场规程、检查标准、相关技术表格做了统一。

【思考与练习】

1. 为什么说线路管理规范不是管理工人们的标准？输电运维班重点掌握哪些内容？

2. 线路专项管作的主要内容有哪些？

3. 输电线路生产管理部门、输电运维班应有的的技术资料，应符合哪些要求？

▲ 模块 4　Q/GDW 1209—2015《1000kV 交流架空输电线路检修规范》（Z04B4004Ⅱ）

【模块描述】本模块包含 1000kV 交流架空输电线路检修规范内容，通过 1000kV 交流架空输电线路检修规范条文解释，掌握检修规范要求。

【正文】

1　范围

本规范是为了满足 1000kV 交流架空输电线路运行维护过程中检修工作安全与质量的要求，推行国家电网公司检修作业的标准化、规范化管理工作。在总结国内 500kV 及 750kV 架空输电线路多年运行维护和检修工作经验的基础上，对 1000kV 交流架空输电线路的检修工作作出了相应的技术规范要求。

2　规范性引用文件

考虑到国家电网公司《电力安全工作规程（电力线路部分）（试行）》并未在行业内取代 DL 409《电力安全工作工程（电力线路部分）》，故同时引用。

3　术语和定义

对本规范的检修、带电作业等术语进行了界定。

4　基本要求

4.1　一般要求

4.1.1　本条是对运行维护单位的生产和技术管理上提出要求，一定要重视设备的检修及检修管理工作，确保设备的健康水平。

4.1.2　本条是界定检修所包含的内容，检修在制度上必须坚持的原则以及检修可以利用的方法和手段。状态检修，对于常规项目的检修应尽可能地采取带电作业的方式进行，而且这种方式应该成为 1000kV 架空输电线路的主流检修方式。较以往的超高压线路提出了更严格的要求。

4.1.3　采取国家电网公司《电力安全工作规程（电力线路部分）（试行）》中保证安全的组织措施的规定，与 DL 409 相比，增加了现场勘查制度，更加全面。

4.1.4　本条是从发展的角度提出要求，对于 1000kV 架空输电线路的检修应在材料、工艺、方法和工具上跟上同时代科技的发展水平，并保持一定程度的创新和领先水平。

4.1.6　由于 1000kV 架空输电线路输送容量很大，停电困难，在线路设备和检修单位具备条件和不降低检修标准的前提下可进行状态检修，提高设备可用率。

4.1.8　悬挂导地线的部件包括绝缘子串上的金具、绝缘子等部件。

4.3　安全规定

4.3.5　武汉高压试验院前期的电气试验表明，1000kV 线路等电位作业时电场强度相对很大，在没有合格的屏蔽装置的情况下会对作业人员造成一定程度的伤害。本条强调不论是在地电位还是等电位带电作业，一定要穿戴合格的屏蔽保护装置。应引起相关单位及作业人员的高度重视。

4.3.4 和 4.3.6 中关于风力的规定比 500kV 小一个等级，是考虑 1000kV 杆塔、导线更高，风力更大，因此宜作出更严格的规定，确保作业中人身和设备的安全。

4.4　条对各类检修和抢修质量作出统一规定。

5　导地线（含 OPGW）

5.1　一般要求

5.1.1–5.1.3　是引用的 Q/GDW 153《1000kV 架空输电线路施工及验收规范》的条款。

5.1.4，5.1.5　是规定导地线切断重接（修补）必须遵守的原则。

5.1.6–5.1.9　导地线损失分类处置的规定参照 DL/T 1069《架空输电线路导地线补修导则》。

5.2　导线、地线（含 OPGW）检修项目

5.2.2、5.2.3　中导地线补修规定与 Q/GDW 153《1000kV 架空输电线路施工及验收规范》的规定不一致。主要考虑：一是 Q/GDW 153《1000kV 架空输电线路施工及验收规范》用于新工程的建设及改、扩工程，导线在展放的过程损伤的概率比线路在运行过程中导线受损伤的概率大得多；二是运行维护过程中切断重接导线带电作业相对复杂且存在一定的安全隐患，停电作业对系统的影响较大；三是 DL/T 1069《架空输电线路导地线补修导则》为最新颁布的电力行业标准，体现了导地线补修方面技术发展的最新成果，与 4.1.4 条"设备检修，应积极采用成熟、先进的设备、材料及工艺，努力提高检修质量，缩短检修工期，确保检修工作安全，以延长设备的使用寿命和提高安全运行水平"的指导思想相符，故采用了 DL/T 1069《架空输电线路导地线补修导则》的标准。

6　绝缘子

Q/GDW 153《1000kV 架空输电线路施工及验收规范》对绝缘子的绝缘电阻已不做要求，考虑到 Q/×××—×××《1000kV 交流架空输电线路运行规程》将对绝缘子

的电阻值作出明确规定，本规范不做明确要求。

6.1.2 直线杆塔的绝缘子串顺线路方向的偏移和出来，考虑到检修后应满足较高的质量要求，而不仅是可以运行，因此采用 Q/GDW 153《1000kV 架空输电线路施工及验收规范》的标准，即处理后其偏移值应不大于 200mm。

6.2.1.5 防污闪涂层指 RTV（包括 PRTV）等涂层，其局部脱离、破损缺陷处理方法为复涂。

6.2.3.2 绝缘子结构参数应保持一致是指更换前后结构高度、钢帽和钢脚配合尺寸一致，爬电距离、最小机械破坏荷载等参数一致（不得以小代大）。

7 金具

7.1.1、7.1.2 是更换金具必须遵守的原则和采取的措施。

7.2.2.2 本条针对绝缘子串中的金具更换，规定更换后绝缘子顺线路的最大允许偏移值为 200mm，原因与 6.1.2 条相同。

8 杆塔

8.2.1 杆塔防腐处理是运行维护过程中必须面对的长期工作，本条对防腐的工艺作出了规定。

9 基础

9.2.5 强调必须按规定进行配比试验和按规定现场浇制混凝土，不因为工程量小而不按照顺序施工。

10 接地装置

10.1.1 线路接地装置是线路防雷的一项重要设备，关系到线路的长期安全稳定运行，本条规定接地装置的改造结合实际和运行经验。

10.2.2.2 接地体本身的规格要求按照设计要求执行。

11 附属装置

11.1.2 附属设施中取代线路设备的零部件，应当获得入网许可，满足被取代设备生产中所执行的各项标准，并经试验合格后方可使用。

12 检修周期

考虑到 1000kV 架空输电线路将充分利用多种先进手段进行简册和检修，因为标准列入 24 项。

13 大型事故检修和抢修

13.2.3 考虑到部分运行维护单位不一定必备大型的检修和事故抢修能力，故按规定的要求作出本条规定。

【思考与练习】

1. 1000kV 架空输电线路常规检修应该以什么方式作为检修的主流？

2. 1000kV 特高压交流输电线路在进行等电位带电作业与要和特使要求？

3. 1000kV 特高压交流线输电线路导线、地线（含 OPGW）检修项目与 Q/GDW 153《1000kV 架空输电线路施工及验收规范》的规定为什么不一致？

4. 1000kV 特高压交流输电线路带电作业的风速规定为什么比 500kV 还要小一级？

模块 5　DL/T 307—2010《1000kV 交流架空输电线路运行规程》（ Z04B4005 Ⅱ ）

【模块描述】本模块包含 1000kV 交流架空输电线路运行规程内容，通过概念描述、条文解释，能够掌握线路运行的基本要求、线路运行的标准、线路巡视方法，掌握特殊区段的运行要求以及线路检测、维修的项目和周期。

【正文】

1　标准结构和章节安排

标准共计 10 章，3 个附录。1. 范围；2. 规范性引用文件；3. 术语及定义；4. 基本要求；5. 工程前期要求；6. 运行标准；7. 运行管理；8. 特殊区段的运行要求；9. 线路走廊保护区维护要求；10. 技术管理　3 个附录：A 各种工况下的最小空气间隙；B 线路环境的污区分级；C 线路导线对地距离及交叉跨越。

2　本标准与 741 标准的异同

修订的 741 标准：巡视、检测、维修；新增：线路走廊保护区的维护、输电线路的电磁环境两章。

1000kV 运行规程：增加工程前期要求一章。

3　范围

2006 年 8 月 19 日，我国交流特高压试验示范工程晋东南～南阳～荆门 1000kV 输电线路工程奠基，标志着我国首条特高压线路开工建设。同时，由于 1000kV 特高压输电线路在基础及铁塔结构、导线布置、设备特点、运行环境等方面与我国已有的超高压输电线路有较大差异，本规程主要根据这些差异，借鉴 DL/T 741《架空送电线路运行规程》的结构和国家电网公司《110（66）～500kV 架空输电线路管理规范》的相关内容，结合特高压试验示范工程规划、设计和科研成果，在内容上做较大幅度修改之后形成，并将在线路投运后及时总结运行经验，以求将本标准进一步完善。

3.1　我国新时期的安全生产方针是"安全第一，预防为主，综合治理"。因此增加了"综合治理"这一项。

3.2　1000kV 交流架空输电线路同传统 500kV 线路相比，承担的电能输送任务更大，辐射面较广，对于整个电网的安全稳定运行起到举足轻重的作用，因此应积极开展长周期不停电情况下的巡视、检查、小修、大修等工作。

3.3 运行维护界限划分此处不做具体规定，相邻运维单位可根据实际地形、地貌、交通、线路杆塔分布等具体情况协商确定，以运维工作便于开展为最终目的。

3.4 关于航空标志，需咨询线路所在地航空管理部门，并遵照相关规定执行。

3.5 装设在线监测系统及监测的项目、范围等可根据各地自然地理社会经济等环境的不同有针对性地开展，并逐步将各监测数据集中整合，具备初步分析功能，用以指导运行和状态检修。

5 工程前期要求

5.1、5.2 该两条规定的出发点主要是电力线路所经地段气象环境复杂，存在与当地主要气候情况有较大差异的微气候区，设计单位在终勘定线时可能会对某地区的微气候区了解不够，这就需要运行单位不断总结，对线路的终勘定线、设备选型提供参考，将微气候区对线路生产运行的影响降到最低。

5.3 本条所述的"工程质量的检查"包括线路复测、基础浇制、铁塔组立、导地线展放、附件安装，直到线路投运的全过程。

5.4 鉴于 1000kV 线路的重要性，与 500kV 线路不同，运行单位需在工程建设阶段逐步熟悉线路各部件设计特点、技术指标和周边环境特点，同时参与施工过程质量监督，确保工程投运后的安全稳定运行。

5.5 在验收中除了要严格执行《1000kV 架空送电线路施工及验收规范》的同时，在线路电气安装情况应着重检查。

6 运行标准

6.1 针对特高压线路基础部分运行标准，更关注由于雨水冲刷，取土等外围因素造成的影响。

6.2.1 考虑到 1000kV 铁塔实际高度，铁塔倾斜度的最大允许值较 500kV 铁塔有所减小。由于 1000kV 线路铁塔较高且横担较长，因此引入横担高差、水平位移两个参数作为铁塔稳定性的参数。数值参考 Q/GDW 153《1000kV 架空送电线路施工及验收规范》相关规定。

猫头塔 K 节点允许位移值根据国网交流工程建设有限公司 2008 年 7 月 28 日组织的"特高压交流试验示范线路工程猫头塔塔窗 K 节点位移处理方案"专家评审会结论确定，在长期运行过程中，此类塔型需要定期观测。

6.2.2 "塔身未向受力方向倾斜而塔头超过铅垂线偏向受力侧"主要考虑由于螺栓紧固不到位或铁塔选材不当等原因而导致的铁塔塔头挠曲现象。自立式转角塔、终端塔应组立在倾斜平面的基础上，向受力反方向产生预倾斜，预倾斜值应视塔的刚度及受力大小由设计确定。架线挠曲后，塔顶端仍不应超过铅垂线而偏向受力侧。

6.2.3　关于"中度锈蚀"，此处定义为锈蚀面积达构件表面积的 70%，或锈蚀面积不足 70%但锈蚀深度大于构件厚度 70%。

6.2.4　参考 Q/GDW 178《1000kV 交流架空输电线路设计暂行技术规定》13.3.1 的规定，在荷载的长期效应组合（无冰、风速 5m/s 及年平均气温）作用下，杆塔的计算挠曲度（不包括基础倾斜和拉线点位移），不应超过下列数值。

1）悬垂直线自立式铁塔 $3h/1000$。

2）耐张转角及终端自立式铁塔 $7h/1000$。

其中，h 为地面起至计算点高度；根据杆塔的特点，设计应提出施工预偏的要求。

此处以悬垂直线自立式铁塔为代表做出规定。按照塔全高计算的铁塔整体允许挠曲度为 $3h/1000$，因此，相邻节点间主材弯曲度也不得超过 $3h/1000$，否则各段主材挠曲度累加最终铁塔整体挠曲度必将超过 $3h/1000$，因此此处考虑规定数值比 $3h/1000$ 小一个级别，同时考虑生产、施工等环节不可避免的误差，将此数值定为 2‰。

6.3.1　根据 DL/T 1069《架空输电线路导地线补修导则》中规定的导地线补修原则与标准，参照 DL/T 741《架空送电线路运行规程》相应条款要求。

6.4.4　绝缘子钢帽、绝缘件、钢脚不在同一轴线上，会引起绝缘子非轴向受力，安全得不到保证；钢帽内浇装水泥有裂纹会导致强度降低，存在安全隐患；钢脚与钢帽槽口间隙超标会导致钢脚从钢帽中脱落掉串。

6.4.8　此角度值按直线塔悬垂绝缘子串顺线路偏斜约 600mm 左右确定。

6.4.9　附录 A 中的数据根据中国电力顾问集团公司对 1000kV 晋东南—南阳—荆门特高压交流试验示范工程初设文件中的科研成果确定。

6.5.1　根据 DL/T 5092《110kV～500kV 架空送电线路设计技术规程》"8 绝缘子和金具"中 8.0.3 规定的金具强度安全系数综合考虑，并参照 DL/T 741《架空送电线路运行规程》相应条款要求。设计安全系数为 2.5，磨损后安全系数小于 2.0，即低于原值的 80%。

6.6.3　"被腐蚀后其导体截面"指的是除去被腐蚀后的剩余部分的截面积。

6.7.1　Q/GDW 153《1000kV 架空送电线路施工及验收规范》8.4.5 规定一般情况下允许偏差不应超过±2.5%，本规程考虑长期运行因素，将标准放宽为+3%，−2.5%。

6.7.2、6.7.3　参考 Q/GDW 153《1000kV 架空送电线路施工及验收规范》8.4.6、8.4.7。

6.7.4　附录 C 中的数据根据 Q/GDW 178《1000kV 交流架空输电线路设计暂行技术规定》而来。

7　运行管理

7.1　巡视

7.1.1　本条根据巡视时间是否预先确定将巡视种类分为定期巡视和不定期巡视，列举了运行单位应进行的巡视类型并进行了简单说明。明确了运行单位应按一定周期利用飞行器开展对特高压线路的巡视作业。

7.1.2　本条从确保巡视人员安全和巡视质量两个方面对巡视做了明确的要求。

7.1.3　本条内容与 DL/T 741 5.4 中基本相同，考虑到特高压线路设计的特殊性，删除了与特高压线路无关的内容，增加了对刚性跳线及金具，攀爬机、防坠落装置等附属设施有无缺陷、运行情况变化的检查。

7.2　检测

本条文中表4给出了1000kV 交流架空输电线路基本检测项目与周期规定，与 DL/T 741 相应部分做了以下调整。

（1）增加了复合绝缘子憎水性检查项目，其检测周期取自 DL/T 864《标称电压高于 1000V 交流架空线路用复合绝缘子使用导则》，同时，憎水性检查方法和判断标准可参照 DL/T 864 中相关规定。

（2）增加了对盘型绝缘子灰密测量项目。根据我国电网防污闪工作经验和现有科研成果，等值附盐密度和灰密是划分电网污秽等级最基本的两个参数，其具体要求可参照 Q/GDW 152《电力系统污区分级与外绝缘选择标准》。

（3）明确了瓷质绝缘子绝缘测试有关规定，参照 DLT 626《劣化盘形悬式绝缘子检测规程》中的有关规定。

（4）金具锈蚀、磨损、裂纹、变形检查周期为 3 年，考虑到山区等特殊地区腐蚀性较严重，因此，运行单位应根据实际情况，对重点区域适当缩短周期。

（5）参照《110（66）～500kV 架空输电线路运行规范》，对防雷及接地装置的检测周期进行了调整，同时强调加强对大跨越等特殊地点铁塔接地电阻测量。

7.3　在线监测

由于输电线路诊断技术的进步，设备检修工作将由"计划检修"发展到在对设备运行状态进行科学监测的基础上进行"状态检修"。"状态检修"是采用一定的监测手段对设备运行状态进行监测，经分析判断后，确定设备合理的检修时间，从而节约检修费用、提高检修质量。目前，随着我国设备诊断技术的不断发展，尤其是监测探头、传感技术、数据传输系统以及数据分析系统的研究长足发展，我国输电线路的在线监测将可能形成标准配置。特高压电网投运后将在整个国家电网中处于核心地位，保证特高压电网乃至整个国家电网的安全、稳定、可靠运行具有十分重要的意义。因此，必须积极开发和应用各种在线监测系统，开展特高压电网状态检修，提高特高压输电线路的可用系数。巡视、检测和在线监测是运行单位掌握线路运行状态的三种手段，为突出在线监测在运行管理中的特殊地位，本规程单列了"在线监测"一节，对在线监测技术管理提出了原则上的要求。

7.4　缺陷

本节基本取自《110（66）kV～500kV 架空输电线路运行规范》的"第十章　线路缺陷管理"，对不同严重程度缺陷的处理时限进行了阐述。缺陷是特高压输电线路运行管理的重要环节，有关线路缺陷管理的具体要求和做法，可参照《110（66）kV～500kV 架空输电线路运行规范》附录 A《架空输电线路缺陷管理办法》。

7.5　检修

7.5.5　带电作业是线路维修的重要手段之一，也是保证设备健康水平、提高设备可用系数的最好方法。国家电网公司组织国网武汉高压研究院于 2006 年开展了以《特高压电网带电作业技术的研究》为课题的研究工作，国家电网公司建设运行部于 2007 年组织湖北省电力公司、河南省电力公司和山西省电力公司（1000kV 晋东南—南阳—荆门特高压交流试验示范工程线路运行单位）开展了以《1000kV 交流特高压架空输电线路带电作业工器具的研制》为课题的研究工作。这些研究成果都为特高压线路带电作业的开展提供了基础，各单位要搞好带电作业的研究工作，努力提高带电作业的安全水平，推动带电作业的全面开展。

7.5.7　国家电网公司于 2007 年先后发布了《输变电设备状态检修管理规定》《输变电设备状态检修试验规程》《输电线路状态评价导则》《输电线路状态检修导则》《国家电网公司带电作业工作管理规定》《输变电设备风险评价导则》《输变电设备状态检修辅助决策系统技术导则》和《国家电网公司资产全寿命管理指导性意见》等一系列文件（征求意见稿），以规范公司系统输变电设备状态检修，实现状态检修工作的规范化、科学化、制度化，保证状态检修工作的有序开展。因此，运行单位应结合设备健康状况、监测手段和人员素质等综合情况，逐步开展特高压输电线路的状态检修工作。

8　特殊区段的运行要求

8.1　大跨越

8.1.1　本条与 DL/T 741 8.1 中的 a）比较，增加"要定期向当地水文、气象、地质、环境部门收集大跨越段有关资料，做好分析工作。"，即指出运行单位应充分利用当地水文、气象、地质、环境部门的专业优势，搜集大跨越段的外部环境资料，做好运行分析工作。

8.1.2，8.1.3，8.1.4，8.1.5 和 8.1.6 分别与 DL/T 741 8.1 中的 b），c），d），e）和 f）基本相同。

8.2　多雷区

8.2.1，8.2.2，8.2.3，8.2.4 和 8.2.5 分别与 DL/T 741 8.2 中的 a），b），c），d）和 e）基本相同，其中 8.2.2 要求运行单位及时将 1000kV 铁塔坐标等参数输入雷电定位系统。

8.3 重污区

8.3.1 国家电网公司根据所属电网防污闪工作的实际需要，于 2006 年 12 月 12 日发布了企业标准 Q/GDW 152《电力系统污区分级与外绝缘选择标准》，该标准明确提出了划分电网污秽等级采用现场污秽度的概念，它包括等值附盐密度和灰密两个参数，不同于 GB/T 16434 只采用等值盐密划分电网污秽等级的做法。该标准是在我国电网防污闪工作经验和现有科研成果的基础上编制而成的，对污湿特征描述更为详细，更具操作性，重污区线路外绝缘配置应符合 Q/GDW 152 中的规定。

8.3.2 本条提出要选点定期测量现场污秽度，必要时收集该地区污秽物分析。现场污秽度应在绝缘子连续 3 年至 5 年积污后进行测量。污秽物的化学成分对污秽等级的划分和用污耐受电压法选择绝缘子片数都有重要作用。可溶性盐的化学分析可用等值盐密测量后的溶液，采用离子交换色谱仪（IC）、感应耦合等离子体光发射光谱分析仪等进行。

8.3.7 线路运行状态监测是掌握线路运行状态的一个重要手段。目前较常用的绝缘子污秽在线监测手段主要有等值附盐密度测量和泄漏电流在线监测等。考虑到现有的盐密及泄漏电流在线监测技术还不十分成熟，当前建议特高压交流输电线路绝缘子现场污秽度测量方法仍以离线测量方法为主，以便能够较为准确地获取线路绝缘子积污状态的第一手信息，并积极开展绝缘子污秽度在线监测技术研究，适时应用在特高压交流输电线路上。

8.6 微气象区

《110（66）kV～500kV 架空输电线路运行规范》中指出"特殊区段包括大跨越线路或位于重污区、重冰区、多雷区、洪水冲刷区、不良地质区、采矿塌陷区、盗窃多发区、导线易舞动区、易受外力破坏区、微气象区、鸟害多发区、跨越树（竹）林区、人口密集区等区域（区段）的线路"。8.5 和 8.6 分别对不良地区区和微气候区输电线路运行维护的特殊点进行了强调。

9 线路走廊保护区维护要求

线路走廊保护区维护要求是较 DL/T 741 增加的章节，主要是强调如何做好线路通道管理以及线路保护工作。电力设施保护区的概念出自《电力设施保护条例》，对如何做好输电线路保护区管理，应充分利用现行有关法律、法规，以及如何加强维护和管理，使线路免遭来自任何外部原因（包括外力）造成的伤害。

本章对于特高压线路走廊保护区定义：导线边线向外侧水平延伸 30m 并垂至于地面所形成的两平行面内的区域。这里取 30m 是参考了 500kV 线路保护区取 20m，而已经投运的西北 750kV 示范工程线路保护区取 25m。

影响保护区内输电线路安全运行的情况，主要来自人为和环境变化产生的外部隐患。本章列举了保护区内常见的隐患，并根据所发现隐患的实际情况和类别，对隐患的处理方法给出了明确的要求。内容参考了《110（66）～500kV 架空输电线路运行规范》中"输电线路保护区管理"的有关条款。

10　技术管理

10.1　随着计算机技术的发展和普及，人员素质的整体提高，使生产管理信息系统的应用成为可能。

10.5　"运行单位应有下列标准、规程和规定"与 DL/T 741 9.2 相比，增加了 5 项，具体做以下说明：当地政府制定的电力线路设施保护规定——根据多年来超高压输电线路的运行经验，与当地有关部门进行沟通处理外部隐患时十分有效；十八项电网重大反事故措施——2005 年 6 月，国家电网公司发布了十八项电网重大反事故措施；架空输电线路管理规范；送电线路带电作业技术导则；1000kV 架空输电线路检修规程，国家电网公司已立项科技项目，计划于 1000kV 晋东南—南阳—荆门特高压交流试验示范工程投运后首次检修前完成。

10.7　考虑特高压工程的特殊性，同时参考《1000kV 架空送电线路施工及验收规范》，10.7.1 d）与 DL/T 741 9.4.1 d）比较，增加了工程施工质量记录，绝缘子参数及安装位置记录（每基铁塔对应的绝缘子型号等），相关协议书和相关音像电子档案资料四项。其他与 DL/T 741 9.4 基本相同。

【思考与练习】

1. 1000kV 特高压交流线路工程前期要求是什么？
2. 1000kV 特高压交流线路走廊保护区维护要求是什么？
3. 1000kV 特高压交流线路较 500kV 交流线路检测内容上有何异同？
4. 1000kV 特高压交流线路在验收方面增加了哪些内容？

▲ 模块 6　Q/GDW 332—2009《±800kV 直流架空输电线路运行规程》（Z04B4006Ⅱ）

【模块描述】本模块包含±800kV 直流架空输电线路运行规程内容，通过概念描述、条文解释，能够掌握线路运行的基本要求、线路运行的标准、线路巡视方法，掌握特殊区段的运行要求以及线路检测、维修的项目和周期。

【正文】

本规程是根据国网运行有限公司《±800kV 级直流输变电设备运行检修技术的研

究》任务委托书而进行修订的，为确保±800kV 级直流特高压输变电工程投运后安全经济运行，湖北超高压输变电公司承担了《±800kV 直流架空输电线路运行规程》的研究工作，用来指导特高压直流线路运行维护工作，以提高特高压直流运行管理水平和运行可靠性。

在总结国内 500kV 架空输电线路多年运行维护检修经验的基础上，结合±800kV直流输电线路的设备结构特点制定编制的。2008 年 7 月 2 日，国网运行有限公司在上海组织召开《±800kV 级直流输电设备检修技术的研究》科技项目第四次工作会议上，专家们对本规程送审稿进行了审查，提出了相关修改增补建议。2009 年 3 月 17 日，国网运行有限公司在上海组织召开《±800kV 级直流输电设备检修技术的研究》科技项目第五次工作会议上，专家们对本规程报批稿再一次进行了审查，按照审查意见进行了定稿前的修改。

±800kV 向家坝—上海、锦屏—苏南特高压直流输电示范工程是世界直流输电技术发展的创新工程，是目前已建和在建的世界上电压等级最高、输电距离最远、容量最大的输电工程。按照国家电网公司的总体部署，2010 年和 2012 年将分别建成投运。特高压直流输电线路本身的特点必然要求有较高的可靠性，与 1000kV 特高压交流输电线路相比，±800kV 特高压直流输电线路杆塔更高、导线截面更大，绝缘水平更高，在线路的防污闪、防雷害方面提出了更高的要求。为此在总结以往超高压、特高压交流线路运行经验的基础上，积极研究特高压直流线路的运行标准和技术管理要求，是开展特高压直流线路运行维护准备工作的当务之急。

由于本规程是在我国±800kV 特高压直流线路尚未投运之前编写，因此没有实际运行维护检修经验，必须依托相关工程的数据资料进行分析统计。本规程相应数据资料依托于±800kV 向家坝—上海特高压直流输电示范工程。2007 年 4 月，国家发改委正式核准建设±800kV 向家坝—上海特高压直流输电示范工程。目前，成套设计和工程初步设计已经确定。变电站和线路土建施工图已基本完成，主要设备均已通过型式试验，工程已全面进入现场建设实施阶段。

本规程章节内容主要包括范围、规范性引用文件、基本要求、工程前期要求、运行标准、运行管理、特殊区段的运行要求、线路走廊保护区维护要求、技术管理等规程正文，将线路导线对地距离及交叉跨越、线路环境的污区分级、各种工况下的最小空气间隙、线路评级管理办法采用规范性附录形式列于规程中。具体内容如下。

1　范围

由于±800kV 直流特高压输电线路在基础及铁塔结构、导线布置、设备特点、运行环境等方面与我国已有的超高压直流输电线路有较大的差异，本规程主要根据这些差异，借鉴 DL/T 741《架空送电线路运行规程》的结构，参照 Q/GDW Z 201《1000kV 交流架空输电线路运行规程》及国家电网公司《110（66）kV～500kV 架空输电线路管理规范》的相关内容，结合特高压直流输电示范工程规划、设计和科研成果，在内容上做较大幅度的修改之后形成的。

3 基本要求

3.1 ±800kV 直流特高压输电线路同传统±500kV 直流线路相比，承担的电能输送任务更大，辐射面较广，对于整个电网的安全稳定运行起到举足轻重的作用，因此应积极开展长周期不停电情况下的巡视、检查、维修等工作。

3.2 ±800kV 直流特高压输电线路输送距离长，横亘一千余千米，线路所处的地形、地貌、环境、气象条件差异很大，运行维护单位应根据线路沿线地形、地貌、环境、气象条件等特点，结合运行经验，逐步摸清并划定特殊区域（区段），如：大跨越段线路或位于重污区、重冰区、多雷区、不良地质区、微气象区等，并将其纳入危险点及预控措施管理体系。

3.3 ±800kV 直流特高压输电线路技术要求高，没有成熟的运行检修经验，因此要求运行单位应在生产准备阶段积极开展检修和带电工器具的研制和开发工作。充分利用高科技手段对线路进行在线监测。

3.4 线路工程竣工验收后，线路技术资料、备品备件以及专用工具的交接是十分重要的，因此要求运行单位应及早派专人负责此项工作。

3.5 装设在线监测系统及监测的项目、范围等可根据各地自然地理社会经济等环境的不同，有针对性地开展，并逐步将各监测数据集中整合，具备初步分析功能，用以指导运行和状态检修。

4 工程前期要求

4.1 运行单位参与±800kV 直流特高压输电线路工程的前期生产准备工作，能及时了解线路，提出建议，防患于未然。此章节规定运行单位必须参与线路工程设计审查、设备选型、图纸会审和工程验收等全过程管理工作。

4.2 ±800kV 直流特高压输电线路所经地段气象环境复杂，存在与当地主要气候情况有较大差异的微气候区，设计单位在终勘定线时可能会对某地区的微气候区了解不够，这就需要运行单位不断总结，对线路的终勘定线、设备选型提供参考，将微气候区对线路生产运行的影响降到最低。

4.3 工程质量的检查包括线路复测、基础浇制、铁塔组立、导地线展放、附件安装、直到线路投运的全过程。

4.4 鉴于±800kV 直流特高压输电线路的重要性，运行单位需在工程建设阶段逐步熟悉线路各部分特点、技术指标和周边环境特点，同时参与施工全过程质量监督，确保线路投运后的安全稳定运行。

5 运行标准

5.1 针对±800kV 直流特高压线路基础部分运行标准，杆塔基础周围土壤有明显下沉或显著变化、塔脚积水、周取土现象或水土流失情况等应及时处理，避免酿成更大的危害。

5.2.2 耐张塔、终端塔受力后向内角倾斜或线路方向倾斜是严重危及线路安全运行的缺陷，必须尽快处理。

5.3 OPGW（光纤复合地线）目前在线路上普遍使用，在运行维护的方式方法上有别于一般地线，检修中应严格按照施工方案操作，加强 OPGW 附件（接续盒）及磨损的检查。

5.3.1 导地线损伤处理标准根据 DL/T 1069《架空输电线路导地线修补导则》中规定的导地线修补原则与标准，参照 DL/T 741《架空送电线路运行规程》相应条款要求。

5.4.2 外过电压导致瓷绝缘子闪络，会在绝缘子头部产生工频大电弧使头部温度骤变，若瓷件、铁帽强度不够或铁帽内部有缺陷可能会导致瓷绝缘子掉串。为防止绝缘子掉串事故的发生，绝缘子表面有闪络痕迹应及时更换。

5.4.6 RTV 涂料在提高线路防污水平，减少线路污闪跳闸概率有较好的效果，目前线路上普遍使用，长期运行后涂层厚度小于 0.4mm，破损或憎水性丧失是其防污显著降低的标志。

5.4.10 附录 C 中的最小空气间隙数据根据中国电力顾问集团公司对向家坝—上海、锦屏—苏南±800kV 特高压直流输电示范工程初设文件中的科研成果确定。

5.7.4 附录 A 中的导线的对地距离及交叉距离数据根据《向家坝—上海±800kV 特高压直流输电线路工程设计说明书》而来。

6 运行管理

6.1 巡视

6.1.1 本条列举了运行单位应进行的巡视类型并做简要说明。明确了运行单位有条件情况下可采用直升机巡线。利用航拍和航测等先进技术，掌握线路的运行情况和设备状况。

6.1.2 本条从确保巡视人员安全和巡视质量考核等方面对巡视做了明确的要求。

6.1.3 本条内容与 DL/T 741《架空送电线路运行规程》5.4 中基本相同，考虑到特高压直流线路设计的特殊性，删除了与特高压直流线路无关的内容。为与《电力法》《电力设施保护条例》线路附近禁止（500m 区域内）施工爆破、开山采石标准相一致，将原"300m"改为"500m"。

6.2　检测

本条文中表 3 给出了 ±800kV 直流特高压输电线路基本检测项目与周期规定，与 DL/T 741《架空送电线路运行规程》相应部分做了以下调整。

（1）增加了复合绝缘子憎水性检查项目。

（2）增加了对盘型绝缘子灰密测量项目。根据我国电网防污闪工作经验和现有科研成果，等值附盐密度和灰密是划分电网污秽等级最基本的两个参数，其具体要求可参照 Q/GDW 125《电力系统污区分级与外绝缘选择标准》。

（3）明确了瓷质绝缘子绝缘测试有关规定，其具体要求可参考 DL/T 626《劣化盘形悬式绝缘子检测规程》中的相关规定。

（4）金具锈蚀、磨损、裂纹、变形检查检查周期为 3 年，考虑到山区等特殊地区磨损、锈蚀较严重，运行单位应根据实际情况，对重点区域适当缩短检查周期。

（5）参照《110（66）～500kV 架空输电线路运行规范》，对防雷及接地装置的检测周期进行了调整，同时强调加强对特殊地点铁塔接地电阻测量。

导地线检测方面增加了接续金具的红外测温内容，并规定应在高温天气或线路负荷较大时检测。

6.3　缺陷管理

本节基本取自《110（66）～500kV 架空输电线路运行规范》的"第十章　线路缺陷管理"，对不同严重程度缺陷的处理时限进行了阐述。缺陷是 ±800kV 直流特高压输电线路运行管理的重要环节，有关线路缺陷管理的具体要求和做法，可参照《110（66）～500kV 架空输电线路运行规范》附录 A《架空输电线路缺陷管理办法》。

6.4　维修

6.4.4　带电作业是线路维修的重要手段之一，也是保证设备健康水平、提高设备可用系数的最好方法，各单位要搞好 ±800kV 直流特高压输电线路带电作业的研究工作，努力提高带电作业的安全水平，推动带电作业的全面开展。

6.5　接地极运行维护

接地极是 ±800kV 直流特高压输电线路工程的重要组成部分，单列了"接地极运行维护"的相关内容，分接地极线路、电流分布、外观检查、接地电阻、开挖、温度、周围环境与生态影响等维护检查检测项目。

7　特殊区段的运行要求

7.1　大跨越

7.1.1　本条与 DL/T 741 8.1 中的 a）比较，增加"要定期向当地水文、气象、地质、环境部门收集大跨越段有关资料，做好分析工作。"，即指出运行单位应充分利用当地水文、气象、地质、环境部门的专业优势，搜集大跨越段的外部环境资料，做好运行分析工作。

7.2 多雷区

7.2.2 雷季前，运行单位做好雷电定位系统的检测、调试工作，同时应及时将±800kV 直流特高压线路铁塔坐标等参数输入雷电定位系统。

7.3 重污区

7.3.1 重污区线路外绝缘应配置足够的爬电比距，并留有裕度，这是典型性差异化设计的要求，避免重复投资。

7.3.2 国家电网公司根据所属电网防污闪工作的实际需要，于 2006 年 12 月 12 日发布了企业标准 Q/GDW 152《电力系统污区分级与外绝缘选择标准》，该标准明确提出了划分电网污秽等级采用现场污秽度的概念，它包括等值附盐密度和灰密两个参数，不同于 GB/T 16434 只采用等值盐密划分电网污秽等级的做法。该标准是在我国电网防污闪工作经验和现有科研成果的基础上编制而成的，对污湿特征描述更为详细，更具操作性，重污区线路外绝缘配置应符合 Q/GDW 152 中的规定。

6.3.2 本条提出要选点定期测量现场污秽度，必要时收集该地区污源物分析。现场污秽度应在绝缘子连续 3～5 年积污后进行测量。污秽物的化学成分对污秽等级的划分和用污耐受电压法选择绝缘子片数都有重要作用。可溶性盐的化学分析可用等值盐密测量后的溶液，采用离子交换色谱仪（IC）、感应耦合等离子体光发射光谱分析仪等进行。

7.3.6 在线监测是掌握线路运行状态的一个重要手段。目前较常用的绝缘子污秽在线监测手段主要有等值附盐密度测量和泄漏电流在线监测等。考虑到现有的盐密及泄漏电流在线监测技术还不十分成熟，当前建议±800kV 直流特高压输电线路绝缘子现场污秽度测量方法仍以离线测量方法为主，以便能够较为准确地获取线路绝缘子积污状态的第一手信息，并积极开展绝缘子污秽度在线监测技术研究。

7.6 微气象区

《110（66）～500kV 架空输电线路运行规范》中指出"特殊区段包括大跨越线路或位于重污区、重冰区、多雷区、洪水冲刷区、不良地质区、采矿塌陷区、盗窃多发区、导线易舞动区、易受外力破坏区、微气象区、鸟害多发区、跨越树（竹）林区、人口密集区等区域（区段）的线路"。7.5 和 7.6 分别对不良地区和微气候区输电线路运行维护的特殊点进行了强调。

8 线路走廊保护区管理

线路走廊保护区管理是较 DL/T 741—2010 增加的章节，主要是强调如何做好线路通道管理以及线路保护工作。电力设施保护区的概念出自《电力设施保护条例》，对如何做好输电线路保护区管理，应充分利用现行有关法律、法规，以及如何加强维护和管理，使线路免遭来自任何外部原因（包括外力）造成的伤害。

本章对于±800kV 直流特高压输电线路走廊保护区定义：导线边线向外侧水平延伸 30m 并垂直于地面所形成的两平行面内的区域。这里取 30m 是参考了±500kV 线路保护区取 20m，而已经投运的晋东南—南阳—荆门 1000kV 交流特高压示范工程线路保护区取 30m。

影响保护内输电线路安全运行的情况，主要来自人为和环境变化产生的外部隐患。本章列举了保护区内常见的隐患，并根据所发现隐患的实际情况和类别，对隐患的处理方法给出了明确的要求。内容参考了《110（66）～500kV 架空输电线路运行规范》中"输电线路保护区管理"的有关条款。

9 技术管理

9.1 随着计算机技术的发展和普及，人员素质的整体提高，线路生产管理信息系统是运行管理单位技术管理工作的重要组成部分。

9.5 "运行单位应有下列标准、规程和规定"与 DL/T 741 9.2 相比，增加了几项，具体做以下说明：当地政府制定的电力线路设施保护规定——根据多年来超高压输电线路的运行经验，与当地有关部门进行沟通处理外部隐患时十分有效；十八项电网重大反事故措施——2005 年 6 月，国家电网公司发布了十八项电网重大反事故措施；架空输电线路管理规范。

【思考与练习】

1. 修订本标准的意义是什么？
2. ±800kV 直流特高压输电线路运行的要求是什么？
3. ±800kV 直流特高压输电线路通道与±500kV 有何区别？

▲ 模块 7 Q/GDW 334—2009《±800kV 直流架空输电线路检修规范》（Z04B4007Ⅱ）

【模块描述】本模块包含线路运行的基本要求、线路运行的标准、线路巡视等内容，通过概念描述、条文解释，能够掌握线路运行的基本要求、线路运行的标准、线路巡视方法，掌握特殊区段的运行要求以及线路检测、维修的项目和周期。

【正文】

一、任务来源

为确保 1000kV 特高压交流工程安全、稳定运行，使我国特高压输电工程生产运行工作标准化、规范化、科学化，以及维护国网公司的知识产权，国家电网公司在 2007 年下发的《关于加强特高压技术标准管理的通知》（国家电网科〔2007〕27 号）中下达了"2006～2007 年国家电网公司特高压技术标准工作安排"。其中，"1000kV 交流架空输电线路检修规范"的制定工作由国家电网公司运行分公司和河南送变电建设公司承担。

原定标准完成的时间为 2007 年 6 月，但结合特高压工程的设计、设备制造、关键技术研究等方面的因素，及标准编制的内容及深度要求，经向建运部、特高压部和科技部请示，确定运行检修相关标准在特高压工程投产前三个月完成。经过标准制定承担单位的努力，以及多次的专家审查，现已完成标准的报批稿。

二、组织保障

为保证高水平地完成标准编制任务，国网运行公司组织标准编制单位，成立了标准编制工作组；各单位主管领导亲自担任项目负责人，组织生产管理、运行、检修的技术骨干开展标准编制工作。工作组建立了工作例会制度，定期召开工作会议，检查标准编制的进展和各项工作的落实情况，并组织科研院所和生产单位的专家在标准编制工作的各个阶段进行中间检查，以保障编制工作的质量。

三、项目的实施

为保证编制的企标能够指导特高压工程生产运行现场标准的制定，国家电网公司运行分公司等标准编制单位在结合我国现有 500kV 及 750kV 输电线路现场运行经验，参照国内外 1000kV 交流特高压技术的研究成果以及国网运行公司前期开展的科研课题的工作的基础上，从 2005 年即开展了特高压运行检修标准的研究工作。

2005 年 6 月，国家电网公司下达《1000kV 交流输电设备运行检修技术的研究》，在开展本课题的研究工作时，运行公司及各子课题承担单位考虑到目前国内外没有交流特高压工程的实际运行经验可借鉴，没有特高压设备的技术数据的支撑，为了确保特高压工程的安全稳定运行，增加了运行检修规程的研究的内容，即增加了：1000kV 级变电站运行规程""1000kV 级设备检修规范""1000kV 交流架空输电线路运行规程"和"1000kV 交流架空输电线路检修规范 " 等四项标准的研究。

2005 年 10 月 19 日，国网运行公司组织各子项目承担单位在北京召开了《1000kV 级交流输电设备运行检修技术的研究》项目组第一次工作会。会议研究了详细分工及并制定了项目研究大纲，明确了工作任务和协作形式。整个研究项目分为两大阶段：第一个阶段是开展全面调查和评估国内外特高压、超高压变电站与输电线路的运行检修技术，并进行总结分析；第二个阶段是在第一个阶段的基础上，结合特高压科研项目的研究成果，研究符合我国特高压输电实际情况的运行检修实施步骤、具体方案，在此基础上编制特高压运行检修规程、规范。各子课题承担单位根据项目要求认真组织实施，按照项目时间进度要求，进行分工，编制研究大纲，组织讨论后开展了研究报告初稿的编写。2006 年 12 月完成初稿。

2006 年 11 月，课题组在北京召开了课题工作会议，总结了《1000kV 交流设备运行检修技术研究》课题前一阶段的工作；检查了各子课题的进度；讨论了课题中需要解决的问题；安排了下一阶段的工作和需要进一步开展的研究；对规程规范的初稿进行了内部的审查。

2007 年 1 月，国网公司下达了"2006～2007 年国家电网公司特高压技术标准工作安排"后，运行公司等单位在《1000kV 交流设备运行检修技术研究》课题中开展的相关标准的研究工作正式转为标准编制任务。

2007 年 3 月 20～23 日，国家电网公司运行分公司在武汉组织召开了"1000kV 交流输电设备运行检修技术的研究"科技项目的子课题阶段成果评审会。国家电网公司运行分公司、湖北省电力公司及各子课题承担单位参加了会议。本次评审邀请了华东电力试验研究院、武汉高压研究院等十个单位的二十余名专家，对科技项目的子课题阶段成果进行了评审，形成了具有指导性的评审意见。参加评审的子课题包括了湖北输变电工程公司承担的子课题"1000kV 交流架空输电线路检修规范"。评审专家认为，各子课题在广泛搜集并研究国内外特高压有关资料的基础上，结合我国现有超高压输电运行检修积累的经验，有针对性地形成了系列 1000kV 运行检修规程规范及科技项目研究报告，建议各子课题在跟进工程进度、研究内容标准化等方面进一步细化和完善。

2007 年 6 月 14 日，在武汉对各子课题再次进行了中间评审；重点审查了交流特高压的五项标准。评审会上，与会的专家在充分肯定标准编制工作的同时，对标准中需要改写的部分，提出了中肯的意见，为保证标准的质量作出了重要的贡献，为标准送审稿的形成打下了基础。

2007 年 9 月 25 日，运行公司在北京召开特高压交流输电标准化技术工作委员会运行维护组工作会议，对交流特高压的五项标准进行了检查。

受国家电网公司科技部委托，国家电网公司运行分公司于 2008 年 4 月 10 日在北京组织召开了五项特高压交流标准（送审稿）评审会，评审专家对《1000kV 变电站运行规程》《1000kV 变电站检修管理规范》《1000kV 变电设备检修规范》《1000kV 交流架空输电线路运行规程》《1000kV 交流架空输电线路检修规范》进行了评审。评审专家组根据"1000kV 级交流输电设备运行检修技术的研究"科技项目的评审意见和五项标准初稿、征求意见稿的修改建议，对上述五项特高压交流标准送审稿的修改部分进行了校核，对其结构进行了梳理，对部分内容进一步完善。评审专家组一致认为，该五项特高压交流标准在广泛搜集并研究国内外超、特高压有关资料的基础上，结合我国现有超高压运行检修积累的经验，依托晋东南—南阳—荆门交流特高压试验示范工程的技术特点和科研、设计成果，有针对性地编制了符合工程实际的指导文件。其内容比较全面，结构合理，可操作性强，达到了预期目标。根据专家组审查意见，修改完善后，形成报批稿上报。

为进一步保证国网公司企业标准的编制质量，2008 年 6 月建运部将修改完善后的送审稿发给有关网省公司、科研院所和设计单位，进一步征求意见。7 月底，在汇总了收集到的意见后，各标准编制单位对标准进行了完善，于 8 月初完成了标准的报批稿及意见应对表。

四、主要成果

完成的"1000kV 交流架空输电线路检修规范" 特高压企业标准定，是指导特高压交流工程运行检修的系列规程、规范的组成部分。该标准的阶段成果（送审稿等）已经应用于国网运行公司承担运维的晋东南—南阳—荆门交流特高压试验示范工程中，指导了特高压线路现场规程的编制。

五、条文说明

1 范围

本规范是为了满足±800kV 直流架空输电线路运行维护过程中检修工作安全与质量的需要，推行国家电网公司检修作业的标准化、规范化管理工作。在总结国内 500kV 架空输电线路多年运行维护检修工作经验的基础上，对 ±800kV 直流架空输电线路的检修工作作出了相应的技术规范要求。

2 规范性应用文件

引用标准中补充了 DL 437《高压直流接地极技术导则》；DL 436《高压直流架空送电技术导则》；DL/T 881《±500kV 直流输电线路带电作业技术导则》；DL/T 1069《架空输电线路导地线补修导则》；GB/T 2900.5.1《电工术语 架空线路》共 5 个标准。

3 基本要求

3.1.1 本条是对运行维护单位的生产和技术管理上提出要求，一定要重视设备的检修及检修管理工作，确保设备的健康水平。

3.1.2 本条是界定检修所包含的内容，检修在制度上必须坚持的原则以及检修可以利用的方法和手段。

3.1.3 由于±800kV 直流架空输电线路输送容量很大，线路停电影响区域电网的潮流和运行方式，对于常规项目的检修应尽可能地采用带电作业地方式进行，而且这种方式应该成为±800kV 直流架空输电线路的主流检修方式。

3.1.3 本条是从发展的角度提出要求，对于±800kV 直流架空输电线路的检修应在材料、工艺、方法和工具上跟上同时代科技的发展水平，并保持一定程度的创新和领先水平。

3.1.8 本条是对特殊区段线路检修的一般规定，线路的不同特殊区段有具体的检修要求和预防措施，包括重冰区、重污区、雷害区等。

3.1.14、3.1.15　是检修作业必须遵守的安全规定，相对于 500kV 提高了一个等级。

3.1.16　±800kV 直流架空输电线路等电位作业时电场强度相对很大，在没有合格的屏蔽装置的情况下会对作业人员造成一定程度的伤害。本条强调不论是地电位还是等电位带电作业，一定要穿戴合格的屏蔽保护装置。应该引起相关单位及作业人员的高度重视。

3.1.17　是带电作业安全管理规定要求，相对于 ±500kV 提高了一个等级。

4　导、地线（含 OPGW）

4.1　一般要求

4.1.1　一是引用的《±800kV 架空送电线路施工及验收规范》的相关条款，根据运行的实际情况进行了修改。

4.1.4、4.1.5　是规定导、地线切断重接（修补）必须遵守的原则。

4.2　导线、地线（含 OPGW ）检修项目

4.2.4、4.2.5 中"钢芯铝绞线、钢芯铝合金绞线断股损伤截面积不超过铝股或合金股总面积 7%～25%，铝绞线、铝合金绞线断股损伤截面积不超过总面积 7%～17%"可采用"补修预绞丝处理"或"补修管修补"是引用 DL/T 741《架空送电线路运行规程》的条款，与《±800kV 架空送电线路施工及验收规范》中 8.2.10 "截面积损失超过导电部分截面积的 12.5%时，应将损伤部分全部锯掉，用接续管将导线重新连接"的规定存在一定的矛盾。主要考虑：一是《±800kV 架空送电线路施工及验收规范》用于新工程的建设及改、扩工程，导线在展方的过程受损伤的概率比线路在运行过程中导线受损伤的概率大得多；二是运行维护过程中切断重接导线带电作业相对复杂且存在一定的安全隐患，停电作业对系统的影响较大，故采用了 DL/T 741《架空送电线路运行规程》相对较宽松的标准。

4.2.6　参考 DL 1069《架空输电线路导地线补修导则》的相关标准，增加了在导线损伤截面在 25%～60%采用预绞式接续条（加长补修管）处理的情况，对于导线损伤超过 60%采用预绞式接续条进行补修的方法存在一定的风险，考虑到特高压的重要性不予采纳。

4.2.7　是切割、压接导线时必须遵守的工艺要求。

5　杆塔

5.2.1、5.2.2　杆塔防腐、防卸、防松处理是运行维护过程中必须面对的长期工作，本条对三防工作作出了具体规定。

6　基础

6.2.2　强调必须按规定进行配比试验和按规定现场浇制混凝土，不因为工程量小

而不按程序办事。

7　绝缘子

7.2.1.3　复合绝缘子粉化是指伞套与护套材料的一些颗粒露出，形成粗糙、粉状的表面；裂纹指深度大于 0.1mm 的材料破裂；电蚀是由于电场作用，造成绝缘材料蚀损，在绝缘子表面产生劣变。复合绝缘子外观若出现以上情况则可以认为复合绝缘子材质老化或质量问题。

7.2.3.1　《±800kV 架空送电线路施工及验收规范》对绝缘子的绝缘电阻值已不做要求，考虑到 DL/T 741《架空送电线路运行规程》的要求，本条对检修过程中绝缘子的电阻值仍保留要求。

7.2.3.3，7.2.3.4，7.2.3.5　是检修过程中必须遵守的要求。

8　金具

8.1.1，8.1.2　是根换金具必须遵守的原则和采取的措施。

8.2.2.2　本条中绝缘子顺线路的最大偏移值为 5°，没有按《±800kV 架空送电线路施工及验收规范》对其偏移距离 300mm 作出要求，是偏移角度与偏移距离之间不能统一。

9　杆塔接地装置

9.1.1　线路杆塔接地是线路防雷的一项重要装置，关系到线路的长期安全未定运行，本条规定接地装置的改造结合实际和运行经验。

10　附属装置

较以往的超高压线路有所提高。

【思考与练习】

1. 修订本标准的意义？

2. ±800kV 直流特高压输电线路导线、地线（含 OPGW）检修项目的内容是什么？

3. ±800kV 直流特高压输电线路切割、压接导线时必须遵守的工艺要求？

▲ 模块 8　DL/T 251—2012《±800kV 直流架空输电线路检修规程》（Z04B4008Ⅱ）

【模块描述】本模块包含线路运行的基本要求、线路运行的标准、线路巡视等内容，通过概念描述、条文解释，能够掌握线路运行的基本要求、线路运行的标准、线路巡视方法，掌握特殊区段的运行要求以及线路检测、维修的项目和周期。

【正文】

1　范围

本规范是为了满足 ±800kV 直流架空输电线路运行维护过程中检修工作安全与

质量的需要，推行国家电网公司检修作业的标准化、规范化管理工作。在总结国内 500kV 架空输电线路多年运行维护检修工作经验的基础上，对 ±800kV 直流架空输电线路的检修工作作出了相应的技术规范要求。

3　基本要求

3.1　本条是对运行维护单位的生产和技术管理上提出要求，一定要重视设备的检修及检修管理工作，确保设备的健康水平。

3.2　本条是界定检修所包含的内容，检修在制度上必须坚持的原则以及检修可以利用的方法和手段。

3.3　由于 ±800kV 直流架空输电线路输送容量很大，线路停电影响区域电网的潮流和运行方式，对于常规项目的检修应尽可能地采用带电作业地方式进行，而且这种方式应该成为 ±800kV 直流架空输电线路的主流检修方式。

3.3　本条是从发展的角度提出要求，对于 ±800kV 直流架空输电线路的检修应在材料、工艺、方法和工具上跟上同时代科技的发展水平，并保持一定程度的创新和领先水平。

3.8　本条是对特殊区段线路检修的一般规定，线路的不同特殊区段有具体的检修要求和预防措施，包括重冰区、重污区、雷害区等。

3.14、3.15　是检修作业必须遵守的安全规定，相对于 500kV 提高了一个等级。

3.16　±800kV 直流架空输电线路等电位作业时电场强度相对很大，在没有合格的屏蔽装置的情况下会对作业人员造成一定程度的伤害。本条强调不论是地电位还是等电位带电作业，一定要穿戴合格的屏蔽保护装置。应该引起相关单位及作业人员的高度重视。

3.17　是带电作业安全管理规定要求，相对于 ±500kV 提高了一个等级。

4　导、地线（含 OPGW）

4.1　一般要求

4.1.1　一是引用的《±800kV 架空送电线路施工及验收规范》的相关条款，根据运行的实际情况进行了修改。

4.1.4、4.1.5　是规定导、地线切断重接（修补）必须遵守的原则。

4.2　导线、地线（含 OPGW）检修项目

4.2.4　中"钢芯铝绞线、钢芯铝合金绞线断股损伤截面积不超过铝股或合金股总面积 7%～25%，铝绞线、铝合金绞线断股损伤截面积不超过总面积 7%～17%"可采用"补修预绞丝处理"或"补修管修补"是引用 DL/T 741《架空送电线路运行规程》的条款，与《±800kV 架空送电线路施工及验收规范》中 8.2.10 "截面积损失超过导电部分截面积的 12.5% 时，应将损伤部分全部锯掉，用接续管将导线重新连接"的

规定存在一定的矛盾。主要考虑：一是《±800kV 架空送电线路施工及验收规范》用于新工程的建设及改、扩工程，导线在展方的过程受损伤的概率比线路在运行过程中导线受损伤的概率大得多；二是运行维护过程中切断重接导线带电作业相对复杂且存在一定的安全隐患，停电作业对系统的影响较大，故采用了 DL/T 741《架空送电线路运行规程》相对较宽松的标准。

4.2.5　参考 DL 1069《架空输电线路导地线补修导则》的相关标准，增加了在导线损伤截面在 25%～60%采用预绞式接续条（加长补修管）处理的情况，对于导线损伤超过 60%采用预绞式接续条进行补修的方法存在一定的风险，考虑到特高压的重要性不予采纳。

4.2.6　是切割、压接导线时必须遵守的工艺要求。

5　杆塔

5.2.1、5.2.2　杆塔防腐、防卸、防松处理是运行维护过程中必须面对的长期工作，本条对三防工作作出了具体规定。

6　基础

6.2.2　强调必须按规定进行配比试验和按规定现场浇制混凝土，不因为工程量小而不按程序办事。

7　绝缘子

7.2.1.3　复合绝缘子粉化是指伞套与护套材料的一些颗粒露出，形成粗糙、粉状的表面；裂纹指深度大于 0.1mm 的材料破裂；电蚀是由于电场作用，造成绝缘材料蚀损，在绝缘子表面产生劣变。复合绝缘子外观若出现以上情况则可以认为复合绝缘子材质老化或质量问题。

7.2.4.2　《±800kV 架空送电线路施工及验收规范》对绝缘子的绝缘电阻值已不做要求，考虑到 DL/T 741《架空送电线路运行规程》的要求，本条对检修过程中绝缘子的电阻值仍保留要求。

7.2.4.3、7.2.4.4　是检修过程中必须遵守的要求。

8　金具

8.1.1、8.1.2　是根换金具必须遵守的原则和采取的措施。

8.2.2.2　本条中绝缘子顺线路的最大偏移值为 5°，没有按《±800kV 架空送电线路施工及验收规范》对其偏移距离 300mm 作出要求，是偏移角度与偏移距离之间不能统一。

9　杆塔接地装置

9.1.1　线路杆塔接地是线路防雷的一项重要装置，关系到线路的长期安全未定运行，本条规定接地装置的改造结合实际和运行经验。

10 附属装置

较以往的超高压线路有所提高。

【思考与练习】

1. ±800kV 直流特高压输电线路带电作业时与超高压输电线路有何不同?

2. ±800kV 直流特高压输电线路带电作业时对风速的要求为什么要提高一个等级?

3. ±800kV 直流特高压输电线绝缘子顺线路方向最大偏移值为什么规定为 5°?

▲ 模块 9　GB 50545—2010《110kV～750kV 架空送电线路设计规范》(Z04B4010Ⅲ)

【模块描述】本模块包含路径和气象条件、绝缘配合、防雷和接地、杆塔结构等内容。通过概念描述和条文解释,能够掌握输电线路设计对线路的技术要求和标准。

【正文】

我国在 20 世纪 50 年代和 60 年代初制定了一批国家和行业标准,其中《高压架空电力线路设计技术规程》于 1959 年由水利水电部颁发。1972 年起,国家开始对各行各业进行整顿治理,水利水电部以(72)水电电字第 118 号文首先恢复 15 种企业当前必需的安规、运行、检修规程和试验规程,也起草颁发了"全国供用电规则"(试行),以稳定全国电力企业的安全生产,同时组织对该 15 种规程和其他有关规程进行修订或起草,如送电、配电线路设计规程、过电压保护规程、电力设备接地规程、供用电规则等,并于 1976～1977 年间颁发,其中水利电力部颁发执行了 SDJ3《架空送电线路设计技术规程》。随着"文革"结束,各行各业开始拨乱反正,水利电力部又组织对 1976 年颁发的规程进行修订,于 1979 年以(79)水电规字第 7 号文颁发执行了 SDJ3《架空送电线路设计技术规程》,以后于 1999 年再次进行了修订。1979 年版规程有总则、路径、气象条件、导线、避雷线和金具、绝缘、防雷和接地、导线布置、杆塔型式、杆塔荷载、杆塔结构、杆塔基础、附属设施、对地距离及交叉跨越 12 个章节及 9 个标准附录和 1 个基本符号组成,适用范围是 35～330kV。随着技术的进步和从 70 年代未开始建设 500kV 线路,到 1999 年规程颁发时 500kV 线路已超过 10 000km 的实际情况,1999 年国家经贸委颁布执行了 DL/T 5092《110kV～500kV 架空送电线路设计技术规程》,《设计规程》有范围、引用标准、总则、术语和符号、路径、气象条件、导线和地线、绝缘子和金具、绝缘配合、防雷和接地、导线布置、杆塔型式、杆塔荷载及材料、杆塔结构设计基本规定、杆塔结构、基础、对地距离及交叉跨越、附属设施 17 个章节计 118 条及 7 个标准附录,2006 年又组织修订,在送审稿期间发生了 2008 年南方冰灾,修订编写组及时修订编写后,国家电网公司以 Q/GDW 179《110～

750kV 架空输电线路设计技术规定》颁发，其中内容多为 DL/T 5092 条文和修订内容，同时增加了部分防范冰灾而提高设计条件的内容。在国网标准的基础上，修订编写组进行了重新修订，以报批稿形式上报给国家标准局。

架空送电线路在运行中能否承受住各种气象条件和荷载的冲击，是对线路设计条件的检验，同时也是对线路运行工作人员的检验。线路运行人员应掌握必要的《线路设计》基础知识，以便在线路扩初审查、竣工验收、运行巡视中及时发现问题，并进行故障分析，依靠专业知识提出技术要求和依据，确保线路安全运行。

在《国家电网公司十八项电网重大反事故措施（试行）》中（防止输电线路事故）明确提出：加强设计、基建及运行单位的沟通，充分听取运行单位的意见。条件许可时，运行单位应从设计阶段介入工程。

在 DL/T 741—2010《架空送电线路运行规程》在基本要求中也提出：运行维护单位应参与线路的规划、可行性研究、路径选择、设计审核、杆塔定位、材料设备的选型及招标等生产全过程管理工作，并根据本地区的特点、运行经验和反事故措施，提出要求和建议，使线路设计的成果与安全运行要求协调一致。

一、总则

原为范围章节，本次修订增加为 5 条内容，原《架空送电线路设计技术规程》的设计范围改为 110~500kV，本次扩大到 750kV 电压等级，其中 110~500kV 适用于单、双回及同塔多回路架空线路；750kV 适用单回路线路。

随着社会的进步，标准新提出设计的架空输电线路应符合安全可靠、先进适用、经济合理、资源节约、环境友好型的要求。

实际上输电线路发生倒塔断线的概率很小，但雷击、污闪和鸟害跳闸故障多发。电网发生的故障，其中 80%以上是在输电线路上发生的；而输电线路发生的故障，又有 80%左右是沿绝缘子串发生的，因此输电线路的设计要满足该线路在当地环境下电气方面安全运行的要求，是今后线路设计理念的重中之重。

二、术语和符号

原章节有 9 个术语 11 个符号，基本是机械强度相关的内容，本次修订将术语扩大到 19 个，符号归类为 4 大方面计 69 个。全国已连续多年多地段发生电网大面积污闪跳闸事故，原电力工业部、能源部等推出许多防污闪方面的规定，本次修订中已将盐密值、灰密、采动影响区和防雷保护角作为术语纳入，但没有纳入单片几何爬电距离、绝缘子爬电距离有效系数和悬垂双串污耐压降低等防污闪（外绝缘配置）设计最重要的理念，会造成输电线路因绝缘子形状选择不当、绝缘子串的有效泄漏比距未满足电网污区图的污秽等级要求（未将绝缘子几何爬距按其形状系数换算）或悬垂双串未采取污耐压降低的弥补措施而发生线路污闪事故（线路污闪事故多发生在悬垂双串上）。

三、路径

本章节有 9 条技术要求，由于线路设计要执行资源节约型和环境友好型，同时根据科技发展的实际，线路勘察设计应采用卫片、航片、全数字摄影测量系统及地质遥感技术等，以加快和确保设计质量，提高生产能力。目前运行线路多数是按当时的国民经济情况来考虑工程经济节约，随着国民经济的发展和人民生活水平的不断提高，对电的依赖程度越来越高，一旦发生电网事故，如 2008 年南方大面积冰灾倒塔，对国家正常运行秩序和人民群众的生产生活将会造成极大问题，因此国家电网公司提出了建设坚强电网的运行模式。其次，规程提出的输电线路设计应通过综合技术经济比较，而现实审查中掌握的技术经济指标主要是工程的钢耗率、混凝土耗比等，这样势必会造成杆塔高度普遍较低，原因是当时线路工程的本体造价约占工程综合造价的 70%～80%，而目前线路工程的本体造价占综合造价的 50% 左右，在东部沿海经济发达地区有时只占 20% 左右，因此单项控制工程钢耗比，会大大增加通道中树木砍伐、房屋拆迁等赔偿费用；如采用高塔和增加绝缘子片数，虽会增加线路工程的本体造价，但可以减少拆房、砍树的赔偿和杜绝线路污闪事故的发生等，反而会节约大量资金，因此在审查中需进行综合技术经济比较。

经过 2008 年南方电网冰灾倒塔后，国家电网公司提出：跨越铁路、高速公路时，应设置孤立档或小耐张段；输电线路在山区遇档距严重不均匀时，应将直线塔改耐张；当线路覆冰两侧不均匀脱冰时，避免该直线塔因导线不均匀脱冰时的不平衡张力拉垮直线塔等。

四、气象条件

本章节有 14 条技术要求，比原规程增加了一半，主要是大风、覆冰等内容。

4.0.1 条　规定了气象重现期的年份，原规程中的输电线路气象重现期标准取值是比较低，经过 2008 年电网大面积冰灾倒塔，本次对线路设计标准已将 500kV 及以上电压等级统一确定为 50 年，110～330kV 电压等级均按原大跨越标准即 30 年控制。

4.0.2 条　为最大设计风值取值内容，本次修订将原标准统计风速高度 110～330kV 线路离地面 15m、500kV 线路离地面 20m，统一改为所有输电线路均按离地面 10m 取值。

4.0.4 条　对所有输电线路的基本风速进行了降低调整。

4.0.5 和 4.0.6 条　对导地线覆冰设计作了调整，以吸取 2008 年电网大面积冰灾倒塔事故教训。

4.0.10 和 4.0.11 条　对线路设计用的年平均气温和架设安装工况中的风速、覆冰进行了规定。

该 14 条技术要求条文字面明确，均针对线路设计时的规定，平时运行单位大多不关心，但设计采纳的风速，则应按线路途径地区的最大风速，这点运行单位在设计扩初审查时应注意，运行单位在校核档中导线风偏对通道旁的树竹木、建筑物等安全距离时需要考虑，以防止导线对此类物体风偏放电跳闸。

五、导线和架空地线

本章节有 15 条技术要求，将原规程的 6 条内容进行了整合和细化，由于导、架空地线是线路的重要部件，它必须保证有足够机械强度，同时又必须保证在允许发热的条件下输送额定荷载和不发生电晕，其无线电干扰（可听噪声）应控制在国家标准允许的范围内。

5.0.1 和 5.0.2 条　是原规程 7.0.1 条的细化，分别规定了导线截面在按经济电流密度选择外，还必须按电晕及无线电干扰等条件校验，因绝大部分输电线路均架设在海拔 1000m 以下，规程列出了不需验算电晕的最小导线直径，方便各设计单位导线选择和运行单位校对。

5.0.4 和 5.0.5 条　系新增条文，它规定了输电线路无线电干扰和可听噪声限值的要求，同时将各电压等级的限值列表提供。

5.0.6 条　规定了输电线路在验算导线允许载流量时，提出导线发热宜采用 70℃、环境气温为 40℃、风速 0.5m/s、太阳辐射功率密度为 0.1W/cm²，即导线发热温度的控制条件是最大、最残酷的运行工况。如风速的取值对导线载流量的影响是很大的，风速 1m/s 时的载流量要比 0.5m/s 风速增大 15%～20%；风速从 0.5m/s 增大到 1m/s 时，导线表面温度将下降 10℃左右；又如日照强度的取值也对载流量有影响，日照 100W/m² 时与 1000W/m² 时相比，导线载流量要提高 15%～30%。首次提出必要时可按 80℃ 验算，这给老旧线路增加输送容量提供了导线电气、机械强度方面的安全保证，当然针对老旧线路的交叉跨越还是要做好校核工作，从而使电网调度能积极开放线路的合理输送荷载。

世界各国除我国和前苏联，对导线输送荷载发热均按 80℃ 或 90℃ 控制，如 LGJ—400/35 的钢芯铝绞线的发热温度，其他运行工况都不变，只将导线发热温度从 70℃ 提高到 80℃，导线输送负荷可提高 16% 左右；其次我国多家运行单位已将导线控制发热温度提高到 80℃ 运行，其中浙江省电力公司调度按最高环境温度下导线按 80℃ 发热控制已运行 10 多年，应该说普通钢芯铝绞线按 80℃ 发热温度控制是成熟的。

5.0.10 和 5.0.12 条　是原规程 7.0.4 条的细化，说明架空地线除具有防雷功能外，若绝缘架设时可减少潜供电流（降低线损）、降低工频过电压、改善对通信设施的干扰影响并作为电网高频载波通道。条文规定了架空地线的电气和机械强度使用条件，所以选择地线应按输电线路遭雷击或近区短路电流值和电流通过的时间计算校核架空地线热稳定工况，同时规程又推出经过计算校核后的镀锌钢绞线与导线配合的参数表，方便线路设计单位在线路设计时的选择。

5.0.11 条　是新增条文，随着光纤复合架空地线在电网中的扩大使用，标准规定了其防雷性能、短路电流等技术要求。

5.0.13 条和 5.0.15 条　是原规程 7.0.5 条和 7.0.6 条，内容说明导、地线在受力后会产生弹性伸长和塑性伸长，在受长期拉力的累积效应下产生蠕变伸长，所以条文规定了导地线架设后的塑性伸长处理方法，一般在架线过程中采用降温法来弥补导、地线在运行中的弧度。如镀锌钢绞线在架设紧线时，按当时的环境温度，以降低 10℃ 温度计算地线弧垂；而导线则按它的铝钢截面比数值来确定，规程表格中已给出计算好的所需降温值，方便线路施工单位在导、地线架设时计算弧垂使用。本章节还对导地线防振措施的技术要求进行了规定，由于线路设计已提供导地线防振锤的安装尺寸，因此运行单位对此类技术要求只了解即可。

5.0.14 条　是新增条文，随着全国线路导线舞动事故的不断发生，导线防舞动措施的认识和运行经验得到验证，标准要求线路设计在有可能易发生导线舞动的地区时，应采取或预留导线防舞动措施。

六、绝缘子和金具

本章节有 10 条内容，比修订前增加了 5 条。

6.0.1 条　规定了绝缘子和金具的机械荷载和安全系数，本次修订取消了瓷绝缘子常年荷载状况下安全系数不小于 4.5 的规定，由于瓷件的抗拉、抗击打能力都约为玻璃件的 1/4 左右。根据中国电力科学院和东北电力设计院对 250 万片瓷绝缘子的调查可知：耐张串的劣化率明显大于悬垂串，同时当绝缘子串的常年荷载安全系数小于 4 时，瓷绝缘子劣化率快速增长，这说明瓷绝缘子的劣化率与常年荷载有关系。线路设计时耐张串的常年荷载是绝大多数悬垂串的 1.6～1.8，设计一般将耐张串常年荷载的安全系数取 4.5 及以上，线路悬垂串一般用 70kN，部分压档或大档距则采用双联串，而耐张串则采用 120kN，以确保绝缘子的常年荷载控制在安全系数以上。

当输电线路交跨公路、铁路、电力线路和通信线路时，设计规程为防止瓷绝缘子劣化后遭雷击或污闪、操作过电压，发生短路电流沿绝缘子本体通过造成钢帽炸裂导线掉串的恶性事故，一般均采用双联悬垂串（大档距时按常年荷载安全系数考虑）；目前硅橡胶复合绝缘子因容易发生硅橡胶电蚀穿孔引发芯棒脆断掉串事故，设计也采用双联悬垂串，但对玻璃绝缘子则不需要双联悬垂串，原因是玻璃绝缘子不会发生钢帽炸裂事故，同时劣化自爆后的玻璃绝缘子残余强度必须对于其额定荷载的 80%。

本次修订没有对三种常用绝缘子进行说明。玻璃绝缘子因抗拉、抗击打的能力强，因此玻璃绝缘子不受常年荷载的控制，也就是说玻璃绝缘子的安全系数若常年在 2.7 时，也不会发生劣化率增长现象。另外 DL/T 864《标称电压高于 1000V 交流架空线路用复合绝缘子使用导则》规定：硅橡胶复合绝缘子承受的最大荷载一般宜不大于其额定荷载的 1/3（盘形绝缘子最大使用荷载时安全系数为 2.7）。

6.0.5 条 为架空地线用绝缘子条文，架空地线按绝缘架设时一般均采用瓷绝缘子，而瓷绝缘子易产生劣化（低、零值）现象，在运行中又发现不了哪片绝缘子是低、零值（平时也不检测绝缘电阻），当架空地线遭雷击时，按理是地线绝缘子两端的放电间隙空气击穿下泄雷电流，因地线瓷绝缘子零值，雷电流从钢帽、钢脚间通过，引发钢帽炸裂地线掉串事故，所以规定地线绝缘时宜使用双联绝缘子串。目前已有玻璃绝缘子用作绝缘架空地线的绝缘，由于玻璃绝缘子不会发生钢帽炸裂现象，因此可采用单片。另外自爆后的残锤强度必须达到其额定荷载的 80%以上。

6.0.7 条 是针对与横担连接的第一个金具，即要承受其他金具一样的轴向拉力，还要承受旋转摩擦力，因此要求第一只金具的机械强度提高一个强度等级。

6.0.10 条 主要规定了严重覆冰段的绝缘子串布置方式，以减少绝缘子串冰闪事故的发生。

七、绝缘配合、防雷和接地

本章节有 22 条技术要求，比原规程的 14 条增加了 8 条内容，增加的条文多数是原条文的细化，少量增加是适应线路运行新出现的状况而定。

7.0.1 条 输电线路外绝缘的配置（绝缘子片数选择），一般按满足耐受长期工频电压和操作过电压来确定，对雷过电压除大跨越外一般不作为选择绝缘子片数的决定条件，仅作为校核外绝缘是否满足耐雷水平的要求。

7.0.2 条 规定了几个电压等级线路的外绝缘配置要求，针对耐张串常年荷载较大，瓷绝缘子容易劣化，为补偿因劣化绝缘子存在对操作过电压的影响，要求耐张绝缘子串片数应在悬垂串片数的基础上，110～330kV 线路增加 1 片，延续瓷绝缘子制定的要求。目前线路耐张串多采用瓷或玻璃绝缘子，在输电线路设计中，耐张串均比悬垂串多 1 片，这对玻璃绝缘子是不合适的，玻璃绝缘子劣化后即刻自爆，运行单位可及时更换处理；但对瓷绝缘子，由于瓷件强度低，常年运行易产生隐裂纹而劣化，又因没有有效的瓷绝缘子劣化检测仪器，因此瓷绝缘子耐张串即使存有低零值劣化绝缘子，运行维护单位也难以发现，所以规程应注明两种盘形绝缘子的电气、机械性能，以减少部分不必要的浪费。

另外我国输电线路外绝缘配置，是按悬垂 I 串绝缘子在最大风偏下空气间隙击穿电压与绝缘子串闪络电压的 0.85 配合比设计控制塔头间隙的，从而形成 110kV 等级 I 串配 7 片（146mm 高度）、220kV 配 13 片、330kV 配 17 片和 500kV 配 25 片（155mm 高度）结构高度的设计观念，由于空气间隙击穿电压远大于相应结构高度的 I 串绝缘子的沿面闪络电压，致使输电线路雷击跳闸次数占全部故障 80%左右，同时造成绝缘子串的泄漏比距无法配置到 4.0～5.0cm/kV 等级，只能采用每年停电清扫绝缘子污秽，经统计，我国输电线路沿绝缘子串闪络跳闸与由塔头空气间隙击穿放电的跳闸比为 10:1～12:1。

7.0.3 条　是对高塔的耐雷水平，每增高 10m 多挂一片绝缘子，绝缘子片数增加了，杆塔的耐雷水平也提高了。但因增加了绝缘子串，要求对雷过电压的最小间隙也相应增大则值得商榷（原 SDJ3—1979 没有最小间隙相应增大的规定）。应该说该高塔仍应按该电压等级的雷过电压间距控制，原因是空气间隙击穿电压值远比绝缘子串的闪络电压值大，高塔绝缘子串片数增多后，其耐绕击水平增加了，应该在绝缘子串两端安装金属招弧角，其间距按该电压等级的雷过电压控制计算，在导线受绕击雷时，因本塔绝缘水平增加了，导线上的雷电流会沿导线分流衰减，或在高塔附近的一般杆塔绝缘子串上闪络跳闸。

7.0.4 条　是线路外绝缘配置的污耐压。由于我国的外绝缘配置已成固定的思维模式，通用铁塔的塔（窗）头间隙也基本按表 7.0.2 绝缘子串长设计，因此本条绝缘子串的泄漏比距"适当留有裕度"就不容易执行了。线路外绝缘设计应按经审定的污秽分级图所划定的污秽等级配置线路应耐受的泄漏比距。原因是从 20 世纪 70 年代以来，全国多次发生大面积污闪事故，特别是 1990 年前后，华东、华北、华中和东北电网多数省份的 2.0cm/kV 污区等级多次发生大面积污闪事故。由于条文没有考虑盘形绝缘子的形状系数，绝缘子厂家生产的产品未加大盘径，只增加了单片绝缘子的几何爬电距离，这类深棱防污型绝缘子使耐污闪性能大减；同时绝大部分线路设计人员还是受 7 片/串、13 片/串的节约型设计观念影响，条文也未要求按有效泄漏比距设计线路的外绝缘，造成设计人员在盘形绝缘子爬距配置不够时则一律采用复合绝缘子的现象。

线路设计人员应突破 7 片/串、13 片/串的瓶颈，事实上同等结构高度的 110kV 复合绝缘子可配置 146mm 高度的盘形绝缘子 9 片左右，220kV 线路可配置 15 片左右。由于同等结构高度的复合绝缘子耐雷水平要比盘形绝缘子串低，为此电力工业部在调网〔1997〕93 号《复合绝缘子使用指导性意见》中要求：雷击多发区的线路若使用复合绝缘子，其结构高度应比常规高度长 10%～15%。常规 110kV 复合绝缘子结构高度为 124 015mm，雷区线路按要求增加 10%，则为 136 415mm，该结构高度可配玻璃绝缘子 9 片多，选择 280mm、450mm 爬距的玻璃防污绝缘子，此时的泄漏比距为 3.68cm/kV；220kV 复合绝缘子结构高度为 224 030mm，增加 10%则为 246 415mm，该长度可配玻璃绝缘子约 17 片，泄漏比距为 3.5cm/kV；应该说，设计若按有关防污闪和防雷措施设计线路外绝缘，则线路盘形绝缘子串基本可杜绝清扫污秽，又提高了绝缘子全寿命管理的效果。

7.0.6 条　是针对线路耐张串防污闪的有关规定，"耐张绝缘子串的自洁性较好，在同一污区，其泄漏比距可根据运行经验较悬垂绝缘子串适当减少"是本次修订增加的内容。耐张绝缘子串由于水平放置，容易受雨水冲洗，因此其自洁性较悬垂绝缘子串要好，运行经验也表明，耐张绝缘子串很少污闪。多年来全国多次电网大面积污闪事故，线路污秽闪络跳闸的故障几乎都发生在悬垂串上，且基本是发生在悬垂双串上。有关试验表明：普通型悬式绝缘子串组成的 V 形串，其污闪电压比同一污秽度下的垂直串提高 25%～30%；国外的一些试验进一步证明：各种串形的绝缘子沉积污秽盐密比值随着积污时间的增加而降低。一般情况下，耐张水平串的盐密值是垂直串的 50% 左右，而悬垂 V 形串的盐密值是垂直 I 串的 80% 左右。

所以按照线路设计规程的要求和国外试验经验及运行线路的实践证明，耐张水平串的泄漏比距可比同条线路的悬垂串低一级左右。特别是目前线路设计中耐张水平串多采用普通玻璃绝缘子，有时按绝缘子串的泄漏比距是小于污秽等级的，运行单位不必刻意地去追求耐张水平串也必须满足污区图中的污秽等级标准。

7.0.7 条 系新增条文，主要是针对复合绝缘子的泄漏比距只能生产 2.8cm/kV 及以下，但新复合绝缘子的憎水性能较好，所以规定在重污区使用复合绝缘子时，其爬电距离不应小于盘形绝缘子最小值的 3/4 和不下于 2.8cm/kV。同时对复合绝缘子的耐雷水平比相同盘形绝缘子串降低现象，提出了注意要求。

7.0.9 条～7.0.11 条 规定了各电压等级时的带电作业安全距离、带电部分对杆塔构件的最小间隙和导线相间最小间隙的相关数值，列在几张表格内。

7.0.13 条 规定了输电线路的防雷设计，参照 DL/T 620《交流电气装置的过电压保护和绝缘配合》规程多雷区线路的耐雷水平，110kV 为 60kA；220kV 为 95kA 和 500kV 为 150kA，但线路设计单位几乎难以达到该标准，原因是多雷区几乎在山区，杆塔周围的土壤电阻率较高。如某条新建 220kV 铁塔线路，悬垂串采用 16 片/串，塔头架设双架空地线和在中间架设一根 OPGW 光缆（起分流作用），在山区段的导线下方，架设了约 20km 的耦合地线，经计算杆塔的耐雷水平仍难以达到 95kA（有的塔只有 80 多 kA）。

7.0.14 条 是有关线路架空地线保护角的规定。目前运行单位每年的雷击跳闸居高不下，其原因是线路外绝缘设计的配合比不合理，即绝缘子串无法提高耐绕击雷水平，其次是线路架空地线未设计成小保护角、零保护角或负保护角，无法降低绕击雷的概率。目前多数线路设计单位都已将 500kV 线路的地线保护角控制在 5 以下，许多线路已是 0 或 1 左右，220kV 等级以下也多采用小角度地线保护角。

针对重覆冰区线路，当线路架空地线设计成小保护角、零保护角时，由于运行中架空地线的表面温度要比导线低许多（导线输送荷载中会使导线发热），因此地线结冰也比导线要严重得多，经常是架空地线的弧垂比导线低，当架空地线设计成小保护角、零保护角时，架空地线弧垂下降接近导线而跳闸。

7.0.18 条 系新增条文，主要针对直流输电线路接地极与交流线路接近时，应采取金属防腐蚀的措施。

八、导线布置

本章节为导线布置内容，有 4 条技术要求，均为 1999 年版的内容，比 1999 年版的条文细化了，通读更容易，该章节是成熟的条文，已执行几十年。

九、杆塔型式

本章节为杆塔型式内容，有 5 条技术要求，修订后的规程对杆塔的设计仍然停留在我国早期钢材少，国民经济困难阶段，还是允许采用拉线杆塔和钢筋混凝土电杆，此类杆塔一来占地面积大，妨碍农户种植作业；另外运行维护量大，杆塔稳定全靠拉线维持，不符合目前的社会环境和生产生活方式。虽然标准已允许在城区或市郊线路可采用钢管杆，但 Q/GDW 179《110kV～750kV 架空输电线路设计技术规定》还规定对树竹木生长期宜按树木自然生长高度，采用高跨杆塔型式设计，充分体现了环境友好型的理念，同时节约了工程综合造价，理顺了电力企业、农户及国家森林法之间的关系。

十、杆塔荷载及材料

本章节是杆塔荷载及材料内容，分杆塔荷载章节 22 条技术要求和结构材料章节 8 条技术要求，比原规程的 2 个章节和 21 条技术要求修订增加较多，主要是根据 2008 年电网大面积冰灾倒塔事故的教训，将原规程规定的多分裂导线的纵向不平衡张力在平地、丘陵和山地时，应分别取不小于一相导线最大使用张力的 15%、20% 和 25%，且不得小于 20kN，改为平丘悬垂塔双分裂导线 25%、双分裂以上导线 20%；山地悬垂塔双分裂导线 30%、双分裂以上导线 25%；平丘和山地的耐张塔双分裂及以上导线均为 70%。在 2008 年冰灾倒塔中，发生倒塔的线路几乎均为两分裂导线或多分裂导线线路，单根导线线路发生断线后几乎没有发生倒塔，只是造成横担头受断线冲击力而变形。目前 Q/GDW 179 已将多分裂导线的纵向不平衡张力的百分比提高到 25%、35% 和 45%。地线取最大使用张力的 100%；垂直冰荷载取 100% 设计覆冰荷载。

针对材料章节，随着我国生产的高强度钢材不断增加，输电线路采用高强度钢对降低工程造价和材料重量效果显著，其他的杆塔受力分析和导地线风荷载的调整、绝缘子串风荷载的计算及杆塔材料、螺栓等强度计算均是成熟的规定，同时该类知识线路设计人员很容易对照执行，运行单位只需了解即可。

十一、杆塔结构

本次修订将原规程中的杆塔结构设计基本规定的 2 个章节和 7 条技术要求与杆塔结构的 9 条技术要求，整合成一个章节，基本计算规定章节有 3 条技术要求；承载能力和正常使用极限状态计算表达式章节有 3 条技术要求；杆塔结构章节有 7 条技术要求。该章节知识属于设计铁塔和电杆人员用，同时工厂已将它们设计制造成产品，线路设计人员只需了解，并不需要他们设计计算，一般线路设计也基本采用套用产品规格即可。

十二、基础

本章节是杆塔基础内容，有 10 条技术要求，比原规程的 8 条技术要求增加了 2 条，本规程的技术要求多数是成熟的技术规定。

12.0.2 条　系新增条文，规定了基础稳定、基础承载力采用荷载的设计值进行计算；地基的不均匀沉降、基础位移等采用荷载的标准值进行计算。

12.0.10 条　系新增条文，规定了转角塔、终端塔的基础应采取预偏措施，预偏后的基础顶面应在同一坡面上。

Q/GDW 179 为创造环境友好型线路工程，规定在地下水较深的黏性土地区可采用淘挖式基础；岩石地区采用锚筋基础或岩石嵌固基础；山区应采用全方位高低腿基础，以保护自然环境，防止水土流失。

十三、对地距离及交叉跨越

本章节为对地距离及交叉跨越内容，有 11 条技术要求，比原规程的 10 条技术要求有所修订。

13.0.6 条　本次修订了原规程线路通过林区需砍伐通道的规定，改为宜采用加高杆塔跨越不砍通道的方案，从而实现了架设输电线路并成为环境友好型工程。

13.0.8 条　修改了原规程 16.0.9 条输电线路对易燃易爆物品安全距离不小于杆塔高度 1.5 倍的规定，随着电网发展快速，线路通道越来越紧张，本次修订为：输电线路与易燃易爆物品的安全距离为本杆塔高度加 3m。

Q/GDW 179 规定了跨越铁路和高速公路的要求，提高了建设标准，采用孤立档架设；对输电线路跨越树木、毛竹林时，宜采用高塔跨越、不砍伐通道的方案。

十四、环境保护

本章节为新增内容，有 6 条技术要求，即有关电磁干扰、噪声污染及杆塔基础建设中的水土保持和尽量不砍伐树竹木而采用高跨方式。

十五、劳动安全和工业卫生

本章无修订。

【思考与练习】

1. 本设计规范的主要内容是什么？
2. 本设计规范规定了输电线路在验算导线允许载流量时应满足哪里条件？
3. 本设计规范对地距离及交叉跨越有什么新的要求？

ff

国家电网有限公司
技能人员专业培训教材　输电线路运检（330kV 及以上）

第二十四章

电力安全工作规程

▲ 模块 1　Q/GDW 1799.2—2013［国家电网公司《电力安全工作规程》（线路部分）］修订内容说明（Z04A4001Ⅰ）

【模块描述】本模块包含保证输电线路施工、运行和维护、带电作业、电力电缆施工等工作安全的组织和技术措施，以及施工机具和安全工器具的使用、保管、检查和试验等内容，通过概念描述、条文解释知，掌握《电力安全工作规程（电力线路部分）》的相关内容。

【正文】

Q/GDW 1799.2《电力安全工作规程 线路部分》，是在 2009 版国家电网公司《电力安全工作规程（线路部分）》基础修编，修改篇幅不大，学员可结合 2009 版安规条文解释理解新版安规，由于输电线路运检范围调整频繁，人员变动快，管理高压线路的人员，在实际工作中也需要掌握特高压线路安规方面的知识（比如各个电压等级的线路相互交叉、穿越、相互工作时的安全要求等），所以这里转达其编制说明，不剔除特高压、直流部分。

2013 年 11 月 12 日，国家电网公司以关于印发《电力安全工作规程变电部分》《电力安全工作规程线路部分》2 项标准的通知（国家电网企管〔2013〕1650 号），颁布国家电网公司企业标准，Q/GDW 1799.2《电力安全工作规程 线路部分》。

《电力安全工作规程 线路部分》是为加强电力生产现场管理，规范各类工作人员的行为，保证人身、电网和设备安全而制定的。编制工作说明如下。

一、编制背景

2005 年完成修订出版的《国家电网公司电力安全工作规程（电力线路部分）》（简称 2005 年版《安规》）经过近四年的实践，执行情况良好。但随着电网生产技术快速发展，特别是跨区±500kV 直流工程、±800kV 直流工程、750kV 交流输电工程、1000kV 特高压交流试验示范工程的建设和投入运行，2005 年版《安规》在内容上已经不能满足电力安全工作实际需要。为此，由国家电网公司组织，在 2005 年版《安规》的基础上，进行了完善性修编，形成 2009 版《安规》。为了进一步推进国家电网公司规程标准化工作，对 2009 版《安规》稍作修改后，于 2012 年 5 月修编形成了企标版《电力安全工作规程 线路部分》报审稿。2012 年 6 月通过了国家电网公司专家评审会审查，2012 年 8 月企标版《电力安全工作规程 线路部分》（报批稿）上报。为适应公司"三集五大"体系建设及变电站无人值班等新形势，2013 年 6 月又对部分条文进行了修订及补充，完成企标版《电力安全工作规程 线路部分》（报批 稿）。

二、编制主要原则和思路

2.1 规范公司系统内各项电力作业流程和人员的行为准则，有效降低电力生产的人身伤亡事故和电网、设备事故的发生。

2.2 提出防止人身伤亡及设备事故的管理规定以及技术措施与要求。

三、与其他标准的关系

本标准符合 GB 26859《电力安全工作规程电力线路部分》要求，并结合国家电网公司工作实际给出了细化安全工作规定。

四、主要工作过程

2008 年 3 月 6 日，国家电网公司安监部下发了"关于委托补充修订《安规》的函"（安监一函〔2008〕12 号）。明确华东公司全面负责修编工作，西北公司补充起草 750kV 交流部分、国网运行公司补充起草高压直流部分，国网武高院补充起草 1000kV 交流有关部分。

2008 年 4 月 15 日，国家电网公司下发了"关于成立《国家电网公司电力安全工作规程》修编组织机构的函"（安监一函〔2008〕21 号），成立了领导小组和工作小组。

2008 年 5 月 11 日～17 日，"线路"调研小组（安徽）先后赴东北电网公司、河北电力公司、保定供电公司和山西电力公司进行调研。2008 年 5 月 27 日～31 日，"线路"调研小组（浙江）对内蒙电力公司和河北电力公司进行线路有关部分调研。

2008 年 6 月 12 日在浙江省电力公司召开"安规"线路部分讨论会。

2008 年 7 月 3 日～4 日，在安徽宣城召开变电、线路统稿会议。

2008 年 7 月 18 日，在上海召开领导小组、工作小组联席会议，修编领导小组和工作小组成员出席会议，会议上，华东电网公司、西北电网公司、国家电网运行公司和国家电网公司武汉高压试验研究所分别汇报了各专业小组前期工作，以及原规程修订部分、高压直流、750kV 和特高压 1000kV 有关部分的修订情况。会议决定：做好试验数据的收集分析工作，加强和电科院的联系，共同做好理论分析工作；做好有关规程修改后续工作，本次修订配电不独立成册，但应做好独立成册修订的前期工作，特高压、释义等后续工作要开展研究；关于通用部分（起重、运输，高处作业，一般安全措施等），原则上将《安规》动力部分中有关内容精简过来。

2008 年 7 月底完成《安规》线路部分初稿。

2008 年 8 月 12 日～16 日，在青海西宁召开全部工作人员会议，会议对工作小组近期完成的两本规程修订初稿进行了讨论，对 2005 年版规程修改完善部分，以及新增 500kV 直流输电部分、750kV 交流部分、1000kV 交流部分内容进行了重点讨论和确认。

2008 年 10 月 30 日，《国家电网公司电力安全工作规程》修编工作组第二次会议在湖北武汉召开，会议对修编工作组第一次会议（青海会议）以来，各有关单位、工作组成员提出的修改意见及会议需重点讨论的问题进行了讨论。

2008 年 11 月 28 日，国家电网公司建运部、安监部组织召开了 1000kV 特高压交流试验示范工程有关安全距离专题会专项讨论。

2008 年底，《安规》（电力线路部分）（征求意见稿）全国网征求意见。

2009 年 2 月 17 日，在上海召开《国家电网公司电力安全工作规程（线路部分）》修订征求意见稿讨论会议。

2009 年 3 月 26 日国网公司组织《国家电网公司电力安全工作规程》电力变电部分和电力线路部分专家评审会议。

2009 年 4 月 15 日，编写组全体成员在上海召开评审后修改意见讨论会，对专家评审会议上提出的意见、建议进行了认真的讨论、采纳。

2009 年 5 月 8 日《国家电网公司电力安全工作规程（线路部分）》（报批稿）上报国家电网公司。

2009 年 7 月 6 日《国家电网公司电力安全工作规程（线路部分）》颁发。

2009 年 8 月 1 日《国家电网公司电力安全工作规程（线路部分）》起执行。

2012 年 1 月至 2012 年 5 月《电力安全工作规程　线路部分》按国家电网公司企标规范编写并结合 2009 年 8 月《安规》（线路部分）执行至今的情况进行部分内容修改、完善。

2012 年 5 月，完成企标版《电力安全工作规程　线路部分》报审稿。

2012 年 6 月，企标版《电力安全工作规程　线路部分》（报审稿）通过专家评审。

2012 年 8 月，企标版《电力安全工作规程　线路部分》（报批稿）上报。

2013 年 6 月又对部分条文进行了修订及补充，完成企标版《电力安全工作规程　线路部分》报批稿）。

五、标准机构及内容

本部分依据 DL/T 800《电力企业标准编制规则》的编写要求进行了编制。本部分主要结构及内容如下：

5.1　目次；

5.2　前言；

5.3 标准正文共设 16 章：范围、规范性引用文件、术语和定义、总则、保证安全的组织措施、保证安全的技术措施、线路运行和维护、邻近带电导线的工作、线路施工、高处作业、起重与运输、配电设备上的工作、带电作业、施工机具和安全工器具的使用、保管、检查和试验、电力电缆工作、一般安全措施；

5.4 标准设 4 个规范性附录：标示牌式样，绝缘安全工器具试验项目、周期和要求，登高工器具试验标准表，起重机具检查和试验周期、质量参考标准；

5.5 标准设 14 个资料性附录：现场勘察记录格式、电力线路第一种工作票格式、电力电缆第一种工作票格式、电力线路第二种工作票格式、电力电缆第二种工作票格式、电力线路带电作业工作票格式、电力线路事故紧急抢修单格式、电力线路工作任务单格式、电力线路倒闸操作票格式、线路一级动火工作票格式、线路二级动火工作票格式、带电作业高架绝缘斗臂车电气试验标准表、动火管理级别的划定、紧急救护法。

六、条文说明

6.1 条文中用"应"的条款，表示强制执行，用"宜"或"可"的条款为推荐使用。

6.2 本部分是对 2009 版《安规》稍作修改而形成的，实际执行时，应以本部分为准。各单位可根据现场情况制定本部分补充条款和实施细则，经本单位分管生产的领导（总工程师）批准后执行。

6.3 关于 3.1～3.2 中高、低压的定义的说明。原先，国家法律层面上对高、低电压定义的，仅有《最高人民法院关于审理触电人身损害赔偿案件若干问题的解释》，2000 年 11 月 13 日，由最高人民法院审判委员会第 1137 次会议通过 法释〔2001〕3 号。其第一条明确"民法通则第一百二十三所规定的'高压'包括 1 千伏（kV）及以上电压等级的高压电；1 千伏（kV）以下电压等级为非高压电。"所以，2009 版《安规》采用了此定义。

当前，GB 26859—2011《电力安全工作规程》（电力线路部分）对高、低电压定义如下。

低电压（low voltage，LV）用于配电的交流系统中 1000V 及其以下的电压等级，此为 GB/T 2900.50 定义 2.1 中的 601-01-26。

高电压（high voltage，HV）为：① 通常指超过低压的电压等级。② 特定情况下，指电力系统中输电的电压等级。

GB/T 2900.50 定义 2.1 中的 601-01-27。

6.4 本部分依据 DL/T 5343《750kV 架空送电线路张力架线施工工艺导则》5.5.8 规定，删除了 9.4.13.1 中关于"……邻近 750kV 及以上电压等级线路放线时操作人员应站在特制的金属网上，金属网应接地"的内容，并修改为"……操作人员应站在干燥的绝缘垫上。并不得与未站在绝缘垫上的人员接触"。

6.5 本部分删除了 10.10 "上述新建线路杆塔必须装设"。

（原文：高处作业人员在作业过程中，应随时检查安全带是否拴牢。高处作业人员在转移作业位置时不准失去安全保护。钢管杆塔、30m 以上杆塔和 220kV 及以上线路杆塔宜设置防止作业人员上下杆塔和杆塔上水平移动的防坠安全保护装置。上述新建线路杆塔必须装设）。

6.6 本部分依据"13 带电作业"的适用范围"13.1.1 本部分适用于在海拔 1000m 及以下交流 10～1000kV、直流 ±500～±800kV（750kV 为海拔 2000m 及以下值）的高压架空电力线路、变电站（发电厂）电气设备上，采用等电位、中间电位和地电位方式进行的带电作业"。将"13.11 低压带电作业"的内容移至 12.4，并将本节题目修改为"低压不停电工作"。

6.7 为保障 ±400kV 直流输电系统现场安全生产运检工作需要，在试验研究的基础上，国家电网公司组织制定了《±400kV 直流输电系统生产运行安全距离规定（试行）》（生输电〔2012〕16 号），据此，本部分补充了 ±400kV 直流输电系统的安全距离及带电作业的安全距离、最小组合间隙等数据。此安全距离只适用于 ±400kV 柴拉直流输电系统。

6.8 本部分依据《±660kV 同塔双回直流线路带电作业及试验研究》（合同编号：SGKJJSKF〔2008〕657 号）项目的验收意见，补充了 ±660kV 直流输电系统的安全距离及带电作业的安全距离、最小组合间隙等数据。

6.9 依据 DL/T 966《送电线路带电作业技术导则》，将表 5 中带电作业时人身与 330kV 带电体间的安全距离由 2.2m 改为 2.6m，将表 9 中 500kV 等电位作业中的最小组合间隙由 4.0m 改为 3.9m。

6.10 表 5 带电作业时人身与带电体的安全距离中，依据 DL/T 1060《750kV 交流输电线路带电作业技术导则》，明确了 750kV 对应数据为直线塔边相或中相值。依据 DL/T 392《1000kV 交流输电线路带电作业技术导则》，表中 1000kV 数值不包括人体占位间隙，作业中需考虑人体占位间隙不得小于 0.5m。

6.11 依据 DL/T 1060《750kV 交流输电线路带电作业技术导则》、DL/T 392《1000kV 交流输电线路带电作业技术导则》《±400kV 柴拉直流输电系统生产运行安全距离规定（试行）》（生输电〔2012〕16 号）、《±660kV 直流输电线路带电作业技术导则（征求意见稿）》、Q/GDW 302《±800kV 直流输电线路带电作业技术导则》，将表 6～表 10 中的数据做了相应补充和修改，并补充了相关说明。

6.12 本部分依据 DL/T 976《带电作业工具、装置和设备预防性试验规程》、

DL/T 878《带电作业用绝缘工具试验导则》及相关交（直）流输电线路带电作业技术导则，将 13.11.3.6 "带电作业工具的机械试验标准"修改为"带电作业工具的机械预防性试验标准"。内容如下。

静荷重试验：1.2 倍额定工作负荷下持续 1min，工具无变形及损伤者为合格。

动荷重试验：1.0 倍额定工作负荷下操作 3 次，工具灵活、轻便、无卡住现象为合格。

6.13 依据 GB/T 3608《高处作业分级》，将 10.17 条中的"6 级及以上的大风"改为"5 级及以上的大风"。"6 级及以上的大风"是 2009 版《安规》引自 GB/T 3608《高处作业分级》中的相关内容。

6.14 本部分为解决填用电力线路第一种工作票时，工作中需转移接地线的问题，对附录 B 电力线路第一种工作票中的 6.4 应挂的接地线栏增加了挂设时间和拆除时间。

6.15 依据 GB 2894《安全标志及其使用导则》，将附录 J 中禁止类标示牌的字样由"黑字"改为"红底白字"。禁止类标示牌字样为"黑字"的也可继续使用，但在采购新标示牌时，应考虑按新标准逐批更换。

6.16 为适应公司"三集五大"体系建设及变电站无人值班等新形势，本部分参照《国家电网公司关于印发〈国家电网公司电力安全工作规程（变电部分）、线路部分〉修订补充规定的通知》国家电网安质〔2013〕945 号）对 2009 版《安规》部分条文进行了修订及补充。

6.17 本部分将"线路双重名称"修改为"线路名称"。将"电缆双重名称"修改为"电缆名称"。

【思考与练习】

1. 修编后的《安规》重点增加了哪些内容？
2. 工作票签发人的安全责任是什么？
3. 本次《安规》修订把 2009 版中的哪些难点作了重点修改、完善？
4. 在电力线路上工作，保证安全的组织措施和技术措施有哪些？

附录 A 状态监测方案设计

A.1 一般规定

架空输电线路需设置状态监测装置时，应进行相应的状态监测方案设计，并符合本标准要求。状态监测方案设计的内容及要求可参考本附录。

根据输电线路运行状况、环境状况、通信情况，进行方案设计，尽量选择安全、可靠、先进、适用的监测装置。

A.2 监测线路和内容选择

输电线路状态监测一般有以下可参考的内容：

a）微气象区和气象盲区：气象参数；

b）大跨越：微风振动、气象参数、图像/视频；

c）覆冰区：覆冰厚度、导线张力、不均衡张力差、气象参数；

d）舞动区：导线舞动、导线张力、气象参数、图像/视频；

e）重污区：污秽度、大气污染物；

f）多雷区：雷电定位；

g）微地形（风口）区：风偏、微风振动、气象参数；

h）采空区或地质不良地区：杆塔倾斜、基础沉降；

i）林区：图像/视频。

A.3 监测点选择及状态监测装置选用的要求

a）监测点应反映架空输电线路的运行状态或所处环境状态；

b）监测点选择宜相互呼应、校核，必要时可进行冗余设置；

c）应选用稳定可靠的状态监测装置，其品种、规格宜统一；

d）在满足准确度要求的前提下，状态监测装置应轻巧、结构简单、维护方便。

A.4 设备选型参数

A.4.1 导线温度

测量范围：-40℃～+120℃；-40℃～+180℃；-40℃～+290℃。

A.4.2 微风振动

测量范围：0mm（p-p）～1.3mm（p-p）；0Hz～150Hz。

A.4.3 金具温度

测量范围：-40℃～+120℃；-40℃～+180℃；-40℃～+290℃。

A.4.4 覆冰厚度

测量范围：0mm～50mm。

A.4.5 舞动

测量范围：0m～10m；0.1Hz～5Hz。

A.4.6 导线张力

测量范围：0kN～200kN；0kN～400kN；0kN～550kN。

A.4.7 导线弧垂

测量范围：0m～200m。

A.4.8 风偏

测量范围：$-90°～+90°$。

A.4.9 杆塔倾斜

测量范围：$-10°～+10°$。

A.4.10 风速风向

测量范围：0～60m/s；$0°～360°$。

A.4.11 气温

测量范围：$-40℃～+50℃$。

A.4.12 湿度

测量范围：0%RH～100%RH。

A.4.13 气压

测量范围：550hPa～1060hPa。

A.4.14 雨强

测量范围：0mm/min～4mm/min。

A.4.15 光辐射

测量范围：$0W/m^2～1400W/m^2$。

准确度在专项标准中明确。

A.5 方案设计内容及要求

A.5.1 专题方案设计

架空输电线路状态监测系统宜作专题方案设计，分为三个阶段：可行性研究阶段、初步设计阶段和施工设计阶段。

A.5.2 方案设计内容

A.5.2.1 可行性研究阶段设计内容及要求

可行性研究阶段应论证设置架空输电线路状态监测装置的必要性；需要设置状态监测装置时，应进行状态监测系统的规划设计，主要内容包括：

a）初步确定纳入监测系统的项目类别、监测方式和监测点数量，以及监测装置的布置方案；

b）初步确定监测装置的技术指标和功能要求；

c）基本确定监测装置的布设、通信方式及网络结构设计，拟定供电方式；

d）编制投资概算。

A.5.2.2　初步设计阶段设计内容及要求

初步设计阶段进行架空输电线路状态监测系统总体设计，应包括下列主要内容：

a）确定监测系统的功能及性能和验收标准；

b）确定纳入监测系统的监测项目、监测方式和监测点数量，以及监测装置的布置方案；

c）确定监测装置的技术指标和要求；

d）确定监测装置的布设、通信方式及网络结构设计；

e）确定电源、接地技术及装置防护措施；

f）确定系统设备配置方案；

g）根据架空输电线路的等别和安全级别，结合工程的实际需求，基本确定软件的配置；

h）提出和确定监测系统运行方式要求。

A.5.2.3　施工阶段设计内容及要求

施工阶段设计应包括下列主要内容：

a）监测装置的布置及施工图设计；

b）配套工程设计；

c）提出施工技术要求。

参 考 文 献

[1] 曾昭桂. 输配电线路运行和检修 [M]. 北京：中国电力出版社，2007.

[2] 王新学. 电力网及电力系统 [M]. 北京：中国电力出版社，1992.

[3] 周泽存，沈其工，方瑜，王大忠. 高电压技术 [M]. 北京：中国电力出版社，2004.

[4] 王川波. 高电压技术 [M]. 北京：水利电力出版社，1994.

[5] 张永昌. 输电线路设计基础 [M]. 北京：水利电力出版社，1985.

[6] 周振山. 高压架空送电线路机械计算 [M]. 北京：水利电力出版社，1984.

[7] 胡国荣. 输电线路基础 [M]. 北京：中国电力出版社，1993.

[8] 张殿生. 电力工程高压送电线路设计手册 [M]. 北京：中国电力出版社，2003.

[9] 李柏. 送电线路施工测量 [M]. 北京：水利电力出版社，1983.

[10] 唐云岩. 送电线路测量 [M]. 北京：中国电力出版社，2004.

[11] 王洪昌. 送电线路施工（高级工）[M]. 北京：中国电力出版社，1999.

[12] 黄永红，等. 低压电器 [M]. 北京：化学工业出版社，2007.

[13] 闫和平. 常用低压电器应用手册 [M]. 北京：机械工业出版社，2005.

[14] 庄绍君. 维修电工 [M]. 北京：化学工业出版社，2008.

[15] 山西省电力工业局. 电测仪表 [M]. 北京：中国电力出版社，2000.

[16] 殷乔民，等. 简明农电工实用手册 [M]. 北京：中国电力出版社，2000.

[17] 于长顺. 发电厂电气设备 [M]. 北京：中国电力出版社，2008.

[18] 谢珍贵. 发电厂电气设备 [M]. 郑州：黄河水利出版社，2009.

[19] 杨咸华. 常用电工测量技术 [M]. 北京：机械工业出版社，2002.

[20] 申忠如，等. 电气测量技术 [M]. 北京：科学出版社，2003.

[21] 智强，等. 电工测量与实验 [M]. 北京：化学工业出版社，2004.

[22] 陶文秋，陈刚，王飞. 雷电定位系统在辽宁电网的应用与管理 [J]. 线路运行技术，2009（1）：24–26.

[23] 陈家宏，张勤，冯万兴，方玉河. 中国电网雷电定位系统与雷电监测网 [J]. 高电压技术，2008（3）426–431.

[24] 陶然，熊为群. 继电保护自动装置及二次回路 [M]. 北京：中国电力出版社，2000.

[25] 李火元. 电力系统继电保护与自动装置 [M]. 北京：中国电力出版社，2002.

[26] 曾克娥. 电力系统继电保护原理 [M]. 北京：中国电力出版社，2006.

[27] 罗建华. 变电所二次部分 [M]. 北京：中国电力出版社，2002.

［28］ 王清奎. 输配电线路运行与检修［M］. 北京：中国电力出版社，2007.

［29］ 蒋兴良，易辉. 输电线路覆冰及防护［M］. 北京：中国电力出版社，2002.

［30］ 胡毅. 输电线路运行故障分析与预防［M］. 北京：中国电力出版社，2007.

［31］ 阎东，卢明，张柯，吕中宾. 输电线路用复合绝缘子运行技术及实例分析［M］. 北京：
中国电力出版社，2008.

［32］ 贾雷亮，陈宝骏. 输电线路绝缘子冰闪特征与防范［J］. 山西电力，2007（1）：12.

［33］ 山西省电力工业局. 电测仪表［M］. 北京：中国电力出版社，2000.

［34］ 卢文鹏. 发电厂变电站电气设备［M］. 北京：中国电力出版社，2002.

［35］ 刘笃鹏. 电工测量技术［M］. 北京：中国电力出版社，2002.

［36］ 李庆林. 架空送电线路施工手册［M］. 北京：中国电力出版社，2002.

［37］ 单中圻，王清葵. 送电线路施工［M］. 北京：中国电力出版社，2003.

［38］ 崔吉峰. 架空输电线路作业（危险点、危险因素及预控措施手册）［M］. 北京：中国电力
出版社，2007.

［39］ 陶元忠，包建强. 输电线路绝缘子运行技术手册［M］. 北京：中国电力出版社，2003.

［40］ 应伟国. 架空线路状态运行检修技术问答［M］. 北京：中国电力出版社，2009.

［41］ 岑阿毛. 输配电线路施工技术大全［M］. 云南：云南科学技术出版社，2004.

［42］ 应伟国. 架空送电线路状态检修实用技术［M］. 北京：中国电力出版社，2004.

［43］ 尚大伟. 高压架空输电线路施工［M］. 北京：中国电力出版社，2007.

［44］ 郑州市电业局. 供电企业项目作业指导书输电线路运行及检修［M］. 北京：中国电力出
版社，2005.

［45］ 赵建国. 110kV～500kV 送变电工程质量检验及评定标准［M］. 北京：中国电力出版社，
2007.

［46］ 国家电网公司. 国家电网公司十八项电网重大反事故措施［M］. 北京：中国电力出版社，
2018.

［47］ 中国电力科学研究院. 特高压输电技术直流输电分册［M］. 北京：中国电力出版社，2012.

［48］ 中国电力科学研究院. 特高压输电技术交流输电分册［M］. 北京：中国电力出版社，2012.

［49］ 中国电力企业联合会. 110～500kV 架空输电线路施工及验收规范［S］. 北京：中国电力
出版社，2014.

［50］ 国家电网公司. 1000kV 架空送电线路施工及验收规范［S］. 北京：中国电力出版社，2006.

［51］ 国家电网公司. 750kV 架空输电线路施工及验收规范［S］. 北京：中国电力出版社，2014.